全国计算机技术与软件专业技术资格(水平)考试指定用书

信息系统监理师教程

柳纯录 主　编
杨　娟　陈　兵 副主编
全国计算机技术与软件专业技术资格(水平)考试办公室 组　编

清华大学出版社
北京

内 容 简 介

《信息系统监理师教程》包括三大部分，分别是信息工程监理基础理论、信息系统工程网络建设监理、应用系统工程建设监理。全书系统地讲述信息系统项目管理、监理手段、监理工作的组织和规划、监理基本操作方法"四控三管一协调"，并按照工程特点，重点讲述了信息系统网络工程与应用工程在招投标、设计、施工、验收阶段监理工作内容。本书旨在帮助读者在具备一定的 IT 项目实施与管理经验基础上，通过"IT 技术+信息系统工程管理+监理方法"的知识结构，系统地掌握信息系统工程监理的知识体系、监理方法、手段和技能，提高涉业人员实际监理工作能力和业务水平，使之能有效地组织和实施信息系统工程项目的监理工作。

本书是全国计算机技术与软件专业技术资格（水平）考试的指定教材，同时也可供有关信息系统工程的建设单位、承建单位和监理单位的有关人员在信息系统工程建设实践活动中参照应用。

本书扉页为防伪页，封面贴有清华大学出版社防伪标签，无标签者不得销售。
版权所有，侵权必究。举报：010-62782989，beiqinquan@tup.tsinghua.edu.cn。

图书在版编目（CIP）数据

信息系统监理师教程/柳纯录主编. —北京：清华大学出版社，2005.3（2024.2重印）
（全国计算机技术与软件专业技术资格（水平）考试指定用书）
ISBN 978-7-302-10520-6

Ⅰ. 信… Ⅱ. 柳… Ⅲ. 电子计算机 - 信息系统 - 系统工程 - 监督管理 - 工程技术人员 - 资格考核 - 教材 Ⅳ. TP3

中国版本图书馆 CIP 数据核字（2005）第 012378 号

责任编辑：柴文强　陶萃渊
责任印制：杨　艳

出版发行：清华大学出版社
网　　址：https://www.tup.com.cn，https://www.wqxuetang.com
地　　址：北京清华大学学研大厦 A 座　　邮　编：100084
社 总 机：010-83470000　　邮　购：010-62786544
投稿与读者服务：010-62776969，c-service@tup.tsinghua.edu.cn
质量反馈：010-62772015，zhiliang@tup.tsinghua.edu.cn
印 装 者：三河市天利华印刷装订有限公司
经　　销：全国新华书店
开　　本：185mm×230mm　　印　张：38.25　　防伪页：1　　字　数：787 千字
版　　次：2005 年 3 月第 1 版　　印　次：2024 年 2 月第 26 次印刷
定　　价：98.00 元

产品编号：018080-06/TP

序

　　在国务院鼓励软件产业发展政策的带动下，我国软件业一年一大步，实现了跨越式发展，销售收入由 2000 年的 593 亿元增加到 2003 年的 1633 亿元，年均增长速度 39.2%；2000 年出口软件仅 4 亿美元，去年则达到 20 亿美元，三年中翻了两番多；全国"双软认证工作体系"已经规范运行，截止 2003 年 11 月底，认定软件企业 8582 家，登记软件产品 18287 个；11 个国家级软件产业基地快速成长，相关政策措施正在落实；我国软件产业的国际竞争力日益提高。

　　在软件产业快速发展的带动下，人才需求日益迫切，队伍建设与时俱进，而作为规范软件专业人员技术资格的计算机软件考试已在我国实施了十余年，累计报考人数超过一百万，为推动我国软件产业的发展作出了重要贡献。

　　软件考试在全国率先执行了以考代评的政策，取得了良好的效果。为贯彻落实国务院颁布的《振兴软件产业行动纲要》和国家职业资格证书制度，国家人事部和信息产业部对计算机软件考试政策进行了重大改革：考试名称调整为计算机技术与软件专业技术资格（水平）考试；考试对象从狭义的计算机软件扩大到广义的计算机软件，涵盖了计算机技术与软件的各个主要领域（5 个专业类别、3 个级别层次和 20 个职业岗位资格）；资格考试和水平考试合并，采用水平考试的形式（与国际接轨，报考不限学历与资历条件），执行资格考试政策（各用人单位可以从考试合格者中择优聘任专业技术职务）；这是我国人事制度改革的一次新突破。此外，将资格考试政策延伸到高级资格，使考试制度更为完善。

　　信息技术发展快，更新快，要求从业人员不断适应和跟进技术的变化，有鉴于此，国家人事部和信息产业部规定对通过考试获得的资格（水平）证书实行每隔三年进行登记的制度，以鼓励和促进专业人员不断接受新知识、新技术、新法规的继续教育。考试设置的专业类别、职业岗位也将随着国民经济与社会发展而动态调整。

　　目前，我国计算机软件考试的部分级别已与日本信息处理工程师考试的相应级别实现了互认，以后还将继续扩大考试互认的级别和国家。

　　为规范培训和考试工作，信息产业部电子教育中心组织一批具有较高理论水平和丰富实践经验的专家编写了全国计算机技术与软件专业技术资格（水平）考试的教材和辅导用书，按照考试大纲的要求，全面介绍相关知识与技术，帮助考生学习和备考。

我们相信，经过全社会的共同努力，全国计算机技术与软件专业技术资格（水平）考试将会更加规范、科学，进而对培养信息技术人才，加快专业队伍建设，推动国民经济和社会信息化作出更大的贡献。

信息产业部副部长　娄勤俭

2004年6月

前　言

　　1993年，我国在多年发展信息产业、推广信息技术应用的基础上，开始全面启动国民经济和社会信息化建设。以"金"系列工程为代表的国家级重大信息系统工程建设陆续展开，随之，各地区、各企事业单位的信息系统建设也跨入了一个新阶段。总体上说，这些年来我国在信息系统建设和信息产业发展方面取得了巨大成绩，积累了宝贵经验，主流是健康的。但是，在信息系统建设的过程中也陆续暴露出各种问题，有的甚至带来了严重损失，虽然从总体上说不是主流，但也不容忽视。我国信息产业与信息化建设的主管部门和领导机构——从当时的电子工业部到现在的信息产业部，从当时的国务院信息化工作领导小组及其办公室到现在的国家信息化领导小组及国务院信息化工作办公室，在积极推进信息化建设的过程中也同时对于所发现的问题给予密切关注并且采取了有效措施，在信息系统工程建设中引入监理制就是其中一项重要举措。

　　1999年，信息产业部在起草信息系统集成资质认证的相关文件的同时，也开始着手筹备信息系统工程监理相关文件的起草工作。

　　2002年9月，国务院办公厅国办发【2002】47号文件转发的《振兴软件产业行动纲要》中，明确提出"国家重大信息化工程实行招标制、工程监理制"。

　　2002年11月，信息产业部信部信【2002】570号文件发布了《信息系统工程监理暂行规定》。

　　2003年3月，信息产业部信部信【2003】142号文件发布了《信息系统工程监理单位资质管理办法》和《信息系统工程监理工程师资格管理办法》。

　　2004年6月，信息系统工程监理被列为国务院发布的首批行政许可项目之一。信息系统工程监理继续受到肯定和支持。

　　现在，信息系统工程监理作为21世纪中国大地上兴起的新生事物，正在生机蓬发、茁壮成长。要使信息系统工程监理行业快速健康发展，尚需要很多条件，例如：

- 信息系统项目建设的主管人员要提高认识，把信息系统工程监理作为保证项目质量、提高项目管理水平的必要措施，在信息系统项目投资计划中为监理留出应有的空间；
- 国家有关部门对于监理取费占整个工程项目费用的比例应制定相应规范；
- 信息系统工程监理单位应加强自身资质建设，提升工程项目监理水平；
- 等等。

　　但是，关键问题还在于监理人才队伍的培养和管理。如果说前面叙述的信息产业部发布的《信息系统工程监理工程师资格管理办法》已经确定了信息系统工程监理人员管理的体系框架，那么，信息产业部和人事部联合发布的国人部发【2003】39号文件则在信息系统监理人员的培训方面起到巨大的推动作用，成为适合"时节"需要的"好雨"。因为，正是在这个文件中，"信息系统监理师"开始列入计算机技术与软件专业技术资格（水平）考试系列。

编者受全国计算机技术与软件专业技术资格（水平）考试办公室委托，编写《信息系统监理师教程》一书，以适应信息系统监理师级别的考试大纲要求。编者在撰写本书时紧扣《信息系统监理师考试大纲》，对考生需掌握的内容进行了全面、深入的阐述。

本书所指的信息系统工程是信息化工程建设中的信息网络系统、信息资源系统、信息应用系统的新建、升级、改造工程，其中，信息资源系统是信息化建设的核心，地位十分重要。但是，考虑到在信息化建设实践中，几乎从未看到过孤立存在的"核心"，即信息资源系统往往是和信息应用系统紧密结合在一起的，所以，本书中信息资源系统建设的监理融合在信息应用系统或信息网络系统监理中。

本书共分三篇，第一篇监理基础，对信息工程监理的发展、监理法律法规、监理依据、监理组织与职责，以及四控三管一协调监理方法进行了系统的介绍；第二篇信息应用系统监理技术，针对信息应用系统建设的特点，重点讲述应用系统工程实施的各个阶段的监理要点以及监理方法；第三篇信息网络系统监理技术，针对信息网络系统的特点，重点讲述信息网络系统工程实施的各个阶段的监理要点以及监理方法。需要指出的是，信息系统工程监理既具有较强的理论性，又具有很强的实践性。所以，希望读者在学习过程中注意理论与实践相结合。本书是全国计算机技术与软件专业技术资格（水平）考试信息系统监理师教材，也可作为信息系统工程监理相关技术人员的参考书。

本书由中国软件评测中心组织编写，柳纯录担任主编，杨娟、陈兵担任副主编。第一篇由柳纯录、陈兵、杨娟、黄子河、叶宜强、卢学哲、黄官银、相春雷、刘学成、刘明亮等编写，第二篇由陈兵、杨娟、卢学哲、相春雷、李明艳等编写，第三篇由陈兵、黎连业、张少昕、祈云峰、朱卫东、叶宜强、李魁等编写，全书由柳纯录、杨娟、陈兵、黄子河统稿。

本书在编写过程中，参考了许多相关的书籍和资料，并且得到信息产业部信息化推进司、信息产业部电子教育中心、信息产业部计算机专业技术资格（水平）考试专家委员会、北京赛迪信息工程监理有限公司的各位领导和专家以及王行刚、张英、马应章等国内多位行业专家的热情关怀、悉心指导和鼎力帮助，孙强、高炽扬、宗芳、程云鹏、肖艳、刘铁男等同志参加了早期的起草工作，我们谨在此一并表示诚挚的感谢！

由于信息系统工程监理起步时间较短，许多问题还有待探讨，更需实践的验证；加之我们的水平和实践的局限，书中难免有欠妥之处，敬请读者不吝指正。

编　者
2005年2月

目 录

第一篇 监理基础

第1章 信息系统工程监理引论 ……… 1
- 1.1 信息化建设在解决问题的过程中推进 ……… 1
  - 1.1.1 发展中的问题 ……… 1
  - 1.1.2 实施计算机信息系统集成资质管理制度 ……… 2
  - 1.1.3 推行项目经理制度 ……… 4
  - 1.1.4 推行信息系统工程监理制度 ……… 5
- 1.2 信息系统工程监理相关概念 ……… 7
  - 1.2.1 什么是信息系统工程监理 ……… 7
  - 1.2.2 监理项目范围和监理内容 ……… 8
  - 1.2.3 监理工作程序 ……… 9
  - 1.2.4 监理单位和监理人员的权利和义务 ……… 10
- 1.3 关于设备监理 ……… 10
  - 1.3.1 相关概念 ……… 10
  - 1.3.2 设备监理单位的监理专业分类 ……… 11
  - 1.3.3 设备监理相关文件 ……… 12
  - 1.3.4 信息系统工程监理与设备监理之关系 ……… 13
- 1.4 信息系统工程监理与建筑工程监理之区别 ……… 13
  - 1.4.1 两者在工程方面的区别 ……… 13
  - 1.4.2 两者在监理单位方面的区别 ……… 14

第2章 信息系统项目管理 ……… 16
- 2.1 项目管理在信息系统工程实施中的地位和作用 ……… 16
  - 2.1.1 项目管理在信息系统项目实施中的重要性与迫切性 ……… 16
  - 2.1.2 系统集成项目管理现状举例 ……… 16
  - 2.1.3 管理出效益 ……… 16
- 2.2 信息系统项目管理的14要素 ……… 17
  - 2.2.1 立项管理 ……… 17
  - 2.2.2 计划管理 ……… 18
  - 2.2.3 人员管理 ……… 19
  - 2.2.4 质量管理 ……… 21
  - 2.2.5 成本管理 ……… 23
  - 2.2.6 进度管理 ……… 24
  - 2.2.7 变更与风险管理 ……… 26
  - 2.2.8 合同管理 ……… 27
  - 2.2.9 安全管理 ……… 27
  - 2.2.10 外购和外包管理 ……… 29
  - 2.2.11 知识产权管理 ……… 29
  - 2.2.12 沟通与协调管理 ……… 30
  - 2.2.13 评估与验收管理 ……… 31

2.2.14 文档管理 …………………… 31
2.3 项目主建方、承建单位、监理
    单位与项目管理方法之关系 …… 31
    2.3.1 项目管理是信息系统项目
          主建方、承建单位、监理
          单位之共同基础 …………… 31
    2.3.2 信息系统工程项目相关
          各方与项目管理之关联 …… 32
2.4 项目管理的国际动态 ……………… 33
    2.4.1 国际项目管理协会和知识
          体系介绍 …………………… 33
    2.4.2 美国项目管理学会和
          PMBOK 介绍 ……………… 35
    2.4.3 项目管理资质介绍 ……… 37

第 3 章 信息系统工程监理资质管理 …… 40
3.1 监理单位资质等级条件 …………… 40
    3.1.1 综合条件 ………………… 40
    3.1.2 业绩 ……………………… 41
    3.1.3 监理能力 ………………… 41
    3.1.4 人才实力 ………………… 43
3.2 监理单位资质的管理 ……………… 44
    3.2.1 管理体系 ………………… 44
    3.2.2 资质评定 ………………… 44
    3.2.3 资质及资质证书管理 …… 45

第 4 章 监理单位的组织建设 …………… 47
4.1 监理体系建设 ……………………… 47
    4.1.1 业务体系建设 …………… 47
    4.1.2 质保体系建设 …………… 48
    4.1.3 管理体系建设 …………… 53
4.2 监理单位的风险防范 ……………… 54
    4.2.1 监理工作的风险类别 …… 54
    4.2.2 监理单位的风险防范方法 … 54

第 5 章 监理项目的组织和规划 ………… 56
5.1 监理项目部的组成 ………………… 56
    5.1.1 监理项目部的组织结构 … 56
    5.1.2 监理人员的岗位与职责 … 58
5.2 监理工作的计划 …………………… 59
5.3 监理规划 …………………………… 61
    5.3.1 编制监理规划的意义 …… 61
    5.3.2 监理规划编制的程序和
          依据 ………………………… 63
    5.3.3 监理规划的内容 ………… 64
5.4 监理实施细则 ……………………… 65
    5.4.1 编制监理实施细则的意义 … 65
    5.4.2 监理实施细则编制的程序
          与依据 ……………………… 66
    5.4.3 监理实施细则的内容 …… 68

第 6 章 质量控制 ………………………… 70
6.1 信息系统工程质量和质量控制的
    概念 ………………………………… 70
    6.1.1 信息系统工程质量的定义 … 70
    6.1.2 信息系统工程质量控制的
          概念 ………………………… 71
    6.1.3 信息系统工程质量控制的
          原则 ………………………… 71
    6.1.4 信息系统工程质量控制的
          特点 ………………………… 72
6.2 质量体系控制 ……………………… 73
    6.2.1 质量保证体系的概念 …… 73
    6.2.2 三方协同的质量控制 …… 76
6.3 分阶段质量控制的重点 …………… 79
    6.3.1 质量控制点 ……………… 79
    6.3.2 招投标及准备阶段的质量
          控制 ………………………… 80

6.3.3 设计阶段的质量控制……………81
　　6.3.4 实施阶段的质量控制……………82
　　6.3.5 验收阶段的质量控制……………86
6.4 质量控制手段…………………………89
　　6.4.1 评审…………………………………89
　　6.4.2 测试…………………………………90
　　6.4.3 旁站…………………………………91
　　6.4.4 抽查…………………………………92

第7章 信息系统工程的进度控制……93

7.1 进度与进度控制………………………93
　　7.1.1 进度…………………………………93
　　7.1.2 进度控制……………………………93
7.2 进度控制的目标与范围………………99
　　7.2.1 进度控制的意义……………………99
　　7.2.2 进度控制的目标……………………99
　　7.2.3 进度控制的范围……………………100
　　7.2.4 影响进度控制的因素………………100
7.3 进度控制的任务、程序与方法
　　措施………………………………………101
　　7.3.1 各阶段主要任务……………………101
　　7.3.2 进度控制程序………………………104
　　7.3.3 进度控制方法………………………106
7.4 进度控制的技术手段…………………106
　　7.4.1 图表控制法…………………………107
　　7.4.2 网络图计划法………………………108
　　7.4.3 "香蕉"曲线图法……………………109

第8章 投资控制…………………………110

8.1 投资控制概述…………………………110
　　8.1.1 投资控制内容………………………110
　　8.1.2 投资控制失效的原因………………115
　　8.1.3 投资控制要点………………………116
8.2 信息系统工程投资控制基础
　　知识与方法………………………………117

　　8.2.1 信息工程项目投资…………………117
　　8.2.2 信息工程项目投资构成
　　　　　分析……………………………………117
　　8.2.3 货币的时间价值与投资
　　　　　决策……………………………………121
　　8.2.4 投资控制中的技术经济
　　　　　分析……………………………………125
　　8.2.5 投资控制的方法与技术……………130
8.3 信息系统工程资源计划、成本
　　估算及预算………………………………139
　　8.3.1 资源计划……………………………139
　　8.3.2 总成本费用的估算…………………141
　　8.3.3 信息系统工程成本预算……………143
　　8.3.4 成本预算的控制……………………146
8.4 信息系统工程成本控制………………147
　　8.4.1 成本控制……………………………147
　　8.4.2 成本控制的监理工作
　　　　　任务和措施……………………………148
　　8.4.3 招标及准备阶段成本
　　　　　控制工作………………………………150
　　8.4.4 设计阶段成本控制…………………152
　　8.4.5 实施阶段成本控制…………………153
　　8.4.6 验收阶段成本控制…………………155
　　8.4.7 信息系统工程计量与
　　　　　工程付款控制…………………………156
8.5 信息系统工程成本结算的审核………158
　　8.5.1 信息系统工程成本结算……………158
　　8.5.2 信息系统工程竣工
　　　　　结算的意义……………………………159
　　8.5.3 信息系统工程竣工
　　　　　结算的编制与结算报表………………159
　　8.5.4 信息系统工程竣工
　　　　　结算的审核……………………………160

第9章 变更控制 ································ 162

9.1 项目变更的含义和原因 ············ 162
9.1.1 项目变更的含义 ············· 162
9.1.2 变更产生的原因 ············· 162

9.2 变更控制的基本原则 ············ 163
9.2.1 对变更申请快速响应 ······ 163
9.2.2 任何变更都要得到三方确认 ································ 163
9.2.3 明确界定项目变更的目标 ································ 163
9.2.4 防止变更范围的扩大化 ······ 163
9.2.5 三方都有权提出变更 ······ 163
9.2.6 加强变更风险以及变更效果的评估 ····················· 164
9.2.7 及时公布变更信息 ········· 164
9.2.8 选择冲击最小的方案 ······ 164

9.3 变更控制的工作程序 ············ 164
9.3.1 了解变化 ······················· 164
9.3.2 接受变更申请 ················ 164
9.3.3 变更的初审 ··················· 165
9.3.4 变更分析 ······················· 165
9.3.5 确定变更方法 ················ 165
9.3.6 监控变更的实施 ············ 165
9.3.7 变更效果评估 ················ 166

9.4 项目变更控制的工作任务 ······ 166
9.4.1 对需求变更的控制 ········· 166
9.4.2 对进度变更的控制 ········· 168
9.4.3 对成本变更的控制 ········· 168
9.4.4 对合同变更的控制 ········· 169

第10章 信息系统工程的合同管理 ········ 172

10.1 信息系统工程合同的内容及分类 ································· 172
10.1.1 合同的概念及其法律特征 ································· 172
10.1.2 信息系统工程合同的分类 ································· 174
10.1.3 信息系统工程合同的作用 ································· 176
10.1.4 信息系统工程合同的主要内容 ························· 177
10.1.5 信息系统工程合同签订的注意事项 ················ 179

10.2 信息系统工程合同管理的内容与基本原则 ················ 181
10.2.1 合同管理的概念与意义 ································· 181
10.2.2 合同管理的主要内容 ···· 181
10.2.3 合同管理的原则 ·········· 187

10.3 合同索赔的处理 ·················· 188
10.3.1 索赔的概念 ·················· 188
10.3.2 索赔的依据 ·················· 190
10.3.3 索赔的处理 ·················· 190

10.4 合同争议的调解 ·················· 195
10.4.1 合同争议的概念与特点 ································· 195
10.4.2 合同争议的起因 ·········· 195
10.4.3 合同争议的调解 ·········· 196

10.5 合同违约的管理 ·················· 197
10.5.1 合同违约的概念 ·········· 197
10.5.2 对建设单位违约的管理 ································· 198
10.5.3 对承建单位违约的管理 ································· 199
10.5.4 对其他违约的管理 ······ 200

10.6 知识产权保护管理 ·············· 201

10.6.1 知识产权的基本概念……201
10.6.2 知识产权的保护……202
10.6.3 知识产权保护的监理……206

第11章 信息安全管理……209

11.1 信息系统安全概论……209
    11.1.1 信息系统安全定义与认识……209
    11.1.2 信息系统安全的属性……210
    11.1.3 信息安全管理的重要性……212
    11.1.4 架构安全管理体系……213
11.2 监理在信息安全管理中的作用……217
    11.2.1 监理督促建设单位进行信息安全管理的教育……217
    11.2.2 监理督促建设单位进行信息安全规划……220
    11.2.3 安全管理制度与监理实施……221
11.3 信息系统安全管理分析与对策……222
    11.3.1 物理访问的安全管理……222
    11.3.2 应用环境的安全管理……223
    11.3.3 逻辑访问的安全管理……225
    11.3.4 架构安全的信息网络系统……232
    11.3.5 数据备份与灾难恢复的安全管理……243

第12章 信息管理……249

12.1 信息工程信息与信息管理……249
    12.1.1 信息工程信息……249
    12.1.2 信息工程信息管理……250
    12.1.3 监理在信息工程信息管理的作用及重要性……250
12.2 监理单位的信息管理方法……252
    12.2.1 信息系统工程信息资料的划分……252
    12.2.2 监理单位信息管理方法……253
    12.2.3 监理单位制订文档编制策略……255
12.3 信息系统工程监理相关信息分类……256
    12.3.1 按项目参与单位分类……256
    12.3.2 按工程建设阶段分类……257
    12.3.3 按监理角度分类……257
12.4 监理在信息管理中的主要文档……259
    12.4.1 总控类文档……259
    12.4.2 监理实施类文档……260
    12.4.3 监理回复（批复）类文件……262
    12.4.4 监理日志及内部文件……262
    12.4.5 监理文件列表……263

第13章 信息系统工程建设的组织协调……276

13.1 组织协调的概念与内容……276
    13.1.1 组织协调的概念……276
    13.1.2 系统内部的协调……276
    13.1.3 合同因素的协调……277
    13.1.4 非合同因素的协调……278
    13.1.5 社团关系的协调……278
13.2 组织协调的基本原则……280
    13.2.1 公平、公正、独立原则……280
    13.2.2 守法原则……281
    13.2.3 诚信原则……281
    13.2.4 科学的原则……281

13.3 组织协调的监理单位法 ………… 282
　　13.3.1 监理会议 ………………… 282
13.3.2 监理报告 ………………… 285
13.3.3 沟通 ……………………… 286

第二篇　信息网络系统建设监理

第14章　信息网络系统监理基础 ………… 291

14.1 信息网络系统建设监理的技术概述 …………………………………… 291
　　14.1.1 信息网络系统的体系框架 …………………………… 291
　　14.1.2 网络基础平台 ……………… 292
　　14.1.3 网络服务平台 ……………… 308
　　14.1.4 网络安全平台 ……………… 313
　　14.1.5 网络管理平台 ……………… 319
　　14.1.6 环境平台 …………………… 320
14.2 信息网络系统建设监理概述 …… 321
　　14.2.1 监理的基本内容 …………… 321
　　14.2.2 监理的重点 ………………… 323

第15章　信息网络系统建设准备阶段的监理 …………………………………… 326

15.1 立项和工程准备阶段的监理 …… 326
　　15.1.1 立项评审的基本原则 …… 326
　　15.1.2 立项报告和可行性报告编写的监理 ………… 327
15.2 招标阶段的监理 ………………… 330
　　15.2.1 信息网络系统招标监理的基本特点 ………… 330
　　15.2.2 招投标过程 ………………… 331
　　15.2.3 招标方式的确定 …………… 332
　　15.2.4 承建方资质的评审 ………… 333
　　15.2.5 招标过程的监督 …………… 334
　　15.2.6 合同的签订管理 …………… 337

第16章　信息网络系统建设设计阶段的监理 …………………………………… 339

16.1 设计阶段监理概述 ……………… 339
　　16.1.1 设计阶段监理的内容 …… 339
　　16.1.2 设计方案评审的基本原则 …………………………… 340
16.2 网络基础平台方案的评审 ……… 341
　　16.2.1 网络整体规划 ……………… 341
　　16.2.2 网络设备 …………………… 342
　　16.2.3 服务器和操作系统 ……… 345
　　16.2.4 数据存储和备份系统 …… 346
16.3 网络服务平台方案的评审 ……… 348
　　16.3.1 Internet 网络服务系统 … 348
　　16.3.2 多媒体业务网络系统 …… 350
　　16.3.3 数字证书系统 ……………… 351
16.4 网络安全和管理平台方案的评审 …………………………………… 352
　　16.4.1 防火墙系统 ………………… 353
　　16.4.2 入侵监测和漏洞扫描系统 …………………………… 354
　　16.4.3 其他网络安全系统 ……… 355
　　16.4.4 网络管理系统 ……………… 356
16.5 环境平台方案的评审 …………… 357
　　16.5.1 机房建设 …………………… 357
　　16.5.2 综合布线系统 ……………… 363

第17章　信息网络系统建设实施阶段的监理 …………………………………… 386

17.1 工程实施阶段监理概述 ………… 386

17.1.1 工程开工前的监理内容 ······ 386
17.1.2 实施准备阶段的监理内容 ······ 386
17.1.3 工程实施阶段（网络集成与测试阶段）的监理内容 ······ 386
17.2 设备采购的监理 ······ 387
  17.2.1 监理的任务与重点 ······ 387
  17.2.2 监理的流程 ······ 388
17.3 机房工程的监理 ······ 388
  17.3.1 监理的重点 ······ 388
  17.3.2 场地的选择 ······ 389
  17.3.3 机房环境 ······ 390
  17.3.4 机房选用的附加设备 ······ 390
  17.3.5 接地系统 ······ 390
  17.3.6 电源系统 ······ 391
  17.3.7 空调系统 ······ 391
  17.3.8 装机前机房装备注意事项的检查 ······ 392
17.4 综合布线的监理 ······ 393
  17.4.1 综合布线设备安装 ······ 393
  17.4.2 布放线缆 ······ 394
  17.4.3 缆线端接 ······ 394
17.5 隐蔽工程的监理 ······ 395
  17.5.1 金属线槽安装 ······ 395
  17.5.2 管道安装 ······ 396
  17.5.3 其他 ······ 397
17.6 布线系统测试 ······ 398
  17.6.1 UTP 测试 ······ 398
  17.6.2 光缆测试 ······ 401
17.7 网络系统安装调试的监理 ······ 403
  17.7.1 网络系统的详细逻辑设计 ······ 404
  17.7.2 网络设备加电测试、模拟建网调试及连通性测试 ······ 404
  17.7.3 网络设备的安装 ······ 405
  17.7.4 主机及软件系统的安装调试 ······ 407

第 18 章　信息网络系统验收阶段的监理 ······ 408
18.1 验收阶段监理概述 ······ 408
  18.1.1 验收的前提条件 ······ 408
  18.1.2 验收方案的审核与实施 ······ 408
  18.1.3 工程验收的组织 ······ 410
  18.1.4 售后服务与培训监理 ······ 411
  18.1.5 监理主要内容 ······ 412
18.2 网络基础平台的验收 ······ 412
  18.2.1 网络基础平台的整体性能 ······ 412
  18.2.2 网络设备 ······ 413
  18.2.3 服务器和操作系统 ······ 414
  18.2.4 数据存储和备份系统 ······ 414
18.3 网络服务平台的验收 ······ 415
  18.3.1 Internet 网络服务 ······ 415
  18.3.2 多媒体业务网络 ······ 415
  18.3.3 数字证书系统 ······ 417
18.4 网络安全和管理平台的验收 ······ 418
  18.4.1 防火墙系统的验收 ······ 418
  18.4.2 入侵监测和漏洞扫描系统 ······ 419
  18.4.3 其他网络安全系统测试 ······ 419
  18.4.4 网络管理系统 ······ 420
18.5 环境平台的验收 ······ 420

18.5.1 机房工程 …………………… 420
18.5.2 综合布线系统 ……………… 425
18.6 信息网络系统测试验收常用
工具概览 ……………………………… 429
18.6.1 系统资源管理工具
Server Vantage ……………… 429
18.6.2 网络应用性能管理
工具 Network Vantage …… 430
18.6.3 网络应用性能分析工
具 Application Expert
V8.5 ………………………… 430
18.6.4 网络性能分析测试
工具 SmartBits 6000B …… 430
18.6.5 站点质量分析工具
Webcheck V5.0 …………… 431
18.6.6 MicroMapper 电缆
线序检测仪 ………………… 431
18.6.7 多协议网络离散模拟
工具 NS-2 …………………… 431
18.6.8 DSP-4000 数字式电缆
分析仪 ……………………… 432
18.6.9 OptiFiber 光缆认证
分析仪 ……………………… 432
18.6.10 OPNET ………………… 432
18.7 信息网络系统验收的说明 …… 433

第三篇 信息应用系统建设监理

第 19 章 信息应用系统建设基础知识 ……… 435

19.1 软件的概念、特点和分类 …… 435
19.2 软件工程 …………………………… 437
    19.2.1 概述 ……………………… 437
    19.2.2 软件工程框架 …………… 438
    19.2.3 软件生存周期 …………… 440
    19.2.4 软件开发模型 …………… 441
19.3 软件配置管理 …………………… 445
    19.3.1 配置管理项 ……………… 445
    19.3.2 配置管理库 ……………… 445
    19.3.3 质量要求 ………………… 445
    19.3.4 管理规程 ………………… 445
    19.3.5 工具 ……………………… 446
19.4 软件测试 …………………………… 446
    19.4.1 测试目的 ………………… 446
    19.4.2 软件测试技术 …………… 446
    19.4.3 软件测试工作规程 ……… 447
    19.4.4 测试组织 ………………… 448
    19.4.5 软件问题报告和软件
           变更报告 ………………… 449
    19.4.6 纠错工作过程 …………… 449
19.5 软件评审 …………………………… 449
    19.5.1 评审目的 ………………… 449
    19.5.2 评审组织 ………………… 449
    19.5.3 评审对象 ………………… 450
    19.5.4 外部评审的步骤 ………… 450
19.6 软件维护 …………………………… 452
    19.6.1 软件维护类型 …………… 452
    19.6.2 软件维护组织 …………… 453
19.7 软件工程标准 …………………… 453
    19.7.1 软件工程标准化的
           意义 ……………………… 453
    19.7.2 软件工程标准的制定
           与推行 …………………… 454

	19.7.3	软件工程标准的层次 …… 455
19.8	软件开发文档 …… 458
	19.8.1	文档的种类 …… 458
	19.8.2	文档的结构 …… 459
	19.8.3	文档的取舍与合并 …… 460
19.9	软件工业化生产时代的基础技术和方法 …… 462
	19.9.1	软件过程技术 …… 463
	19.9.2	软件开发方法 …… 471
	19.9.3	从面向对象技术到构件技术 …… 475
	19.9.4	公共对象请求中介结构 CORBA …… 476
	19.9.5	构件对象模型 COM 和构件对象模型 DCOM …… 477
	19.9.6	JAVA 和 JAVA2 环境平台企业版 J2EE …… 478
	19.9.7	Microsoft .NET 平台 …… 478
	19.9.8	基于 Internet 技术和 Web 服务的软件设计 …… 479
	19.9.9	软件复用技术 …… 481
	19.9.10	模式（Pattern）与框架（Framework）技术 …… 482
	19.9.11	统一建模语言 UML 和统一开发过程 RUP …… 485

第 20 章 信息应用系统监理工作 …… 491

- 20.1 信息工程应用系统建设监理的意义 …… 491
- 20.2 监理的目标和内容 …… 492
  - 20.2.1 监理目标 …… 492
  - 20.2.2 监理内容 …… 493
- 20.3 应用软件建设的质量控制 …… 494
  - 20.3.1 软件工程质量概述 …… 494
  - 20.3.2 监理的质量控制体系 …… 496
  - 20.3.3 质量管理组织 …… 496
  - 20.3.4 项目的质量控制 …… 496
  - 20.3.5 设计质量控制 …… 500
  - 20.3.6 开发质量控制 …… 504
  - 20.3.7 测试质量控制 …… 506
  - 20.3.8 系统验收质量控制 …… 507
- 20.4 应用软件建设的进度控制 …… 508
  - 20.4.1 进度控制的目标和内容 …… 508
  - 20.4.2 进度控制的措施 …… 508
  - 20.4.3 进度控制监理要点及流程 …… 508
  - 20.4.4 进度控制的方法 …… 512
  - 20.4.5 网络计划技术在信息应用系统进度监理中的应用 …… 513
- 20.5 应用软件建设的投资控制 …… 525
  - 20.5.1 软件项目投资控制概念 …… 525
  - 20.5.2 成本估算技术与方法 …… 526
  - 20.5.3 成本控制 …… 536

第 21 章 准备阶段的监理工作 …… 538

- 21.1 立项阶段的监理工作 …… 538
- 21.2 一般招标过程 …… 539
- 21.3 确定招标方式 …… 540
- 21.4 审查承建单位资质 …… 540
  - 21.4.1 软件企业资质 …… 541
  - 21.4.2 系统集成企业资质 …… 541
  - 21.4.3 相关领域成功经验 …… 542
- 21.5 审查承建单位质量管理体系 …… 542

21.5.1 软件能力成熟度模型 …… 542
21.5.2 ISO 质量管理体系 …… 544
21.6 监督招标过程 …… 547
21.7 合同签订管理 …… 548
21.8 工程技术文档管理 …… 549

第 22 章 分析设计阶段监理 …… 551

22.1 分析设计阶段的系统建设任务 …… 551
22.1.1 需求分析的进入条件 …… 551
22.1.2 需求分析的目标 …… 551
22.1.3 软件需求分析的任务 …… 551
22.1.4 需求分析阶段成果 …… 552
22.1.5 设计阶段的进入条件 …… 552
22.1.6 软件设计的目标 …… 553
22.1.7 软件设计的任务 …… 553
22.1.8 软件设计阶段成果 …… 555
22.2 分析设计阶段监理工作内容 …… 555
22.2.1 项目计划监理 …… 556
22.2.2 软件质量管理体系监理 …… 559
22.2.3 软件质量保证计划监理 …… 560
22.2.4 软件配置管理监理 …… 562
22.2.5 需求说明书评审 …… 563
22.2.6 软件分包合同监理 …… 566
22.2.7 概要设计说明书评审 …… 567
22.2.8 详细设计说明书评审 …… 570
22.2.9 测试计划评审 …… 572
22.2.10 软件编码规范评审 …… 574
22.2.11 工程设计阶段投资控制 …… 576

第 23 章 实施阶段监理 …… 577

23.1 实施阶段的系统建设任务 …… 577
23.1.1 编码阶段的系统建设任务 …… 577
23.1.2 测试阶段的系统建设任务 …… 578
23.1.3 试运行与培训阶段系统建设工作任务 …… 581
23.2 实施阶段监理的工作内容 …… 581
23.2.1 软件编码监理 …… 582
23.2.2 软件测试监理 …… 584

第 24 章 验收阶段监理 …… 588

24.1 验收阶段的系统建设任务 …… 588
24.1.1 验收负责单位 …… 588
24.1.2 验收前提 …… 588
24.1.3 验收依据 …… 588
24.1.4 验收阶段业主单位的工作 …… 588
24.1.5 验收阶段承建单位的工作 …… 589
24.1.6 验收过程 …… 590
24.1.7 系统移交 …… 590
24.1.8 系统保障 …… 590
24.2 验收阶段的监理工作 …… 590
24.2.1 验收阶段监理工作的重点 …… 590
24.2.2 验收组织 …… 591
24.2.3 验收的基本原则 …… 591
24.2.4 配置审核 …… 592
24.2.5 验收测试 …… 593
24.2.6 验收评审 …… 594
24.2.7 验收报告 …… 595
24.2.8 验收未通过的处理 …… 595
24.2.9 系统移交和系统保障监理 …… 596

第一篇 监理基础

第1章 信息系统工程监理引论

1.1 信息化建设在解决问题的过程中推进

1.1.1 发展中的问题

1993年,我国在多年发展信息产业、推广信息技术应用的基础上,开始全面启动国民经济和社会信息化建设。以"金"(十二金)系列工程为代表的国家级重大信息系统工程建设陆续展开。随之,各地区,各企、事业单位的信息系统建设也跨进了一个新阶段。总体上说,这些年来我国在信息系统建设和信息产业发展方面取得了巨大成绩,积累了宝贵经验,主流是健康的。广大计算机信息系统集成企业与信息系统的建设单位(包括主建单位及用户单位)密切合作,一大批信息系统相继建成并且投入使用,产生了显著的经济效益和社会效益;与此同时,广大信息系统集成企业在激烈的竞争中得到了锻炼和成长,素质和能力不断提高。

但是,信息系统建设随后也陆续暴露出各种问题,虽然不是主流,但也不容忽视。

1. 信息化建设普遍存在的主要问题

(1) 系统质量不能满足应用的基本需求;
(2) 工程进度拖后延期;
(3) 项目资金使用不合理或严重超出预算;
(4) 项目文档不全甚至严重缺失;
(5) 在项目实施过程中系统业务需求一变再变;
(6) 在项目实施过程中经常出现扯皮、推诿现象;
(7) 系统存在着安全漏洞和隐患;
(8) 重硬件轻软件,重开发轻维护,重建设轻使用。

这些问题严重阻碍着信息化建设进程,甚至产生了令人痛心的豆腐渣工程。有些项目,虽然资金投入了,系统却没有建起来;或者,虽然系统建立了,却是个运转不起来的死系统,等等。于是导致投资见不到效果,见不到效益,使国家和用户单位蒙受极大经济损失。

2．产生问题的原因

究其原因，自然要具体问题具体分析，而且不同项目之间也往往存在着差异，但概括起来，主要有以下四点。

1）不具备能力的单位搅乱系统集成市场

"金"系列工程等信息化建设项目为计算机信息系统集成业开辟了巨大的市场空间，也使得不少皮包商认为有机可乘。他们虽然不具备承建信息系统（特别是大型信息系统）工程的能力，却鱼目混珠，在投标、竞标中搅乱正常秩序，破坏"游戏规则"，采用拼命压低价格等多种不正当手段以获取项目。

2）一些建设单位在选择项目承建单位和进行业务需求分析方面有误

一些建设单位对信息系统集成企业的实力、专长等要素不熟悉；还有一些建设单位在招投标环节运作不规范，采用内定等暗箱操作方式，错误地选择了缺乏相应资质的单位承建项目。有些建设单位对所要上马的项目具有某种程度的盲目性，对项目所要达到的目标若明若暗，突出地表现在未能清楚地理出并且准确地把握项目系统的业务需求。

3）信息系统集成企业自身建设有待加强

经过多年信息产业发展和信息技术应用推广的伟大实践，一批专门从事软件开发和信息系统集成的企业涌现出来，但要适应像"金"系列工程这样大规模信息化建议的要求，并且达到能与国际著名跨国公司竞争的程度，在当时确实还有相当的差距。

4）缺乏相应的机制和制度

信息化建设的蓬勃发展呼唤相适应的机制和制度，使之对信息系统工程和信息系统集成企业既起到引导、鼓励作用，又起到规范、约束作用。

我国信息产业与信息化建设的主管部门和领导机构，在积极推进信息化建设的过程中对所产生的问题予以密切关注并且逐步采取了有效措施，各省、自治区、直辖市、计划单列市等地方政府的信息产业及信息化主管部门也积极参与并且发挥创造性，进行了有益的探索。采取的主要措施有：

（1）计算机信息系统集成单位资质管理；
（2）信息系统项目经理资格管理；
（3）信息系统工程监理单位资质管理；
（4）信息系统工程监理人员资格管理。

下面依次叙述。

1.1.2　实施计算机信息系统集成资质管理制度

1．推荐优秀系统集成商

针对 1993 年以后开展"金"系列工程中出现的少数单位鱼目混珠、搅乱信息系统集成市场的问题,1996年7月,由原电子工业部"金"系列工程办公室主办,中国软件评测中心承办,开展了"全国优秀系统集成商推荐活动"。这次共评选出内资优秀系统集成企业、外资优秀系统集成企业、技术最强系统集成企业、最佳增值服务系统集成企业、最受用户欢迎系统集成企业、最佳经营系统集成企业、最佳售后服务系统集成企业七大类40家优秀系统集成企业,共收集这些公司及另外一些公司的系统集成案例125个。这次活动架起了企业和用户之间的桥梁,为信息系统的建设单位选择承建单位创造了条件,为产业主管部门制订相关政策提供了参考依据,也为后来开展信息系统集成企业资质认证工作积累了经验。

2. 对信息系统集成企业进行资质认证

1998年信息产业部成立后,便开始酝酿推行信息系统集成资质认证制度,并将其列为1999年重点工作之一;经过将近一年的调查研究、文件起草等筹备过程,1999年11月信息产业部发出了《计算机信息系统集成资质管理办法(试行)》(信部规[1999]1047号文,以下简称1047号文),决定从2000年1月1日起实施计算机信息系统集成资质认证制度。1047号文明确界定:计算机信息系统集成是指从事计算机应用系统工程和网络系统工程的总体策划、设计、开发、实施、服务及保障;计算机信息系统集成的资质是指从事计算机信息系统集成的综合能力,包括技术水平、管理水平、服务水平、质量保证能力、技术装备、系统建设质量、人员构成与素质、经营业绩、资产状况等要素;计算机信息系统集成资质等级从高到低依次为一、二、三、四级。

与此同时,《计算机信息系统集成资质等级评定条件(试行)》也已完成起草工作,并且在首批申请资质的21个企业中试行,经修改后于2000年9月发布《关于发布计算机信息系统集成资质等级评定条件的通知》——信部规[2000]821号文(以下简称821号文)。

经过3年多的评审实践证明821号文所发布的等级条件是切实可行的。但是,随着计算机信息系统集成事业的不断发展和计算机信息系统集成企业综合能力的不断提高,需要对821号文规定的等级条件进行相应调整。为此,信息产业部于2003年10月颁布了《关于发布计算机信息系统集成资质等级评定条件(修订版)的通知》(参见信部规[2003]440号文,以下简称440号文)。440号文关于资质等级评定条件的叙述,将在第3章介绍。

自2000年9月11日公布首批获得计算机信息系统集成资质证书名单(共21家企业)开始,至2004年6月止,已有1431家企业获得相应资质证书,其中:

一级70家;

二级283家;

三级705家;

四级373家。

计算机信息系统集成资质认证工作开展以来，成绩显著，影响巨大，主要表现在：

（1）认证工作及结果被各级政府和社会各界广泛认同，例如：

2000年12月28日发布的北京市人民政府令（第67号）第十条规定："未经资质认证的单位，不得承揽或者以其他单位名义承揽信息化工程"；第十一条规定："建设单位不得将信息化工程项目发包给不具备相关资质等级的单位"。

2001年9月12日国家保密局发出的《关于印发〈涉及国家秘密的计算机信息系统集成资质管理办法（试行）的通知》中，把"具有信息产业部颁发的《计算机信息系统集成资质证书》（一级或二级）"作为"涉密系统集成单位"的必要条件。

2002年9月18日《国务院办公厅转发国务院信息化工作办公室关于振兴软件产业行动纲要的通知》（国办发[2002]47号文）要求：认真贯彻执行《振兴软件产业行动纲要》。在该行动纲要中要求："对国家重大信息化工程实行招标制、工程监理制，承担单位实行资质认证"；而且，行动纲要明确规定："利用财政性资金建设的信息化工程，用于购买软件产品和服务的资金原则上不得低于总投资的 30%"。这就进一步加大了信息产业部信部规[2000]821 号文中关于信息系统集成项目中关于"软件费用应占工程项目总值的 30%以上"这一要求的贯彻力度。

现在，企业的计算机信息系统集成资质已成为信息系统建设单位在选择承建单位时的重要依据，或者说成为系统集成企业承揽信息系统工程特别是重大信息系统工程的必要条件。

（2）资质认证过程中要对企业的软件开发和系统集成的人员队伍、环境设备、质保体系、服务体系、培训体系、软件成果及所占比例、注册资本及财务状况、营业规模及业绩、项目质量、单位信誉等各方面进行严格审查，还要进行每年一次自检、每两年一次年检和每四年一次换证等检查。这一方面使系统集成企业受到严格的社会监督，另一方面也使得企业的综合实力和素质有了显著提高。

（3）有效地规范了信息系统集成市场，使皮包商钻空子和搅乱市场秩序的状况得到控制。

（4）信息系统工程质量显著提高。

（5）对于广大用户为支持软件与系统集成业发展创造良好环境起到引导作用。例如，过去普遍重视硬件轻视软件，现在逐步提高了对软件价值、系统集成价值和服务价值的认识。

1.1.3　推行项目经理制度

信息系统的建设单位，不仅关心信息系统承建单位的资质等级，还关心企业最终委派哪些人投入到该项目，特别是由哪一位出任项目经理。因为，有可能项目承包单位具有相应的资质等级,但是,由于各种原因,没能把具有相应资质和能力的人员安排到项目中。尤其需要强调的是,如果项目经理不够格,用户还是难于对该项目的完成建立信心,当然也难于对承建单位放心满意。所以,实行项目经理制是系统集成资质认证深入开展的必然结果,是保证信息系统工程质量的必要措施。

为此,信息产业部从 2001 年初就开始实施计算机信息系统集成项目经理制进行调研和相关文件起草的工作。在此过程中得到了社会各界特别是广大信息系统集成企业的大力支持。这一调研和相关文件起草过程本身其实就是一个动员过程。受信息产业部委托,中国软件评测中心于 2001 年 8 月成功地举办了软件与计算机信息系统集成项目管理研讨会,并且出版了《软件与计算机信息系统集成项目管理文集》。这次会议所取得的成果对加快推进信息系统集成项目经理制度实施产生了重要影响。

2002 年 8 月 28 日,信息产业部发出《关于发布〈计算机信息系统集成项目经理资质管理办法(试行)〉的通知》(信部规 [2002] 382 号文),决定在计算机信息系统集成行业推行项目经理制度。

为了叙述的方便,此处将《计算机信息系统集成项目经理资质管理办法(试行)》简称为《项目经理管理办法》。

《项目经理管理办法》首先界定了此处所指的项目经理的含义,指出:计算机信息系统集成项目经理是指从事计算机信息系统集成业务的企、事业单位法定代表人在计算机信息系统集成项目中的代表人,是受系统集成企、事业单位法定代表人委托对系统集成项目全面负责的项目管理者。

《项目经理管理办法》将系统集成项目经理分为项目经理、高级项目经理和资深项目经理三个级别,并且分别列出了这三个级别的评定条件。

《项目经理管理办法》对系统集成项目经理的职责和职业范围提出了明确要求,对其资质的申请及审批流程做出了明确规定,并且就系统集成项目经理的监督管理做出了较为详细的具体规定。

《项目经理管理办法》发布以后,信息产业部首先抓的就是项目经理培训。广大信息系统集成企业积极响应,踊跃报名;参加培训班的学员态度认真,兴趣盎然,在实践总结和理论提高方面都收获颇丰。项目经理培训确实促进了系统集成资质认证工作向深入发展,为保证信息系统工程质量增添了有力手段,也为开展信息系统工程监理创造了条件。

1.1.4 推行信息系统工程监理制度

1. 在实施系统集成资质认证制度的基础上推行信息系统工程监理制度

以质量为中心的信息系统工程控制管理工作是由三方——建设单位(主建方)、集成单位(承建单位)和监理单位——分工合作实施的。这三方的能力和水平都会直接影响到信息系统工程的质量、进度、成本等方面。所以，在1999年，信息产业部开始酝酿推行信息系统集成资质认证制度的同时，也明确地把推行信息系统工程监理制度的有关筹备工作作为1999年的重点工作。但是，考虑到系统集成资质认证工作不仅对提高系统集成企业的核心能力、保证信息系统工程质量起重要作用，而且是实施工程监理制的一项基础性、前提性工作，于是信息产业部还是从行业自律入手，首先抓好信息系统集成资质认证制度的实施。

系统工程监理与系统集成是性质不同的两类业务，所以，系统工程监理资质管理与系统集成资质管理有很大差别。例如，当1999年筹划推行系统集成资质认证制度的时候，我国的系统集成业已经是一个具有相当规模的、并且正在迅速成长的行业，而当时我国的信息系统工程监理可以说还没有真正形成，我们在筹划推行信息系统工程监理制度的同时也肩负着培育这个行业的艰巨任务，这就决定了信息系统工程监理资质管理的难度较大；但是，另一方面，只要我们保持清醒头脑，注意及时发现问题并且采取有效措施及时解决问题，就能使信息系统工程监理这个行业在它起步和发育成长期就处在规范化的良好的环境中。

2. 确定信息系统工程监理管理体系框架

在进行了两年多的调查研究和文件起草等项工作之后，信息产业部于2002年11月28日发出《关于发布〈信息系统工程监理暂行规定〉的通知》（信部信[2002]570号）。发布该暂行规定的主要目的是：推进国民经济和社会信息化建设，加强信息系统工程监理市场的规范化管理，确保信息系统工程的安全和质量。信息产业部在其中的主要职责是：根据国务院"三定"方案赋予的职能，加强对信息系统工程监理的行业管理。该暂行规定发布的意义是：初步确定了信息系统工程监理管理体系的框架。

信息产业部2003年3月26日发出《关于印发〈信息系统工程监理单位资质管理办法〉和〈信息系统工程监理工程师资格管理办法〉的通知》（信部信[2003]142号文），所发布的这两个管理办法与信部信[2002]570号文相配套，自此，信息系统工程监理开始驶入规范健康发展的轨道。

3. 发布信息系统工程监理资质等级条件

信部信[2003]142号文件所发布的《信息系统信息系统监理单位资质管理办法》的"第二章　资质等级条件"，阐明了甲、乙、丙各级监理单位所应具备的基本条件，对于推动我国信息系统工程监理事业健康发展，起到了积极的历史作用。为了使监理企业资质认证更具可操作性，使监理企业在加强自身建设方面有更明确的努力方向和更具体的奋斗目标和促进监理市场的规范化和健康发展，信息产业部计算机信息系统集成资质认证工作办公室于2004年5月11日发出《关于印发〈信息系统工程监理资质等级评定条件（试行）〉的通知》（信计资[2004]010号文）。010号文件从综合条件、业绩、监理能力、人才实力四个方面共计 18 条描述了甲、乙级监理企业的等级条件；对于丙级监理企业，其条件虽然也覆盖了上述四个方面，但简化为 10 条。

1.2 信息系统工程监理相关概念

1.2.1 什么是信息系统工程监理

至此，我们已经接触到了关于信息系统工程监理的很多概念，本节简介其中的主要概念。

1. 信息系统工程

信息系统工程是指信息化工程建设中的信息网络系统、信息资源系统、信息应用系统的新建、升级、改造工程。

信息网络系统是指以信息技术为主要手段建立的信息处理、传输、交换和分发的计算机网络系统。

信息资源系统是指以信息技术为主要手段建立的信息资源采集、存储、处理的资源系统。

信息应用系统是指以信息技术为主要手段建立的各类业务管理的应用系统。

2. 信息系统工程监理

信息系统工程监理是指在政府工商管理部门注册的且具有信息系统工程监理资质的单位，受建设单位委托，依据国家有关法律法规、技术标准和信息系统工程监理合同，对信息系统工程项目实施的监督管理。

3. 信息系统工程监理单位

广义地说，从事信息系统工程监理业务的单位称为信息系统工程监理单位。

从行业管理的角度讲，信息系统工程监理单位是指具有独立企业法人资格，并具备规定数量的监理工程师和注册资金、必要的软硬件设备、完善的管理制度和质量保证体系、固定的工作场所和相关的监理工作业绩，取得信息产业部颁发的《信息系统工程监理资质证书》，从事信息系统工程监理业务的单位。本书所称监理单位一般是指持有监理资质证书的单位。

为区别信息系统工程监理单位在实力、能力、条件、业绩等方面的差异以适应信息系统工程由于级别、规模、复杂度、难度、应用范围等方面的区别而产生的不同需求，信息系统工程监理单位分为甲、乙、丙三级。

4. 信息系统工程监理人员

从事信息系统工程监理业务的人员称为信息系统工程监理人员。

信息系统工程监理资格证书是信息系统工程监理从业的必要条件，而拥有相应数量的、持有信息系统工程监理资格证书的从业人员又是一个企业单位取得信息系统工程监理资质的必要条件。

信息系统工程监理资格证书包括：高级监理工程师、监理工程师、监理员等等。

1.2.2 监理项目范围和监理内容

1. 监理项目范围

1）信息产业部规定（参见信部信[2002]570号文）

下列信息系统工程应当实施监理：

- 国家级、省部级、地市级的信息系统工程；
- 使用国家政策性银行或者国有商业银行贷款，规定需要实施监理的信息系统工程；
- 使用国家财政性资金的信息系统工程；
- 涉及国家安全、生产安全的信息系统工程；
- 国家法律、法规规定应当实施监理的其他信息系统工程。

2）国务院信息办

2002年，国务院信息化工作办公室会同有关部门制定了《振兴软件产业行动纲要》（简称《纲要》）。《纲要》中明确要求"国家重大信息化工程实行招标制、工程监理制"。国务院国办发[2002]47号文指出：该《纲要》"已经国务院同意"，要求"各省、自治区、直辖市人民政府，国务院各部委、各直属机构""结合实际情况认真贯彻执行"。

2. 监理内容

监理活动的主要内容被概括为"四控、三管、一协调"。

1）四控

信息系统工程质量控制；

信息系统工程进度控制；

信息系统工程投资控制；

信息系统工程变更控制。

2）三管

信息系统工程合同管理；

信息系统工程信息管理；

信息系统工程安全管理。

3）一协调

在信息系统工程实施过程中协调有关单位及人员间的工作关系。

1.2.3 监理工作程序

1．选择监理单位

建设单位可采用招标、邀标方式选择监理单位，也可直接委托有相应资质的单位承担监理业务。

2．签订监理合同

一旦选定监理单位，建设单位与监理单位应当签订监理合同，合同内容主要包括：

（1）监理业务内容；

（2）双方的权利和义务；

（3）监理费用的计取和支付方式；

（4）违约责任及争议的解决方法；

（5）双方约定的其他事项。

3．三方会议

实施监理前，建设单位应将所委托的监理单位、监理机构、监理内容书面通知承建单位。承建单位应当提供必要的资料，为监理工作的开展提供方便。

召开三方项目经理会议，即由建设单位、承建单位、监理单位等各方任该项目主要负责人的管理者参加的会议，就工程实施与监理工作进行首次磋商。

4．组建监理项目组

监理项目组由具有监理资格的人员组成，并确定一名总监理工程师。

总监理工程师由具有高级监理工程师任职资格的监理人员出任；根据实际情况，也可选择具有3年以上任职经历、业绩突出的监理工程师出任。

信息系统工程实行总监理工程师负责制。总监理工程师行使合同赋予监理单位的权限，全面负责受委托的监理工作。

5．编制监理计划

编制监理工作计划，并与建设单位沟通、协商，征得建设单位确认。

编制监理实施细则。

6．实施监理业务

以监理合同为依据，执行监理工作计划和实施细则，要有监理业务活动记录和阶段性报告，直至工程项目完成。

7．参与工程验收

监理单位与建设单位、承建单位一起，对所完成的信息系统项目进行验收。

8．提交监理文档

监理业务完成后，向建设单位提交最终监理档案资料。

1.2.4 监理单位和监理人员的权利和义务

1. 监理单位的权利和义务

（1）应按照"守法、公平、公正、独立"的原则，开展信息系统工程监理工作，维护建设单位与承建单位的合法权益。

（2）按照监理合同取得监理收入。

（3）不得承包信息系统工程。

（4）不得与被监理项目的承建单位存在隶属关系和利益关系。

（5）不得以任何形式侵害建设单位和承建单位的知识产权。

（6）在监理过程中因违犯国家法律、法规，造成重大质量、安全事故的，应承担相应的经济责任和法律责任。

2. 监理人员的权利和义务

（1）根据监理合同独立执行工程监理业务。

（2）保守承建单位的技术秘密和商业秘密。

（3）不得同时从事与被监理项目相关的技术和业务活动。

1.3 关于设备监理

1.3.1 相关概念

1. 设备监理

设备监理是指依法设立的企业法人单位，受项目法人或建设单位（简称委托人）委托，并根据供货合同而签订的监理合同的约定，按照国家有关法规、规章、管理办法、技术标准，对重要设备的设计、制造、检验、储运、安装、调试等过程的质量、进度和投资等实施监督。

注意，此处提到的重要设备是指：国家大中型基本建设项目、限额以上技术改造项目等所需的主要设备、国家重点信息系统的重要硬件及相配套的应用软件（以下统称设备）。

根据国家有关规定，下列建设项目的重要设备应当实施设备监理：

（1）使用国家财政性资金的大中型基本建设项目和限额以上技术改造项目。

（2）涉及国内生产安全及国家法律、法规要求实施监理的特殊项目。

（3）国家政策性银行或者国有商业银行规定使用贷款需要实施监理的项目。

2. 设备监理单位

设备监理单位，是指具有企业法人资格和取得相应等级《设备监理单位资格证书》

的从事重要设备监理业务,即设备工程技术和管理咨询服务业务的社会组织。

设备监理单位属独立的社会中介服务机构,与行政机关无行政隶属关系或者其他经济利益关系。

设备监理单位的资格等级分为甲、乙两级。

3. 注册设备监理师

注册设备监理师是指通过全国统一考试,取得《中华人民共和国注册设备监理师执业资格证书》,并经注册后,根据设备监理合同独立执行设备工程监理业务的专业技术人员。

1.3.2 设备监理单位的监理专业分类

设备监理单位资格的申请和授予,都要说明其所从事设备监理业务的专业范围,即设备监理单位的监理专业,其分类见表 1-1 设备工程专业分类表。

表 1-1 设备工程专业分类表

序号	设备工程专业		序号	设备工程专业	
1	冶金工业	炼铁工业工程	6	建材工业	水泥工业工程
		炼钢、轧钢工业工程			玻璃工业工程
		特殊钢工业工程	7	森林工业	木材采运工程
		矿山工程			木材加工工业工程
		有色工业工程			林产化学工业工程
2	煤炭工业	井巷矿山工程	8	轻纺工业	食品工业工程
		洗选煤工业工程			造纸工业工程
3	石油工业	炼油化工工业工程			合成洗涤剂工业工程
		油田工业工程			纺织工业工程
		输油气管道工程			印染工业工程
		储油气容器制造及安装工程	9	航空工业	机场、导航工程
					风洞工程
4	医药工业				航空专用试验设备工程
5	化学工业	制酸工业工程	10	航天工业	航天器、运载工具发射设备
		制碱工业工程			
		有机化学工业工程	11	电力工业	水利发电站工程
		化肥工业工程			火力发电站工程
		农药工业工程			核电站工程
					输变电工程

序号	设备工程专业		序号	设备工程专业	
12	信息工程	信息网络系统	17	城市轨道交通工程	车辆工程
		信息资源开发系统			线路工程
		信息应用系统			车站及枢纽工程
					信号及通信工程
13	环保工程	城市污水处理工程	18	现代农业工程	
		城市垃圾处理工程			
14	海洋工程	海上勘探设备工程			
		海上钻采设备工程			
		海上油、气储运设备工程	19	核化工工程	核燃料循环工程
15	港口工程	运输及运送设备工程			同位素生产及应用工程
		储运设备工程			
16	汽车工程	冲压工程	20	热力及燃气工程	气源厂及管、站工程
		焊接工程			气罐（柜）工程
		涂装工程			热力厂及供热管线工程
		总装工程	21	其他设备	

1.3.3 设备监理相关文件

1. 设备监理活动管理的文件

文件为《设备监理管理暂行办法》。

为了保证重点项目的顺利实施，加强对建设项目重要设备设计、制造、安装等过程的监督和管理，保证设备质量和投资效益，促进设备监理活动的健康发展，2001 年 11 月 1 日，国家质量监督检验检疫总局、国家发展计划委员会、国家经济贸易委员会联合发布了《关于印发〈设备监理管理暂行办法〉的通知》（国质检质联[2001]174 号）。该办法由总则、设备监理活动、监理单位和人员、设备监理活动的管理和附则共计 5 章组成。

2. 设备监理单位资格管理的文件

文件为《设备监理单位资格管理办法》。

为了加强对设备监理单位资格的管理，保障其依法开展监理业务，经国家发展计划委员会、国家经济贸易委员会同意，国家质量监督检验检疫总局李长江局长于 2002 年 11 月 1 日签发局长令（中华人民共和国国家质量监督检验检疫总局令第 28 号），公布了《设备监理单位资格管理办法》。该办法由总则、设备监理单位的资格等级及其监理业务范围、申请和评审、核准和备案、管理和监督、设备监理单位的变更和终止、罚则、附则共计 8 章组成。

3．设备监理从业人员管理的文件

这些文件包括《注册设备监理师执业资格制度暂行规定》、《注册设备监理师执业资格考试实施方法》及《注册设备监理师执业资格考核认定办法》。

为了提高设备工程监理人员素质，规范设备工程监理活动，人事部和国家质量监督检验检疫总局于 2003 年 10 月 29 日联合发出《关于印发〈注册设备监理师执业资格制度暂行规定〉、〈注册设备监理师执业资格考试实施办法〉和〈注册设备监理师执业资格考核认定办法〉的通知》（国人部发[2003]40 号）。

1.3.4 信息系统工程监理与设备监理之关系

信息系统工程监理强调对信息系统工程的设计阶段、实施阶段和验收阶段实施全过程监理，而设备采购、安装等仅仅是信息系统工程实施阶段的一小部分工作内容；设备工程专业有冶金、煤炭、石油、医药、化工、建材、森林、轻纺、航空、航天、电力、信息、环保、海洋、港口、汽车、城交、农业、核化工、热燃等 20 余种，信息工程设备监理只是这 20 余种工程设备监理之中的一种。所以，信息系统工程监理与设备监理是目前我国实施的两类不同的、相互独立的监理体系，仅在"信息工程设备监理"上有交叉，两者可以互相借鉴，但不矛盾。

1.4 信息系统工程监理与建筑工程监理之区别

1.4.1 两者在工程方面的区别

1．技术浓度

建筑工程项目属于劳动密集型；而信息系统工程项目属于技术密集型。

2．可视性

建筑工程项目可视性、可检查性强；信息系统工程项目可视性差，而且在度量和检查方面难度较高。

3．设计独立性

建筑工程的设计通常是由专门的设计单位承担的，或者说，建筑工程的设计单位通常不承担施工任务，而是由施工单位根据设计单位提供的设计图纸和说明书进行施工；信息系统工程的设计与实施通常是由一个系统集成商（承建单位）承担的。

建筑设计行业已存在了多年，有若干单位专门从事这一行当，但到目前为止尚不存在专门从事信息系统设计的公司和行业，也不存在不进行系统设计而专门等着别人设计好了而自己去施工以完成信息系统的公司和行业。

4．变更性

建筑工程一旦施工开始，则投资单位一般不再对该建筑的功能需求、设计等方面提出变更，建筑工程队只需严格按设计图纸和说明书施工直至完成；而信息系统工程则不然，承建单位常常在实施过程中要不断地面对"变更"问题，特别是用户需求的变更。

5．复制成本

如果由同一套建筑设计生成 n 套建筑工程，则一般而言，其总投资（设为 TI）就应为一套建筑工程投资（设为 i）的几倍（即 $TI=ni$）；而在信息系统建设中，则有 $TI<ni$ 或 $TI\leqslant ni$。所以，只要花较小甚至很小的代价，就可以将一个信息系统的软件和集成方案经过再造而成一个新的信息系统去满足类似用户的需求，从而使该信息系统的知识产权所有者蒙受重大损失。

6．投资规模

建筑工程项目的投资规模与信息系统的投资规模不在同一数量级上，后者比前者小得多。所以，在确定监理费占整个工程项目费的比例上会遇到一定的困难。

1.4.2 两者在监理单位方面的区别

1．关于两业兼营

在建筑业中，任何建筑公司都可以承担监理工作，只要不是同体监理就可以。

对于信息系统工程而言，则规定信息系统工程监理业与信息系统集成业分开。即工程监理业务的承担者不能是信息系统集成商，而监理公司也不能参与信息系统集成市场的竞争。或者说，任何单位只能在信息系统集成或信息系统监理中择一而从。也就是说，如果任何单位获得了信息系统集成的一、二、三、四级中的某一级资质，则就不能拥有信息系统工程监理的甲、乙、丙级中的任一级资质；反之亦然。

2．关于工作周期

建筑工程监理期一般始于施工，止于项目验收，不介入工程设计和施工单位招投标。而在信息系统工程中，工程监理一定覆盖系统设计，而且不少建设单位请监理单位对项目招投标、选择系统集成商进行咨询，所以，有些信息系统监理期是始于用户需求分析，止于项目验收，这就是通常所说的——信息系统工程监理强调"全过程"。

3．关于变更

信息系统实施过程中的"变更"问题如此突出，能直接影响，有时甚至会严重影响到工程质量、进度、成本，而且必然引起合同的修改、补充，这不仅增大了工作量、复杂性，而且增加了风险。所以，信息系统工程监理比建筑工程监理的"三控"（质量控制、进度控制、成本控制）之外，又增加了变更控制而成为"四控"。

4. 关于方法与手段

由于建筑工程可视性强,所以广泛采用现场监理手段,如旁站、巡视、进场材料核查、工序检查等等。同样的手段对信息系统工程监理基本不适用,而需要独辟蹊径。例如,在设计阶段采用专家会审的方法,而在验收阶段则强调定量测试等等。

5. 关于专业技术

由于信息系统工程属于技术密集型,而且信息系统工程监理必须覆盖系统设计,所以对信息系统工程监理人员的技术要求更高。监理班子要体现不同的相关专业人员的优化组合,同时还需要一个专家组,在项目实施过程中对具有里程碑意义的关键点上进行会诊、把关。

6. 关于知识产权

信息系统工程监理中,知识产权保护比建筑工程监理中更突出。

第 2 章 信息系统项目管理

2.1 项目管理在信息系统工程实施中的地位和作用

2.1.1 项目管理在信息系统项目实施中的重要性与迫切性

项目管理在工程项目中的重要性是不言而喻的,在信息系统集成项目中,其重要性就更为突出,主要原因有:
(1) 信息系统项目往往大到事关国家生死存亡,小到事关单位兴衰成败;
(2) 信息系统项目需求往往在还没有完全搞清需求就付诸实施,并且在实施过程中一再修改;
(3) 信息系统项目往往不能按预定进度执行;
(4) 信息系统项目的投资往往超预算;
(5) 信息系统的实施过程可视性差;
(6) 信息系统的项目管理,尤其信息系统项目监理,往往不被重视。

2.1.2 系统集成项目管理现状举例

1994 年,某著名国际公司对 8400 个系统集成项目(投资 250 亿美元)的调查研究结果如下。
1) 完成情况
- 实现了预定目标的占 16%;
- 经补救后基本实现预定目标的占 50%;
- 彻底失败的占 34%。

2) 预算及进度执行情况
- 总平均预算超出量为 90%,所用时间为预计时间的 120%;
- 8400 个项目的 33%既超出预算,又推迟进度;
- 在超出预算的项目中,50%以上的项目费用竟然达原估算的 190%;
- 在大公司中只有 9%的项目能按预算、按进度完成。

2.1.3 管理出效益

在英国,一个 10 亿英镑的电信项目,每延误一个月,罚金达 100 万英镑,且系统集成企业由于人日数增加所付出的成本尚不计在内。

所以，要想使信息系统工程顺利实施，必须引入并且加强项目管理。

2.2 信息系统项目管理的 14 要素

2.2.1 立项管理

1. 立项阶段的主要工作内容

（1）立项准备：在应用驱动下，经过调查研究和需求分析，准确描述出项目的目标和可交付的成果。

（2）立项申请：形成立项申请书或者更细化地分成项目建议书和项目可行性研究报告。

（3）立项审批：根据业务需求、预定目标、可行性、资金实力、效益分析等要素进行。

（4）招投标及合同签订：进行招标（邀标）、投标、评标（议标）、商务谈判，选定信息系统集成商和信息系统监理单位签订合同。

2. 系统方法

系统方法是解决复杂问题的一种整体分析方法，包括系统观念、系统分析和系统管理。

系统观念是指一整套系统地思考事物的思维模式。当事人需要对项目有全盘的考虑，认清项目在整个单位，有时甚至需要超出本单位所处的位置、作用和环境使该项目建成后能有效地服务于本单位需求。

系统分析是研究问题的一种方法。当事人首先要确定本项目所覆盖的范围和所要达到的总目标，然后将其分解为各个组成要素，识别和评价各要素存在的问题、机会、约束和需求，最终找到一个最优的、至少是满意的解决方案或行动计划，并考查其在整个系统中的可行性。

系统管理是指在系统发生变革的情况下处理诸如业务、技术和组织等方面的事宜，以使综合效果最佳。

项目经理在整个项目管理中都应采用系统方法，在立项阶段，特别要强调系统观念和系统分析。

3. 关键在于明确业务需求

这是最基本的、也是难度极大的工作。业务需求由建设单位提出，也由建设单位拍板，然而，建设单位对业务需求有一个从朦胧到清晰、从笼统到具体、从局部到整体的变化发展过程。我们的目标是尽快缩短这一过程，尽早明确业务需求和信息系统功能，并且不能随便修改。原则上说，一旦批准立项签订了合同，项目的业务需求就不能再变，尤其不能有重大变更。有些项目已经启动了，业务需求还一变再变，不仅会给项目实施带来困难，甚至还能成为导致项目失败的原因。

2.2.2 计划管理

项目计划是用来生成和协调诸如质量计划、进度计划、成本计划等所有计划的总计划，是指导整个项目执行和控制的文件。

项目计划的主要内容

1）项目简介

（1）项目名称

（2）项目目标（应用需求、组织项目的原因、系统功能）

（3）项目各方负责人和联络人

- 建设单位负责人姓名、头衔，建设单位联络人头衔及联络方式
- 承建单位负责人姓名、头衔，项目经理姓名及联络方式
- 监理单位负责人姓名、头衔，总监或总监代表姓名及联络方式

（4）分计划清单

- 组织和人员管理计划
- 质量管理计划
- 进度管理计划
- 成本管理计划
- 变更和风险管理计划
- 外购外包管理计划
- 沟通和协调管理计划
- 安全管理计划
- 知识产权管理计划
- 文档管理计划
- 评估和验收管理计划

（5）交付成果清单

（6）项目组织结构图

（7）责任说明

（8）相关定义、术语及缩写说明

2）项目进度

（1）阶段的划分，各阶段完成日期、交付的成果。

（2）列出项目活动间的相互依赖关系。

（3）提出为保证项目进度所需的条件。
（4）形成进度管理计划的基础。
3）项目预算
（1）提出对项目所需资金的整体估算及按年度或月度的预算估算。
（2）指出预算的可伸缩程度——可浮动范围或不可更改。
（3）项目成本构成。
（4）形成成本管理计划的基础。
4）有关项目管理的若干说明
（1）项目过程检查：例如，多长时间进行一次评估？是以月、季度为单位还是以任务阶段为单位？采用何种评估方法？
（2）变更管理：变更控制的原则；不同类型的变更需经哪个管理层批准；形成变更管理的基础。
（3）风险管理：对风险的识别、管理和控制进行简要描述，形成风险管理计划的基础。
（4）人员需求说明：预估项目所需人员类型及数量；形成组织和人员管理计划的基础。
（5）技术说明：描述本项目主要采用的一些具体技术、方法及归档要求。
（6）标准规范说明：指出本项目所必须遵循的标准和规范。

2.2.3 人员管理

1. 项目组织方式与单位组织结构密切相关

单位组织结构的三种类型为职能型、领域型和矩阵型。
（1）单位按职能类别划分部门，如设立售前服务、开发、集成、售后服务部等；项目任务分派到各职能部门。
（2）单位按应用业务领域类别划分部门，如金融事业部、电信事业部、企业信息化事业部等等；各领域事业部组织各自的项目组。
（3）单位由职能部门和项目组构成。项目组人员来自不同职能部门，受职能部门和项目组双重领导。这种组织方式通常称为矩阵型。在矩阵型组织方式中，并不要求项目组的每个人都从头至尾参与该项目，而是根据项目需求参与不同的时间段。作为项目组成员参与项目期间，主要受项目经理的领导，同时与所属部门保持联系。

从项目组中撤出回到所属部门后，只要项目生命期尚未结束，则仍与项目组保持联系，并在需要时再临时参与项目。当然，单位内部的人力资源使用制度和人力成本核算制度应该能够与矩阵式项目组织方式相适应，对项目组人员参与和撤出，项目组和相关业务部门的关系，应做出具体规定。

2．项目团队建设

许多公司的老板都认为"人是我们最重要的财产"。这是对的。然而，要获得项目的成功还必须依靠整个团队的努力，所以，公司老板和项目经理首先应把着眼点放在建立项目团队上。

1）确定团队结构，定编定岗

项目任务分解：确立项目经理（副经理）、子项目经理、任务组负责人和任务组内各岗位；明确各岗位之间的工作关系；明确哪个岗位需要何种类型的人员，并根据本单位内现有人力资源情况提出通过本单位内人员调节还是通过人员招聘方式解决。

确认每个岗位都有合适的人选担当。最好每个岗都有 A 角、B 角两人担当；每个人都担当 A 岗、B 岗两个角色。要求：A 精通，B 熟练。

2）团队建设的核心：用人和教人

（1）激励项目组成员，使得他们通过在本项目中的努力能获得成就感，被认可，同时个人增长了才干甚至得到晋升。

（2）要重视人员培训。IT 行业技术的技术更新快，信息系统项目开发、应用与管理涉及面广，员工要使自己不断适应新的发展和需求，就必须不断学习。培训班和上课是重要方式，但不是惟一方式。培训内容不应局限于信息技术培训，甚至可以包括沟通技巧之类的内容。

3．项目经理要有权力、能力和魅力

1）项目经理的权力

为保证项目成功，老板及单位要从制度上赋予项目经理以足够的权力，项目经理也要正确使用这些权力，包括：

（1）获取项目组人员及进行任务分配的权力；

（2）获取项目组所需环境条件的权力；

（3）支配相应的预算及资金权力；

（4）按公司规定奖励优秀员工的权力；

（5）按公司规定对失职、未完成任务等事或人进行处理甚至处罚的权力；

（6）根据项目进展需要在紧急情况下进行随机处置的权力。

2）项目经理要具有的能力

（1）判断与决策能力——洞察事物敏锐，逻辑思维清晰，反应快速，判断准确，决策果断。

（2）用人能力——知人善任，能鼓动，能劝说，能协调，能听取大家意见，有充分调动自己的副手及至项目组内每位员工的积极性和能力，使之在最需要且又能充分展示各自长处的岗位上发挥出来，形成团组协同效应。

（3）专业技术能力——精通（至少是熟练掌握）本专业技术。
（4）应变应急处置能力——在重大变化和突发事件发生时镇定自若，不慌不乱，能驾驭复杂情况，采取有效应对措施化险为夷，转危为安。
（5）不断学习和不断创新的能力。
（6）善于运用所掌握的权力的能力。

3）项目经理要具有人格的魅力

当然，能力也往往可以转化成魅力，但能力还不等于魅力；并且，人格的魅力也难以用文字——尽述，此处仅举几例，诸如：

- 坚忍不拔——在项目实施工程中一定会碰到困难，有时甚至处于令人感到绝望的境地，项目经理要做好迎接各种困难的准备，以坚忍不拔、百折不挠的精神，激励处于困境中的项目组成员，带领项目团队闯过难关，达到胜利的目的地。
- 以身作则——项目经理一定会对项目团队的员工有"约法三章"，项目经理要求员工遵守的规则，自己一定要率先遵守；而且有些规则可能不要求员工一定要做到而项目经理自己一定要做到。项目经理尤其不能带头违反公司及项目组规定。这就是以身作则，率先垂范。
- 奉献忠诚——项目经理不仅要对本单位忠诚，而且要对项目忠诚，对项目组全体成员忠诚，以项目和项目组全体成员为重，为项目的正常进行排除各种干扰和侵害；要奉献在前，索取在后。
- 推功揽过——项目经理切忌把一切功劳归于自己，把一切错误归于别人；要欣赏项目组成员的有效劳动，为他们的成绩和进步而高兴，并给予准确评价和鼓励；要机智地讨论他人的失误，建议性地进行批评，并主动帮助纠正失误；如果属于自身指挥上的失误，项目经理一定要主动承担责任而不是推卸责任。
- 热情亲和。
- 风趣幽默。

2.2.4 质量管理

质量管理包括：质量保证体系的执行与完善，软件开发质量保证，外购和外包质量保证，项目组内质量保证机制，项目经理与企业质保体系负责人之界面等等。

1. 质量管理概念与内涵

1）质量概念

质量是对于标准或合同等要求的符合性和适用性。

这里主要讲了标准或合同，也可延伸为某种规范、规定、条件或其他要求，但一般都应以书面形式出现，并且具有权威性，至少是一定程度的权威性。

2）项目质量管理概念

项目质量管理的主要目的是确保项目满足建设单位的应用需求和期望。当然，项目承建单位首先要全力以赴地使信息系统满足在合同或相关标准中的、明确表达了的建设单位需求和期望，还应站在使用者的角度仔细揣摩未写在书面说明中的隐含需求。

3）项目质量概念与档次、级别等概念的区别

建筑质量与建筑档次、级别是不同的概念——简单地说，豪华别墅有质量高低问题，经济适用住房也有质量高低问题；类似地，信息系统工程项目中也要注意两者的区别与联系。

4）项目质量管理的构成

项目质量管理由质量计划编制、质量保证和质量控制三方面构成。

2．质量计划编制

质量计划编制包括：

（1）综合合同中或标准中的相关条款，形成本项目的质量标准；

（2）确认在项目的实施过程中达到项目质量标准的主要方法及组织落实；

（3）必要时可供采取的纠正措施。

信息系统项目的质量范围主要包括：系统功能和特色，系统界面和输出，系统性能，系统可靠性，系统可维护性等。

3．质量保证

质量保证是指为实现质量计划和不断改进质量所开展的所有活动。

承建单位投入到该项目的全体人员在质量保证中的活动起决定性作用，包括质量保证体系的执行与完善，系统设计、软件开发、外购和外包等环节的质量保证，项目经理与所在单位质保体系负责人之配合，项目经理与建设单位相关负责人之配合等。

监理单位在质量保证的主要作用是对承建单位的上述质量计划编制和质量保证活动进行审查，通常采用质量审计的方法、技术和工具；监理单位在质量管理中的另一个职能是在质量控制中发挥主导作用。

4．质量控制

质量控制是指信息系统工程实施过程中在对信息系统质量有重要影响的关键时段进行质量检查、确认、决策及采取相应措施。

1）检查

通过测试等方法检查该阶段实施过程及其结果的质量状况。

2）确认

在对质量状况进行分析的基础上，分别对成绩、事故及事故预兆进行确认。

3）决策

处理事故，例如决定是否返工，是否需要组织专门的小组负责解决和纠正质量问题。
4）采取措施
（1）通过采取适当措施之后使不合格项达到预定要求；
（2）采取过程调整等预防措施以防止进一步质量问题的发生。
5）使用质量控制工具和技术
（1）测试：单元测试、综合测试、系统测试等。
（2）统计抽样和标准差、6σ 等。
（3）帕累托分析。
（4）其他。
最后需要指出，项目经理和上层管理者对项目质量往往会产生最重要的影响。
质量管理与进度管理、成本管理关系非常密切。

2.2.5 成本管理

成本管理包括：设备采购及业务外包中的成本控制、人月数控制以及其他成本控制和核算等。

1．项目成本管理概念

项目成本管理的根本目的是确保在批准的预算范围内完成项目合同中所规定的各项任务。

成本管理过程主要包括：资源计划与成本预算、成本控制。

2．资源计划与成本预算

1）资源计划

制定资源计划的指导思想是：第一确保完成项目，第二尽量节省支出。

制定资源计划的主要内容是：将任务分解，确定成本构成，并列出资源需求清单，主要包括：

（1）人力资源需求，即需要的人员类型、数量及在项目生命期内哪一段时间参与，能落实到具体姓名最好。

（2）外购与外包资源需求，主要指按合同采购软、硬件设备，软件开发与服务外包以及其他委托业务等。

（3）系统开发与集成环境资源需求。

（4）其他资源，例如差旅交通、通信、日常办公用品、消耗品等。

2）成本预算

有了资源计划加上项目进度计划就可以进行成本预算，主要由下几部分组成：

（1）员工薪酬，外请专家费或咨询费；

(2) 外购与外包费用;
(3) 场地租金、软硬件设备折旧、软硬件设备租金;
(4) 差旅费、交通费、通信费;
(5) 会议费、培训费;
(6) 日常办公费、耗材费。

3) 成本基准计划

成本预算之后应该形成一个成本基准计划——一个按时间分布的、成本实施情况的预算。

3. 成本控制

由于成本预算和成本估算永远不可能与实际执行情况完全一致;项目计划在执行中不断有变更出现,而且几乎所有的变更都会影响到成本,所以需要进行成本控制。

成本控制的目标和作用是:
(1) 尽量使项目的执行不超出原定预算;
(2) 必要时提出预算修正案;
(3) 对实际发生的预算事件提出纠正措施,分析原因,总结教训。

成本控制中常采用辅助工具和技术;典型的有挣值分析等。

2.2.6 进度管理

包括阶段和过程管理,为保证预定进度或者为调节可能出现的偏差而采取的常规措施、应急措施等。

1. 任务分解与排序

1) 任务分解

将"做什么"不断地细分下去,脚下就是"怎样做"的一条路。所以,可以说,任务分解是项目进度管理的入口点。项目经理及其团队成员要将总任务分成一个个子任务,将每个子任务进一步划分,划分的粗细程度就具体情况而定,开始时不可能太细。任务分解的结果是形成如下工作单元说明:
(1) 本工作单元的目标;
(2) 本工作单元预期历时、成本和资源要求;
(3) 与别的工作单元的关系;
(4) 其他相关信息,例如约束条件等。

2) 任务排序

在任务分解中已列出每个工作单元与别的工作单元的关系,据此可梳理出各工作单元之间的依赖关系。依赖关系反映了任务顺序。

依赖关系可分为三类:

(1) 强制依赖关系。反映项目工作固有特性的关系,也可称为硬关系,例如,一定要先编写程序代码才能检测程序代码。

(2) 弹性依赖关系。在一定范围内两个工作单元的先后顺序不影响整个项目的继续进行,就称这两个工作单元具有弹性依赖关系,也称为软关系。

(3) 外部依赖关系。属于本项目与项目之外的活动之间的关系。

任务排序的输出是形成项目的各子任务及工作单元的关系与次序图。例如项目网络图、箭线图(ADM)、双代号网络图(AOA)、前导图(PDM)等。

2. 进度计划

1) 任务历时估算

影响任务历时估算的主要因素有:

(1) 在前一阶段形成的项目中各子任务及工作单元的关系与次序图;

(2) 承担这些任务的人选及其胜任程度;

(3) 相关约束条件;

(4) 相关历史信息资料;

(5) 各子任务及工作单元之间的沟通时间。

通过任务历时估算,应该形成:

(1) 各项子任务及工作单元的历时估算值;

(2) 配套的估算说明文档;

(3) 对前述任务分解的调整意见。

2) 建立进度计划

我们的目标是建立一个现实的、可供操作的项目进度计划。常用工具和方法有:

(1) 甘特图;

(2) 关键路径法(CPM);

(3) 计划评审技术(PERT)。

为建立一个现实的进度计划,要求项目经理及其上层领导:

(1) 不要太理想化,不要屈服于压力,要尽量切合实际;

(2) 制定进度计划时要留有一定余地;

(3) 要为准备执行进度计划提供充分支持。

3. 进度控制

进度控制的根本动因是应变。

进度控制的主要活动是与人打交道。

进度控制的目标是使项目基本按计划预定日期完成,如果有所推迟,也在容忍度之内。

进度控制的主要内容和方法有：
（1）要有开明的领导和严明的纪律支持项目进度计划的实施。
（2）项目组要制定供实施目的、更加详细的、具体的进度计划。
（3）项目经理要善于调动和充分发挥团队员工的积极性与创造力，包括授权、激励、纪律、谈判。
（4）为保证预定进度，为纠正已经出现的偏差，或者为预防将要出现的偏差所采取的应急措施。
（5）使用相关软件工具。

2.2.7 变更与风险管理

项目的风险不只是由变更引起的，但变更往往是风险的重要来源；对项目存续期间的任何变更都应该重视，而对需求变更则应格外重视。要对变更的来源进行分类，对变更的必要性、合理性、可行性进行分析，要规定变更申请、批准及实施程序，要对该变更所引发的一系列相应变更无一遗漏地确认；对该变更所产生的负面影响进行预测并采取必要的应对措施，以使风险降至最小。

项目管理可能涉及前述的计划管理、人员管理、质量管理、成本管理、进度管理及后面的合同管理、安全管理、沟通与协调管理等项。

1. 变更与风险

什么是风险？风险是指可能发生的损失、损害及危险。为什么此处把变更与风险放在一起考虑？这是由信息系统工程的特点决定的。在信息系统工程项目存续期内变更往往频繁发生。变更不等于风险，有些变更是必须做的，有些变更是无可奈何的，有些变更是由于事先准备不充分、考虑不周到造成的，还有些变更是不必要的。风险也不都是由变更引起的，但变更往往是风险的重要来源。要预测可能发生的变更，应对一定要发生的变更，拒绝不必要的、随心所欲的变更，减少乃至控制变更带来的风险。

不要只从负面看待风险，风险有时还蕴藏着机会。

2. 风险识别

首先要识别风险来源，由此可预测风险事件的发生与识别风险症状。在立项、人员、计划、质量、成本、进度、合同、安全、技术、外包外购、沟通协调等各管理要素中都对应着可能的风险条件。

可采用流程图（或称鱼刺图）和访谈等工具、方法帮助我们识别风险。

3. 风险分析

风险分析是一种评价风险的过程，帮助项目管理人员决定在具体的风险面前采取什么态度：应对？接受？还是忽略？

要尽量采用量化方法进行风险分析。通过量化分析，项目管理人员能够按优先顺序排列风险，并建立一个阈值，以决定哪种风险应受到重视。

4．风险应对

（1）应对风险的三项基本措施：规避、接受和减轻。

（2）制定风险应对计划并执行，包括：风险管理计划、应急计划和应急储备。

5．风险控制

风险控制包括：随时追踪风险已经、正在和将要发生的变化；预测和判断风险的应对是否会引起更新的风险发生；对用于风险管理的资源配置进行调整；调整风险应对计划；采取临时紧急应变措施等。

2.2.8 合同管理

合同管理在项目管理中表现为业务量不算大但却很重要，很关键，影响很大。

合同是项目实施中的根本依据，具有法律效力。有关各方都要以合同决定自己的言行，也都要以合同约束自己的言行。合同管理主要指：

（1）相关各方都要至少有两人对本合同的内容非常熟悉并且有一致的理解；

（2）要有专人负责追踪和检查合同的执行情况；

（3）对与合同变更有关的事宜进行处理；

（4）对任何一方的违约行为进行处理；

（5）按合同进行评估与验收；

（6）对于大公司或大项目，最好有法律和合同专业人士参与合同的签订与管理。

2.2.9 安全管理

信息化社会中，确保信息系统安全已成为广泛的社会需求。信息系统安全不仅关系到维护国家主权，而且关系到广大人民群众的社会生活的正常进行，所以，信息系统建设与使用中要把信息系统安全管理放在主要位置。

1．我国信息系统安全体系简介

我国信息系统安全体系构成如图 2.1 所示。

信息系统安全等级管理执法
信息系统安全等级测评
信息系统及其产品的研发和生产
信息系统安全等级保护标准体系
信息系统安全保护条例等法律依据

图 2.1　我国信息系统安全体系构成示意图

1）法律依据

国务院1994年2月18日发布的《中华人民共和国计算机信息系统安全保护条例》是我国计算机信息系统安全体系建设的基本法律依据，也对信息系统安全体系的建设提出了明确要求。

2）标准体系

国家标准GB17859—1999《计算机信息系统安全等级保护划分准则》是我国信息安全标准体系的基础性标准。

3）自主产品

为建成安全的信息系统，须开发生产和采用具有我国自主版权的信息安全产品。采用我国尚不能自主生产的信息安全产品，须经过政府有关主管部门的认证许可。

4）检测与评估

信息安全等级测评评估中心和相应的检测评估工具，是实行信息系统安全等级管理的主要环节。

5）执法机构

从国家公安部到省、市公安厅和市、县公安局的公共信息网络安全系统，是我国信息系统安全等级管理的执法机构。

2．信息系统安全内容、技术要求和保护等级简介

1）信息系统安全的五个层面

按信息系统构成，可将信息系统安全划分为五个层面。它们分别是：物理层面安全、网络层面安全、系统层面安全、应用层面安全和管理层面安全。

2）信息系统安全技术要求的四个方面

信息系统安全技术要求分为四个方面。

（1）物理安全：包括设备、设施、环境和介质；

（2）运行安全：包括风险分析、检测监控、审计、防病毒、备份与故障恢复等；

（3）信息安全：包括标识与鉴别、标识与访问控制、保密性、完整性和密码支持等；

（4）安全管理、操作管理与行政管理等。

3）信息系统安全保护的五个等级

从安全保护的程度和等级的角度，信息系统安全划分为五个等级。

（1）用户自主保护级；

（2）系统审计保护级；

（3）安全标记保护级；

（4）结构化保护级；

（5）访问验证保护级。

4）TCB 概念

TCB 是"计算机系统内保护装置的总体，包括硬件、软件、固件和负责执行安全策略的组合体。它建立了一个基本的保护环境，并提供一个可信计算机信息系统所要求的附加用户服务"。简单地说，TCB 描述的是安全保障，包括：

（1）TCB 自身安全保护。保护安全机制自身的安全；

（2）TCB 安全设计和实现。从设计及其实现过程确保安全机制达到安全要求；

（3）TCB 安全管理。从管理角度确保安全机制达到安全要求。

2.2.10 外购和外包管理

1. 外购和外包的概念

很多信息系统项目实施中都涉及设备的外购和软件及服务的外包。

信息系统承建单位所承担的主要任务是软件开发和系统集成，系统所用设备一般要从设备供应商那里采购，称为外购。

对于大型系统或特别大型系统，信息系统集成商有时会将其中的某些子系统或子系统中的某些模块委托给另外的软件开发商完成，或者将系统中的某些服务项目交由另外的信息服务提供商实施，这通常称为外包。

2. 外购和外包管理的主要内容

（1）设备供应商和分包商的选择。

（2）外购设备和外包软件及服务在质量、价格及交付时间等方面是否满足信息系统工程总体要求。

（3）外购外包方与供应方之间的界面。

（4）对于外购外包方与供应方之间业务往来过程中出现的偏离合同和计划的问题的处理。

2.2.11 知识产权管理

与非 IT 项目不同，甚至与 IT 项目中的非信息系统项目也大不相同，信息系统项目建设中知识产权管理问题占有突出地位。此处至少涉及建设单位、设备及软件供应商、系统集成商三方的知识产权。

1. 涉及建设单位的知识产权

为了使信息系统建成后能让建设单位用起来得心应手，建设单位必须把本单位相关业务结构及流程乃至若干工作细节和盘托出，详细的业务需求说明及系统功能说明往往涉及本单位的业务秘密和知识产权。

2. 涉及设备及软件供应商的知识产权

被集成到信息系统中的每一份软件副本，是不是经过合法途径导入的，则涉及设备及软件供应商的知识产权。例如软件是否获得了使用许可，安装的份数与获得使用许可的份数是否相等，以及使用期限是否符合等等。

3．涉及系统集成商的知识产权

如果建设单位除了使用本信息系统之外，还要对该系统进行复制以用于在本集团内推广应用或将系统中体现了系统集成商的知识产权的某些甚至全部技术或软件产品用于商业赢利目的，这就会涉及信息系统集成商的知识产权。

监理单位为了保证信息系统工程顺利进行，需要在某种程度上介入该信息系统的系统设计、软件开发等过程甚至某些细节，这也会涉及信息系统集成商的知识产权。

4．知识产权的使用和保护

上述1、2、3所述的知识产权的正当使用和保护，要明确写到相关合同中。信息系统项目管理要强调严格执行合同，严格执行知识产权保护相关法律，保护知识产权拥有方的合法权益。

2.2.12 沟通与协调管理

1．沟通和协调的概念

沟通和协调对于项目的顺利进展和最终成功具有重要意义。

沟通和协调管理既涉及项目主建方、承建单位、监理单位三方之间，又分布于三方各自的内部。但是，对项目成败影响最大的首先是三方之间的沟通和协调，更进一步说，是三方项目经理之间的沟通和协调，其中，监理单位的沟通和协调能力、活动及效果最为关键。

沟通与协调的原则是：目标共同——各方始终把项目的成功作为共同努力实现的目标；信息共享——把相关信息及时地通知每一个相关的人员；要点共识——在直接关系到项目进展和成败的关键点上取得一致意见；携手共进——协调的结果一定是各方形成合力，解决存在的问题，推动项目前进。

2．沟通和协调的主要内容和方法

1）确立沟通框架

在编制项目整体计划时就编制出"谁在什么时间需要什么样的信息及如何送达"这样的沟通计划。

2）项目进度及绩效报告

这是沟通的一项主要内容和方法。使相关人员及时了解项目组在一个个阶段所完成的工作，与项目合同和计划相吻合（或偏离）的情况，还存在什么问题以及建议等。

3）召开有效的会议

这仍然是沟通和协调的重要方法。但须注意：

（1）会议要有明确的目的和期望的结果；

（2）会议议题要集中；
（3）参会人员要充分而且必要，以便缩小会议规模；
（4）做好会议准备工作；
（5）若可用更简单办法解决问题则不必开会。
4）学习与掌握沟通技巧
要善于学习并掌握沟通技巧。
5）使用基于电子信息技术和手段的沟通工具
要会使用基于电子信息技术和手段的各种沟通工具。

2.2.13 评估与验收管理

评估与验收管理包括阶段性的评估与验收和项目结束时的终评估与验收，主要内容有：按照合同及计划对前一阶段中项目实施情况或整修情况进行回顾、评估以及验收，包括合同完成情况，计划执行情况，进度、成本、质量控制情况，安全保证及文档建设情况等。

评估与验收要注意具有科学性和权威性，以合同为基准，以测试结果为依据，以合同各方的法人或受法人委托的代表签字及单位盖章为确认。

2.2.14 文档管理

文档管理在项目实施中往往不被重视，实际非常重要，文档管理通常要做到：
（1）项目相关信息要分类别、分层次地且按标准规范形成文档；
（2）文档采用纸面与电子两种形式；电子形式的文档要存入文档管理信息系统中并便于检索和编辑；
（3）项目管理中的以上所述的 1～13（2.2.1～2.2.13）种的各种管理活动都要形成文档并妥善管理；
（4）对文档管理系统的使用、修改权限要有明确规定并严格执行；
（5）文档信息管理要有备份系统，重大项目的文档管理应该有异地备份系统。

2.3 项目主建方、承建单位、监理单位与项目管理方法之关系

2.3.1 项目管理是信息系统项目主建方、承建单位、监理单位之共同基础

信息系统项目的实施涉及主建方、承建单位、监理单位三方，而三方都需要采用项目管理的方法（简称"三方一法"）以完成其在项目实施中所肩负的责任。

图 2.2 是描述这"三方一法"之关系的框架。

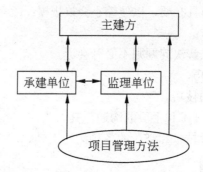

图 2.2 信息系统的主建方、承建单位、监理单位与项目管理方法之关系图

2.3.2 信息系统工程项目相关各方与项目管理之关联

1. 主建方（建设单位）与项目管理要素

（1）建设单位重点实施的是第 1 项"立项管理"与第 13 项"评估与验收管理"。

（2）建设单位所应密切关注并提出反馈意见的是第 2 项至 11 项。

2. 承建单位与项目管理

除立项阶段的立项准备、立项申请、立项审批之外，项目管理要素的几乎全部，都是项目承建单位所要重点实施的。

3. 项目监理单位与项目管理

1）信息工程监理中的主项目和伴随项目概念

此处引入主项目（目的项目）与伴随项目的概念。项目监理单位是为保证信息系统工程项目按合同顺利实施而存在和开展活动的，项目监理单位所服务的信息系统工程项目就是主项目，或称为目的项目；另一方面，工程监理本身也是项目，它是伴随信息系统工程项目这一主项目的存在而存在的，所以称为伴随项目；伴随项目的业务开展也应该引入项目管理的方法予以实施。

伴随项目除了工程监理项目之外，还可包括工程审批、工程绩效评估等项目。

2）监理单位在信息系统工程主项目中重点涉及的项目管理要素

有进度、成本、质量、变更与风险（这四项构成了"四控"）；合同、安全、文档（这三项构成了"三管"）；"沟通与协调"（此形成了"一协调"）和评估与验收（可融入四控、三管、一协调中）。

监理单位还直接或间接涉及"项目组织与人员管理"、"计划与执行管理"、"执行与知识产权管理"等要素。

3）关于监理公司在立项阶段介入

如果建设单位与监理单位更早地合作，监理单位也可能与立项管理有关。当然，这时监理单位很可能是以咨询单位的身份介入信息系统工程项目的招投标等立项活动的。

2.4 项目管理的国际动态

2.4.1 国际项目管理协会和知识体系介绍

1. 国际项目管理协会 IPMA

国际项目管理协会（International Project Management Association，IPMA）是一个在瑞士注册的非赢利性组织，创建于 1965 年，早先的名字是 INTERNET，是一个在国际项目领域的项目经理之间交流各自经验的论坛。IPMA 于 1967 年在维也纳主持召开了第一届国际会议，项目管理从那时起即作为一门学科而不断发展，截止到目前，IPMA 已分别在世界各地举行了 15 次年会，主题涉及项目管理的各个方面，如"网络计划在项目计划中的应用"、"项目实施与管理"、"按项目进行管理"、"无边界的项目管理"、"全面的项目管理"等，范围极其广泛。

IPMA 的成员主要是各个国家的项目管理协会，到目前为止共有 30 多个成员组织。这些国家的组织用各国自己的语言服务于本国项目管理的专业需求，IPMA 则以广泛接受的英语作为工作语言提供有关需求的国际层次的服务。为了达到这一目的，IPMA 开发了大量的产品和服务，包括研究与发展、教育与培训、标准化和证书制以及有广泛的出版物支撑的会议、讲习班和研讨会等。

2. IPMA 知识体系介绍

IPMA 对项目管理者的素质要求有 42 个方面。其中，28 个为核心要素，14 个辅助要素；8 个个人态度方面；10 个总体印象方面。

1）IPMA 的 28 个项目管理知识与经验的核心要素

（1）项目与项目管理；

（2）项目管理的运行；

（3）通过项目进行管理；

（4）系统方法与综合；

（5）项目背景；

（6）项目阶段与生命周期；

（7）项目开发与评估；

（8）项目目标与策略；

（9）项目成功与失败的标准；

（10）项目启动；

（11）项目收尾；

（12）项目的结构；

（13）内容与范围；

（14）时间进度；

（15）资源；

（16）项目费用和财务；

（17）状态与变化；

（18）项目风险；

（19）效果衡量；

（20）项目控制；

（21）信息、文档与报告；

（22）项目组织；

（23）团队协作；

（24）领导；

（25）沟通；

（26）冲突与危机；

（27）采购和合同；

（28）项目质量。

2）IPMA 的 14 个附加要素

（1）项目信息科学；

（2）标准与规则；

（3）问题解决；

（4）变更管理；

（5）法律知识；

（6）财务与会计；

（7）会谈与磋商；

（8）固定的组织；

（9）业务过程；

（10）人力资源开发；

（11）组织学习；

（12）行销、产品管理；

（13）系统管理；

（14）安全、健康与环境。

3）个人态度的 8 个方面

（1）沟通能力；

（2）创新、务实、工作热情和激励能力；

（3）开放、与人交往的能力；

（4）敏感、自我控制、价值鉴赏的能力，勇于负责的个人能力；

（5）冲突解决、百家争鸣的文化，公正；

（6）发现问题解决方案的能力，能够全盘考虑；

（7）忠诚、团结一致、乐于助人；

（8）领导能力。

4）总体印象的 10 个方面

（1）逻辑性；

（2）系统化和结构化的思维方式；

（3）很少出错；

（4）态度明朗；

（5）常识；

（6）工作透明度；

（7）全局观；

（8）平衡的判断；

（9）经验水平；

（10）技能水平。

2.4.2 美国项目管理学会和 PMBOK 介绍

1. 美国项目管理学会 PMI

成立于 1969 年的美国项目管理学术组织（Project Management Institute，PMI）是一个有着近 5 万名会员的国际性学会。它致力于向全球推行项目管理，是项目管理专业最大的由研究人员、学者、顾问和经理组成的全球性专业组织。

PMI 在教育、会议、标准、出版和认证等方面发起技术计划和活动，以提高项目管理专业的水准。PMI 正在成为一个全球性的项目管理知识与智囊中心。

2. PMBOK

作为人类管理知识积累的结晶，项目管理自 20 世纪 50 年代后期逐渐成熟，至 1996

年美国项目管理协会（PMI）首次发布《项目管理知识体系指南》（Project Management Body of Knowledge，PMBOK）而标志着体系的形成。

在这个知识体系指南中，把项目管理划分为九个知识领域，即：范围管理、时间管理、成本管理、质量管理、人力资源管理、沟通管理、采购管理、风险管理和整体管理，如图2.3所示。

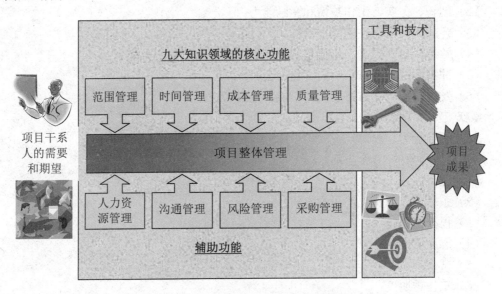

图2.3 PMBOK九大知识领域示意图

美国项目管理学会的 PMI 资格认证之所以能在如此广的行业和地域范围内被迅速认可，首先是项目管理本身的重要性和实用性决定的，其次，很大程度上是得益于该项认证体系本身的科学性。

PMBOK的第一版是由PMI组织了200多名世界各国项目管理专家历经四年才完成，可谓集世界项目管理界精英之大成，避免了一家之言的片面性。而每隔数年，来自于世界各地的项目管理精英会重新审查更新 PMBOK 的内容，使它始终保持最权威的地位。

由于从提出知识体系到具体实施资格认证有一整套的科学手段，因而使PMI推出的PMBOK 充满了活力，并得到了广泛的认可。国际标准组织（ISO）以 PMBOK 为框架制订了 ISO 10006 标准。同时 ISO 通过对 PMI 资格认证体系的考察，向 PMI 颁发了 ISO 9001 质量管理体系证书，表明 PMI 在发展、维护、评估、推广和管理 PMP 认证体系时，完全符合 ISO 的要求，这也是世界同类组织中惟一获此荣誉的。

2.4.3 项目管理资质介绍

1. IPMP 简介

国际项目管理专业资质认证（International Project Management Professional，IPMP）是 IPMA 在全球推行的四级项目管理专业资质认证体系的总称，是对项目管理人员知识、经验和能力水平的综合评估。根据 IPMP 认证等级划分获得 IPMP 各级项目管理认证的人员，将分别具有负责大型国际项目、大型复杂项目、一般复杂项目或具有从事项目管理专业工作的能力。

IPMA 依据国际项目管理专业资质标准（IPMA Competence Baseline，ICB），针对项目管理人员专业水平的不同将项目管理专业人员资质认证划分为四个等级，即 A 级、B 级、C 级、D 级，每个等级分别授予不同级别的证书，如表 2-1 所示。

表 2-1　IPMA 四级证书体系

头衔	能力	认证程序			有效期
		阶段 1	阶段 2	阶段 3	
认证的高级项目经理（Certificated Projects Director）Level A	能力 · 知识 · 经验 · 素质	A B C	申请 履历 自我评估 证明材料 项目清单	可选择： 案例研讨或研讨会	项目报告 面试	5 年
认证的项目经理（Certificated Project Manager）Level B						
认证的项目管理专家（Certificated Project Management Professional）Level C				案例研讨或报告	考试	
认证的项目管理专业人员（Certificated Project Management Practitioner）Level D	知识	D	申请 履历 自我评估	考试		无时间限制

1）A 级（Level A）证书

获得这一级认证的项目管理专业人员有能力指导一个公司（或一个分支机构）的包括有诸多项目的复杂规划，有能力管理该组织的所有项目，或者管理一项复杂的国际合作项目。这类等级称为 CPD（Certificated Projects Director，认证的高级项目经理）。

2）B 级（Level B）证书

获得这一级认证的项目管理专业人员可以管理一般复杂项目。这类等级称为 CPM（Certificated Project Manager，认证的项目经理）。

3）C 级（Level C）证书

获得这一级认证的项目管理专业人员能够管理一般非复杂项目，也可以在所有项目中辅助项目经理进行管理。这类等级称为 PMP（Certificated Project Management Professional，认证的项目管理专家）。

4）D 级（Level D）证书

获得这一级认证的项目管理人员具有项目管理从业的基本知识，并可以将他们应用于某些领域。这类等级称为 PMF（Certificated Project Management Practitioner，认证的项目管理专业人员）。

由于各国项目管理发展情况不同，各有各的特点，因此 IPMA 允许各成员国的项目管理专业组织结合本国特点，参照 ICB 制定在本国认证国际项目管理专业资质的国家标准（National Competence Baseline，NCB），这一工作由代表本国加入 IPMA 的项目管理专业组织经 IPMA 授权完成。

2. PMP 简介

PMI 遵循普遍接受的心理测试原则、全球项目管理专业人员（PMP）广泛参与原则和适用法律法规原则等，为全球市场和项目管理专业开发了数种项目管理综合评估体系。近期在中国推出的是其主要的三种评估体系。

1）项目管理专业人员资格证书（Project Management Professional，PMP）

PMP 资格认证考试在全球范围内进行，针对在项目立项、规划、实施、控制和完成等过程中已被国际上项目管理从业人员普遍接受和使用的项目管理概念、技术和程序，对要求认证的人员进行评估。目前，全球市场把 PMI（Project Management Institute，美国项目管理学会）的项目管理专业人员（PMP）资格证书作为本专业最主要的资格证明。

PMI 的项目管理专业人员认证同 IPMA 的资格认证有不同的侧重。它虽然有项目管理能力的审查，但更注重于知识的考核，必须参加并通过包括 200 个问题的考试。

通过培训学习和项目管理实践并通过证书考试而取得 PMP 资格的人员，表明他已经在项目管理知识和应用方面达到了非常专业的水准，但也非一劳永逸，每三年 PMI 会重新审查其有效性，只有那些在三年内积累了一定的参加培训和实际从事项目管理经历的 PMP 才能保持其资格的有效性。这就是 PMI 所谓的"专业发展活动（Professional Development Program）"。

2）项目管理基础知识评估（Project Management Basic Knowledge Assessment）

项目管理基础知识评估是考核基础的、但必需的项目管理知识。测试中的题目主要是为了评估对项目管理的原则、原理、术语、观点和要素等方面知识的掌握。项目管理基础知识评估适用于：需要考查职员的基础项目管理知识的机构；提供项目管理培训的机构；有认证计划的公司；要确定自己目前的项目管理知识水平的个人。项目管理基础知识评估的具体内容是一份具有代表性的问卷，由针对项目管理过程（项目立项、规划、实施、控制和完成）的提问构成。

3）项目管理自我评估手册（Project Management Self-Assessment Manual）

项目管理自我评估手册是为评估个人目前项目管理知识及经验水平而编制的。该手册可以帮助个人确定他们的培训和专业发展，包括项目管理经验，是否满足市场需求。该手册也可以用于检查学习和培训的效果和作为考试准备的资料。

第 3 章 信息系统工程监理资质管理

3.1 监理单位资质等级条件

无论甲级、乙级还是丙级,其资质条件都是由综合条件、业绩、监理能力、人才实力四个方面描述的。

3.1.1 综合条件

对甲、乙、丙三个级别的综合条件要求参见表 3-1。

表 3-1 信息系统工程监理单位资质等级综合条件对照简表

条件要求 条件名称	甲级	乙级	丙级
从业年数	≥4 年	≥2 年	≥2 年
取得低一级资质年数	≥2 年		
注册资金数目	≥500 万元	≥300 万元	≥100 万元
近三年信息系统工程监理总收入	≥1200 万元	≥600 万元	
企业经济状况	良好	良好	良好
企业信誉度	信誉良好,无违法作为,监理中无重大失误,无重大投诉,无重大法律诉讼	信誉良好,无违法作为,监理中无重大失误,无重大投诉,无重大法律诉讼	无违法行为,无重大投诉,无重大法律诉讼

1. 注册资金数目

注册资金数目在一定程度上反映了企业的经济实力和承担风险的能力。表中从丙级到乙级和从乙级到甲级,其台阶都是 200 万元,也意味着升级的难度相当。

2. 经济运行状况

对甲、乙、丙三个级别的监理企业都要求经济运行状况良好。如果监理企业近三年中连续两年亏损,或虽只有一年亏损,但亏损额较大则说明其经济运行状况不好。

注意，企业的经济运行状况应由有资质的审核机构提供的财务数据说明，或以其他方式证明企业所提供的财务数据是可信的。

3．监理信誉度

企业必须从提高自身的综合实力和提高对客户的服务水平及效果上下功夫以提高并保持其监理信誉度。

企业必须重视来自客户的意见反馈。只要有客户投诉，就应该认真调查。还须通过第三方公正机构向信息系统工程的建设单位进行信誉度调查。

3.1.2 业绩

对甲、乙、丙三个级别的业绩要求参见表 3-2。

表 3-2 信息系统工程监理单位资质等级业绩条件对照简表

条件要求 条件名称		级别 甲级	乙级	丙级
近三年已完成的信息系统工程监理项目	个数	≥12 个	≥9 个	
	典型项目规模	大于 5000 万元的项目至少 1 个或者 1000 万元以上的项目达到 6 个	大于 1000 万元的项目至少 2 个或者 400 万元以上的项目达到 5 个	大于 300 万元的项目至少 2 个或者 150 万元以上的项目达到 4 个
	主项目投资总额	≥4 亿元	≥2 亿元	≥5000 万元
	监理合同总额	≥1500 万元	≥750 万元	≥150 万元
国内同行中的位置		领先，前列	中上或中	中或中下

近三年的监理业绩体现了甲、乙、丙三个级别的监理企业的主要差别，不仅体现在其监理过的项目个数上，更体现在所监理过的项目的规模上。

请注意，此处要求一定是"完成"了的项目才能计入业绩，不包括正在进行中的项目。也就是说，经过建设单位签字、验收了的项目才算完成，这也表明建设单位对监理质量的认可。

3.1.3 监理能力

对甲、乙、丙三个级别的监理能力要求参见表 3-3。

表 3-3　信息系统工程监理单位资质等级监理能力条件对照简表

条件要求＼级别＼条件名称	甲级	乙级	丙级
监理工作体系	已建立并有效运行	已建立并有效运行	已着手建立
监理业务领域	专业领域明确 精通主要业务领域	专业领域明确 熟悉主要业务领域	正在逐步明确主要业务领域
监理技术规范	先进、完善	完善	初步形成
监理能力国内同行中的位置	前列	中上或中	中或中下
企业质量管理体系	完备,通过权威机构认证、有效运行1年以上	完备,通过权威机构认证	已建立,有专人负责,有效实施
企业客户服务体系	已建成且完备,配备专门机构和人员,服务及时、有效、优质	已建成且较完备,配备专门机构和人员,服务及时、有效	已建成,配备专门人员,提供有效服务
企业信息管理系统	已建成且完善,并有效运行	已建成,较完善,并有效运行	
固定工作场所和软硬件环境	有,且与监理业务相适应	有,且与监理业务相适应	有,且与监理业务相适应
是否拥有并且运用相关工具软件和设备仪器对信息系统工程进行检测和鉴定	拥有且使用,可借助第三方测试机构完成	不一定拥有但能使用,可借助第三方测试机构完成	不一定拥有但能使用,可借助第三方测试机构完成

1. 管理制度和质量体系

对甲、乙、丙三个级别的监理企业都要求有完善的单位管理制度并有效实施;且都要求其自身建立起良好的质量并有效实施。

由于任一个独立的体系的实施都不应过分依赖于另一个体系,所以对乙、丙级都未明确要求必须通过质量体系认证;但考虑到甲级监理对象往往是具有信息系统一、二级资质的系统集成商所承担的国家级、省部级大型信息系统工程,所以特别要求甲级监理企业必须通过质量体系认证。

注意,此处所说的有效实施是指:①企业在运作过程中严格执行单位制度文件和质量体系文件;②有详细完整的实施记录;③有可视化的实施效果。

2. 工作场所和设备状况

虽然从字面上看,对甲、乙、丙三个级别的监理企业都同样要求"有固定的工作场所和必要的软硬件设备",但在实际上是有差别的:从丙到乙再到甲,这三个级别的监理企业所使用的建筑面积的"门槛"值显然是逐步提高的;所拥有的软硬件设备的数量、种类和档次也应逐步提升以便与企业员工数目的增加和所承担的项目的数量、规模、复杂度的提升相适应。

3.1.4 人才实力

对甲、乙、丙三个级别的人才实力要求参见表3-4。

表3-4 信息系统工程监理单位资质等级人才实力条件对照简表

条件要求 条件名称	级别	甲级	乙级	丙级
技术人员	数目	≥50人	≥30人	≥10人
	大本以上人员比例	≥80%	≥80%	≥80%
信息系统监理工程师数目		≥30人	≥15人	≥6人
企业负责人从事电子信息技术领域企业管理经历		≥5年	≥4年	≥3年
企业技术负责人		有本专业高级职称且从事信息系统工程监理工作≥4年	有本专业高级职称且从事信息系统工程监理工作≥4年	本专业硕士以上学位或中级以上职称
企业财务负责人		具有财务系列中级以上职称	具有财务系列中级以上职称	专门的财务人员
专家队伍及技术支持		有专家队伍且有资深专家,有良好技术协作体系,能提供技术支持	有专家队伍,有良好的技术协作体系,能提供技术支持	有内部或外部专家提供技术支持
培训体系		健全,有培训计划并能有效组织实施、考核	有培训计划并能有效组织实施、考核	有培训计划并能有效组织实施、考核
人力资源管理与绩效考核制度		已建立且有效实施	已建立且有效实施	已着手建立

监理工程师数目:此项反映了甲、乙、丙三个级别的监理企业的基本差别。只是需要注意,此处所指的监理工程师一定是持有《资格证书》的并且该《资格证书》是在有效期内。

3.2 监理单位资质的管理

3.2.1 管理体系

资质管理包括资质评审和审批、年检、升级、降级、取消及其他相关内容。

资质管理涉及从事监理业务的单位、信息产业部、省市信息产建设单位管部门、信息产业部授权的资质评审机构、省市信息产业部门授权的资质评审机构等等。

信息产业部负责全国信息系统工程监理的行业管理工作，审批及管理甲、乙级信息系统工程监理资质；省、自治区、直辖市（以下简称省市）信息产建设单位管部门负责本行政区域内信息系统工程监理的行业管理工作，审批及管理本行政区域内丙级信息系统工程监理单位资质，初审本行政区域内甲级、乙级信息系统工程监理单位。

3.2.2 资质评定

资质评定按照评审和审批分离的原则进行。工作程序如下。

1．资质评审

1）评审申请

首先，由从事监理业务的单位向相应的评审机构提出评审申请。信息产业部授权的资质评审机构可以受理申请甲级、乙级、丙级资质的评审；省市信息产建设单位管部门授权的资质评审机构可以受理申请丙级资质的评审；未设置评审机构的可委托信息产业部授权的或其他省市授权的评审机构评审。

申请单位应按规定提交申请资料。

2）评审申请的受理和资料审查

评审机构在受理申请时，主要检查：

（1）所提供的资料是否齐全；

（2）所提供的资料是否符合相关格式要求；

（3）与所申请的资质等级对照，检查所提供的资料有无明显不符合要求之处。

3）对申请单位进行现场审查

资料审查通过之后，评审机构对申请单位进行现场审查。现场审查的要点是：

（1）以相应的资质等级条件为基准，以企业的真实情况为凭据，进行认真的、实事求是的审查；

（2）对上一步骤中所完成的资料审查进行现场核实印证；

（3）对需要审查但若不到现场则无法审查的内容进行审查。

4）出具评审报告

在资料审查和现场评审之后，评审机构出具评审报告，对于申请单位是否符合所申请的资质等级条件给出结论性意见。

2．资质审批

1）审批申请

经评审机构评审合格后，申请单位向省市信息产建设单位管部门提出审批申请，此时须提供：

（1）相应的申请资料；

（2）评审机构出具的评审报告。

2）审批

甲级、乙级资质申请，由省市信息产建设单位管部门初审，报信息产业部审批。

丙级资质申请，由省市信息产建设单位管部门审批，报信息产业部备案。

获得监理资质的单位，由信息产业部统一颁发《信息系统工程监理资质证书》。

3.2.3 资质及资质证书管理

1．年检

信息系统工程监理实行年检制度，按照谁审批资质谁负责年检的原则进行，即：甲级、乙级资质由信息产业部负责年检；丙级资质由省市信息产建设单位管部门负责年检，并将年检结果报信息产业部备案。

年检内容包括：监理单位的法人代表、人员状况、经营业绩、财务状况、管理制度等。

2．证书的使用

证书的使用管理中主要抓住两点：名称一致性与规模相容性。

1）名称一致性

指监理单位在签署监理合同时，作为监理单位所签单位名称应与所持资质证书上的单位名称一致。

2）规模相容性

指被监理项目的投资规模与监理单位资质等级相容，其规定如下：

（1）甲级，被监理项目没有受投资规模限制；

（2）乙级，被监理项目投资规模在1500万元以下；

（3）丙级，被监理项目投资规模在500万元以下。

3．证书的变更

1）变证不变级

资质证书的有效期为四年。届满四年应及时更换新证，其资质等级保持不变。

2）升级变证

丙级和乙级监理单位在获得资质两年后可向评审机构提出升级申请。资质升级按3.2.2小节"资质评定"所述工作程序进行。

3）降级变证

年检不合格的监理单位，按照年检要求限期整改，逾期达不到要求的，将有可能受到降低资质等级的处分，企业所持资质证书的等级要进行相应变更。

监理单位有仿造、转让、出卖资质证书或越级承接监理业务的，其情节严重者可能受到降低资质等级的处分。

4）注销证书

企业获得资质证书满四年未及时更换且超过有效期 30 天，则视为自动放弃资质，原资质证书予以注销。

5）取消证书

年检不合格的监理单位在规定期限内整改未达到要求的，除了有可能受到降低资质等级的处分，情节严重者将可能受到取消资质的处分。

监理单位有仿造、转让、出卖资质证书或越级承接监理业务的，其情节特别严重者可能受到取消资质处分。

4．其他变更处理

监理单位变更法人代表或技术负责人以及因分立、合并、歇业、破产或其他原因终止业务的，应当在发生上述各种情况取得具有法律性的文件后30日内向信息产业部报告并办理有关手续。

第 4 章 监理单位的组织建设

4.1 监理体系建设

4.1.1 业务体系建设

信息系统工程建设监理单位必须要能胜任一定范围内的工程监理服务的业务，设立信息系统工程建设监理单位应具备一定的条件，包括具有一定数量的专业人员、完善的监理工作制度、相应的组织机构、具备一定数量的监理设施等等，下面就监理单位应该具备的条件做具体的说明。

1. 要具有一定数量的专业人员

信息系统工程建设监理单位人员配备应根据单位的经营规模、承担监理业务的范围，以及近期或远期发展规划等，经统筹考虑后加以确定。信息系统工程监理单位的技术人员的专业结构应该合理。一般来说，应根据监理业务特点，配备一定比例的软件工程师、网络工程师、信息安全工程师、经济师、会计师，以及合同管理、信息管理、行政管理等人员。信息系统工程建设监理单位的技术负责人应由具有高级职称的监理人员担任，并应设置总监理工程师（可由高级工程师、高级系统分析师、高级经济师担任）负责各项监理项目的组织、指挥、协调和控制等方面的工作。

2. 建立完善的监理工作制度

监理工作制度是使监理工作规范性、科学性、严密性和系统性的重要保证。建立完善的监理工作制度包括建立标准化的监理委托合同文本、标准化的监理大纲文件、标准化的监理工作程序、标准化的监理目标控制体系、标准化的工作计划体系、标准化的信息系统工程建设监理信息管理系统，以及信息系统工程建设监理中常用的技术方法、试验检验手段等标准化的信息系统工程建设监理技术方法体系。

3. 建立科学的组织管理系统

信息系统工程建设监理单位的组织管理系统应根据公司章程及《公司法》的有关规定，以及监理任务特点，建立精简、灵活的组织机构，实现组织管理系统的高效运行。

在具体组织信息系统工程建设监理单位时，根据组织灵活、运行高效的原则，可以将信息系统工程建设监理单位的经营组织结构分为直线型组织、职能型组织、矩阵型组织等结构模式。

4. 建立完备的质量保证体系

监理单位的主要任务之一是监督承建单位的质量保证体系的建立和运行，监理单位自身必须建立完备的质量保证体系。监理单位的质量保证体系是监理质量管理的核心，建立质量保证体系就是建立一种制度，在此制度下全面考虑各种影响监理服务质量的因素，将所有要素和因素采取有效的措施管理和控制起来，保证监理单位提供的监理服务能够持续稳定地满足标准要求。

5. 具备较为完善的监理设施

信息系统工程监理单位的设施包括硬件设施和软件设施。硬件设施有办公场所、运输机具、通信设备、自动化办公设备、检测及测试设施，以及生活与工作的物质条件等。软件设施包括检测、分析、管理信息系统工程的软件工具；信息收集、分工、分析、检索、存储等计算机处理的软件系统；成本、质量、计划等监理目标的控制系统；合同、索赔、文书档案等信息管理系统，以及信息系统工程监理技术、经济、控制、管理等工作体系。

6. 做好信息系统工程建设监理单位申报工作的准备

信息系统工程建设监理单位设立应依法申报、依法审批，应作好申报前的各项准备工作，包括草拟公司章程、公司组织机构及人员配备、公司注册资金及验资审查，上级主管部门的批文及公司申报书等。

4.1.2 质保体系建设

1. 建设质量保证体系的意义

监理作为一种先进的工程管理模式引入信息系统工程领域，虽然各种管理制度还不完善，但在信息产业部的大力扶植和各监理单位的共同努力下，在较短的时间里获得了迅速的发展，在国家信息化建设中开始发挥较大的作用。从知识经济发展的形势来看，迫切需要监理行业的服务质量和工作水平有一个根本的提高，以适应社会发展的要求。所以，当前在每个监理单位面前，既充满着机遇，又面临着挑战。今后，各行各业的竞争是以产品质量为核心的竞争，这对信息系统工程监理也不例外。如果监理单位不能提供令建设单位满意的高质量的监理服务，那么势必会在市场竞争中逐渐被淘汰。监理服务质量管理已成为监理单位管理工作的一项重要工作，监理单位对监理服务质量的管理主要依靠质量保证体系的实施。

监理单位产品（即监理服务）的特点也决定了监理单位必须建立和实施与其他单位不同的质量保证体系。众所周知，监理单位是根据建设单位的授权和委托，依据国家有关信息系统工程建设的法律、法规、工程建设文件、监理合同以及其他工程合同，对工程实施监督管理的社会组织，它所提供的产品是监理服务。因此，它具备一般服务的共同特点；同时，与一般服务组织比较又有其特殊的地方，即：监理单位为顾客（建设单位）提供的服务是通过接受顾客（建设单位）的委托与授权，按照监理合同的要求，主要通过对承建单位的行为（工程质量、进度、投资等方面）进行监督与管理来实现的，与信息系统工程的建设过程紧密相连。需要强调指出，虽然监理工作与工程建设紧密联系，但监理单位提供的产品与承建单位提供的产品是两类不同性质的产品。监理单位的产品是服务，无法像承包商那样在产品提供顾客之前进行全面检验再交付。因此，监理服务质量管理的方式、方法与承建单位的质量管理有着明显不同。

在信息产业部出台的《信息系统工程监理单位资质管理办法》中，明确对甲、乙、丙级的监理单位在质量保证体系建设方面的要求，即监理单位必须建立经过认证的或完备的质量保证体系，并能有效实施运行。

2. 监理服务质量管理的模式

监理单位对监理服务质量的管理有两种方式，一种是以单位管理为主，一种是以监理项目部自我管理为主。具体采取哪种方式，可以根据单位的实际情况和业务情况确定。

监理单位的监理业务也有两种特征，一种是区域特征，一种是工程类型特征。

如果一个监理单位以某类信息系统工程为主要业务对象，监理业务分布在省内各个地市或分布于全国各地，由于单位本部离监理项目部的监理地点较远，则采取以监理项目部自我管理为主的方式较好；如果监理单位一般只限于某个区域，即使开展各种类型的信息系统工程监理业务，也可采取单位集中管理为主的管理方式。以单位管理为主的质量管理模式的优点是可以保证单位各个监理项目部按照统一的要求进行监理，易于控制；缺点是限制了总监理工程师质量控制的积极性，管理费用大。以监理项目部为主的质量管理模式的优点与缺点正好相反。对于同一个监理单位来说，采取哪种方式，主要根据监理地点和总监理工程师的素质等因素来考虑。无论哪种方式，都要确保监理工作处于受控状态。一个大型监理单位的监理业务既有以行政区域为主要市场的监理公司，也有以某一类信息系统工程为主要市场的专业监理公司。

监理服务质量的控制方式按照时间可分为预防性控制、监督性控制、补偿性控制；按照控制主体可分为单位质保部门和监理项目部；按照评价方式可分为内部评价和外部评价。对监理单位来说，事前控制极为关键。预防性控制以单位质保部门为管理主体，控制的内容包括：对监理人员的认可、监理规划、监理细则的审批、监理设施的认可等。监督性控制是控制的主要过程，以总监理工程师为主，采取计划、监督、评价等方式，按照系统对各项工作进行抽样检查，主要控制各项监理工作是否按规定要求实施？是否及时？是否到位？是否有效？监理单位质保部门定期（每季度或半年一次）进行检查考核即补偿性控制也是非常必要的，可以作为今后监理服务积累经验和教训。这样的管理控制方式与目前监理单位本部管理人员较少相适应。内部评价是监理服务质量控制的基础,外部评价是最终评价。因此,定期对建设单位进行服务质量回访是一项必须进行的工作。有些问题在内部检查考核中难以发现,在质量回访中可以得到反馈。

监理服务质量控制可采取文件审核(包括监理规划、监理细则审批、审阅月报、抽查监理资料)、现场考察、询问、征求意见等方式进行。

3．监理服务质量控制的内容

监理服务质量管理的目标主要是：通过健全的质量保证体系对监理工作各个阶段中影响服务质量的因素进行有效的控制。对监理服务工作而言,影响服务质量的因素包括：公司质量管理模式、质量控制方式、监理人员素质、监理设施、外部环境等。

监理服务质量控制的内容包括：监理人员素质与数量、监理设施、监理工作指导文件、监理实施过程、监理效果等。

1）监理人员素质与数量

总监理工程师的素质对监理服务质量影响很大,是监理服务质量控制的关键因素之一。对于监理人员的控制,主要包括：人员教育程度、专业水平、工作经历、工作业绩、组织协调能力及人员合理组合等。

2）监理工作指导文件

主要控制文件编制的内容是否全面？是否及时？是否符合工程实际？是否具有可操作性？监理指导文件控制重点是文件的指导作用,应做到简明扼要、易于控制、重点突出、可操作性强。

3）监理实施过程

规范、标准化工作是否实施？实施是否符合规定要求？是否及时？实施的效果是否达到预期的目标？监理实施过程控制重点是：抓住关键工作、关键内容的监理实施情况。

4）监理效果

监理人员的业绩即监理效果对监理服务质量至关重要。由于监理工作是以监理项目部监理人员集体分工协作来完成的,因此,在进行监理服务质量考核过程中,过分强调个人考核,无法真实地反映服务质量状况。监理服务考核中应以"四控、三管、一协调"为主线,按照工作阶段进行综合评价。对监理效果的评价主要是看监理单位是否认真履行合同,是否认真贯彻监理规划等主要监理文件的要求,是否勤奋地为建设单位提供了与其承诺相符的服务？工程项目的成败可以从一定程度反映监理服务质量,但不能以工程项目成败与否作为衡量监理服务质量的惟一标准。

另外,需要注意的是,监理单位也只能是按合同委托做好监理的工作,是监理的责任。成功的项目,不能说监理单位就十全十美；失败的项目,也不能说监理单位就一无是处。这就是常说的"建设单位、监理单位、承建单位要各尽职守,发生问题以责论处"。

4．建立和完善质量保证体系

监理项目部实行总监理工程师负责制。总监理工程师是监理单位派驻项目的全权负责人，对外向建设单位负责，对内向监理单位负责，代表监理单位全面履行监理委托合同，承担与建设单位所签订监理合同中规定的义务和责任，行使监理合同和有关法律、法规所赋予的有限权限，保障信息系统工程建设顺利地进行，实现工程建设的投资、质量、进度、变更控制目标，提高投资效益。总监理工程师代表监理单位从事监理工作，其监理行为的后果由监理单位承担。

监理单位应建立自己的质量保证体系，以此来约束总监理工程师和监理项目部的监理工作，保证监理工作的质量。

监理单位可依据 ISO 9000 标准，遵照下列步骤建立和完善质量保证体系，通过有关机构的审核认证。

1）准备大会

召开全体员工大会，对建立和实施质量保证体系进行动员；成立质量保证体系筹备小组；组织所有与质量有关的人员参加培训班，学习有关标准；聘请咨询机构对实施工作提供咨询。

2）质量体系策划

这一阶段的主要工作是调研监理单位的组织现状，制定建立质量体系的实施计划，选择适用的质量保证模式标准，确定质量方针，调整和完善单位的组织，制定要素的实施办法。

质量方针包括本单位的质量目标并且质量目标能反映客户的期望和需求，它是质量管理工作的最高准则，质量方针不应是空洞的口号，而是既要有先进的目标，又要根据单位的状况提出的实现质量目标的主要方法或措施。质量方针应该为全体员工充分理解和接受，并切实可行，所以文字应简单明了、易于理解。

另外，在对现有的机构和职能进行调整时，应对所有与质量有关的管理、执行和验证人员明确职责、权限和相互关系要素和因素验证活动所必需的资源，如合格的专业监理工程师、必要的检测设备和工具、现场监理设施等等；由管理者代表负责质量体系的建立与实施，并向最高管理者报告体系运行情况，及时处理影响体系运行的有关问题。

3）编写质量体系文件

质量体系文件是描述质量体系的一整套文件，是质量体系的具体体现和质量体系运行的法规。典型的质量体系文件包括质量手册、质量体系程序、详细作业指导书。

质量手册是阐明单位的质量方针，并描述其质量体系的文件，它是质量体系文件中的纲领性文件，通常质量手册至少应包括质量方针、质量手册评审修改控制的规定等内容。

质量体系程序是一套文件化的程序，用以描述为实施质量体系要素所涉及的各职能部门的活动。程序文件是对与质量有关的管理、技术人员的控制的依据，必须具有可操作性和可检查性。

详细作业指导书是描述程序文件中某个具体过程、事物形成的技术性细节的文件，可按照程序文件的要求，结合监理单位的实际情况编制。

4）培训内部审核员

单位应根据具体情况，培训若干名内部审核员。内部审核员除了执行内部质量体系审核外，还承担管理层与职能部门、单位与客户、单位与供应商、单位与审核机构等的联系工作。审核员经过培训，应掌握实施质量体系审核所依据的 ISO 9000 标准，掌握实施质量体系审核所必需的知识和技能，遵守审核人员的行为准则。

5）质量体系试运行

在完成了上述各阶段的工作后，便可进入质量体系试运行阶段。主要工作是最高管理者审查并签发质量方针和质量手册，管理者代表签发程序文件，进行质量体系培训和岗位培训，使各部门的与质量体系要素有关的活动纳入体系中运行，发现体系文件中存在的不足并按规定修改。

6）内部质量体系审核

内部质量体系审核是单位组织的自我审核，目的是为了确定所建立的质量体系是否符合质量手册和程序文件的规定，是否能正常运行，及其对实现质量方针的有效性。内部质量体系审核由管理层委派的审核组进行，在申请质量体系认证之前至少要进行过一次内部质量体系审核。

7）管理评审

管理评审是由最高管理者根据质量方针和目标，对质量体系的现状和适应性进行的正式评价。管理评审组由最高管理者主持，成员是管理层人员及与质量有关的职能部门的负责人，一般定期一年一次，在申请质量体系认证之前必须进行过管理评审。

8）质量体系认证前的准备

准备工作主要有选择认证机构、对质量体系文件进行全面清理、接受有关培训等等。

9）质量体系认证过程

所谓质量体系认证，就是由认证对单位进行的外部质量体系审核，大致包括审核的策划和准备、实施审核、纠正措施的跟踪及认证后监督等过程。详细认证流程可参考有关认证书籍。

10）质量体系的进一步改进与完善

单位通过了认证机构的质量体系审核，取得了质量体系认证证书，仅说明该单位的质量体系已基本符合有关要求。通过审核，单位须通过内部质量体系审核及管理评审，认证机构则通过监督审核，以保持其质量体系的持续有效性。

4.1.3 管理体系建设

1. 监理单位的权利与义务

在信息产业部正式颁布的《信息系统工程监理暂行规定》中，第 18 条详细规定了监理单位的权利与义务：

（1）应按照"守法、公平、公正、独立"的原则，开展信息系统工程监理工作，维护建设单位与承建单位的合法权益；

（2）按照监理合同取得监理收入；

（3）不承建信息系统工程；

（4）不得与被监理项目的承建单位存在隶属关系和利益关系，不得作为其投资者或合伙经营者；

（5）不得以任何形式侵害建设单位和承建单位的知识产权；

（6）在监理过程中因违犯国家法律、法规，造成重大质量、安全事故的，应承担相应的经济责任和法律责任。

2. 监理单位的行为准则

从以上的条款可以看出，一个信息系统工程监理单位的行为应该遵循以下准则。

1）守法

这是任何一个具有民事行为能力的单位或个人最起码的行为准则，对于监理单位守法就是依法经营，其行为应遵守国家和相应地区的所有法律法规。

2）公正

主要是指监理单位在处理建设单位与承建单位之间的矛盾和纠纷时，要做到不偏袒任何一方，是谁的责任就由谁承担，该维护谁的权益就维护谁的利益，决不能因为监理单位受建设单位的委托，就偏袒建设单位。

3）独立

这是信息系统工程监理有别于其他监理的一个特点，监理单位不能参与除监理以外的与本项目有关的业务，而且，监理单位不得从事任何具体的信息系统工程业务。也就是说，监理单位应该是完全独立于其他双方的第三方机构。

4）科学

信息系统工程是代表高科技的工程，监理的业务活动要依据科学的方案，运用科学的手段，采取科学的方法，进行科学的总结。

5）保密

信息系统工程是高新技术领域的工程，在工程设计和实施中会涉及大量的技术、商业、经济等秘密，监理单位有业务对其在工作范围内接触的上述信息保守秘密。

4.2 监理单位的风险防范

4.2.1 监理工作的风险类别

1. 行为责任风险

行为责任风险来自三个方面：

（1）监理工程师超出建设单位委托的工作范围，从事了自身职责外的工作，并造成了工作上的损失；

（2）监理工程师未能正确地履行合同中规定的职责，在工作中发生失职行为造成损失；

（3）监理工程师由于主观上的无意行为未能严格履行职责并造成了损失。

2. 工作技能风险

监理工程师由于他在某些方面工作技能的不足，尽管履行了合同中建设单位委托的职责，实际上并未发现本应该发现的问题和隐患。现代信息技术日新月异，并不是每一位监理工程师都能及时、准确、全面地掌握所有的相关知识和技能的，无法完全避免这一类风险的发生。

3. 技术资源风险

即使监理工程师在工作中没有行为上的过错，仍然有可能承受一些风险。例如在软件开发过程中，监理工程师按照正常的程序和方法，对开发过程进行了检查和监督，并未发现任何问题，但仍有可能出现由于系统设计留有缺陷而导致不能全部满足实际应用的情况。众所周知，某些工程上质量隐患的暴露需要一定的时间和诱因，利用现有的技术手段和方法，并不可能保证所有问题都能及时发现。同时，由于人力、财力和技术资源的限制，监理无法对施工过程的所有部位、所有环节的问题都能及时进行全面细致的检查发现，必然需要面对风险。

4. 管理风险

明确的管理目标、合理的组织机构、细致的职责分工、有效的约束机制，是监理组织管理的基本保证。如果管理机制不健全，即使有高素质的人才，也会出现这样或那样的问题。

4.2.2 监理单位的风险防范方法

1. 谨慎签订监理合同

监理单位在签订信息工程监理委托合同之前，应该首先调查建设单位的资信、经营状况和财务状况。其次，在合同的谈判过程中，要争取主动并采取相应的对策，保护自己的合法利益。对委托单位提出的合同文本要细细推敲，对重要问题要慎重考虑，积极争取对风险性条款及过于苛刻的条款做出适当调整，不能接受权利与义务不平等的合同，不能为了揽到信息工程监理合同而随意让步，从而丧失公平原则，使自己陷入被动地步。

2. 严格履行合同

对于监理工作中涉及的所有合同，监理工程师必须做到心中有数，注意在自身的职责范围内开展工作，不要超越建设单位的委托范围去工作。

3. 提高专业技能

监理工程师的职责从客观上要求从业者不断学习，努力提高自身素质，否则就无法适应现代工程建设的要求。监理工程师应该努力防范由于技能不足带来的风险。

4. 提高管理水平

监理单位必须结合所承担工程的具体情况，明确监理工作目标，制定行之有效的内部管理约束机制，尤其是在监理责任的承担方面，机构内所有成员各自应该承担什么责任应该明确，落实到位。将这方面的风险置于有效的控制之下。

第 5 章 监理项目的组织和规划

5.1 监理项目部的组成

5.1.1 监理项目部的组织结构

组织有着两种不同的定义，一种是一般意义上的组织，泛指各种各样的社会团体、企事业单位，它是人们进行合作活动的必要条件。一种是管理学上的组织（也是我们要用到的组织的概念），是指按照一定的目标和程序组成的权责结构。这个概念中，包含着以下几点含义。

1. 组织有一个共同的目标

监理项目部是监理单位为了履行委托监理合同而组建的组织机构。对于监理项目部来说，其目标就是：高质量、高效率地完成好监理委托合同中规定的监理单位所应该完成的监理任务。

2. 组织是实现目标的工具

组织既有一个共同的目标，又是实现目标的工具。组织目标能否实现，很大程度上决定于组织内部各个要素之间的协调和配合程度，其中，很重要的一个方面就是要看组织结构是否合理有效。

3. 组织包括不同层次的分工协作

组织要实现目标，获得效率，必须进行分工，明确每一个层次、每一个部门、每一个人的职责，同时又需要协作，把组织上下左右联系起来，形成一个有机的整体。系统学派的代表性人物巴纳德（Chester I. Barnard）认为，一切组织都是一个协作系统。社会各级组织都是由相互协作的个人组成的系统。

4. 组织的职能

组织职能是指，为了实现组织的共同目标而确定组织内各个要素及其相互关系的一系列活动的总称。简单地讲，组织职能就是设计一个组织结构并使之运转。组织职能包括以下基本内容：

（1）按照组织目标和实施计划，建立合理的组织机构，包括各个管理层次和职能部门的建立；

（2）按照业务性质进行分工，确定各个部门的职责范围；

（3）按照所负责任给予各个部门、各管理人员相应的权利；
（4）明确各部门之间、上下级之间的领导和协作关系，建立通畅的信息沟通渠道；
（5）配备和使用适合工作要求的人员。

监理项目部的组织形式和规模，应根据委托监理合同规定的服务内容、服务期限、工程类别、规模、技术复杂程度、监理单位式等因素确定。监理项目部的组织机构应该精简灵活，运转高效。监理项目实行总监理工程师负责制，监理人员还应包括专业监理工程师和监理员，必要时可配备总监理工程师代表。监理工程师的专业结构应合理，数量和比例要满足监理工作的实际需要。一般来说，监理单位应于委托监理合同签订后10个工作日内将监理项目部的组织形式、人员构成及对总监理工程师的任命书书面通知建设单位。当总监理工程师需要调整时，监理单位应征得建设单位同意并书面通知承建单位；当专业监理工程师需要调整时，总监理工程师应书面通知建设单位和承建单位。

例如，某中型信息系统工程的监理项目部组织结构如图 5.1 所示（其中虚线部分表示可按实际情况选择）。由于该工程有大量布线、安装、调试的内容，故设置现场监理组，负责工程实施时的现场监理工作；该工程项目时间跨度较长，所以设置总监理工程师代表，协助总监理工程师进行监理项目部的日常管理工作；根据监理合同的内容和本项目监理的重点，设置了质量监理、进度监理、投资监理和信息管理四个监理小组，这四个小组在工作上既相对独立，又互相联系，共同完成"四控三管一协调"的监理工作任务；专家组是信息系统工程监理的一个特色，由在本项目相关领域的专家组成，分别在不同阶段为监理项目部的工作提供咨询、指导和建议，并在关键阶段参与论证、会审、验收等工作。

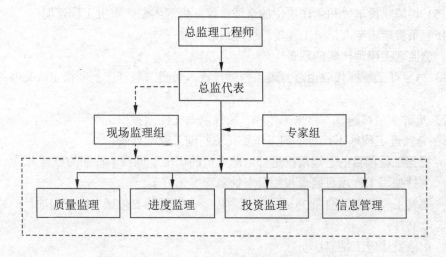

图 5.1　某中型信息系统工程的监理项目部组织结构

5.1.2 监理人员的岗位与职责

1. 总监理工程师的职责

（1）对信息工程监理合同的实施负全面责任；
（2）负责管理监理项目部的日常工作，并定期向监理单位报告；
（3）确定监理项目部人员的分工；
（4）检查和监督监理人员的工作，根据工程项目的进展情况可进行人员的调配，对不称职的人员进行调换；
（5）主持编写工程项目监理规划及审批监理实施方案；
（6）主持编写并签发监理月报、监理工作阶段报告、专题报告和项目监理工作总结，主持编写工程质量评估报告；
（7）组织整理工程项目的监理资料；
（8）主持监理工作会议，签发监理项目部重要文件和指令；
（9）审定承建单位的开工报告、系统实施方案、系统测试方案和进度计划；
（10）审查承建单位竣工申请，组织监理人员进行竣工预验收，参与工程项目的竣工验收，签署竣工验收文件；
（11）审核签认系统工程和单元工程的质量验收记录；
（12）主持审查和处理工程变更；
（13）审批承建单位的重要申请和签署工程费用支付证书；
（14）参与工程质量事故的调查；
（15）调解建设单位和承建单位的合同争议，处理索赔，审批工程延期；
（16）负责指定专人记录工程项目监理日志。

2. 总监理工程师代表的职责

（1）总监理工程师代表由总监理工程师授权，负责总监理工程师指定或交办的监理工作；
（2）负责本项目的日常监理工作和一般性监理文件的签发；
（3）总监理工程师不得将下列工作委托总监理工程师代表：

- 根据工程项目的进展情况进行监理人员的调配，调换不称职的监理人员；
- 主持编写工程项目监理规划及审批监理实施方案；
- 签发工程开工/复工报审表、工程暂停令、工程款支付证书、工程项目的竣工验收文件；
- 审核签认竣工结算；
- 调解建设单位和承建单位的合同争议，处理索赔，审批工程延期。

3．专家的职责

（1）对本工程监理工作提供参考意见；

（2）为相关监理组的监理工作提供技术指导；

（3）参与对工程的重大方案的评审；

（4）接受专业监理工程师的咨询。

4．专业监理工程师的职责

（1）负责编制监理规划中本专业部分以及本专业监理实施方案；

（2）按专业分工并配合其他专业对工程进行抽检、监理测试或确认见证数据，负责本专业的测试审核、单元工程验收，对本专业的子系统工程验收提出验收意见；

（3）负责审核系统实施方案中的本专业部分；

（4）负责审核承建单位提交的涉及本专业的计划、方案、申请、变更，并向总监理工程师提出报告；

（5）负责核查本专业投入软、硬件设备和工具的原始凭证、检测报告等质量证明文件及其实物的质量情况；根据实际情况有必要时对上述进行检验；

（6）负责本专业工程量的核定，审核工程量的数据和原始凭证；

（7）负责本专业监理资料的收集、汇总及整理，参与编写监理日志、监理月报。

5．监理员的职责

（1）在监理工程师的指导下开展监理工作；

（2）检查承建单位投入工程项目的软硬件设备、人力及其使用、运行情况，并做好检查记录；

（3）复核或从实施现场直接获取工程量核定的有关数据并签署原始凭证、文件；

（4）按详细设计说明书及有关标准，对承建单位的实施过程进行检查和记录，对安装、调试过程及测试结果进行记录；

（5）做好督导工作，发现问题及时指出并向本专业监理工程师报告；

（6）做好监理日记和有关的监理记录。

5.2 监理工作的计划

在监理工作实施前，包括签订监理委托合同和组建监理项目部的前后，监理单位就要以总监理工程师和专业监理工程师为主，开始逐步进行监理工作的计划。在这期间，产生的计划性文件主要包括监理大纲、监理规划和监理实施细则，它们将成为监理工程师实施具体工作的重要指导文件。

监理大纲是在建设单位选择合适的监理单位时，监理单位为了获得监理任务，在项目监理招标阶段编制的项目监理单位案性文件。它是监理单位参与投标时，投标书内容的重要组成部分。编制监理大纲的目的是，要使建设单位信服，采用本监理单位制定的监理单位案，能够圆满实现建设单位的投资目标和建设意图，进而赢得竞争投标的胜利。由此可见，监理大纲的作用，是为监理单位的经营目标服务的，起着承接监理任务的作用。

监理规划则是在监理委托合同签订后，由监理单位制定的指导监理工作开展的纲领性文件。它起着指导监理单位规划自身的业务工作，并协调与建设单位在开展监理活动中的统一认识、统一步调、统一行动的作用。由于监理规划是在委托合同签订后编制的，监理委托关系和监理授权范围都已经很明确，工程项目特点及建设条件等资料也都比较翔实。因此，监理规划在内容和深度等方面比监理委托合同更加具体化，更加具有指导监理工作的实际价值。

监理实施细则则是在监理规划指导下，监理项目部已经建立，各项专业监理工作责任制已经落实，配备的专业监理工程师已经上岗，再由专业监理工程师根据专业项目特点及本专业技术要求所编制的、具有实施性和可操作性的业务性文件。监理实施细则由各专业监理工程师负责主持编制，并报送项目总监理工程师认可批准执行。

监理大纲、监理规划和监理实施细则三者之间有一定的联系性，都是由监理单位对特定的监理项目而编制的监理工作计划性文件，且编制的依据具有一定的共同性，编制的文件格式也具有一定的相似性。但是，由于监理大纲、监理规划和监理实施细则三者的作用不同、编制对象不同、编制负责人不同、编制时间不同、编制的目的不同等，在编制内容侧重点、深度、广度和细度诸方面上，都有着显著区别。

监理大纲、监理规划和监理实施细则三者比较的主要区别见表5-1。

表 5-1 监理大纲、监理规划和监理实施细则的主要区别

名称	编制对象	负责人	编制时间	编制目的	编制作用	编制内容		
						为什么	做什么	如何做
监理大纲	项目整体	公司总监	监理招标阶段	供建设单位审查监理能力	增强监理任务中标的可能性	重点	一般	无
监理规划	项目整体	项目总监	监理委托合同签订后	项目监理的工作纲领	对监理自身工作的指导、考核	一般	重点	重点
监理实施细则	某项专业监理工作	专业监理工程师	监理项目部建立、责任明确后	专业监理实施的操作指南	规定专业监理程序、方法、标准，使监理工作规范化	无	一般	重点

5.3 监理规划

5.3.1 编制监理规划的意义

1．编制监理规划的目的意义

编制监理规划的目的，是将监理委托合同规定的责任和任务具体化，并在此基础上制定实现监理任务的措施。信息系统工程监理规划是对工程项目实施监理的工作计划，也是监理单位为完成工程建设管理全过程的监理工作任务所编制的一种指导性文件。在信息系统工程监理规划中，应该明确规定监理的指导思想、计划目标、计划实施进度、计划实施的保证措施（包括组织措施、技术措施和管理措施等）等一系列需要统筹规划的问题。因此，监理单位编制监理规划的目的就是把信息工程项目监理活动的实施过程纳入规范化、系统化、标准化的科学管理范畴，以确保监理任务完成和监理目标的最终实现。监理单位应该高度重视项目监理规划的编制工作。一份完善的、有效的、高质量的项目监理规划可以充分地显示出监理单位的组织管理能力，很好地体现出监理单位的业务素质，同时也为以后监理任务的顺利完成打下了一个良好的基础。信息系统工程监理规划在总监理工程师主持下编制，并由建设单位认可，总监理工程师签署后执行。

监理规划是整个项目开展监理工作的依据和基础。监理规划相当于一个监理项目的"初步设计"，而监理实施细则相当于具体的"实施图设计"。

监理单位在接受监理任务，开展监理投标和监理委托合同谈判时，应该根据建设单位对信息系统工程监理招标的要求和意图，向建设单位提供监理大纲，使建设单位通过监理大纲了解监理单位对该项目监理的行动纲要，增强建设单位对监理单位从事项目监理的信任感和认同感，促成双方合同洽谈和合同签约的成功。在合同签订后，监理单位应根据合同规定和要求，对监理大纲进一步细化，并向建设单位提交监理规划，作为监理单位对监理项目的行动指南，也可以作为建设单位考核监理单位对监理委托合同实际执行情况的重要依据。因此，监理规划在监理单位经营管理活动中有着重大的现实意义。

2．监理规划的作用

监理规划的作用体现在以下几点。

1）监理规划是监理项目部职能的具体体现

工程监理是一项高度复杂的管理系统工程活动。监理项目部的职能几乎包含全部的管理职能。即计划与决策、组织与指挥、控制与协调、教育与激励等等。计划是开展监理工作的首要职能，是保证监理行为的有序性的关键，也是实现信息系统工程监理目标和完成监理任务的重要手段。监理项目部的职能不仅包含监理计划职能，也包含以计划职能为中心的其他监理职能，如组织、指挥、决策、控制、协调、教育及激励等管理职能。因此说，监理规划是对监理项目部职能的具体描述。

2）监理规划是指导监理项目部全面开展工作的纲领性文件

信息系统工程监理的中心任务，是协助信息系统工程的建设单位，实现监理的目标。而实现监理目标，需要制定计划、建立组织、配备人员，并进行有效的指导。在实施监理的过程中，监理单位要集中精力做好目标控制工作。但是，如果不能事先对计划、组织、人员配备、制度建立等项工作进行科学的安排，就很难实现对目标的有效控制。因此，监理规划需要对监理项目部开展的各项监理工作做出全面、系统的组织和安排。具体上，包括确定监理目标，制定监理计划，安排目标控制、合同管理、信息管理、组织协调等各项工作，并确定各项工作的方法和手段。监理规划是在监理大纲的基础上编制的。因此，应当更加明确地规定监理项目部在监理实施过程中，应当重点做好哪些工作，由谁来做这些工作，在什么时候和什么地点做这些工作，如何做好这些工作。只有全面确定了这些问题，监理项目部才能真正展开工作，做到有条有理，有据可依。

3）监理规划是信息系统工程监理管理部门对监理单位进行监督管理的主要内容

政府监理管理部门（信息产业部）应依法对监理单位实施监督、管理和指导，对其管理水平、人员素质、监理业绩、专业配套和技术装备等情况进行核查和考评，以确认它的资质和资质等级，同时，政府监理管理部门还应该对监理单位实行资质年审制度。这些检验、考评等等，都要针对监理单位已经完成和正在进行的信息系统工程监理项目的监理情况来进行，其中一项重要的内容就是通过对监理单位的监理规划和它在工程监理过程中的实施效果检查，以此来核定监理单位的监理资质。因此，它是政府监理管理部门监督、管理和指导信息工程监理单位监理活动的主要内容。

4）监理规划是建设单位检查监理单位是否能够认真、全面履行信息系统工程监理委托合同的重要依据

监理单位如何履行信息系统工程监理委托合同，如何落实建设单位委托监理单位所承担的各项监理服务工作，作为监理的委托方，建设单位需要而且有权了解和掌握这些情况。而监理规划正是建设单位加以了解和掌握这些问题的第一手资料，也是建设单位确认监理单位是否履行监理委托合同内容的主要说明性文件。

5）监理规划是具有合同效力的一种文件

监理规划要能够体现建设单位对监理工作的需求，它是对监理委托合同的签约双方责、权、利的进一步细化。由监理单位编制的监理规划，经过建设单位审查同意和总监理工程师签署后，作为监理委托合同的一个重要的附件，同样具有合同效力。因此，建设单位与监理单位双方都必须按监理规划要求统一认识、统一步伐和统一行动，以保证监理规划的实施。

5.3.2 监理规划编制的程序和依据

1. 编制监理规划的基本要求

1)监理规划的内容应有统一性

由于监理规划是指导整个监理项目工作的纲领性文件,在编制监理规划时应当做到其内容构成力求统一。这是监理工作规范化、制度化、统一化的基本要求,也是监理工作科学化的要求。监理规划的基本作用是指导监理项目部全面开展工作,如果监理规划的编写内容不能够做到系统、统一,监理工作就会出现漏洞或矛盾,使正常的监理工作受到影响,甚至出现失误。

2)监理规划的内容应有针对性

信息系统工程项目具有单件性和一次性。因此,对某一个具体的工程项目而言,监理规划的内容必须根据这个项目的实际来编制,如果忽视监理规划内容的针对性,采用同一模式、同一方法开展监理工作,必然会导致目标偏离计划,甚至出现失误。所以一个好的监理规划,应该针对具体的信息工程建设项目进行目标规划,建立监理项目部和制度。只有这样,监理规划才能真正起到指导监理工作的作用。

3)监理规划的内容应该具有时效性

监理规划的内容应该随着工程项目的逐步开展,对其不切实际的措施进行不断的补充、完善、调整。实际上它是把开始勾画的轮廓进一步细化,使得监理规划变得更加详尽可行。在工程项目的开始阶段,总监理工程师不可能对项目的具体信息掌握得非常准确,兼之工程项目在建设过程中,受到来自内外各种因素和条件变化的影响,这就使得监理规划必须进行相应的调整和进一步的完善,才能保证监理目标的实现。

2. 编制监理规划的步骤

1)规划信息的收集与处理

所谓规划信息,就是指与监理规划相关的信息,如所监理的信息系统工程项目的情况(一般由建设单位提供)、承建单位(可能还包括设计单位、分包单位)的情况、建设单位的情况、监理委托合同所规定的各项监理任务等信息,在编制监理规划以前,应该广泛收集相关的监理信息,在整理和消化这些材料的基础上开始着手编制项目监理规划。

2)项目规划目标的确认

依据上一步收集到的项目规划信息,来确定项目规划的目标,并对目标进行识别、排序和量化,为下一步确定监理工作做准备。

3)确定监理工作内容

在对监理规划目标进行确认的基础上,具体确定监理单位应该做的工作。在这里,监理工作的工作内容、工作程序和工作要求等,都将得到确定。确定的依据一方面来自于上边所确定的监理规划目标,另一方面来自于监理委托合同。

4)按照监理工作性质及内容进行工作分解

紧承上一步,在对监理工作进行初步确认的基础上,对监理工作进行细分,确定不同小组的责任,以此来确定各自的监理任务。

3. 编制监理规划的依据

(1)与信息系统工程建设有关的法律、法规及项目审批文件等;

(2)与信息系统工程监理有关的法律、法规及管理办法等;

(3)与本工程项目有关的标准、设计文件、技术资料等,其中标准应包含公认应该遵循的相关国际标准、国家或地方标准;

(4)监理大纲、监理合同文件以及与本项目建设有关的合同文件。

5.3.3 监理规划的内容

监理规划包括的主要内容有工程项目概况、监理范围、监理内容、监理目标、监理项目部的组织形式、监理项目部的人员配备计划、监理项目部的人员岗位职责、监理依据、监理工作程序、监理工作方法及措施、监理工作制度、监理工具和设施等。

在监理工作实施过程中,如实际情况或条件发生重大变化而需要调整监理规划时,应由总监理工程师组织专业监理工程师研究修改,按原报审程序经过批准后报建设单位。

下面对上述内容做简单介绍。

1. 工程项目概况

工程项目概况是描述整个信息系统工程项目大体情况的部分,信息系统工程项目概况包括工程名称、工程项目组成及规模、工程预计总投资额、项目预计工期、工程质量等级、设计、实施及开发承建单位名称、工程特点的简要描述等等。

2. 监理的范围、内容与目标

这三者要根据监理委托合同和一般的监理原则来确定。监理范围要表明监理项目部的工作在工程的什么范围之内进行,比如说包含对工程的哪些阶段进行监理;监理内容要说明监理工作具体做什么,比如包含质量控制、进度控制、信息管理、合同管理等等;监理的目标列出监理工作在本项目中要达到的效果,这些效果应该符合实际,并且在监理的控制范围之内。

3. 监理项目部的组织结构与人员配备

监理单位应该根据工程项目的实际情况确定监理项目部的组织结构,并按合理的比例配备专业的监理工程师。监理规划中,应该写明针对该项目组建的监理项目部的组织形式以及各个环节、各个分项方面的人员配备等情况。其中,监理机构的组织形式,一般都以图的形式简明、扼要地表示出来；监理工程师的配备，可以按照各个分项目的不同来划分，也可以按照职能来划分，还可以综合考虑两方面的内容，按照它们之间的交叉来划分。具体应该采用哪一种划分形式，可以按照项目自身的特点来进行选择。

4. 监理依据、程序、措施及制度

监理依据要求列出监理工作所依据的所有文件、标准、资料，并对依据的理由和办法进行阐述。

监理的工作程序，包括展开监理信息搜集的步骤、监理意见的发布程序、监理会议召开的程序等等。

监理工作方法和措施指监理对某一特定的监理对象采取的监理手段，比如对网络设计的监理手段、对软件开发过程的监理手段、对信息设备安装的监理手段等等。

监理工作制度是监理项目部制定的、约束监理工程师的、监理行为的规章，不同项目的监理制度可能有不同之处。制度内容主要包括会议、签认、处理、审查等方面。

5. 监理工具和设施

监理工具和设施可分为两类：一类是监理单位自带的监理工具，一类是由建设单位提供的监理设施。

监理单位应根据工程情况，配备满足监理工作需要的软硬件工具和监理设备。特别是软件工具，一般包括监理管理软件、监理测试软件和监理支持软件。

如果监理工作包含现场监理部分，还应按合同规定向建设单位提出必要的办公设施等要求。需要强调的是，监理项目部应妥善使用建设单位提供的设施，并在完成监理工作后移交建设单位。

5.4 监理实施细则

5.4.1 编制监理实施细则的意义

监理实施细则是以被监理的信息系统工程项目为对象而编制的，用以指导监理单位各项监理活动的技术、经济、组织和管理的综合性文件；它是根据监理委托合同规定范围和建设单位的具体要求，由项目总监理工程师主持，专业监理工程师参加编制，在设计阶段监理工作的基础上，综合项目的具体情况，广泛收集工程信息和资料以及征求监理工程师意见和建议的情况下，结合监理的具体条件制定的指导其整个监理项目部开展监理工作的技术管理性文件。应该注意的是，对信息工程监理而言，仅仅有信息工程系统设计方案，是无法完成监理实施细则的制订的。监理工程师只有在有了系统设计中所确定的大量具体实施及开发的具体数据之后，才能够编制出切合此项工程实际的监理实施细则。编写监理实施细则对实施监理工作意义重大，是监理工作必经的一个阶段。

1. 对监理项目部的作用

通过对监理实施细则的书写，让监理工程师增加对本工程项目的认识程度，使他们更加熟悉工程的一些技术细节。因为监理工程师要想有针对性地写好细则，必须非常熟悉工程的专业技术情况。

监理细则是指导监理工作开展的文件与备忘录。由于监理工作内容杂而多，在繁杂的情况下难免会丢三落四，监理实施细则就会起到备忘录的作用。因为细则中包含了与规定的质量控制点相应的检查、监督内容，监理工程师对此质量控制点进行检查和监督，当检查中发现问题时，因细则中对这些可能出现的问题已有相应的预防与补救措施，便可迅速采取补救措施，有利于保证工程的质量。

2. 对承建单位的作用

监理单位把监理实施细则提供给承建单位，能起工作联系单或通知书的作用。因为，除了强制性要求的验收内容外，承建单位不清楚还有哪些工序监理项目组必须进行检查。而细则中通过质量控制点设置的安排，可告诉承建单位在相应的质量控制点到来前必须通知监理项目组，避免承建单位遗忘通知监理单位，从而也就避免由此引发的纠纷。

监理单位把监理实施细则提供给承建单位，能为承建单位起到提醒与警示的作用。主要是提醒承建单位注意质量通病，使之为预防通病出现应采取相应的措施，同时提醒承建单位对工程过程中可能出现的问题采取相应的应急措施。

3. 对建设单位的作用

监理单位将一份切合工程实际的监理实施细则提供给建设单位，使通过对工程的监理工作的具体全面周到的叙述，来体现监理的水平，从而消除建设单位对监理工程师素质的怀疑，有利于取得建设单位对监理的信任与支持。

通过这份监理实施细则，使建设单位对工程的质量、进度、投资、变更等控制方法有一定的把握，从而有利于建设单位对工程的管理和控制。

5.4.2 监理实施细则编制的程序与依据

技术复杂、专业性较强的大中型信息系统工程项目，项目监理组应该编制监理实施细则。信息系统工程监理实施细则是在监理规划的基础上，根据项目实际情况对各项监理工作的具体实施和操作要求的具体化、详细化，用以指导项目监理部全面开展监理业务。监理实施细则应符合监理规划中的相关要求，并应结合信息系统工程项目的专业特点，做到详细具体，具有可操作性。

1．监理实施细则编制的规定
（1）监理实施细则应在相应工程实施开始前编制完成，须经总监理工程师批准；
（2）监理实施细则应由总监理工程师组织各专业监理工程师编制；
（3）监理实施细则应符合项目的特点。

2．监理实施细则编写的要求
1）要符合项目本身的专业特点
监理实施细则虽然是具体指导项目中各专业开展监理工作的技术性文件，但一个项目的目标实现，必须靠各专业间相互的配合协调，才能实现项目的有序进行。如果各自管各自的专业特点而不考虑别的专业，那么整个项目的有序实施就会出现混乱，甚至影响到目标的实现。

2）严格执行国家、地方的规范及标准并考虑项目自身的特点
国家和地方的标准、规范、规程及行业技术规范文件等，是开展监理工作的主要依据。但是对于一些非强制性的标准、规范可以结合项目的自身特点和监理目标，有选择地采纳部分适合项目自身特点的部分，而不要照抄、照搬。

3）尽可能地对专业方面的技术指标量化、细化，使其更具有可操作性
编写监理实施细则的目的是指导项目实施过程中的各项活动，并对各专业的实施活动进行监督和对结果进行评价。因此，监理工程师必须尽可能地依据技术指标来进行检验评定。在监理实施细则的编写中，要明确国家标准、规范、规程中的技术指标及要求。只有这样，才能使监理实施细则更具有针对性、可操作性。

在监理工作的具体实施过程中，监理实施细则应根据实际进行补充、修改和完善。

另外，为确保监理工作的顺利进行，监理实施细则应对所要监理项目中的关键点和实施难点设置"质量控制点"。

3．监理实施细则编制的方式
1）第一种方式按信息系统工程中的专业分工编制
一个综合性的信息系统工程涉及的专业领域可能有通信工程、网络工程、软件开发、信息安全、经济核算、设备造型等等，每种专业都有自己的监理手段和技术。

2）第二种方式按信息系统工程的阶段编制
按照信息系统工程项目的进程，可划分为工程准备阶段、工程设计阶段、工程实施阶段、工程验收阶段和缺陷责任期，每一阶段的监理单位法和措施各有特点。

3）第三种方式按监理的工作内容编制
监理的工作内容可分为质量控制、进度控制、投资控制、变更控制、合同管理和信息管理。

第一种方式是最常用的方式，也是比较好组织的一种方式。

4．编制监理实施细则的依据

（1）已经批准的项目监理规划；

（2）与信息系统工程相关的国家、地方政策、法规和技术标准；

（3）与工程相关的设计文件和技术资料；

（4）实施组织设计；

（5）合同文件。

5.4.3 监理实施细则的内容

监理实施细则的主要内容包括工程专业的特点、监理流程、监理的控制要点及目标、监理单位法及措施。

一般来说，监理实施细则是由专业监理工程师来编写，由总监理工程师审核，作为实施监理工作的指导文件。无论哪种专业，都要包含以上四个方面的内容，下面对这四个方面的内容进行阐述。

1．工程专业的特点

监理的对象是一个具体的信息系统工程项目，监理工程师首先要做的工作就是了解工程的情况，特别要细致分析工程的专业特点，列出工程中要用到的专业技术的优缺点。这种分析对有针对性地采取监理技术和手段有相当重要的作用。例如，某个应用软件开发采用的开发语言、中间件、操作系统、数据库等，每一种技术有其优势，也肯定有容易造成纰漏和隐患的地方。了解了专业技术的特点，就为编写监理的控制要点和方法措施奠定了基础，也使监理工程师更有效地实施监理工作有了充分准备。

2．监理流程

监理流程是指进行专业监理时遵循的程序，比如监理信息的搜集、汇报、分析，监理措施的采取，监理意见的发布等等。在制定监理流程时，要充分考虑到工程的实际情况，做到切实可行；监理程序简明而不粗糙，对工程异常情况反应迅速；流程要有一定的灵活性，不能太僵硬，避免过度限制监理工程师使用监理手段。

3．监理的控制要点及目标

监理的控制要点包含控制点和质量、进度、投资、变更等控制需要注意的事项。监理工程师应根据专业的特点，在工程过程中设置一些容易检测和纠正的标志性时机作为控制点，为每个控制点确定检测标准，也就是该控制点的目标。这样，在实施监理工作时，监理工程师通过对这些关键点的控制达到对本专业的控制。

4．监理单位法及措施

措施即计划采用的监理技术、监理工具和针对工程异常情况的监理措施。对不同的专业应有不同的监理技术，在不同的工程阶段也有不同的监理手段。例如，在对综合布线系统的线路连通性进行控制时，可采用一些测试仪器进行抽检；对软件开发进度进行控制时，可通过审查开发过程文档、走查代码来实现；对网络设备价格进行控制时，可审核原始单据，并通过电话核实来确认。

总之，监理细则的编制要做到"可行、有效、细致、全面"，真正起到指导监理工程师实际工作的作用。

第6章 质量控制

项目质量是项目建设的核心,是决定整个信息系统工程建设成败的关键,也是一个项目是否成功的最根本标志,质量控制是进度控制、成本控制和变更控制的基础和前提,如果质量失控,那么成本、进度和变更的控制就无从谈起,质量控制要贯穿于项目建设的始终。

由于信息系统工程的建设过程是人的智力的劳动,具有可视性差、变更比较频繁等特点,因此信息系统工程的质量控制过程就显得更加复杂。信息系统的质量控制主要从质量体系控制、实施过程控制以及单元控制入手,通过阶段性评审、评估,以及实时测试等手段尽早地发现质量问题,找出解决问题的方法,最终达到工程的质量目标。

本章包含的内容主要包括质量体系控制、工程各阶段的质量控制监理单位法以及质量控制监理手段三个方面。

6.1 信息系统工程质量和质量控制的概念

6.1.1 信息系统工程质量的定义

质量是指"产品、服务或过程满足规定或潜在要求(或需求)的特征和特征的总和"。对信息工程项目而言,最终产品就是建成投入使用的信息工程项目,质量要求就是对整个信息工程项目与其实施过程所提出的"满足规定或潜在要求(或需求)的特征和特征的总和",即要达到的信息工程项目质量目标。

如果项目是在给定的时间、成本和质量等约束条件下完成,那么一个项目就是成功的。一般情况下,时间和成本是可以清楚地度量的,但是项目的质量却很难以简单的一个量化标准来理解和控制。每一个行业都有本行业的一套标准,不管是行为标准还是技术标准或者约定,这些标准也就是所谓的质量标准,项目的结果只有达到了相关的项目质量标准,项目的结果才是满足了质量要求。就信息系统工程来说,一般要从功能、性能、安全性、可靠性、易用性以及可扩展性等方面来考察其质量,但是最根本的还要看信息系统工程完成之后所能够满足建设单位预期的要求。如果一个系统的性能符合预期要求,并且用户可以方便的使用,令用户感到满意,就可以说明它达到了一定的质量水准,如果一个信息系统工程建成之后,不适合用户使用,那么也不能说它的质量达到了要求。信息系统工程质量具有如下特点。

1. 项目的总体质量目标的内容具有广泛性

信息系统工程项目实体、功能和使用价值的各方面都应当列入项目的质量目标范围。同时，对所有参与工程项目建设的单位和人员的资质、素质、能力和水平，特别是对其工作质量的要求也是信息工程项目质量目标不可缺少的组成部分，因为他们的工作质量直接影响产品的质量。

2. 项目的总体质量的形成具有明显的过程性

实现信息工程项目总体质量目标与形成质量的过程息息相关。工程项目建设的每个阶段都对工程建设项目质量的形成起着重要的作用，对工程质量产生重要影响。工程实施的每个阶段都有其具体的质量控制任务，监理工程师应当根据每个阶段的特点，确定各阶段质量控制的目标和任务，以便实行全过程的控制。

6.1.2 信息系统工程质量控制的概念

信息系统建立过程中的质量控制是指在力求实现信息工程项目总目标的过程中，为满足信息工程项目总体质量要求所开展的有关的监督管理活动。质量控制是一个系统过程，贯穿全过程，监理单位的质量控制主要包括项目实施过程的质量控制以及项目实施结果与服务的质量控制。质量控制就是监理工程师采取有效的措施，监督项目的实施过程以及具体的实施结果，判断是否符合有关的质量标准，并确定消除产生不良结果的方法。质量控制贯穿于项目建设的始终，是信息系统工程监理的四大控制目标（质量控制、投资控制、进度控制、变更控制）的重点。

6.1.3 信息系统工程质量控制的原则

质量控制，贯穿于可行性研究、设计、实施、验收、投入使用以及系统运行维护等阶段，主要包括组织设计方案评比，进行设计方案磋商及方案审核，控制设计变更，在实施前通过审查承建单位资质等。质量控制把握有如下原则。

1. 质量控制要与建设单位对工程质量监督紧密结合

就信息系统工程的投资目标、进度目标、质量目标而言，质量目标特别受到建设单位项目管理部门的重视，因此，衡量信息工程项目质量是否达到计划标准和要求，需要监理单位及其监理工程师与建设单位的工程质量监督管理部门共同担负对信息工程项目的质量进行监督管理的任务。

2. 质量控制是一种系统过程的控制

项目的实施过程，也是其质量形成的过程。要使信息工程项目的质量控制能够产生所期望的成效，信息工程监理单位及其监理工程师就要对信息工程项目的实施全过程不间断地进行质量控制。

3．质量控制要实施全面控制

由于信息工程项目质量内容具有广泛性，所以信息工程项目需要实施全面的质量控制。对信息工程项目质量实施全面控制，要把控制重点放在各种干扰质量的因素上，做好风险分析和管理工作，预测各种可能出现的质量偏差，并采取有效的预防措施。监理单位工作重点是监督信息系统工程关键性过程和检查工程阶段性结果，判定其是否符合预定的质量要求，并在整个监理过程中强调对项目质量的事前控制、事中控制和事后控制。

（1）对于不同的工程内容应采取不同的质量控制方法；

（2）以信息系统工程建设及验收规范、工程质量验收及评审标准等为依据，督促承建单位全面实现承建合同约定的质量目标；

（3）对承建单位的人员、设备、方法、环境等因素进行全面的质量监察，督促承建单位的质量保证体系落实到位；

（4）对信息系统工程建设全过程实施质量控制，以质量预控为重点，做好技术总体方案、系统集成方案、开发/测试计划、培训计划等审核把关；

（5）确定项目质量控制的关键节点，重点控制，不仅监理工程师要严格把关，还要组织专家顾问组进行集体论证；论证通过后，方可通过质量验收；

（6）对工程的关键工序和重要实施过程进行跟踪参与，及时发现质量问题，并及时纠正，消除质量隐患；

（7）坚持本工序质量不合格或未进行验收签认的下一道工序不得进行建设，以防止质量隐患积累；

（8）对工程项目的系统集成、应用系统开发、培训等进行全面的质量控制，监督承建单位的质量保证体系落实到位，加强作业程序管理，实现工程建设的过程控制。

6.1.4 信息系统工程质量控制的特点

信息系统工程的质量控制和其他工程的质量控制相比较，有其特殊性，只有对信息系统工程的特点以及质量影响要素有比较清楚的认识，我们对其质量的控制才能有针对性。下面举例说明信息系统工程特点以及质量影响要素。

（1）信息工程的建设过程是人的智力劳动过程，个人发挥的空间比较大，而且人员跳槽的现象比较普遍，因此要控制质量，首先要控制人。但是，监理单位对承建单位的人员控制并不是人事权的控制，而主要通过审查项目主要负责人是否具有信息产业部颁发的项目经理证书，以保证项目经理的素质；审查承建单位的项目过程质量控制体系，以保证项目能够在有序的状态下进行，最大可能减少个人的随意性；督促承建单位建立有效的版本控制体系和文档管理体系，最大可能减小人员流动所带来的损失。

（2）变更是信息系统特别是应用系统比较大的一个特点。在需求获取过程中必然会存在需求不完整、不清晰情况，而对于软件系统来说，随意改动也将引发大量的质量缺陷及隐患，因此，对于信息系统的变更，我们要科学评估变更的风险，并严格执行变更处理程序。具体内容可以参照变更控制部分。

（3）定位故障比较困难。比如一个信息系统的性能问题可能是由网络性能、主机性能、数据库性能、中间件性能和应用软件性能共同决定的，某一部分出现故障，就会影响整体的性能，因此我们在进行质量控制时既要切实控制单体的质量，又要有全局的观念。

（4）信息系统工程的可视性差，质量缺陷比较掩蔽，无法直接通过人的感官系统直观地判断一个信息系统质量的优劣，质量问题往往在特定的条件下才会出现，因此在质量控制时要进行大量的、不断的实时测试。测试对于信息系统工程质量控制来说是必需的。

（5）改正错误的代价往往较大，并且可能引发其他的质量问题。比如在软件开发过程中，即使发现了软件的错误，也不能随意修改。因为修改一个问题，可能会引起更多的问题，因此在质量控制时要做好质量改进评估。

（6）质量纠纷认定的难度大。由于信息系统往往存在需求理解的偏差，以及质量问题往往是在特定的条件下才会发生等情况，建设单位和承建单位对质量问题的认定可能会产生分歧，一方认为的质量问题，另外一方可能认为不是问题，因此监理单位在质量控制过程中除了要严把需求关之外，还要站在一个独立公正的立场上去处理质量纠纷，并且要以双方认可的测试结果作为判定质量问题的依据。

（7）理想色彩的进度计划以及献礼工程往往会导致大量的质量问题出现。信息系统工程不像盖楼房，多增加一些设备和人手就能加快进度，因此进度计划的制定一定要科学合理并且留有余量，避免由于严重的质量问题返工所带来的进度计划的失控，但是同时要注意的是质量控制和进度控制都要在一个适合的范围之内，要协调进行。

（8）能否选择优秀的系统承建单位是质量控制最关键的因素。因为信息系统工程完成的主体是承建单位，因此在招投标阶段对集成商的选择非常重要，如果监理单位能较早介入工程，那么在集成商资质的审核方面会严格把关。

6.2 质量体系控制

6.2.1 质量保证体系的概念

质量保证体系是指为保证性能、过程或服务在质量上满足规定的要求或潜在的要求，由组织机构、职责、程序、活动、能力和资源等构成的有机整体。质量体系的结构是由领导责任、质量责任和权限、组织结构、资源和人员以及工作程序五方面组成。这五方面按其性质可分为规章制度和客观物质条件两大部分。一个客观存在的质量体系,首先要具备一定的客观物质条件,即人员、检测设备及能力等,然后通过设置组织机构,规定各级人员职责、工作程序、质量活动内容等规章制度,组成一个有机体,这样的体系才能经济、有效、协调地满足用户的需要。质量保证体系是和具体的业务方向相符合的,在信息系统工程建设过程中,集成方、监理单位和建设单位要根据各自的特点建立相适应的质量保证体系。

1. 领导的责任

领导应对质量方针的制订与质量体系的建立、完善、实施和保持负全面的责任。这是搞好全面质量管理的关键。在信息工程项目中,工程主体三方的项目主管人员都需要建立其质量体系与组织,并担负质量体系有效运行的责任。

2. 质量责任和权限

确定为达到规定的质量水平所必须进行的质量控制活动,明确规定项目组织体系中各部门及人员在进行这些质量活动时应承担的责任。

明确规定从事各项质量活动人员的责任和权限,规定各项工作与流程式之间的衔接、控制和协调措施。

在一个机构完善且有效的质量体系中,其工作的重点是以实施全过程控制为主,实行预防与把关相结合,采取各种方法查明实际的或潜在的质量问题,并采取预防和补救措施。

3. 组织结构

组织结构是指企业内影响质量的组织系统中的组织体制、隶属关系及相互联系的方法。组织结构一般应包括各级质量机构的设置、明确各机构的隶属关系、各机构的职责范围、各机构工作衔接与相互关系、形成各级的质量管理工作网络等。

在开展全面质量管理中,一般分为以下五种质量组织形式:

(1) 接收组织。从事进场物品接收、工序制造接收、产品接收等工作。

(2) 预防组织。从事组织制订各类质量计划,预防质量缺陷,以便获得确定的质量水平的工作。

(3) 质量改进组织。主要是针对功能和管理上发生的经常性缺陷,组织质量突破,把性能质量和质量管理提高到一个新的水平上。

(4) 协调组织。主要是协调影响质量的有关部门的活动。

(5) 质量保证组织。主要是组织对工程质量工作的审核,确保质量要求的实现,并保持稳定。

必须着重指出：上列五种质量组织不是都必须有五种对应的机构，而是这五方面的质量活动在组织上应是落实的，可以根据企业及项目的具体情况来进行设计。

为了使项目质量体系正常运行并不断完善，建设单位应设置综合质量管理部门，负责对项目关键点质量管理与监控工作，进行质量活动的组织、计划、协调、指导、检查和督促工作。承建单位必须设置独立的质量质控部门，并能行使职权，严格检验，加强检测、把关和报告的职能。作为监理机构，除建立自己的项目质量管理体系，还需要协助建设单位建立质控体系，监控承建单位质量体系的建立与有效运行，并有效协调三方体系的协同运行。

4．资源和人员

资源和人员是质量体系的客观物质条件。质量保证能力主要反映在企业是否拥有能生产满足质量要求的资源条件、检测设备，并有一支经验丰富、训练有素的技术、管理队伍，这是质量体系的固有技术和物质基础。这些资源具体包括：

（1）人才资源和专业技能；

（2）实施工具及设备；

（3）检验和试验设备；

（4）仪器仪表和计算机软件、硬件。

为确保各类人员的工作能力适应和满足工作的要求，监理公司应对员工必须具备的资格、经验等基本素质以及需要进行的培训计划做出相应的具体规定。

5．工作程序

"程序"是规定某一项活动的目的和范围，应做什么事，由谁来做，如何做，如何控制和记录，在什么时间以及采用什么材料、设备和文件等。也就是类似于全面质量管理提出的所谓"5W1H"（What，Who，When，Where，Why，How）。所以工作程序是质量管理工作的科学总结，也是实现质量控制的不可缺少的手段。

"程序"是通过文件形式来描述的，但不一定是独立的文件，一般可在规章制度或管理标准、工作标准中体现。质量体系应具备以下几个功能：

（1）应能对所有影响质量的活动进行恰当而连续的控制；

（2）应重视并采取预防性措施，避免问题发生；

（3）应具有一旦发现问题能及时做出反应并加以纠正的能力。

企业为保证质量体系功能的发挥，应制订和颁发质量体系各项活动的程序，并认真贯彻实施，变"人治"为法治，保持工作连续性和一致性，这是质量体系的重要内容。各项程序应做到简练、明确、易懂、相互协调、相互配合，而且都要对活动的目标采用的方法和工作质量做出相应的规定。

6.2.2 三方协同的质量控制

信息系统工程项目是由建设单位、承建单位和监理单位共同完成的，三方的最终目标是一致的，那就是高质量地完成项目，因此，质量控制任务也应该由建设单位、承建单位和监理单位共同完成，三方都应该建立各自的质量保证体系，而整个项目的质量控制过程也就包括建设单位的质量控制过程、承建单位的质量控制过程和监理的质量控制过程。

1. 工程项目的质量管理体系

承建单位是工程建设的实施方，因此承建单位的质量控制体系能否有效运行是整个项目质量保障的关键；建设单位作为工程建设的投资方和用户方，应该建立较完整的工程项目管理体系，这是项目成功的关键因素之一；监理单位是工程项目的监督管理协调方，既要按照自己的质量控制体系从事监理活动，还要对承建单位的质量控制体系以及建设单位的工程管理体系进行监督和指导，使之能够在工程建设过程中得到有效的实施，因此，三方协同的质量控制体系是信息工程项目成功的重要因素。三方的关系如图 6.1 所示（图中虚线为可根据实际需要选择）。

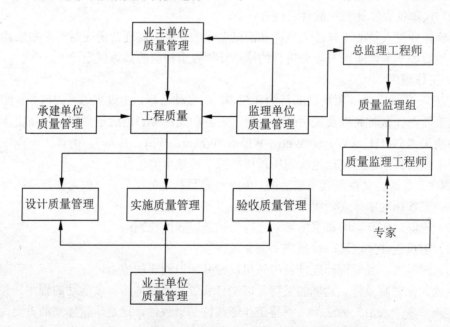

图 6.1 承建单位、建设单位和监理单位三方关系图

建设单位的参与人员是建设单位为本项目配备的质量管理人员，承建单位的参与人

员是承建单位的质保部门的质量管理人员,监理单位的参与人员主要是质量监理工程师、总监理工程师和专家。

项目质量管理体系运作的主要目的是对工程的包含设计、实施和验收等在内的全过程进行质量管理,向建设单位的决策部门提供质量信息,为他们关于工程的决策提供依据。

虽然建设单位、承建单位各有自己的质量保证体系,但是每一种体系在实际的运行过程中都不是完美无缺的,双方的理解也可能不尽一致,因此通过监理单位的协调控制,可以充分发挥各自质量控制手段和方法的长处,从而达到最优质量控制的效果。信息工程项目只有通过建设单位、承建单位和监理单位既相互独立又紧密结合的共同的质量控制,项目的质量目标才有可能实现。

2. 项目的质量控制体系

项目的质量控制体系以承建单位的质量保证体系为主体,在项目开始实施之前由承建单位建立,监理单位对组织结构、工序管理、质量目标、自测制度等要素进行检查。监理单位监控质量控制体系的日常运行状况,包括设计质量控制、分项工程质量控制、质量控制分析、质量控制点检测等内容;监理单位核定工程的中间质量、监督阶段性验收,并参与竣工验收。

项目的质量控制体系运行的主要目的是对信息系统工程的各种质量进行监控和把握,发现质量问题及时采取措施进行更正,保证工程的过程质量达到预期要求的目标。在本小节中主要讲述项目承建单位的质量控制体系,建立项目质量保证计划。

工程项目的质量保证计划是在承建单位的质量保证计划的基础上建立起来的。信息系统工程监理单位对承建单位质量控制方面的作用是检查承建单位质量保证体系的建立情况,并对计划的实施进行必要的监督和检查。承建单位建立信息系统工程质量保证体系的原则是:

(1) 在签订合同后,承建单位应按合同要求建立工程质量保证体系。

(2) 承建单位要满足建设单位的使用功能要求,并符合质量标准、技术规范及现行法规。

(3) 质量保证体系要满足建设单位和承建单位双方的需要。

在信息系统工程建设过程中,承建单位针对不同的项目,在需求分析、方案设计、软件代码设计、阶段测试、验收等不同阶段,其管理模式会有所不同,质量控制体系的内容也应该具有针对性。在信息系统工程建设的整个形成过程中,设计和实施是最关键也是最复杂的环节。监理将着重对承建单位如何根据质量保证体系进行监理,承建单位应结合建设项目的具体特点,制定一套行之有效的质量保证体系进行相应的监理工作。

监督、检查承建单位质量保证体系的主要内容必须包括:

(1) 制定明确的质量计划。

根据合同要求的质量目标,企业应制定相应的质量计划,既要有提高工程质量的综合计划,又要有分项目、分部门的具体计划,形成一套完整的质量计划体系,并且有检查,有分析。企业领导应对质量计划的制定负全面的责任。

(2) 建立和健全专职质量管理机构。

它的作用在于统一组织、计划、协调、综合质量保证体系的活动,检查、督促各部门的质量管理职能,开展质量管理教育和组织质量管理活动。

(3) 实现管理业务标准化,管理流程程序化。

实施企业管理的许多活动都是重复发生的,具有一定的规律性。把这些重复出现的质量管理业务,按照客观要求分类归纳,并将处理办法订成规章制度,作为员工行动准则,使管理业务标准化。把管理业务处理过程所经过的各环节、各管理岗位、先后工作步骤等经过分析研究改进,定为标准的管理程序,使管理流程程序化,使企业全体职工都严格遵循统一的制度和工作程序。

(4) 配备必要的资源条件。

资源主要包括人力、设备和质量检测手段等。实施信息系统工程的项目建设,承建单位的人力配备要制定一套科学、合理的人力资源计划,与项目实施计划配套,根据项目实施过程的不同,针对项目特点,合理地调配人员,确保项目进行。

设备和应用环境是保证项目进行的基础条件之一,可以根据项目合同要求,依据具体情况的不同,制定不同的策略计划。鉴于信息系统工程的特点,承建单位可能无法构建与建设单位完全相同的设备和应用环境,如果一定要利用建设单位的设备和应用环境进行调试或测试,必须在合同或协议中阐明相关内容。

承建单位应具备必要的质量检测手段的资源条件,包括在应用环境中对采用其他厂商的产品做必要检测的设备和软件工具,对软件开发过程中进行测试的必要环境和工具。具备相关技术资质等级的承建单位一定要具备或建设与资质等级相适应的试验室或检测室等基础设施。监理在这里所要求的条件,将在后续的信息网络系统和信息应用系统中有详细的描述。

(5) 建立一套灵敏的质量信息反馈系统。

工程质量的形成过程伴随着大量与质量有关的信息,这些质量信息是进行质量管理的依据。质量管理就是质量管理机构和有关部门根据质量信息,协调和控制质量活动的过程。没有信息反馈就没有质量管理。建立和健全信息反馈系统,一定要抓好信息的流转环节,注意和掌握数据的检测、收集、处理、传递和存储。信息运动的流动速度要快,效率要高。在交付使用之后,要在半年或一年保修期内,由监理工程师带领有关人员到建设单位那里进行调查访问,听取使用部门或用户对工程质量的意见,并深入了解工程的实际使用效果,从中发现工程质量存在的问题,分析原因,为进一步改进工程的实施质量提供依据。

6.3 分阶段质量控制的重点

6.3.1 质量控制点

1. 设置质量控制点的目的

所谓质量控制点,是指对信息系统工程项目的重点控制对象或重点建设进程,实施有效的质量控制而设置的一种管理模式。

在工程项目进行的不同阶段,依据项目的具体情况,可设置不同的质量控制点,通常情况下可分为工程准备阶段的质量控制点、设计阶段的质量控制点、实施阶段的质量控制点和验收阶段的质量控制点。其目的就是通过对控制点的设置,可以将工程质量总目标分解为各控制点的分目标,以便通过对各控制点分目标的控制,来实现对工程质量总目标的控制。

2. 设置质量控制点的意义

在信息系统工程建设过程中设置不同阶段的质量控制点,有下列几方面的重要意义:

(1) 通过质量控制点设置,便于对工程质量总目标的分解,可以将复杂的工程质量总目标分化为一系列简单分项的目标控制;

(2) 设置质量控制点,有利于监理工程师和承建单位的控制管理人员及时分析和掌握控制点所处的环境因素,易于分析各种干扰条件对有关分项目标产生的影响及其影响程度的测定;

(3) 设置质量控制点,有利于监理工程师和承建单位的控制管理人员监测分项控制目标,计算分项控制目标值与实际标值的偏差;

(4) 由于质量控制点目标单一,且干扰因素便于测定,有利于监理工程师和承建单位的控制管理人员制定、实施纠偏措施和控制对策;

(5) 通过对下层级质量控制点分项目标的实现,对上层级质量控制点分项目标提供保证,从而可以保证上层级质量控制点分项控制目标的实现,直到工程质量总目标的最终实现。

3. 质量控制点的设置原则

进行控制点设置时,应遵守下述的一般原则。

1) 选择的质量控制点应该突出重点

质量控制点应放置在工程项目建设活动中的关键时刻和关键部位,有利于控制影响工程质量目标的关键因素。比如对于一个应用软件开发项目，需求获取阶段关系到整个应用系统的成败，而这一部分工作往往做得不够细致，因此监理单位可以把需求获取作为一个质量控制点，制定详细的需求获取监理单位案。

2）选择的质量控制点应该易于纠偏

也就是说，质量控制点应设置在工程质量目标偏差易于测定的关键活动或关键时刻处，有利于监理工程师及时发现质量偏差，同时有利于承建单位控制管理人员及时制定纠偏措施。比如对于综合布线来说，可以把隐蔽工程的实施过程作为一个控制点，如果发现问题，可以及时纠正。这一部分如果出现质量问题，事后解决的成本就会非常大。

3）质量控制点设置要有利于参与工程建设的三方共同从事工程质量的控制活动

对于建设单位来说，由于主要是从宏观角度来从事工程质量控制，在工程建设的各个阶段和相对重要的建设成果都应设置控制点；对承建单位来说，由于从事信息系统工程过程中的微观控制，其控制点设置可以按工程进度、工程部位、重要活动及重要建设资源供应等方面都应设置控制点；对监理单位来说，由于质量控制是其监理工作的重点，根据监理目标确定监理要检查的质量控制点；三方可以根据项目的具体情况，商定各个阶段的质量控制重点，并制定各自的质量控制措施。

4）保持控制点设置的灵活性和动态性

对于一些大型系统信息系统工程项目，由于建设规模庞大，建设周期较长，影响因素繁多，工程项目建设目标干扰严重，质量控制点设置并不是一成不变的，必须根据工程进展的实际情况，对已设立的质量控制点应随时进行必要的调整或增减，使质量控制点设置具有相应的灵活性和动态性，以达到对工程质量总目标的全过程、全方位的控制。

下面分阶段说明一下各阶段质量控制的重点。

6.3.2 招投标及准备阶段的质量控制

工程招投标准备阶段的质量控制主要是通过招标过程的监控选择合格的承建单位，并为工程的设计实施做好准备。下面就几个主要的审查和监控内容进行叙述。

1. 招投标过程的质量控制

信息工程的招标一般由建设单位、监理单位、招标公司、专家、纪检或者公证部门参加，监理单位在招投标阶段质量控制的注意要点有：

（1）协助建设单位提出工程需求方案，确定工程的整体质量目标；

（2）参与标书的编制，并对工程的技术和质量、验收准则、投标单位资格等可能对工程质量有影响的因素明确提出要求；

（3）协助招标公司和建设单位制定评标的评定标准；

（4）对项目的招标文件进行审核，对招标书涉及的商务内容和技术内容进行确认；

（5）监理在协助评标时，应对投标单位标书中的质量控制计划进行审查，提出监理意见；

（6）对招标过程进行监控，如招标过程是否存在不公正的现象等问题；

（7）协助建设单位与中标单位洽商并签订工程合同，在合同中要对工程质量目标提出明确的要求。

2．对承建单位以及人员资质的审核

信息系统工程监理工程师必须协助建设单位审查承建单位以及人员的资质，这是质量控制的关键。对于小型的信息系统工程来说，可能只有一个承建单位，而对于比较大的工程来说，可能会有总集成商和分项系统集成商，总集成商一般会由建设单位招标产生，而分项系统集成商可能由建设单位或者总集成商通过招标或者直接委托的方式产生。无论哪种方式产生的系统集成商，监理单位都要对其单位资质以及参与项目的人员资质进行审核，从而确定其是否具有完成本项目的能力。

审核承建单位以及人员资质时注意要点有：

（1）资质文件是否真实、齐全；

（2）承建单位的资质等级是否与本工程的规模相适应；

（3）承建单位的主要技术领域是否与本工程需要的技术相符合；

（4）拟派往本工程的项目管理人员是否具有信息产业部颁发的系统集成项目经理或者高级项目经理证书，证书是否真有效；

（5）其他技术人员的技术经历是否与本工程的技术要求相符合；

（6）承建单位是否建立了完善的质量保证体系。

6.3.3 设计阶段的质量控制

信息系统工程设计阶段的主要任务是使工程设计的各项工作能够在预定的投资、进度、质量目标内予以完成。

在信息系统工程设计阶段涉及的主要工作有用户需求调研分析、总体方案设计、概要设计、详细设计、阶段性测试验收计划等等，这些工作内容比较复杂且制约因素多，因此对承建单位提供的各类设计实施方案进行审查，并采取监理措施，是本阶段质量控制的重点，主要包括：

（1）了解建设单位建设需求和对信息系统安全性的要求，协助建设单位制定项目质量目标规划和安全目标规划。

（2）对各种设计文件，提出设计质量标准。

（3）进行设计过程跟踪，及时发现质量问题，并及时与承建单位协调解决。

（4）审查阶段性设计成果，并提出监理意见。

（5）审查承建单位提交的总体设计方案，主要审查以下内容：
- 确保总体方案中已包括了建设单位的所有需求；
- 要满足建设单位所提出质量、工期和造价等工程目标；
- 总体方案要符合有关规范和标准；
- 质量保证措施的合理性、可行性；
- 方案要合理可行，不仅要有明确的实施目标，还要有可操作的实施步骤；
- 对整个系统的体系结构、开发平台和开发工具的选择、网络安全方案等要进行充分论证。当前信息技术发展迅速，许多技术还没有达到成熟阶段，就被更先进的技术所替代，而且所花费的成本可能还更低。但是，需要注意的是，在信息系统工程中采用最新的、最先进的技术，会给质量控制带来技术风险；
- 对总体设计方案中有关材料和设备进行比较，在价格合理基础上确认其符合要求。

（6）审查承建单位对关键部位的测试方案，如主机网络系统软硬件测试方案、应用软件开发的模块功能测试方法等。

（7）协助承建单位建立、完善针对该信息工程建设的质量保证体系，包括完善计量及质量检测技术和手段。

（8）协助总承建单位完善现场质量管理制度，包括现场会议制度、现场质量检验制度、质量统计报表制度和质量事故报告及处理制度等。

（9）组织设计文件及设计方案交底会，熟悉项目设计、实施及开发过程，根据有关设计规范，实施验收及软件工程验收等规范、规程或标准，对有的工程部位下达质量要求标准。

方案经监理工程师审定后，由总监理工程师审定签发；上述方案未经批准，建设单位的工程不得部署实施。

6.3.4 实施阶段的质量控制

实施阶段的质量控制是指实施、开发正在进行的过程中进行的质量控制。

1. 协助承建单位完善实施过程中阶段性质量控制

信息系统工程项目实体质量是在实施工程中逐渐形成的。信息系统工程中各阶段的质量控制是实施质量控制的核心，只有严格控制好每个阶段的工程质量，才有可能保证工程项目的实体质量。监理工程师应该协助承建单位完善阶段性质量控制，在监理工程中把影响工程质量的因素都纳入管理状态，例如布线接地系统中存在两个不同的接地点时，现场监理工程师应到现场亲自测量，确认其接地电位差（电压有效值）不应大于1V。建立质量管理点，如软件开发中各模块输入、输出接口等，及时检查和审核承建单位提交的质量统计分析资料和质量控制图表。

项目在工程各阶段实施中质量控制主要包括实施中每个阶段的工程实施和阶段实施结果两方面的质量控制。其质量控制的内容如图6.2所示。

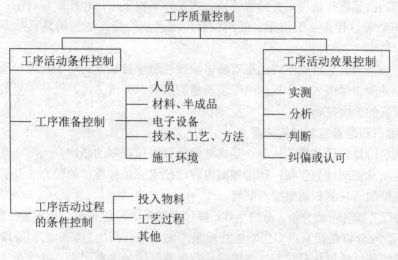

图 6.2 质量控制的基本内容

1）工程实施条件的控制

工程实施条件是指工程项目在各阶段的工作内容要素及实施环境条件。其基本控制内容包括人员、产品、设备、程序及方法和环境条件等。控制方法主要可以采取检查、测试、评审、跟踪监督等方法。在信息系统工程监理活动中，以设备到货检验和安装调试为例，说明工序活动条件的控制。首先，监理要检查、审核承建单位的设备验收计划，在计划中是否有缺漏。然后监理要检查建设单位现场是否具备或满足承建单位提出的机房设施、机房环境等要求，如机房是否按照要求布设供电设施；是否布设了防静电，防火、防雷设施；空间距离是否能够施展开等等；最后，监理才能会同建设单位、承建单位、设备或产品的供货商进行开箱验货、设备上架（机柜）、加电调试、软件安装、参数配置等工作。

2）项目阶段性实施结果的质量控制

项目阶段性实施结果的质量控制主要反映在阶段性产品的质量特征和特性指标方面。对项目阶段性实施结果的质量控制就是控制阶段性产品的质量特征和特性指标是否达到技术要求和实施验收标准。项目阶段性实施结果的质量控制一般属于事后质量控制，其控制的基本步骤包括：

（1）测试或评审。指测定阶段性实施结果的有关质量特征和特性的指标值。

（2）判断。判断阶段性实施效果是否达到设计质量和项目需求所规定的质量标准要求。

（3）认可或纠偏。若阶段性实施结果的质量特征和特性指标达到有关标准的要求，对该过程实施质量进行认可，并验收签证，才允许工程下一流程或阶段开工；否则，对该阶段实施结果进行必要的纠正。经纠偏后，应重新检查，达到质量标准要求才予以认可。

现场监理人员，应自始至终地把对实施阶段性质量控制作为对工程项目质量控制的工作重点，并应详尽深入地分析影响阶段质量的因素，分清主次，抓住主要关键，开展对阶段性质量的全面控制。

2. 关键过程质量控制的实施要点

（1）制定阶段性质量控制计划，是实施阶段性质量控制的基础。

阶段性质量控制计划包括：确定控制内容，技术质量标准，检验方法及手段，建立阶段性质量控制责任制和质量检查制度。

（2）进行工程各阶段分析，分清主次，抓住关键是阶段性工程结果质量控制的目的。

工程各阶段分析是指从众多影响工程质量的因素中，找出对特定工程阶段重要的或关键的质量特征特性指标起支配性作用或具有重要影响的主要因素，以便在工程实施中对那些主要因素制定出相应的控制措施和标准，开展对工程实施过程中关键质量的重点控制。

（3）设置阶段性质量控制点，实施跟踪控制是工程质量控制的有效手段。

质量控制点是实施质量控制的重点。在实施过程中的关键过程或环节及隐蔽工程；实施中的薄弱环节或质量变异大的工序、部位和实施对象；对后续工程实施或后续阶段质量和安全有重大影响的工序、部位或对象；实施中无足够把握的、实施条件困难或技术难度大的过程或环节；在采用新技术或新设备应用的部位或环节等处都应设置质量控制点等。

（4）严格各过程间交接检查。

主要项目工作各阶段（包括布线中的隐蔽作业）需按有关验收规定经现场监理人员检查、签署验收。如综合布线系统的各项材料，包括插座、屏蔽线及 RJ45 插头等等，应经现场监理检查、测试，未经测试不得往下进行安装。又如在综合布线系统完成后，未经监理工程师测试、检查，不得与整个计算机网络系统相联通电等。对于重要的工程阶段，专业质量监理工程师还要亲自进行测试或技术复核。

坚持项目各阶段实施验收合格后，才准进行下阶段工程实施的原则，由实施、开发单位进行检测或评审后，并认为合格后才通知监理工程师或其代表到现场或机房、实验室会同检验。合格后由现场监理工程师或其代表签署认可后，方能进行下一阶段的工作。

3. 对开发、实施材料与设备的检查

对信息网络系统所使用的软件、硬件设备及其他材料的数量、质量和规格进行认真检查。使用的产品或者材料均应有产品合格证或技术说明书，同时，还应按有关规定进行抽检。硬件设备到场后应进行检查和验收，主要设备还应开箱查验，并按所附技术说明书及装箱清单进行验收。对于从国外引进的硬件设备，应在交货合同规定的期限内开箱逐一查验，软件应检查是否有授权书或许可证号等等，并逐一与合同设备清单进行核对。

对工程质量有重大影响的软硬件，应审核承建单位提供的技术性能报告或者权威的第三方测试报告，凡不符合质量要求的设备及配件、系统集成成果、网络接入产品、计算机整机与配件等不能使用。

4. 协助建设单位对严重质量隐患和质量问题进行处理

在必要的情况下，监理单位可按合同行使质量否决权，在下述情况下，总监理工程师有权下达停工令：

（1）实施、开发中出现质量异常情况，经提出后承建单位仍不采取改进措施者；或者采取的改进措施不力，还未使质量状况发生好转趋势者。

（2）隐蔽作业（指综合布线及系统集成中埋入墙内或地板下的部分）未经现场监理人员查验自行封闭、掩盖者。

（3）对已发生的质量事故未进行处理和提出有效的改进措施就继续进行者。

（4）擅自变更设计及开发方案自行实施、开发者。

（5）使用没有技术合格证的工程材料、没有授权证书的软件，或者擅自替换、变更工程材料及使用盗版软件者。

（6）未经技术资质审查的人员进入现场实施、开发者。

监理工程师遇到工程中有不符合要求情况严重时，可报总监理工程师下达停工令。工程开工和停工后的复工，均应严格遵照规定的管理流程进行，如图6.3所示。

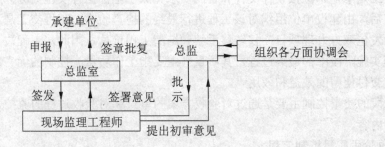

图6.3　开工申请签核流程

5. 工程款支付签署质量认证

实施、开发单位工程进度款的支付申请必须有质监方面的认证意见,这既是质量控制的需要,也是投资控制的需要。凡质量、技术方面有法律效力的最后签证,只能由项目总监理工程师一人签署。专业质量监理工程师和现场质检员可在有关质量、技术方面的原始凭证上签署,最后由项目总监理工程师核签后方才有效。其管理流程如图 6.4 所示。

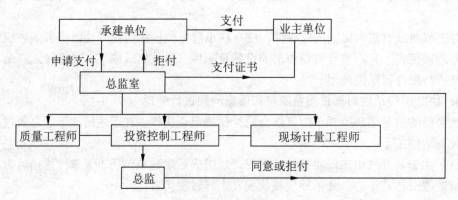

图 6.4 工程款支付核签流程

6. 质量控制的其他方法

组织定期或不定期的现场会议,及时分析、通报工程质量状况,并协调有关单位之间的业务活动等。

坚持质量监理日志的记录工作。专业监理工程师及质监人员应逐日记录有关实施、开发质量动态及影响因素的情况。

6.3.5 验收阶段的质量控制

工程竣工是承建单位按设计文件和合同要求完成了全部工程实施任务;工程验收是指工程竣工后,由建设单位组织对该工程进行最终的检查验收;工程交工是工程经验收合格后,承发包双方办理项目产权转移手续和结清工程价款。因此,工程竣工、验收、交工是工程实施阶段中的最终过程,其质量(主要指工作质量)控制的优劣,将直接影响工程项目交付使用的效益和效用。

验收阶段的质量控制主要是通过对验收方案的审查和对验收过程的监控来完成的,主要有以下内容。

1. 验收阶段质量控制流程

验收工作组由建设单位、承建单位和监理单位共同组成,并按照图 6.5 流程进行

第 6 章 质量控制

验收。

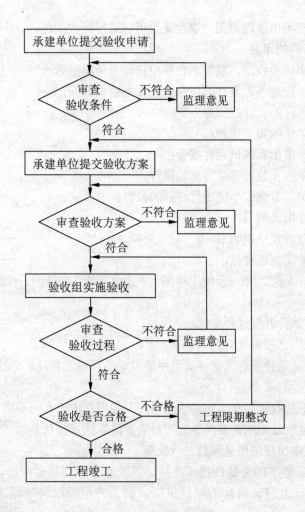

图 6.5 验收阶段质量控制流程

2. 验收计划、方案的审查

承建单位提出验收申请后,监理单位首先要对其验收计划和验收方案进行审查,主要审查内容包括:

(1) 验收目标;

(2) 各方责任;

(3) 验收内容;

(4) 验收标准;

（5）验收方式。

监理机构应给出监理意见，决定是否可以进行验收工作。

3．验收资料的审查

承建单位申请验收时，监理单位要审核以下资料是否齐全：

（1）承建单位与各方签订的信息系统工程建设合同；

（2）承建单位的设计、实施方案；

（3）承建单位的竣工报告；

（4）建设单位出具的试运行报告；

（5）承建单位和建设单位的初验报告；

（6）承建单位对建设单位进行培训的报告；

（7）用户使用说明书；

（8）需求分析规格说明书；

（9）设计方案论证意见；

（10）设计、施工图纸（系统原理图、平面位置图、布线图、系统控制、中心配置图、器材清单）；

（11）应用软件开发过程文档；

（12）系统调试报告（含调试记录）；

（13）系统试运行报告（含试运行中间发现的问题及解决的方法）；

（14）系统检测报告。

有关具体的验收资料在不同的信息系统工程项目中还有所不同，对信息网络系统或信息应用系统验收过程中需要准备的资料请参照后续有关章节。

4．对验收中出现的质量问题进行处理

（1）对于工程中的关键性技术指标，以及有争议的质量问题，监理机构应要求承建单位出具第三方测试机构的测试报告。第三方测试机构应经建设单位和监理机构同意。

（2）对验收中发现的质量问题要监理机构、承建单位和建设单位共同进行确认。

（3）对验收中发现的质量问题进行评估，根据质量问题的性质和影响范围，确定整改要求和整改后的验收方式，必要时应组织重新验收。

（4）敦促承建单位根据整改要求提出整改方案，并监督整改过程。

5．验收结论处理

（1）系统工程验收合格，按有关规定办理资料移交手续，立案归档。

（2）系统工程验收不合格，由验收组签署整改意见（整改通知书）交承建单位，并限期整改完成后再验收。

6.4 质量控制手段

6.4.1 评审

评审的主要目的是本着公正的原则检查项目的当前状态,项目评审一般是在主要的项目里程碑接近完成时进行,比如总体设计、产品设计、编码或测试完成的时候。通过专家评审,可以及时发现重大问题,并给出处理意见。

1. 评审依据

(1) 国家和行业的相关标准、技术规范及其他有关规定;
(2) 有关部门关于本项目的文件和批示;
(3) 已经确定的本方案的承前性文件;
(4) 监理工程师搜集的监理信息。

2. 评审的范围

一般来说,一个信息系统工程需要采用专家会审内容有:
(1) 建设单位的用户需求和招标方案;
(2) 承建单位的质量控制体系和质量保证计划;
(3) 承建单位的总体技术方案;
(4) 承建单位的工程实施方案;
(5) 承建单位的系统集成方案;
(6) 承建单位有关应用软件开发的重要过程文档;
(7) 工程验收方案;
(8) 承建单位的培训方案与计划;
(9) 其他需要会审的重要方案。

3. 会审的工作过程

(1) 现场质量监理工程师接受方案、文档等资料,进行初审,并把初审结果上报总监理工程师。

- 总监理工程师根据方案的重要性、时间要求、初审结果判断是否进行专家会审,并确定会审的时间、方式、内容、参加人员等,形成会审方案。
- 承建单位和有关方面提交会审必需的其他材料。
- 由总监理工程师组织,专家、质量监理工程师和其他相关人员参加,对方案进行会审、讨论,得出会审结论。会审的过程要记录,并备档保存。在某些情况下,会审可通过远程异地进行,但要做好技术保密工作。另外,在必要时专家可到现场进行实地考察。
- 总监理工程师根据会审结论,组织现场监理工程师讨论,形成最终的监理意见,提交给建设单位和承建单位。

(2) 建设单位和承建单位根据监理意见进行处理,处理结果由现场监理组进行确认,并报总监理工程师签发。

6.4.2 测试

测试是信息系统工程质量控制最重要的手段之一,这是由信息系统工程的特点所决定的,信息系统工程一般由网络系统、主机系统、应用系统组成,而这些系统的质量到底如何,只有通过实际的测试才能知道,因此测试结果是判断信息系统工程质量最直接的依据。

在整个质量控制过程中,可能存在承建单位、监理单位、建设单位和公正的第三方对工程进行测试,承建单位的测试是为了保证工程质量和进度,监理单位的测试是检查和确认工程质量,建设单位的测试是验证系统否满足业务需求,公正第三方测试是给工程一个客观的质量评价。虽然他们的工作重点不同,但是目的都是为了更好地控制项目质量。

1. 监理单位主要工作内容

就监理单位而言,主要进行三个方面的工作。

1) 监督评审承建单位的测试计划、测试方案、测试实施以及测试结果

主要包括以下内容:

(1) 督促承建单位建立项目测试体系,成立独立的测试小组。

(2) 督促承建单位制定全过程的测试计划,从项目需求分析阶段开始直到项目结束,要进行不间断的测试,并且随着项目的进展,制定分系统的测试计划和详细的测试方案。

(3) 对测试方案和测试计划进行审核,对承建单位选择的测试工具的有效性进行确认。

(4) 对测试结果的正确性进行审查。

(5) 对测试问题改进过程进行跟踪。

2) 对重要环节监理单位要亲自进行测试

主要包括以下内容:

(1) 现场抽查测试。当现场监理工程师发现质量疑点时,要进行现场抽查测试,比如对于综合布线阶段,监理工程师除了在隐蔽工程实施过程中要旁站外,还要通过手持式或台式网络测试仪对布线质量进行抽测,以便能够分析网络综合布线的效果,可以有效保证网络综合布线的质量。另外对于设备进货也要进行现场抽验。

（2）对于软件开发项目，监理单位要对重要的功能、性能、安全性等进行模拟测试，以判断阶段性开发成果是否满足质量要求，并且要作为进度控制以及成本控制的依据。

3）对委托的第三方测试的结果进行评估

在重要的里程碑阶段或者验收阶段，一般要请专业的第三方测试机构对项目进行全面的测试，监理单位的主要工作包括：

（1）协助建设单位选择权威的第三方测试机构，一般要审查第三方测试机构的资质、测试经验以及承担该项目测试工程师情况。

（2）对第三方测试机构提交的测试计划进行确认。

（3）协调承建单位、建设单位以及第三方测试机构的工作关系，并为第三方测试机构的工作提供必要的帮助。

（4）对测试问题和测试结果进行评估。

2．测试依据

测试依据根据不同的测试阶段和测试对象有所不同，主要包括：

（1）需求说明书；

（2）设计说明书；

（3）行业标准；

（4）国家标准。

6.4.3 旁站

在项目实施现场进行旁站监理工作是监理在信息系统工程质量控制方面的重要手段之一。旁站监理是指监理人员在施工现场对某些关键部位或关键工序的实施全过程现场跟班的监督活动。旁站监理在总监理工程师的指导下，由现场监理人员负责具体实施。旁站监理时间可根据施工进度计划事先做好安排，待关键工序实施后再做具体安排。旁站的目的在于保证施工过程中的项目标准的符合性，尽可能保证施工过程符合国家或国际相关标准。

旁站是监理人员控制工程质量、保证项目目标实现必不可少的重要手段。旁站往往是在那些出现问题后难以处理的关键过程或关键工序。现场旁站比较适合于网络综合布线、设备开箱检验、机房建设等方面的质量控制，也适合其他与现场地域有直接关系的项目质量控制的工作。

现场旁站要求现场监理工程师要具有深厚的专业知识和项目管理知识，能够纵观全局，对项目阶段或者全过程有深刻的理解，对项目的建设具有较高的深入细致的观察能力和总结能力。旁站记录是监理工程师或总监理工程师依法行使有关签字权的重要依据，是对工程质量的签认资料。旁站记录必须做到：

（1）记录内容要真实、准确、及时。

（2）对旁站的关键部位或关键工序，应按照时间或工序形成完整的记录。

（3）记录表内容填写要完整，未经旁站人员和施工单位质检人员签字不得进入下道工序施工。

（4）记录表内施工过程情况是指所旁站的关键部位和关键工序施工情况。例如，人员上岗情况、材料使用情况、实施技术和操作情况、执行实施方案和强制性标准情况等。

（5）完成的工程量应写清准确的数值，以便为造价控制提供依据。

（6）监理情况主要记录旁站人员、时间、旁站监理内容、对施工质量检查情况、评述意见等。将发现的问题做好记录，并提出处理意见。

（7）质量保证体系运行情况主要记述旁站过程中承建单位质量保证体系的管理人员是否到位，是否按事先的要求对关键部位或关键工序进行检查，是否对不符合操作要求的施工人员进行督促，是否对出现的问题进行纠正。

（8）若工程因意外情况发生停工，应写清停工原因及承建单位所做的处理。

监理人员的旁站记录由专业监理工程师或总监理工程师通过对旁站记录的审阅，可以从中掌握关键过程或关键工序的有关情况，针对出现的问题，分析原因，制定措施，保证关键过程或关键工序质量，同时这也是监理工作的责任要求。

监理人员应对旁站记录进行定期整理，并报建设单位审阅。一份好的旁站记录不仅可以使建设单位掌握工程动态，更重要的是使建设单位了解监理工作，了解监理单位的服务宗旨与服务方向，树立企业的良好形象，同时监理人员也可从中听取建设单位的意见，及时改进监理工作，提高服务质量。

6.4.4 抽查

信息系统工程建设过程中的抽查主要针对计算机设备、网络设备、软件产品以及其他外围设备的到货验收检查，以及对项目实施过程有可能发生质量问题的环节随时进行检查。

1. 到货验收的抽查

对于到货验收的抽查，主要是针对大量设备到货情况，比如一次进来 500 台不同型号的 PC 机，这时就需要对不同型号的产品进行抽查。在抽查时，要有详细的记录。对于少量设备到货的情况，要逐一检查。

2. 实施过程的抽查

比如在软件开发过程中，监理工程师可以随时抽查开发文档的编写情况，测试执行情况，对已经完成的代码抽查是否符合基本的开发约定等。

第 7 章 信息系统工程的进度控制

进度控制是工程项目管理的关键要素。进度控制是保障信息系统工程项目按期完成的基本措施。进度控制与质量控制、成本控制并列为信息系统工程建设控制的三大目标之一。作为监理工程师，应该了解进度控制的基本要求，掌握完成进度控制监理工作的技能。

7.1 进度与进度控制

7.1.1 进度

在实际工作中，进度也称计划，进度管理也称计划管理，并将二者合在一起称为进度计划。不过二者还是有细微的差别。

计划，英文为 plan，是指对一个工程项目按系统、标高、区域、合同类型、作业类型、工作层面、工作包、房间号、责任部门等要求进行分解，并对分解后的工作（通常称为"作业"或"工作单元"，英文为 activity）规定相互之间的顺序关系（通常称为"逻辑关系"，英文为 activity logic relationship）以及工期，通过进度计算（schedule calculate）在时间上对作业进行排列，规定哪些作业何时开始何时结束的一种过程。这种过程以后的结果或过程以后的作品称为一份计划或一份进度计划。

进度，英文为 schedule，有计划的涵义。是指作业在时间上的排列，强调的是一种作业进展（progress）以及对作业的协调和控制（coordination & control）。所以常有加快进度、赶进度、拖了进度等称谓。

对于进度，通常还常以其中的一项内容"工期（duration）"来代称。讲工期也就是讲进度。进度管理的目的是对工程项目进行计划、组织、指挥、协调、控制，其具备了管理的全部职能，而计划只是其中的一个环节。

讲计划、讲进度或讲工期，其实质都是"对工作进行计划，并按计划来做工作（plan your work，work your plan）"。

7.1.2 进度控制

进度控制是指对工程项目的各建设阶段的工作程序和持续时间进行规划、实施、检查、调整等一系列活动的总称，即对工程项目各阶段的工作内容、工作程序、持续时间和衔接关系编制计划,将该计划付诸实施,在实施的过程中经常检查实际进度是否按要求进行,对出现的偏差分析原因,采取补救措施或调整、修改原计划直至竣工、交付使用。

因此,进度控制的基本思路是,比较实际状态和计划之间的差异,并做出必要的调整使项目向有利的方向发展,其目的是确保项目"时间目标"的实现。进度控制可以分成四个步骤:计划(Plan)、执行(Do)、检查(Check)和行动(Action),简称 PDCA。

由于计划不变是相对的,变化则是绝对的;平衡也是暂时的、相对的,不平衡是永久的绝对的,因此,工程进度不仅要有计划,而且要随时预见变化、掌握变化,及时采取对策,调整进度计划,对计划实行动态管理,这样才能真正有效的控制进度。

进度控制过程必然是一个周期性的循环过程。一个完整的进度控制过程大致可以范围四个阶段,先后顺序是:编制进度计划、实施进度计划、检查与调整进度计划、分析与总结进度计划。在计划编制完成后,按分解指标与分解任务下达给各单位、各部门贯彻执行。在执行过程中及时进行督促和跟踪检查,取得计划执行情况的信息,将执行结果与计划做对比以发现是否存在偏差,分析偏差的大小和性质。然后根据计划要求和实际条件研究纠正偏差的对策,采取纠偏措施来达到本阶段的进度目标而形成一个进度控制过程。显然,在第二阶段开始时,计划编制是在前阶段偏差处理的基础上进行的。纠偏成功,第二阶段可按原计划继续执行;纠偏措施未达目的或发现原计划存在某些不当,则须进行计划的调整或修正。这样构成一个封闭的循环回路。一个又一个封闭环路就形成了循环往复、逐步提高、向最终进度项目目标逐步趋近的动态控制过程,如图 7.1 所示(图中虚线为计划阶段,实线表示实施阶段)。

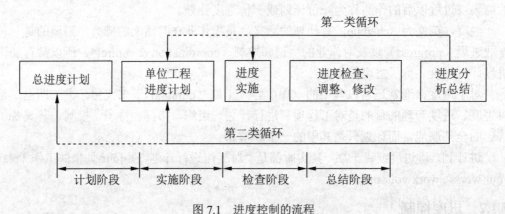

图 7.1 进度控制的流程

1. 进度计划的编制

进度计划是表示各项工程的实施顺序、开始和结束时间以及相互衔接关系的计划。

它是现场实施管理的核心指导文件,是进度控制的依据和工具,它是按工程对象编制的,重点是安排工程实施的连续性。

1) 进度计划编制的主要目的

(1) 保证按时获利以补偿已经发生的费用支出;

(2) 协调资源;

(3) 使资源被需要时可以利用;

(4) 预测在不同时间上所需的资金和资源的级别以便赋予项目以不同的优先级;

(5) 项目进度的正常进行。

在这五个目的中,第一个最重要,因为这是项目监理工程师对项目进行监理的主要目的,第二个次之,因为它使现有的项目具有可行性;第三个和第四个目的是第一个目的的补充;第五个目的是设定一个严格的完工时间,以整个时间与项目的费用和质量之间进行折中权衡。

2) 进度计划的编制基本要求

(1) 保证信息系统工程项目在合同规定的时间内完成,实现项目的目标要求。

(2) 实施进度安排必须满足连续性和均衡性的要求。

(3) 实施顺序的安排应进行优化,以便提高经济效益。

(4) 应选择适当的计划图形,满足使用进度计划的要求。

(5) 讲究编制程序,提高进度计划的编制质量。

3) 进度计划编制的原则

(1) 应该对所有大事及其期限要求进行说明。

(2) 确切的工作程序能够通过工作网络得以详细说明。

(3) 进度应该与工作分解结构(Work Breakdown Structure,WBS)有直接关系。如果工作分解结构按照特定的工作程序划分,那么用工作分解结构中的系统数字来说明工作进度就成为一件很容易的事。最后应该表明在什么时候和什么地方全部项目开始和结束。

(4) 全部进度必须体现时间的紧迫性。可能的话要详细说明每件大事需要配置的资源。

(5) 项目越复杂,专业分工就越细,就更需要全面综合管理,需要有一个主体的协调的工作进度计划,否则不可能对整个项目的建设进度进行控制。

4) 进度计划的内容

(1) 项目综合进度计划。该计划是一个综合性的进度控制计划,它将项目所有的专业单项(网络、软件、集成等)按顺序排列,明确其相互制约的关系,计算出每一专业单项所需的时间,进而计算出各单项工程所需的工期,以此为基础计算整个项目所需的工期，直到达到计划目标确定的合理工期。若达不到合同工期要求，则应采取有效措施，改进施工方法、技术、运货途径，增加工作班次等，但要注意费用的控制。

（2）设备（材料）采购工作进度计划。该计划使根据项目流程图、系统图，编制项目所需的设备（材料）清单并编号，按照工程项目总进度计划中对各项设备（材料）到达现场的时间要求，确定各设备到达项目现场的具体日期。

（3）项目实施（开发）进度计划。该计划根据工程预算中各专业单项所需的实施（开发）工期，以及计划投入的资源，求出各专业单项顺序的实施（开发）工期，然后根据施工（开发）流程的要求，制定整个工程的实施（开发）进度计划。

（4）项目验收和投入使用进度计划。该计划是对项目的软件系统、硬件主要设备和各项设施进行验收、投入使用的进度进行安排的计划。它可以使建设单位、承建单位及监理单位做到心中有数，据此安排好各自的工作。

2. 进度计划的实施

计划实施阶段是工程进度控制的核心。

1）做好准备工作

应将进度计划具体化为实施作业计划和实施任务书（或内部承建任务书）。实施作业计划是指月（旬）计划，它明确了月（旬）的实施任务，所需的关键技术、软件环境、硬件设备、网络构件等资源，并提出完成计划和提高效率的措施。实施任务书或内部承建任务书是将作业计划下达到班组（项目小组）进行责任承建，并将计划执行与技术管理、质量管理、安全管理、成本核算、资源管理、原始记录等融合为一体的技术经济文件，它又是计划和实施两个环节相衔接的纽带。

应当分析计划执行中可能遇到的阻力，计划执行的重点和难点，进而提出保证计划实施成功的措施，以便在执行中认真执行。

必须将计划交给执行者，使他们掌握计划的要点、关键、薄弱环节、最终目标、协作配合、执行条件、困难条件等。交底可以开会进行，也可以结合下达实施任务书进行。接受交底后，管理者和作业者均应提出保证计划实现的技术、组织措施。

2）做好实施记录

在计划实施过程中，应进行跟踪记录，以便为检查计划、分析实施状况和计划执行情况、调整计划、总结等提供原始资料。记录工作最好在计划图表上进行，以便检查计划时分析对比使用。记录工作必须实事求是，不得造假。

（1）流水计划。如果执行的是流水计划，则应在计划流水之下绘制实际进度线条。

（2）网络计划。如果执行的是网络计划，可分别采用以下记录方法：

- 记录实际持续时间；

- 在计划图上用彩色标明已完成部分；
- 用切割线记录；
- 如果计划图是时标网络图，则可用"实际进度前锋线"记录。

3) 做好调度工作

实行动态进度控制，调度工作是不可缺少的手段。可以说，调度工作起着各环节、各专业、各工程协调动作的核心作用。

调度工作的主要任务是掌握计划的实施情况，协调关系，排除矛盾，克服薄弱环节，保证作业计划和进度控制目标的实现。

因此，调度工作的内容应该是：检查作业计划执行中的问题，找出原因，采取措施予以解决；督促供应商按照进度计划的要求供应资源；控制实施现场临时设施等正常使用，搞好平面管理，发布调度令，检查决议执行情况等。

调度工作应以作业计划和现场实际需要为依据，按政策和规章制度办事，加强预测，信息灵通，及时、准确、灵活、果断，确保工作效率。

在接受监理的工程中，调度工作应与监理单位的协调工作密切结合，承建单位排除障碍、解决矛盾应取得监理的支持、协助，执行监理指令，召开调度会及监理的协调会应结合进行，调度会应请监理参加，监理协调会应视为调度会的一种形式。

3. 进度计划的检查与调整

进度计划应该根据工程的实际情况检查，并实时调整和修正。在实施进度记录的基础上对计划执行情况做检查，判断计划实施状况，分析其原因，为调整计划提供信息。

检查的时间分两类：一类是日常检查，一类是定期检查。定期检查一般与计划周期相一致，在计划执行结束时检查。

检查的内容包括：进度计划中工作的开始时间、完成时间、持续时间、逻辑关系、实物工程量和工作量、关键线路和总工期、时差利用等。

检查的方法是对比法，即计划内容和记录的实际状况进行对比。

进度计划实施情况检查的结果，应写进"进度报告"。承建单位的进度报告应该提交给监理工程师，作为其进度控制、核发进度款的依据；监理工程师应向建设单位报告进度状况。在实际工作中根据需要选用或进行表式设计。

通过检查分析，如果进度偏离计划不十分严重，便可以通过解决矛盾，排除障碍，继续执行原计划顺序和时间安排。当项目确实不能按原计划实现时，应该考虑对计划进行必要的调整，适当延长工期，或改变实施速度。计划的调整一般是不可避免的，但应慎重，尽量减少变更计划性的调整。如果通过检查和分析后发现，原有进度计划已不能适应变化了的情况，为了确保进度目标的实现或需要确定新的计划目标，便应做出调整进度计划的决策,以形成新的"调整计划",作为进度控制的新依据。

4. 进度计划的分析与总结

分析与总结进度计划是进度控制的最后阶段,在检查的基础上为进一步提高控制水平,对不足处加以改进,直到实现预期的控制目标,有必要对前面的控制工作加以总结。总结的目的是发现问题,总结经验,寻找更好的控制措施。

"问题"是指某些进度控制目标没有实现,或在计划执行中有缺陷。在总结分析时,应作定量计算,所用指标与成绩总结分析所用的指标相同。也可以作定性分析。问题的分析应抓住关键,对产生问题的原因进行透彻分析,寻根求源。

"经验"是指对卓有成效的控制及其取得的原因进行分析以后,归纳出来的、可以为以后的进度控制工作借鉴的、本质的东西。在进度控制中,创造经验固然不容易,值得总结,而总结经验更不容易,因为真正的经验是有长远时效的,必须通过大量事实提炼出来,反映客观规律,加以规范化、制度化,才能对以后的进度控制发挥积极作用。

项目进度控制不定期地收集项目完成情况的数据,将其与计划进度进行比较,如果项目实际进度晚于计划进度,则采取纠正措施。在整个项目实施期间,应该收集以下数据和信息:

1)实际执行中的数据

包括:

(1)活动开始或结束的实际时间;

(2)实际投入的人力;

(3)使用或投入的实际成本;

(4)影响进度的重要因素及分析;

(5)进度管理情况。

2)有关项目范围、进度计划和预算变更的信息

这些变更可能是由建设单位或承建单位引起,或者是由某种不可预见事情的发生引起。

须说明的是,一旦变更被列入计划并取得建设单位的同意,就必须建立一个新的基准计划,整个计划的范围、进度和预算可能和最初的基准计划有所不同。

此外,这些数据必须及时收集,以作为更新项目进度计划和预算的依据。如果项目报告期是一个月,数据和信息应尽可能在该月的后期收集,这样才能保证在更新进度计划和预算时所依据的信息尽可能是新的;不应在月初收集信息,等到月末再来利用其更新进度和预算,因为这样会使在项目进展情况和纠正措施方面的决策失效。

7.2 进度控制的目标与范围

7.2.1 进度控制的意义

作为信息系统工程的主要控制手段之一,进度控制包括以下重要意义。

1. 有利于尽快发挥投资效益

进度控制在一定程度上提供了项目按预定时间交付使用的保证。比如,一个 ERP 或 SCM 项目按计划投入使用,可以使企业尽早提高运营效率与效果,增加社会效益,为国家增加利税收入;反之,如果进度失控和拖延工期,不仅是投资的失控和时间的浪费,甚至会给国民经济带来不良后果。

2. 有利于维持良好的管理秩序

信息系统工程建设,具有投入大、消耗多、涉及组织结构创新、关联环节多等特点,项目建设既需要资金、人力、物资的保证,也影响到众多部门的正常运转。如果投资项目进度失控,将不可避免地危害到建设单位的管理秩序。

3. 有利于提高企业经济效益

对企业而言,进度控制的顺利实现,就意味着企业得以均衡的、连续的从事建设合同得以按期完成,资金能够正常周转。既为国家创造财富,又为企业增添利润,从而使企业走向良性的运行循环,有利于企业增强竞争力。此外,进度控制是企业管理工作的综合体现,进度控制的过程也是企业降低成本、提高经济效益的过程,更是企业信誉和自我价值的重要体现。

4. 有利于降低信息系统工程项目的投资风险

由于信息技术发展迅速,信息化产品更新换代快,使基于信息技术的信息系统工程不断地增加新的信息、新的内容,用户需求也容易随着形势发展而发生急速变化,甚至有许多要求超过了新技术的发展,信息系统工程项目的不可预见成分高,风险程度大。如果没有良好的进度控制,随着工程时间的延长,信息系统工程的风险越大,诸如政府法律规章等的变化带来的风险、建设资金不到位风险、工程发生变更带来的风险以及一些不可预见的风险等。良好的进度控制可以有效地降低项目的风险,避免或减少损失,保护各方利益。

7.2.2 进度控制的目标

实施信息系统工程监理,做好进度控制工作,应当明确进度控制的目标。监理单位作为信息系统项目管理服务的主体,它所进行的进度控制是为了最终实现工程项目按计划的时间投入使用。

因此，信息系统工程项目进度控制的总目标是，通过各种有效措施保障工程项目在计划规定的时间内完成，即信息系统达到竣工验收、试运行及投入使用的计划时间。项目进度控制总目标应当进行分解，可按单项工程分解为交工分目标；可按专业或工程阶段分解为完工分目标，亦可按年、季、月计划期分解为时间目标。

但是应该注意的是，具体到某个信息系统工程监理单位，其进度控制目标必须根据建设单位的委托要求做出。根据监理合同，可以是全过程监理，也可以是阶段性监理，还可以是某个子项目的监理。因此，具体到某个项目或某个监理单位，进度控制目标应该在信息系统工程监理合同中规定。

7.2.3 进度控制的范围

信息系统工程的进度需要进行多方面的控制，从大的方面讲是一个二维的控制过程：从纵向来说包含了工程建设的各个阶段；从横向来说涉及工程建设的各个组成部分。进度控制包括以下主要范围。

1. 对工程建设全过程的控制

由于信息系统工程监理进度控制的目标是项目在计划的时间内投入使用，那么进度控制就不仅包括施工阶段，还要包括工程建设准备阶段、工程设计阶段、系统试运行及项目验收阶段。它的时间范围应该涵盖工程建设的全过程。

2. 对分项目、分系统的控制

由于信息系统工程是由多个子项目组成的，因此进度控制必须实现全方位的，既包括主要工程也包括分部、分项工程，即对组成项目的各个子项目的进度进行控制管理，包括综合布线、设备采购、软件开发、硬件安装等。

7.2.4 影响进度控制的因素

信息系统工程的进度受多方面因素的影响，主要包括以下因素。

1. 工程质量的影响

质量与进度存在相互制约的关系。可以说，工程质量是进度的最大影响因素。质量指标的不明确、质量的变更、严格的质量要求以及不切实际的质量目标，都将对工程进度产生大的影响。

2. 设计变更的影响

设计出现变更是难免的，可能是因为原设计有问题，也可能是建设单位提出了新的要求，设计的变更通常会引发质量、投资的变化，增加工程建设的难度，因而影响进度计划。监理工程师应加强设计变更对进度、质量、成本的风险管理，严格控制随意变更。

3．资源投入的影响

人力、部件和设备不能按时、按质、按量供应。原因大多是时间可能拖后，或是质量不能符合标准要求。

4．资金的影响

对承建单位来说，资金的影响主要来自建设单位。或是由于不能及时给足预付款，或是由于拖欠阶段性工程款，都会影响承建单位资金的周转，进而殃及进度。解决的办法，一是进度计划安排与资金供应状况进行平衡；二是想办法及时收取工程进度款；三是对占用资金的各要素进行计划管理。进度目标的确定要根据建设单位资金提供能力及资金到位情况确定，以免因资金供应不足而拖延进度，发生工期延误索赔。

5．相关单位的影响

与建设项目进度有关的单位较多，包括项目建设单位、设计实施单位、设备供应单位、资金供应单位、监理单位、监督管理信息系统工程建设的政府部门等等。与工程建设相关的单位及单位之间的协同配合都可能对项目的进度带来直接和间接的影响。如组织协调困难，各承担单位不能协作同步工作。

6．可见的或不可见的各种风险因素的影响

风险因素包括政治上的，如罢工、拒付债务、制裁等；经济上的，如延迟付款、通货膨胀、分包商违约等；技术上的，如软件开发过程或软件系统、硬件设备的调试、配置过程遭遇技术难题，工程测试、试验失败、标准变化等等。监理单位要加强风险管理，对发生的风险事件给予恰当处理，有控制风险、减少风险损失及其对进度产生的影响的措施。

7．承建单位管理水平的影响

施工现场的情况千变万化，若承建单位的施工方案不恰当、计划不周详、管理不完善、解决问题不及时等，都会影响工程项目的施工进度。应及时总结分析教训，及时改进，并通过接受监理改进工作。

7.3 进度控制的任务、程序与方法措施

7.3.1 各阶段主要任务

1．准备阶段

（1）参与建设单位招标前的准备工作，协助编制本项目的工作计划，内容包含项目主要内容、组织管理、项目实施阶段划分和项目实施进程等。

（2）协助建设单位分析项目的内容及项目周期，并提出安排工程进度的合理建议。

（3）对建设合同中所涉及产品和服务的供应周期等做出详细说明，并建议建设单位做出合理的安排。

（4）监理应对招标书中的工程实施计划（包括人员、时间、阶段性工作任务等）及其保障措施提出建议，并在招标书中明确规定。

（5）在协助评标时，应对投标文件中的项目进度安排及进度控制措施等进行审查，提出审核意见。

2．设计阶段

在工程设计阶段，监理工作实施进度控制的主要任务是：

（1）根据工程总工期要求，协助建设单位确定合理的设计时限要求。

（2）根据设计阶段性输出，由粗而细地制定项目进度计划，为项目进度控制提供前提和依据。

（3）协调、监督各承建（设计）方进行整体性设计工作，使集成项目能按计划要求进行。

（4）提请建设单位按合同要求向承建单位及时、准确、完整地提供设计所需要的基础资料和数据。

（5）协调各有关部门，保证设计工作顺利进行。包括根据方案设计制定项目总进度监理计划，督促建设单位提供项目必须的资源并监督执行；编制建设单位软件、材料和设备采购监督计划，并实施控制；编制本阶段工作监督计划，并实施控制；开展相应的组织协调活动等。具体的工作要求有：

- 协调承建单位及时提交设计阶段的工作计划，依据合同对项目进展情况进行审核，审核意见提交建设单位。
- 评审承建单位的项目计划，包括各阶段工作内容的可行性及其进度的合理性。
- 审核各阶段是否有工作成果的判定依据及其可操作性，评审结果应记录并由三方确认，对于不合理的内容，监督承建单位进行整改。
- 根据承建单位项目计划确定阶段性进度监督、控制的措施及方法。
- 审查承建单位项目计划中进度纠偏措施的合理性、可行性，提出审核意见，并监督承建单位按计划进行整改。

3．实施阶段

施工阶段是工程实体形成阶段，对其进行进度控制是整个工程项目建设进度控制的重点，因此施工阶段的进度控制又是承建单位进行现场施工管理的重要核心。实施阶段监理工作进度控制的任务主要是：通过完善项目控制计划，审查承建单位的信息应用系统、信息资源系统或信息网络系统的施工进度计划；做好各项动态控制工作；协调各方关系；预防并处理好工期索赔；以求设计的施工进度达到计划施工进度要求。

为完成实施阶段进度控制任务，监理工程师应当做好以下工作。

（1）根据工程招标和施工准备阶段的工程信息，进一步完善项目控制性进度计划，并据此进行实施阶段进度控制。

（2）审查承建单位的施工进度计划，确认其可行性并满足项目控制性进度计划要求。

（3）审查承建单位进度控制报告，监督承建单位做好施工进度控制，对施工进度进行跟踪，掌握施工动态。

（4）研究制定预防工期索赔措施，做好处理工期索赔工作。

（5）在施工过程中，做好对人力、物力、资金的投入控制工作及转换控制工作，做好信息反馈、对比和纠正工作，使进度控制定期连续进行。

（6）开好进度协调会，及时协调各方关系，使工程施工顺利进行。具体要求如下：

- 审核承建单位的工程实施申请，检查工程准备情况。如满足工程实施条件，总监理工程师和建设单位代表共同签署开工通知，并正式通知承建单位。
- 监督承建单位对工程实施的关键过程或流程的执行情况，审核承建单位阶段性进度计划的合理性，提出监理意见，以控制关键进度。
- 定期检查、记录工程的实际进度情况，监督承建单位及时采取措施确保实际进度与计划相一致。

（7）及时处理承建单位提出的工程延期申请，若出现工程施工延期，按照下述流程进行：

- 做出工程延期批准之前，应与建设单位、承建单位进行协商，共同商议。
- 及时受理承建单位的工程延期申请，根据工程情况确认其合理、可行后，由总监理工程师签署执行。
- 阶段性工程延期造成工程总工期延迟时，应要求承建单位修改总工期，修改后的总工期应经过审核，并报建设单位备案。
- 工程延期造成费用索赔时，监理应提出建议并按规定程序处理。

4. 验收阶段

在工程验收阶段，监理工作实施进度控制的任务相对简单一些，主要有：

（1）审核承建单位工程整改计划的可行性，控制整改进度。

（2）建议建设单位要求承建单位以初验合格报告作为启动试运行的依据。

试运行结束，建设单位可根据项目或自身具体情况采取专家评审验收、系统测试等多种形式对项目进行验收。此时，监理单位应建议建设单位要求承建单位以终验合格报告作为工程结束的依据。

7.3.2 进度控制程序

进度控制的作业程序从监理单位审查承建单位的工程进度计划开始,到对计划进行跟踪检查、分析(与计划目标的偏离程度),并根据执行情况采取相应的措施,如图7.2所示。

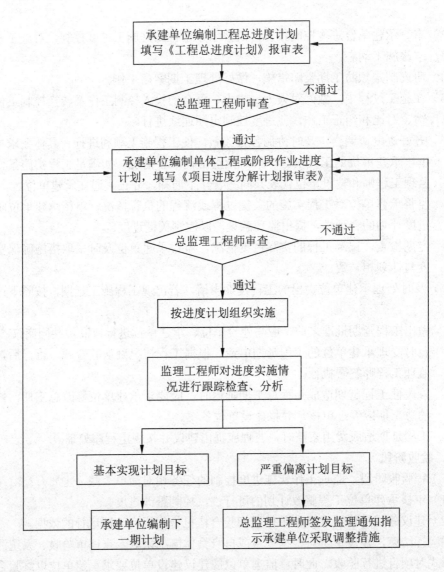

图7.2 进度控制的基本程序

1. 审查进度计划

（1）承建单位应根据工程建设合同的约定，按时编制项目总进度计划、季度进度计划、月进度计划，或阶段作业计划，并按时填写《项目进度计划报审表》，报工程项目监理部审查。

（2）监理工程师应根据本工程的具体条件（如工程的建设内容、质量标准、开发条件等），全面分析承建单位编制的项目总进度计划的合理性、可行性。

（3）监理工程师应审查进度计划的关键路径，并进行分析。

（4）对季度（或阶段作业）及年度进度计划，应分析承建单位主要开发人员的能力等方面的配套安排。

（5）有重要的修改意见应要求承建单位重新申报。

（6）进度计划由总监理工程师签署意见批准后实施，并报送建设单位。

2. 进度计划的实施监控

（1）在实施计划过程中，监理工程师将对承建单位实际进度情况进行跟踪监督，并对实际情况做出记录。

（2）监理工程师应根据检查的结果对工程的进度进行分析和评价。

（3）如发现偏离，应及时报告总监理工程师，并由总监理工程师签发《监理通知》要求承包商及时采取措施，实现计划进度的安排。

（4）承包商应每两周报一份《工程实施进度动态表》，报告工程的实际进展情况。

3. 工程进度计划的调整

（1）发现工程进度严重偏离计划时，总监理工程师应及时签发《监理通知》，并组织监理工程师进行原因分析、研究措施。

（2）召开各方协调会议，研究应采取的措施，保证合同约定目标的实现。

（3）必须延长工期时，承建单位应填报《工程延期申请表》，报工程监理部审查。

工程进度计划调整过程如图 7.3 所示，此过程是进度监测过程的后续工作过程。当工程进度出现偏差后，监理工程师启动该过程对进度计划实施调整。在实际工作中，出现进

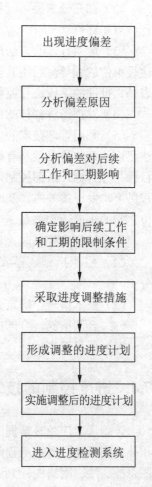

图 7.3 进度计划调整过程图

度偏差是不可避免的,重要的在于出现偏差后应及时进行进度调整。

4. 工程进度报告

在工程进行过程中,监理工程师应根据实际进度及其调整情况进行必要的分析,提供阶段性进度报告、进度月报、进度调整报告等进度报告。

7.3.3 进度控制方法

在实施进度控制时,监理工程师可以采用基本方法:

(1) 从工程准备阶段开始直至竣工验收的全过程中,坚持采用动态管理和主动预控的方法进行控制。

(2) 在充分掌握第一手实际数据的前提下,采用实际值与计划值进行比较的方法进行检查和评价。

(3) 运用行政的方法进行进度控制,所谓行政方法主要是指通过承建单位的上级及建设单位的领导,利用其行政权力发布进度指令,进行指导、协调、考核,利用奖惩、表扬、批评的手段进行监督、督促,实施有效的控制。

(4) 发挥经济杠杆的作用,用经济手段对工程进度加以影响和制约。

(5) 利用管理技术的方法进行控制,包括前面提到的三种基本的技术手段。这种方法要求监理单位必须具有较深厚的规划、控制和协调能力。所谓规划,就是确定进度总目标与分目标。所谓控制,就是运用动态方法和实际值与计划值比较的手段进行检查工程进度,发现偏差时,及时予以纠正。所谓协调,就是适时地协调参加工程建设的各单位之间的进度计划关系。

在实施进度控制时,可以采用以下基本措施:

(1) 组织措施。落实监理单位进度控制的人员组成,具体控制任务和管理职责分工。

(2) 技术措施。确定合理定额,进行进度预测分析和进度统计。

(3) 合同措施。合同期与进度协调。

(4) 信息管理措施。实行计算机进度动态比较,提供比较报告。

7.4 进度控制的技术手段

控制进度应随时掌握工程的实际进度情况,及时发现计划与实际的偏差,谋求修正和补偿的措施。监理工程师可以采用多种技术手段实施信息系统工程的进度控制,其中图表控制法、网络图计划法和"香蕉"曲线图法是基本的技术手段。但是应该注意,使用这些技术手段进行进度控制时,必须与具体工程项目紧密结合,灵活运用。

7.4.1 图表控制法

进度控制的线性图表，通常是横道式进度图表（也称甘特图）和进度曲线表。

1. 利用甘特图进行进度控制

甘特图是一种比较简单的直观进度控制图，如图 7.4 所示。细线表示计划进度，粗线表示实际进度。当施工进度表编制完成后，就可以此为基础编制服务于进度要求，满足进度需要的其他计划表，如适应进度要求的设备供应计划表、劳动力计划表、资金计划表等。

监理工程师应将每天、每周或每月定期的工程实际情况记录在工程施工进度表内，并与计划进度比较是超前还是落后，还是按预定的进度进行。若检查结果得出工程进度已经落后，则应立即提出监理报告，并与承建单位一起商讨对策，采取补救加快进度的措施，改变落后情况。

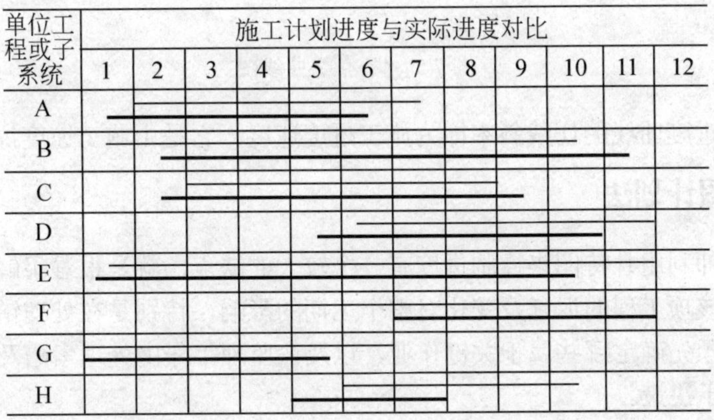

图 7.4 甘特图

2. 利用工程进度曲线作为进度控制的对比手段

甘特图虽然简单直观，但在计划与实际的对比上，很难准确表示出实际进度较计划进度超前或延迟的程度。为了更准确地掌握工程进度状况，有效地进行进度控制，可采用工程施工进度曲线。

施工进度曲线图采用直角坐标，一般横轴代表工期，纵轴代表工程完成的数量或施工的累计。将有关数据表示在坐标纸上，将不同时间和完成不同工程量的数量的交点连起来，就形成了施工实际进度曲线。把计划进度曲线与实际进度曲线相比较，则可分析掌握工程进度情况并据此采取相应措施控制施工进度，如图 7.5 所示。

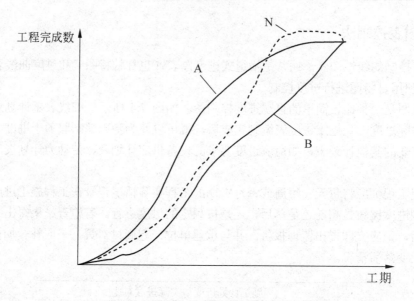

图 7.5 "香蕉"曲线图

工程施工进度曲线的切线斜率即为施工进度速度,它是由施工速度决定的。

7.4.2 网络图计划法

监理工程师利用甘特图来控制进度有一个较大的缺点,就是很难了解或者说难以迅速准确地了解该项工程的迟延及变化对整个工期的影响,特别是在处理错综复杂的关系时,往往不能预先确定哪些属于关键作业,以及在监理工作中处理索赔及工期是否可以延长时往往难于决策。

采用网络图计划法进行进度控制,不仅能够将现在和将来完成的工程内容、各工作单元间的关系明确地表示出来,而且能够预先确定各作业、各系统的时差。这就使监理工程师十分明确地了解关键作业或某一环节进度的超前、落后对以后衔接工程和总工期的影响程度,就可以及时采取措施或调整进度计划,以确保总目标的实现。

网络图是由箭线和节点组成,用来表示工作流程的有向网状图形。网络图有单代号网络和双代号网络图两种。

双代号网络图又称箭线式网络图,它以箭线表示工作,以节点表示工作的开始或结束状及工作之间的连接点,以工作两端节点的编号代表一项工作,如图 7.6 所示。

单代号网络图又称节点式网络图,它以节点及其编号表示工作,以箭线表示工作之间的逻辑关系,如图 7.7 所示。

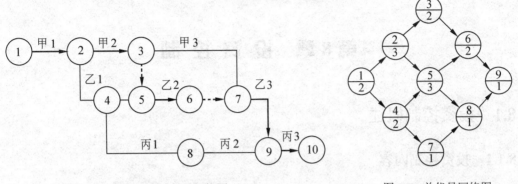

图 7.6 双代号网络图　　　　图 7.7 单代号网络图

在施工过程中,工期的超前和落后是经常发生的,为此,在利用网络图控制进度时:首先是掌握现状,看进度是超前还是落后;其次是分析现状、分析超前落后的主客观因素及对工期的影响程度;最后是研究解决工期超前或落后应采取的相应措施。

应当注意的是,当工期推延发生时,采用无目标地补充设备、增加劳动力或加班加点的做法,往往既不经济,效果也不佳,还会导致降低质量和效率;而要压缩工期,往往需要增加施工费用,采用一些特别措施更要增加额外费用,但由于工程施工速度加快,工程提前交付使用,将会提前发挥企业效益和社会效益。承建单位的超额支出,一般也会从合同的条款和建设单位(发包单位)的奖励中得到补偿。

7.4.3 "香蕉"曲线图法

根据网络计划的最快时间和最慢时间可以绘制出"香蕉"曲线图,如图 7.5 所示。图中曲线 A 为最早时间计划,曲线 B 为最迟时间计划,曲线 N 为实际进度。曲线 N 处在两曲线之中,表示进度正常,处于曲线 A 之上,表示提前,处于曲线 B 之下为延期。

第8章 投资控制

8.1 投资控制概述

8.1.1 投资控制内容

1. 投资控制概要

信息工程项目的投资控制主要是在批准的预算条件下确保项目保质按期完成。即指在项目投资的形成过程中，对项目所消耗的人力资源、物质资源和费用开支，进行指导、监督、调节和限制，及时纠正即将发生和已经发生的偏差，把各项项目费用控制在计划投资的范围之内，保证投资目标的实现。信息工程项目投资控制的目的，在于降低项目成本，提高经济效益。

信息系统工程项目投资控制由一些过程组成，要在预算下完成项目的这些过程是必不可少的，图8.1提供了这些过程的主要框架。

参照图8.2及图8.3，可以帮助读者清楚地了解信息系统工程项目过程与投资控制过程的交叉重叠关系。

（1）资源计划——资源计划是确定为完成项目各活动需要什么资源（人、设备、材料）的种类，以及每种资源的需要量。

（2）成本估算——是为完成项目各项任务所需要的资源成本的近似估算。

（3）成本预算——将总投资估算分配了落实到各个单项工作上。项目成本预算是进行项目成本控制的基础，它是将项目的成本估算分配到项目的各项具体工作上，以确定项目各项工作和活动的成本定额，制定项目成本的控制标准，规定项目意外成本的划分与使用规则的一项项目管理工作。

（4）成本控制——控制预算的变更。成本控制的每一部分都有输入、工具技术和输出。首先是根据 WBS（工作分解结构）、历史信息、范围陈述、资源池描述、组织方针和活动持续期预计，利用专家判断、选择性鉴定和项目管理软件，得到资源需求文档。成本估算是根据 WBS、资源需求说明、资源费用、活动持续期估计、估计发布和历史信息及账目表、风险，利用相似估计、参变模型、自底向上估计、计算机化工具和其他成本估计方法，得出成本估计、支持细节和成本管理计划。成本预算核定是根据成本估算、WBS、项目进度和风险管理计划，利用成本预算工具和技术，得到项目成本基线（成本基线是基于有限时间的预算,常用来测量监视项目成本性能)。成本控制是根据成本基线、性能报告、需求变化和风险管理计划,采用成本变化管理系统、性能测量、挣值管理、附加计划和计算机化工具,得到修正的成本估计、预算变动、纠正活动和完成估计(EAC)。

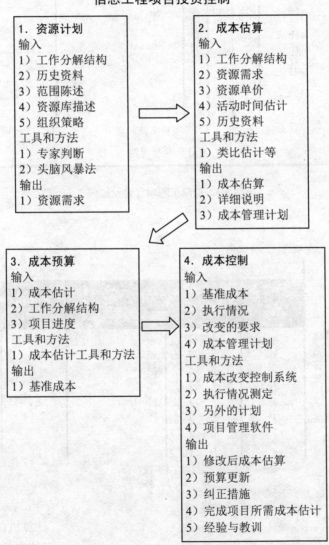

图 8.1　项目投资过程的主要框架

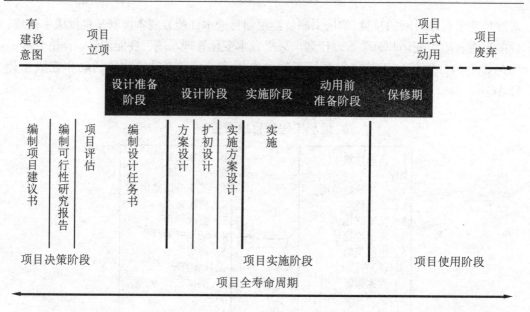

图 8.2 信息工程项目建设过程

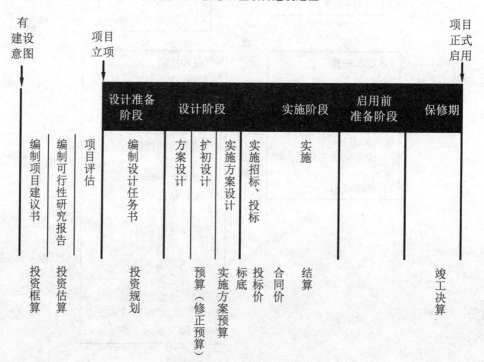

图 8.3 信息工程项目投资控制过程示意

图 8.4 给出了这几个过程在项目周期中的大致偏差范围。

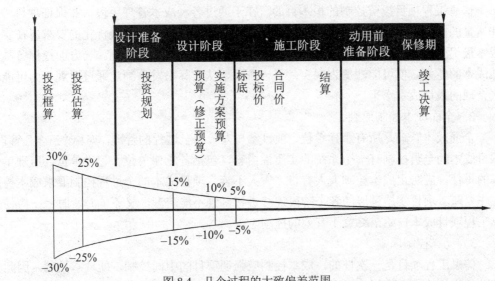

图 8.4 几个过程的大致偏差范围

以上四个过程相互影响、相互作用，有时也与外界的过程发生交互影响，根据项目的具体情况，每一过程由一人或数人或小组完成，在项目的每个阶段，上述过程至少出现一次。虽然这里各个过程是彼此独立、相互间有明确界面的，但是在监理实践中，它们可能会有交叉重叠，互相影响。

项目投资控制首先关心的是完成活动所需资源成本。然而，项目投资控制也考虑决策对项目产品的使用成本的影响。例如，减少设计方案审查的次数可以降低项目成本，但可能增加顾客的运营成本。

在许多应用领域，未来财务状况的预测和分析是在项目投资控制之外进行的。但在有些信息系统工程建设的场合，预测和分析的内容也包括在投资控制范畴，此时就要使用投资收益、有时间价值的现金流、回收期等技巧。

项目投资控制还应考虑项目相关方对项目信息的需求——不同的相关方在不同时间以不同方式对项目成本进行度量。当项目投资控制与奖励挂钩时，就应分别估算和预算可控成本和不可控成本，以确保奖励能真正反映业绩。

在某些项目上，特别是小型信息系统工程项目，资源计划编制、成本估算和成本预算彼此之间联系极为紧密，从而被视为一个过程（例如可以单独一人在一段时间内完成）。但是，由于其中每一个过程中所使用的工具和技术的不同，在本章中仍按不同的过程进行介绍。

2. 投资控制的原则

信息系统工程项目进行投资控制时，应遵循以下基本原则。

1）投资最优化原则

信息工程项目投资控制的根本目的，在于通过各种成本管理手段，在保证项目进度和质量的前提下不断降低信息工程项目成本，从而实现目标成本最优化的要求。在实行成本最优化原则时，应注意降低成本的可能性和合理的成本最优化。一方面挖掘各种降低成本的能力，使可能性变为现实；另一方面要从实际出发，制定通过主观努力可能达到合理的最优成本水平。

2）全面成本控制原则

全面成本管理是所有承建单位、项目参与人员和全过程的管理，亦称"三全"管理。项目成本的全员控制有一个系统的实质性内容，包括各承建单位、建设单位、监理单位等的责任。应防止成本控制人人有责，人人不管。项目成本的全过程控制要求成本控制工作要随着项目实施进展的各个阶段连续进行，既不能疏漏，又不能时紧时松，应使信息工程项目成本自始至终置于有效的控制之下。

3）动态控制原则

信息工程项目是一次性的，成本控制应强调项目的中间控制，即动态控制，因此实施准备阶段的成本控制是根据实施组织设计的具体内容确定成本目标、编制成本计划、制订成本控制的方案，为今后的成本控制做好准备；在实施阶段，根据已经制订的成本控制方案进行动态纠偏，并根据项目的实施情况调整成本控制方案；而竣工阶段的成本控制，由于成本盈亏已基本定局，即使发生了纠差，也已来不及纠正。

在监理过程中，不能简单地把成本控制仅仅理解为将信息工程项目实际发生的成本控制在计划投资的范围内，而应当认识到，成本控制是与质量控制和进度控制同时进行的，它是针对整个信息工程项目目标系统所实施的控制活动的一个组成部分，在实现成本控制的同时需要兼顾质量和进度目标。

4）目标管理原则

目标管理的内容包括：目标的设定和分解，目标的责任到位和执行，检查目标的执行结果，评价目标和修正目标，形成目标管理的计划（P）、实施（D）、检查（C）、处理循环（A），即 PDCA 循环。

5）责、权、利相结合的原则

在项目实施过程中，承建单位、建设单位和监理单位在肩负成本监督控制责任的同时，享有成本监督控制的权力，同时承建单位的项目经理要对各小组在成本控制中的业绩进行定期的检查和考评，实行有奖有罚。只有真正做好责、权、利相结合的成本控制，才能收到预期的效果。

3. 投资控制的必要性

项目的投资受时间、项目建设地点、项目招标方式、建设任务发包方式、项目规模大小、项目的特点、项目的质量水平等因素的影响，造成项目的投资没有得到有效的使用，承建单位也由于这些因素的影响而使利润大大缩水。投资控制的必要性，由于以下诸多好处，在此刻强烈地浮现出来。

（1）设计方案的项目投资，可随设计进行过程，明显地表露出来，使建设单位能够确实掌握成本，规划资金运用流程，拟定预防措施，正确掌握投资效益。

（2）信息系统工程项目造价控制使得项目建设成本在预定的时间及预算内达成，间接有效地掌控设计、实施的工作时间，免除因超过预算所花费之修改设计案时间。

（3）项目投资控制得宜，将使建设单位减少不必要的成本支出及银行贷款利息等负担。

（4）使承建单位的针对项目投入资源的利用率得到提高，获得较好的经济效益。

8.1.2　投资控制失效的原因

项目投资失控是指项目建设的实际成本额大大超过了项目的计划成本额，项目的实际投资额形成固定资产的比例低。长期以来，我国信息工程项目建设的成本失控的现象十分惊人，许多大中型项目的实际投资额都大大超过了项目计划投资额的最高限额，或者在项目计划投资额之内但是却无法达到预期的使用效果。分析其成本失控的原因主要有以下几方面。

1．思想方面

（1）项目建设超过客观的合理经济规模；

（2）对项目的设计缺乏成本控制意识；

（3）对项目成本的使用缺乏责任感和投入产出观念。

2．组织方面

（1）建设单位控制项目投资的组织机构不健全，没有项目投资控制组织，没有落实负责投资控制的具体人员；

（2）控制项目投资的责任不清，奖罚不明，缺乏应有的严格明确的有关规章制度和奖罚条例；

（3）承建单位项目经理班子中，对投资控制的分工不明，对投资控制的领导、督查不得力；实施方案、设备等不能按时进行，影响工程实施而引起费用增加；监理工程师缺乏投资控制的责任感，项目各个阶段的投资控制工作缺位。

3．技术方面

（1）进行项目成本估算时，项目规划设计的深度不够，不能满足成本估算的要求；

（2）采用的项目成本计算方法选择不当，与项目的实际情况和占有的数据资料不符；

（3）项目成本计算的数据值不准确，计算疏忽漏项，使计算的成本额偏低；

（4）设计者没搞好设计方案优化，致使项目设计方案突破项目成本目标值；

(5) 项目实施期间,有关物资价格的上涨幅度,大大超过对其上浮的预测值;
(6) 项目规划和设计方案的较大更改,引起有关费用的大大增加;
(7) 没有考虑工程实施中可能发生的不可预见因素,故使实施所需费用大量增加。

4. 方法方面

(1) 缺乏用于项目投资控制所需的有关报表及数据的处理办法,如项目实施中缺少完整、准确、及时、适用的有关数据的采集、处理、审核和表现办法;
(2) 缺乏系统的成本控制程序和明确的具体要求;在项目进展的不同阶段对成本控制的任务、要求不明确,在项目进展的整个过程中缺乏连贯性的控制;
(3) 缺乏科学、严格、明确、完整的成本控制方法和成本控制工作制度。

5. 手段方面

(1) 缺乏计算机辅助的投资控制程序,利用计算机投资控制程序,大量历史数据、市场信息可以集中存储;可以编制不同阶段、不同深度的费用计划;
(2) 能够动态地进行计划值与实际值的比较并及时提供各种需要的状态报告。

8.1.3 投资控制要点

(1) 项目实际成本不超过项目计划投资。
(2) 应十分重视项目前期(设计开始前)和设计阶段的投资控制工作。图 8.5 给出了在项目各个阶段进行投资控制对项目经济性影响的程度,进而说明在项目前期进行投资控制的重要性。

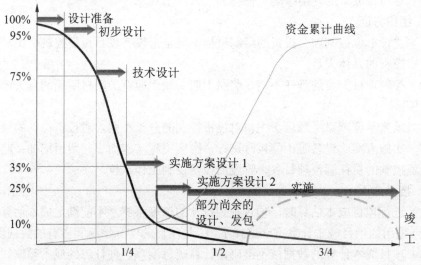

图 8.5 项目实施前期阶段进行投资控制意义

(3) 以动态控制原理为指导进行投资计划值与实际值的比较。

(4) 可采取组织、技术、经济、合同措施。这在后面的章节将详细讲述。

(5) 有必要进行计算机辅助投资控制。

8.2 信息系统工程投资控制基础知识与方法

8.2.1 信息工程项目投资

所谓项目投资,就是投资主体为了达到一定的目的而将其能支配的资金(或其他资源)投入工程项目建设的过程。这里,投资包含三层含义,一是指投入的资金(或其他资源);二是指投资主体的资金投放行为,包括资金的筹措、投向、投资决策、投资计划、实施、调控等活动;三是指资金(或其他资源)的投入过程。

在信息系统工程建设项目中,投资可以理解成进行某项信息工程建设花费的全部费用,即为项目实施完成,建设单位所支付的设备采购费用、应用环境所需的系统软件和配置软件费用;支付承建单位的设计、开发、服务费用;监理费用等。

8.2.2 信息工程项目投资构成分析

信息工程项目投资构成一般可以划分为:工程前期费用、监理费、咨询/设计费用、工程费用、第三方工程测试费用、工程验收费用、系统运行维护费用、风险费用和其他费用。

具体项目投资构成如图 8.6 所示。

1. 工程监理费

工程监理费是付给信息系统工程项目监理单位的监理服务费用。工程监理的取费应综合考虑信息工程项目的监理特点、项目建设周期、地域分布、监理对象、监理单位式、监理难度等因素。一般采取以下主要取费方式。

1)按照信息系统工程建设费(或合同价格)的百分比取费

主要根据信息系统工程的规模、类型(软件开发、硬件集成、网络和信息系统集成、机房工程等等)、阶段、内容、复杂程度、监理成本等多方面因素综合计算。

2)按照参与信息系统工程的监理人员服务费计取

如小型信息系统工程、建设单位有特殊要求的工程等,按人/月取费。

3)由建设单位和监理单位商定

不宜按 1)、2)办法计取的,可以由建设单位和监理单位按商定的其他办法计取。

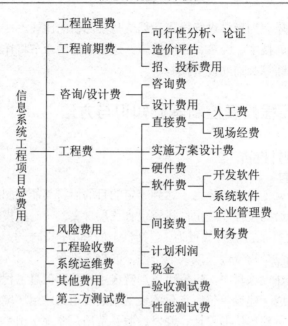

图 8.6 信息系统工程投资构成

2．工程前期费

是指建设单位请专业公司在编制工程方案设计、项目可行性分析、造价是否合理评估，以及项目招、投标等方面所需要的费用。

3．咨询设计费

指建设单位聘请专业的顾问公司或设计单位进行信息系统工程项目咨询或进行项目规划设计所需要的费用。

4．工程费用

工程费用由直接费用、实施方案设计费、硬件费、软件费、简介费、计划利润、税金构成。

1）直接费用

指信息系统工程中耗用的构成工程实体和有助于工程实体形成的各项费用，包括人工费、现场经费。

（1）人工费

指直接从事工程的专业技术人员开支的各项费用，主要包括：

- 基本工资　指发放生产人员的岗位工资和技能工资。
- 工资性补贴　指规定标准的物价补贴，煤、燃气补贴，交通费补贴，住房补贴等。

- 辅助工资　指生产人员平均有效施工天数以外非作业天数的工资。包括职工学习、培训期间的工资，调动工作、探亲、休假期间的工资，因气候影响的停工工资，女工哺乳期间的工资，病假在六个月以内的工资及产、婚、丧假期的工资。

（2）现场经费

指施工现场组织施工生产和管理所需费用，主要包括：

- 临时设施费　指承建单位为进行安装工程施工所需的生产和生活用的临时建筑物和其他临时实施费用；为开发、实施而搭建的临时开发或实施实验环境；临时实施费用包括临时设施的搭设、维修、拆除费和摊销费。
- 现场管理费　指企业在实施现场为组织和管理工程实施所需的费用，内容包括：
  - ✓ 现场管理人员的基本工资、工资性补贴、职工福利费、劳动保护费等
  - ✓ 办公费
  - ✓ 差旅交通费
  - ✓ 固定资产使用费
  - ✓ 工具、用具使用费
  - ✓ 保险费
  - ✓ 其他费用

2）实施方案设计费

根据建设单位需求、可行性报告或规划设计方案，编制信息系统工程实施方案所需要发生的费用。

3）硬件费用

- 设备原价
- 供销部门手续费
- 包装费
- 运杂费
- 采购及保管费
- 运输保险费
- 关税（对进口货物）

4）软件费用

- 开发软件费用
- 系统软件费用（操作系统、数据库、中间件等）

5）间接费用

（1）企业管理费

指企业为组织施工生产经营活动多发生的管理费用，主要包括：

- 管理人员的基本工资、工资性补贴及按规定标准计提的职工福利费
- 差旅交通费
- 办公费
- 固定资产使用费
- 工具、用具使用费
- 保险费
- 职工教育费
- 工费经费
- 税金
- 劳动保险费
- 职工养老保险费及待业保险费
- 其他费用

（2）财务费用

指企业为筹集资金而发生的各项费用，包括企业经营期间发生的短期贷款利息净支出、汇兑净损失、调剂外汇手续费、金融机构手续费，以及企业筹集资金发生的其他财务费用。

6）计划利润

指按规定应计入安装工程造价的利润。依据工程类别实行差价利润率。

7）税金

指按国家税法规定应计入安装工程造价内的营业税、城市维护建设税及教育费附加。

5. 第三方测试费用

对于许多的复杂大型信息系统工程项目，为了防止在验收时定性评价的随意性，在验收前，往往聘请第三方评测机构对项目进行验收测试，通过定量性的测试结果对项目进行评价，作为验收的依据之一。另外承建单位往往不具备针对复杂大型信息系统工程项目进行性能、安全性测试的条件、技术和资质，性能和安全性测试往往要聘请第三方的专业测试机构。所以建设单位必须预留相应的测试费用，以便支付给第三方测试机构。

6. 工程验收费用

指工程质量监督机构或建设单位对信息系统工程进行质量监督检验所发生的费用。

7. 系统运维费

指工程完成后在正常使用中所需要的维护费用（设备、人工、材料）等。

8. 风险费用

为顺利完成项目，保证内、外部出现一定风险时，项目仍能顺利完成所需要的费用。

例如新出台的政策要求正在进行的这类项目必须具有比以前更为严密的、高水平的安全保障措施，这会使项目的设计进行变动，所需要的安全防护系统增加，从而使项目必须增加费用才能顺利完成。

9．其他费用

指根据建设任务的需要，必须在建设项目中列支的其他费用。

8.2.3 货币的时间价值与投资决策

1．货币时间价值的引入

货币时间价值表现为同质同量的货币在不同时点上具有不同的经济价值。现假设某项目在建设期第一年初由银行贷款100万元，年利率为12%，每年复利一次，根据复利公式 $F_n=P(1+R)^n$。（式中 F_n 为 n 年末的终值，P 为 n 年初的本金，R 为年利率，$(1+R)^n$ 为到 n 年末的复利因子）计算可得第三年末的终值为140.49万元。年初100万元的贷款到第三年末其价值变为140.49万元，这就说明了货币具有时间价值。在不考虑通货膨胀、物价上涨等因素的情况下，对银行来说，其差就是利息。反过来，将第三年末的140.49万元终值依据贴现公式 $P=F_n/(1+R)^n$（式中 $1/(1+R)^n$ 为贴现因子），贴现至经营期初的贴现值为100万元。同理，在项目建成投产后各年的净现金流入量（由于投资带来的净收益）也可贴现。通常，我们在进行项目分析时，是把不同时间的资金投入和净现金流入量依照一定的贴现率折算成现时的、投入时点的价值，然后将同一时点的各种经济数据进行对比，从而做出正确的决策。

既然货币具有时间价值，那么采用静态分析法来评估项目就会忽视从投入到产出这个时间差因素对资金价值本身带来的影响，使项目评估不真实可靠。事实上，由于目前的单利档次是根据复利计算而得的，因此，我们沿用的、根据不同项目还款期限采用不同档次的单利计算利息，然后将投入本金连同利息一起同经营期内的净现金流入量进行比较的那种区别单利分析法，实质上已部分考虑到货币的时间价值，但这种决策法还没有完全体现货币的时间价值，还有其局限性。其一，投入、产出往往是分年逐次、分期流回的，而不是年初、年末一次性的，区别单利法是按原定利率随本金计息，这就在很大程度上忽视了时间差因素。其二，项目投资往往不全由银行包揽，还有企业自筹资金，对企业投资的那部分资金，分析时没有考虑到时间价值。其三，贴现率受社会诸方面的影响，不完全就等于银行贷款利率。预测的经济效益由于多方原因，也不一定完全能实现。贴现率上升，效益下降，原来可行的项目又是否可行呢？这也是区别单利法无法解决的问题。这个难题，可通过货币时间价值指标体系，对投资方案及其数据的变动进行综合、全面的分析来解决。

2．投资决策分析

依据前述贴现原理。设置净现值（NPV），现值指数（PVI），内含报酬率（IRR）等指标，并据以分析。

1）净现值的分析

净现值是指经营期各年末的净现金流入量同建设期各年初的投资额均按照一定的相同的贴现率贴现到现时的，投入时点的现值之差。即

$$\text{NPV} = \sum_{t=1}^{m} \frac{N_t}{(1+R)^{t+n}} - \sum_{t=1}^{n} \frac{P_t}{(1+R)^{t-1}}$$

式中：P_t 为建设期各年初投资额

N_t 为经营期各年末的净现金流入量

t 为年数

n 为建设期年数

m 为经营期年数

R 为年利率

一般地说，若净现值是正数，则说明该投资方案是可行的；否则，投资方案是不可行的。若有几个可行方案，以净现值越大为越好。

现假设有甲、乙、丙三个投资方案，其建设期各年初投资总额均为100万元，经营期各年末净现金流入量均为200万元，年利率为12%，年复利一次，详见表8-1。

由表中三方案的计算结果可以看出，由于三方案各年投资额以及收益额结构不同（100万元和200万元），造成建设期各年初的投资额同经营期各年末的现金流入量贴现至建设期初的贴现值亦有差异，在不考虑货币的时间价值，采用静态分析法，即采用净现金流入总量同投资总额比较作为决策准则的情况下，则由于三方案的四年投资额和五年净现金流入量合计都相同（分别为100万元和200万元），而使三方案因投资效果相同而均为可行。若采用净现金流入量现值作为决策准则，而不考虑其建设期各年初投资的时间价值，则有甲方案五年贴现值合计最高（96.80万元），乙方案次之（91.64万元），丙方案最低（86.47万元）。事实上以上两种分析方法都是不可取的，只有采用净现值分析法才是较科学的。在表内三方案中，甲、乙两方案的净现值均为正数，为可行方案，丙方案的净现值为负数，是不可行方案。但在甲、乙两方案中，以乙方案的净现值高（11.39万元），甲方案的净现值低（6.95万元）。

2）现值指数的分析

在几个方案的原投资额不相同的情况下，仅凭净现值的绝对数的大小进行决策是不够的，还需要结合现值指数进行分析。现值指数是投资方案经营期各年末净现金流入量的总现值与建设期各年初投资额总现值之比。即

$$\text{PVI} = \frac{\sum_{t=1}^{m} \dfrac{N_t}{(1+R)^{t+n}}}{\sum_{t+1}^{n} \dfrac{P_t}{(1+R)^{t-1}}}$$

表 8-1 投资决策分析列表　　　　　　金额单位：万元

年份		建设期					运营期					净现值	净现值指数
		1	2	3	4	合计	5	6	7	8	9	合计		
甲	年初投资额	40.00	30.00	20.00	10.00	100.00							6.95	1.08
	年末净现金流入量						60.00	50.00	40.00	30.00	20.00	200.00		
	贴现值	40.00	26.79	15.94	7.12	89.85	34.05	25.33	18.09	12.12	7.21	96.80		
乙	年初投资额	10.00	20.00	30.00	40.00	100.00							11.39	1.14
	年末净现金流入量						40.00	40.00	40.00	40.00	40.00	200.00		
	贴现值	10.00	17.86	23.92	28.47	80.25	22.70	20.27	18.09	16.16	14.42	91.64		
丙	年初投资额	40.00	30.00	20.00	10.00	100.00							−3.38	0.96
	年末净现金流入量						20.00	30.00	40.00	50.00	60.00	200.00		
	贴现值	40.00	26.79	15.94	7.12	89.85	11.35	15.20	18.09	20.19	21.64	86.47		

现值指数亦称投资收益率，它是一个重要的经济效益指标，特别是在资金紧缺时尤显重要。现值指数分析法就是根据各个投资方案的现值指数的大小来判定该方案是否可行的方法。凡现值指数大于 1 的方案均为可接受的方案，否则为不可行方案。现值指数分析与净现值分析一样，都考虑到了货币的时间价值，所不同的是现值指数是以相对数表示，便于在不同投资额的方案之间进行对比。从表中计算结果可知，丙方案现值指数小于 1，因而是不可行方案，甲、乙两方案的现值指数均大于 1，因而是可接受方案，其中乙方案的现值指数最大（1.14），因而是最优方案。

3）内含报酬率的分析

对评价一个投资方案是否可行所应用的利率，实际上是取得长期投资的资金来源的成本，也就是资金成本。前已述及，这种资金来源包括银行贷款和企业自筹，分析时，这两项资金成本都以银行贷款利率为基准来贴现，而实际贴现率往往会因为通货膨胀、市场物价、货币流通、当地的投资环境、投资风险等因素使得其偏高于银行贷款利率。也就是说，对企业来说，资金成本具有不确定性，这种不确定的资金成本也就是资金的机会成本。若贴现率出现偏高于基准利率，原来可行的方案又是否可行呢？当贴现率高到什么程度时，原来可行的方案将变为不可行方案呢？这是净现值分析法和现值指数分析法无法解决的问题，这就需要通过内含报酬率来解决。所谓内含报酬率，就是根据某贴现率使投资方案的各年投资总现值和净现金流入量总现值正好与贴现率相等。也就是说，是一种能使投资方案的净现值为零的贴现率，根据插值法可得其公式：

$$IRR = r_1 + (r_2 - r_1) \times |b| \div (|b| + |c|)$$

式中：IRR 为内含报酬率

r_1 为有剩余净现值的低贴现率

r_2 为产生不足净现值时的高贴现率

$|b|$ 为低贴现率时的剩余净现值绝对值

$|c|$ 为高贴现率时的不足净现值绝对值

有了内含报酬率就可与资金的机会成本相比较：若内含报酬率大于资金机会成本，则此方案为可行方案；若内含报酬率小于资金机会成本，则此方案不一定是合理方案。当有几个可供选择的方案需要择一决策时，应选内含报酬率高的方案为决策方案。资金的机会成本如何确定是这里的关键，它同当时当地的投资环境及投资项目的具体行业等因素有关。一般来说，以国家银行贷款利率为基准，风险大的地区和大的项目资金机会成本应定得高些。现仍以表 8-1 乙方案为例，若资金的机会成本定为 15%，经过多次计算找出有剩余净现值低贴现率 r_1 和不足净现值的高贴现率 r_2 分别为 14% 和 16%，并计算出 b 的绝对值分别为 3.69 万元和 2.83 万元，则净现值为零时的内含报酬率为：

IRR=0.14+(0.16−0.14)×3.69÷(3.69+2.83)

=0.1513（即 15.13%）

具体见图 8.7。

由上可知，乙方案的内含报酬率大于资金

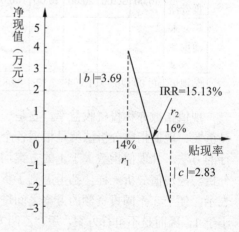

图 8.7　甲乙丙投资方案分析

的机会成本（15.13%＞15%），因此乙方案仍是可行方案。

4）敏感性分析

内含报酬率的分析说明了资金机会成本具有不确定性，但不管其上升多少，只要不超过内含报酬率，方案仍为可行。同样，我们对未来的净现金流入量也只是个预测，都不一定精确，往往会因利润、经营期、折旧等因素的变动而有所变动，从而影响投资效果。因此很有必要对这些数据的变动是否影响方案的可行性进行分析，这种分析称为敏感性分析。

仍以上例乙方案为例，若经营期由五年变为四年，并且四年的净现金流入量均为 50 万元，则净现金流入量现值为：

$$50/(1+12\%)\times5+50/(1+12\%)\times6+50/(1+12\%)\times7+50/(1+12\%)\times8=96.51 \text{ 万元}$$

此时净现值=96.51–80.25=16.26(万元)>0，该方案仍为可行方案。

若经营期由五年变为四年，并且四年的均净现金流入量均为 40 万元，则净现金流入量现值为：

$$40/(1+12\%)\times5+40/(1+12\%)\times6+40/(1+12\%)\times7+40/(1+12\%)\times8=77.22 \text{ 万元}$$

此时净现值=77.22–80.25 = –3.03(万元)<0，现在情况就不同了，原来可行方案变为不可行方案。

如果设四年的现金流入量为 N，计算出净现金流入量现值并使之同投资现值相等，得

$$N\times\{1/(1+12\%)\times5+1/(1+12\%)\times6+1/(1+12\%)\times7+1/(1+12\%)\times8\}=80.25 \text{ 万元}$$

求得 $N = 41.58$（万元）

也就是说当四年的净现金流入量均大于 41.58 万元为可行方案，否则为不可行方案，41.58 万元就称为该种情况下可行与不可行转折点的净现金流入量(这里忽略了资金机会成本的影响)。

通常，为了保证决策的可靠性，我们把对未来的估算值多做几次变动，并反复进行计算比较，看看净现值是否变动很大，是否对方案的可行性和最优性有影响。若对估测数据稍加变动，而最优方案保持不变，则这个方案是较稳定的；否则此方案就是不稳定的，值得进一步分析。

在实际投资决策分析时，不能孤立地采用某种分析法，应将以上几种分析法结合起来分析；不能简单地、机械地计算，要做到通盘考虑、综合评价；不能光从数量上进行分析，还须考虑到国家经济政策、社会效益、市场变化情况等问题，以提高决策的准确性，减少失误。

8.2.4　投资控制中的技术经济分析

技术经济分析方法是成本控制的基础。它是一种综合评价方法。综合评价决定成本

控制的合理性。本章所以特别强调对方案的综合评价，就在于在投资控制的监理实务中。要特别注意投资控制不是一个单打一的问题，也绝不是指初期投资越少的方案就是最佳方案，而是要通过具体的经济对比计算，如年成本法、净现值法和内部收益率法等计算求得整体经济效果最佳的方案，据以合理的控制投资。而合理的控制投资的另一个必须掌握的尺子和原则就是综合评价。只有通过综合评价而优选的方案才能算是最佳方案。最佳方案的标志是技术上最佳、经济上最合理而不是最少。

1. 技术经济分析的特点和方法步骤

1) 技术经济分析的特点

据有关资料统计，在同样能满足功能要求的前提下，合理的技术经济设计可以降低工程造价5%~20%，因此，搞好方案的技术经济分析，就成为建设项目设计阶段优选方案和控制造价的重点环节。技术经济分析有以下特点。

（1）综合性

技术经济分析学是根据现代科学技术和国民经济发展的需要，逐渐地从自然科学和社会科学的发展过程中交叉形成发展起来的一门综合性边缘科学。

（2）系统性

它研究的对象大多是由若干个相互联系的单元所组成的整体，因此要具备系统分析的思想方法和工作方法，要从整体着眼，周密地分析各个因素和环节，取得科学依据，实现总体优化。

（3）实用性

它是一门实践性很强的应用科学，其主要研究对象是技术方案，设计方案的优选问题，是解决具体问题，进行具体分析研究，做具体评价，为采用的方案提出技术经济效果的论据。如工程优化设计、系统方案选择等。

（4）数据化

技术经济学采用了许多定量分析方法，把各种有关因素定量化，通过定量计算，进行分析比较。由于计算机和数学方法的迅速发展，定量分析范围日益扩大。除去环境保护、政治因素、学术发展等社会因素目前还只能做定性分析外，大量问题均可数据化。因此定性分析与定量分析相结合以量化为主是技术经济分析的一大特点。

2) 技术经济分析的方法步骤

技术经济学研究主要有两种方法，即调查研究方法和理论研究法，后者是对调查得到的原始数据与资料进行加工管理，去粗取精，去伪存真的过程，在这个过程中既要采取定量的数字计算与分析，也要采取定性的推理、论证、分析等方法。技术经济分析一般包括以下几个步骤。

（1）确定目标

比如对于一个新建项目，要根据市场需要及资金条件研究确定；对项目中的某一个子系统，要根据其既能满足功能要求，又要在经济上合理确定；对一个系统方案或一项主要设备选址，既要可行和适用，又要在经济评价的各项指标上先进等等。

（2）调查研究

收集各种有关的资料和数据，通过调查研究，搞清有关的技术因素情况，这些因素之间以及与其他有关的经济因素之间的联系、依据和条件。

（3）拟定各种可行方案

为了满足同一功能或应用的需要，一般可以采用多种不同的、彼此可以代替的方案。为了选出最优的方案，首先就要列出所有可能实行的方案。

（4）方案评价

- 分析各种了解的技术方案在技术上的优缺点。应该指出，对每个技术方案优缺点分析得愈细致、愈透彻、愈全面、愈具体，则对每个技术方案的经济评价就愈准确。在分析技术方案的优缺点时，必须进行充分的调查研究，并且从国民经济整体利益出发，客观地分析不同的技术方案所引起的对外部各种自然、技术、经济、社会等方面所产生的影响，从而准确地找到现有条件下最优的技术方案。
- 建立各种技术方案的经济指标和各种参数间的函数关系。列出相应的方程式或数学表达式，这种方程式、表达式称为数学模型。在分析技术方案优缺点的基础上，能用相应的数学方程式描述各方案的经济指标与参数间量的关系，这就是经济数学模型。
- 计算与求解数学模型。第一步，把有关数据资料，包括各种自然资源的地质的、技术的、经济的指标代入数学模型并进行数学运算。第二步，求得各个方案的经济效果指标，利用方案比较法，进行择优。求最优方案的方法一般可用列表法或图解法。
- 技术方案的综合评价。由于技术方案的许多优缺点往往不能用数学指标来描述，而且一个方案不可能兼备各种优点，这就要求从各个侧面对某个技术方案进行综合分析及论证，最后选出在技术、经济、社会、政治等方面综合性最优的方案。

2. 单方案的经济评价方法

对于单方案一般可以通过四种方法进行经济评价，这种评价主要是对技术上可行的方案，评价其经济上的合理性，做到使设计人员和建设监理人员心中有数，并对一些技术上可行而经济上不合理的方案，采取必要的修正办法，从而在满足功能要求的基础上做到经济合理。

1)成本回收期法

成本回收期分为静态成本回收期与动态成本回收期。

(1)静态成本回收期

静态成本回收期是指以工程项目的净收益补偿全部成本所需要的时间,通常情况下,成本回收期愈短愈好。对于单方案经济评价时,通常是以计算结果同国家或部门所规定的标准成本回收期 TM 进行比较来取定其"经济合理性"。当所计算的 $T > TM$ 时,一般应对技术方案做出总成本的削减修正措施;否则应予舍弃。

(2)动态成本回收期

动态成本回收期是指给定基准收益率 i 用项目方案的净现金收入求出偿还全部成本的时间。

这种设计方案经济评价法可以用于单方案评价,也可以用于多方案的比选。

2)等效年值法

等效年值法就是工程项目的所有现金流量都化为其等值的年金,用以评价方案经济效益的经济分析方法。等效年值是指把工程项目在寿命期内所有收入和支出,按基准收益率折算成与其等值的各年年末的等效年金。这里所说的基准收益率是指最低要求的贴现率(亦称折现率),在国外又称作最低有吸引力的收益率,一般用代号 MARR 表示,它是成本决策部门做出取舍决定的重要决策参数。通常情况下,如果把基准收益率定得太高,可能会使许多经济效果较好的方案被告弃,反之定得太低,又可能接受一些其经济效果并不理想的方案。

按照惯例,通常基准收益率应高于贷款的利率。很显然由于一些成本方案大多带有一定的风险和不确定性,再加上市场经济供需要求对产品价格浮动的影响,如果基准收益率不高于贷款利率,就不值得进行投资。只有当方案的等效年值大于零,在经济上才是合理的。等效年值法可以用存储基金法或资金还原法计算。

3)净现值法与净现值指数法

这种方法是根据方案的净现值大小来评定方案经济效果的一种方法。这里的净现值是指按基准收益率或设定的折现率,将各年的净现金流量折现到基准年的现值之和。基准年一般选在基建开始年。如果 $NP_V > 0$,表示技术方案本身的收益不仅可以达到基准收益率的水平,而且还有盈余;如果 $NP_V = 0$,表示方案的收益率正好等于基准收益率。在上述两种情况下,方案均可取;如果 $NP_V < 0$,则表示方案的收益率达不到基准收益率水平,应被舍弃。

净现值指数法是将技术方案在寿命期的净现值与逐年成本的现值之和进行比较,该数值反映了单位成本现值所创造的现值收益。

当 $NP_V > 0$ 或 $= 0$ 时方案可行,否则应告弃。

4）内部收益率法

内部收益率法是目前国内外广泛采用的一种经济评价方法，它是根据内部收益率指标的大小对方案进行评价的。内部收益率和净现值有密切关系，对一个技术方案来说，其净现值的大小与所选用的折现率有关。折现率愈小，净现值愈大，反之折现率愈高则净现值就愈小。

通常，内部收益率法只能用于评价常规的成本方案，即现金流量中所表示的开始年份为负值的成本支出；以后各年均为正（收益）的项目，也就是说净现值函数 $NP_V(i)$ 随 i 的增加而减小，曲线与横轴有惟一曲交点，并且在 $0\sim n$ 内，否则不能计算。求得内部收益率后，如其值大于或等于基准收益率时，方案认为可取。通常比较评价方案时 i 应在 8%～15%的范围内。

3. 多方案经济评价的可比性

在项目设计中往往可以提出许多不同的设计方案，这些方案可以采用不同的技术、开发与实施方法、设备等。当这些设计方案在技术上都是可行的，经济上也合理时，就要通过经济分析从中选出最佳的方案。但是不同的方案必须具备一定的可比条件，如满足需求可比、时间因素可比、价格指标可比和消耗费用可比。满足需求可比是指项目的质量、进度、和类型完全一样或基本相似，在对比时应用一致的指标，如单位项目投资额、单位项目年运营费。价格指标的可比是因为无论是投入的费用还是产出的效益，都要借助于价格进行计算。消耗费用可比性是指在计算比较费用的指标时，必须考虑有关的费用，各种费用计算必须采用统一的原则和方法。目前国内常用的设计方案、技术方案的经济计算方法主要有：不考虑时间价值的追加投资回收法和计算费用法；考虑时间价值的方法有净现值法、年成本法和内部收益率法。

有以下多方案经济评价法。

1）追加成本回收期与计算费用法

追加成本回收期（ΔT）是一个相对经济效果指标，它是指两个方案比较时，用成本大的方案年经营费的节约额，抵偿追加成本所需要的时间。当 ΔT 小于或等于标准成本回收期时，则认为成本大的方案为优，反之则成本小的方案为优。

计算费用法是很多个方案不考虑时间价值时进行经济比较常用的方法。年计算费用是指年生产成本与按标准成本效果系数换算的年成本费用总额。

2）年成本法

年成本法是在年产量相同条件下简易而有效的一种方案比较方法。这种方法是把各方案项目的寿命期内的现金支出（成本、年经营费、残值），按基准收益率折算成等值的等额年成本然后进行比较，年成本最小的方案为优选方案。用这种方法进行对设计方案的成本控制比较适用于市场经济体制下考虑资金时间价值时的方案优选。

3）追加成本净现值法

当评选的两个方案均可行而计算经济效果进行优选时，如第二方案的成本大于第一方案（这部分称为追加成本），就需要考虑这一部分追加成本在经济上是否是更合算，我们把两方案现金流量之差的净现值称为追加成本净现值（或差额成本净现值）。如果追加成本而增加的收益按基准收益率折现后的现值大于追加成本的折现值，即追加成本净现值大于零，则成本大的方案从整个时间看比成本小的方案经济，说明追加成本是合算的。追加成本净现值法的实质就在于此。由此可知，作为监理工程师在控制成本和评价方案优劣时，要做到公正合理，并非只选用初期成本小的方案，而应当用追加成本净现值法对多种方案做出比较再行择优选用。

4）追加成本内部收益率法

这是在方案经济比较中重要的方法之一。追加成本内部收益率是指两对比方案净现金流量之差的各年折现值之和等于零时的折现率。采用此法进行方案比较时，如果计算出的追加成本内部收益率大于或等于基准收益率时，则成本大的方案比较经济，反之则成本小的方案比较经济。

8.2.5 投资控制的方法与技术

对于信息系统工程项目的成本控制仅依靠经验、直觉、审查的手段是远远不够的，还需要掌握一些先进的技术和方法，只有这样才能更有效地做好成本控制工作。

1. 投资控制的常用技术

1）利用费用控制改变系统

通常是说明费用线被改变的基本步骤，这包括文档工作、跟踪系统及调整系统，费用的改变应该与其他控制系统相协调。

2）实施的度量

主要帮助分析各种变化产生的原因，挣值分析法是一种最为常用的分析方法。费用控制的一个重要工作是确定导致误差的原因以及如何弥补、纠正所出现的误差。

3）督促建立附加的计划

很少有项目能够准确地按照期望的计划执行，不可预见的各种情况要求在项目实施过程中重新对项目的费用做出新的估计和修改。

4）利用计算工具

通常是借助相关的计算机项目管理软件和电子制表软件来跟踪计划费用、实际费用和预测费用改变的影响。

2. 投资控制的方法

1）挣值分析法

项目成本控制的一种重要方法是挣值分析法。这一方法的基本思想就是通过引进一个中间变量即"挣值",来帮助项目管理者分析项目的成本和工期的变动情况并给出相应的信息,以便他们能够对项目成本的发展趋势做出科学的预测与判断,并提出相应的对策。

(1) 挣值管理

挣值管理(Earned Value Management,EVM)是综合了项目范围、进度计划和资源,测量项目绩效的一种方法。它比较计划工作量、实际挣得多少与实际花费成本,以决定成本和进度绩效是否符合原定计划。要进行挣值管理,必须熟悉与挣值管理密切相关的计划成本(PV)、挣值(EV)和实际成本(AC)之间的相互关系,以及完工预算(BAC)、完工估算(EAC)和完工尚需估算(ETC)之间相互关系。偏差分析如下:当成本偏差(CV)大于零,表明成本节约;反之,当CV小于零,表明成本超支。当进度偏差(SV)大于零,表明进度超前;反之,当SV小于零,表明进度滞后。

挣值管理也离不开偏差管理。偏差=计划–实际,偏差分析图示如图8.8所示。挣值法实际上是一种分析目标实施与目标期望之间差异的方法,故又常称为偏差分析法。挣值法通过测量和已完成的工作的预算费用与已完成工作的实际费用和计划工作的预算费用,得到有关计划实施的进度和费用偏差,而达到判断项目预算和进度计划执行情况的目的。其独特之处在于以预算和费用来衡量工程的进度。

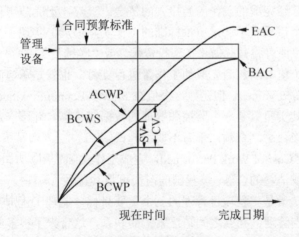

图 8.8 挣值管理偏差分析图

(2) 挣值管理的基本思想

挣值管理的思想可以概括为以下几方面。
- 所有工作开始之前的预先计划。

- 基于技术目标上的性能衡量。
- 时间表状况分析。
- 按照完成的工作对资金支出的分析（非预定的工作）。
- 隔离问题：
  - ✓ 在费用时间表参数内的技术质量问题；
  - ✓ 不打算替换或更换技术问题过程中的探测。
- 预测完成日期和最终费用。
- 纠正行为。
- 维持性能测定基线的正常控制。

(3) 挣值管理的三个基本参数及两个重要指标

BCWS（Budgeted Cost of Work Scheduled，计划工作预算费用），即根据批准认可的进度计划和预算到某一时点应当完成的工作所需要投入的资金。这个值对衡量项目进度和费用都是一个标尺或基准。一般来说，BCWS 在项目实施过程中应保持不变，除非预算、计划或合同有变更。如果这些变更影响了工作的进度和费用，经过批准认可，相应的 BCWS 基准也应作相应的更改。按我国的习惯可以把它称做"计划投资额"或"计划值"。

BCWP（Budgeted Cost of Work Performed，完成工作预算费用），即根据批准认可的预算，到某一时点已经完成的工作应当投入的资金。当然，已完成工作必须经过验收，符合质量要求。这个值反映了满足质量标准的工作实际进展，实现了投资额到项目成果的转化。按我国的习惯可将其称做"实现投资额"或"实绩值"。在很多情况下，由于建设单位正是根据这个值对承包商完成的工作量进行支付，也就是承包商挣得的金额，故常称为挣得值（Earned Value）。但是，这个值在 EVM（Economic Value Management，经济附加值管理）中其实质只是一个监控和管理的数据或信息，并不一定要以这个值支付这笔金额或者能够挣得这笔金额，千万不要引起误解。

ACWP（Actual Cost of Work Performed，完成工作实际费用），即到某一时点已完成的工作所实际花费或消耗的金额。按我国的习惯可将其称做"消耗投资额"或"消耗值"。

进度、费用、质量是工程项目管理的三个重要目标，监理工程师在以往的情况下往往是对三个目标分别管理，相互之间缺乏紧密的联系，这带来了很多的问题。例如，项目进度因资金不到位而拖延；由于赶工或资金短缺引起潜伏的质量问题；当成本结算发现严重超支时，已为时过晚。因此，进行进度、费用、质量的联合监控是信息工程项目监理迫切需要解决的问题。现代计算机技术的发展为实现进度、费用、质量的联合监控提供了条件。实施进度、费用的联合监理，要求在项目进展过程中即时获得上述三个投资额基本值数据，利用计算机技术把网络进度计划和项目预算有机地结合起来，对一个项目绘制出各种性质的关于时间的费用流曲线，包括计划费用流曲线、实际消耗费用流曲线。这样就可以对工程进度和费用进行跟踪监控。

在此基础上，及时地对已经完成的项目成果部分进行质量验收，在支付资金之前把好质量关，严格按累计的实绩值（实现投资额）进行支付，同时根据合同扣留一部分质量保留金，这样就能较好地实现进度、费用和质量的联合管理。这是贯穿工程项目生命期全过程的整体管理方法。

项目投资额的三个基本值实际上是三个关于时间的函数，从上述三个基本值还可导出项目进展中与任何监控时点相对应的两个重要的指标：

- 进度业绩指标 SPI＝实绩值/计划值，（SPI>1.0 表示进度超前，SPI<1.0 表示进度滞后）；
- 费用业绩指标 CPI＝实绩值/消耗值，（CPI>1.0 表示费用节余，CPI<1.0 表示费用超支）。

采用投资额三值分列的管理体系，通过三个基本值的对比可以对项目的实际进展情况做出明确的测定和衡量，一目了然地掌握项目进展的总体状况，有利于对项目的费用、进度、质量进行整体的有效监控，也可以清楚地反映项目投资管理和工程技术水平的高低。

从图 8.9 中可以获得的信息有：

- 项目进行到两年时，计划作业的预算成本 BCWS=200 万元，已完成作业的实际成本发生额 ACWP=100 万元，挣值 EV=50 万元。

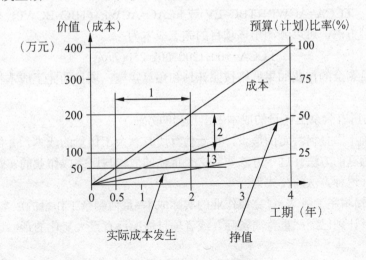

图 8.9 挣值分析示意图

- 项目成本差异 CV=BCWP–ACWP 为–50万（在图中由"2"号线段来表示），实际成本比挣值多出50万。这是在项目的实施过程中，由于实际所耗资源价格的变动所造成的，这是一种与成本管理问题有关的成本差异。
- 项目进度差异 SV=BCWP–BCWS 为–150万元（由图中标注"2"和"3"的两条线段之和来表示），即项目成本预算额与实际挣值之间有高达150万元的差异。
- 计划完工指数 SCI=BCWP/BCWS=50/200=25%，这意味着工期计划完成程度只有25%。
- 成本绩效指数 CPI=ACWP/BCWP=100万元/50万元=2，这意味着相同的作业量，实际花费的成本是预算成本的2倍。

(4) 运用挣值分析进行项目成本预测

预测项目未来完工成本（Forecasted Cost At Completion，FCAC）的方法有三种。

- 假定项目未完工部分将按照目前的效率去进行的预测方法

预测完工成本=总预算成本/成本绩效指数

FCAC=TBC/CPI

利用这种方法，并结合图8.8给出的线性变化规律，可以预测该项目需要使用16年的时间才能完成，而该项目总共需要800万元的成本。

- 假定项目未完工部分将按计划效率进行的预测方法

使用这种方法的计算公式如下：

预测完工成本=已完成作业的实际成本+ (总预算成本–挣值)

FCCA=ACWP+(TBC–EV)或 FCAC=ACWP+(TBC–BCWP)

根据这种方法，可以预测出该项目的完工成本为：

FCCA=100+(200–50)=250(万元)

即在项目剩余的作业如果严格按照计划和预算实施，项目的完工成本将比原预算高出50万元。

- 重估所有剩余工作量的成本做出预测的方法

这是一种不做任何特定的假设，重新估算所有剩余工作量的成本，并依此做出项目成本和工期预测的方法。这一方法要将这个重估的成本与已完成作业的实际成本相加得到预测结果。这种方法的公式为：

预测完工成本=已完成作业的实际成本+重估剩余工作量的成本

如果项目计划已经严重背离实际，或者项目情况已有重大变化的话，这种方法是必要的。

(5) 利用挣值法进行综合控制

使用挣值法进行成本/进度综合控制，必须在项目开始之前，先为在整个项目工期内如何和何时使用资金做出预算和计划。项目开始后，监督实际成本和工作绩效以确保成本、进度都在控制范围之内。具体步骤如下：

① 项目预算和计划。

首先要制订详细的项目预算，把预算分解到每个工作包（分项工程），尽量分解到详细的实物工作量层次，为每个工作包建立总预算成本 TBC（Total Budgeted Cost）。项目预算的第二步是将每一 TBC 分配到各工作包的整个工期中去。每期的成本计划依据各工作包的各分项工作量进度计划来确定。当每一工作包所需完成的工程量分配到工期的每个区间（这个区间可定义为工程管理和控制的报表时段），就能确定何时需用多少预算。这一数字通过截止到某期的过去每期预算成本累加得出，即累计计划预算成本 CBC（Cumulative Bud Geted Cost）或 BCWS。

$$CBC = \sum^{i}\sum^{n} Rb_i(t) \times Qs_i(t) \qquad t=1, \ i=1$$

其中：Rb 代表预算单价

Qs 代表计划工程量

i 代表某一预算项

n 代表预算项数

t 代表时段

CBC 反映了到某期为止按计划进度完成的工程预算值。它将作为项目成本/进度绩效的基准。

② 收集实际成本。

项目执行过程中，会通过合同委托每一工作包的工作给相关承包商。合同工程量及价格清单形成承付款项。承包商在完成相应工作包的实物工程量以后，会按合同进行进度支付。在项目每期对已发生成本进行汇总，即累计已完工程量与合同单价之积，就形成了累计实际成本 CAC（cumulative actual cost）或 ACWS：

$$CAC = \sum^{i}\sum^{n} Rc_i(t) \times Qp_i(t) \qquad t=1, \ i=1$$

其中：Rc 代表合同单价

Qp 代表已完成工程量

i 代表某一合同报价单项

n 代表合同报价单项数

t 代表时段

CAC 反映了工程的实际成本花费。为记录项目的实际成本，必须建立及时和定期收集资金实际支出数据的制度，包括收集数据的步骤、报表规范，建立合同执行（成本支出)台账。

③ 计算挣值(earned value)。

如前所述,仅监控以上两个参数并不能准确地估计项目的状况,有时甚至会导致错误的结论和决策。赢得值是整个项目期间必须确定的重要参数。对项目每期已完工程量与预算单价之积进行累计,即可确定累计赢得值 CEV(Cumulative Earned Value)或 BCWP:

$$CEV = \sum^{i}\sum^{n} Rb_i(t) \times Qp_i(t) \qquad t=1,\ i=1$$

其中:Rb 代表预算单价

Qp 代表已完成工程量

i 代表某一合同报价单项

n 代表合同报价单项数

t 代表时段

CEV 反映了工程实际绩效的价值。与跟踪项目的实际成本一样重要,也必须建立经常及时地收集数据的相应制度来确定项目每一工作包工作绩效的价值,主要是必须对每一合同的承付项(报价单项)预先对应相应的预算项目,确定其预算单价,通过合同实际工程量完成情况,计算出挣得值,建立概算执行(投资完成)台账。

④ 成本/进度绩效监控。

利用以上几个指标即可以比较分析项目的成本/进度绩效和状况:CEV 与 CAC 实际是在同样进度(相同工作量)下的价值比较,它反映了项目成本控制的状况和效率,因此,衡量成本绩效的指标或称成本绩效指数 CPI(Cost Performance Index)可由如下公式确定

$$CPI = \frac{CEV}{CAC}$$

另一衡量成本绩效的指标是成本差异 CV(Cost Variance),它是累计赢得值与累计实际成本,即

$$CV = CEV - CAC$$

与 CPI 一样,这一指标表明赢得值与实际成本的差异,CV 是以货币来表示的。

同样,CBC 与 CEV 是在同样价格体系(预算价)下的工程量的比较,它用货币量综合反映了项目进度的总体状况,因此,可按上述方法同样去衡量进度绩效。

以上分析可对整个项目进行,也可针对某一独立的工作包进行。

⑤ 成本/进度控制。

有效成本/进度控制的关键是经常及时地监控、分析成本/进度绩效,及早地发觉成

本/进度差异和无效率,以便在情况变坏之前能够采取纠偏措施。

成本/进度综合控制包括如下内容:
- 分析成本/进度绩效以确定需要采取纠正措施的工作包。
- 决定采取何种纠偏措施。
- 修订项目计划,包括工期和成本估计、综合筹划控制措施。

要做好成本/进度综合控制,应十分关注 CPI 或 CV 的走势,当 CPI 小于 1 或逐渐变小、CV 为负且绝对值越来越大时,就应该及时制定纠偏措施并加以实施。应集中注意力在那些有负成本差异的工作包或分项工程上,根据 CPI 或 CV 值确定采取纠正措施的优先权,也就是说,CPI 最小或 CV 负值最大的工作包或分项工程应该给予最高优先权。总体进度控制可使用相同原理和方法。

挣得值分析法是工程项目成本/进度综合度量和监控的有效方法。通过对 TBC、CBC、CAC、CEV 等指标和参数的及时监控分析,能准确掌握工程项目的成本/进度状况和趋势,进而采取纠偏措施使项目能控制在基准范围内。

有效成本/进度综合控制的关键是只要一发现成本/进度差异和低效率就积极地着手解决,而不是希望随着工程的进行一切都会自动变好,问题越早提出,对整个项目的影响和冲击就越小。

当然,并不是说仅观察以上指标就能完全把握工程项目的状况。特别是对于进度控制,以综合货币形式反映的工程量完成情况只能体现项目的总体进度情况,而不能反映关键线路上的进度控制状况,要进一步深入精细地控制项目进度,还必须采用关键线路法(CPM)对进度进行分析控制。

计算机信息管理技术的发展为实现成本/进度的联合监控提供了条件。实施成本/进度的联合管理,要求在工程进展过程中即时获得上述几个参数指标的基本值数据,利用计算机信息技术(例如利用 Project 项目管理软件)把网络进度计划和工程预算有机地结合起来。在工程项目成本/进度综合监理控制上,推广应用现代科学管理方法,并采用先进的信息技术手段是十分必要的,这将给信息工程监理工作带来极大的益处。

2) ABC 分析法(Pareto 图)原理及应用

该法由意大利经济学家帕累托(Vifredo Pareto)所创,基本原理为"关键的少数和次要的多数",抓住关键的少数可以解决问题的大部分。ABC 分析法也称费用比重分析法、不均匀分布定律法。

相当多的项目/产品,占总项目 10%~20%的一些子项目,其费用/成本占总费用/总成本的 60%~80%。选择这 10%~20%的子项定位 A 类,同理,定位 B 类和 C 类,见图 8.10。

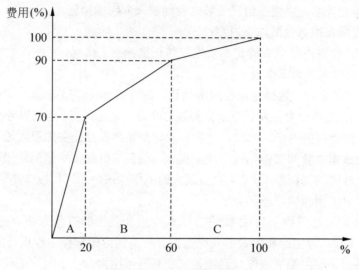

图 8.10　ABC 分析法图示

在 ABC 分析法的分析图中，有一个纵坐标，一个横坐标，几个长方形，一条曲线，左边纵坐标表示频数，右边纵坐标表示频率，以百分数表示。横坐标表示影响质量的各项因素，按影响大小从左向右排列，曲线表示各种影响因素大小的累计百分数。一般地，是将曲线的累计频率分为三级，与之相对应的因素分为三类：

- A 类因素，发生频率为 70%~80%，是主要影响因素。
- B 类因素，发生频率为 10%~20%，是次要影响因素。
- C 类因素，发生频率为 0%~10%，是一般影响因素。

这种方法有利于人们找出主次矛盾，有针对性地采取对策。采用 ABC 法大致可以分五个步骤。

① 收集数据。针对不同的分析对象和分析内容，收集有关数据。
② 统计汇总。
③ 编制 ABC 分析表。
④ 编制 ABC 分析图。
⑤ 确定重点管理方式。

ABC 分析法抓住成本比重大的子项目或阶段作为研究对象，有利于集中精力重点突破，取得较大效果，且简便易行，所以广泛地在项目管理和项目监理中被采用。但在实际中，有时由于成本分配不合理，造成成本比重不大但建设单位认为功能重要的对象可能漏选或排序推后，而这种情况应列为成本控制监理工作研究对象的重点。ABC 分析法的这一缺点可以通过经验分析法、强制确定法等方法补充修正。

3）全寿命费用方法

信息系统工程项目投资控制是每个建设单位和监理所关心的重要内容之一。就工程项目建设而言，投资控制贯穿于项目建设的全过程。从目前监理的投资控制来看，通过招标、设计阶段的投资控制监理工作，使采购成本、设计预算超投资估算的现象得到了基本控制。实施阶段通过实施监理的全面推行，使工程预算投资得到了合理的确定和有效控制，通过对工程结算和决算的审核，剔除其中的不合理部分，使该阶段的投资得到应有的控制。但如何通过对项目建议书和可行性研究阶段投资估算和优化设计来有效控制投资，尚未得到广泛重视。而在信息系统工程项目建设的投资控制中，采取全寿命费用方法是投资规模得到有效控制、杜绝工期马拉松现象的有效手段之一。图 8.11 表明了采用全寿命费用控制的重要性。

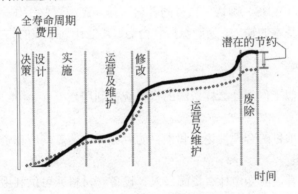

图 8.11　全寿命成本方法

在使用全寿命成本方法的时候，应注意以下几个问题：

① 在项目决策阶段进行可行性分析是进行全寿命费用的考虑、注重项目成本计划的作用和立足点。

② 项目的费用管理绝对不单纯是项目实施建设的费用管理，而应考虑项目全寿命费用的控制和管理。

③ 具体方法为多方案技术经济论证和多方案技术经济分析比较。

8.3　信息系统工程资源计划、成本估算及预算

8.3.1　资源计划

资源计划是确定为完成项目各活动需什么资源（人、设备、材料）和这些资源的数量。资源计划必然与成本估计紧密相关，参见图 8.12。

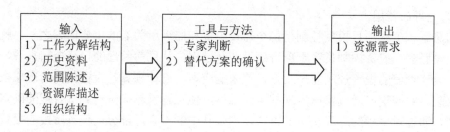

图 8.12 资源计划过程示意图

1. 资源计划的输入

1) 工作分解结构

工作分解结构（WBS）确认了项目的各项工作（完成这些工作需要资源）。WBS 是资源计划过程的最基本的输入。为确保控制恰当，其他计划过程的相关结果应通过 WBS 作为输入。

2) 历史资料

先前项目中类似工作需什么样资源的资料应被利用。

3) 范围陈述

其中也包含了项目的合理性论述和项目的目标，这两者均应在资源计划中考虑。

4) 资源库描述

对资源计划而言，应知道什么资源（人、设备、材料）可供利用。资源库里资源的详尽程度前后不同，例如在一个工程设计项目的早期，资源库也许是"许多初级与高级工程师"，然而在同一工程的后期，资源库限定了对这个项目有一定了解的工程师，这些工程师参加过早期的工作。

5) 组织策略

在资源计划过程中，必须考虑执行组织关于人员或设备的租与购买方面策略。

2. 资料计划的工具与方法

1) 专家判断

需要用专家判断的方法对本过程的输入进行评估。这样的专家应具有专业知识和受过专门训练，可以从以下许多途径获得：

- 执行组织的其他部门
- 咨询专家
- 专业技术协会

2) 替代方案的确认

可供选择的确认方式是个包容性较大的词，描述的是完成一个项目用任何一种技术，就能产生一个不同的方案。替代方案的确认常用的是一般性的各种管理技术，许多管理技术有一个共同特征："头脑风暴"和"迂回思维方式"。

3．资源计划过程的输出结果

资源计划过程的输出主要就是要讲清楚；WBS 结构下的每一工作需要什么资源以及资源的数量。

8.3.2 总成本费用的估算

1．估算的概念

成本估算涉及计算完成项目所需各资源（人、材料、设备等）成本的近似值。

当一个项目按合同进行时，应区分成本估算和定价这两个不同意义的词。成本估算涉及的是对可能数量结果的估计——承建单位为提供产品或服务的花费是多少。而定价是一个商业决策——承建单位为它提供的产品或服务索取多少费用，成本估算只是定价要考虑的因素之一。在进行估算时应注意以下几点：

- 当项目在一定的约束条件下实施时，价格的估算是一项重要的因素。
- 费用估算应该与工作质量的结果相联系。
- 费用估算过程中，应该考虑各种形式的费用交换。比如，在多数情况下，延长工作的延续时间通常是与减少工作的直接费用相联系在一起的；相反，追加费用将缩短项目工作的延续时间。因此，在费用估计的过程之中，必须考虑附加的工作对工程期望工期缩短的影响。

成本估算过程请参见图 8.13。

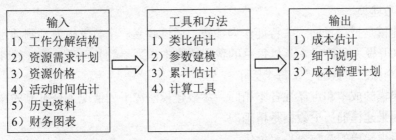

图 8.13 成本估算过程示意图

2．成本估算主要依赖的资料

（1）工作分解结构（WBS）

结构图可用于成本估计以及确保所有工作均被估计成本了。

（2）资源需求计划

即资源计划安排结果。

（3）资源价格

为了计算项目各工作费用必须知道各种资源的单位价格，包括工时费、单位体积材料的费用等。如果某种资源的实际价格不知道，就应该给它的价格做出估计。

（4）活动时间估计

活动时间估计将直接影响到项目工作经费的估算，因为它将直接影响分配给它的资源数量。

（5）历史资料

同类项目的历史资料始终是项目执行过程中可以参考的最有价值的资料，包括项目文件、共用的项目费用估计数据库及项目工作组的知识等。

（6）财务图表

财务图表说明了各种费用信息项的代码结构，这对项目费用的估算应与正确的会计目录相对应是很有帮助的。

3．成本估算的工具和方法

1）类比估计

类比估计是用先前类似项目的实际数据作为估计现在项目的基础。这种估计法适用于早期的成本估计，因为此时有关项目仅有少量消息可供利用。类比估计是专家判断的一种形式。类比估计是花费较少的一种方法，但精确性也较差。以下情况的类比估计是可靠的：

- 先前的项目不仅在表面上且在实质上和当前项目是类同的。
- 作估算的个人或小组具有必要经验。

2）参数建模

参数建模是把项目的一些特征作为参数，通过建立一个数学模型预测项目成本。模型可简单（开发人员的成本是以每月的费用的成本作为参数）也可复杂（软件研制的模型涉及 13 个独立参数因子，每个因子有 5~7 个子因子）。

参数建模的成本和可靠性各不相同，参数建模法在下列情况下是可靠的：

（1）用来建模的历史数据是精确的。

（2）用来建模的参数容易定量化。

（3）模型对大型项目适用，也对小型项目适用。

3）累加估计

该技巧涉及单个工作的逐个估计，然后累加得到项目成本的总计。

累加估计的成本和精度取决于单个工作的大小：工作划得小，则成本增加，精确性也增加。项目管理队伍必须在精确性和成本间做权衡。

（1）从下向上的估计法。这种技术通常首先估计各个独立工作的费用，然后再汇总从下往上估计出整个项目的总费用。

（2）从上往下估计法。同上述方法相反，是从上往下逐步估计的，多在有类似项目已完成的情况下应用。

4）计算工具

有一些项目管理软件被广泛利用于成本控制。这些软件可简化上述几种方法，便于对许多成本方案的迅速考虑。

4. 成本估算的基本结果

1）项目的成本估算

描述完成项目所需的各种资源的费用，包括：人力资源、投入的物资资源、各种特殊的费用项如折扣、费用储备等的影响，其结果通常用人力资源耗费（人/月）、提供的物资、服务费用等表示。

2）详细的说明

成本估算的详细说明应该包括：

（1）工作估计范围描述，通常是依赖于 WBS 作为参考。

（2）对于估计的基本说明，比如成本估算是如何实施的。

（3）各种所做假设的说明。

（4）指出估算结果的有效范围。

成本估算是一个不断优化的过程。随着项目的进展和相关详细资料的不断出现，应该对原有成本估算做相应的修正，在有些应用项目中提出了何时应修正成本估算，估算应达什么样精确度。

8.3.3　信息系统工程成本预算

成本预算是把估算的总成本分配到各个工作细目，建立基准成本以衡量项目执行情况。其过程参见图 8.14。

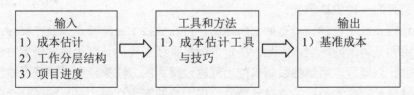

图 8.14　成本预算过程

1. 信息系统工程项目成本预算的特点

信息系统工程项目通常是一种按期货方式进行交换的商品。它的造价具有一般商品价格的共性,在其形成过程中同样受商品经济规律(价值规律、货币流通规律和商品供求规律)的支配。信息系统工程及其生产特点与一般商品及其生产特点相比,有其特殊的技术经济特点。

1) 信息系统工程项目的单件性

信息系统工程的建设都是根据每个建设项目的信息技术特定要求,单独设计并单独进行建设,基本上是单个"定做",而非"批量"生产。为适应不同的用途,工程的设计必须在总体规划、内容、规模、等级、标准和设备选用等诸方面也各不相同。即使是用途完全相同的信息系统工程,按同一标准设计进行建造,其工程的局部构造、结构和相应的用途设计特点等方面也会因建设时间、技术的进步等自然条件和社会技术经济条件的不同而发生变化。例如,①分别在甲、乙两地按照同一标准设计建设两个信息管理系统。②两个单位主要都是管理单位的生产的产品情况的质量跟踪。其中一个单位要求购买国产设备,这就会造成工程造价的差异。工程越复杂,自然和技术及经济条件越不同,这种差异就越大。

2) 信息系统工程的建设周期长且程序复杂

信息系统工程的生产周期较长,环节多,涉及面广,技术的变化情况复杂。这种特殊性决定了信息系统工程价值的构成不一样。例如,在建设过程中,如果面临技术的更新,也许会采纳一些新技术取代原有的设计。这些必然影响每个工程的造价,甚至改变整个工程的建设程序。

3) 信息系统工程建设工期的差异性

信息系统工程建设过程中,往往受建设单位的要求,将建设工程交付使用的日期比合同或定额规定的工期提前。为此,建设实施单位就必须采取必要的赶工技术组织措施,由此而增加的耗费,也应当作为社会必要劳动消耗对待,在计划价格中予以反映。从而使同类别、同功能、同标准、信息系统工程,因工期长短不同而形成了价格上的差别,即信息系统工程建设的工期差价。它是由于信息系统工程的特殊性,所决定的信息系统工程产品特有的一种价格形式。

由于信息系统工程建设具有如上所述的、特殊的技术经济特点以及在实际工作中遇到许多不可预见因素的影响,因此,决定了信息系统工程的计划价格的确定方法,只能通过特殊的计划流程,用单独编制单位工程建设预算的方法来确定。这既反映了信息系统工程项目建设的技术经济特点对其项目价格影响的客观性质,又反映了社会主义商品经济规律对信息系统工程建设价格的客观要求。

2. 预算的类型

信息系统工程建设成本的预算主要包含量级预算、预算估算和最终预算。这些方法的不同主要体现在其在什么时间进行、如何使用和精确度如何。

量级预算提供了信息系统工程建设成本控制的一个粗略概念。它在信息系统工程建设早期甚至建设之前使用，信息系统工程建设相关人员使用该预算帮助决策。进行这种类型的预算通常是在工程建设完成之前 2~3 年。量级预算的精确度一般是从–25%~75%，也就是项目的实际成本可能低于量级预算的 25%，或高于量级预算的 75%。对于目前的信息系统工程建设而言，该精确范围经常更广。例如，许多 IT 项目专业人员为软件开发项目成本估算自动增加一倍。

预算估算被用来将资金划入一个组织的预算。许多建设单位建立至少 2 年的预算。预算估算在信息系统工程完成前 1~2 年做出。其精确度一般在–10%~25%，也就是项目的实际成本可能低于预算估算的 15%，或高于预算估算的 25%。

最终概算提供一个精确的项目成本概算。常用于许多项目采购决策的制订，因为这些决策需要精确的预算。也常用于估算信息系统工程建设的最终成本，其精确度通常在–5%~10%，也就是项目的实际成本可能低于预算估算的 5%，或高于预算估算的 10%。

成本的预算还包括其他两个输出，即详细依据和成本管理计划。在所有成本估算中包含详细依据是非常重要的。详细依据包括基本规则和估算所用的假设、用作估算基础的项目描述、成本概预算的详细工具和技术。当需要时，这些详细依据可以使估算更新或做类似的概预算变得更容易。

3．预算工具和技术

信息系统工程的成本估算有四个基本的工具：类比预算法、自下而上估计法、参数模型预算法和计算化的工具。

1）类比预算法，

是使用以前的、相似的信息系统工程建设的实际成本作为目前信息系统工程建设成本概预算的依据，但不是很精确。这是一种专家判断法，该方法较其他方法更节省。当前面的项目与现在的项目本质上很相似而不是在表面上相似时，这种方法是最可靠的方法。另外，进行预算的工程必须有专门的技术，以决定建设的某一部分是比类比工程便宜还是昂贵。然而，如果被预算的项目包含一种新的程序语言或是使用新的硬件和网络，那这种方法就会导致预算偏低。

2）自下而上估计法

包含估算单个工作项和汇总单个工作项当成整体。单个工作项的大小和预算人员的经验决定预算的精确度。如果一个信息系统工程建设有详细工作分解结构，每个工作项建立自己的成本预算，然后将所有的预算加起来，产生更高一级的预算，最终完成整个项目的估算。使用更细的工作项能够提高预算的精确度，其缺点是花费的时间较长，因此应用代价高。

参数模型预算法是在数学模型中应用工程特征以估算工程成本，基于软件开发项目中使用的编程语言、编程人员的专业知识水平、程序大小和设计数据的复杂性等等，一个参数模型可能会得出每行编码的花费预算。如果建立模型所用的历史信息是准确的，项目参数容易定量化，并且模型就项目大小而言是灵活的，那么，这种情况下参数模型是最可靠的。

计算机化的工具，像电子数据表和项目管理软件等计算机化工具能够进行不同的成本预算，它是一种更容易的成本预算工具。恰当应用计算机工具，有助于改善预算的精度。

4．预算的结果

基准成本：基准成本是以时间为自变量的预算，被用于度量和监督项目执行成本。把预计成本按时间累加便为基准成本，通常的费用曲线随时间的关系是一个 S 形曲线。

许多项目（尤其大项目）可有多重基准成本以衡量成本的不同方面。例如，一个成本计划或现金流量预测是衡量支付的基准成本。

5．预算中存在的问题

尽管有许多辅助进行项目成本估算的工具和技术，但是信息系统工程建设的成本预算仍然非常不准确。特别是涉及新科技和新软件的信息系统工程。对于这些不精确，可以有以下办法来克服。

为信息系统工程建设作一个预算是一项复杂的任务。需要巨大的努力，很多预算必须迅速地进行，并且在明确系统要求之前做出。对于信息系统的预算，更精确的预算很难，晚期的预算常常比早期的精确，牢记在工程的不同阶段进行预算是十分重要的。而监理人员需要理解每个预算的合理性。

进行信息系统工程成本预算的人经常没有太多的成本预算的经验。特别是对大型工程而言，也没有足够多的精确、可靠的数据作为工程预算的依据。如果单位有好的工程监理，有良好的记录信息历史，那么有助于改进预算。允许信息技术人员在成本预算上接受培训和指导也能提高成本概算的精确度。

人们有低估的倾向，因此，由信息系统工程建设监理工程师审核估计和询问重要问题以确保预算不产生偏差是十分必要的。

8.3.4 成本预算的控制

成本预算编制是一项十分细致复杂的工作，计算中难免出现一些疏漏和错误，为此必须搞好审核工作，这也是监理工作的一项重要内容。监理工程师审核的重点是：编制依据是否符合规定，造价及各项经济指标是否合理，单位工程有无漏项，说明是否全面，并做到内容完整，造价正确，经济指标及主要设备、软件配置合理。预算的审核本身也是对成本控制的一种方法，目的是发现纠正错误，从而起到控制成本和造价。

1. 全面审核法

其具体计算和审核过程与编制过程基本相同。优点是全面细致、质量高、差错少,缺点是工作量过大,需要组织一批分专业的计划预算工程师、经济师进行。

2. 重点审核法

如选择工程量大,或造价高的项目重点审核,对补充单价和定额外设备价及差价进行审核,以及对计取各项费用和计算方法进行重点审核,在重点审核中如发现问题较多时应扩大审核范围。

3. 经验审核法

即监理工程师根据以往的实践经验,审核容易发生差错的那些工程细目的方法。

4. 分解对比审核法

如把一个单位工程,按直接费、间接费进行分解,然后把直接费按工种工程和分部工程进行分解。分别与审定的标准图预算进行对比分析的方法,称为分解对比审核法。边分解边对比,哪里出入较大,如超过标准预算的 3%以上部分,就要审核该部分价格。

8.4 信息系统工程成本控制

成本控制主要关心的是影响改变费用线的各种因素,确定费用线是否改变以及管理和调整实际的改变。

8.4.1 成本控制

1. 成本控制概要

项目成本控制工作是在项目实施过程中,通过项目成本管理尽量使项目实际发生的成本控制在预算范围之内的一项监理工作。项目成本控制涉及对于各种能够引起项目成本变化因素的控制(事前控制)、项目实施过程的成本控制(事中控制)和项目实际成本变动的控制(事后控制)三个方面。

成本控制不能脱离技术管理和进度管理独立存在,相反要在成本、技术、进度三者之间做综合平衡。及时、准确的成本及进度和技术跟踪报告,是项目经费管理和成本控制的依据。成本控制就是保证各项工作要在它们各自的预算范围内进行。成本控制的基础是事先就对项目进行的成本预算。

2. 成本控制方法

成本控制的基本方法是规定各承建部门定期上报其费用报告,再由监理工程师对其进行费用审核,以保证各种支出的合法性,然后再将已经发生的费用与预算相比较,分析其是否超支,并采取相应的措施加以弥补。

项目成本控制方法包括两类,一类是分析和预测项目影响要素的变动与项目成本发展变化趋势的项目成本控制方法,另一类是控制各种要素变动而实现项目成本管理目标的方法。这方面的方法主要有:
- 项目变更控制体系
- 项目成本绩效度量方法
- 附加计划法
- 计算机软件工具法

3.成本控制的内容

成本控制主要关心的是影响改变费用线的各种因素、确定费用线是否改变以及管理和调整实际的改变。成本控制包括:

(1)监控费用执行情况以确定与计划的偏差。
(2)确定所有发生的变化被准确记录在费用线上。
(3)避免不正确的、不合适的或者无效的变更反映在费用线上。
(4)建设单位权益改变的各种信息。

成本控制还应包括寻找成本向正反两方面变化的原因,同时还必须考虑与其他控制过程(范围控制、进度控制、质量控制等)相协调,比如不合适的成本变更可能导致质量、进度方面的问题或者导致不可接受的项目风险。

4.成本控制的依据

(1)费用线。
(2)实施执行报告。这是成本控制的基础,实施执行报告通常包括了项目各工作的所有费用支出,同时也是发现问题的最基本依据。
(3)改变的请求。改变的请求可能是口头的也可能是书面的,可能是直接的也可能是非直接的,可能是正式的也可能是非正式的。改变可能是请求增加预算,也可能是减少预算。

8.4.2 成本控制的监理工作任务和措施

1.主要监理工作任务

(1)参与项目总投资目标的分析、论证、审核(在可行性研究的基础上,再作详细的分析、论证)。
(2)对项目总投资切块、分解规划结果进行审核、确认、监督和实施建议。
(3)审核承建单位编制的项目实施各阶段、各年、季度等阶段性资金使用计划,并控制其执行,必要时,对上述计划提出调整建议。
(4)审核工程估算、预算、标底等。
(5)在项目实施过程中,按阶段(月、季)进行投资计划值与实际值的比较,并按阶段（每月、季、年）提交各种投资控制监理报表和报告。

（6）对设计、实施、开发方法、器材和设备等多个方面作必要的技术经济比较，以能够提出有效的建议，从而挖掘节约投资、提高项目经济效益的潜力。

（7）审核招投标文件和合同文件中有关投资的条款。

（8）审核各类工程付款单。

（9）计算、审核各项索赔金额。

在具体项目的监理工作中，监理工程师应以监理单位与建设单位签订的监理合同为依据履行自己的职责，不一定完全覆盖上述工作任务，如果合同中规定监理工作从项目实施开始，则监理工程师就可以不承担（1）、（2）项的工作内容。在本节随后的几个小节中，将分阶段论述成本控制的监理工作任务和具体措施。

2．成本控制措施

降低信息工程项目成本的途径，应该是既开源又节流，或者说既增收又节支。只开源不节流，或者只节流不开源，都不可能达到降低成本的目的，至少是不会有理想的降低成本效果。控制项目成本的措施归纳起来有四大方面：组织措施、经济措施、技术措施和合同措施。

1）组织措施

总监理工程师是项目成本管理的第一责任人，全面组织项目监理部的成本管理工作，应及时掌握和分析盈亏状况，并迅速采取有效措施；工程技术监理工程师是整个工程项目实施技术和进度的人员，应在保证质量、按期完成任务的前提下尽可能采取先进技术，以降低工程成本；负责综合管理的监理人员主管合同实施和合同管理工作，负责工程进度款的申报和催款工作，处理施工赔偿问题，他们应注重加强合同预算管理，增创工程预算收入。总监理工程师会同相关监理人员应随时分析项目的资金运用支情况，提出合理调度资金建议；监理项目部的其他成员都应精心组织，为增收节支尽责尽职。

2）技术措施

监督承建单位制订先进的、经济合理的技术实施方案，以达到缩短工期、提高质量、降低成本的目的。技术实施方案包括四大内容：技术实施方法的确定、技术实施设备、工具、软件的选择、技术实施顺序的安排和流水技术实施的组织。正确选择技术实施方案是降低成本的关键所在；

严把质量关，杜绝返工现象，缩短验收时间，节省费用开支。

3）经济措施

（1）促进人工费控制管理

主要是建议承建单位改善劳动组织，减少窝工浪费；实行合理的奖惩制度；加强技术教育和培训工作；加强劳动纪律，严格控制非项目人员比例。

（2）设备、软件及开发、实施费控制管理

主要是改进设备、软件的采购、运输、收发、保管、安装调试及软件开发等方面的工作，减少各个环节的损耗，节约采购费用；合理堆置现场设备，避免和减少二次搬运；严格设备进场验收和限额领料制度；制订并贯彻节约设备的技术措施，合理使用设备，综合利用一切资源。

（3）间接费及其他直接费控制

主要是精减不必要的人员和过程，合理配备承建单位的项目人员组成，节约技术实施管理费等等。

4）合同措施

对建设单位与承建单位签订的合同进行严格把关，利用合同手段鼓励承建单位采取性价比高的技术方案和实施过程，对承建单位提出的项目报价、人员安排、实施周期、实施方式等进行充分的比较与论证后，才可以最终确定合同价格等内容。监理工程师应合理利用合同的约束力对建设单位和承建单位进行成本控制。

项目成本控制的组织措施、技术措施、经济措施和合同措施四者是融为一体、相互作用的。监理项目部是项目监理的成本控制中心，要以合同价格为依据，监督、检查承建单位制定合理有效的项目成本控制目标，各承建单位、建设单位和监理单位通力合作，形成以市场投标报价及合同价格为基础的技术实施方案经济优化、物资采购、经济优化、人力资源配备经济优化的项目成本控制体系。

8.4.3 招标及准备阶段成本控制工作

1. 主要监理工作任务

（1）根据监理合同的规定决定是否参与建设单位或设计单位编制投资控制性目标及投资实施计划。

（2）对项目总投资切块、分解规划结果进行审核、确认，并在项目实施过程中监督其执行。在项目实施过程中，若有必要，及时提出调整总投资切块、分解规划的建议。

（3）协助建设单位和招标公司确定评标方案。信息系统工程监理单位接受建设单位委托编制或审核标底时，应当使标底控制在工程预算以内，并用它来控制合同价。

（4）协助建设单位根据工程预算，在招标书中对工程的目标、范围、内容和产品及服务的技术要求做出明确说明。

2. 监理工作措施

1）组织措施

（1）明确项目管理组织结构，在信息工程项目管理中，一般采用下述几种常用组织结构：

- 线性管理组织结构
- 顾问性管理组织结构
- 职能管理组织结构
- 矩阵管理组织结构

(2) 督促落实项目管理班子中"成本控制者（部门）"的人员、任务及管理职能分工。
(3) 编制本阶段成本控制监理工作流程图。
(4) 设计方案评审、设计招标的组织准备。

2) 经济措施

(1) 项目投资的论证与分解，如图 8.15 所示。

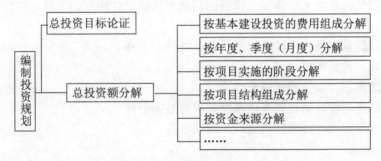

图 8.15 项目投资规划编制示意图

(2) 对影响投资目标实现的风险进行分析。
(3) 与控制投资有关的数据收集。
- 类似项目的数据
- 市场信息

(4) 编制准备阶段详细的费用支出计划，并控制其执行——复核一切付款账单。

3) 技术措施

(1) 对多个可能的主要技术方案做初步的技术经济比较论证（做比较论证的准备），从业务、架构、设计、设备、实施、验收、运营等方面去考虑。
(2) 对设计任务书中的技术问题、技术数据做技术经济分析、审核。
(3) 审核、确认设计方案评选原则，参加设计方案评选。

4) 合同措施

(1) 分析比较各种承发包可能模式与成本控制的关系。
(2) 从成本控制角度考虑项目的合同结构。
(3) 在合同稿中应注意写入在给定的投资额范围内进行设计的要求，以合同条款约束设计不突破投资。

8.4.4 设计阶段成本控制

1. 主要监理工作任务

（1）依据招投标文件、承建合同，审核工程计划、设计方案中所说明的工程目标、范围、内容、产品和服务，对可能的投资变化，向建设单位提出监理意见。

（2）控制设计变更，对必要的变更应由三方达成共识，并做工程备忘录。

2. 监理工作措施

1）组织措施

（1）审核本阶段成本控制详细工作流程图。

（2）在项目监理班子中落实从投资控制角度进行设计跟踪的人员、具体任务及管理职能分工。

（3）设计挖潜，设计审核，包括系统、软件、设备。

（4）估算、预算审核。

（5）付款复核（设计费复核）。

（6）计划值与实际值比较及成本控制报表数据处理。

（7）聘请专家进行技术经济比较、设计挖潜。

2）经济措施

（1）审核详细的成本计划，用于控制各子项目及各自设计限额（在规定的投资计划值范围内）设计，参见图8.16。

（2）对设计的进展进行成本跟踪（动态控制）。

（3）在各设计阶段进展中成本的跟踪。

（4）在各设计阶段完成时成本的估算、预算。

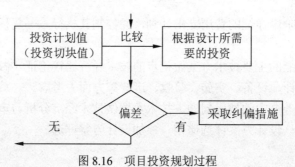

图8.16 项目投资规划过程

（5）编制设计阶段详细的费用支出计划，并控制其执行——复核一切付款账单。

（6）项目人员应定期向监理总负责人、建设单位提供投资控制报表，反映投资计划值和按设计需要的投资值（实际值）的比较结果，以及投资计划值和已发生的资金支出值（实际值）的比较结果，见图 8.17。

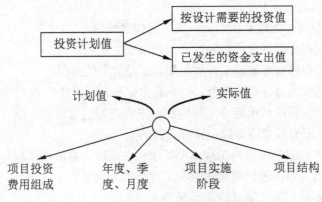

图 8.17 设计阶段成本控制示意图

3）技术措施

（1）在设计进展过程中，在各设计阶段进展中以及在各设计阶段完成时，进行技术经济比较，通过比较寻求设计挖潜（节约投资）的可能。

（2）经济技术比较可以从以下几个方面进行考虑：

- 减少投资；
- 一次投资与经常费用的关系（全寿命经济分析）；
- 对系统设计、架构设计、软硬件等专业设计、实施设计、材料选用及设备选型等多个方面；
- 必要时组织专家论证，进行科学试验。

4）合同措施

参与设计合同谈判。向设计单位反复说明在给定的投资范围内进行设计的要求，并以合同措施鼓励设计单位在广泛调研的基础上，在必要的科学论证基础上力求优化设计。

8.4.5 实施阶段成本控制

1. 主要监理工作任务

（1）督促承建单位编制项目总费用计划，监理人员审核总费用计划的可行性，并监督其执行。对于跨年度的大型工程，还应编制年度费用计划。对应于月进度计划，承建单位应编制月度费用计划，监理人员据此进行月度费用的控制和跟踪。

（2）总监理工程师应依据承建合同及其补充协议，审核承建单位提交的工程阶段性报告和付款申请。满足付款条件时，总监理工程师签发付款意见，送建设单位。

（3）监理人员从目标系统的质量、进度和投资等方面审查工程变更，由于变更引起投资的改变应按照合同的相关条款执行。在合同中没有规定的,应在变更实施前与建设单位、承建单位协商确定变更导致的投资变化,并做工程备忘录。

(4) 监理人员及时处理索赔申请,按下列程序处理:

- 申请方应在合同规定的期限内向监理部提交索赔申请;
- 总监理工程师指定监理工程师收集与索赔有关的资料;
- 总监理工程师进行索赔审查,与承建单位和建设单位协商索赔费用;
- 总监理工程师应在承建合同规定的期限内签发索赔通知,或在承建合同规定的期限内发出要求申请方提交详细资料的监理通知。

(5) 当申请方的索赔要求与工程延期要求相关联时,总监理工程师应综合考虑工程延期和费用索赔的关系,做出费用索赔和工程延期的决定。

实施阶段成本控制的关键过程请参见图8.18。

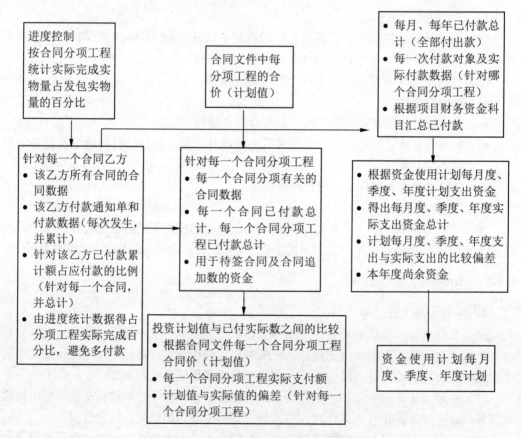

图 8.18 实施阶段成本控制的关键过程

2. 监理工作措施

1）组织措施

（1）审核本阶段投资控制详细工作流程图；

（2）项目管理班子中落实从投资控制角度实施跟踪的人员、具体任务及管理职能分工，主要工作是：

- 监督工程计量
- 付款复核——经济
- 督促承建单位进行设计挖潜——技术
- 处理索赔事宜——合同
- 计划值与实际值比较及投资控制报表数据处理
- 审查资金使用计划

2）经济措施

（1）进行工程计量（已完成的实物工程量）复核；

（2）复核工程付款账单；

（3）在实施进展过程中进行投资跟踪（动态控制）；

（4）定期向总监理工程师、建设单位提供成本控制报表；

（5）审核实施阶段详细的费用支出计划，并监督其执行——复核一切付款账单；

（6）审核竣工决算。

3）技术措施

（1）对设计变更进行技术经济比较；

（2）继续寻求通过设计挖潜节约投资的可能。

4）合同措施

（1）参与处理索赔事宜；

（2）参与合同修改、补充工作，着重考虑它对成本控制的影响。

8.4.6 验收阶段成本控制

在验收阶段整个工程的投资已经落实到位，项目建设接近尾声，因此在这个阶段成本控制的工作主要是以下几个方面的内容：

（1）总监理工程师审核承建单位提交的阶段性付款申请，根据合同规定的付款条件，签发付款意见；

（2）监理协助建设单位进行工程决算、投资评估等工作；

（3）参与处理索赔事宜。

8.4.7 信息系统工程计量与工程付款控制

1．工程计量

信息系统工程计量是价款结算的基础。承建单位应建立、健全与成本核算有关的各项原始记录和工程量统计制度，认真填写工程量计算书。实际工作中工程计量有下面两种情况：

- 由承建单位负责工程计量，并提供计量工作的记录正本和计算结果，经监理工程师和驻地工程师定期检查确认。
- 如由监理工程师负责工程计量，则承建单位必须提供有关资料，监理工程师和现场工程师的每月工程计量记录，由承建单位审阅，作为施工付款的依据。工程计量记录应每月拟备一次，以此认定"每月（阶段）付款证明书"。

2．价款结算方法与工程付款控制

工程价款的结算，应根据信息系统工程的特点，既保证承建单位及时补偿实施工作耗费，满足正常资金周转的需要，又要适当简化手续，故应采取适当的价款结算办法。信息工程价款的结算及付款控制方法常用的有以下几种。

1）按工程标志性任务完成结算

这种工程价款结算方法，是根据信息系统工程开发的特点，按工程标志性任务或阶段来支付结算。信息系统工程中多以合同签订、需求调研完毕、系统测试成功、验收完毕等里程碑式任务作为结算条件。这种结算方式在信息化工程中较为常见。

2）按旬（或半月）预支，按月结算

工程实施阶段实行旬末或月中预支，月终结算工程价款的办法，即每月上、中旬旬末（或月中），由承建单位按当月计划工作量填列工程价款预支账单，列明工程名称、预算造价、完工进度、预支工程款和实支款项，送交监理工程师、建设单位审查签证；每月终了承建单位应根据当月实际完成的工程量，实施预算所列工程单价相取费标准，计算已完工程价值，编制已完工程月报表，填列工程价款结算账单，送交监理工程师、建设单位核实签证后方可领款。

3）按月（或分次）预支，完工后一次结算

对于成本少、施工期短、技术比较简单的工程，为了简化手续，可以取分次或分月预支，工程完工后一次结算的简便方法。采用这种办法时，应注意使分次（月）预支的款额大体同工程施工进度相适应。

4）按工程进度预支，完工后一次结算

这种工程价款结算方法，是根据信息系统工程的不同性质和特点，按工程建设施工顺序，把其划分为几个实施段落，经测算后定出每一施工段落的造价。当承建单位完成了一定的实施段落后就可按该实施段落的预算造价进行预支，即由承建单位填制工程造价预支账单，送监理工程师和建设单位审查核实签证后，办理付款。当整个工程完工后，再办理竣工结算。

为促使承建单位保质保量地完成建设任务，不论采用何种工程价款结算办法，都应保留一定比例的尾工款，待工程竣工后凭竣工结算单据作最后结算。

如果工程是跨年度建设，当每年终了时应办理一次年终结算，把当年的建设价款清算一次，以核实工程年度成本拨款。

分包单位应及时上报已完成工程量统计资料给总包单位。分包单位于每月底应进行进度查点，将本月度内完成的建设内容和工程量以彩色标记图形式报告总包单位。

总包单位每月须将实际的施工进度情况，报监理工程师和建设单位审查确认，并作为控制施工拨款的依据。

3．工程款支付流程

建设单位支付承建单位工程款须按一定的程序进行。承建单位应通过项目有关管理人员要求建设单位支付工程款。当到期支付承建单位工程款时，项目有关管理人员应向建设单位提供相应的证明文件和材料，建设单位收到监理工程师的证明文件和材料后，再决定是否支付承建单位工程款。

如果监理单位未达到工程建设目标，监理单位将驳回承建单位要求支付工程款的请求，并由监理单位出具拒付报告交承建单位和建设单位。

当按月支付工程款时，承建单位须向监理人员提交月报表，监理人员审查承建单位提交的月报表后，向建设单位发出月中期付款证书。

月报表是一种月计量支付申请表。承建单位在每个日历月结束后向监理工程师呈报月报表。月报表必须按监理工程师认可的格式填写。监理工程师对承建单位的申报进行核实签认。申报数量为承建单位申报工程量，核定数量为承建单位核定工程量，监理工程师核定承建单位是否完成本月工作量，并做相应的处理。

按月支付工程款（包括工程进度款、设计变更及洽商款、索赔款等）时，承建单位应根据监理工程师审批的工程量，按施工承包合同的规定（或工程量清单）计算工程款，并填写《月付款报审表》、《月支付汇总表》报项目监理部审核；监理工程师依据合同有关定额进行审核，确认应支付的工程进度款、设计变更及洽商款、索赔款等，在此输入《月支付汇总表》的主要内容，项目内容填写付款款项；监理工程师审核后，由项目总监理工程师签发《工程款支付意见》，报建设单位。

对工程款情况进行处理，此处主要记录监理工程师在造价控制方面采取的措施，以及取得的效果，体现监理在造价控制方面的能力。

设计变更费用报审。在出现涉及费用的设计变更时，由承建单位填写《设计变更费用报审表》报项目监理部，原设计工程量填写原概算部分数据，变更后工程量填写监理审核的工程量，监理工程师进行审核后，总监理工程师签字并交建设单位确认；经过建设单位确认的设计变更工程完成并经监理工程师验收合格后，应按正常的支付程序办理变更工程费用的支付手续。

在信息系统工程建设中，工程计量与支付流程如图 8.19 所示。

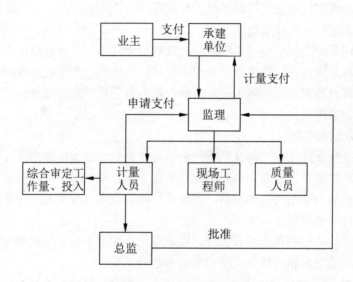

图 8.19 工程计量与支付流程

8.5 信息系统工程成本结算的审核

8.5.1 信息系统工程成本结算

当信息系统工程竣工经验收之后，监理工程师应协助建设单位正确编制工程结算。项目的竣工结算既是应该做的，也是国家要求做的工作。国家规定，项目在验收后一个月内，应向主管部门和财政部门提交结算。

在编制竣工结算之前，应对项目的所有财产和物资，包括各种设备等都要逐项清仓盘点，核实账物，清理所有债权债务，做到工完账清。

项目竣工结算是以实物量和货币为计量单位，综合反映竣工验收的项目的建设成果和财务状况的总结性文件。它是项目的实际造价和成本效益的总结，是项目竣工验收报告的重要组成部分，是项目竣工验收和动用验收结果的反映，是对项目进行财务监督的手段。

项目竣工结算,由建设单位汇总编制,项目竣工结算必须内容完整、核对准确、真实可靠。

8.5.2 信息系统工程竣工结算的意义

1. 可正确分析成本效果

竣工结算是项目的财务总结。它从经济角度反映了工程建设的成果,只有编好工程项目竣工结算,才有可能正确考核分析项目的成本效果。

2. 可分析工程建设计划和设计预算实际执行情况

编好工程竣工结算,才能了解工程建设计划和设计预算实际执行的情况,才能考核工程建设成本,才可以分析工程设计预算与竣工结算的差额、计划成本额与实际成本额的差距,并可发现成本使用中存在的问题。

3. 可分析总结项目成本使用中的经验和教训

编好工程竣工结算,可分析建设单位对建设的财务计划和财经制度的遵守情况以及项目成本使用的合理性,总结工程建设和成本使用中的经验,为有关部门制定类似项目的建设计划提供参考资料和有益的经验。

4. 为修订预界定额提供依据资料

竣工结算反映项目的实际物资消耗和劳动消耗。在项目建设过程中,通过不断加强和改进管理、实施方法等,因此原有的预算定额在执行"一段时间之后,就需要做相应的调整和修改。通过竣工项目有关资料的积累,可为修订预算定额提供必要的依据资料。

8.5.3 信息系统工程竣工结算的编制与结算报表

由于项目的规模大小不同,对竣工结算报表的深度要求也有所不同。大、中型项目的竣工结算报表一般包括:竣工工程概况表、竣工财务结算表、交付使用财产总表和明细表、结余设备明细表和应收应付款明细表等。分别简要说明如下。

1)竣工工程概况表

此表用来反映竣工工程项目新增生产能力,项目建设的实际成本及各项技术经济指标的实际情况。本表包括以下具体内容:

(1)竣工工程项目名称、建设地址。

(2)初步设计和概算的批准机关、日期、文号。

(3)工程项目设计与实际占地面积(对硬件、网络、机房建设而言)。

(4)竣工项目新增生产能力(或收益)。

(5)项目计划与实际开、竣工日期。

（6）完成主要工程量（用实物工程量表示）。
（7）建设成本。
（8）主要技术经济指标。
（9）收尾工程。

如在项目验收之后，尚有少量收尾工程，则应在此表中列出收尾工程的内容、尚需成本数额、负责收尾的单位、完成时间。收尾工程的成本，可进行估算并加以说明，然后列入结算成本。收尾工程竣工后不必另编项目竣工结算。

（10）必要的文字说明。

2）竣工财务结算表

此表反映竣工工程项目的全部资金来源和其运用情况，作为考核和分析基建成本效果的依据。此表是采用平衡表的形式，即资金来源合计等于资金运用合计。

在竣工时务结算表中，应将资金来源与资金运用两栏对应列表。资金来源包括工程项目的各种来源渠道的资金。资金运用反映工程项目从开工准备到竣工全过程中，资金运用的全面情况。

交付使用财产总表，反映工程项目建成后，交付投产或使用的新增资产的全部情况及其价值，作为财产交接、检查成本计划完成情况和分析成本效果的依据。

3）工程项目竣工结算说明书

在编制竣工结算报表的同时还应编制竣工结算说明书，它是对竣工结算报表进行分析和补充说明的文件。其主要内容包括：工程概况、项目设计预算、建设计划的执行情况、建设成本使用情况、建设成本和成本效益、各项技术经济指标完成情况、收尾工程的处理意见、工程质量评定情况，以及项目建设的经验总结、存在的主要问题和解决措施等。

工程项目竣工结算由建设单位汇总编制。

8.5.4 信息系统工程竣工结算的审核

审核分析工程竣工结算是监理工程师对项目成本控制工作的一项重要内容。在深入实际，弄清情况，掌握数据的基础上，以国家政策、设计文件、建设预算、项目建设成本计划为依据，重点审核分析以下内容。

1. 审核项目成本计划的执行情况

根据批准的初步设计和项目建设成本计划，核对竣工项目中有无计划外工程的增减，是否有监理工程师和承建单位双方的签证手续；工程设计的变更是否有设计部门和监理工程师的变更设计手续；根据批准的设计概算，审核竣工项目的实际成本额是节约还是超支了。

2. 审核项目的各项费用支出是否合理

根据财务制度审核分析各项费用的支出是否符合有关规定，有无乱挤成本，扩大开支范围，假公济私，铺张浪费等违反财经纪律和不合理的情况。

3. 审核报废损失和核销损失的真实性

审核分析报废工程损失，应核销其他支出中的各项损失是否符合实际情况，是否经有关主管部门批准。特别是对报废工程要进行认真审核，要尽量回收利用减少损失。

4. 审核各项账目、统计资料是否准确完整

对各项账目和统计资料进行完整性和准确性审核。各项应收应付款是否全部结清；工程上应分摊的各项费用是否全部分摊完毕；应退余料是否退清等。

5. 审核项目竣工说明书是否全面系统

对项目竣工说明书的内容进行全面性、系统性审核，看其是否符合实际情况，是否对项目建设全过程取得的经验和存在的主要问题如实做了说明。说明书中有无虚假不实、掩盖矛盾等情况。

第 9 章 变更控制

变更在信息系统工程实际的建设过程中是经常发生的，在 IT 行业中，很多失败的先例都是由于项目的变化不能及时确定和处理，导致项目后期变更太多、成本和进度压力过大而造成的，因此做好变更控制可以更好地为质量控制、进度控制和成本控制服务。

9.1 项目变更的含义和原因

9.1.1 项目变更的含义

项目变更（Project Modification）是指在信息系统工程建设项目的实施过程中，由于项目环境或者其他的各种原因而对项目的部分或项目的全部功能、性能、架构、技术指标、集成方法、项目进度等方面做出的改变。

信息系统工程本身的特点决定了信息系统工程的变更是经常发生的，有些变更是积极的，有些变更是消极的，监理单位的变更控制就是评估变更的风险，确保变更的合理性和正确性。

9.1.2 变更产生的原因

对于信息系统工程项目本身，由于其本身新技术的发展速度较快，采用的技术手段更新速度快，一方面是由于建设单位本身提出的需求根据时代变化在发生变化；另一方面，承建单位也要根据建设单位的要求，适当地调整技术方案，这样就决定了信息系统工程在建设过程中变更的频繁。不管项目在准备阶段的工作做得如何细致、全面，在项目实施过程中仍然会遇到各种预料之外的变化。监理对可能发生的变更要保持预控能力，要有防患于未然的应对措施，要对建设单位提出具体的建议，也要对承建单位提出明确的要求。监理对变更也要具有快速反应能力，以应付各种突然的变化。相对其他的建设项目，信息系统工程在实施阶段的变更是工作量最大的一个阶段，因此，变更控制主要针对项目实施过程做重点阐述。项目实施阶段，在变更控制方面加强管理，随时进行变更处理，对可能出现的变更实现有效的控制，达到既定的项目目标。

一般情况下，造成信息系统工程变更的原因有以下几个方面：

- 项目外部环境发生变化，例如政府政策的变化。

- 项目总体设计，项目需求分析不够周密详细，有一定的错误或者遗漏。
- 新技术的出现、设计人员提出了新的设计方案或者新的实现手段。
- 建设单位由于机构重组等原因造成业务流程的变化。

9.2 变更控制的基本原则

监理对可能发生的变更要保持预控能力，要有防患于未然的应对措施，要对建设单位提出具体的建议，也要对承建单位提出明确的要求，一般情况在处理变更的时候要遵循以下几个原则。

9.2.1 对变更申请快速响应

项目变更是正常的、不可避免的。在项目实施过程中，变更处理越早，损失越小；变更处理越迟，难度越大，损失也越大。项目在失控的情况下，任何微小变化的积累，最终都会对项目的质量、成本和进度产生较大影响，这是一个从量变到质变的过程，因此监理单位在接到变更申请之后，要快速按照变更处理程序进行变更处理，并迅速下达是否可以进行变更的监理通知。

9.2.2 任何变更都要得到三方确认

任何变更都要得到三方（建设单位、监理单位和承建单位）书面的确认，并且要在接到变更通知单之后才能进行，严禁擅自变更，在任何一方或者两方同意下做出变更而造成的损失应该由变更方承担。

9.2.3 明确界定项目变更的目标

变更的真实目的是为了解决问题，如果变更后项目的目标模糊不清，那么在实施过程中就难以确定努力的方向，即使完成了项目，也难以确定完成的目标是否真的达到当时想象中的目标。

9.2.4 防止变更范围的扩大化

对项目变更范围要有明确的界定，而且三方对变更范围的理解上没有任何的异议。

9.2.5 三方都有权提出变更

一般地说，承建单位和建设单位是变更的主要申请方，但是并不是说监理单位就不可以提出变更，监理单位也可以根据项目实施的情况，提出变更，比如在监理过程中发现了前期设计的缺陷,发现原来计划采购的设备有了更新的产品,而且价格下降,这时也要主动提出变更申请。

9.2.6 加强变更风险以及变更效果的评估

变更对项目质量、进度、成本都会产生影响,要多方面评估变更的风险,制定详细的变更风险处理措施,并且要对变更实施过程进行监控,对变更实施效果进行评估,如果发现异常情况,要及时中止变更,对变更重新进行评估。

9.2.7 及时公布变更信息

只有项目的关键人员才清楚和控制着项目变更的全过程,而其他人员未获得项目变更的全面信息,因此在决策层做出变更决策时,应及时将变更信息公之于众,这样才能调整所有人员的工作,朝着新的方向努力。

9.2.8 选择冲击最小的方案

项目的目标、预算、项目的进度以及承建单位是决定项目计划的主要因素,做出项目变更时,力求在尽可能小的变动幅度内对这些主要因素进行微调。如果它们发生较大的变动,就意味着项目计划的彻底变更,这会使目前的工作陷入瘫痪状态。

9.3 变更控制的工作程序

9.3.1 了解变化

在项目实施过程中,监理工程师与项目组织者要经常关注与项目有关的主客观因素,就是发现和把握变化,认真分析变化的性质,确定变化的影响,适时地进行变化的描述,监理工程是要对整个项目的执行情况做到心中有数。

9.3.2 接受变更申请

变更申请单位向监理工程师提出变更要求或建议,提交书面工程变更建议书。工程变更建议书主要包括以下内容:变更的原因及依据;变更的内容及范围;变更引起的合同总价增加或减少;变更引起的合同工期提前或缩短;为审查所提交的附件及计算资料等。工程变更建议书应在预计可能变更的时间之前14天提出。在特殊情况下,工程变更可不受时间的限制。

9.3.3 变更的初审

项目监理机构应了解实际情况和收集与项目变更有关的资料,首先明确界定项目变更的目标,再根据收集的变更信息判断变更的合理性和必要性。对于完全无必要的变更,可以驳回此申请,并给出监理意见;对于有必要的变更,可以进一步进行变更分析。

评价项目变更合理性应考虑的内容包括:
(1) 变更是否会影响工作范围、成本、工作质量和时间进度;
(2) 是否会对项目准备选用的设备或消耗的材料产生影响,性能是否有保证,投资的变化有多大;
(3) 在信息网络系统或信息应用系统的开发设计过程中,变更是否会影响开发系统的适用性和功能,是否影响系统的整体架构设计;
(4) 变更是否会影响项目的投资回报率和净现值?如果是,那么项目在新的投资回报率和净现值基础上是否可行;
(5) 如何证明项目的变更是合理的,是会产生良性效果的,必要时要有论证。

9.3.4 变更分析

把项目变化融入项目计划中是一个新的项目规划过程,只不过这一规划过程是以原来的项目计划为框架,在考察项目变化的基础上完成的。通过与新项目计划的对比,监理工程师可以清楚地看到项目变化对项目预算、进度、资源配置的影响与冲击。把握项目变化的影响和冲击是相当重要的,否则就难以做出正确的决策,做出合理的项目变更。

9.3.5 确定变更方法

三方进行协商和讨论,根据变更分析的结果,确定最优变更方案。做出项目变更时,力求在尽可能小的变动幅度内对主要因素进行微调。如果它们发生较大的变动,就意味着项目计划的彻底变更,这会使目前的工作陷入瘫痪状态。

下达变更通知书并进行变更公布

下达变更通知书,并把变更实施方案告知有关实施部门和实施人员,为变更实施做好准备。

9.3.6 监控变更的实施

变更后的内容作为新的计划和方案,可以纳入正常的监理工作范围,但监理工程师对变更部分的内容要密切注意,项目变更控制是一个动态的过程,在这一过程中,要记录这一变化过程,充分掌握信息,及时发现变更引起的超过估计的后果,以便及时控和处理。

9.3.7 变更效果评估

在变更实施结束后,要对变更效果进行分析和评估。

整个变更控制流程如图 9.1 所示。

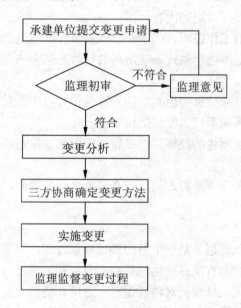

图 9.1 变更控制流程图

9.4 项目变更控制的工作任务

9.4.1 对需求变更的控制

1. 需求变更的确立

有资料报告,在对 500 多个项目进行调查,结果显示最常见的变更报告起源于建设单位本身的需求意愿,这种变更试图在项目进展过程中改进项目的输出结果——这是一种现象,通常叫做"范围蔓延"。范围蔓延通常的结果是造成项目的延误及增加项目成本。

随着新技术的不断涌现,建设单位对信息系统工程在应用上新的需求和新的要求越来越清晰,变化也越来越多,也导致了项目建设本身的变更增多。同时,这些需求和要求的变更在项目进程中出现得越晚,对于项目实施来说就越困难,项目成本消耗可能就越高。对于一个项目来说，监理人员要估计到一个项目中肯定会有变更，并且要做好准备。要控制需求变更，监理人员必须遵守以下一些规则：

（1）每个项目合同必须包括一个控制系统，通过它对项目计划、流程、预算、进度或可交付成果的变更申请进行评估；

（2）每一项项目变更必须用变更申请单提出，它包括对需要批准的变更的描述以及该项变更在计划、流程、预算、进度或可交付的成果上可能引起的变更；

（3）变更必须获得项目各方责任人的书面批准；

（4）在准备审批变更申请单前，监理工程师必须与总监理工程师商议所有提出的变更；

（5）变更申请单批准以后，必须修改项目整体计划，使之反映出该项变更，并且使该变更单成为这个计划的一部分。

2. 变更控制系统的建设

现代工程管理通常使用先进的技术手段把控项目变更，变更控制系统就是这种手段的代表。要想有计划地管理好变更控制，必须有一个完备的变更控制系统。变更控制系统是一个正式的文档化的过程，用来描述项目文档是在何时并又怎样发生变更的。这个系统还反应了被授权做出变更的相应人员、要求的文件，以及所有项目会用到的、自动的或人工的跟踪系统。

变更控制系统包括：一个变更控制委员会、配置管理和变更信息的沟通过程。

- 变更控制委员会的重要职能是为准备提交的变更请求提供指导，对变更请求做出评价，并管理经批准的变更的实施过程。
- 配置管理主要是进行技术上的管理，对产品的功能和设计以及辅助文档进行确认和控制。
- 沟通是运用书面的和口头的执行绩效报告进行项目变更的确认和管理工作。变更控制系统必须有一个很好的信息系统，用于及时通知受项目变更影响的每一个人，同时对项目变更的执行进行监控。

对于大型项目来说，可以成立一个由所有有关人员组成的变更控制委员会处理变更申请。对于小项目而言，可以指定一个项目小组负责。

3. 需求设计变更、洽商过程的管理措施

（1）设计变更、洽商无论由谁提出和批准，均须按设计变更、洽商的基本程序进行；

（2）设计变更、洽商记录必须经监理单位书面签认后，承建单位方可执行；

（3）设计变更、洽商记录的内容应符合有关规范、规程和技术标准；

（4）设计变更、洽商记录填写的内容必须表述准确、图示规范；

（5）设计变更、洽商的内容应及时反映在实施方案中；

（6）分包项目的设计变更、洽商应通过总承建单位办理；

（7）设计变更、洽商的费用由承建单位填写"费用报审表"报监理单位，由监理工程师进行审核后，总监理工程师签认；

（8）设计变更、洽商的项目完成，并经监理工程师验收合格后，应按正常的支付程序办理变更项目费用的支付手续。

9.4.2 对进度变更的控制

在控制进度变更中涉及很多问题，第一个要点是要保证项目进度计划是现实的，许多项目，尤其信息技术领域，经常会制订一些不切实际的进度计划。第二个要点是要有强调遵守并达到项目进度计划的重要性。监理人员可以执行一系列的实际检查，来帮助他们管理项目进度计划的变更。有几种方法可以用来控制与人有关的进度变更。

1. 进度计划的实际检查工作

信息系统工程的变更通常反映在对实施进度的变化上，监理在项目准备阶段就要对项目的进度计划进行必要的检查和审核，然而这时的进度计划是个草案，只能通过对它的检查了解项目最初的进度期望值，并依次做相应的投资估算等。在项目的需求调研完成后，承建单位务必对进度计划进行必要的修改、完善，用以指导项目的实施过程，这是比较具体的实施进度计划，具有可操作性。在实施阶段对进度的审查来自项目各种会议。项目有关人员通常会通过定期的会议听取、审查有关项目进展方面的信息，了解项目中各项活动是否严格遵守进度计划安排，并采取预防性的措施。当出现实际进度与计划进度严重冲突时，监理必须提请建设单位并要求承建单位解决冲突，制定必要的整改措施，修正实际进度。当然这种控制，不会很具体地到哪一天，通常以承建单位标志性阶段任务完成为主要检查对象。

2. 处理好人员安排问题

有好的控制技术不一定就产生理想的结果，因为其中涉及人的问题。有许多领导技能可以帮助监理人员来控制项目进度变更：

（1）授权；

（2）激励；

（3）纪律；

（4）谈判。

具体的应用方法，鉴于应用的不同不予详述。

9.4.3 对成本变更的控制

成本基准计划、绩效报告、请求变更和成本管理计划是成本变更控制过程的输入，该过程的输出是修正的成本估算、预算更新、纠正措施、修正的项目完成估算以及获得的教训。

成本变更控制主要有以下方法。

1. 偏差控制法

该方法是在制定出计划成本的基础上,通过采用成本分析方法找出计划成本与实际成本间的偏差,分析产生偏差的原因与变化发展趋势,进而采取措施以减少或消除偏差,实现目标成本的一种科学管理方法。

2. 成本分析表法

包括日报、周报、月报表、分析表和成本预测报表等。这是利用表格的形式调查、分析、研究项目成本的一种方法。

3. 进度—成本同步控制法

可以运用成本与进度同步跟踪的方法控制分项工程部分的实施成本。成本控制与计划管理、成本与进度之间有着必然的同步关系。即项目进行到什么阶段,就应该发生相应的成本费用。如果成本与进度不对应,就要作为不正常现象进行分析,找出原因并加以纠正。

为了便于在项目中同时进行进度与成本的控制,掌握进度与成本的变化过程,可以运用横道图和网络图进行分析和处理。

9.4.4 对合同变更的控制

所谓项目合同变更,是指由于一定的法律事实而改变合同的内容和标的的法律行为。它的一般特征有如下几点:

(1) 项目合同的双方当事人必须协商一致;

(2) 改变合同的内容与标的;

(3) 合同变更的法律后果是将产生新的债权和债务关系。

1. 合同变更的条件

根据法律法规以及经济生活与司法实践来看,一般必须具有下列条件才能变更合同:

(1) 双方当事人确实自愿协商同意,并且不因此而损害国家利益和社会公共利益的;

(2) 由于不可抗力致使项目合同的全部义务不能履行;

(3) 由于另一方在合同约定的期限内没有履行合同,且在被允许的推迟履行期限内仍未履行;

(4) 项目合同的变更给另一方当事人造成损失的,除依法可以免责的以外,应由责任方负责赔偿。

2. 项目合同变更的一般程序

(1) 当事人一方要求变更项目合同时,应当首先向另一方用书面的形式提出。

（2）另一方当事人在接到有关变更项目合同的建议后，应即时做出书面答复，如同意，即表明项目合同的变更发生法律效力。

（3）变更项目合同的建议与答复，必须在双方协议的期限之内，或者在法律或法令规定的期限之内。

（4）项目合同变更如涉及国家指令性项目时，必须在变更项目合同之前报请有关部门批准。

（5）因合同变更发生的纠纷依双方约定的解决方式或法定的解决方式处理。

3．合同变更控制程序

监理将监督合同执行情况，定期向建设单位、承建单位通报合同执行情况。监理应及时记录合同变更情况，并经确认。监理宜按以下程序处理变更。

（1）建设单位或承建单位提出的项目变更，应编制变更文件，提交总监理工程师，由总监理工程师组织审查。

（2）监理应了解项目变更的实际情况，收集相关资料或信息。

（3）总监理工程师应根据实际情况，参考变更文件及其他有关资料，按照项目合同的有关条款，指定监理工程师完成下列工作后，对项目变更的费用和工期做出评估：

- 确定项目变更范围及其实施难度；
- 确定项目变更内容的工作量；
- 确定项目变更的单价或总价。

（4）监理应就项目变更费用及工期的评估情况与建设单位、承建单位进行协调。

（5）项目变更内容经建设单位、承建单位同意后进行签认。

（6）监理应根据项目变更单监督承建单位实施。

（7）总监理工程师签发项目变更单之前，承建单位不得实施项目变更。

（8）监理应根据项目变更文件监督承建单位实施。

（9）监理应及时协调合同纠纷，公平地调查分析，提出解决建议。

4．项目暂停与复工的管理

1）项目暂停的管理

在下列情况发生时，总监理工程师可以签发"项目部分暂停令"：

- 应承建单位的要求，项目需要暂停实施时；
- 由于项目质量问题，必须进行停工处理时；
- 发生必须暂停实施的紧急事件时。

在监理合同有约定或必要时，签发"项目部分暂停令"前，应征求建设单位意见；签发项目暂停指令后，监理工程师应协同有关单位按合同约定，处理好因项目暂停所诱发的各类问题。

2）项目复工的管理

在项目暂停后，经处理达到可以继续实施，复工办法如下：

（1）如项目暂停是由于建设单位原因，或非承建单位原因时，监理工程师应在暂停原因消失，具备复工条件时，及时签发"监理通知单"，指令承建单位复工；

（2）如项目暂停是由于承建单位原因，承建单位在具备复工条件时，应填写"复工报审表"报项目监理部审批，由总监理工程师签发审批意见；

（3）承建单位在接到同意复工的指令后，才能继续实施。

5．项目延期的管理

1）受理

项目监理单位应对合同规定的下列原因造成的项目延期事件给予受理：非承建单位的责任使项目不能按原定工期开工；项目量变化和设计变更；国家和地区有关部门正式发布的不可抗力事件；建设单位同意工期相应顺延的其他情况。

2）处理

项目延期事件发生后，承建单位在合同约定期限内提交了项目延期意向报告。

承建单位按合同约定提交了有关项目延期的详细资料和证明材料。

项目延期事件终止后，承建单位在合同约定的期限内，提交了"项目延期申请表"。

在项目延期事件发生后，项目总监理工程师应做好以下工作：

- 向建设单位转发承建单位提交的项目延期意向报告；
- 对项目延期事件随时收集资料，并做好详细记录；
- 对项目延期事件进行分析、研究，对减少损失提出建议。

监理工程师审查承建单位提交的"项目延期申请表"：

- 申请表填写齐全，签字、印章手续完备；
- 证明资料真实、齐全；
- 在合同约定的期限内提交。

监理工程师评估延期的原则：

- 项目延期事件属实；
- 项目延期申请依据的合同条款准确；
- 项目延期事件必须发生在被批准的进度计划的关键路径上；
- 最终评估出的延期天数，在与建设单位协商一致后，由总监理工程师签发"项目延期审批表"；
- 监理工程师在处理项目延期的过程中，还要书面通知承建单位采取必要的措施，减少对项目的影响程度。

监理工程师应注意按实施合同中对处理项目延期的各种时限要求处理。

第 10 章 信息系统工程的合同管理

信息系统工程的建设过程实际上就是合同的执行过程。合同是工程项目建设的基本依据，也是监理工作的主要依据之一。合同管理是信息系统工程建设合同得到有效履行的有力保证，它贯彻于监理活动的始终。

作为监理工程师，应该熟悉合同管理（包括知识产权保护管理）的基本内容和要求，掌握完成合同管理监理工作的技能。

10.1 信息系统工程合同的内容及分类

10.1.1 合同的概念及其法律特征

合同又称契约，它是社会财产私有的产物，是随着社会分工和交换的发展而发展起来的。到现代，合同已成为实现商品经济流转的纽带，是维护正常商品交换关系的基本法律手段。长期以来，人们在使用合同的同时，也对合同的概念进行了广泛的研究。合同的概念有广义和狭义之分，广义的合同，泛指一切确立权利义务关系的协议，既包括民法中的合同，也包括行政法上的行政合同、劳动法中的劳动合同、国际法上的国家合同等；狭义的合同仅指民法上的合同，即合同是指当事人双方或数方设立、变更或终止相互民事权利义务关系的合同。如《民法通则》第八十五条规定："合同是当事人之间设立、变更、终止民事关系的协议；依法成立的合同，受法律保护。"我国《合同法》基本上采纳了狭义说。根据《合同法》的规定：合同是平等主体的自然人、法人、其他组织之间设立、变更、终止民事权利义务关系的协议。

合同具有以下主要法律特征。

1. 合同是当事人之间在自愿基础上达成的协议，是双方或多方的民事法律行为

合同是建立在自由基础之上的，是当事人自愿协商订立的。这是合同自愿原则的表现。

多方法律行为是相对单方法律行为而言的。当事人不能同自己签订合同，必须有两个或者两个以上的主体参加。另外，当事人之间还必须在平等自愿的基础上，通过协商达成一致的协议，做出意思完全一致的表示。

民事法律行为是民事主体实施的能够引起民事权利义务的产生、变更或者终止的合法行为。因此，只有在合同当事人所做出的意思表示是合法的、符合法律要求的情况下，合同才具有法律约束力，并应受到国家法律的保护。相反，如果当事人做出了违法的意思表示，即便达成了协议，也不能产生合同的效力。按照《中华人民共和国合同法》的规定，公民、法人、其他组织均可成为合同法关系的主体。公民，是具有中华人民共和国国籍、依照宪法和法律享有权利和承担义务的自然人。法人，是具有民事权利能力和民事行为能力的社会组织。

2. 合同当事人的法律地位平等

当事人法律地位平等是民事法律关系的重要特点，也是合同的一个基本特征。当事人法律地位平等是合同区别于以命令、服从为特征的行政管理关系的重要标志，是合同制度的内在要求，它决定于商品经济关系的性质，也是合同平等原则的具体表现。

合同的各方当事人，不论公民还是法人，不论其经济势力和所有制形式如何，也不论其在行政上有无上下级隶属关系，法律地位一律平等。各方之间没有上下之分。

3. 合同以设立、变更、终止民事权利义务关系为目的

设立民事权利义务关系，是当事人订立合同旨在形成某种法律关系，从而享受具体的民事权利，承担具体的民事义务。变更民事权利义务关系，是指当事人通过订立合同，使原有的合同关系在内容上发生变化。当事人订立合同不论是出于何种目的，只要当事人达成的协议依法成立并生效，就对合同当事人产生法律约束力，当事人就要依照合同的规定享有权利、履行义务。

合同是一种民事法律行为，民事法律行为是民事主体实施的能够引起民事权利和民事义务产生的法律行为。

订立合同的行为是一种法律行为，合同一旦订立，合同当事人就要依照合同的约定享有权利，承担义务。违反合同约定的，就要承担违约责任。因此，订立合同的主体必须具有缔约能力，不具备缔约能力的主体订立的合同不具备法律效力。

根据《民法通则》的规定，民事行为能力可以分为自然人与非自然人两种情况。非自然人作为合同主体的情况，主要包括法人组织和非法人组织。法人组织如企业法人以及机关、事业单位和联营企业以及其他非法人的社会组织。这类合同主体一般都具有订立合同的行为能力。

根据法律规定，合同法不仅要求合同当事人必须具有缔约合同的能力，而且还要求其具有相应的缔约能力。所谓"相应"，是指与订立该类合同相适应。如信息系统工程监理委托合同，就必须要求监理有相关监理资质证明等。所以说，合同签订的主体必须符合法律的规定，无论是自然人或者法人组织，都必须具有相应的缔约能力才能够订立合同。

10.1.2 信息系统工程合同的分类

信息系统工程合同是承建单位进行信息系统工程建设，建设单位支付价款的合同。在《合同法》中分别将他们称为承建人与发包人。信息系统工程合同是一种承诺合同，合同订立生效后双方应当严格履行。信息系统工程合同也是一种义务、有偿合同，当事人双方在合同中都有各自的权利和义务，在享有权利的同时必须履行义务。

1. 按信息系统工程范围划分

从信息系统工程的不同范围和数量进行划分，可以分为信息系统工程总承建合同、信息系统工程承建合同、分包合同。建设单位将该信息系统工程项目的全过程发包给一个承建单位的合同即为项目总承建合同。建设单位将该信息系统工程的设计、实施等的每一项分别发包给一个承建单位的合同即为项目承建合同。经合同约定和建设单位认可，从承建单位的项目中承建部分项目而订立的合同即为项目分包合同。

1) 总承包合同

建设单位以总承包的方式与承建单位签订的信息系统工程合同称为总承包合同。所谓信息系统工程的总承包，是指承建信息系统工程任务的总承包，即建设单位将信息系统工程的咨询、论证、分析、信息系统硬件建设、信息系统网络建设、信息系统软件建设等项目建设的全部任务一并发包给一个具备相应的总承包资质条件的承建单位，由该承建单位负责项目的全部实施工作，直至项目竣工，向建设单位交付经验收合格符合建设单位要求的信息系统工程的承包方式。这种承包方式有利于充分发挥那些在信息系统工程建设方面具有较强的技术力量、丰富的经验和组织管理能力的大承包商的专业优势，保证项目的质量和进度，提高投资效益。采用总承包的方式进行承包，建设单位和承建单位要签订总承包合同。这种总承包合同既可以用一个总合同的形式，也可以用若干合同的形式来签订，例如建设单位分别与同一个承包人签订项目咨询、论证、硬件、网络和软件建设合同等。

2) 单项项目承包合同

建设单位将信息系统工程中的咨询、论证、分析、信息系统硬件建设、信息系统网络建设和信息系统软件建设不同工作任务，分别发包给不同的承建单位，并与其签订相应的信息系统工程咨询合同、信息系统工程论证合同、信息系统工程硬件建设合同、信息系统工程网络建设合同和（或）信息系统工程软件建设合同。单个项目承包方式有利于吸引较多的承包商参与投标竞争，使建设单位有更大的选择余地；也有利于建设单位对信息系统工程的各个环节、各个阶段实施直接的监督管理。这种发包方式较适用于那些对项目建设有较强管理能力的发包人（建设单位）。

在管理直接承包合同时应注意相应的禁止性规定，这些禁止性规定有：直接承包合同是采取签订总承包合同，还是采取签订单个项目承包合同，可由建设单位根据情况自行确定。但无论采取哪种形式，都不得签订肢解承包合同。《合同法》规定："发包人不得将应当由一个承包人完成的建设项目肢解成若干部分发包给几个承包人。"一些建设单位将按其性质和技术联系，把应当由一个承包单位整体承包的项目，肢解成若干部分，分别发包给几个承包单位，使得整个项目建设在管理和技术上缺乏应有的统筹协调，往往造成信息系统工程实施混乱，责任不清，从而严重影响了信息系统工程建设的质量。

怎样确定信息系统工程建设是否应当由一个承包人完成，这还需要根据实际情况做出具体分析和论证。一般地讲，一种性质或一个整体的信息系统建设项目应当由一个承包人来完成，如一个信息系统工程的网络和硬件，或一个信息系统工程的软件系统。不同性质或不同整体的信息系统工程建设，建设单位就可以根据情况分别发包给几个承建单位。《合同法》禁止的是签订不合理的肢解合同。

3）分包合同

分包合同是指信息系统工程总承建单位承包某个信息系统项目以后，将其承包的某一部分或某几部分项目，再发包给子承建单位，与其签订承包合同项下的分包合同。这里有两个合同法律关系，一个是建设单位与总承建单位的承包合同关系，另一个是总承建单位与子承建单位的分包合同关系。总承建单位在原承包合同范围内向建设单位负责，子承建单位与总承建单位在分包合同范围内向建设单位承担连带责任。因分包的项目出现问题，建设单位既可以要求总承建单位承担责任，也可以直接要求子承建单位承担责任。

（1）签订分包合同应当同时具备两个条件
- 总承建单位只能将自己承包的部分项目分包给具有相应资质条件的分承建单位。
- 分包项目必须经过建设单位同意。

（2）分工合同禁止性规定

分包合同管理时也有相应的禁止性规定，这些禁止性规定包括：
- 禁止转包。所谓转包是指承建单位将其承包的全部信息系统工程建设倒手转让给第三人，使该第三人实际上成为该建设项目新的承建单位的行为。承建单位也不得将其承包的全部建设项目肢解以后以分包的名义分别转包给第三人。
- 禁止将项目分包给不具备相应资质条件的单位。所谓相应的资质条件是指，一有符合国家规定的注册资本；二有相应的专业技术人员；三有相应的技术装备；四符合法律、法规规定的其他条件。
- 禁止再分包。承建单位只能在其承包项目的范围内分包一次，分包人不得再次向他人分包。
- 禁止分包主体结构。信息系统工程主体结构的实施必须由承建单位自行完成，不得向他人分包，否则签订的合同属于无效合同。

虽然监理单位并非信息系统工程合同中的当事人，但作为介入信息系统工程项目的第三方机构，监理工程师都应当对整个项目合同有一个全面的了解，了解一些信息系统工程中有关合同知识，因为这些合同对信息系统工程项目的监理工作有着直接的影响。

2. 按项目付款方式划分

以付款方式的不同，信息系统工程合同分为总价合同、单价合同和成本加酬金合同。

1）总价合同

又称固定价格合同。固定价格合同是指在合同中确定一个完成项目的总价，承建单位据此完成项目全部内容的合同。这种合同类型能够使建设单位在评标时易于确定报价最低的承建单位，易于进行支付计算。但这类合同仅适用于项目工作量不大且能精确计算、工期较短、技术不太复杂、风险不大的项目。因而采用这种合同类型要求建设单位必须准备详细而全面的设计方案（一般要求实施详图）和各项说明，使承建单位能准确计算项目工作量。

2）单价合同

单价合同是承建单位在投标时按照招标文件就分部、分项项目所列出的项目工作量表确定各分部、分项项目费用的合同类型。

这类合同适用范围比较宽，其风险可以得到合理的分摊，并且能鼓励承建单位通过提高工效等手段从成本节约中提高利润。这类合同能够成立的关键在于双方对单价和项目工作量计算方法的确认，在合同履行中需要注意的问题则是双方实际项目工作量的确认。

3）成本加酬金合同

成本加酬金合同，是建设单位向承建单位支付建设项目的实际成本，并按事先约定的某一种方式支付酬金的合同类型。在这类合同中，建设单位须承担项目实际发生的一切费用，因此也就承担了项目的全部风险。而承建单位由于无风险，其报酬也往往较低。这类合同的缺点是建设单位对项目总价不易控制，承建单位也往往不注意降低项目成本。这类合同主要适用于需要立即开展工作的工程项目、新型的工程项目，或风险很大的工程项目。

10.1.3 信息系统工程合同的作用

市场经济的确立和完善，为信息系统工程的形成和完善提供了有利条件，信息系统工程合同的普遍实行，更加有利于市场的规范和发展，加速推进工程监理制度的完善和发展。信息系统工程合同的科学性、公平性和法律效率，规范了合同各方的行为，使信息系统工程建设活动有章可循，具体有如下作用。

(1) 合同确定了信息系统工程实施和管理的主要目标，是合同双方在工程中各种经济活动的依据。

合同在信息系统工程实施前签订，确定了该信息系统工程所要达到的目标以及和目标相关的所有主要的细节问题。合同确定的信息系统工程目标主要有三个方面：

- 信息系统工程工期。包括项目开始、项目结束的具体日期以及项目中的一些主要活动持续时间，由合同协议书、总工期计划、双方一致同意的详细进度计划等决定。
- 信息系统工程质量、项目规模和范围。包括详细而具体的质量、技术和功能等方面的要求，例如信息系统工程要达到的生产能力、设计、实施等质量标准和技术规范等，它们由合同条件、图纸、规范、项目工作量表、供应清单等定义。
- 信息系统工程价格。包括项目总价格、各分项项目的单价和总价等，由项目工作量报价单、中标函或合同协议书等定义。这是承建单位按合同要求完成项目责任所应得的报酬。

(2) 合同规定了双方的经济关系。合同一经签订，合同双方便形成了一定的经济关系。合同规定了双方在合同实施过程中的经济责任、利益和权利。签订合同，则说明双方互相承担责任，双方居于一个统一体中，共同完成合同。合同中确定了各方在整个项目中的基本地位，明确了各方的权利与义务。

(3) 合同是监理工作的基本依据。利用合同可以对工程进行进度、质量和成本实施管理和控制。

10.1.4 信息系统工程合同的主要内容

1. 信息系统工程的特点

由于信息系统工程是一个新兴行业，有着不同于其他工程建设的诸多特点。主要有：

(1) 信息系统工程投资额度较大、工期短、利润丰厚；
(2) 工程项目的不可预见成分多，风险程度大；
(3) 技术含量高，属于智力、知识密集型产业；
(4) 处于发展中的高科技领域，高新技术发展迅速；
(5) 与技术的继承程度相比，创新成分多，新开发的工作量大；
(6) 工程类型广泛，涉及国民经济的各行各业；
(7) 需要多种技术领域的综合与交叉；
(8) 用户需求易随形势发展而急速变化，甚至有许多要求超过新技术的发展；
(9) 项目实施地点分散；
(10) 信息系统工程合同多为包干合同，即由承建单位独立承担该信息系统工程的全部工作。

2. 信息系统工程合同的内容

以上特点决定了信息系统工程合同的内容较多，涉及工程设计、产品采购、实施等多方面。信息系统工程合同包括如下主要内容。

(1) 甲、乙双方的权利与义务是合同的基本内容。为体现公平、公正，合同双方的权利与义务应该是对等的，也是相互由呼应的。决不应该使合同成为明显偏向一方的"不平等"合同，或"霸王"合同。

(2) 建设单位提交有关基础资料的期限。这是建设单位提交有关资料在实践上的要求。工程设计的基础资料是指承建单位进行设计工作所依据的基础文件和情况。

(3) 项目的质量要求。项目的质量要求十分重要，它是判断项目成果是否合格的重要依据，也是确定承建单位工作责任的必要前提，更是监理工作的主要依据。因此，质量要求条款应准确细致地描述项目的整体质量和各部分质量，必要时可以用明确的技术指标进行限定。

(4) 承建单位提交各阶段项目成果的期限。各阶段的项目成果指承建单位在项目过程中逐步提交的、体现项目成绩的、可交付物和最后的成果，包括设计方案、实施方案、软件开发过程中的设计文档、项目实体（网络、安装调试好的设备）、软件（包括代码和资料）等等，应选取里程碑式的项目成果交付的期限，并在一定程度上把成果和付款计划联系起来，这样方便双方了解和控制项目的进展情况。

(5) 项目费用和项目款的交付方式。项目费用即建设单位为本项目投入的资金情况，分总体费用和分项费用。分项费用指项目费用按用途划分出来的不同部分，它在一定程度上规定了承建单位的项目花费。例如设备采购费、材料费、设计费、软件开发费等等。项目款的交付方式一般采用分期交付，即以某一阶段的成果交付为标志，按一定比例交付项目款。

(6) 项目变更的约定。项目变更的范围应包括资金、需求、期限、合同等变更，对变更的范围进行约定，并明确每一种变更以何种方式何种程序处理。对范围外的变更，可注明另行协商并再补签合同。

(7) 双方的其他协作条件。其他协作条件是指双方当事人为了保证项目顺利完成应当履行的相互协助义务。建设单位的主要协作义务是提供必要的工作条件和生活条件，以保证其正常开展工作。承建单位主要协作义务是合理安排项目计划并严格执行，在项目中尽量满足建设单位的合理要求。

(8) 违约责任。合同当事人双方应当根据国家的有关规定约定双方的违约责任。

信息系统工程建设不但对其本身的从业人员专业性要求高，而且对承担信息系统工程监理工作的监理人员专业技术水平也要求较高。他们不仅要具有丰富的实践经验和快速掌握先进技术的能力,还要知识面宽,通晓国家标准和行业规范。信息系统工程的合同管理有着一定的艰巨性,从事信息系统工程监理的单位也须自身不断发展,不但应该以建设单位的应用需求为根本出发点,探索不同行业信息系统工程的特点,更要结合自身情况,总结出一整套与信息系统工程相适应的合同管理方法。

10.1.5 信息系统工程合同签订的注意事项

信息系统工程合同是以后解决纠纷的重要依据,因此有关重要事项都应当在项目合同中明确规定。例如,信息化项目的硬件环境、软件产品的标准体系等技术性内容,都应当写在合同中。项目合同中最重要的内容,是对委托方和被委托方在信息化过程中的权利和义务的界定。从这一点来说,项目合同是确定"委托方—被委托方"双方合作关系的一份关键的商务文件。

信息系统工程项目建设暂时还没有统一的合同示范文本,如果项目的建设单位与承建单位在合同订立时对合同的内容考虑不足,就会导致合同条款不详尽、内容不完整、不严谨等问题,在项目实施过程中就可能产生合同争议与纠纷。

在项目合同中,对于下面一些容易产生纠纷的事项,合作的双方都应当认真对待,也是监理单位审查合同的重点,不但需要明文规定,而且应当特别仔细地考虑所有条款是否严密、规范。

1. 质量验收标准

质量验收标准是一个关键的指标。如果双方的验收标准不一致,就会在系统验收时产生纠纷。在某种情况下,承建单位为了获得项目也可能将信息系统的功能过分夸大,使得建设单位对信息系统功能的预期过高。另外,建设单位对信息系统功能的预期可能会随着自己对系统的熟悉而提高标准。为避免此类情况的发生,更清晰地规定质量验收标准对双方都是有益的。

2. 验收时间

承建单位按期完成了开发工作,需要按期进行验收,因此验收期限也是合同必须明确规定的内容。对于承建单位交付的系统,如果建设单位难以确定是否已达到质量标准,迟迟不验收,承建单位就不能结束开发。反之,如果建设单位发现了系统中的问题,承建单位无力修正系统的内在错误,就会给建设单位带来很大的损失。因此,明确的验收时间是督促双方自觉工作的重要条款。

3. 技术支持服务

对于开发完成后发生的技术性问题,如果是因为承建单位的工作质量所造成的,应当由承建单位负责无偿地解决。一般这一期限是半年到一年。如果没有这个期限规定,就视为建设单位所有的维修要求都要另行收费。

4．损害赔偿

原则上委托方和被委托方都具有这一项权利，为避免双方的利益受到损害，双方都应当有自我保护意识，这是一个必要的条款。实际的赔偿方式可由双方另行协调。

信息系统工程项目中应提倡采用分期付款的方式，可以调动承建单位的积极性，并且有效保证了建设单位的合法权益。

由于确立了分期付款的方式，双方对项目实施范围和实施功能的界定，以及每个阶段验收标准的规定，都应该具有可操作性和可度量性，把相关条款规定得越细越好。比如，某一个阶段必须实施哪几个模块，这些模块中必须包括哪些更细节的模块；而且，这些模块必须在建设单位的哪些部门或哪些地点实施完毕，实施完成后应该达到什么效果，如果达不到这些要求，应该实行什么样的违约处罚等。

5．保密约定

双方都不得向第三者泄漏对方的业务和技术上的秘密，包括建设单位业务上的机密（例如商业运作方式、客户信息等）以及承建单位的技术机密。为了实现自我保护和提高保密意识，最好是双方另行签订一个《保密合同》。关于保密的期限应当特别规定：在信息化项目履行完后若干年或长期继续有效。

6．软件的合法性

软件的著作权和所属权是不同的。一般来说建设单位支付了所有的开发费用之后，软件所属权将转给建设单位，但软件的著作权仍然属于承建单位。如果要将软件著作权也移交给建设单位，在合同中应当写明这一条款。有时候，承建单位要保留软件的著作权，或者著作权属双方共有，这时都应当在合同中说明。如果采用的是已经产品化的软件系统，则应当在合同中明确记载该软件的著作权登记版号。如果没有进行著作权登记，或者信息化项目是由建设单位委托承建单位独立开发的，则应当明确规定软件承建单位承担软件系统的合法性的责任。

7．技术标准及工程依据

对合同中质量条款应具体注明规格、型号、适用的标准等，避免合同订立后因为适用标准是采用国家、地方、行业还是其他标准等问题产生纠纷。

8．合同附件

如果合同有附件，对于附件的内容也应精心准备，并注意保持与主合同一致，不要相互之间产生矛盾。

对于既有投标书，又有正式合同书、附件等包含多项内容的合同，要在条款中列明适用顺序。

9．签约资格

在签订合同时还应了解签约对方(项目建设方)的主体资格，即在合同上签字的人是否具备签署合同的资格。法人的法定代表人、其他组织的负责人均具有签约主体的资格。其他人员代表法人或其他组织签订合同时,必须持有建设单位法人的法定代表人授权委托书。

10．法律公证

为避免合同纠纷,保证合同订立的合法性、有效性,当事人可以将签订的合同到公证机关进行公证。经过公证的合同,具有法律强制执行效力。

10.2 信息系统工程合同管理的内容与基本原则

10.2.1 合同管理的概念与意义

合同管理,是指对依法签订的项目合同进行管理的一种活动与制度。信息系统工程监理工作的合同管理就是指对工程的设计、实施、开发有关的各类合同,从合同条件的拟定、协商、签署,到执行情况的检查和分析等环节进行组织管理的工作,以达到通过双方签署的合同实现信息系统工程的目标和任务,同时也维护建设单位与承建单位及其他关联方的正当权益。

信息系统工程从招投标、设计、实施到竣工验收交付使用,涉及建设单位、承建单位、产品供应商、产品生产厂家、监理单位等多个单位。如何使信息系统工程各有关单位建立起有机联系,使之相互协调、密切配合,共同实现信息系统工程建设进度目标、质量目标和投资目标,一个重要的措施就是利用合同手段,运用经济与法律相结合的方法,将信息系统工程所涉及的各个单位在平等合理的基础上建立起相互的权力义务关系,以保障信息系统工程目标任务的顺利实现。

合同管理是信息系统工程监理的重要内容之一,它贯穿于信息系统工程的全过程,本着客观、公正、合理的原则,监督各方履行合同的行为,目的在于确保合同正常履行,维护合同各方的正当权益,全面实现信息系统工程目标的完成。因此,建设单位、承建单位、监理单位及其他合同各方都必须树立起强烈的合同意识,严格履行合同,按合同约定做好信息系统工程的一切工作。有效的合同管理是管理而不是控制。合同管理做得好,可以避免双方责任的分歧,是约束双方遵守合同规则的武器。

10.2.2 合同管理的主要内容

在信息系统工程监理工作中,合同管理是监理最主要的任务之一。合同管理的工作内容包括:

(1)拟定信息系统工程的合同管理制度,其中应包括合同草案的拟定、会签、协商、修改、审批、签署、保管等工作制度及流程；

（2）协助建设单位拟定信息系统工程合同的各类条款，参与建设单位和承建单位的谈判活动；

（3）及时分析合同的执行情况，并进行跟踪管理；

（4）协调建设单位与承建单位的有关索赔及合同纠纷事宜。

归纳起来，监理工作在合同管理中的主要内容由三部分组成，即合同的签订管理、合同的档案管理和合同的履行管理。

1．合同的签订管理

合同的签订管理是指监理协助建设单位与承建单位、设备材料供应单位等各方之间的各种合同进行分析、谈判、协商、拟定、签署等。

合同分析是合同签订中最重要的内容和环节，是合同签订的前提。监理工程师应对工程承建、共同承担风险的合同条款、法律条款分别进行仔细的分析解释。同时也要对合同条款的更换、延期说明、投资变化等事件进行仔细分析。合同分析和项目检查等工作要与其联系起来。合同分析是解释双方合同责任的根据。

监理工程师在订立合同的过程中要按条款逐条分析，如果发现有对建设单位产生风险较大的条款，要增加相应的抵御条款。要详细分析哪些条款与建设单位有关、与承建单位有关、与项目检查有关、与工期有关等，分门别类地分析各自责任和相互联系的关联要素，做到一清二楚，心中有数。

信息系统工程合同是承建单位进行项目建设和建设单位支付价款的依据，其客体是信息系统工程项目。信息系统工程合同的签订管理就其外在形式来看，应当确保其采用书面形式。

根据《中华人民共和国合同法》（以下简称《合同法》）的规定，信息系统工程合同应当采用书面形式，这是因为信息系统工程合同一般具有合同标额大、合同内容复杂、履行期较长等特点，如果采用口头合同，一旦发生纠纷则难以举证，不易分清责任。采用书面形式，一方面可以使合同双方权利义务固定化，从而减少纠纷，便于合同的履行，另一方面如果合同双方发生纠纷，也便于人民法院分清是非，进而确定责任。所以，根据《合同法》的规定，信息系统工程合同应该属于要式合同，只能采用书面形式。

信息系统工程项目具有投资大、工期长、技术复杂、受时间和环境影响大、不可预见性因素多的特点。信息系统工程合同应尽量做到内容完整，条款详尽，表述明确、严密。为此，合同谈判人员要在合法、依法、平等原则的基础上，通过对信息系统工程信息的调研与反馈，制定出严密、周详、可行的谈判方案。

2．合同的履行管理

合同的履行管理是指监理工程师对合同各方关于合同约定的工期、质量和费用、争议解决及索赔处理等工作的管理。

1) 履约管理的依据——合同分析

合同分析是从执行的角度分析、补充、解释合同,将合同目标和合同规定落实到合同实施的具体问题上和具体事件上。

(1) 分析合同漏洞,解释争议内容。

信息系统工程实施的情况是千变万化的,再标准的合同也难免会有漏洞,找出漏洞并加以补充,可以减少合同双方的争执。另外,合同双方争执的起因往往是对合同条款理解的不一致,分析条文的意思,就条文的理解达成一致,才能为索赔工作打开通道。

(2) 分析合同风险,制定风险对策。

界定和确认项目所承担的风险是什么、风险影响程度的大小,才能找到对策和措施去控制风险、规避风险。

(3) 分解合同并落实合同责任。

主要是加强合同的交底工作,项目监理部对所有的合同均进行交底,以会议与书面相结合的形式向监理人员介绍各个合同的承包范围、各方的责任与义务、合同的主要经济指标、合同存在的风险、履约中应注意的问题,将合同责任进行分解,具体落实到承建单位和建设单位。同时,设置专职合同管理人员,对项目各部门的履约情况进行管理、分析,协调各部门的联系,这样可加大合同管理的力度,提高全员合同管理的意识。

2) 履约管理的方式——合同控制

合同控制指为保证合同所约定的各项义务的全面完成及各项权利的实现,以合同分析的成果为基准,对整个合同实施过程的全面监督、检查、对比、引导及纠正的管理活动。

合同的控制方法分为主动控制和被动控制。主动控制是预先分析目标偏离的可能性,拟订和采取预防性措施,以保证目标得以实现;被动控制是从合同的执行中发现偏差,对偏差采取措施及时纠正的控制方式。

合同控制的首要内容是对合同实施情况进行追踪,追踪的对象包括:

(1) 具体的合同事件。包括项目的质量、工期、成本。

(2) 承建单位的工作。对承建单位的项目缺陷提出意见,提出警告,责成他们改进。

- 建设单位是否及时下达命令,做出答复,及时支付项目款项。
- 总体情况,如整体项目的秩序如何,已完项目是否通过验收,有无大的项目事故,进度是否出现拖期,计划和实际成本有无大的偏差等。

通过追踪收集、整理,能反映出实际状况的各种资料和数据,如进度报表、质量报告、成本和费用收支报表等,将这些信息与工程目标、合同文件进行对比分析,对偏差进行处理,进行调整。偏差处理和调整可以采取管理措施,如派遣得力的管理人员,也可以采取技术措施，如采取更有效的实施方案或新技术，也可以采取经济措施对工作人员进行经济激励。在各种补救措施都无法达到目的时，最有效的措施是合同措施，包括找出承建单位或建设单位的责任，建议通过索赔降低受损方的损失。

3）履约管理的保证——合同监督

合同监督就是要对合同条款经常与实际实施情况进行比对，以便根据合同来掌握项目的进展。保证设计、开发、实施的精确性，并符合合同要求。合同监督的另一个重要的内容是检查解释双方来往的信函和文件，以及会议记录、建设单位指示等，因为这些内容对合同管理是非常重要的。合同的监督管理具体工作有体现在如下几个方面：

（1）建立合同及信息管理制度，各方对项目的所有指令、批复、报告均以书面形式进行，并全部归档。

（2）跟踪检查合同的执行情况，督促各方严格履行合同。

（3）严格按规定的程序和时限对合同工期的延误和延期进行审核确认。

（4）严格按规定的程序和时限对合同变更、索赔等事宜进行审核确认。

（5）根据合同约定，审核承建单位提交的支付申请，签发付款凭证。

（6）对项目质量、数量、内容任何形式的变动，均须总监理工程师审核同意，并报建设单位批准后，项目变更通知书方能生效。

（7）及时、详尽记录不可抗力发生时的现场情况。

（8）协调、处理合同争端，及时记录和纠正承建单位的违约行为。

4）履约管理的重点——项目索赔管理

在信息系统工程建设市场中，竞争非常激烈。由于信息系统工程的高技术特性，许多建设单位对信息技术的了解有限，合同在实施过程中的不确定性多，对信息系统工程的合同理解很容易出现争议，这些因素造成合同履行困难。

索赔管理是信息系统工程合同管理工作中的最后一个环节，它包括索赔和反索赔。由于索赔和反索赔没有一个明确的标准，只能根据实际情况为依据进行实事求是的评价分析，从中找出索赔的理由和条件。如果档案管理得不好，索赔工作就很难开展。

项目索赔是在合同的履行过程中，合同一方因对方不履行合同所设定的义务而遭受损失时，向对方提出的赔偿要求。索赔的内容包括：根据权利而提出的要求；索赔的款项；根据权利而提出法律上的要求。

项目索赔遵循索赔程序，在索赔证据确凿的条件下，都可以根据合同向承建单位或建设单位提出索赔并得到损失的补偿。因而，合同管理是索赔管理的依据，依据合同条款明确而清楚的说明，项目索赔才能成立。

监理工程师在信息系统工程合同管理的过程中，应弄清各类合同中的每一项内容，因为合同是项目的核心，特别是大型项目，因实施时间较长，一定要用文件记录代替口头协议。项目细节文件的记录应包括下列内容：信件、会议记录、建设单位的规定、指示、更换方案的书面记录及特定的现场情况等。

在信息系统工程实施过程中，项目监理部合同管理人员要认真研究合同条件，关注信息系统工程建设动态，在合同履行出现困难时，积极找寻索赔依据，计算出索赔费用，及时提出合同索赔建议，做好索赔的协调工作。在分包合同履行中，项目监理部也应加强合同管理，积极进行合同交底及合同履行的跟踪管理工作，在施工过程中注意正确履行监理的责任，严格控制索赔和反索赔事件的发生。

总之，随着市场经济的不断发展，信息系统工程建设的市场不断规范，信息产业不断发展，国家质量管理和意识的不断增强，合同管理的水平将不断提高和完善。有效的合同管理能使妨碍双方关系的事件得到很好的解决，才能更好地实现信息系统工程项目监理工作的目标。

3. 合同档案的管理

合同档案的管理，也即合同文件管理，是整个合同管理的基础。所有与合同有关的文件都是重要的文字依据，合同管理人员必须及时填写并妥善保存经有关方面签证的文件和单据，并建立合同档案数据库，以免在合同履行中发生纠纷时缺少有关的文字根据。信息系统工程合同包含各方面的文件，概括起来主要有：

（1）建设单位负责提供的实施、开发所需的技术资料、数据及图纸等；

（2）建设单位负责供应的设备、材料及软件到位时间和规格、数量、质量情况的备忘录；

（3）综合布线或网络系统集成中隐蔽工程检查验收记录；

（4）质量事故（如有的话）鉴定证书及其采取的处理措施记录；

（5）项目中间环节交工的验收文件；

（6）项目进度加快或工期缩短及提前竣工收益分享协议；

（7）与项目质量、与结算等有关的资料和数据；

（8）建设单位、承建单位代表和总监理工程师定期会谈的记录，建设单位或总监理工程师的书面指令，建设单位、承建单位双方与监理单位的来往信函，包括与合同有关的各种实施进度报表等。

合同档案的管理包括两个类别的合同，即建设单位与监理单位之间签订的监理合同管理，以及建设单位与承建单位签订的业务合同管理。下面叙述的合同档案管理方法，如果没有特别说明适用于这两类合同的管理。

1）建立监理工作的合同档案管理体系

合同管理体系，就是监理单位从上向下建立起一支专业管理队伍，实行系统的合同管理。作为独立法人的监理单位，建立合同档案专门的管理机构，是内部管理机构。各项目监理部也设立专职合同管理人员,在业务上隶属于企业合同档案管理的专门机构。

监理单位在建立合同档案专门管理机构的同时,应制定合同档案管理办法,将合同档案管理系统的职责、权利和分工,用内部管理规定的形式确立下来。

合同档案的管理是一个非常细致的工作,在制定合同档案管理实施细则时,需要对合同档案的管理目的、管理范围、管理方式进行规定,进而进一步规定合同档案的管理体制、合同档案的管理机构与人员责任、文件材料的形成和归档方式、合同档案的整理、合同档案的保管、合同档案的鉴定与统计等内容。

2)制定监理工作的合同档案管理制度

除了有专门的合同档案管理机构外,监理单位还必须建立一套完善的、可行的、合理的合同档案管理制度。这些制度包括:

(1)合同的审查批准制度。

针对监理合同的管理,监理单位在监理合同签订前还应实行审查、批准制度。即在各业务部门会签后,送交合同专门管理机构或法律顾问审查,再报请法人代表签署意见,明确表示同意对外正式签订合同。通过严格的手续,使合同签订的基础更加牢靠。

(2)印章管理制度。

针对监理合同的管理,监理合同专用章是代表企业在经营活动中对外行使权力、承担义务、签订合同的凭证。因此,企业对合同专用章的使用、保管要有严格的规定,要建立合同使用登记记录,合同专用章要由合同管理人员专门保管、签印,实行专章专用,尤其不准在空白合同上加盖印章。凡外出签订合同应由合同专用章的管理人员与办理签约的人一同前往签约。如合同专用章管理人员利用合同专用章谋取个人私利,应追究其行政或法律责任。

(3)合同的统计考察制度。

合同统计考查制度就是利用科学方法、利用统计数字反馈合同订立及履行情况。通过对统计数字的分析,总结经验,找出教训,为企业经营决策提供重要的依据。

合同统计的内容一般包括中标率、谈判成功率、合同履行率等等指标。

(4)合同的信息管理制度。

监理工作涉及的合同由于种类多,数量大,变更频繁,人为管理效率低,可能还会出错,必须借助先进的手段建立计算机信息系统来管理,才能达到档案化、信息化。计算机信息系统能保证正确分析合同管理情况,适应中国经济的发展趋势。

3)监理工程师必须掌握合同管理的知识

监理工程师是项目监理的实施者,信息系统工程监理的主要依据在于合同,掌握合同管理的有关知识是顺利开展信息系统工程监理工作必备的素质。

4)合同档案管理的具体工作

（1）收集、整理、统计、保管监理工作在各项活动中形成的全部档案，清点库存。

（2）按有关规定做好档案留存与销毁的鉴定工作。鉴定工作由监理单位有关负责人、资产清算机构负责人、主要业务部门负责人和档案部门负责人等组成的鉴定小组主持，对档案进行直接鉴定。

（3）对拟销毁的档案建立销毁清册，经监理单位负责人和企业资产清算机构负责人审核，建设单位主管部门批准，方可销毁。销毁档案须二人以上监督销毁，并在销毁清册上签字。销毁清册永久保存。

（4）按照档案的去向分别编制移交和寄存档案的目录。

10.2.3 合同管理的原则

合同管理的原则是指监理单位在信息系统工程监理过程中针对各类合同的管理须遵循的宗旨，贯穿合同管理的全过程，包括：事前预控原则、实时纠偏原则、充分协商原则和公正处理原则。

1．事前预控原则

事前预控的目的是进行项目风险预测，并采取相应的防范性对策，尽量减少承建单位提出索赔的可能。

（1）熟悉设计图纸、设计要求、标底，分析合同构成因素，明确项目费用最易突破的部分和环节，从而明确控制投资的重点。

（2）预测项目风险及可能发生索赔的诱因，制定防范对策，减少索赔的发生。

（3）按照合同规定的条件，如期提供实施现场，使其能如期开工、正常实施、连续实施，不要违约造成索赔条件。

（4）按合同要求，如期、如质、如量地供应由建设单位负责的材料、设备到现场，不要违约造成索赔条件。

（5）按合同要求，及时提供设计图纸等技术资料，不要违约造成索赔条件。

2．实时纠偏原则

是指监理单位在实施过程中，应及时纠正发现承建单位错误和不当的做法及一些违反信息系统工程合同约定的行为。如项目进度慢、产品有质量缺陷等问题，实时给相关方提出意见和建议，必要时可向建设单位提出。

3．充分协商原则

在合同管理过程中，如果合同双方因合同的履行发生争议，如项目变更、延期的提出，合同一方提出索赔要求等，监理工程师应认真研究分析报告，充分听取建设单位和承建单位的意见，主动与双方协商，力求取得一致同意的结果。这样做不仅能圆满处理好双方争端，也有利于顺利履行和完成合同。当然，在协商不成的情况下监理工程师有权做出监理决定。

4. 公正处理原则

监理工程师在进行合同管理时,应恪守职业道德,本着客观、公正的态度,以事实为依据,以合同为准绳,做出公正的决定。诸如在索赔过程中,合理的索赔应予以批准,不合理的索赔应予以驳回。

合同管理的这几项原则,贯彻合同管理的整个过程。当然,在实际监理工作中还会遇到更多更复杂的问题有待处理,每个监理人员都应本着实事求是的态度,遵循合同管理的几项基本原则,做好监理工作。

10.3 合同索赔的处理

10.3.1 索赔的概念

索赔是在信息系统工程合同履行中,当事人一方由于另一方未履行合同所规定的义务而遭受损失时,向另一方提出赔偿要求的行为。在实际工作中,"索赔"是双向的,建设单位和承建单位都可能提出索赔要求。如果建设单位索赔数量较小,相对处理方便,可以通过冲账、扣拨项目款、扣保证金等实现对承建单位的索赔;而承建单位对建设单位的索赔则比较困难一些。通常情况下,索赔是指承建单位在合同实施过程中,对非自身原因造成的项目延期、费用增加而要求建设单位给予补偿损失的一种权利要求。而建设单位对于属于承建单位应承担责任造成的,且实际发生了损失,向承建单位要求赔偿,称为反索赔。

索赔的性质属于经济补偿行为,而不是惩罚,索赔属于正确履行合同的正当权利要求。索赔方所受到的损害,与索赔方的行为并不一定存在法律上的因果关系。导致索赔事件的发生,可以是一定行为造成,也可能是不可抗力事件引起,可以是对方当事人的行为导致的,也可能是任何第三方行为所导致。索赔在一般情况下都可以通过协商方式友好解决,若双方无法达成妥协时,争议可通过仲裁解决。

1. 索赔

虽然项目索赔并不是发生在每个信息系统工程中,但项目索赔具有以下特征。

1)索赔是合同管理的重要环节

索赔和合同管理有直接的联系,合同是索赔的索赔依据。整个索赔处理的过程就是执行合同的过程,从项目开工后,合同人员就必须将每日的实施合同的情况与原合同分析,若出现索赔事件,就应当研究是否提出索赔。索赔的依据在于日常合同管理的证据,想索赔就必须加强合同管理。

2）索赔有利于建设单位、承建单位双方自身素质和管理水平的提高

项目建设索赔直接关系到建设单位和承建单位的双方利益，索赔和处理索赔的过程实质上是双方管理水平的综合体现。作为建设单位为使项目顺利进行，如期完成，早日投产取得收益，就必须加强自身管理，做好资金、技术等各项有关工作，保证项目中各项问题及时解决；作为承建单位要实现合同目标，取得索赔，争取自己应得利益，就必须加强各项基础管理工作，对项目的质量、进度、变更等进行更严格、更细致的管理，进而推动行业管理的加强与提高。

3）索赔是合同双方利益的体现

从某种意义上讲，索赔是一种风险费用的转移或再分配，如果承建单位利用索赔的方法使自己的损失得到尽可能补偿，就会降低项目报价中的风险费用，从而使建设单位得到相对较低的报价，当项目实施中发生这种费用时可以按实际支出给予补偿，也使项目造价更趋于合理。作为承建单位，要取得索赔，保证自己应得的利益，就必须做到自己不违约，全力保证项目质量和进度，实现合同目标。同样，作为建设单位，通过索赔的处理和解决，来保证自己的合法权益。

4）索赔是挽回成本损失的重要手段

在合同实施过程中，由于项目的主客观条件发生了与原合同不一致的情况，使承建单位的实际项目成本增加，承建单位为了挽回损失，通过索赔加以解决。显然，索赔是以赔偿实际损失为原则的，承建单位必须准确地提供整个项目成本的分析和管理，以便确定挽回损失的数量。

2. 反索赔

反索赔是指建设单位向承建单位提出的索赔。建设单位向承建单位索赔的主要途径：一是减少或防止可能产生的索赔；二是反索赔，对抗（平衡）承建单位的索赔要求。建设单位向承建单位提出索赔的包括以下内容。

1）工期延误反索赔

指工期延误属于承建单位责任时，建设单位对承建单位进行索赔，即由承建单位支付延期竣工违约金。建设单位在确定违约金的费率时，一般要考虑以下因素：建设单位盈利损失；项目拖期带来的附加监理费；由于本项目拖期竣工不能使用，造成的损失。违约金的计算方法，在每个合同文件中均有具体规定，一般按每延误一天赔偿一定的款额计算，累计赔偿额一般不超过原合同总额的10%。

2）实施缺陷索赔

指承建单位的实施质量不符合实施技术规程的要求，或使用的设备和材料不符合合同规定，或在保修期未满以前未完成应该负责补修的项目时，建设单位有权向承建单位追究责任。如果承建单位未在规定的期限内完成修补工作，建设单位有权雇佣他人来完

成工作，发生的费用由承建单位承担。

3）对指定分包人的付款索赔

指项目承建单位未能提供已向指定分包人付款的合理证明时，建设单位可以直接按照监理工程师的证明书，将承建单位未付给指定分包人的所有款项（扣除保留金）付给这个分包人，并从应付给承建单位的任何款项中如数扣回。

4）建设单位合理终止合同或承建单位不正当放弃项目的索赔

如果建设单位合理地终止承建单位的承建，或者承建单位不合理地放弃项目，则建设单位有权从承建单位手中收回由新的承建单位完成全部项目所需的项目款与原合同未付部分的差额。

10.3.2 索赔的依据

费用索赔的依据，关系到索赔的成败，证据不足、依据不够，或没有证据，索赔是不成立的。

索赔依据的基本要求是：真实性、全面性；法律证明效力；及时性。

监理单位处理费用索赔应依据下列内容：

（1）国家有关的法律、法规和信息系统工程项目所在地的地方法规，如《中华人民共和国合同法》等。

（2）国家、部门和地方有关信息系统工程的标准、规范和文件。

（3）本项目的实施合同文件，包括招投标文件、合同文本及附件等。

（4）实施合同履行过程中与索赔事件有关的凭证，包括来往文件、签证及更改通知；各种会谈纪要；实施进度计划和实际实施进度表；实施现场项目文件；产品采购等。

（5）其他相关文件，包括市场行情记录、各种会计核算资料等。

10.3.3 索赔的处理

索赔处理程序是指承建单位向建设单位提出索赔意向，调查干扰事件，寻找索赔理由和证据，计算索赔值，起草索赔报告，通过谈判、调解或仲裁，最终解决索赔争议。建设单位未能按合同约定履行自己的各项义务，或发生错误以及应由建设单位承担的其他情况，造成工期延误和（或）承建单位不能及时得到合同价款及承建单位的其他经济损失，承建单位可按一定的程序以书面形式向建设单位索赔。

1．索赔的程序

（1）索赔事件发生约定时间内，向建设单位和监理单位发出索赔意向通知。

（2）发出索赔意向通知后约定时间内，向建设单位和监理单位提出延长工期和（或）补偿经济损失的索赔报告及有关资料。

（3）监理单位在收到承建单位送交的索赔报告及有关资料后，于约定时间内给予答复，或要求承建单位进一步补充索赔理由和证据。

（4）监理单位在收到承建单位送交的索赔报告和有关资料后约定时间内未予答复或未对承建单位作进一步要求，视为该项索赔已经认可。

（5）当该索赔事件持续进行时，承建单位应当阶段性向监理单位发出索赔意向，在索赔事件终了约定时间内，向监理单位送交索赔的有关资料和最终索赔报告。索赔答复程序与上述（3）、（4）规定相同，建设单位的反索赔的时限与上述规定相同。

2．索赔报告的编写

1）索赔报告的内容

索赔报告的具体内容，随该索赔事件的性质和特点而有所不同。但从报告的必要内容与文字结构方面而论，一个完整的索赔报告应包括以下四个部分。

（1）总论部分

一般包括内容为：序言；索赔事项概述；具体索赔要求索赔报告编写及审核人员名单。文中首先应概要地论述索赔事件的发生日期与过程，承建单位为该索赔事件所付出的努力和附加开支，承建单位的具体索赔要求。在总论部分，附上索赔报告编写组主要人员及审核人员的名单，注明有关人员的职称、职务及实施经验，以表示该索赔报告的严肃性和权威性。总论部分的阐述要简明扼要，说明问题。

（2）根据部分

本部分主要是说明自己具有的索赔权利，这是索赔能否成立的关键。根据部分的内容主要来自该项目的合同文件，并参照有关法律规定。该部分中承建单位应引用合同中的具体条款，说明自己理应获得经济补偿或工期延长。

根据部分的篇幅可能很大，其具体内容随各个索赔事件的特点而不同。一般地说，根据部分应包括以下内容：索赔事件的发生情况；已递交索赔意向书的情况；索赔事件的处理过程；索赔要求的合同根据；所附的证据资料。

在写法结构上，按照索赔事件发生、发展、处理和最终解决的过程编写，并明确全文引用有关的合同条款，使建设单位和监理单位能够历史地、逻辑地了解索赔事件的始末，并充分认识该项索赔的合理性和合法性。

（3）计算部分

索赔计算的目的，是以具体的计算方法和计算过程，说明自己应得经济补偿的款额或延长时间。如果说根据部分的任务是解决索赔能否成立，则计算部分的任务就是决定应得到多少索赔款额和工期。前者是定性的后者是定量的。

在款额计算部分，承建单位必须阐明下列问题：索赔款的要求总额；各项索赔款的计算，如额外开支的人工费、产品费、管理费和所失利润；指明各项开支的计算依据及证据资料，承建单位应注意采用合适的计价方法。至于采用哪一种计价法，应根据索赔事件的特点及自己所掌握的证据资料等因素来确定。其次，应注意每项开支款的合理性，并指出相应的证据资料的名称及编号。切忌采用笼统的计价方法和不实的开支款额。

（4）证据部分

证据部分包括该索赔事件所涉及的一切证据资料，以及对这些证据的说明，证据是索赔报告的重要组成部分，没有翔实可靠的证据，索赔是不能成功的。

索赔证据资料的范围很广，它可能包括项目实施过程中所涉及的有关政治、经济、技术、财务资料，具体可进行如下分类：

- 政治经济资料　重大新闻报道记录如地震以及其他重大灾害等；重要经济政策文件，如税收决定、海关规定、工资调整等；政府官员和项目主管部门领导视察时的讲话记录等。
- 实施现场记录报表及来往函件　监理工程师的指令；与建设单位或监理工程师的来往函件和电话记录；现场实施日志；每日出勤的人员和产品报表；完工验收记录；实施事故详细记录；实施会议记录；实施材料使用记录本；实施质量检查记录；实施进度实况记录；实施图纸收发记录；索赔事件的详细记录本；实施效率降低的记录等。
- 项目财务报表　实施进度月报表及收款记录；索赔款月报表及收款记录；产品、设备及配件采购单；付款收据；收款单据；项目款及索赔款迟付记录；迟付款利息报表；向分包商付款记录；会计日报表；会计总账；财务报告；会计来往信件及文件等。

在引用证据时，要注意该证据的效力或可信程度。为此，对重要的证据资料最好附以文字证明或确认件。例如，对一个重要的电话内容，仅附上自己的记录本是不够的，最好附上经过双方签字确认的电话记录；或附上发给对方要求确认该电话记录的函件，即使对方未给复函，亦可说明责任在对方，因为对方未复函确认或修改，按惯例应理解为他已默认。

2）索赔报告编写的一般要求

索赔报告是具有法律效力的正规的书面文件夹。对重大的索赔，最好在律师或索赔专家的指导下进行。编写索赔报告的一般要求有以下几方面：

（1）索赔事件应该真实。索赔报告中所提出的干扰事件，必须有可靠的证据来证明。对索赔事件的叙述，必须明确、肯定，不包含任何估计的猜测。

（2）责任分析应清楚、准确、有根据。索赔报告应仔细分析事件的责任，明确指出索赔所依据的合同条款或法律条文，且说明承建单位的索赔是完全按照合同规定程序进行的。

（3）充分论证事件造成承建单位的实际损失。索赔的原则是赔偿由事件引起的承建单位所遭受的实际损失，所以索赔报告中应强调由于事件影响，使承建单位在实施程中所受到干扰的严重程度，以致工期拖延，费用增加；并充分论证事件影响实际损失之间的直接因果关系，报告中还应说明承建单位为了避免的减轻事件影响和损失已尽了最大的努力，采取了所能采用的措施。

（4）索赔计算必须合理、正确。要采用合理的计算方法的数据，正确地计算出应取得的经济补偿款额或工期延长。计算中应力求避免漏项或重复，不出现计算上的错误。

（5）文字要精炼、条理要清楚、语气要中肯。索赔报告必须简洁明了、条理清楚、结论明确、有逻辑性。索赔证据和索赔值的计算应详细和清晰，没有差错而又不显繁琐。语气措辞应中肯，在论述事件的责任及索赔根据时，所用词语要肯定，忌用"大概"、"一定程度"、"可能"等词汇；在提出索赔要求时，语气要恳切，忌用强硬或命令式的口气。

3）索赔报告的审查

（1）监理工程师审核承建单位的索赔申请。接到承建单位的索赔意向通知后，监理工程师应建立自己的索赔档案，密切关注事件的影响，检查承建单位的同期记录，随时就记录内容提出他的不同意见或他希望应予以增加的记录项目。监理工程师审查与评估的关注点包括：

- 费用索赔申请报告的程序、时限符合合同要求；
- 费用索赔申请报告的格式和内容符合规定；
- 费用索赔申请的资料必须真实、齐全、手续完备；
- 申请索赔的合同依据、理由必须正确、充分；
- 索赔金额的计算原则与方法必须合理、合法。

（2）在接到正式索赔报告后，认真研究承建单位报送的索赔资料。首先在不确定责任归属的情况下，客观分析事件发生的原因，重温合同的有关条款，研究承建单位的索赔证据，并查阅相应的同期记录。通过对事件的分析，监理工程师再依据合同条款划清责任界限，如有必要，还可以要求承建单位进一步提供补充资料。尤其是对承建单位与建设单位或监理单位都负有一定责任的事件，更应划出各方应承担合同责任的比例。最后再审查承建单位提出的索赔补偿要求，剔除其中的不合理部分，拟定自己计算的合理索赔款额和工期展延天数。

（3）需要明确索赔成立条件，依据合同内涉及索赔原因的各条款内容，归纳出监理工程师判定承建单位索赔成立的条件为：

- 与合同相对照，事件已造成了承建单位成本的额外支出，或直接工期损失；
- 造成费用增加或工期损失的原因，按合同约定不属于承建单位应承担的行为责任或风险责任；

- 承建单位按合同规定的程序,提交了索赔意向通知和索赔报告。

上述三个条件没有先后主次之分,应当同时具备。只有监理工程师认定索赔成立后,才按一定程序处理。

(4)当承建单位的费用索赔要求与项目延期要求相关联时,总监理工程师在做出费用索赔的批准决定时,应与项目延期的批准联系起来,综合做出费用索赔和项目延期的决定。由于承建单位的原因造成建设单位的额外损失,建设单位向承建单位提出费用反索赔时,总监理工程师在审查索赔报告后,应公正地与建设单位和承建单位进行协商,并及时做出答复。

3.索赔事件处理的原则

1)预防为主的原则

任何索赔事件的出现,都会造成项目拖期或成本加大,增加履行合同的困难,对于建设单位和承建单位双方来说都是不利的。因此,监理工程师应努力从预防索赔发生着手,洞察项目实施中可能导致索赔的起因,防止或减少索赔事件的出现。

2)必须以合同为依据

遇到索赔事件时,监理工程师必须以完全独立的裁判人的身份,站在客观公正的立场上审查索赔要求的正当性。必须对合同条件、协议条款等到有详细了解,以合同为依据来公平处理合同双方的利益纠纷。

3)公平合理原则

监理工程师处理索赔时,应恪守职业道德,以事实为依据,以合同为准绳,做出公正的决定。合理的索赔应予以批准,不合理的索赔应予以驳回。

4)协商原则

监理工程师在处理索赔时,应认真研究索赔报告,充分听取建设单位和承建单位的意见,主动与双方协商,力求取得一致同意的结果。这样做不仅能圆满处理好索赔事件,也有利于顺利履行和完成合同。当然,在协商不成的情况下监理工程师有权做出合理决定。

5)授权的原则

监理工程师处理索赔事件,必须在合同规定、建设单位授权的权限之内,当索赔金额或延长工期时间超出授权范围时,则监理工程师应向建设单位报告,在取得新的授权后才能做出决定。

6)必须注意资料的积累

积累一切可能涉及索赔论证的资料,同承建单位、建设单位研究的技术问题、进度问题和其他重大问题的会议应当做好文字记录,并争取会议参加者签字,作为正式文档资料。同时还应建立业务往来的文件编号档案等业务记录制度,做到处理索赔时以事实和数据为依据。

7）及时、合理地处理索赔

索赔发生后必须依据合同的准则及时地对单项索赔进行处理。一般情况下，不宜采用所谓"一揽子索赔"处理方式。

10.4 合同争议的调解

10.4.1 合同争议的概念与特点

1. 合同争议的概念

所谓合同争议，是指合同当事人对于自己与他人之间的权利行使、义务履行与利益分配有不同的观点、意见、请求的法律事实。

合同关系的实质是，通过设定当事人的权利义务在合同当事人之间进行资源配置。而在法律设定的权利框架中，权利与义务是互相对称的。一方的权利即是另一方的义务；反之亦然。一旦义务人怠于或拒绝履行自己应尽的义务，则其与权利人之间的法律纠纷势必在所难免。在某些情况，合同法律关系当事人都无意违反法律或者合同的约定；但由于他们对于引发相互间法律关系的法律事实有着不同的看法和理解，也容易酿成合同争议。在某些情况下，由于合同立法中法律漏洞的存在，也会导致当事人对于合同法律关系和合同法律事实的解释互不一致。总之，有合同活动，就会有合同争议。丝毫不产生合同争议的市场经济社会是不存在的。

2. 合同争议的特点

合同争议发生于合同的订立、履行、变更、解释以及合同权利的行使过程之中。如果某一争议虽然与合同有关系，但不是发生于上述过程之中，就不构成合同争议。

合同争议的主体双方须是合同法律关系的主体。此类主体既包括自然人，也包括法人和其他组织。

合同争议的内容主要表现在争议主体对于导致合同法律关系产生、变更与消灭的法律事实以及法律关系的内容有着不同的观点与看法。

10.4.2 合同争议的起因

1. 建设单位违约引起的合同争议

当建设单位违约导致合同最终解除时，监理单位应就承建单位按实施合同规定应得到的款项与建设单位和承建单位进行协商，并应按合同的规定从下列应得的款项中确定承建单位应得到的全部款项，并书面通知建设单位和承建单位：

（1）承建单位已完成的项目工作量表中所列的各项工作所应得的款项；
（2）按批准的采购计划订购项目材料、设备、产品的款项；
（3）承建单位所有人员的合理费用；
（4）合理的利润补偿；
（5）合同规定的建设单位应支付的违约金。

2. 承建单位违约引起的合同争议

由于承建单位违约导致合同终止后，监理单位应按下列程序清理承建单位的应得款项，或偿还建设单位的相关款项，并书面通知建设单位和承建单位：

（1）合同终止时，清理承建单位已按合同规定实际完成的工作所应得的款项和已经得到支付的款项；
（2）实施现场余留的产品材料、设备及临时项目的价值（对硬件、网络而言）；
（3）对已完项目进行检查和验收、移交项目资料、该部分项目的清理、质量缺陷修复等所需的费用；
（4）合同规定的承建单位应支付的违约金；
（5）总监理工程师按照合同的规定，在与建设单位和承建单位协商后，书面提交承建单位应得款项或偿还建设单位款项的证明；
（6）由于不可抗力或非建设单位、承建单位原因导致合同终止时，项目监理机构应按合同规定处理合同解除后的有关事宜。

10.4.3 合同争议的调解

1. 合同争议调解程序

按照合同要求，无论是承建单位还是建设单位，都应以书面的形式向监理单位提出争议事宜，并呈一份副本给对方。监理单位接到合同争议的调解要求后应进行以下工作：

（1）及时了解合同争议的全部情况，包括进行调查和取证；
（2）及时与合同争议的双方进行磋商；
（3）在项目监理机构提出调解方案后，由总监理工程师进行争议调解；
（4）当调解未能达成一致时，总监理工程师应在实施合同规定的期限内提出处理该合同争议的意见；同时对争议做出监理决定，并将监理决定书面通知建设单位和承建单位；
（5）争议事宜处理完毕，只要合同未被放弃或终止，监理工程师应要求承建单位继续精心组织实施。当调解不成时，双方可以在合同专用条款内约定以下某一种方式解决争议：

- 第一种解决方式　根据合同约定向约定的仲裁委员会申请仲裁；
- 第二种解决方式　向有管辖权的人民法院起诉。

发生争议后，除非出现下列情况的，双方都应继续履行合同，保证实施连接，保护好已完成的项目现状：单方违约导致合同确已无法履行，双方协议停止实施；调解要求停止实施，且为双方接受；仲裁机构要求停止实施；法院要求停止实施。

2．合同争议的处理和解决

无论是在实施过程中或在项目竣工之后、在否定或终止本合同之前或之后，如果建设单位和承建单位之间存在关于合同或起因于合同，或因项目实施发生的任何争议，包括对工程师的任何意见、指令、证书或估价方面的任何争议、争议中的问题，首先应该以书面形式提交工程师，并将一份副本提交另一方，并应说明此提交件是根据相关规定做出的。监理工程师在接到该提交件后在规定的时间之内将自己的裁定通知建设单位和承建单位。此裁定也应说明是根据相关法律规定做出的。

除非本合同已否定或终止，承建单位无论在何种情况下都应继续完成项目。在根据规定以友好方式解决或仲裁裁决方式解决争议之前，承建单位和建设单位应执行监理工程师的裁定。如果建设单位或承建单位不满意监理工程师的裁定，或监理工程师在接到提交件时间内，没有通知自己的裁定，则建设单位或承建单位任何一方都可以在接到上述裁定的通知后规定时间或在此之前，或视情况而定，在诉讼时间期满后的规定时间内或在此之前，通知另一方，给监理工程师一份副本供其参考，说明自己要根据规定对争议中的问题开始仲裁的意向。该通知确立提出仲裁的一方按规定对争端中的问题开始仲裁的意向和权利。

在总监理工程师签发合同争议处理意见后，建设单位或承建单位在合同规定的期限内未对合同争议处理决定提出异议，在符合实施合同的前提下，此意见应成为最后的决定，双方应执行。

在合同争议的仲裁或诉讼过程中，监理单位在接到仲裁机关或法院要求提供有关证据的通知后，应公正地向仲裁机关或法院提供与争议有关的证据。

合同争议的解决无论是通过仲裁或诉讼途径，任何一种争议解决方法都将对合同争议双方产生法律效力。当发生合同争议时，双方可以协商解决或是通过合同中约定的方式来解决争议。

10.5 合同违约的管理

10.5.1 合同违约的概念

违约是指信息系统工程合同当事人一方或双方不履行或不适当履行合同义务，应承担因此给对方造成经济损失的赔偿责任。在此，主要是指建设单位的违约和承建单位的违约及其他不可抗力的违约。

监理单位在处理双方违约过程中,应当本着公正、公平与合理的原则,积极协助、配合双方解决违约纠纷。具体工作思路有:

(1)在监理过程中发现违约事件可能发生时,应及时提醒有关方面,防止或减少违约事件的发生;

(2)受损失方可向项目监理单位提出违约事件的申诉,监理工程师对违约事件进行调查、分析,提出处理方案;

(3)对已发生的违约事件,要以事实为根据,以合同约定为准绳,公平处理;

(4)在与双方协商一致的基础上,评估工期及费用损失的数量,由总监理工程师签发必要的凭证(如《监理通知》);

(5)处理违约事件应在认真听取各方意见、与双方充分协商的基础上确定解决方案;

(6)由违约一方提出要全部或部分中止合同要求时,监理单位应慎重处理。

10.5.2 对建设单位违约的管理

建设单位违约是指建设单位不履行或不完全履行合同约定的义务,无故不按时支付项目预付款、项目款等情况,致使承建单位的实施(可能包括设计单位的设计)无法进行或给对方单位带来经济损失的行为。通常,建设单位有下列事实时,监理工程师应确认建设单位违约:建设单位不按时支付项目预付款;建设单位不按合同约定支付项目款,导致实施无法进行;建设单位无正当理由不支付项目竣工结算款;建设单位不履行合同义务或不按合同约定履行义务的其他情况。

当监理工程师收到因建设单位违约而提出的部分或全部中止合同的通知后,应尽快深入进行调查,收集有关资料,澄清事实。在调查了解的基础上,根据合同文件要求,同建设单位和承建单位协商后,办理违约金的支付。

通常建设单位违约包括以下几种情形。

1. 违反信息系统工程合同设计部分的责任

(1)未按合同规定的时间提供有关设计的文件、资料及工作条件等,应承担由此造成承建单位设计停工的损失;

(2)由于改变计划或提供的资料不准确,而造成设计返工或增加工作量,应按实际工作量增加设计费用。

2. 违反信息系统工程合同实施部分的责任

(1)未按合同规定的时间和要求提供实施场地、实施条件、技术资料、设备、资金等,除将项目日期顺延外,还应偿付承建单位因此造成停工、窝工的实际损失;

（2）项目中途停建、缓建，应采取措施弥补或减少损失；

（3）验收或拨付项目费超过期限，应偿付逾期违约金。

当建设单位违约导致实施合同最终解除时，项目监理机构应就承建单位按实施合同规定应得到的款项与建设单位和承建单位进行协商，并应按实施合同的规定从下列应得的款项中确定承建单位应得到的全部款项，并书面通知建设单位和承建单位，包括以下几个方面：

- 承建单位已完成的各项工作所应得的款项；
- 按合同规定采购并交付的设备、项目材料、软硬件产品的款项，合理的利润补偿；
- 实施合同规定的建设单位应支付的违约金。

在处理建设单位的违约过程中，监理单位应积极协助承建单位与建设单位沟通与配合，公正合理地帮助解决因建设单位违约而给承建单位造成损失的补偿。

10.5.3 对承建单位违约的管理

承建单位的违约是指承建单位未能按照合同规定履行或不完全履行合同约定的义务，人为原因使项目质量达不到合同约定的质量标准；或者无视监理工程师的警告，一贯公然忽视合同规定的责任和义务；未经监理工程师同意，随意分包项目，或将整个项目分包出去，都视为承建单位的违约。

1．承建单位的违约责任

（1）承建单位违约因项目质量不符合规定，建设单位有权要求承建单位限期无偿返工、完善，由此造成逾期交工的，应偿付逾期违约金，具体逾期违约金的支付标准依照该实施合同约定或相关规定执行；

（2）项目未按规定期限全部竣工的，也应偿付逾期违约金。

2．监理工程师应采取的措施

监理工程师确认承建单位严重违约，建设单位已部分或全部终止合同后，应采取如下措施：

（1）指示承建单位将其为履行合同而签订的任何协议的利益（如软、硬件及各种配套设施的供应服务提供等）转让给建设单位；

（2）认真调查并充分考虑建设单位因此受到的直接和间接的费用影响后，办理并签发部分或全部中止合同的支付证明。

3．善后工作

在终止对承建单位的雇用后，按合同规定，建设单位有权处理和使用承建单位的遗留下来的产品（工作）和临时项目。

由于承建单位违约导致实施合同终止后，监理单位应按下列程序清理承建单位的应得款项，偿还建设单位的相关款项，并书面通知建设单位和承建单位：

（1）实施合同终止时，清理承建单位已按实施合同规定实际完成的工作所应得的款项和已经得到支付的款项；

（2）实施现场余留的材料、软硬件设备及临时项目的价值；

（3）对已完项目进行检查和验收、移交项目资料、该部分项目的清理、质量缺陷修复等所需的费用；

（4）实施合同规定的承建单位应支付的违约金。

总监理工程师按照实施合同的规定，在与建设单位和承建单位协商后，书面提交承建单位应得款项或偿还建设单位款项的证明。

10.5.4 对其他违约的管理

其他违约是指由于不可抗力的自然因素或非建设单位原因导致实施合同终止时（如相关政策的变化导致合同必须终止等其他因素），监理单位应按实际合同规定处理合同解除后的有关事宜。

不可抗力事件发生后，承建单位应立即通知监理单位，应在力所能及的条件下迅速采取措施，尽力减少损失，建设单位应协助承建单位采取措施。例如不可抗力事件结束后约定时间（如 48 小时）内承建单位向监理单位通报受害情况和损失情况，及预计清理和修复的费用。不可抗力事件持续发生，承建单位通常应每隔 7 天向监理单位报告一次受害情况。通常在不可抗力事件结束后 14 天内，承建单位须向监理单位提交清理和修复费用的正式报告及有关资料。

因不可抗力事件导致的费用及延误的工期由双方按以下方法分别承担：

（1）项目本身的损害、因项目损害导致第三方人员伤亡和财产损失以及运至实施场地用于实施的材料和待安装的设备的损害，由建设单位承担；

（2）建设单位、承建单位人员伤亡由其所在单位负责，并承担相应费用；

（3）承建单位设备损坏及停工损失，由其承建单位承担；

（4）停工期间，承建单位应监理单位要求留在实施场地的必要的管理人员及保卫人员的费用由发包人承担；

（5）项目所需清理、修复费用，由建设单位承担；

（6）延误的工期相应顺延。

但监理单位应特别注意因合同一方迟延履行合同后发生不可抗力的，不能免除迟延履行方的相应责任，应承担因此造成的损失。

10.6 知识产权保护管理

我国知识产权制度施行 20 多年来,知识产权管理体系从无到有,从小到大,得到了快速的发展,专利、商标、版权等知识产权管理部门各司其责,为我国知识产权事业的发展做出了突出的贡献。

目前,已颁布实施的法律法规有《中华人民共和国专利法》、《中华人民共和国著作权法》、《中华人民共和国反不正当竞争法》、《计算机软件保护条例》以及一些地方性的管理办法等。

在合同管理中,监理工程师要求利用掌握的有关知识分清有关各方的知识产权,并在合同的执行过程中予以保护管理。而且,在涉及知识产权纠纷时,应该实事求是地提供有关证明、证据。

10.6.1 知识产权的基本概念

知识产权是一个法律概念,它的严格定义很难明确,因为随着人类文明的不断进步,作为知识产权的种类和范围不断扩大,基本上对创造性智力劳动成果在法律上予以确认,由此产生的权利就称为知识产权。知识产权是基于智力成果自动产生的权利,法律保护它不被他人非法侵害。专利、版权、商标权、商业秘密、专有技术等领域,都属于知识产权管理范畴。大多数国家的法律对知识产权的界定为以下四个方面。

1. 商标及其相关标记

商标是一种象征商品的图形标记,图案或标语,比如服务商标。一种商品通过对商标的最初使用(美国)或者最先申请(欧洲)而获得所有权。商标法保证在一种特定商品上的特殊商标代表商品的来源,或者商品制造者、服务的提供者。商标作为一种知识产权的使用很好地解决了现实问题,即如何保护公众的利益不受侵权者的非法侵害。

2. 专利权和外观设计

专利权是在一定期限内授予发明者的权利。这种权利使得发明者对于自己的智力成果享有所有权,并防止他人未经允许使用。

3. 著作权

著作权是一种原创者享有将作品固定于特定媒介上的权利。这是一种禁止他人复制、展览、发行作品的权利,如文章、计算机软件、数据库、音乐、美术作品等,但不限于保护一般文字和方法。著作权提供了一种排他的权利,如复制、发行、公开表演、展览及一些派生作品。

4. 商业秘密

商业秘密是一种有商业价值并且不被公众所知的信息。

知识产权管理和保护涉及各行业，贯穿在创造、利用和保护知识产权的各个环节，与知识产权有关的管理部门很多。专利属于知识产权局，商标属于工商局，版权属于出版局，商业秘密由公安部门负责，原产地保护则属于技术监督局管理。此外，还有植物新品种、集成电路、计算机软件、进出口的知识产权管理，科技项目和成果管理，药品、农产品知识产权管理等，由各职能部门管理。

通常，国际上对知识产权不作明确定义，只是列出属于"知识产权"的内容，在《成立世界知识产权组织公约》中，"知识产权"包括以下有关项目的权利：

（1）文学艺术和科学作品；

（2）表演艺术家的演出、录音制品和广播节目；

（3）在人类一切活动领域内的发明；

（4）科学发现；

（5）工业品外观设计；

（6）商标、服务标记、商号名称和标记；

（7）禁止不正当竞争，以及在工业、科学、文学或艺术领域内其他一切来自知识活动的权利。

10.6.2 知识产权的保护

1. 保护的范围

在《与贸易有关的知识产权协议》中作为知识产权保护的范围是：

（1）著作权及其相关权利（指邻接权）；

（2）商标权；

（3）地理标记权；

（4）工业品外观设计权；

（5）专利权；

（6）集成电路布图设计权；

（7）对未公开信息的保护权。

知识产权的基本特征在于它是对于人类的创造性的智力劳动所产生的成果的法律意义上的确认。创造性的智力劳动有不同的形式，也相应地会产生不同的成果，对知识产权的分类就是根据这种不同来进行的。

对知识产权的分类通常从两个方面来考虑因而有两种分类法。

一种是把知识产权分为著作权和工业产权。其中，著作权包括著作权和邻接权，即作者创作和传播者的传播中产生的创造性劳动产生的权利，如表演者权、出版权、录音录像者权等，这就是"邻接权"的内容。工业产权包括科学技术发明、工业品外观设计、商标、服务标记、商号名称和标记、禁止与知识产权有关的不正当竞争（对未公开信息保护）等等。随着科学技术的不断进步，知识产权的范围也在日趋扩大，20世纪60年代以来，产生了许多新的知识产权种类，如对计算机软件的著作权保护、对集成电路布图设计的权利、对数据库的权利、信息网络传播权等。

"科学发现"也是凝聚人类大量智力投入的，也需要创造性，但国际上不把"科学发现"作为具体的某一类知识产权保护。因为科学发现对人类社会的意义重大，而知识产权的本身属性决定了其传播要受到限制，对于"科学发现"这样对全人类有重大影响的创造成果加以限制，有悖于人类社会发展的基本要求，因此对于科学发现的保护以知识产权例外的形式进行。

另一种分类是分为智力成果权和工商业标记权，这是根据知识产权价值产生的来源进行划分的。智力成果权是对人类一切创造性智力劳动，包括文学或艺术、科学、工业等领域内产生的权利的肯定。工商业标记权则强调是信息符号承载的信誉、特征等信息所带来的价值所产生的权利。

而在《计算机软件保护条例》则规定：计算机软件(简称软件，下同)是指计算机程序及其关文档。

- 计算机程序　指为了得到某种结果而可以由计算机等具有信息处理能力的装置执行的代码化指令序列，或者可被自动转换成代码化指令序列的符号化指令序列或者符号化语句序列。计算机程序包括源程序和目标程序。同一程序的源文本和目标文本应当视为同一作品。
- 文档　指用自然语言或者形式语言所编写的文字资料和图表，用来描述程序的内容、组成、设计、功能规格、开发情况、测试结果及使用方法，如程序设计说明书、流程图、用户手册等。

2. 保护的意义

"知识经济"的时代的来临，人类社会的发展已经到了依靠知识和智慧、依靠技术创新产生的经济优势为主导的时代。作为知识和智力成果的科学技术成为推动人类社会发展的首要因素，知识产权制度则直接是对科学技术成果提供保障和规范的体系。知识产权在当今凸显是人类社会发展的自然形态的表现。生产力的发展，社会发展的源泉从过去的资源、资本占有的多少转到了以技术创新能力为核心的知识产权的获得与拥有的多寡上来。当今，技术对经济发展的贡献所占的份额越来越大，技术优势成为主要的生产要素和获得竞争优势的基础。

知识产权保护的经济价值主要体现在对高新技术的占有上，这种智慧创造活动将成为最有价值的财产形式，对这种智慧创造活动的确定是知识产权制度，其价值被界定为知识产权。因此，科学技术对经济的贡献突出必然导致知识产权的凸显。

发达国家在传统生产领域中的竞争力正在逐渐削弱。在今天纷纷利用其积累的技术优势，寻求新的竞争优势。发达国家因其在高技术的优势而强调知识产权。中国加入了"世界贸易组织"，WTO 就要遵守它的规则，在 WTO 规则中知识产权与货物、服务贸易并列，是发达国家为自身利益的考虑，也反映了一种趋势。

随着我国加入 WTO，国内企业将切切实实参与到开放的、全球市场的竞争中，企业面临的来自各方面的竞争压力会越来越多。现代市场竞争环境的特征决定了企业在技术创新方面的竞争居于首要的地位。作为知识经济的代表，企业对技术创新和研究开发的巨大投入有目共睹，由此对知识产权的重视被提升到了空前的高度。世界知识产权组织（WIPO）1999 年的报告提出：21 世纪，知识产权将以前所未有的地位在社会发展中担任重要的角色。得出这一结论的依据之一就是技术的创新，从根本上改变了以往利用劳动力、资本等获得高额利润的方式，而是通过知识的运用推动技术创新谋求发展，知识产权制度是对这种技术创新的成果的有力保证，在知识产权方面的竞争与争夺便成为今天市场竞争的显著表现。

毋庸讳言的是，目前国内企业对知识产权的重要性还未有足够的重视。我国企业在知识产权方面与国际的差距越来越大，随着 WTO 的加入，企业对于知识产权的忽视将会极大地阻碍和影响它走向国际市场、参与全球市场竞争的步伐。对知识产权的不重视，不明确自身的权益及其可以获得的巨大效益；对知识产权的不了解，对专利、软件著作权认识上的误解等等，将严重影响企业继续发展。

针对信息系统工程建设和应用本身的特点，知识产权保护的意义还在于新技术，尤其是数字技术与网络带来的新问题上。网络传输中既已涉及版权产品的无形销售，就必然产生版权保护的新问题，自不待言。而更值得重视的是，它还必将产生（而且已经产生）在网上的商标及其他商业标识保护、商誉保护、商品化形象保护，乃至商业秘密保护等方面诸多与传统保护有所不同或根本不同的问题。

总结起来，知识产权保护的意义有如下三点。

（1）能防止纠纷产生。与其他企业在专利等方面的纠纷必须防患于未然。为此应彻底调查他人所拥有的知识产权，如果发现自己侵权，则必须采取相应的对策。

（2）知识产权的保护和利用。近来科技开发日新月异，在世界经济相互依赖关系逐渐增强的形势下，各企业为了在激烈竞争中立于不败之地，进行着种种不懈的努力。为了使自己的产品以及服务迎合顾客的需要，千方百计与他人的产品和服务拉开距离，为此，在新技术的开发中也应重视专利权的取得，而在命名新产品名称时，也应重视商标权的取得，以保护自己的知识产权。此外，如果他人侵犯了这些知识产权，则必须采用必要的手段去排除这种侵权行为。同时，工商秘密的管理也是重要工作之一。

（3）互换许可证战略。在技术开发趋于高度复杂化的现阶段，互换许可证是一种非常有效的策略,特别是在尖端技术的研究开发过程中,需要投入巨大的财力和人力,这些工作不可能由一家公司独自完成,为此,可以采取共同开发研究或者引进其他公司的优秀技术等手段。

3. 保护的方法

1) 知识产权管理体制

知识产权作为公司的经营资源,专利部门应有效地开展各项业务加以保护,这需要有足够的经费给予支持,企业的研究成果如不能得到完善的保护,就是浪费研究投资和开发经费。

(1) 集中管理体制

全公司的知识产权管理部门按照统一的知识产权政策进行运做,最大限度地保护总公司的整体利益,在开发、制造、买卖产品的活动中能够工作顺畅,主要体现在知识产权的转移、授权、授权的管理方式上。也就是研究开发的费用由总公司预付给子公司,专利权与授权后的所有事宜全部有总公司知识产权管理部门统筹负责。

(2) 分散管理体制

要做到充分授权,其含义是在知识产权本部统一管理下的充分授权。分散管理是针对各研究所和委员会而言,其优点是各事业部及研究所根据产品特性限制专利申请件数,决定知识产权的预算。但取得专利后,如何运用知识产权、处理纠纷、对外谈判、提出异议等事物是由知识产权本部统一管理,如日本东芝公司。东芝公司除设有国内知识产权体系外,还设有海外知识产权体系,海外知识产权体系也分两部分,一部分在华盛顿、西海岸设立专利事务所;一部分在欧美子公司内设知识产权委员会,负责制定当地企业知识产权管理规则,定期讨论知识产权问题。知识产权本部则通过各委员会、研究会协调各事业部之间的联系,同时,对各事业部负责知识产权工作的人选有决定权。

(3) 分门别类进行知识产权管理

按照技术类别、产品类别管理知识产权。实行按技术类别管理专利,这样,可以避免重复开发技术,配合各事业部的产品策略对专利进行管理。知识产权法务部集中管理授权后的所有事宜,包括权利的运用、谈判、诉讼等。法务部通过派本部门人员参加公司内各事业部组成的产品法务会,或根据各项问题组成的作业部会议,了解技术、产品的相关情况,使法务体制贯穿于产品开发至产品销售的各个阶段,利用知识产权的法规,提高解决问题的效力。

2) 知识产权管理制度

知识产权管理制度涉及范围十分广泛,主要集中在产权的归属、奖励机制、知识产权的运用、知识产权纠纷的处理以及知识产权教育等方面。由于各企业情况不同,在制定管理制度上各有侧重。

10.6.3 知识产权保护的监理

信息系统工程在需求方案、集成方案、选型采购、软件设计等方面涉及较多的知识产权问题,这些问题应该在有关合同中规定,并加以管理。知识产权保护的管理,应该坚持全过程的管理。

1. 树立为建设单位和承建单位维权的意识

在信息系统工程建设项目的实施和应用过程中,监理单位要树立为建设单位和承建单位维权的意识。同时,建设单位、承建单位也要自觉自愿地树立维权意识,不仅要维护自身的权益,也要维护对方的权益,知识产权保护是对涉及信息系统工程建设各方的责任、权利与义务。

2. 建议建设单位制定知识产权管理制度

在知识产权保护管理方面,监理要建议建设单位制定知识产权管理制度,让建设单位明白建立知识产权制度的意义所在,即:

(1) 适应知识经济发展的要求,对于政府可以提高服务意识,对于企业可以全面提升核心竞争力,确保企业长期竞争优势;

(2) 可以防范以及应对同行竞争企业侵害自己的知识产权,从而降低甚至失去自身的竞争优势;

(3) 降低潜在的侵犯他人知识产权的法律风险,以免被拖入不必要的诉讼纠纷;

(4) 成为企业新的、潜在的利润增长点,通过知识产权交易等策略实现其资本扩张与市场垄断。

建设单位的知识产权管理制度,一般应该从人事管理、档案管理、权利维护、反侵权措施等多方面建立综合的防御、维护、反侵权体系。但是,由于每个建设单位所在的行业、规模等因素都存在差异性,因此,应当结合自己的特点制定一套适合自己需要的知识产权管理制度。

3. 监督承建单位实施知识产权管理制度

监理单位要通过日常的检查和教育,逐步使那些对知识产权保护不够重视的承建单位逐步认识到知识产权保护的意义和重要性。

1) 保护自己的软件著作权

软件著作权是最常见的知识产权侵权行为之一。从法律角度讲,保护软件著作权可以通过以下办法进行:

(1) 及时进行软件著作权登记;

(2) 开展软件盗版状况调查,摸清盗版环节的要害部位;

(3) 请求司法部门介入,对侵权进行行政查处与处罚,也可以选择向法院提起诉讼追究侵权人的法律责任。

2）防止公司内部员工侵害知识产权

要做到防止内部员工侵权，可以从以下方面入手：

（1）制定知识产权保护规章制度，对员工进行相关教育宣传；

（2）与员工签订知识产权保护协议，约定违约赔偿金；

（3）对可能跳槽、可能对公司不满以及掌握较多商业秘密的员工予以密切关注。

3）认识盗版软件的危害

盗版软件从性质上看是对他人智力劳动成果的掠夺，是对知识产权制度的公然破坏。从经济学的角度，这种掠夺和破坏违背了市场公平竞争的原则，扰乱了市场经济秩序。要使承建单位认识到，自己不使用盗版软件进行信息系统工程应用软件的开发，也不在信息系统工程实施中使用盗版软件。

4．实施知识产权保护的监理措施

1）政策措施

科技部制定发布《关于加强国家科技计划知识产权管理工作的规定》："在国家科技计划项目的申请、立项、执行、验收以及监督管理中全面落实专利战略"，把知识产权管理动态地纳入科技计划实施全过程，并根据计划实施各环节的不同特点分别提出相应要求。

在计划项目指南编制和申请立项过程中，计划管理部门和申请者对国内外知识产权状况应当进行调查分析，作为确定研究开发路线和知识产权工作重点的依据，避免研究开发盲目性和低水平重复。项目申请单位应当在项目建议书中写明项目拟达到的知识产权目标，包括通过研究开发所能获取的知识产权的类型、数量及其获得的阶段。

在项目执行过程中，要做好以下几个方面的工作：

（1）指定专人负责项目的知识产权工作。

（2）对项目执行中形成的资料、数据的保管和使用，专利申请、植物新品种登记、软件登记等保护手续的履行等，要做出明确规定，使项目实施各阶段所产生的各种形式的成果能够及时、准确、有效地得到保护。对可能形成专利的科研项目，要建立论文发表登记审查制度，以保证科研成果能够符合专利新颖性审查。

（3）要求承担单位处理好项目执行中涉及的其他成果的关系，确保计划项目成果的知识产权权属清晰，如：须购入技术的、与技术转让方的权利利益关系；与第三方合作或向第三方转委托时，与第三方的权利利益关系等。

（4）规定项目承建单位随时跟踪该领域的知识产权动态，如发生原拟定的技术目标已被申请知识产权保护，应当报请计划管理单位及时向科技行政管理部门报告，重新调整研究开发方案。

（5）对参与项目人员应当进行知识产权知识培训，并就项目的知识产权归属、资料数据保管与使用、技术秘密的保密义务等签订协议。计划管理部门将对承担单位的知识产权工作情况进行监督检查。

2）技术措施

根据北京市地方标准 DB11/T 160－2002《信息系统监理规范》中的要求，在项目监理的整个过程中，必须对建设单位和承建单位有关技术方案、软件文档、源代码及有关技术秘密等涉及知识产权的内容进行检查、监督和保护。具体监理措施包括：

（1）保护建设单位的知识产权权益。监理会根据信息系统工程建设项目的性质审查承建单位的资质，要求承建单位遵守知识产权保护的相关法律法规，确保在项目实施过程中采取正版软件，坚决不使用盗版软件。

（2）项目文档的知识产权保护控制。监理单位协助建设单位在承建合同中明确知识产权及其相关资源如何所有或共享，建立严格的项目资料管理制度，从制度上保护项目各方的知识产权。

（3）外购软件的知识产权保护控制。监理单位要在外购软件订单之前，对采购软件的用户数、许可证书数和软件升级年限做好事前检查，维护项目各方的权利。与此同时，监理单位要检查非自主产权软件的使用权合法文件和证明。

（4）待开发软件的知识产权保护控制。监理单位要及时提醒建设单位在承建合同中明确规定知识产权归属，避免产生不必要的知识产权纠纷。

第 11 章　信息安全管理

11.1　信息系统安全概论

11.1.1　信息系统安全定义与认识

1．定义

在信息系统工程中，信息安全涵盖了人工和自动信息处理的安全。网络化和非网络化的信息系统安全，泛指一切以声、光、电信号、磁信号、语音以及约定形式为载体的信息的安全。

1）信息系统安全

定义是确保以电磁信号为主要形式的、在信息网络系统进行通信、处理和使用的信息内容，在各个物理位置、逻辑区域、存储和传输介质中，处于动态和静态过程中的保密性、完整性和可用性，以及与人、网络、环境有关的技术安全、结构安全和管理安全的总和。

在信息系统安全定义中，人是指信息系统应用的主体，包括：
- 各类用户
- 支持人员
- 技术管理人员
- 行政管理人员等

2）网络

指以计算机、网络互连设备、传输介质以及操作系统、通信协议和应用程序所构成的物理的和逻辑的完整体系。

3）环境

是系统稳定和可靠运行所需要的保障体系，包括：
- 建筑物
- 机房
- 电力
- 保障与备份
- 应急与恢复体系等

总的来说，信息系统安全就是要保证信息系统的用户在允许的时间内、从允许的地点、通过允许的方法，对允许范围内的信息进行所允许的处理。

2．从不同角度看待信息系统安全

信息系统安全的具体含义和侧重点会随着观察者的角度而不断变化。个人用户的角度来说，最为关心的信息系统安全问题是如何保证涉及个人隐私的问题。从企业用户的角度来说，是如何保证涉及商业利益的数据的安全。这些个人数据或企业的信息在传输过程中要保证其受到保密性、完整性和可用性的保护，如何避免其他人，特别是其竞争对手利用窃听、冒充、窜改、抵赖等手段，对其利益和隐私造成损害和侵犯，同时用户也希望其保存在某个网络信息系统中的数据，不会受其他非授权用户的访问和破坏。

从网络运行和管理者角度说，最为关心的信息系统安全问题是如何保护和控制其他人对本地网络信息的访问、读写等操作。比如，避免出现漏洞陷阱、病毒、非法存取、拒绝服务和网络资源非法占用和非法控制等现象，制止和防御网络"黑客"的攻击。

对安全保密部门和国家行政部门来说，最为关心的信息系统安全问题是如何对非法的、有害的或涉及国家机密的信息进行有效过滤和防堵，避免非法泄露。机密敏感的信息被泄密后将会对社会的安定产生危害，对国家造成巨大的经济损失和政治损失。

从社会教育和意识形态角度来说，最为关心的信息系统安全问题则是如何杜绝和控制网络上不健康的内容。有害的黄色内容会对社会的稳定和人类的发展造成不良影响。

目前，信息系统工程在企业和政府组织中得到了真正的广泛应用。许多组织对其信息系统不断增长的依赖性，加上在信息系统上运作业务的风险、收益和机会，使得信息和信息安全成为企业和政府组织管理中越来越关键的部分。我们同时也要注意到，对于信息化的不同应用，安全的策略和安全管理的目的也有所不同。

11.1.2 信息系统安全的属性

信息系统安全属性分为三个方面：可用性、保密性和完整性。任何对于信息可用性、保密性、完整性的破坏与攻击事件，都有可能会引起信息安全事故或者事件。

1．可用性

1）可用性的定义

可用性是信息系统工程能够在规定条件下和规定的时间内完成规定的功能的特性。可用性是信息系统安全的最基本要求之一，是所有信息网络系统的建设和运行目标。可用性是指信息及相关的信息资产在授权人需要的时候，可以立即获得。例如通信线路中断故障会造成信息的在一段时间内不可用，影响正常的商业运作，这是信息可用性的破坏。

2）可用性的表现

可用性主要表现在硬件可用性、软件可用性、人员可用性、环境可用性等方面。

硬件可用性最为直观和常见。软件可用性是指在规定的时间内，程序成功运行的概率。人员可用性是指工作人员成功地完成工作或任务的概率。人员可用性在整个系统可用性中扮演着重要角色，因为系统失效的大部分原因是人为差错造成的。人的行为要受到生理和心理的影响，受到其技术熟练程度、责任心和品德等素质方面的影响。因此，对工作人员的教育、培养、训练和管理以及合理的人机界面是提高可用性的重要手段。环境可用性是指在规定的环境内，保证网络成功运行的概率。这里的环境主要是指自然环境和电磁环境。

以信息网络系统为例，可用性还体现在：

（1）抗毁性，是指系统在人为破坏下的可用性。比如，部分线路或节点失效后，系统是否仍然能够提供一定程度的服务。增强抗毁性可以有效地避免因各种灾害（战争、地震等）造成的大面积瘫痪事件。

（2）生存性，是在随机破坏下系统的可用性。生存性主要反映随机性破坏和网络拓扑结构对系统可用性的影响。这里，随机性破坏是指系统部件因为自然老化等造成的自然失效。

（3）有效性，是一种基于业务性能的可用性。有效性主要反映在信息系统的部件失效情况下，满足业务性能要求的程度。比如，信息系统部件失效虽然没有引起连接性故障，但是却造成质量指标下降、平均延时增加、线路阻塞等现象。

不同类型的信息及相应资产的信息安全在保密性、完整性及可用性方面关注点不同，如组织的专有技术、市场营销计划等商业秘密对组织来讲保守机密尤其重要；而对于工业自动控制系统，控制信息的完整性相对其保密性重要得多。

2. 保密性

1）保密性的定义

保密性是信息不被泄露给非授权的用户、实体或过程，信息只为授权用户使用的特性。信息的保密性是针对信息被允许访问对象的多少而不同，所有人员都可以访问的信息为公开信息，需要限制访问的信息一般为敏感信息或秘密，秘密可以根据信息的重要性及保密要求分为不同的密级，例如国家根据秘密泄露对国家经济、安全利益产生的影响（后果）不同，将国家秘密分为秘密、机密和绝密三个等级，组织可根据其信息安全的实际，在符合《国家保密法》的前提下将其信息划分为不同的密级；对于具体的信息的保密性有时效性，如秘密到期解密等。

保密性是在可用性基础之上，保障网络信息安全的重要手段。

2）常用的保密技术

包括：

（1）防侦测，使对手侦测不到有用的信息。

(2) 防辐射，防止有用信息以各种途径辐射出去。

(3) 信息加密，在密钥的控制下，用加密算法对信息进行加密处理。即使对手得到了加密后的信息也会因为没有密钥而无法读懂有效信息。

(4) 物理保密，利用各种物理方法，如限制、隔离、掩蔽、控制等措施，保护信息不被泄露。

3. 完整性

1) 完整性的定义

完整性定义为保护信息及其处理方法的准确性和完整性。信息完整性一方面是指信息在利用、传输、存储等过程中不被删除、修改、伪造、乱序、重放、插入等，另一方面是指信息处理的方法的正确性。不适当的操作，如误删除文件，有可能造成重要文件的丢失。

完整性与保密性不同，保密性要求信息不被泄露给未授权的人，而完整性则要求信息不致受到各种原因的破坏。

2) 保障信息网络系统完整性的主要方法

有以下几种：

(1) 协议，通过各种安全协议可以有效地检测出被复制的信息、被删除的字段、失效的字段和被修改的字段。

(2) 纠错编码方法，由此完成检错和纠错功能。最简单和常用的纠错编码方法是奇偶校验法。

(3) 密码校验和方法，抗窜改和传输失败的重要手段。

(4) 数字签名，保障信息的真实性。

(5) 公证，请求网络管理或中介机构证明信息的真实性。

11.1.3 信息安全管理的重要性

1. 从系统本身存在的问题认识

任何一个信息系统工程都是一套非常复杂的多环节架构，它的安全措施不完整性隐患或安全漏洞可能渗透到该系统的所有地方，其中的一些隐患可能连系统的设计者、实现者和使用者都不一定非常清楚地知道它的存在。因此，系统的不安全因素总是存在的，所以我们说没有绝对的安全，只有相对的安全。

既然信息系统的不安全总是存在的，我们所关注的是如何做到防范。针对于此，首先，信息安全不是要做到滴水不漏的完美，而是要根据系统的特性订出系统所需的安全度，如果一味强调安全本身而加上诸多不合现实的限制，只会导致工作人员更多的反感。其次，针对某一种情况制定真正合适的规范，是必须先评估自己所能承担的风险，将攻击的系统的成本提高到让想破解的人都认为不合乎成本，从而不愿意花功夫去攻击你的系统,俗话说"赔钱的生意没人做"。

同时,从另外一个层面来说,要加强对信息安全的管理。信息安全管理是一项包含技术层面、管理层面、法律层面的社会系统工程;它不是产品,是一个完整的过程,是由人、技术、流程三个部分组成。这些组成部分匹配得越好,过程进展的就越顺利,对信息系统安全的保障作用的发挥就越重要。

2. 当前政府和企业对信息系统安全的重视

鉴于信息系统安全在当前信息系统工程的重要性,不论是政府、企业的应用者,还是信息系统安全的承建单位,包括设计单位、实施单位和监理,对信息系统安全重视程度正在日益提高。

中国工程院院长徐匡迪曾指出:"没有安全的工程就是豆腐渣工程"。这几年来我国接连不断地出现程度不同的信息系统安全事故,这些事故不仅仅是简单的信息系统瘫痪的问题,其直接后果是导致巨大的经济损失,还造成了不良的社会影响。如果说经济损失还能弥补,那么由于信息网络系统在安全防范和管理方面体现出的脆弱性而引起的公众对信息系统工程的诚信危机则不是短时期内可以恢复的。

业界普遍认为,信息安全是政府和企业必须携手面对的问题。政府和企业管理执行层(董事会)有责任确保为所有使用者提供一个安全的信息系统环境。

我国政府主管部门以及各行各业已经认识到了信息安全的重要性。政府部门开始出台一系列相关策略,直接牵引、推进信息安全的应用和发展。由政府主导的各大信息系统工程和信息化程度要求非常高的相关行业,也开始出台对信息安全技术产品的应用标准和规范。国务院信息化领导小组颁布的《关于我国电子政务建指导意见》强调指出了电子政务建设中信息系统安全的重要性;中国人民银行在加紧制定网上银行系统安全性评估指引,并明确提出对信息安全的投资要达到总投资的10%以上,而在其他一些关键行业,信息安全的投资甚至已经超过了总预算的30%~50%。

目前,政府和各行各业对信息安全的重要性有了认识,相关的规定标准在形成,投资力度在加大,安全技术、产品、市场在发展,多数企业机构正在制定符合不同业务信息系统和网络安全等级需要的综合性安全策略和计划。那么,到底需要什么样的方法或机制来管理或治理信息安全呢?从长远的角度看,关键是要建立一套能够涵盖组织信息安全的制度,包括管理措施和制度,即如何能将信息系统安全从机制和结构上提升到一个新的层面;如何通过建立和维护一个和相关法律和规范一致的框架来保证信息安全战略和组织的业务目标。

11.1.4 架构安全管理体系

信息系统安全的总体目标是物理安全、信息基础设备安全、网络安全、数据安全、信息内容安全与公共信息安全的总和,最终目标是确保信息的可用性、保密性和完整性,确保信息系统工程的主体,不仅是用户,还包括组织、社会和国家对于信息资源的控制。

从信息安全管理目标来看,其中的网络安全、数据安全、信息内容安全等可通过开放系统互连安全体系的安全服务、安全机制及其管理实现,但所获得的这些安全特性只解决了与通信和互连有关的安全问题,而涉及与信息系统工程的构成组件及其运行环境安全有关的其他安全问题(如物理安全、系统安全等)还须从技术措施和管理措施两方面结合起来。为了系统地、完整地构建信息系统的安全体系框架,信息系统安全体系应当由技术体系、组织机构体系和管理体系共同构建。

1. 技术体系

技术体系是全面提供信息系统安全保护的技术保障系统。该体系由两大类构成。

1)物理安全技术

一类是物理安全技术,通过物理机械强度标准的控制使信息系统的建筑物、机房条件及硬件设备等条件,满足信息系统的机械防护安全;通过对电力供应设备以及信息系统组件的抗电磁干扰和电磁泄露性能的选择性措施达到两个安全目的,其一是信息系统组件具有抗击外界电磁辐射或噪声干扰能力而保持正常运行,其二是控制信息系统组件电磁辐射造成的信息泄露,必要时还应从建筑物和机房条件的设计开始就采取必要措施,以使电磁辐射指标符合国家相应的安全等级要求。物理安全技术运用于物理保障环境(含系统组件的物理环境)。

物理安全技术包括机房安全和设施安全。

(1)机房安全

是信息系统主要设备的物理存放的位置,主要是保证机房场地的安全,主要包括机房环境、温度、湿度的控制,电磁、噪声、静电、震动和灰尘的防护,同时要有防火灾、防雷电以及门禁等安全措施。

(2)设施安全

主要是考虑各种硬件设备的可靠性问题,所有的设备应当更具不同安全级别的信息系统工程,同时要保证通信线路物理上的安全性。

2)系统安全技术

另一类是系统安全技术,通过对信息系统安全组件的选择,使信息系统安全组件的软件工作平台达到相应的安全等级,一方面避免操作平台自身的脆弱性和漏洞引发的风险,另一方面阻塞任何形式的非授权行为对信息系统安全组件的入侵或接管系统管理权。

系统安全技术包括平台安全、数据安全、通信安全、应用安全和运行安全。

(1)平台安全

泛指操作系统和通用基础服务安全，主要用于防范黑客攻击手段，目前市场上大多数安全产品均限于解决平台安全，包括以下内容：
- 操作系统漏洞检测与修复，包括 UNIX 系统、Windows 系统、网络协议。
- 网络基础设施漏洞检测与修复，包括路由器、交换机、防火墙等。
- 通用基础应用程序漏洞检测与修复，包括数据库、Web/ftp/mail/DNS/其他各种系统守护进程。
- 网络安全产品部署、平台安全实施需要用到市场上常见的网络安全产品，主要包括防火墙、入侵检测、脆弱性扫描和防病毒产品。
- 整体网络系统平台安全综合测试/模拟入侵与安全优化。

（2）数据安全

目标是防止数据丢失、崩溃和被非法访问，为保障数据安全提供如下实施内容：介质与载体安全保护、数据访问控制、系统数据访问控制检查、标识与鉴别、数据完整性、数据可用性、数据监控和审计、数据存储与备份安全。

（3）通信安全

目标是防止系统之间通信的安全脆弱性威胁，为保障系统之间通信的安全采取的措施有：通信线路和网络基础设施安全性测试与优化、安装网络加密设施、设置通信加密软件、设置身份鉴别机制、设置并测试安全通道、测试各项网络协议运行漏洞。

（4）应用安全

是保障相关业务在计算机网络系统上安全运行，应用安全脆弱性有可能给信息化系统带来最大损失的致命威胁。以业务运行实际面临的威胁为依据，为应用安全提供的保证措施有：业务软件的程序安全性测试、业务交往的防抵赖测试、业务资源的访问控制验证测试、业务实体的身份鉴别检测、业务现场的备份与恢复机制检查、业务数据的惟一性/一致性/防冲突检测、业务数据的保密性测试、业务系统的可靠性测试、业务系统的可用性测试。

（5）运行安全

是保障系统的安全稳定。为运行安全提供的实施措施有：应急处置机制和配套服务、网络系统安全性监测、网络安全产品运行监测、定期检查和评估、系统升级和补丁提供、跟踪最新安全漏洞及通报、灾难恢复机制与预防、系统改造管理、网络安全专业技术咨询服务。运行安全是一项长期的服务，包含在网络安全系统工程的售后服务包内。

2．组织机构体系

组织机构体系是信息系统的组织保障系统，由机构、岗位和人事三个模块构成。

1）机构

一个机构设置分为决策层、管理层和执行层。决策层是信息系统用户单位中决定信息系统安全重大事宜的领导机构,由有保密职能的部门负责人及信息系统主要负责人参与组成。管理层是决策层的日常管理机关,根据决策机构的决定,全面规划并协调各方面力量,实施信息系统的安全方案,制定、修改安全策略,处理安全事故,设置安全相关的岗位。执行层是在管理层协调下,具体负责某一个或某几个特定安全事务的一个逻辑群体,这个群体分布在信息系统的各个操作层或岗位上。

2)岗位

岗位是信息系统安全管理机关根据系统安全需要设定的负责某一个或某几个安全事务的职位,岗位在系统内部可以是具有垂直领导关系的若干层次的一个序列,一个人可以负责一个或几个安全岗位,但一个人不能同时兼任安全岗位所对应的系统管理或具体业务岗位。因此,岗位不是一个机构,它由管理机构决定,由人事机构管理。

3)人事

人事机构是根据管理机构设定的岗位,对岗位上在职、待职和离职的员工进行素质教育、业绩考核和安全监管的机构。人事机构的全部管理活动在国家有关安全的法律、法规、政策规定范围内依法进行。

3. 管理体系

管理是信息系统安全的灵魂。信息系统安全的管理体系由法律管理、制度管理和培训管理三部分组成。管理安全设置的机制有:人员管理、培训管理、应用系统管理、软件管理、设备管理、文档管理、数据管理、操作管理、运行管理和机房管理。

1)法律管理

法律管理是根据相关的国家法律、法规对信息系统主体及其与外界关联行为的规范与约束。法律管理具有对信息系统主体行为的强制性约束力,并且具有明确的管理层次性。与安全有关的法律法规是信息系统安全的最高行为准则。

2)制度管理

制度管理是信息系统内部依据必要的安全需求制定的一系列内部规章制度,主要包括:

(1)安全管理和执行机构的行为规范。

(2)岗位设定及其操作规范。

(3)岗位人员的素质要求及行为规范。

(4)内部关系与外部关系的行为规范等。

制度管理是法律管理的形式化、具体化,是法律、法规与管理对象的接口。

3)培训管理

培训管理是确保系统安全的前提。培训管理的内容包括:

(1)法律法规培训。

（2）内部制度培训/位操作培训。
（3）普遍安全意识和岗位相关的重点安全意识相结合的培训。
（4）业务素质与技能技巧培训等。

在信息监理中可以根据信息系统有关的所有人员进行分层次培训。图 11.1 是某个基层计算机信息网络应用单位的网络安全管理组织机构设置。

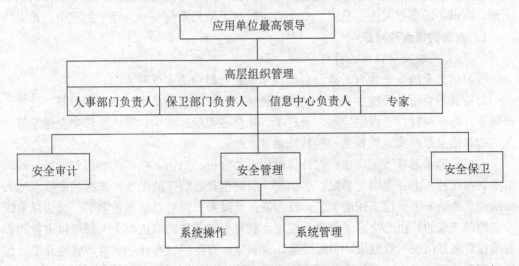

图 11.1 某单位的网络安全管理组织机构设置

11.2 监理在信息安全管理中的作用

监理在信息系统安全管理的作用如下：

（1）保证建设单位在信息系统工程项目建设过程中，保证信息系统的安全在可用性、保密性、完整性与信息系统工程的可维护性技术环节上没有冲突；

（2）在成本控制的前提下，确保信息系统安全设计上没有漏洞；

（3）督促建设单位的信息系统工程应用人员在安全管理制度和安全规范下严格执行安全操作和管理，建立安全意识；

（4）监督承建单位按照技术标准和建设方案施工，检查承建单位是否存在设计过程中的非安全隐患行为或现象等，确保整个项目建设过程中的安全建设和安全应用。

11.2.1 监理督促建设单位进行信息安全管理的教育

为了保证信息系统安全，我们要防范计算机犯罪，需要从技术、法律、管理和教育等几方面着手。信息系统安全教育是建设单位或承建单位保证信息系统安全的重要组成部分,是信息安全体系建设不可缺少的一项重要工作内容。

安全观念先行,抓好安全教育是增强人们安全意识、提高人员安全素质的有效方法,是做好信息系统安全的基础。众所周知,信息系统是人建造的,是为人服务的,除了少数难以预知和抗拒的天灾,很多灾害都是人为的。人,始终是信息系统安全工作的核心因素。所以,增强对人的信息系统安全意识教育是信息系统安全体系中的重中之重。

1. 教育的特点和对象

1)信息系统安全教育的特点

(1)信息系统安全教育是涉及自然科学和社会科学的多学科方面。

目前其教育所涉及的主要有:计算机硬件、计算机软件、电磁泄漏和屏蔽、通信、密码学、电磁材料、工程生理学、管理学、社会心理学、法学、审计学和安全保卫等。

(2)信息系统安全教育是一种特殊教育。

人们很容易忽视下列现象:对计算机病毒的分析、防治,病毒的制造与传播,同时对于病毒在技术上并无确定界限;会加密,同时也具备破译的条件;掌握加密技术的人员给信息系统安全管理工作增加了一份力量;反过来,也可以认为是多了一份信息系统安全的潜在威胁。由此决定了信息系统安全教育不能是任何单位与个人都可以进行的,必须在有关部门统一管理下,目标明确,有领导、有组织、有计划、有步骤地开展。包括在教育的形式上,如安全技术专业的设置、课程的开设、培训班的开办等。一哄而上,良莠不分,会给社会信息系统安全体系增加极大的潜在威胁。

2)信息系统安全教育的对象

凡是与信息系统安全有关的所有人员都可以列为信息系统安全教育的对象:

- 领导与管理人员;
- 计算机工程人员,包括研究开发人员和维护应用人员;
- 计算机厂商的有关人员;
- 一般用户;
- 计算机安全管理部门的工作人员;
- 法律工作人员;
- 其他有关人员。

2. 教育的主要内容

信息系统安全教育的内容比较多,主要包括法规教育、安全基础知识教育和职业道德教育。

1)法规教育

在现代社会中,计算机的社会化程度正在迅速提高。一方面大量与国计民生、国家安全有关的重要数据信息，迅速地向信息系统集中，并被广泛地用于各个领域。另一方面，计算机系统又处在高科技下非法的以至敌对的渗透、窃取、篡改或破坏的复杂环境中，面临着计算机犯罪、攻击和计算机故障的威胁。事实上，计算机的脆弱性所导致的诈骗犯罪，已经给信息化发达国家和公众带来严重损失和危害，成为社会关注的焦点。因此，许多国家在走过一段弯路后，都纷纷采取技术、行政和法律措施，加强对计算机的安全保护，至今已有许多国家制定了计算机安全法准则。

法规教育是信息系统安全教育的关键环节。无论是作为一名计算机工作人员，还是国家公务员，都应该接受信息系统安全法规教育并熟知有关章节的要点。因为法规是我们保证信息系统安全的准则。

2) 安全基础知识

安全基础知识教育包括网络安全教育、运行安全教育、实体安全教育、安全技术基础知识等。

（1）安全技术教育：熟练掌握使用一般的安全工具；了解计算机的硬件参数与软件参数、一般信息系统的薄弱点和风险等。

（2）网络安全教育。熟练掌握计算机网络安全方法学、可信网络指导标准、网络安全模型、计算机网络安全设计方法。

（3）运行安全教育。保障信息系统功能的实现，提供一套安全措施来保护信息处理过程的安全。运行安全教育应该了解：信息系统的安全运行与管理、计算机系统的维护、机房环境的监测及维护、随机故障的维修、风险分析、应急、恢复与备份。

（4）实体安全教育。保护信息系统设备、设施以及其他媒体免遭地震、水灾、火灾、有害气体和其他环境事故破坏的措施。实体安全教育应该了解计算机机房的安全技术要求、实体访问控制、计算机系统的静电防护等。

3) 职业道德教育

道德是社会意识形式之一，是一定社会条件下，调整人与人之间以及个人和社会之间的关系的行为规范的总和。

道德属于形态范畴，它是人们的信念或信仰，也是规范行为的准则。全社会良好的道德规范是文明社会的标志之一。道德与法律不同，法律对人们行为的判定只有违法和不违法，而不违法的行为视为正确。法律适合于每一个人，是强制执行，尽管某人可能不同意某一法律工作条文，但必须按照法律的要求去做。法律不可能规定所有符合社会的准则，也不可能处理所有不符合社会行为的事件。而道德是一种人们行为正确和错误的客观标准，社会根据伦理道德标准，规定可接受的行为准则并由社会舆论来监督执行职业道德。首先，应尊重事实，任何不确定的情况应首先了解清楚；其次，所遵循的职业准则应包括诚实、努力工作、适当补偿、尊重隐私权等内容；最后，种种道德准则在特定的情况下会有冲突，有时需要比较、分析而坚持最合理的准则。计算机人员要加强思想道德修养教育，提高其思想认识水平；树立为客户服务，为社会做贡献的思想观念。

法律虽然规定了对社会公物破坏者行为的制裁，但仅仅依靠法律的力量不是惟一的解决办法。重要的是信息系统工程的行业人员和社会都能普遍地认识到安全管理的重要性。从事信息系统工程建设和应用的企业或政府部门要鼓励其员工培养认真、负责的职业作风，道德标准和责任心问题必须寓于教育体系中，尤其在计算机安全教育课程中加以强调。

11.2.2 监理督促建设单位进行信息安全规划

监理工程师有义务建议建设单位在信息系统安全管理上有应对的措施和规划，在制定信息安全规划方面，应建议建设单位从以下几个方面进行。

1．人员安全管理

任何系统都是由人来控制的，除了对于重要岗位的工作人员要进行审查之外，建立严密的管理制度对于系统的安全尤为重要。在制度建立过程中，监理工程师要建议建设单位遵循有以下原则：

（1）授权最小化。只授予操作人员为完成本职工作所必需的最小授权，包括对数据文件的访问、计算机和外设的使用等。

（2）授权分散化。对于关键的任务必须在功能上进行划分，由多人共同承担，保证没有任何个人具有完成任务的全部授权或信息。

（3）授权规范化。建立申请、建立、发出和关闭用户授权的严格的制度，以及管理和监督用户操作责任的机制。

2．物理与环境保护

对于物理与环境保护，监理工程师要建议建设单位主要从以下几个方面考虑：

（1）物理访问控制。在重要区域限制人员的进出。重要区域不仅包括机房，也应包括能够接触到内部网络的区域，供电系统备份介质存放的地点等。

（2）建筑物安全。要考虑建筑物防火、地震、漏水等造成的风险。

（3）公用设施的保证。为了使系统能够不间断地提供服务及硬件设备不受损害，评价供电、供水、空调等设施的可用性，并提出相应的措施。

（4）数据安全。数据泄露一般有三种途径：直接获取，在传输中截获，通过电磁辐射泄露。对这三种风险要加以充分评估。特别应当注意对便携式计算机建立安全保管制度，如果其中保存了敏感数据应进行加密，避免丢失或被盗时造成数据泄露。

3．输入/输出控制

监理工程师要建议、提醒建设单位对系统的输入/输出信息或介质必须建立管理制度,只有经过授权的人员方可提供或获得系统的输入/输出信息。

4. 制定突发事件的应急计划

监理工程师要建议、提醒建设单位必须针对不同的系统故障或灾难制定应急计划,编写紧急故障恢复操作指南,并对每个岗位的工作人员按照所担任角色和负有的责任进行培训和演练。

5. 应用软件维护控制

在应用软件的维护过程中,监理工程师要建议、提醒建设单位需要对所使用的商业软件的版权、来源,应用软件的文档在维护过程是否修改,测试数据的产生与测试结果,是否留有软件测试所建立的后门或热键等问题进行规划和评估。

6. 数据完整性与有效性控制

数据完整性与有效性控制要保证数据不被更改和破坏。监理工程师要建议、提醒建设单位需要规划和评估的内容包括:系统的备份与恢复措施;计算机病毒的防范与检测制度;是否有实时监控系统日志文件、记录与系统可用性相关的问题,如对系统的主动攻击,处理速度下降和异常停机等。

7. 文档管理

监理工程师要建议、提醒建设单位文档管理对信息安全管理文档的协同性的重要,文是信息安全管理的一部分。文档在安全管理中用于说明系统的工作机制,并且规范系统的安全与操作的特定过程。系统文档包括软件、硬件、政策、标准、过程的描述,以及相关的应用系统和支持系统的描述。同时文档中还应包括备份措施、突发事件对策以及用户和操作员的操作说明等内容。重要应用系统的文档应当与公共支持系统和网络管理的文档进行协调,以保证运行管理与操作的一致性。

8. 安全教育与培训

监理要建议、提醒建设单位必须建立定期进行信息系统的安全教育与培训的制度,对于与重要应用系统相关的工作人员还应以多种方式,针对特定系统进行安全教育与培训。

11.2.3 安全管理制度与监理实施

通常情况下信息系统实施安全管理的有关制度包括:
(1)计算机信息网络系统出入管理制度;
(2)计算机信息网络系统各工作岗位的工作职责、操作规程;
(3)计算机信息网络系统升级、维护制度;
(4)计算机信息网络系统工作人员人事管理制度;
(5)计算机信息网络系统安全检查制度;

(6）计算机信息网络系统应急制度；
(7）计算机信息网络系统信息资料处理制度；
(8）计算机信息网络系统工作人员安全教育、培训制度；
(9）计算机信息网络系统工作人员循环任职、强制休假制度等。

这里，不但要意识到制度的重要性，更要意识到制度的执行和执行程度的重要性。制度本身具备约束、限制的作用，但在执行过程中如何坚决的执行制度，这需要建设单位、监理、承建单位三方人员共同遵照执行，而不只是建设单位制定出来就万事大吉。执行到什么程度，是否严格地遵照各个条款做到位了，是保证信息系统工程建设过程中，乃至应用过程中安全管理成功实施的关键所在。

作为信息系统工程监理，在进行信息系统工程安全管理方面，要树立这样一个思想：监理不但有责任协助建设单位制定安全管理制度，也有义务建议建设单位遵照制度执行，并养成一种职业习惯，确保整个项目建设实施和应用过程中的信息系统安全；同时，监理也要严格自律，在项目建设过程中，按照建设单位的有关制度和规章要求，遵照执行；另外，监理也要协助建设单位，严格要求承建单位和其他有关单位或人员，在项目建设过程中，按照建设单位的有关制度和规章要求，遵照执行。只有三方共同遵守制度的要求做到位了，才能保证信息系统工程建设的安全管理工作的有效成果。这个意识要让建设单位理解，更要让承建单位知道，同时，监理自己一定要以身作则。

11.3 信息系统安全管理分析与对策

在信息系统工程建设中，监理工程师对信息系统的安全体系评估主要从逻辑访问的风险分析与安全管理、协助建设单位架构安全的信息网络系统、对应用环境的风险分析与安全管理、对物理访问的风险分析与安全管理等方面进行，并协助建设单位建立、健全、完善各项管理制度和措施。

11.3.1 物理访问的安全管理

1．物理访问的定义

物理访问控制是设计用于保护组织防止未授权的访问，并限制只有经过管理阶层授权的人员才能进入。有些授权可能是明显易见的，例如管理阶层授权你拥有锁门的钥匙；有些可能是隐含性的授权，例如你在工作内容中说明你必须访问敏感性的报表及文件。

2．物理访问的风险来源

物理访问的风险原因可能会来自有意或无意的违犯，这些风险包括：

（1）未经授权进入；

（2）毁损、破坏或窃取设备、财产或文件；
（3）复制或偷看敏感或有著作权的信息；
（4）变更敏感性设备及信息；
（5）公开敏感的信息；
（6）滥用数据处理资源；
（7）勒索；
（8）盗用。

3．可能的错误或犯罪

监理工程师要使建设单位认识到可能的错误或犯罪的情形包括有：
（1）员工经授权或未经授权的访问；
（2）离职员工；
（3）有利害关系的外来者，如竞争者、盗窃者、犯罪集团、黑客等；
（4）无知造成的意外，某些人可能在无知情况下犯下错误（可能是员工或外来者）。

4．监理安全管理注意事项

物理访问控制的风险大多可能来自那些恶意或犯罪倾向的行为。在安全监理中值得注意的问题如下：
（1）硬件设施在合理范围内是否能防止强制入侵；
（2）计算机设备的钥匙是否有良好的控制以降低未授权者进入的危险；
（3）智能终端是否上锁或有安全保护，以防止电路板、芯片或计算机被搬移；
（4）计算机设备在搬动时是否需要设备授权通行的证明。

物理访问的风险基本是可以事先得到控制的，关键就是怎样落实和实施，也就是制度的管理与落实。这不是监理一方的责任心到位就可以了的，还要建设单位和承建单位在认识上非常重视，齐抓共管才能达到目的。如果其他方没有认识到，监理工程师一定要提出建议和要求。

11.3.2 应用环境的安全管理

应用环境控制可降低业务中断的风险。监控的项目包括电源、地面及空间状态。

1．应用环境的风险来源

环境风险主要来源是自然发生的意外灾害，然而适当的控制可以降低这些风险。一般情况下，应用环境的安全风险来源可能有：

天灾，地震、火山爆发、台风、龙卷风、雷电、洪水等；

停电、电压突变；空调故障、设备故障；

水害，甚至在有高架地板的建筑物中，水害仍是一项危机，因为可能发生水管爆裂的情况；

炸弹威胁与攻击，恐怖活动或战争；

计算机设备电源供应是否能适当控制在制造商的规格范围内；

计算机设备的空调、湿度、通风控制系统是否能维持适当温度和湿度，以符合在制造商规格范围内；

计算机设备是否提供静电保护，如防静电地毯、抗静电喷雾器；

计算机设备是否保持防尘、防烟及其他特殊物品如食品；

是否明文规定禁止在计算机设备旁就餐及吸烟；

是否提供避免一些因素危害备份磁盘及磁带的措施，如极端温度的损害、磁场的影响、水的侵害等。

2．监理安全管理策略概要

对于应用环境的监理，可以从以下几个方面。

1）火灾的控制

火灾可能从信息处理设施的内部或外部引起，因此防火控制系统必须设置在机构中的所有地方，以提供适当的防护。监理应监督建设单位采取的安全管理措施有手提式灭火器、触动式火灾警报器、烟雾探测器、灭火系统（二氧化碳、水、干管）等。

2）水灾探测器

监理应提醒建设单位注意，计算机室即使已经有高架地板设备，水灾探测器仍必须设置在高架地板下与排水孔附近。设备储存设施必须装置水灾探测器，这些警报器不仅可保护设备，同时也可保护人员免遭电击。当警报启动时，声响必须足以让安全及控制人员听到，水灾探测器在高架地板下的位置，必须做记号以便识别及维护。听到警报声后，必须有专人负责调查其原因并采取适当行动，其他工作人员必须知道触电的危险。

3）计算机机房

监理工程师在信息系统工程建设过程中，对各种建造过程中的计算机机房，应该提醒、建议建设单位关注的要点有：

（1）机房所在楼层，不可在地下室，3、4、5、6层为最佳；

（2）门禁系统及出入日志管理，单一出入口；

（3）摄影监控；

（4）警报系统；

（5）机房建设使用具有防火的建材，如防火墙、地板、天花板等；

（6）电流脉冲保护装置；

（7）备份电力系统；

（8）紧急断电装置；

(9) 不间断电源/发电机；
(10) 设施中的电线是否配置在防火板槽里；
(11) 湿度/温度控制设备；
(12) 防静电、防尘设施；
(13) 防雷措施；
(14) 禁止在信息处理场所就餐和吸烟规定；
(15) 疏散计划的书面文件及测试；
(16) 计算机终端设备锁定；
(17) 不公开敏感性设施的位置；
(18) 文件公用柜的保护；
(19) 访客的出入控制与陪同制度等。

11.3.3 逻辑访问的安全管理

在逻辑访问控制方面，监理工程师应着重分析并评估项目建设过程中的信息系统策略、组织结构、业务流程及访问控制，以保护信息系统及数据，避免非法访问泄漏或损坏的发生。

监理在逻辑访问风险分析与安全管理上，主要的原则有：

（1）了解信息处理的整体环境并评估其安全需求，可通过审查相关数据、询问有关人员、个人观察及风险评估等；

（2）通过对一些可能进入系统访问路径进行记录及复核，评价这些控制点的正确性、有效性。这种记录及复核包括审核系统软、硬件的安全管理，以确认其控制弱点或重要点；

（3）通过相关测试数据访问控制点，评价安全系统的功能和有效性；

（4）分析测试结果和其他审核结论，评价访问控制的环境并判断是否达到控制目标；

（5）审核书面策略，观察实际操作和流程，与一般公认的信息安全标准相比较，评价组织环境的安全性及其适当性等。

1. 逻辑访问问题与风险分析

不适当的系统访问控制会使技术及运营风险方面造成的损失增加。这种损失可能只是对用户访问造成不便，也有可能使主机宕机或系统瘫痪，并造成某些业务运营中断。

1) 技术性风险分析

技术性产生的风险包括利用"暗藏程序"直接或间接修改计算机内数据及执行程序。在技术上有多种现象，现举例如下。

（1）数据篡改

在原始数据输入计算机之前被篡改。由于这种方法容易实现并在安全技术管理范围之外，故被广泛采用。

（2）特洛伊木马

特洛伊木马是指将一些带有恶意的、欺诈性的代码置于已授权的计算机程序中，当程序启动时这些代码也会启动。典型的例子是在对方的系统中放置木马，自动监控或获取对方的个人信息。特洛伊木马攻击的表现形式对被攻击者来说并不直观，甚至被攻击者根本不知道已经被入侵，因而它是一种危害性很大的网络攻击手段。

（3）去尾法

将交易发生后计算出的金额（如利息）中小数点后的余额（如分）删除并转入某个未经授权的账户，因为金额微小而往往不被注意。

（4）色粒米技术

这是一种类似去尾法的舞弊行为，不同的是将余额切分成更小金额，再转入未授权账户。这种方法与去尾法的差异是：去尾法是去除掉分，例如若交易金额为$1235954.39，则去尾法的金额为$1235954.35，而色粒米技术是将尾数去除或进位；如上述问题，则色米粒技术金额为$1235954.30或$1235954.40，其计算方法是由程序设计来决定的。

（5）计算机病毒

计算机病毒是指人为的且故意置入计算机的程序，它可自行复制并感染其他计算机中的程序，通过计算机磁盘的共用，通信线路数据的传输（如电子邮件）或对软、硬件的直接操作，都有可能感染病毒。

计算机病毒有良性病毒和恶性病毒。良性病毒并不直接破坏计算机的软硬件，对源程序不做修改，一般只是进入内存，侵占一部分内存空间，消耗CPU资源等，对系统的危害较小。而恶性病毒则会对计算机的软硬件进行恶意的攻击，使系统遭到不同程度的破坏。恶性病毒又分为两类，一类是依赖于主程序的病毒，另一类是可独立存在的病毒。

（6）计算机蠕虫

蠕虫是一种破坏性程序，可以破坏计算机内数据或是使用大量计算机及通信资源，但不像计算机病毒那样能自行复制。比如近几年危害很大的"尼姆达"病毒就是蠕虫病毒的一种。这一病毒利用了微软视窗操作系统的漏洞，计算机感染这一病毒后，会不断自动拨号上网，并利用文件中的地址信息或者网络共享进行传播，最终破坏用户的大部分重要数据。蠕虫病毒的一般防治方法是使用具有实时监控功能的杀毒软件，并且注意不要轻易打开不熟悉的邮件附件。

（7）逻辑炸弹

逻辑炸弹是在满足特定的逻辑条件时按某种不同的方式运行，对目标系统实施破坏的计算机程序。在正常条件下检测不到这种炸弹，但如果特定的逻辑条件出现，则破坏计算机功能或数据。与计算机病毒不同，逻辑炸弹体现为对目标系统的破坏作用，而非传播其具有破坏作用的程序。但不像病毒或计算机蠕虫，逻辑炸弹一般不容易在其发作之前被发现；比较类似于计算机舞弊，可能会造成各种直接或间接的损失。

（8）后门

将未经授权的非法出口置入程序中，以执行恶意的指令。比如数据处理时，可以检查某些数据，这种特殊逻辑也允许未经授权的非法入侵。

（9）异步攻击

在计算机多进程处理过程中，数据在线路上以异步方式传输，因此数据往往在排队等候传输，在等待过程中受到未授权的入侵称为"异步攻击"。这种攻击也通过硬件入侵计算机中，其中有多种异步攻击方法，由于技术复杂，通常很难察觉，必须由网络管理员或网络工程师协助进行检查。

（10）数据失窃

计算机数据被非法盗用，如将计算机文件拷贝出来以窃取数据或偷窃计算机磁盘、磁带等。

（11）口令入侵

任何可以完成口令破解或者屏蔽口令保护的程序都称为口令入侵。网络攻击者往往把用户口令的破解作为对目标系统攻击的开始。几乎所有的用户系统都利用口令来防止非法登录，但却很少有人严格地执行口令安全策略。网络黑客经常利用有问题的且缺乏保护的口令进行攻击。一个口令黑客并不一定能够解开任何口令，实际上，只要用户制定口令时满足口令的复杂性要求，绝大多数口令破解程序就不可能正确破解。

（12）网络窃听

不进行直接的网络攻击，但借助网络窃听器的软件或硬件，掌握对方的重要信息，如账号、密码等，它意味着高级别的泄密，对网络安全造成极大的威胁。

（13）拒绝服务攻击（DOS）

DOS 攻击行为表现在使服务器充斥大量要求响应的信息，消耗网络带宽或系统资源，导致网络或系统不胜负荷，以至于瘫痪而停止提供正常的网络服务，是目前最为常见的网络攻击方法。

2）病毒控制

计算机病毒是当前计算机面临的最严重威胁现象之一。目前预防、侦测病毒感染的方法主要有两种：一种是建立规范严谨的管理策略与管理程序；另外一种是采用技术方法，如防病毒软件。

（1）管理控制的策略

安装正版软件；

计算机开机时，切记使用磁盘的写保护功能；

凡是未在单机中做病毒扫描的磁盘不允许在网络环境中使用；
随时更新病毒代码库；
对可能感染病毒的文件做写保护；
安装新软件前先进行杀毒处理；
新磁盘使用时做病毒检测；
确保在网络环境中安装、使用已更新的防病毒软件；
文件加密和使用前解密；
授权方可更换必要的设备，如路由器、交换机等；
在网络中不使用外单位的设备，如做商务演示时；
备份数据的杀度处理；
定期教育、检查制度的执行情况等。

（2）技术控制方法

对病毒的控制，在硬件架构处理上可以采用使用无软驱的工作站、远端执行开机程序、利用硬件方式的密码、使用磁盘的写保护功能等。

防病毒软件是目前最好的软件工具。防病毒软件的主要功能有扫描、动态监控、完整性检查、行为阻断等。

3）计算机及网络犯罪

这是针对利用计算机和网络系统，通过非法操作或其他手段，对计算机和网络系统的完整性或正常运行造成危害后果的行为，它的对象是计算机系统或网络内部的数据，如计算机程序、文本资料、运算数据、图形表格等存在于计算机内部的信息。所谓非法操作，就是指一切没有按照操作规程或是超越授权范围而对计算机系统进行的操作。非法操作是对计算机系统造成损害的直接原因。

一般而言，计算机及网络犯罪对政府或企业造成的威胁有以下几方面。

（1）财务损失

表现为直接损失如电子资金被盗用，间接损失如改善措施的花费。

（2）法律责任

在制定安全策略及规范时必须考虑其他相关法律及规定。因为法律保护受害者，但也会保护犯罪。在没有适当安全策略及规范的情况下，若有重大违反安全事件发生时，也可能导致建设单位受到投资方的控告。

（3）信誉损失或竞争力丧失

许多建设单位特别是政府、银行或投资公司为保持其竞争力或在行业中的地位，必须维持良好的信誉及公信力。不良访问安全问题会对这种信誉造成重要伤害，并导致企业形象受损并失去客户，重大的安全事故还有可能动摇公众信心。

（4）勒索

机密数据一旦被入侵，可能会被勒索付款以换回此数据。

（5）恶意破坏

有些罪犯作案并不是为了财务利益，他们只是想单纯造成破坏、报复或出于自我满足心理。

因此，对于各种形式的计算机及网络犯罪必须运用法律手段进行打击和惩处。而对于政府部门和企事业单位，应该认真研究和学习如何对出现的入侵事件采取相应的法律程序来维护自己的合法权益，减少由此带来的损失。

2．协助建设单位制定完善的安全策略

为使得安全管理落到实处并持续改进，关于信息安全管理策略的设计及目标包含以下各点。

1）来自领导的重视

通过对安全观念的宣传与贯彻，管理层必须表现出对安全策略支持到底的决心，尤其针对不了解其重要性的某些部门主管，更要加强培训，确保安全策略的全面整体落实。

2）控制原则

系统数据的访问应该建立在"业务需要"的基础上，也就是有业务上需要者才能访问信息系统，并且只能访问应该使用的数据。

3）访问控制的授权与核准

为方便用户访问信息系统，负责系统信息正确使用及报告的主管应提供给用户书面授权及使用方法。主管人员应该将此授权直接交给系统安全管理员，以避免此项授权被误用或篡改。

4）访问授权的核准与审查

同其他控制点一样，访问控制应该定期审查以确定其有效性。组织结构或人员的改变，恶意破坏，甚至单纯人为疏忽均足以对访问控制的功能造成负面的影响。因此，安全管理员通过相关人员的协助应该定期（至少每年一次）检查评估访问控制规则，任何系统或数据访问超越"业务需要"的原则，均应禁止。

5）安全认知及宣传

应通过培训、签订保密协议、安全规定明示、定期检查等对建设单位或承建单位的员工包括管理人员，持续宣传安全的重要性，牢固树立"安全第一"的意识。

6）要让每一位涉及信息系统安全的员工切实认识到以下内容

熟知安全管理规定；建立安全意识，提高安全警觉，发现违反规定的可疑事件，主动报请安全管理员处理；将登录账号及密码放置在安全的地方，不得转借给他人使用；维持良好的安全管理习惯，如出门上锁、不随意泄露门锁号码、妥善保管钥匙、主动询问可疑的陌生人等。

7）监理工程师还要提醒建设单位

非本单位员工接触有关的信息系统时也必须遵守安全管理规定，包括承建单位的服务人员、程序员、系统分析员、软硬件维修人员和服务厂商的人员等。同时还要注意不应泄露安全数据，提供给员工的安全策略手册不应刊登敏感度高的安全数据，如计算机密码文档名、技术安全架构、基础设施安全措施或系统软件上的盲点等内容。

3．建议建设单位设立安全管理员并明确其职责

设立专职或兼职的安全管理员，是为了确保系统日常的系统安全，管理员的任务就是负责建立、监控并执行安全管理规定。安全管理员的主要职责和权利有：

（1）必须充分了解系统配置、系统组件本质的安全弱点与安全政策，针对潜在的威胁，安全管理员必须发现可能对系统造成影响的脆弱点。

（2）口令管理，包括其保护、分发、存储、字符长度与有效期。

（3）必须分配有足够的系统资源，以便能监控到包括操作系统更新及任何可能违反安全的行为。

（4）在安全策略的指导下，通过口令、用户无法改变的安全标记、会话控制、屏幕锁、软件与操作系统补丁更新，以及安全管理等机制建立或运行一个安全系统。

（5）必须通过监控正确的文档与站点及时掌握系统的潜在弱点，接受已发布的操作系统补丁与计算机应急响应组的建议。

（6）鉴于职责划分的原则，安全管理员不应负责或介入应用系统的开发与维护，也不应是系统用户、程序员、系统分析员或计算机操作员。

4．访问控制软件

计算机技术的发展已使信息系统能够储存和管理大量重要数据，增加资源共享的能力，允许单一计算机模拟数台计算机形成虚拟系统的运转，允许很多用户通过终端设备和通信设备访问系统。

目前许多因失误或未经授权的数据访问而遭受损失，原因可能在于即使采用了高度复杂的安全防护软件，但其系统安全管理员依然不能掌握系统安全潜在的漏洞；虽然系统安全软件可与操作系统、应用软件及系统软件相互配合，然而这些配合并不会自动生效；即使这些配合经启动生效后，也不能保证系统的安全控制机制能被不间断地实施。

访问控制软件可以解决上述问题。系统安全软件的功能在于禁止未经授权的数据访问，系统功能的调用及程序的使用、修改或变更，察觉或防范未经授权使用系统资源的企图。系统安全软件与操作系统互相配合，扮演所有系统安全的中心控制角色，在操作系统之上运作，提供管理数据访问的功能。

1）系统安全软件通常执行的工作

（1）对用户身份的验证；
（2）授权使用预先定义的资源；
（3）限制用户从特定终端设备访问数据；
（4）报告未经授权访问数据及程序的企图。
2）访问控制软件可以提供的功能
（1）用户在网络和子系统层面的登录验证；
（2）用户在应用程序和交易类别的验证；
（3）用户在数据库中的验证；
（4）用户在子系统数据层面的验证。
3）授权项目的分类
授权是访问控制软件的最重要部分，有关授权的项目可以分为下列几类：
（1）建立登录账户和用户授权使用的机制；
（2）限制某些特殊账号只能从某些特定的终端设备登录；
（3）在预定时间内的访问；
（4）从预先定义授权程序库中调用程序执行特定任务；
（5）建立访问的规则；
（6）建立个人账户管理和日志审计机制；
（7）数据文档和数据库变更的记录；
（8）登录事件的记录；
（9）记录用户的活动；
（10）记录数据库异常访问活动，监控违规事件；
（11）报告生成及事件通知的功能。

系统安全软件针对访问的处理方法有：用户必须向访问控制软件提供身份验证，如名字或账号。用户同时必须向系统安全软件验证是其本人。身份证明首先由系统安全软件确定用户是否合法，然后通过相关信息的验证来确定是其本人。认证的信息有记忆性信息，如名字、账号和密码；可识别的如识别卡和钥匙；个人特征如指纹、声音和签名。

逻辑访问控制应该保护的计算机文件和场所有：数据、应用程序（包括测试版本和正式发布版本）、远程通信线路、程序库、密码库、临时的介质上存储的文件（U盘、磁盘、光盘、磁带等）、系统软件、访问控制软件、交易日志文件、旁路标签、操作员系统出口、拨号链路、数据字典或数据目录等。

5. 逻辑安全的处理方法

监理工程师在对建设单位提出逻辑安全的处理方法建议时，主要考虑有以下因素。
（1）验证技术，即身份认证的方法，设定的基本原则是：只有你知道的事情，如账号和密码；只有你拥有的东西，如身份证、工作证；只有你具有的特征，如指纹、声音、虹膜等；

（2）账号和密码，双层控制；
（3）访问日志；
（4）在线日志记录；
（5）生物特征安全访问控制；
（6）终端设备使用限制；
（7）控制拨号访问的回拨技术；
（8）限制并监控系统的安全旁路；
（9）数据保密分级；
（10）保密数据的防护，通过逻辑或物理访问控制来避免未授权人阅读或修改；
（11）设定访问控制的命名规则；
（12）安全测试等。

11.3.4 架构安全的信息网络系统

监理工程师在审议承建单位的信息系统工程安全架构设计方案时，依据建设单位的建设需求，根据有关信息系统安全的规范或标准对其评估和审计，并向建设单位提出具体的技术分析意见。在实施方案中，架构完整的安全支撑平台主要的关键性技术解决方案由以下几种安全方案或选型的组合而成。

1. 局域网的安全 VLAN

局域网提供特定群体共同使用程序和数据的存储及获取。局域网的软件和操作必须提供这些程序及数据的安全。不幸的是，多数网络软件过于强调系统功能而忽视提供安全功能。

1）需要关注的风险要点

在监理工程师审议承建单位的局域网技术方案时需要关注的风险要点有：

（1）由于未授权的变更导致数据和程序的完整性受损；
（2）由于无法维护版本控制而缺乏对现有数据的保护；
（3）由于缺少对用户有效的访问验证及潜在的威胁（如通过拨号连接非法访问局域网等）；
（4）病毒感染；
（5）由于没有遵守"需要知道"的授权原则，而导致数据存在不适当的暴露风险；
（6）侵犯软件版权（如使用盗版或使用超过许可用户数的软件）；
（7）非法进入（如模仿或伪装成一个合法的局域网用户）；

（8）内部用户的非法窃取（sniffing）；

（9）内部用户的电子欺骗（spoofing）；

（10）登录的资料被破坏。

2）有效的网络管理

对于局域网安全，较多依赖于软件产品、残品的版本及软件的安全实施。有效的网络安全管理有：

（1）声明程序、文件及储存介质的所有权；

（2）限制访问时只能执行写保护；

（3）监理记录及文件锁定以防同时更新；

（4）强制用户执行账号与密码登录程序，包括密码长度、格式和定期更换的规则等。

因此，监理必须对局域网的构架有通盘的了解和掌握，具体的要点有：

（1）局域网的拓扑结构及网络设计；

（2）确认网络管理员的职责；

（3）了解网络用户的业务功能与网络安全有无冲突；

（4）协助建设单位建立网络的用户群；

（5）协助建设单位建立网络所使用的各种应用系统的整合设计与实施，确认与网络设计、技术支持、命名原则、数据安全等方面有关的工作程序及标准等。

2．C/S 架构安全

C/S（客户/服务器）架构系统在数据访问和处理上有很大风险。要有效保护 C/S 架构环境，所有的访问点均需确认。在主机的应用程序中，集中式的处理技巧要求用户采取特定的路径利用所有的资源；而在分布式的环境中，存在多个访问路径，因为应用数据可能在服务器上，也可能在客户端，因此，必须个别检验这些路径以及相互的关系，以确保任何路径都被检查过。

1）监理工程师审核架构安全的有关方面

为加强 C/S 架构环境的安全，监理工程师应从以下几个方面审核架构的安全。

（1）禁止使用软驱，以保护 C/S 架构的数据或应用程序的安全。这种方式可以防止访问控制软件被突破，即无法做未经授权的访问。自动开机的批处理文件可以防止未经授权的用户突破登录访问安全管理。

（2）网络监控装置可用以侦查已知或未知用户的活动，这些装置可以辨别客户端的地址，做出相应的选择，如主动结束会话或找出未经授权的访问活动以供调查。然而，保障 C/S 架构环境安全的方法是否有效主要取决于负责监控的管理者，由于这是一种检测性控制，如果网络管理员并没有负责任地对这些装置进行监控或维护，则完全无法对付未经授权的黑客。

（3）数据加密技术可帮助保护敏感性或重要数据不会被未经授权访问。

（4）通过认证系统可以在整个环境及逻辑设施中进行用户鉴别。其他方式如系统智能卡，使用智能型手持设备和解密技术去解开由 C/S 架构系统所产生的加密。智能卡显示一个由系统产生的临时识别码，用户在登录后若要在 C/S 架构系统中访问，则必须重新输入该临时识别码。

（5）使用应用系统访问控制程序，并将最终用户分为各个功能群组，限制用户只能执行其职责所需的功能，这将有利于访问控制管理。

2）C/S 的风险及相关问题

传统的信息系统大多采用大型的中央主机系统，最近十多年 C/S 架构技术逐渐成为中小型甚至大型组织的首选，C/S 架构技术的优势表现在可以让企业以更快的速度开发并制造产品和服务，但随之而来的问题是比传统的大型主机系统差得多的安全控制。因此，若不能有效预防或控制在安全控制上的缺陷，则企业有可能将面临更大的风险。

监理工程师还应该提醒建设单位 C/S 架构环境的风险及问题要从如下的方面予以考虑：

（1）如果网络管理员未设定密码定期更新规则，则 C/S 架构环境本身存在访问控制弱点。

（2）无论是自动或手动的变更控制和变更管理程序都可能会是弱点，主要原因是 C/S 架构环境的变更控制工具复杂，而经验不足的人员不愿意使用这些工具以免自曝短处。

（3）网络服务中断可能会对企业有严重的影响。

（4）网络组件（硬件、软件、通信设备）过时。

（5）未经授权地使用调制解调器（同步或非同步）连接到其他网络。

（6）网络连接到公共电话交换网。

（7）不正确、未经授权或未经核准的改变系统或数据。

（8）未经授权访问机密数据、未经授权修改数据、业务中断及数据不完整或不正确的风险。

（9）在开发 C/S 架构系统时往往不考虑应急计划。对于十分重要的系统，缺乏详尽的灾难备份和恢复计划。

（10）应急计划可能会对企业造成重大冲击。应用程序代码及数据不像主机系统那样会锁在安全的主机室中的一台机器上，信息系统工程监理工程师必须评估 C/S 架构系统中所有部件的安全性。

在将一个重要的应用程序由主机移到 C/S 架构平台时，管理层必须清楚以上这些问题所预示的风险。

3．互联网的威胁和安全

互联网的本质特征导致它极容易受到攻击。互联网可以使公共的或私人的各种不同网络与其他网络进行连接。互联网最初的设计目的是提供自由快速交换信息、数据文档的途径。然而，这种自由的代价就是黑客和病毒制造者企图可以攻击互联网及和互联网相连接的计算机，破坏者想侵犯他人的隐私，企图窃取含有敏感信息数据等等。因此对于信息系统监理来说，了解必要的风险及安全因素并进行相关控制就变得尤为重要。信息系统工程监理工程师必须评估以下几项以决定是否存在足够互联网安全控制：

- 组织的互联网安全策略和程序；
- 防火墙的安全控制；
- 入侵检测系统的安全控制。

1）数据安全控制

将数据加密可以减少数据在储存和传输时的风险。加密后，公司数据在互联网或其他网络上传输时是安全的。即使黑客窃取数据或数据落入未经授权者手中，但因为无法解密，没有任何意义。

2）攻击类型

来自互联网上的安全问题主要分成两大类：主动式攻击（active attacks）和被动式攻击（passive attacks）。

主动式攻击是指攻击者通过有选择的修改、删除、延迟、乱序、复制、插入数据等以达到其非法目的。主动式攻击可以归纳为中断、篡改、伪造三种。被动式攻击主要是指攻击者监听网络上传递的信息流，从而获取信息的内容，或仅仅希望得到信息流的长度、传输频率等数据。这两种攻击方式是各有所长，被动式攻击往往很难检测出来但很容易预防，而主动式攻击很难预防但却很容易检测出来，所以攻击者攻击时一般同时采取两种方式。

被动式攻击一般采用网络分析（network analysis）和窃听（eavesdropping）来收集信息。

当收集到足够的信息后，黑客就会对目标系统发起攻击，意欲获取足够的控制权，这包括对数据或程序的未经授权的修改、进行拒绝服务攻击扩大取得的权限或窃取个人的敏感性信息。主动式攻击会影响到信息的真实性、身份的验证及网络安全参数的设定。通用的主动式攻击方法有暴力破解、假冒、互联网或 Web 服务的未授权访问、拒绝服务攻击、电子邮件炸弹与垃圾邮件攻击、电子邮件欺骗等。

3）互联网的安全管理

为了建立一个有效的互联网安全控制，组织必须开发具有可操作性的信息系统安全管理框架。框架详细描述了公司的安全策略，安全程序及遵循的原则。例如，互联网资源的使用原则,它规定只有"业务需要"才有互联网资源使用权;确定哪些信息对外部用户有效;组织内部和外部哪些是可信网络,哪些是不可信网络;另外,还应该定义一些控制的支持过程。

监理工程师协助建设单位并监督承建单位进行互联网的安全管理包括如下一些原则:

(1) 对基于互联网的 Web 应用的开发与设计应该定期进行风险评估;
(2) 员工安全意识的养成与培训;
(3) 开发和实施防火墙安全体系架构;
(4) 开发和实施入侵检测系统;
(5) 控制通过内部局域网拨号访问互联网;
(6) 意外事件的发现、响应、遏制和修复;
(7) 当发生变化时,安全控制指南的变更管理;
(8) 员工办公环境的控制;
(9) 监测未授权使用的行为,并通知最终用户事件的发生。

4. 采用加密技术

1) 加密的定义

加密是把数据(普通文本)变换为不可读形式(加密文本)的过程。这个变换过程按照一定的算法通过各种各样的替换和移位对信息进行加密。数据加密对网络通信或数据存储有很重要的意义,它能起到数据保密、身份验证、保持数据完整性、确认事件发生等作用。

- 数据保密的意义是确保只有特定的人员能够得到那些数据。对数据进行加密是最常见的保密法,只有掌握解密方法的人才能读出加密数据。
- 身份验证是证明某人与他人所称的身份是否符合的过程,只有在对方提供了足够证据的情况下,我们才能确认和相信他就是我们要找的人。
- 数据完整性的含义是数据没有在传输或保存期间被别人修改。常见的数据完整性检查手段是信息分类法。

2) 加密算法、加密密钥和密钥长度

加密算法是加密用于进行加密/解密数据的运算规则。加密算法中使用的信息以确保加密或解密过程的惟一。

与密码相似,用户需要使用正确的密钥访问或解密信息,错误的密钥不能解密信息。密钥规定了长度或位数。处理密钥所需要的开销和资源会随密钥长度的增加而迅速加大。

3) 私钥密码机制和公钥密码机制

(1) 对称密钥加密

对称密钥加密是指发件人和收件人使用其共同拥有的单个密钥。这种密钥既用于加密，也用于解密，叫做机密密钥（也称为对称密钥或会话密钥）。对称密钥是加密大量数据的一种行之有效的方法。

对称密钥加密有许多种算法，但所有这些算法都有一个共同的目的——以可还原的方式将明文（未加密的数据）转换为密文。密文使用加密密钥编码，对于没有密钥的任何人来说它都是没有意义的。由于对称密钥加密在加密和解密时使用相同的密钥，所以这种加密过程的安全性取决于是否存在未经授权的人获得了对称密钥，也就是它为什么也叫做机密密钥加密的原因。希望使用对称密钥加密通信的双方，在交换加密数据之前必须先安全地交换密钥。

衡量对称算法优劣的主要尺度是其密钥的长度。密钥越长，在找到解密数据所需正确密钥之前必须测试的密钥数量就越多。需要测试的密钥越多，破解这种算法就越困难。有了好的加密算法和足够长的密钥，如果有人想在一段实际可行的时间内进行逆向转换，并从密文中推导出明文，从计算的角度来讲，这种做法是行不通的。

(2) 不对称密钥加密

另一类加密方法叫做公钥加密，或者叫做不对称加密。这类加密方法需要用到两个密钥———一个公钥和一个私钥，这两个密钥在数学上是相关的。为了与对称密钥加密相对照，公钥加密有时也叫做不对称密钥加密。在公钥加密中，公钥可在通信双方之间公开传递，或在公用储备库中发布，但相关的私钥是保密的。只有使用私钥才能解密用公钥加密的数据，同样使用私钥加密的数据也只能用公钥解密。

与对称密钥加密相似，公钥加密也有许多种算法。然而，对称密钥和公钥算法在设计上并无相似之处。尽管可以在程序内部使用一种对称算法替换另一种，但变化不大，因为它们的工作方式是相同的。而另一方面，不同公钥算法的工作方式却完全不同，因此它们不可互换。

公钥算法的主要局限在于这种加密形式的速度相对较低。实际上，通常仅在关键时刻才使用公题算法，如在实体之间用对称密匙时，或者在签署一封邮件时进行散列（散列是通过应用一种单向数学函数获得的一个定长结果）。将公匙加密与其他加密形式（如对称密匙加密）结合使用，可以优化性能。公匙加密提供了一种有效的方法，可用来把为大量数据执行对称加密时使用的机密密钥发送给某人，也可以将公钥加密与散列算法结合使用以生成数字签名。

公钥算法的算法有多种。

4) 数字签名和证书

在书面文件上签名是确认文件的一种手段。签名的作用有两点，一是因为自己的签名难以否认，从而确认文件已签署这一事实；二是因为签名不易仿冒，从而确定文件是真的这一事实。数字签名与书面文件签名有相同之处，采用数字签名，也能确认以下两点：信息是由签名者发送的；信息自签发到收到为止未曾作过任何修改。这样数字签名就可用来防止电子信息因易被修改而被人伪造，或冒用别人名义发送信息，或发出（收到）信件后又加以否认等情况发生。数字签名并非用"手书签名"的类型图形标志，它采用了双重加密的方法来实现防伪造和防抵赖。

公题证书通常简称为证书，用于在互联网（internet）、外联网（ixtranet）和内联网（intranet）上进行身份验证并确保数据交换的安全。证书的颁发者和签署者就是众所周知的证书颁发机构 CA。颁发证书的实体是证书的主体。

公题证书是以数字方式签名的声明，它将公钥的值与持有相应私钥的主体（个人、设备和服务）的身份绑定在一起。通过在证书上签名，CA 可以核实与证书上公题相应的私题为证书所指定的主体所拥有。

5. 网闸

网闸，即安全隔离与信息交换系统，是新一代高安全度的企业级信息安全防护设备，它依托安全隔离技术为信息网络提供了更高层次的安全防护能力，不仅使得信息网络的抗攻击能力大大增强，而且有效地防范了信息外泄事件的发生。

1）网闸技术的发展过程

网闸技术最早起源于以色列，通常在物理隔离的情况下要在外网和内网之间进行数据交换，一般是通过磁盘或其他存储设备进行人工的数据交换，而通过自动方式来模拟这种数据交换过程，其实就是网闸的雏形。现今，网闸实际的安全交换过程是先提取网络包中的应用数据，经安全审查后再完成数据交换，相对于人工的交换而言，整个过程是由软件自动完成的，并且增加了安全审查的过程，从而大大提高了交换效率。但是，由于整个交换过程是持续不断进行的，其实质是在网间形成了一个稳定的数据流，也就意味着在网间存在有逻辑上的连接，尽管网闸有了安全审查的过程，但是仍然不能彻底保证交换数据的安全性，因此，网闸无法满足物理隔离的要求，属于非物理隔离设备。

第一代网闸的技术原理是利用单刀双掷开关使得内外网的处理单元分时存取共享存储设备来完成数据交换的，实现了在空气缝隙隔离（air gap）情况下的数据交换，安全原理是通过应用层数据提取与安全审查达到杜绝基于协议层的攻击和增强应用层安全的效果。

第二代网闸正是在吸取了第一代网闸优点的基础上，创造性地利用全新理念的专用交换通道 PET（Private Exchange Tunnel）技术，在不降低安全性的前提下能够完成内外网之间高速的数据交换，有效地克服了第一代网闸的弊端。第二代网闸的安全数据交换过程是通过专用硬件通信卡、私有通信协议和加密签名机制来实现的。虽然仍是通过应用层数据提取与安全审查达到杜绝基于协议层的攻击和增强应用层安全效果的，但却提供了比第一代网闸更多的网络应用支持，并且由于其采用的是专用高速硬件通信卡，使得处理能力大大提高，达到第一代网闸的几十倍之多，而私有通信协议和加密签名机制保证了内外处理单元之间数据交换的机密性、完整性和可信性，从而在保证安全性的同时，提供更好的处理性能，能够适应复杂网络对隔离应用的需求。

2）实现安全的信息交换

目前国内市场上的网络隔离设备大多是基于主机的，基于主机的网络隔离产品符合国家对内、外网物理隔离的要求，其不同网络之间的信息交换将完全依赖手工操作的方式，以磁盘等为中间介质进行。这种信息交换方式实时性差、效率很低，往往会造成信息传递的阻塞。同时，这种方式对所传递的数据的合法性、安全性没有可靠的技术措施保障，人为因素造成失误的可能性极大，仍然存在网络安全隐患。

采用协议转换方式的隔离网闸产品，没有从理论上解释其安全性，以及如何实现物理隔离和网络断开，并且这些产品在实际使用中也出现了一些安全问题。

目前，国内外已有非常成熟的网闸产品，如由中网公司研制开发的安全隔离和信息交换系统（X-Gap），能够较好地解决隔离断开和数据交换的难题。X-Gap 中断了两个网络之间的链路连接、通信连接、网络连接和应用连接，在保证两个网络完全断开和协议中止的情况下，以非网络方式实现了数据交换。没有任何包、命令和 TCP/IP 协议（包括 UDP 和 ICMP）可以穿透 X-Gap，它具有高安全、高带宽、高速度、高可用性的优点。此外，由于采用了 SCSI（Small Computer System Interface，小型计算机系统接口）技术，背板速率高达 5Gb/s，开关效率达到纳秒级，彻底解决了速度慢、效率低的问题。除此之外，SCSI 控制系统本身具有不可编程的特性和冲突机制，形成简单的开关原理，从而彻底解决了网闸开关的安全性问题。

隔离系统被认为是安全性最高的安全设备。它是在保证安全的情况下，尽可能支持信息交换，如果不安全就断开隔离。隔离技术被广泛地应用于专网和公网之间、内网和外网之间，在用户要求进行物理隔离，同时又需要实时地交换数据，解决物理隔离和信息交流的问题时，采用中网 X-GAP 系列产品则可以实现两网之间必要的"摆渡"，又保证不会有相互入侵的安全问题。

3）网闸的应用领域

安全网闸适用于政府、军队、公安、银行、工商、航空、电力和电子商务等有高安全级别需求的网络，在电子政务中的典型应用是安装在政务外网和 Internet 之间或者是在政务内网划分不同的安全域，或者是安装在政务内网和其他不与 Internet 相连的网络之间。当然网闸也可用来隔离保护主机服务器或专门隔离保护数据库服务器。

6. 防火墙

防火墙是指设置在不同网络（如可信任的企业内部网和不可信的公共网）或网络安全域之间的一系列部件的组合。它是不同网络或网络安全域之间信息的惟一出入口，能根据建设单位的安全政策控制（允许、拒绝、监测）出入网络的信息流，且本身具有较强的抗攻击能力。它是提供信息安全服务，实现网络和信息安全的基础设施。

防火墙在物理上基本上是一台具有网关或路由功能的计算机或服务器。在逻辑上，防火墙完成了网络通信的限制、分离和分析功能，有效地监控了内部网和 Internet 之间的任何活动，保证了内部网络的安全。

防火墙作为主要的安全产品来说，技术比较成熟，产品较多，对于防火墙的分类方式比较烦杂。基本上有以下几种分类方式。

- 按照采用的防御技术方式分类，可以分为包过滤防火墙、应用网关防火墙和复合防火墙。
- 按照防火墙存在形式分类，可以分为硬件防火墙、软件防火墙和软硬结合防火墙。
- 按照应用对象分类，可以分为企业级防火墙和个人防火墙。
- 按照支持网络吞吐能力分类，可以分为百兆防火墙和千兆防火墙。

7. 入侵检测系统

入侵行为主要是指对系统资源的非授权使用，可以造成系统数据的丢失和破坏、系统拒绝服务等危害。

入侵检测通过对计算机网络或计算机系统中的若干关键点收集信息并进行分析，从中发现网络或系统中是否有违反安全策略的行为和被攻击的迹象。进行入侵检测的软件与硬件的组合就是入侵检测系统。

入侵检测系统执行的主要任务包括：

（1）监视、分析用户及系统活动；审计系统构造和弱点；
（2）识别、反映已知进攻的活动模式，向相关人士报警；
（3）统计分析异常行为模式；
（4）评估重要系统和数据文件的完整性；
（5）审计、跟踪管理操作系统，识别用户违反安全策略的行为。

1）入侵检测步骤

入侵检测一般分为三个步骤：信息收集、数据分析和响应。

信息收集的内容包括系统、网络、数据及用户活动的状态和行为。入侵检测利用的信息一般来自系统日志、目录以及文件中的异常改变、程序执行中的异常行为及物理形式的入侵信息。

数据分析是入侵检测的核心。它首先构建分析器,把收集到的信息经过预处理,建立一个行为分析引擎或模型,然后向模型中植入时间数据,在知识库中保存植入数据的模型。数据分析一般通过模式匹配、统计分析和完整性分析三种手段进行。前两种方法用于实时入侵检测,而完整性分析则用于事后分析。可用五种统计模型进行数据分析:操作模型、方差、多元模型、马尔柯夫过程模型和时间序列分析。统计分析的最大优点是可以学习用户的使用习惯。

入侵检测系统在发现入侵后会及时做出响应,包括切断网络连接、记录事件和报警等。响应一般分为主动响应(阻止攻击或影响进而改变攻击的进程)和被动响应(报告和记录所检测出的问题)两种类型。主动响应由用户驱动或系统本身自动执行,可对入侵者采取行动(如断开连接)、修正系统环境或收集有用信息;被动响应则包括告警和通知、简单网络管理协议(SNMP)陷阱和插件等。另外,还可以按策略配置响应,可分别采取立即、紧急、适时、本地的长期和全局的长期等行动。

2)入侵检测系统的分类

基于主机的入侵检测系统,其输入数据来源于系统的审计日志,一般只能检测该主机上发生的入侵。

基于网络的入侵检测系统,其输入数据来源于网络的信息流,能够检测该网段上发生的网络入侵。

分布式入侵检测系统,能够同时分析来自主机系统审计日志和网络数据流的入侵检测系统,系统由多个部件组成,采用分布式结构。

另外,入侵检测系统还有其他一些分类方法。如根据布控物理位置可分为基于网络边界(防火墙、路由器)的监控系统、基于网络的流量监控系统以及基于主机的审计追踪监控系统;根据建模方法可分为基于异常检测的系统、基于行为检测的系统、基于分布式免疫的系统;根据时间分析可分为实时入侵检测系统、离线入侵检测系统。

3)入侵检测系统的检测方法

静态配置分析通过检查系统的当前系统配置,诸如系统文件的内容或者系统表,来检查系统是否已经或者可能会遭到破坏。静态是指检查系统的静态特征(系统配置信息),而不是系统中的活动。

异常性检测技术是一种在不需要操作系统及其防范安全性缺陷专门知识的情况下,就可以检测入侵者的方法,同时它也是检测冒充合法用户的入侵者的有效方法。但是,在许多环境中,为用户建立正常行为模式的特征轮廓以及对用户活动的异常性进行报警的门限值的确定都是比较困难的事,所以仅使用异常性检测技术不可能检测出所有的入侵行为。

基于行为检测方法是通过检测用户行为中那些与已知入侵行为模式类似的行为、那些利用系统中缺陷或间接违背系统安全规则的行为，来判断系统中的入侵活动。

基于行为的入侵检测系统只是在表示入侵模式（签名）的方式，以及在系统的审计中检查入侵签名的机制上有所区别，主要可以分为基于专家系统、基于状态迁移分析和基于模式匹配等几类。这些方法的主要局限在于，只是根据已知的入侵序列和系统缺陷模式来检测系统中的可疑行为，而不能检测新的入侵攻击行为以及未知的、潜在的系统缺陷。

8. 漏洞扫描

安全漏洞扫描通常都是借助于特定的漏洞扫描器完成的。漏洞扫描器是一种自动检测远程或本地主机安全性弱点的程序。通过使用漏洞扫描器，系统管理员能够发现所维护信息系统存在的安全漏洞，从而在信息系统网络安全保卫工作中做到"有的放矢"，及时修补漏洞，构筑坚固的安全长城。

按常规标准，可以将漏洞扫描器分为两种类型：

主机漏洞扫描器（Host Scanner），指在系统本地运行检测系统漏洞的程序，如著名的 COPS、tripewire、tiger 等自由软件。

网络漏洞扫描器（Network Scanner），指基于网络远程检测目标网络和主机系统漏洞的程序，如 Satan、ISS Internet Scanner 等。

9. 病毒防范

病毒是一种具有自我复制能力的程序。目前，许多计算机病毒都具有特定的功能，而远非仅仅是自我复制。其功能（常称为 PAYLOAD）可能无害，如只是在计算机的监视器中显示消息；也可能有害，如毁坏系统硬盘中所存储的数据，一旦被触发器（如特定的组合键击、特定的日期或预定义操作数）触发，就会引发病毒。

随着计算机技术的不断发展，病毒也变得越来越复杂和高级。最近几年，病毒的花样层出不穷，如宏病毒和变形病毒。变形病毒每次感染新文件时都会发生变化，因此显得神秘莫测。只要反病毒软件搜索到病毒的"标记"（病毒所特有的代码段），那么，反病毒软件也能检测到每次感染文件就更改其标记的变形病毒。宏病毒主要感染文档和文档模板。几年前，文档文件都不含可执行代码，因此不会受病毒的感染，现在，应用软件，如 Microsoft Word 和 Microsoft Excel，已经嵌入了宏命令，病毒就可以通过宏语言来感染由这些软件创建的文档。

由于 Internet 的迅快发展，将文件附加在电子邮件中的能力不断提高，以及世界对计算机的依赖程度不断提高，使得病毒的扩散速度也急骤提高，受感染的范围越来越广，病毒的感染方式也由主要从软盘介质感染转到了从网络服务器或 Internet 感染。同样据 NCSA 调查，在 1996 年只有 21%的病毒是通过电子邮件、服务器或 Internet 下载来感染的，到 1997 年，这一比例就达到 52%，目前已达到了 80%以上。

多层病毒防御体系

通常情况下，信息网络系统中采取的安全措施主要考虑外部网络安全性，但由于病毒的极大危害及特殊性，网络用户可能会受到来自多方面的病毒威胁，包括来自 Internet 网关上、与各级单位连接的网段上，为了免受病毒所造成的损失，在内部网络部署防病毒系统也是必要的，即多层的病毒防卫体系。所谓多层病毒防卫体系，是指在建设单位的每个工作站上，即客户端都要安装反病毒软件，在服务器上要安装基于服务器的反病毒软件，在 Internet 网关上要安装基于 Internet 网关的反病毒软件。

根据统计，50%以上的病毒是通过软盘进入系统，有超过 20%是通过网络下载文档感染，另外有 26%是经电子邮件的附件所感染。

病毒防范是一项综合性的防护措施。监理工程师可以根据具体的建设情况和建设单位具体应用要求加以分析和审核，并提出有针对性的具体建议。

11.3.5 数据备份与灾难恢复的安全管理

1. 数据备份与灾难恢复的意义

许多事件都可能造成业务中断，从系统内部故障和操作错误到各种环境灾难等，由此引起的损失也是屡见不鲜，因此需要定期进行严格的数据备份工作和相应的灾难恢复计划。

1）数据备份的意义

分析网络系统环境中数据被破坏的原因，主要有以下几个方面：

自然灾害，如水灾、火灾、雷击、地震等造成计算机系统的破坏，导致存储数据被破坏或完全丢失；

系统管理员及维护人员的误操作；

计算机设备故障，其中包括存储介质的老化、失效；

病毒感染造成的数据破坏；

Internet 上"黑客"的侵入和来自内部网的蓄意破坏等。

近几年来，国内网络系统的规划和设计不断推陈出新，在众多网络方案中，通常对数据的存储和备份管理的重要性重视不够，至少在方案中提及不多，甚至忽略。当网络建成运行后，缺乏可靠的数据保护措施，等到出现事故后才来弥补。可以说，网络设计方案中如果没有相应的数据存储备份和恢复的解决方案，就不能算是完整的网络系统方案。计算机系统不是永远可靠的。

2）灾难恢复的意义

降低风险，保证在发生各种不可预料的故障、破坏性事故或其他灾难情况下，能够持续服务，确保业务系统的不间断运行，降低各种损失。

在遇到灾难袭击时，最大限度地保护数据的实时性、完整性和一致性，降低数据的损失，快速恢复系统的操作、应用和数据。

提供各种恢复策略的选择，尽量减少数据损失和恢复时间。

2．数据备份的策略与方式

1）备份策略的选择

备份与恢复是一种数据安全策略，通过备份软件把数据备份到磁带上，在原始数据丢失或遭到破坏的情况下，利用备份数据把原始数据恢复出来，使系统能够正常工作。

（1）备份策略
- 全备份，将系统中所有的数据信息全部备份；
- 差分备份，只备份上次备份后系统中变化过的数据信息；
- 增量备份，只备份上次完全备份后系统中变化过的数据信息；
- 备份介质轮换，避免因备份介质过于频繁地使用，以提高备份介质的寿命。

理想的备份系统是全方位、多层次的。例如，使用硬件备份来防止硬件故障；如果由于软件故障或人为误操作造成了数据的逻辑损坏，则使用软件方式和手工方式结合的方法恢复系统。这种结合方式构成了对系统的多级防护，不仅能够有效地防止物理损坏，还能够彻底防止逻辑损坏。理想的备份系统成本太高，不易实现。在设计备份方案时，我们往往只选用简单的硬件备份措施，而将重点放在软件备份措施上，用高性能的备份软件来防止逻辑损坏和物理损坏。

（2）数据备份与恢复技术通常涉及的几个方面
- 存储设备：磁盘阵列、磁带、光盘、SAN设备
- 存储优化：DAS、NAS、SAN
- 存储保护：磁盘阵列、双机容错、集群、备份与恢复
- 存储管理：文件与卷管理、复制、SAN管理
- 备份与恢复技术

2）备份方式的选择

（1）硬件备份

硬件备份是指用冗余的硬件来保证系统的连续运行。比如磁盘镜像、磁盘阵列、双机容错等方式。

- 磁盘镜像

简单地讲，磁盘镜像（mirroring）就是一个原始的设备虚拟技术，它的原理是：系统产生的每个 I/O（输入/输出）操作都在两个磁盘上执行，而两个磁盘看起来就像一个磁盘一样。有三种方式可以实现磁盘镜像：运行在主机系统的软件，外部磁盘子系统和主机 I/O 控制器。第一种方式是软件方式，而后两种主要是硬件实现方式。

- 磁盘阵列

磁盘阵列（disk array）分为软阵列（software raid）和硬阵列（hardware raid）两种。软阵列即通过软件程序并由计算机的 CPU 提供运行能力所成。由于软件程序不是一个完整系统，它只能提供最基本的 RAID（Redundant Array of Independent Prive，独立磁盘冗余阵列）容错功能。硬阵列是由独立操作的硬件提供整个磁盘阵列的控制和计算功能，不依靠系统的 CPU 资源。由于硬阵列是一个完整的系统，所有需要的功能均可以做进去，所以硬阵列所提供的功能和性能均比软阵列好，而且，如果你想把系统也做到磁盘阵列中，硬阵列是惟一的选择。

冗余是采用多个设备同时工作，当其中一个设备失效时，其他设备能够接替失效设备继续工作的体系。在 PC 服务器上，通常在磁盘子系统、电源子系统采用冗余技术。

- 双机容错

双机容错是计算机应用系统稳定、可靠、有效、持续运行的重要保证。它通过系统冗余的方法解决计算机应用系统的可靠性问题，并具有安装维护简单、稳定可靠、监测直观等优点。当一台主机出现故障，双机容错软件可及时启动另一台主机接替原主机任务，采用智能型磁盘阵列可保证数据永不丢失，采用双机容错软件可保证系统永不停机，保证数据永不丢失和系统永不停机，保证了用户数据的可靠性和系统的持续运行。它的基本架构共分两种模式：双机互备援（dual active）模式和双机热备份（hot standby）模式。

硬件备份的方式具有以下特点：如果主硬件损坏，后备硬件马上能够接替其工作，这种方式可以有效地防止硬件故障，但无法防止数据的逻辑损坏。当逻辑损坏发生时，硬件备份只会将错误复制一遍，无法真正保护数据。硬件备份的作用实际上是保证系统在出现故障时能够连续运行，更应称为硬件容错。

（2）软件备份

软件备份是指将系统数据保存到其他介质上，当出现错误时可以将系统恢复到备份时的状态。由于这种备份是由软件来完成的，所以称为软件备份。当然，用这种方法备份和恢复都要花费一定时间。但这种方法可以完全防止逻辑损坏，因为备份介质和计算机系统是分开的，错误不会复写到介质上。这就意味着，只要保存足够长时间的历史数据，就能够恢复正确的数据。

（3）人工备份

人工级的备份最为原始，也最简单和有效。但用手工方式从头恢复所有数据，耗费的时间过长。

3）灾难恢复的策略

灾难恢复方案主要包括灾难备份计划和灾难恢复计划。一方面要采用先进的备份软、硬件,保证快速、有效地进行数据备份,另一方面还应该制定方便、快捷的灾难恢复措施。

灾难有时是不可避免的,关键是在灾难发生时如何有效地恢复系统。灾难恢复系统可根据操作方式分为以下三种,其达到的效果各有所不同。

(1) 全自动恢复系统

它配合区域集群等高可靠性软件可在灾害发生时自动实现:主应用端的应用切换到远程的副应用端,并把主应用端的数据切换到远程的副应用端。它在主应用端修复后,把在副应用端运行的应用,返回给主应用端,操作非常简单。在灾害发生时全自动恢复系统可达到不中断响应的切换,很好地保证了重要应用的继续性。这种方法的优点是,大大地减少了系统管理员在灾害发生后的工作量。缺点是,一些次要因素,如服务器死机、通信联络中断等,也随时有可能引发主生产系统切换到副应用端的操作。

(2) 手动恢复系统

在这种应用中,如果主应用端全部被破坏掉,在副应用端利用手动方法把应用加载到服务器上,并且手动完成将主应用端的数据切换到远程的副应用端的操作,以继续开展业务处理。这种方法的优点是,整个系统的安全性非常好,不会因为服务器或网卡损坏而发生误切换。缺点是,会产生一段时间的应用中断。

(3) 数据备份系统

在这种系统中,系统将主应用端的数据实时地备份到远地的存储器中。这样,一旦主应用端的存储设备遭到损坏时,远程的存储器中会保留事故发生前写入本地存储器的所有数据,使丢失数据造成的损失降到最低点。当主应用端的存储器恢复正常,并将远地存储器的数据回装入本地存储器之后,应用可恢复到故障前的状态。这个时间差异取决于服务器的缓存中丢失了多少数据。与上述两种相比,此方法恢复系统正常应用所用时间最长,但成本最低。

4) 监理单位法

(1) 建议建设单位制定灾难恢复计划

为有效进行灾难恢复,需要编制灾难恢复计划。有效地制定灾难恢复计划必须和商业优先权以及现有的 IT 基础及预算相配合。灾难恢复计划的目的是能够保证在灾难发生时,迅速安装计算机系统,尽快恢复操作,重新开展业务。此外,由于系统安装的资源通常不断更新,如开发了新的应用、现有系统的改进、人员的离职、新硬件的获取等,也要求恢复计划随之更新。维护恢复计划的目的是减少灾难恢复过程中决策的不确定性,也减少对灾难恢复团队人员的依赖。灾难恢复计划应该是书面材料,它包括如下内容:

- 鉴别关键应用,确定灾难恢复计划的使命;
- 数据的备份(全部备份、差分备份或增量备份);

- 热站、冷站或温站；
- 灾难恢复计划的测试或培训；
- 指定灾难恢复计划负责人；
- 操作系统、设施和文件的备份；
- 紧急电话号码列表；
- 保险；
- 通信计划；
- 信息系统和操作文档；
- 替代工作站点的雇员配置计划；
- 水与食品的供应；
- 关键人员职位的备份；
- 软硬件清单；
- 采用手工部分对自动步骤进行备份；
- 与员工签订协议。

（2）灾难恢复计划的监理工作

在对灾难恢复计划进行监理时，需要强调以下几点：

- 获得管理层的支持。这一点非常重要，因为所有的资金投入都要得到高级管理层的通过。高级管理层的介入可以确保灾难发生时能够从他们那里得到思想和财政上的支持。
- 召开一次解决方案研讨会，设计组织独有的恢复解决方案并提出项目实现计划，探讨如何实施在解决方案研讨会中所提出的项目计划。
- 选定负责人。潜在的人选包括业务主管、数据中心主管甚至是基础设施管理人员。
- 进行业务影响分析，鉴别关键的业务过程，评估重要恢复点和恢复时间目标以及 IT 环境。并围绕组织所有的关键部分制定计划，包括人员、设备、连通性、数据、应用、访问等。
- 评定保持业务持续性的战略。这项评定包括公司内部有代表性的远程站点和外部供应商提供的冷站。
- 进行恢复功能测试和灾难恢复模拟，保证在组织所规定的时间内完成恢复，并进行评审。
- 一旦计划制定，组织全体人员都应熟悉此项计划，便于灾难发生时，每个人都能迅速各司其职。
- 提供全面的备援中心设施，包括 UPS、备份设备、消防系统以及烟雾/水探测系统。并确保备援中心安全,提供进入机房的身份鉴定、安全保卫措施,并确保备援中心可用性和现场操作支持。
- 灾难恢复计划应以文档记录,在工作人员之间共享,并应该进行灾难计划的测试以及升级。保证计划在灾难发生时必须是易于访问和执行。
- 在系统上装载和运行必需的工具来衡量恢复解决方案的要求。
- 保证解决方案中的所有硬件、软件和网络部件的可用性。
- 提供可扩展的容量来满足组织的预期工作负荷。

第 12 章 信息管理

12.1 信息工程信息与信息管理

12.1.1 信息工程信息

信息系统工程信息是对参与各方主体（如建设单位、承建单位、监理单位和供货厂商、招标公司、分包公司等其他主体）从事信息系统工程项目管理（或监理）提供决策支持的一种载体，如项目建议书、可行性研究报告、设计说明书、售后服务协议及实施标准等。

在信息系统工程建设中，能及时、准确、完善地掌握与信息系统工程有关的大量信息，处理和管理好各类工程建设信息，是信息系统工程项目管理的重要工作内容，也是监理单位监督管理的重要内容。

信息系统工程信息与工程项目建设的数据及资料等，既相联系，又有一定的区别。数据是反映客观事物特征的描述，如文字、数值、语言、图表等，是人们用统计方法经收集而获得的；信息是人们所收集的数据、资料经加工处理后，对特定事物具有一定的现实或潜在的价值，且对人们的决策具有一定支持的载体。因此，数据与信息的关系是：数据是信息的载体，而信息则是数据的内涵；只有当数据经加工处理后，具有确定价值而对决策产生支持时，数据才有可能成为信息。图 12.1 表示了数据与信息的关系。

图 12.1 数据与信息的关系

由于信息系统工程项目及其技术经济的特点，使信息系统工程信息具有如下的特点。

1. 现实性

现实性是信息系统工程信息的最基本性质。如果信息失真，不仅没有任何可利用的价值,反而还会造成建设决策失误。

2. 适时性

适时性反映了信息系统工程信息具有突出的时间性的特点。某一信息对某一目标是适用的,但随着项目进程,该信息的价值将逐步降低或完全丧失。因此,信息的适时性是反映信息现实性的关键,对决策的有效性起着重大的影响。

3. 复杂性

现代信息系统工程信息量大,形式多样,相互关系复杂;对不同工程主体在不同的建设阶段所需的信息量和信息的类型也不尽相同。

4. 共用性和增值性

对某些信息系统工程信息能为多种项目主体所共有、所共用;但对各项目主体的实施行为支持其价值有所不同。信息的共用性和增值性是信息系统工程信息的又一大特点。

12.1.2 信息工程信息管理

信息化工程在实施过程中,项目参建者必须了解开发进度、存在的问题和预期目标。每一阶段计划安排的定期报告提供了项目的可见性。定期报告还提醒各参建单位注意对该项目承担的责任以及该单位效率的重要性。开发文档规定若干个检查点和进度表,使参建单位可以评定项目的进度,如果开发文档有遗漏,不完善,或内容陈旧,则管理者将失去跟踪和控制项目的重要依据。

信息管理是各任务之间联系的凭证。

大多数信息系统工程通常被划分成若干个任务,并由不同的单位去完成。建设单位组织学科方面的专家建立项目,做各种指示等。承建单位的分析员阐述系统需求,设计员为程序员制定总体设计,程序员编制详细的程序代码,质量保证专家和审查员评价整个系统性能和功能的完整性,负责维护的程序员改进各种操作或增强某些功能。监理单位控制项目各层面的实施情况、质量、进度、成本等。

这些单位间的信息沟通是通过文档资料的复制、分发和引用等方式而实现的,因而任务之间的联系是文档的一个重要功能。大多数系统开发方法为任务的联系规定了一些正式文档。分析员向设计员提供正式需求规格说明,设计员向程序员提供正式设计规格说明等。

12.1.3 监理在信息工程信息管理的作用及重要性

1. 监理单位在信息工程信息管理中的作用

监理单位进行信息管理的目的是促使承建单位通过有效的工程建设信息规划及其

组织管理活动，使参与建设各方能及时、准确地获得有关的工程建设信息，以便为项目建设全过程或各个建设阶段提供建设决策所需要可靠信息。另外，通过对信息系统工程项目工程监理过程的信息的采集、加工和处理，为监理工程师的决策提供依据，对工程的投资、进度、质量进行控制，同时也作为确定索赔的内容、金额和反索赔提供确凿的事实依据。因此，信息管理是监理工作的一项重要内容。

承建单位对信息系统工程信息的收集和管理很重要，但在实际的工程中，没有引起承建单位乃至建设单位的足够重视。承建单位移交的资料不齐全，内容不详实等是在信息系统工程中普遍存在的现象。

2. 信息系统工程信息管理的重要性

1）信息是信息工程项目监理不可缺少的资源

信息系统工程项目的建设过程，实际上是人、财、物、技术、设备等资源投入的过程，而要高效、优质、低耗地完成工程建设任务，必须通过信息的收集、加工、处理和应用实现对上述资源的规划和控制。项目监理的主要功能就是通过信息的作用来规划及调节上述资源的数量、方向、速度和目标，使上述资源按照一定的规划运动，实现工程建设的投资、进度和质量目标。

2）信息是监理人员实施控制的基础

监督控制是信息工程项目管理的主要手段。监督控制的主要任务是将计划目标与实际目标进行分析比较，找出差异和产生问题的原因，采取措施排除和预防偏差，保证项目建设目标的实现。

为了有效地控制项目的三大目标，监理工程师应当掌握项目建设的投资、进度和质量目标的计划值和实际值。只有掌握了这两方面的信息，监理工程师才能实施控制工作。因此，从控制角度讲，如果没有信息，监理工程师就无法实施正确的监督。

3）信息是进行项目决策的依据

信息工程项目监理决策的正确与否，将直接影响信息系统工程项目建设总目标的实现，而影响决策正确与否的主要因素之一就是信息。如果没有可靠、正确的信息作依据，监理工程师就不能做出正确的决策。如实施阶段对工程进度款的支付，监理工程师只有在掌握有关合同规定及实际实施状况等信息后，才能决定是否支付或支付多少等。因此，信息是项目正确决策的依据。

4）信息是监理工程师协调信息系统工程项目各参与单位之间关系的纽带

信息系统工程项目涉及众多的单位，如上级主管政府部门、建设单位、监理单位、设计单位、实施单位和设备供应单位等，这些单位都会对信息系统工程项目目标的实现带来一定影响。要使这些单位协调一致，就必须通过信息将它们组织起来，处理好各方面的关系，协调好它们之间的活动，实现建设目标。

总之，信息渗透到信息系统工程监理工作的各个方面，是工程监理活动不可缺少的要素。同其他资源一样，信息是十分重要和宝贵的资源，必须充分地开发和利用。

12.2 监理单位的信息管理方法

12.2.1 信息系统工程信息资料的划分

为了便于建立信息系统工程项目工程监理信息系统，对信息系统工程信息可以按工程建设信息的性质、用途、载体和工程阶段划分信息类型。

1. 按工程建设信息的性质划分

1) 引导信息

引导信息是用于指导人们的正确行为，以便有效地从事工程项目建设中的各种技术经济活动。引导信息包括实施方案、实施组织设计、各种技术经济措施，以及设计变更通知、技术标准和规程等。

2) 辨识信息

辨识信息是用于指导人们正确认识工程项目建设中各类事物的性能、特征和效果，如软件环境、硬件环境、设备等的出厂证明书，技术合格证书，试验检验报告，中间产品和最终产品的检查验收签证等。

对工程项目建设中的某些信息，如需求分析、技术方案等既属于引导信息，又属于辨识信息。

2. 按工程建设信息的用途划分

信息系统工程建设信息可以划分为投资控制信息、进度控制信息、质量控制信息、合同管理信息、组织协调信息及其他用途的信息等。

1) 投资控制信息

投资控制信息包括：费用规划信息，如投资计划、投资估算、工程预算等；实际费用信息，如各类费用支出凭证、工程变更情况、工程结算签证，以及物价指数、人工、软件环境、硬件设备等市场价格等；投资控制的分析比较信息，如费用的历史经验数据、现行数据、预测数据及经济与财务分析的评价数据等。

2) 进度控制信息

进度控制信息包括：信息工程项目进度规划，如总进度计划、分目标进度计划、各实施阶段的进度计划、单项工程及单位工程实施进度计划、资金及物资供应计划、劳动力及设备的配置计划等；工程实际进度的统计信息，如项目日志、实际完成工程量、实际完成工作量等；进度控制比较信息，如工期定额、实现指标等。

3）质量控制信息

质量控制信息包括：信息工程项目实体质量信息，如质量检查、测试数据、隐蔽验收记录、质量事故处理报告，以及材料、设备质量证明及技术验证单等；信息工程项目的功能及使用价值信息，如有关标准和规范、质量目标指标、设计文件、资料、说明等；信息工程项目的工作质量信息，如质量体系文件、质量管理工作制度、质量管理的考核制度、质量管理工作的组织制度等。

4）合同管理信息

合同管理信息包括：合同管理法规，如招标投标法、经济合同法等；信息系统工程合同文本，如设计合同、实施合同、采购合同等；合同实施信息，如合同执行情况、合同变更、签证记录、工程索赔等。

5）组织协调信息

组织协调信息包括：工程质量调整及信息工程项目调整的指令；工程建设合同变更及其协议书；政府及主管部门对工程项目建设过程中的指令、审批文件；有关信息系统工程有关的法规及技术标准。

6）其他用途的信息

其他用途的信息是除上述五类用途的信息外，对信息系统工程项目建设决策提供辅助支持的某些其他信息，如工程中往来函件等。

3. 按工程建设信息的载体划分

信息系统工程建设信息包含：文字信息、语言信息、符号及图表信息、视频信息等。

4. 按建设阶段信息划分

工程建设信息包含：投资前期的决策信息、设计信息、实施信息、招标投标信息、工程实施阶段及工程保修阶段的信息等。

通过对信息系统工程建设信息的分类，有利于充分、合理、有效地利用各种工程建设信息，以便对信息系统工程项目管理或工程项目工程监理提供可靠的决策支持。

12.2.2 监理单位信息管理方法

监理资料包含文书、档案、往来信息等原始的或电子的材料。监理文档是监理工作信息的重要载体，也是监理项目部的工作成果之一，对监理单位和建设单位都有重大作用。

1. 文档管理是建设单位的需要

首先，对文档进行有效管理，是建设单位的要求。建设单位在将工程监理的任务委托给监理单位以后，并不是就纯粹不管不问了，它还需要时时关注工程的实施情况，而能够使其对工程进展情况了解得比较清楚的媒介之一，就是监理的文档。

其次，高效的文档管理，也是监理单位自身的需要。一是，为了成功对工程进行监理，必须有一套严谨的文档分类管理办法，这样，工程的详细情况才可能被监理项目组准确掌握，从而也为建设单位所准确掌握；二是，监理单位需要对监理人员的工作情况进行考核，以决定人员的报酬和职位进行奖惩升降，而这些最主要的依据，则是监理的文档；三是，监理文档本身就是监理工作经验最好的总结，是监理工作最好的培训资料，从培养人员的角度上来说，一套完善的文档管理体制非常必要。

文档管理工作应由监理项目部承当，应选配思想素质高、责任心强的监理人员进行档案管理，负责做好以下各方面的档案的收集、整理、立卷、保管工作。档案的管理由监理人员负责，承建单位也必须保存与之相关的文档副本。送档的资料应做到格式规范、内容完备、条理清楚，手写的应用碳素墨水工整书写。所有资料必须分期、分区、分类（同行业信息、素材、样盘、合同、协议等）管理，时刻保证资料与实际情况的统一；负责文档管理人员必须遵守保密原则，确保各方技术信息不流失。作好监理日记及工程大事记；作好合同批复等各类往来文件的批复与存档；作好项目协调会、技术专题会的会议纪要；管理好实施期间的各类技术文档；提交竣工文档清单，并且检查文档的合格性。

2．文档管理过程应该注意事项

（1）文档的格式应该统一。最好能够结合监理单位自身的 MIS（Management Information System，管理信息系统）系统和监理工程项目管理软件来统一定义文档格式，这样做的好处是便于进行管理。

（2）文档版本的管理。新的版本出来后，旧的版本应该进行相应的改变，同时彻底从管理库中清除，以保持文档版本的统一。

（3）关于文档的存档标准。文档的存档标准是指某一类型的文档究竟应该保存多长时间，这个问题应该由监理单位根据国家档案管理相关的要求，统一进行规定。

3．监理工程师在归集监理资料时注意事项

（1）监理资料应及时整理、真实完整、分类有序；

（2）监理资料的管理应由总监理工程师负责，并指定专人具体实施；

（3）监理资料应在各阶段监理工作结束后及时整理归档；

（4）监理档案的编制及保存应按有关规定执行。

4．建立监理档案的原则

监理资料归集后，应该建立工程监理档案进行管理，监理单位对建立监理档案的原则如下：

（1）为了进一步提高建设监理工作水平，促进工程建设监理工作的程序化、规范化、科学化，为以后贯标工作做好基础工作，监理单位应该要求各部门认真做好监理资料的管理工作；

（2）工程监理档案应与工程形象进度同步建立，按类别及时整理归档，要求真实齐全、纸张统一，编有检索目录，便于查询；

（3）全面推广计算机辅助管理，实现监理信息处理的规范化，提高监理工作效率和管理水平。

监理单位严格要求信息系统工程人员和编制组完成文档编制，并且在策略、标准、规程、资源分配和编制计划方面给予支持。

5．监理单位对文档工作的责任

监理单位要认识到正式或非正式文档都是重要的，还要认识到文档工作必须包括文档计划、编写、修改、形成、分发和维护等各个方面。

监理单位对文档工作的支持。监理单位应为编写文档的人员提供指导和实际鼓励，并使各种资源有效地用于文档开发。

监理单位的主要职责：

（1）建立编制、登记、出版、分发系统文档和软件文档的各种策略；

（2）把文档计划作为整个开发工作的一个组成部分；

（3）建立确定文档质量、测试质量和评审质量的各种方法的规程；

（4）为文档的各个方面确定和准备各种标准和指南；

（5）积极支持文档工作以形成在开发工作中自觉编制文档的团队风气；

（6）不断检查已建立起来的过程，以保证符合策略和各种规程并遵守有关标准和指南。

6．项目监理单位在项目开发前应决定的事项

（1）要求哪些类型的文档；

（2）提供多少种文档；

（3）文档包含的内容；

（4）达到何种级别的质量水平；

（5）何时产生何种文档；

（6）如何保存、维护文档以及如何进行通信；

（7）如果一个软件合同是有效的，应要求文档满足所接受的标准，并规定所提供的文档类型、每种文档的质量水平以及评审和通过的规程。

12.2.3　监理单位制订文档编制策略

文档策略是由监理单位主持制订的，对其他单位或开发人员提供指导。

一般说来，文档编制策略陈述要明确，并通告到每个人且理解它，进而使策略被他们贯彻实施。

支持有效文档策略的基本条件

1）文档需要覆盖整个工程项目生存期

在项目早期几个阶段就要求有文档,而且在贯穿信息系统工程过程中必须是可用的和可维护的。在整个项目完成后,文档应满足系统的使用、维护、增强、转换或传输。

2）文档应是可管理的

指导和控制文档的获得维护,监理单位应准备文档产品、进度、可靠性、资源、质量保证和评审规程的详细计划大纲。

3）文档应适合于它的读者

读者可能是监理单位人员、建设单位人员、无计算机经验的专业人员、维护人员、文书人员等。根据任务的执行,他们要求不同的材料表示和不同的详细程度。针对不同的读者,监理单位应负责设计不同类型的文档。

4）文档效应应贯穿到软件的整个开发过程中

在信息系统工程的整个过程中,应充分体现文档的作用和限制,即文档应指导全部开发过程。

5）文档标准应被标识和使用

应尽可能地采纳现行的标准,若没有合适的现行标准,必要时应研制适用的标准或指南。

6）应规定支持工具

工具有助于开发和维护软件产品,包括文档,因此尽可能使用的工具是经济的、可行的。

12.3 信息系统工程监理相关信息分类

12.3.1 按项目参与单位分类

信息系统工程监理相关信息分类按项目参与单位可分类为建设单位信息、承建单位信息、监理单位信息,如图 12.2 所示。

建设单位信息:建设单位信息是指建设单位在项目中发送给有关单位的指令、通知、函等与项目有关的所有信息总称。

承建单位信息:承建单位信息是指承建单位在项目中发送给有关单位的计划、方案、通知、报告、请示等与项目有关的所有信息总称。

监理单位信息:监理信息是指监理项目部在监理工作中,收集、产生、记录、整理的所有与监理工作有关的信息总称。

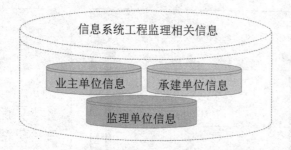

图 12.2　信息系统工程监理相关信息的分类

12.3.2　按工程建设阶段分类

信息系统工程监理相关信息分类按工程建设阶段可分类为招投标阶段信息、系统分析信息、系统设计信息、项目实施信息、系统验收信息等，如图 12.3 所示。

招投标阶段信息主要包括招标书、投标书、中标通知书、承建合同及附件招投标阶段产生的文件。

系统分析信息主要包括需求规格说明书、功能界定书等系统分析阶段产生的文件。

系统设计信息主要包括系统概要设计说明书、系统详细设计说明书、数据库设计说明书等设计文件。

系统实施信息主要指承建单位、监理单位和建设单位在实施过程中质量作业记录，包括设备验收记录、设备安装记录、软件开发记录、软件测试记录、系统错误记录等。

系统验收信息主要包括测试计划、测试报告、验收计划、验收报告及工程竣工总结报告。

12.3.3　按监理角度分类

信息系统工程从监理的角度来分类主要分为以下四种。
1．监理总控体文件
（1）集成合同及附件；
（2）监理合同；
（3）监理规划；
（4）监理实施细则；
（5）其他。
2．监理实施文件
（1）监理月报；

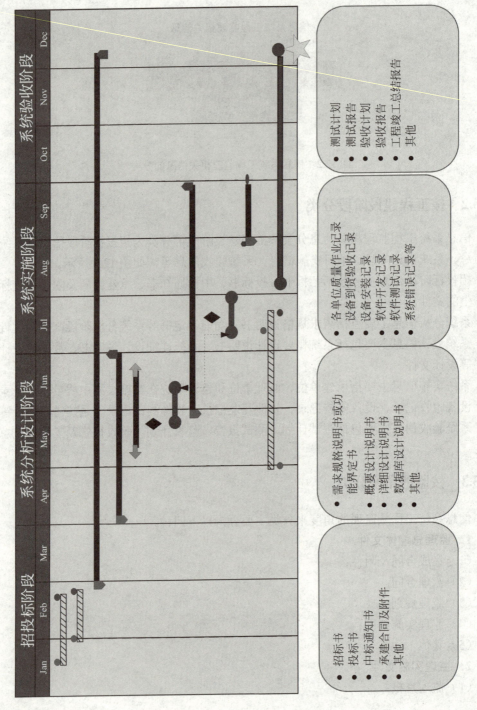

图 12.3 工程各建设阶段及信息分类

(2) 监理会议纪要；
(3) 监理专题报告；
(4) 监理通知单；
(5) 竣工总结；
(6) 项目变更文件；
(7) 进度监理文件；
(8) 质量监理文件；
(9) 质量回归监理文件；
(10) 其他。

3．监理回复意见

(1) 总体监理意见；
(2) 系统集成监理意见；
(3) 软件开发监理意见；
(4) 培训监理意见；
(5) 其他监理意见。

4．监理内部文件

(1) 内部决议；
(2) 内部控制文档；
(3) 监理日志；
(4) 其他。

12.4 监理在信息管理中的主要文档

监理单位的信息管理工作是指收集并整理本工程的监理信息，作为信息系统工程监理信息的一部分；督促承建单位建立以信息系统工程项目作为目标系统的管理信息系统，在工程项目建设的各个阶段，对所产生的、面向信息系统工程项目管理业务的信息进行收集、传输、加工、储存、维护、使用和整理；协助建设单位建立信息管理制度，接收信息系统工程信息资料，对这些资料进行归整、保管和使用。

12.4.1 总控类文档

总控类文档是指承建合同、总体方案、项目组织实施方案、技术方案、项目进度计划、质量保证计划、资金分解计划、采购计划、监理规划及实施细则等文档。其他文档逻辑上都是从总控文档派生出来的或者说是该文档的上层文档。

12.4.2 监理实施类文档

监理实施类文档(工程作业记录)主要包括:项目变更文档、进度监理文档、质量监理文档、质量回归监理文档、监理日报、监理月报、专题监理报告、验收报告、总结报告等。

1. 工程项目变更监理文档

所有已评审通过的文件,包括评审项目开发计划书、需求分析说明书、数据需求说明书、概要设计说明书、详细设计说明书、数据库设计说明书、用户手册、操作手册、模块开发卷宗、测试方案、测试计划、测试分析报告、开发进度月报、项目开发总结报告等,如果在实际开发过程中集成商需要变更某项内容,须经监理对其提出的变更内容和变更方案进行评审,并提出监理意见,经三方确认后实施。

2. 工程进度监理文档

工程项目的进度控制是工程监理的重要内容。监理单位对工程项目的进度控制主要是通过进度审核、纠偏、纠偏过程审核的过程,使工程进度趋于正常。工程进度监理文档主要包含进度监理和进度纠偏两部分,如果监理意见认为存在进度偏差,则必须包含进度纠偏。

在进度监理过程中,监理工程师对某一工程阶段的进度情况进行客观描述,由总监理工程师组织对进度情况进行评审和分析,并提出进度监理意见。

如有进度纠偏的意见经三方确认后实施,监理单位应同时把纠偏过程纳入进度监理和质量监理范围之内。工程进度纠偏监理主要对纠偏效果和纠偏过程进行审核,如仍未达到计划目标,则还应继续提出纠偏措施。

3. 工程质量监理文档

工程质量监理文档是按照工程质量过程控制和测试技术是进行工程质量控制的主要手段。过程控制依靠检测、分析、评审、回归修改、再测试的循环来实现。检测技术是进行过程控制的基础。工程质量监理文档主要包含两部分:质量监理和回归情况监理。如果监理意见认为存在质量缺陷,则必须包含回归情况监理。

在质量监理过程中,总监理工程师组织对检测情况进行评审和分析,并提出质量监理意见。

在监理过程中发现质量问题,经三方确认监理意见后由集成商进行修改,监理单位应同时把修改过程纳入进度监理和质量监理范围之内。工程质量回归监理主要对修改结果和修改过程进行审核,如仍未达到计划目标,则还应继续提出修改措施。

4. 工程监理日报

工程监理日报由监理工程师根据实际需要每日编写,主要针对近期的工程进度、工程质量、合同管理及其他事项进行综合、分析，并提出必要的意见。

5．工程监理月报

工程监理月报由总监理工程师组织编写，由各相关专业监理工程师参加，对本月的工程进度、工程质量、合同管理及其他事项进行综合、分析，总结本月监理结论，并提出下月的监理计划。一般来说，监理月报应含以下几个要素。

（1）工程概况：包括本月进行的工程情况，如有工程外包，则包括相应的承包单位情况；

（2）监理工作统计：统计本月的监理情况，包括监理会议、监理实施等情况；

（3）工程质量控制：综合本月的质量控制情况，包括测试结论、质量事故、模块修改过程等；

（4）工程进度控制：综合本月的工程进度情况，包含完成情况及分析、实际进度与计划进度的比较、纠偏实施情况、工程变更等；

（5）管理协调：综合本月的合同管理、综合协调情况，包含有无新签合同、合同履行情况、合同纠纷、双方工作关系情况等；

（6）监理总评价：对本月工程质量、进度、协调的各方面情况进行综合性评价，并提出存在的问题和建议；

（7）下月监理计划：对下月监理工作提出计划，指导各监理工程师工作。

6．工程验收监理报告

工程监理验收报告是信息工程项目验收阶段产生的主要监理文件，此阶段的主要监理工作是监督合同各方做好竣工准备工作，组织三方对工程系统进行验收测试，以检验系统及软硬件设备等是否达到设计要求。验收采用定量或定性分析方法，针对问题进行分析和研究，最后提出监理报告，因此工程监理验收报告的主体应该是验收测试结论与分析，必须包含以下几个要素。

1）工程竣工准备工作综述

评估集成商准备的技术资料、文档、基础数据等是否准确、齐全，其他竣工准备工作是否完备。

2）验收测试方案与规范

组织三方确定验收测试方案、测试案例、测试工具的使用等。

3）测试结果与分析

依照验收测试方案实施测试得到的测试结果描述，包括业务测试和性能测试；对原始测试结果必要的技术分析，包括各种分析图表、文字说明等。

4）验收测试结论

根据测试结果分析对各项指标是否达到工程设计要求做综合性说明，对工程中存在或可能存在的问题进行分析和归纳，以及确定需要返工修改的部分；对返工修改部分回归测试的情况。

7．工程监理总结报告

工程监理总结报告由总监理工程师组织编写，由各相关专业监理工程师参加，综合各工程月报和所有的监理资料，对工程进度、工程质量、合同管理及其他事项进行统一的综合分析，总结出整体监理结论。工程监理总结报告应重点包含以下几个方面的内容。

1）工程概况

新闻总署工程的整体工程情况，包括相应的承包单位、开发背景等情况。

2）监理工作统计

统计所有的监理情况，包括监理会议、监理实施等情况。

3）工程质量综述

综合分析质量控制情况，包括测试结论、质量事故、模块修改过程等。

4）工程进度综述

综合分析工程进度情况，包含完成情况及分析、实际进度与计划进度的比较、纠偏实施情况、工程变更等。

5）管理协调综述

综合分析合同管理、综合协调情况，包含有无新签分包合同、合同履行情况、合同纠纷、双方工作关系情况等。

6）监理总评价

对整体的工程质量、进度、协调的各方面情况进行综合性评价，并提出存在的问题和建议。

12.4.3 监理回复（批复）类文件

监理回复类文件是指监理单位在收到承建单位或者建设单位的工程文档时，由监理单位负责回复或批复意见的文件。

监理的主要回复文件可分为：总体监理意见、系统集成监理意见、软件开发监理意见、培训监理意见、专题监理意见、其他监理意见、提交资料回复单等。

12.4.4 监理日志及内部文件

监理工作日志主要记录现场监理工作情况，如当天的大事、要事、活动以及监理资源投入情况。监理日志由现场监理工程师编写。

监理单位为开展工作在监理单位内部发行的各种文件。

12.4.5 监理文件列表

目前，监理在信息工程系统建设项目的信息管理过程中，须做重点管理的有以下文档。

1．监理单位产出文档

监理单位产出文档见表 12-1。

表 12-1　监理单位产出文档列表

序号	分　类	文 件 名 称	文 件 编 号
1	总体类文件	监理单位案	公司缩写-JL-101-****-###
2		监理合同	公司缩写-JL-102-****-###
3		监理规划	公司缩写-JL-103-****-###
4		监理实施细则	公司缩写-JL-104-****-###
5		监理总结报告	公司缩写-JL-105-****-###
6	回应类文件	提交资料回复单	公司缩写-JL-106-****-###
7	内部文件	监理日志	公司缩写-JL-107-****-$$$$$$
8	综合性文件	监理月报	公司缩写-JL-001-****-###
9		监理周报	公司缩写-JL-002-****-###
10		专题监理报告	公司缩写-JL-003-****-###
11		监理工作会议纪要	公司缩写-JL-004-****-###
12		评审会议纪要	公司缩写-JL-005-****-###
13		监理工程师通知单	公司缩写-JL-006-****-###
14		工程暂停令	公司缩写-JL-007-****-###
15	项目前期阶段监理表格(含招/投标)	招标文件评价记录	公司缩写-JL-011-****-###
16		投标文件评价记录	公司缩写-JL-012-****-###
17		开标过程确认表	公司缩写-JL-013-****-###
18		工程合同评审表	公司缩写-JL-014-****-###
19		质量保证资料检查记录	公司缩写-JL-015-****-###
20	项目设计阶段监理表格	软件开发文档审核表	公司缩写-JL-021-****-###
21		软件开发进度计划检查表	公司缩写-JL-022-****-###
22		工程设计方案审核表	公司缩写-JL-023-****-###
23	项目实施阶段监理表格	设备开箱检验报告	公司缩写-JL-031-****-###
24		设备安装调试记录	公司缩写-JL-032-****-###
25		软件安装调试记录	公司缩写-JL-033-****-###
26		工程进度计划检查表	公司缩写-JL-034-****-###
27		项目付款阶段验收报告	公司缩写-JL-035-****-###
28		合同阶段性支付申请表	公司缩写-JL-036-****-###
29	项目验收阶段监理表格	工程验收方案审核表	公司缩写-JL-041-****-###
30		初验报告	公司缩写-JL-042-****-###
31		验收报告	公司缩写-JL-043-****-###
32	缺陷责任期监理表格	项目各阶段培训检查记录	公司缩写-JL-051-****-###
33		缺陷责任期服务检查表	公司缩写-JL-052-****-###

2. 监理作业控制文档

作业表格为监理单位内部质量体系运行过程中的记录,序号带♣者为涉及具体项目的文件,详细见表 12-2。

表 12-2 监理作业控制文档表

序号	作业表格名(含编号)	对应文件名
1	发放\回收登记表(公司缩写-ZD-001)	文件控制程序
2	文件补领单(公司缩写-ZD-002)	文件控制程序
3	受控文件清单(公司缩写-ZD-003)	文件控制程序
4	文件更改申请单(公司缩写-ZD-004)	文件控制程序
5	文件更改通知单(公司缩写-ZD-005)	文件控制程序
6	作废文件登记表(公司缩写-ZD-006)	文件控制程序
7	文件更改清单(公司缩写-ZD-007)	文件控制程序
8	文件批阅单(公司缩写-ZD-008)	文件控制程序
9	文件借阅申请表(公司缩写-ZD-009)	文件控制程序
10	在用质量记录清单(公司缩写-ZD-010)	记录控制程序
11	质量记录归档统计表(公司缩写-ZD-011)	记录控制程序
12	质量记录销毁审批表(公司缩写-ZD-012)	记录控制程序
13	管理评审计划(公司缩写-ZD-013)	管理评审控制程序
14	管理评审通知单(公司缩写-ZD-014)	管理评审控制程序
15	管理评审会议纪要(公司缩写-ZD-015)	管理评审控制程序
16	管理评审报告(公司缩写-ZD-016)	管理评审控制程序
17	年度培训计划(公司缩写-ZD-017)	人力资源控制程序
18	培训需求表(公司缩写-ZD-018)	人力资源控制程序
19	员工培训档案(公司缩写-ZD-019)	人力资源控制程序
20	培训成绩汇总表(公司缩写-ZD-020)	人力资源控制程序
21	培训效果评估表(公司缩写-ZD-021)	人力资源控制程序
22	采购申请单(公司缩写-ZD-022)	工作环境控制程序 信息工程监理服务设计和开发控制程序 采购控制程序 信息工程监理服务提供控制程序
23	设施管理卡(公司缩写-ZD-023)	工作环境控制程序
24	生产设施一览表(公司缩写-ZD-024)	工作环境控制程序
25	设施检修单(公司缩写-ZD-025)	工作环境控制程序
26	设施报废单(公司缩写-ZD-026)	工作环境控制程序

续表

序号	作业表格名（含编号）	对应文件名
27	合格供方名单（公司缩写-ZD-027）	工作环境控制程序 采购控制程序
28♣	合同评审表（公司缩写-ZD-028）	信息工程监理服务策划控制程序 需求分析和合同评审控制程序
29♣	监理单位案评审表（公司缩写-ZD-029）	信息工程监理服务策划控制程序
30♣	监理实施细则评审表（公司缩写-ZD-030）	信息工程监理服务策划控制程序
31♣	监理总结报告评审表（公司缩写-ZD-031）	信息工程监理服务策划控制程序
32	立项申请表（公司缩写-ZD-032）	需求分析和合同评审控制程序
33	设计评审表（公司缩写-ZD-033）	信息工程监理服务设计和开发控制程序
34	设备验收单（公司缩写-ZD-034）	工作环境控制程序 采购控制程序
35♣	监理服务质量评价表（公司缩写-ZD-035）	信息工程监理服务提供控制程序 监视和测量控制程序
36♣	顾客满意度调查表（公司缩写-ZD-036）	信息工程监理服务提供控制程序 顾客满意度测量控制程序
37♣	监理项目人员分配表（公司缩写-ZD-037）	信息工程监理服务提供控制程序
38	设备检定记录（公司缩写-ZD-038）	监视和测量装置控制程序
39	纠正措施处理单（公司缩写-ZD-039）	管理评审控制程序 顾客满意度测量控制程序
40	预防措施处理单（公司缩写-ZD-040）	管理评审控制程序 顾客满意度测量控制程序
41	内部质量审核计划（公司缩写-ZD-041）	内部审核控制程序
42	内审不符合项报告（公司缩写-ZD-042）	内部审核控制程序
43	内部质量审核报告（公司缩写-ZD-043）	内部审核控制程序
44	内部质量审核检查表（公司缩写-ZD-044）	内部审核控制程序
45	不合格项目评审记录（公司缩写-ZD-045）	不合格品控制程序
46	不合格项目报告单（公司缩写-ZD-046）	不合格品控制程序
47	不合格项目复检记录（公司缩写-ZD-047）	不合格品控制程序
48	质量数据收集表（公司缩写-ZD-048）	数据分析控制程序
49	质量数据统计和分析表（公司缩写-ZD-049）	数据分析控制程序
50	纠正措施要求表（公司缩写-ZD-050）	纠正措施控制程序
51	预防措施要求表（公司缩写-ZD-051）	预防措施控制程序
52♣	监理项目总监理工程师授权书（公司缩写-ZD-052）	信息工程监理服务提供控制程序

3. 承建单位待审文档

监理单位在不同的监理阶段需要对承建单位提供的待审核文档，项目不同待审的文档种类也不同，表 12-3 给出一个典型项目的承建单位待审文档。

表 12-3 某项目承建单位待审文档

序号	分　类	文 件 名 称	文 件 编 号
1	项目前期阶段监理表格(含招/投标)	投标申请	公司缩写-CJ-001-****-###
2		投标单位投标文件资质	公司缩写-CJ-002-****-###
3		投标书	公司缩写-CJ-003-****-###
4	项目设计阶段监理表格	工程技术设计方案	公司缩写-CJ-004-****-###
5		工程施工设计方案	公司缩写-CJ-005-****-###
6		工程进度计划	公司缩写-CJ-006-****-###
7		工程实施组织结构	公司缩写-CJ-007-****-###
8		工程任务分解计划	公司缩写-CJ-008-****-###
9		工程资金分解计划	公司缩写-CJ-009-****-###
10	项目实施阶段监理表格	设备开箱检验清单	公司缩写-CJ-010-****-###
11		设备安装调试记录	公司缩写-CJ-011-****-###
12		软件安装调试记录	公司缩写-CJ-012-****-###
13		工程进度报表	公司缩写-CJ-013-****-###
14		工程阶段性测试结果	公司缩写-CJ-014-****-###
15		项目付款阶段验收申请	公司缩写-CJ-015-****-###
16		合同阶段性支付申请表	公司缩写-CJ-016-****-###
17	项目验收阶段监理表格	工程验收方案	公司缩写-CJ-017-****-###
18		工程技术文档（说明书）	公司缩写-CJ-018-****-###
19		初验申请报告	公司缩写-CJ-019-****-###
20		验收申请报告	公司缩写-CJ-020-****-###
21	缺陷责任期监理表格	项目各阶段培训计划	公司缩写-CJ-021-****-###
22		缺陷责任期服务检查表	公司缩写-CJ-022-****-###

承建单位应对整个工程的实施过程予以记录，形成工程实施日记。监理工程师有权对日记的真实性和内容的完整性予以检查，对内容不符部分，承建单位应予以及时改正。

承建单位应及时提供完善的工程文档，包括网络设备连接物理、逻辑结构图，网络设备配置、服务器、终端、网管设备的配置，综合布线方案，传输介质的选型、综合布线系统品牌选择、价格表等，以及所有计算机和网络设备的中文简明安装、使用、日常维护、管理、出错处理手册。监理工程师有权对这些手册内容的完整性、正确性进行检查。

承建单位应按工程承包合同提供的图纸，在施工过程中，根据实际情况的变化，对设计方案做出修改,并及时向监理单位、建设单位项目组等进行信息传递。承建单位应对整个工程的实施过程予以记录,形成工程实施日记。监理工程师有权对日记的真实性和内容的完整性予以检查,对内容不符部分,承建单位应予以及时改正。

按国家档案管理条例及建设单位的要求,信息工程竣工验收时要提供齐全的竣工资料,经过分析整理、编制归档。监理工程师在对信息工程实体和应用软件系统进行全面验收之前,首先要对全套完整的工程资料和文档进行全面验收。督促承建单位及时整理必须报送的信息系统的设计方案、设计图纸、设备/软件/材料等的验收文档、施工记录、检测报告、竣工图纸、软件文档和源代码,经监理单位检查、审核后,签字并加盖公章,移交建设单位项目组。

4. 承建单位计算机网络工程文件

计算机网络工程技术文件(见表12-4)是计算机网络工程在其生命周期即方案、设计、实施、调试、验收和维护等全过程的记录和依据,其中部分文件具有法律效力,是工程管理最重要的内容之一。为保证各阶段技术文件的质量和完整性,监理会协助建设单位和承建单位规范计算机网络工程技术文档的编制。

表12-4 计算机网络工程技术文件表

工程阶段	文件名称	建设单位			承建单位		
		提交	会签	审定	提交	会签	审定
一、系统方案设计阶段	系统需求书	√					
	系统方案设计书			√	√	√	
二、系统初步设计阶段	系统设计任务书	√					
	系统初步设计书			√	√	√	
三、系统深化设计阶段	系统图			√	√		
	系统接线图			√	√		
	系统验收细则			√	√		
	网络地址分配图			√	√		
	子网规划图			√	√		
	设备配置表			√	√		
	安全策略及配置			√	√		
四、系统施工阶段	施工管理文件			√	√		
	设计变更文件			√	√		
五、系统测试阶段	系统测试分析报告			√	√		
	设计变更文件			√	√		
	系统培训文件			√	√		
六、系统初验及试运行阶段	系统初步验收报告			√	√	√	
	系统移交清单及文件			√	√	√	

续表

工程阶段	文件名称	建设单位			承建单位		
		提交	会签	审定	提交	会签	审定
七、系统验收阶段	系统验收报告			√	√	√	
八、系统维护阶段	系统管理制度	√				√	
	系统运行记录	√					√
	系统维护保修记录			√	√	√	

5．工程技术文档编制内容及要求

为了便于监督和控制承建单位对项目建设过程中技术和管理文档的编制和管理，监理单位应该向对承建单位有明确的要求。下面以计算机网络工程建设过程中技术文档的编制和管理为例介绍监理单位对工程技术文档的编制及内容要求。

1)《系统需求书》要求

（1）说明

需求书是建设单位根据计算机网络系统用途、功能要求和有关文件，委托进行计算机网络方案设计的任务书。

（2）内容要求

- 工程概况：使用条件和环境概况；现有设备概况。
- 技术要求：系统功能和应用。

（3）其他可具备的内容：

- 建筑及已有网络的设计图纸。
- 其他有关技术文件和资料。

2)《系统方案设计书》要求

（1）说明

系统方案设计书是承建单位根据系统需求书，提供系统规划设计的可行性方案。

（2）内容要求

- 规划设计　系统总体功能；系统总体框图；系统设计标准；主要设备技术指标。
- 系统概算　系统主要设备、辅料、安装和服务等概算。

3)《系统设计任务书》要求

（1）说明

系统设计任务书或称招/投标技术文件是建设单位要求承建单位根据计算机网络系统用途和有关文件，对计算机网络系统的初步设计和施工组织设计提出的具体要求。

（2）内容要求

- 工程概况　系统概况；施工概况；设备概况。

- 计算机网络系统技术要求　系统功能；系统构成；主要设备技术指标。
- 工程实施要求　承建单位的组织机构和人员；工程设计图、有关文件和资料；工程进度；用户培训；系统验收；系统保修和维护。

（3）其他可具备的内容
- 建筑工程设计图纸。
- 其他有关技术文件和资料。

4）《系统初步设计书》要求

（1）说明

系统初步设计书是承建单位根据系统设计任务书所提供系统初步设计和工程实施方案。

（2）内容要求
- 设计总述　系统总体功能；系统总体框图；系统设计依据和技术标准。
- 系统设计　系统功能；系统设计及配置；系统图；平面布置图；系统配置；机房、接地等有关设计；主要设备技术指标。
- 工程实施规划　人员组织结构；工程进度计划；各工程工作内容和工作界面；工程质量保证措施；系统验收标准；系统保修和维修护措施。
- 系统概算　系统设备及辅料概算；安装、服务和培训概算。

5）《系统图》（网络拓扑图）要求

（1）说明

系统图是用简单的文字和图形描述系统之间的相互关系，以达到形象和易于理解的目的。

（2）内容要求
- 描述系统工作各个组成部分。
- 描述系统工作各个组成部分之间的关系。
- 其他必要的描述。

6）《系统接线图》要求

（1）说明

系统接线图是以图元的方式来描述系统信号端子的接线关系。

（2）内容要求
- 端子的编号和说明。
- 接线与端子编号的对应关系。
- 其他必要的描述。

7）《系统验收细则》要求

（1）说明

系统验收细则是对系统各项配置、功能和性能等招标进行测试的详细内容。

（2）内容要求
- 配置测试　硬件配置测试、硬件外观检查、软件配置测试。
- 功能测试。
- 性能测试。
- 其他必要的测试。

8）《施工管理文件》要求

（1）说明

施工管理文件是在系统施工阶段所产生的各类管理文件，它是施工管理流程和管理记录的文档。

（2）内容要求
- 现场管理机构和人员；
- 系统总体和各子系统施工形象进度表；
- 工程进度控制文件；
- 工程质量管理文件；
- 施工流程和方法文件；
- 施工质量记录文件；
- 技术文档管理文件；
- 现场设备检验和保护记录；
- 现场管理和控制的各类表格；
- 其他有关管理文件。

9）《设计变更文件》要求

（1）说明

设计变更文件是在工程施工中根据建设单位要求或有关情况对设计变更的说明和记录。

（2）内容要求
- 变更原因；
- 变更详细设计和说明；
- 变更偏差表，用以说明变更后系统的功能和性能；
- 其他必要的设计变更说明。

10）《系统调试分析报告》要求

（1）说明

系统调试文件是系统进行调试的内容方法和结果的文件。
(2) 内容要求
- 系统调试说明；
- 系统调试依据和标准；
- 系统调试内容、调试方法和结果记录；
- 系统之间联调内容、联调方法和结果记录；
- 调试结论；
- 调试组签字；
- 其他必要的系统调试说明。

11)《系统培训文件》要求
(1) 说明
系统培训文件是对系统操作和管理人员进行培训的文字资料。
(2) 内容要求
- 系统培训大纲；
- 系统设备、设计文件和图纸等资料；
- 系统日常操作；
- 系统例行维护；
- 系统故障处理。

12)《系统初步验收报告》要求
(1) 说明
系统初步验收报告是系统施工结束后，试运行前的系统初步验收的内容、方法和结果的记录文件。
(2) 内容要求
- 系统初步验收大纲；
- 系统初步验收依据和标准；
- 系统初步验收内容、方法和记录：系统配置验收、系统功能验收；
- 验收结论；
- 验收组签字；
- 其他必要的验收说明。

13)《系统移交清单和文件》要求
(1) 说明
系统移交清单和文件是系统移交时，必须提供的移交清单和清单中所列的所有文件和资料。

（2）内容要求
- 全套工程图纸和有关文件资料；
- 系统用户手册；
- 系统操作手册；
- 产品说明书；
- 系统保修和维护文件；
- 其他必要移交的有关文件。

14）《系统验收报告》要求

（1）说明

系统验收报告时系统在初步验收和试运行的基础上，进行系统投入正式运行前的最终验收的内容、方法和结果的记录文件。

（2）内容要求
- 系统验收大纲和说明；
- 系统试运行记录（包括系统变更和修改记录）；
- 系统验收依据和标准；
- 系统验收内容、验收方法和验收记录：配置验收、功能验收、性能验收；
- 验收结论；
- 验收组签字；
- 其他必要的验收说明。

15）《系统管理制度》要求

（1）说明

系统管理制度是系统日常维护和管理的规章制度。

（2）内容要求
- 系统设备文件和资料的管理规定；
- 系统日常操作规定；
- 系统日常维护规定；
- 系统事故紧急处理程序；
- 内部机房出入、环境和设备使用等管理规定；
- 其他有关系统和机房管理规定。

16）《系统运行记录》要求

（1）说明

系统运行记录是对系统运行所做的定制记录，以作为维护和保修的依据。

（2）内容要求

- 系统各类重要运行参数日常记录；
- 系统运行环境参数记录；
- 系统异常记录；
- 其他必要的系统运行记录。

17）《系统维护保修记录》要求

（1）说明

系统维护保修记录是系统进行保修和维护时所作的记录，以作为系统保修和维护的依据。

（2）内容要求

- 系统保修和维护计划；
- 系统定期维护保修记录；
- 系统故障原因分析；
- 系统部件修理或更换记录；
- 系统设置更改记录；
- 系统软件、硬件升级记录；
- 其他系统保修维护记录。

6．承建单位软件工程文件

在软件的开发工程中，监理将督促承建单位注意文档的编写工作，以确保每一阶段的结果都能清楚地描述和审查，如表 12-5 所示。

表 12-5 承建单位软件工程文件

文档	计划	需求分析	设计	编码	测试	进行维护
可行性研究报告	■					
项目开发计划	■					
软件需求规格说明		■				
数据需求规格说明		■				
测试计划		■				
概要设计说明			■			
详细设计说明			■			
数据库设计说明			■			
模块开发卷宗				■		
用户手册		■	■	■		
操作手册			■	■		
测试分析报告					■	
开发进度月报	■	■	■	■	■	
项目开发总结					■	

根据 GB8567-1988《计算机软件产品开发设计编制指南》，在软件开发的各个阶段最多应编制 14 种软件文档（详见表 12-5）。在软件开发过程中，可以根据实际情况将其中某些文档合并成一个文档。表 12-6 及表 12-7 分别就工程所包括的应用子系统和网站系统的文档在软件生命周期各阶段监理控制给出具体的例子。

表 12-6 应用子系统文档的监理阶段控制表

部分	阶段	质量控制要点	质量控制手段	验收方式
应用系统	需求分析	调研提纲，包括调研的对象、内容、程序和时间； 需求分析报告，包括业务流程图、数据流程图、软件规格说明书和初步用户手册； 软件规格说明书，包括系统目标、软件功能描述、软件性能和软件安全需求说明、软件规则描述和关键数据项的编码标准	建设单位确认 技术评审	建设单位签字 评审意见
	系统设计	系统详细设计报告，包括数据字典、功能模块划分、功能模块说明、模块接口说明、与现行系统接口说明、界面设计、编程规范、测试标准	技术评审	评审意见
	程序编写	编程的时间控制 编程计划	进度报告 技术评审	监理意见 评审意见
	系统测试	培训安排、培训教材、培训考核 测试模型 测试用例	技术评审 技术评审	评审意见 评审意见
	系统试运行	出现问题的修改	汇总问题清单	程序修改确认
	系统验收	竣工文件 验收方案	参加验收工作	监理意见

表 12-7 网站建设文档的监理阶段控制表

部分	阶段	质量控制要点	质量控制手段	验收方式
网站	需求分析	内容、格式、数据源	调研	需求文档
	结构设计	数据流分析	讨论	结构图
	静态内容分析	静态数据	讨论	结论文档
	动态内容分析	动态数据	讨论	结论文档
	页面风格设计	美观、 建设单位满意	讨论	页面模板

续表

部分	阶段	质量控制要点	质量控制手段	验收方式
网站	静态页面开发	建设单位满意	页面开发工具	静态页面
	动态页面开发	建设单位满意	页面开发工具	动态页面
	网站静态页面测试	响应时间	网站测试工具	验收测试报告
	网站动态页面测试	响应时间	网站测试工具	验收测试报告
	网站性能测试	响应时间	系统性能分析工具	验收测试报告
	网站维护测试	数据录入、改版	测试	验收测试报告、用户手册

第 13 章 信息系统工程建设的组织协调

组织协调与目标控制密不可分，以保证建设单位项目成功实施为目标，是实现项目目标控制不可缺少的方法和手段，是重要的监理措施之一。

组织协调涉及与建设单位、承建单位等多方关系，它贯穿于信息系统工程建设的全过程，贯穿于监理活动的全过程。作为监理工程师，应该熟悉组织协调的基本内容和要求，掌握完成组织协调监理工作的技能。

13.1 组织协调的概念与内容

13.1.1 组织协调的概念

所谓协调，就是指联结、联合，调和所有的活动及力量。在项目管理中，将协调或协调管理称为"界面管理"，即为主动协调相互作用的若干系统间的能量、物质和信息交换，以实现系统目标的活动。把信息系统工程建设项目作为一个系统来看，组织协调的对象可分为系统内部的协调和系统外部的协调两大部分。系统外部的协调又可分为具有合同因素的协调和非合同因素的协调。

1. 组织协调包括多方的协调问题

例如，当设计方案的概算结果超过投资估算结果时，监理单位要与建设单位沟通，也要与承建单位进行协调，既要满足建设单位对项目功能和使用要求，又要力求费用不超过限定的投资额度；当工程建设进度延迟，监理单位就要与承建单位进行协调，或增加人员投入，或修改实施计划，或调整进度目标，确保项目的如期完成；当发现承建单位的管理人员不称职，给信息系统工程控制目标造成影响时，监理单位要与承建单位进行协调，调整力量。

2. 组织协调包括监理单位内部之间的协调

例如，总监理工程师与各专业监理工程师之间、各专业监理工程师之间的关系，监理单位与监理人员之间的协调。

13.1.2 系统内部的协调

所谓系统内部的协调系指一个信息系统工程建设项目内部各种关系的协调，如内部的人际关系、内部的组织关系、内部的需求关系以及其他的关系等。系统内部关系协调主要包括以下几个方面。

1. 系统内部人际关系的协调

如何提高每个人的工作效率，这在很大程度上取决于人际关系的协调程度，所以监理工程师首先应注意做好人际关系的协调工作，充分调动系统内部各个组成部分的积极性，这样才能保证工程项目顺利的开发与实施。

任何协调工作最终都表现为人与人之间的往来，而良好的人际关系可以使双方相互信赖，相互支持，容易沟通，同时人际关系的渗透和扩散性反过来能更加提高监理工作的效率。和谐的人际关系是做好监理工作的基础。

2. 系统内部组织关系的协调

这里说的组织，是指工程项目中若干个项目组（即对应完成各个子系统）。组织关系的协调，则是指要使这些项目组能从整个项目的质量、进度和投资控制的目标出发，并积极主动地完成本组的工作，使整个项目处于有序的良性状态。组织关系的协调，可以通过经常开一些工作例会、业务碰头会，会议后应有会议纪要以及采用信息传递卡的方式来沟通信息，这样可使局部的单位了解全局，消除误会，服从并适应全局的需要。通过及时有效地对组织关系的协调，可以避免资源的浪费，节省人力、物力和财力。

3. 系统内部需求关系的协调

系统内部需求关系的协调是指在项目实施中，对人员需求、材料需求、硬件设备和软件需求、其他资源需求进行的协调，达到内部需求的平衡。实现内部资源的合理配置。

13.1.3 合同因素的协调

所谓系统外部的协调，是指信息系统工程建设项目整个活动过程以外的关系协调，其中又以是否具有合同关系为界限，而划分为具有合同因素的协调和不具有合同因素（即非合同因素）的协调，如图 13.1 所示。组织协调是应该全面的。具有合同因素的协调主要是建设单位与承建单位（即实施、开发方）、建设单位与设计单位（某些项目可能存在的必要设计过程需求），以及建设单位与相关产品的供货商等关系协调，他们之间的关系可能均具有合同性质，也可能是间接合同性质。

对于系统外部关系中合同因素的协调，主要是协调建设单位与承建单位的关系。由于双方签订合同后，在整个实施与开发过程中必然会产生各种矛盾，监理工程师作为信息系统工程建设的第三方，应该本着公正原则进行协商，正确协调好各种矛盾。在不同的阶段，需要协调的内容也不尽相同。如招标阶段的协调、实施和开发准备阶段的协调、实施和开发阶段的协调、交工验收阶段的协调、总包与分包商之间关系的协调等等。

此外，还有建设单位与供应商关系的协调，以及建设单位与设计单位关系的协调。

在这里，我们讨论广义的沟通与协调，将合同因素中的协调分为监理所涉及的合同事务方面的协调和信息流向沟通。

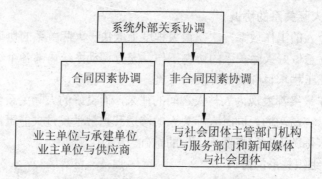

图 13.1 全面组织协调分类

13.1.4 非合同因素的协调

在信息系统工程建设过程中，建设单位与承建单位签订合同或修改合同期间，所进行的大量磋商只是组织协调工作的一部分。但是，要做好全面的项目建设组织协调工作，除了合同方面的组织协调外，还有许多被称为非合同因素或非合同活动的组织协调工作。

非合同因素协调与合同因素协调相比，涉及的范围更广，可能遇到的问题更多，监理单位的协调工作量更大、更复杂，而这些往往不是事先签好合同就可以进行约束的。

非合同因素协调工作涉及社会团体、新闻媒体、服务单位、金融机构、社会团体等机构。虽然在信息系统工程建设项目中，与建设单位和承建单位无合同关系，但它们的作用不可低估，对项目建设的某些方面、某些场合起着一定的控制、监督和支持的作用，甚至起着很大的决定性作用。例如，项目建设的资金运转离不开银行，建设单位和承建单位均须通过它们的开户银行结算各种款项，正常的手续是将项目的合同副本报送开户银行备案，经开户行审查同意后作为拨付工程款的依据。若遇到开户银行的不配合，就将耽误工程款的拨付。

因此，如果这方面的关系协调得不好，就会影响信息系统工程项目建设的进度。而这方面的协调工作仅靠监理单位是难以有效进行的，需要各有关管理部门和建设单位的大力配合。

13.1.5 社团关系的协调

1. 社会团体内部关系

社会团体是一个人际关系系统，它包括上下级之间、同级之间、同一部门内部职员之间以及不同部门之间的职员之间的关系。

1）上下级关系系统

上级是同一组织系统中等级较高的组织或人员，下级是同一组织系统中等级较低的组织或人员。这里的上下级关系系统是领导者与被领导者之间的关系系统，包括上级部门与下级部门、同一部门内领导者与被领导者之间的关系。这种关系是一种双重结构的纵向关系。从角色角度看，它既是上下有序、层次分明的等级关系，又是相互尊重、人格平等的非等级关系。从工作角度看，它既是下级服从上级的关系，又是鼓励下级自主自强、开拓创新关系。上下级关系在社会团体起着传递信息监督控制、协调关系等功能。这些功能与社会团体行政机关的工作效率密切相关。在现代社会，纵向的上下级关系仍是一种不可忽视的人际关系。

2）领导者之间的关系系统

这是同一组织中担任领导职务的人之间的关系系统，其中包括该组织中不同部门的领导者之间的关系。如果把领导者视为一个权力群体，那么他们之间的关系具有影响社会团体目标的能力；而如果把他们视为一个地位阶层，那么他们之间的关系可以影响社会团体内部其他各方面的关系。

3）同事之间的关系系统

同事关系有广义和狭义之分，广义的同事关系是指一个工作单位里所有成员之间的关系，包括上下级关系和同级关系。狭义的是指担负非领导职务的人员之间的关系。这里所论之同事关系是指社会团体中担负非领导职务的人员间的关系，包括不同部门和本部门非领导者之间的关系。任何单位或部门，总是领导者占少数，被领导者占多数，被领导者之间的交往更普遍。因此，社会团体中的同事关系也应予以重视并处理好，良好的素质有助于交往双方建立良好的人际关系。另一方面，在交往中形成的人际关系，通过相互影响和各自的情感体验，直接在思想道德和科学文化方面作用于参加交往的每一个人。

2. 主要特征

社会团体人际关系与其他单位人际关系相比，其特征既有共性方面又有个性方面。总体而言，社会团体人际关系的主要特征有如下几个方面。

1）权力交往关系

社会团体担负着实施一定的目的职能。要有效地行使这些职能，就必须在社会团体行政机关内部进行合理的事权划分。因此，社会团体行政机关的人员尽管所处的职位各不相同，但都拥有一定的权力。当人们在社会机构中占据权势地位和支配地位时，他们就有了权力。一旦他们占据这种地位，不管他们有所作为还是无所作为，都会使人感到权力的存在。在这个意义上说，社会团体内部是一个权力系统。由于工作的需要，居于这个系统中的人必然发生权力交往关系，这种以权力交往为内容的人际关系体现着社会团体人员之间那种特定的支配与被支配、管理与被管理、领导与被领导的纵向社会关系以及分工与合作的横向平行关系。

2）多重交往关系

从组织角度看，社会团体存在着多种多样的人际关系，除了上下级关系、领导者之间的关系、同事关系外，还有同学关系、同乡关系、战友关系、朋友关系、亲属关系等等。这些关系概括起来可分两类：一是正式组织意义上的关系，包括等级关系和职业关系；二是非正式组织意义上的关系，包括平等关系和情感关系。前类是工作关系，是非情感性的；后类是私人关系。在社会团体行政机关中，这两类关系常常交织在一起，使得社会团体行政机关人际关系呈现纷繁复杂的特性。从个人方面看，由于一个人往往同时具有多种角色，如政治角色、职务角色、男女角色等，这些角色便构成了一个人的角色集。所以，社会团体人际关系就不是一种单一的关系，而是角色集间的多重关系。如在两个具有上下级关系的人员之间。可能同时还存在着同乡关系、亲属关系、代际关系等其他关系。

3）隐秘交往关系

这是就社会团体中人际关系的透明度而言的。人际关系透明度是人际关系的性质特点和交往特性为人们所清楚认识的程度，它分为内在和外在两个方面。内在透明度是人际关系交往双方对其关系的性质特点和交往特性，以及对对方的个人特点和个人行为方式的认识程度。外在透明度是人际交往双方的关系和交往特点为他人所了解的程度。人际关系透明度不足或缺乏透明度，就构成了人际交往的隐秘性。

13.2 组织协调的基本原则

13.2.1 公平、公正、独立原则

在监理活动中体现公平、公正、独立的原则，就是在解决建设单位与承建单位可能发生的意见不统一或纠纷时，绝不能因为监理单位是受建设单位的委托而故意偏袒建设单位，一定要坚持"一碗水端平"，该是谁的责任就由谁来承担；该维护哪方的权益，就维护那方的权益。这样做既会得到建设单位的理解和支持，也会得到承建单位的拥护和欢迎。

公平、公正、独立原则体现在：

（1）监理单位应是独立的第三方，不能同时既做信息系统工程的监理，又做系统集成业务。否则，在做监理工作时，可以很方便地获得其他承建单位的关键技术或思路，若在其他的项目集成中得到应用，显然是不公平的，甚至可能是违法的；如果是做系统

集成未果，转而做监理，用自己的集成思路和技术水平要求承建单位做这做那，显然不合理，更也是不公平的。

（2）监理单位在处理事务时，敢于坚持正确观点，实事求是，不惟上级领导和建设单位的意见是从。同时也要坚持对问题的分析，敢于亮明观点，对承建单位的不合理或不科学的要求，坚决提出改进意见。

（3）监理单位在处理实际监理事务中，要有大局观，要全面地分析和思考，保持对问题的综合分析能力，不要被表面现象或局部问题所干扰。

（4）信息系统工程涉及的技术一日千里、变化快，监理工程师要在不断提高个人的专业技能并在实践中不断丰富个人的从业经验的同时，也要不断提高对相关知识的综合应用能力，对事物熟练的判断能力和处理能力，更要学会把专业知识和相关的技术规范、法规、法律等运用到监理实践活动中。

在《信息系统工程师暂行规定》中明确要求：从事信息系统工程监理活动，应当遵循守法、公平、公正、独立的原则。因此，监理单位在信息系统工程建设中处理任何监理事务都要遵照这个原则。对于监理人员在个人行为规范上，更要有"守法、诚信、公正、科学"的意识，并作为个人行为准则，因为你是代表监理单位这个集体来行使监理责任的，而不仅仅是个人的行为。

13.2.2 守法原则

对于任何一个具有民事行为的单位或个人，起码的行为准则就是遵纪、守法，依法经营，依法办事。在信息系统工程监理活动中，"守法"的具体体现是：

（1）监理旨在核定的业务范围内开展相应的监理工作；

（2）与建设单位的监理合同具备法律效力，一旦生效就要严格的遵照执行和践约，不得无故或故意违背承诺，否则可能将是违法行为，要承担相应的责任；

（3）自觉遵守建设单位所在地政府颁布的有关信息系统工程建设的法律、法规要求，并主动接受当地有关部门的指导和监督管理；

（4）遵守建设单位的有关行政管理、经济管理、技术管理等方面的规章制度要求。

13.2.3 诚信原则

诚信就是忠诚老实、为人做事守信用，诚信是做人的基本品德，也是考核任何一个单位信誉的核心内容。

13.2.4 科学的原则

所谓科学的原则，就是在监理实践中，要依据科学的方案（如监理规划），运用科学的手段（如测试设备或测试工具软件），采取科学的办法（如收集数据），并在项目结束后，进行科学的总结（如信息归纳整理）。监理要用科学的思维、科学的方法对核心问题有预先控制措施上的认识，凡事要有证据，处理业务一定要有可靠的依据和凭证，判断问题时尽量用数据说服建设单位或承建单位，必要时，一定以书面材料（如专题监理报告）说明立场和观点。

13.3 组织协调的监理单位法

组织协调工作的目标是使项目各方充分协作，有效地执行承建合同。进行组织协调的监理单位法主要有监理会议和监理报告。

只有进行有效的组织协调，项目协调内各子系统、各专业、各项资源以及时间、空间等方面才能实现有机的配合，才能确保项目成为一体化运行的整体。

13.3.1 监理会议

1. 一般组织原则

会议是把项目有关各方的负责人或联系人团结在一起的重要机制。会议不仅可以使得项目建设有关信息全方位地畅通与流转，而且提供了某种程度上的社会联系，它有助于提醒出席会议的人认识到"每一个人都是项目团队的一员"。

1）会议成功的关键

举行会议成功的关键原则是：确保每个人到场、议程和领导。为了保证每个人都出席，要把会议作为每个人日程的固定项目。如果没有讨论的议题就取消会议。开好会议要把议程的项目保持在所需的最低数量，以确保每一个人都掌握最重要的事件、议题和问题的最新动向。作为会议的组织者，要确保在概括会议议程时尽可能地精炼，没有必要的长会其效果将适得其反。领导的与会作用是保证会议的结果得到落实的重要保证。

2）确保会议成功的措施

召集或主持会议可以采取多种措施以确保会议有效。包括以下具体的措施。

（1）会前的准备措施

- 确定会议目的。该会议是为了交流信息、计划、收集情况或意见、制定决策、说服或宣扬、解决问题，还是为了评估项目进展情况。
- 确定谁需要参加会议，说明会议目的。参加会议的人数应是能达到会议目的的最少人数。
- 事先将会议议程表分发给参加会议者。议程表包括会议目的、包含的主题（应按重要性大小列出）。

- 每个主题事件的分配及谁将负责该主题、发言或主持讨论。议程表应附有参与者在会前需要评审的文件和资料。

(2) 会议过程把握的原则
- 按时开始会议。
- 指定记录员。详细的记录方便以后的查阅。
- 评论会议的目的和议程表。
- 督促而不能支配会议,应保证会议在计划时间内顺利进行。
- 会议结束时总结会议成果,并确保所有参加者对所有决策和行动项目有一个清楚的了解。
- 必要超过会议计划时间。与会者可能有其他约会或者其他系列会议。如果没有讲完所有议程,最好让涉及这些细目的人另开一个会议。
- 评价会议进程。会议结束时,应评价会议进程,公开讨论发生了什么,并决定是否做些调整,以提高以后会议的有效性。

(3) 会议结果的落实原则
- 在会后 24 小时之内公布会议成果。
- 总结文件应该简洁,应明确所做出的决定性意见,并列出行动细目,包括谁负责、预计完工时间和预期的交付物等。

2. 项目监理例会

项目监理例会是履约各方沟通情况、交流信息、协调处理、研究解决合同履行中存在的各方面问题,由工程监理单位总监理工程师组织与主持的例行工作会议。

项目监理例会参加单位及人员通常包括:总监理工程师、总监代表、有关监理工程师;承建单位项目经理、技术负责人及有关专业人员;建设单位驻现场代表等;根据会议议题的需要还可邀请设计单位、分包单位及其他有关单位的人员参加。

1) 项目监理例会的主要议题

(1) 检查和通报项目进度计划完成情况,确定下一阶段进度目标,研究承建单位人力、设备投入情况和实现目标的措施;

(2) 通报项目实施质量的检查情况和技术规范实施情况等,针对存在的质量问题提出改进措施要求;

(3) 检查上次会议议定事项的落实情况,检查未完成事项及分析原因;

(4) 分包单位的管理和协调问题;

(5) 项目款支付的核定及财务支付中的有关问题;

(6) 接收和审查承建单位提交相关项目文档;

(7) 监理提交相关监理文档;

（8）解决项目变更的相关事宜；

（9）违约、工期、费用索赔的意向及处理情况；

（10）解决需要协调的其他有关事项。

2）会议准备

项目监理单位应及时收集汇总有关情况，为召开会议做好准备：

（1）了解上次会议的落实情况和存在的问题；

（2）准备会议资料、确定有关事项的处理原则；

（3）与有关方面通报情况、交换意见，督促做好准备。

3）会议纪要的记录、签认和分发

项目监理例会内容通常由指定的监理人员记录，除笔记以外会根据实际情况使用数码相机、摄像设备、录音笔和笔记本电脑等设备进行辅助记录和演示。

会议纪要由监理工程师根据会议记录整理，主要内容有：

（1）会议地点和时间；

（2）会议主持人；

（3）出席者姓名、隶属单位、职务；

（4）会议内容和决议事项，（包括负责落实单位、负责人和时限要求）；

（5）其他事项。

会议纪要的内容应真实，简明扼要。纪要经总监理工程师签认，发放到项目有关各方，并应有签收手续。会议纪要中的议定事项，有关方面应在规定的时限内落实。

3．监理专题会议

专题会议是为解决专门问题而召开的会议，由总监理工程师或授权监理工程师主持。专题会议应认真做好会前准备，监理工程师要认真做好会议记录，并整理会议纪要，由总监理工程师签认，发给项目有关方面。专题会议通常包括技术讨论会、现场（项目组织）协调会、紧急事件协调会和技术（或方案）评审会等。

监理单位通常会依据现场工程进度情况，定期或不定期召开不同层级的现场协调会议，解决工作过程中的相互配合问题。在协调会上通报重大变更事项，解决建设单位与承建单位之间的重大协调配合问题，通报进度状况，处理工作中的交接、场地与公用设施使用的矛盾。

对于因突发性变更事件引起的进度问题，监理单位会召开紧急协调会议，督促各方采取应急措施赶上进度要求，以便项目的开发能以预期的进度完成。

根据项目的实际情况，在承建单位完成关键阶段的工作时，监理将及时组织专家，会同建设单位对阶段成果进行评审，以便在评审通过后能使承建单位及时转入下一阶段的工作实施中。

13.3.2 监理报告

建立项目的监理汇报制度是保证工程顺利进行的有效方法，可以使工程实施处于透明的可监控状态。作为信息系统工程建设的承建单位，有责任定期或不定期向建设单位及监理单位提交的工程进展情况报告，同时提交下一阶段的工程实施计划，监理单位协同建设单位审核该工程的进度与质量，向建设单位提交监理意见并反馈给承建单位，以此建立项目各方密切的联络，保证项目有计划、有步骤、稳妥地向前推进实施。

监理单位据此将定期或不定期地向建设单位提供监理周报、月报、书面通知回复等监理文件，这些文件包含了监理过程中有关对项目实施的控制和管理的信息。

1．定期的监理周报、月报

监理单位通常按时向建设单位提交监理工作周报和月度报告。周报的提交时间一般是每周的周一上午，周报是对上一周监理工作的总结。月报的提交时间一般为每个月开始的第一个星期内，监理月报的主要内容包括：

(1) 项目概述，包括项目位置、项目主要特征及合同情况简介；
(2) 大事记；
(3) 工程进度与形象面貌（必要时附上现场照片）；
(4) 资金到位和使用情况；
(5) 质量控制，包括质量评定、质量分析、质量事故处理等情况；
(6) 合同执行情况，包括合同变更、索赔和违约等；
(7) 现场会议和往来信函，包括会议记录、往来信函；
(8) 监理工作，包括监理组织框图、资源投入、重要监理活动、图纸审查、发放、技术方案审查、工程需要解决的问题和其他事项；
(9) 承建单位情况，包括人力资源动态、投入的设备、组织管理和存在的问题；
(10) 安全和环境保护情况；
(11) 进度款支付情况；
(12) 其他项目进展情况等；
(13) 其他必要的内容。

2．不定期监理工作报告

监理单位会向建设单位不定期提交以下监理工作报告：
(1) 关于项目优化设计、项目变更的建议；
(2) 投资情况分析预测及资金、资源的合理配置和投入的建议；
(3) 各阶段的测试报告和评价说明；
(4) 项目进度预测分析报告；

(5) 监理业务范围内的专题报告。

3. 监理通知与回复

在监理实施过程中，监理单位与建设单位的联系均以书面函件为准。在不做出紧急处理时可能导致人身、设备或项目事故的情况下会先口头或电话通知，事后会在约定时间内补做书面通知。

以通知与回复的形式让信息在建设单位、监理单位与承建单位之间，在各单位内部人员之间流动，协调大家的思想与行动，以保证项目的总目标得以实现。要使这一形式有效地发挥作用，必须做到：

(1) 简洁，即只包含受众需要了解的观点；
(2) 完整，即要包括受众需要了解的全部观点；
(3) 结构化，即它必须以一定的结构形式，把要传递的这些观点清晰地传递给受众。

4. 日常的监理文件

监理单位会及时向建设单位提交以下日常监理文件：

(1) 监理日志及实施大事记。监理单位会认真做好监理日志，保持其及时性、完整性和连续性；
(2) 实施计划批复文件；
(3) 实施措施批复文件；
(4) 实施进度调整批复文件；
(5) 进度款支付确认文件；
(6) 索赔受理、调查及处理文件；
(7) 监理协调会议纪要文件；
(8) 其他监理业务往来文件。

5. 监理作业文件

监理实施类文件主要包括：项目变更文件、进度监理文件、质量监理文件、质量回归监理文件、监理日报、监理月报、专题监理报告、验收报告、总结报告等必要文件。

13.3.3 沟通

面对我国现阶段政府、企业人际关系的现状，作为协调方的监理，在进行信息系统工程监理的过程中必须建立有效的沟通机制。沟通对人际关系的和谐和建立是十分必要的，可以鼓励项目建设过程中涉及各方相互间和内部进行有效的沟通，利用人际沟通影响行为的杠杆，努力克服影响人际沟通的障碍，实施双向沟通。

监理工程师在与信息系统工程建设的相关单位和相关人员进行沟通和协调时，应该对下列内容有一定的把握。

1. 排除第一印象的干扰

通常情况下，容易根据初次见面时对对方仪表、风度形成的第一印象将他人加以归类，然后再以这一类别系统中人的总体特点，对这个人加以推论并做出判断，因而往往会产生"以偏概全"、"爱屋及乌"偏差。监理工程师要把握线索偏差的规律，防止处理事情时候被假相所迷惑。

监理工程师还要注意情绪效应的产生，在第一印象形成过程中，主体时的情绪状态可以影响对这个人今后的评价，第一次接触时主体方面的喜怒哀乐对于对方关系的建立或是对于对方的评价可以产生不可思议的差异。与此同时，还可能产生"情绪传染"的心理效果。主体情绪异常，也可以引起对方不良态度的反应，因此就影响到良好人际关系的建立。所以，创造良好的交往环境、时机，以维护彼此的良好心境，也是维持人际关系正常的重要一环。

2. 把握人际关系认知的规律

监理工程师要认识人际之间吸引的重要性。影响人际之间吸引的因素很多。人的相互感知与理解，人与人之间的喜好（吸引力与好感）、相互影响与行为（包括角色行为）是人际交往的重要影响因素。人与人之间的喜爱是人际关系稳定性、深度、亲密性的主要调节器。

监理工程师要把握人际知觉的规律，人际知觉是指人与人相互关系的认知。判断人际关系时我们不但要了解对方的动机、性格以及人际关系特性。同时也需要了解对方与其他人之间的关系。这是由于在一个社会群体中，甲乙双方的相互关系绝不是仅仅受甲乙双方特点的影响，而往往还受到第三者乃至更多人的影响。

监理工程师也要把握角色知觉的客观规律，角色知觉不但包括对某人在社会上所扮演的角色的认知与判断，同时也包括对角色的行为的社会标准的认识。每一个人在社会上都扮演着各种角色，而每一种角色都有其一定的行为标准。个人对此行为标准的认知决定了他在社会上的行为，例如，上下级间的关系，在一般人的心目中自有其固定的方式。而这些交往方式已被社会历史地形成，并被一般人所认可。这样，在人际关系建立上，一旦情境的因素和角色的因素被确定之后，两者之间的交往形态与人际关系也随之大体决定。所以当事人也就必须依照社会已经确定关系来进行彼此交往。

监理工程师还要认识因果关系认知的规律。人们对外界简单的认知，并非对所认知的对象做各种互不相关的个别反应，而是系统的、有组织意义的反应。同样地，人们对社会上所发生的事件以及人际事件，也存在着同样的现象，即将他们组成因果系统的倾向。现实生活中，由于父辈、朋友等彼此具有传统的良好关系，而延伸到下一代和相关群体的关系是十分多见的。

3. 创造良好的人际交往条件

监理工程师在从事监理工作,同建设单位和承建单位建立良好的人际关系时,还需要创造人际交往的条件。人际交往条件的形成往往受到以下因素的影响。

1) 外表问题

从一般意义上来讲一个人的外表是由先人遗传素质形成和发展起来的,它不以个人的主观愿望为转移。但一般人在判断别人时,从心理上却无法消除由于别人外表产生的影响作用。在社会交往的过程中,外表因素往往有形或无形地影响着人际间相互关系的建立和发展。研究表明,外表越吸引人的,也越容易为人所喜爱。但是,外表招人喜欢的并不完全取决于给人外表的美,在人与人相互交往的过程中还存在着另外一种心理现象,即人们容易与那些与我们自己外表、风度相类似的人,建立起来良好的人际关系。

2) 态度的类似性

人与人如果具有共同的态度与价值观,则不但容易获得对方的支持和共鸣,同时也容易预测对方的感情和反应倾向,因此在交互作用的过程中,彼此容易适应而建立起人际关系。对于与我们态度、价值观念相类似的人,我们与之争辩的机会较少。而且由于获得他们的支持,往往容易加强自信心,态度与价值观念的相类似也是我们得以维持一致和长久的友谊。因而,与自己具有态度类似性的人,就变得更加具有吸引力。另一方面,与自己态度及价值观念比较类似的人,也比较能够正确地反映我们自己的能力、感情和信仰,因而也比较具有吸引力。为此,大家都愿意找情趣相投的朋友。

3) 需求的互补性

需求的互补性是指双方在交往过程中获得互相满足的心理状态。它包括两个部分,即彼此的社会增强作用的满足和彼此心理特性相反者的互补作用。人与人一开始交往,其所建立的人际关系是否得以持续或中途停断,有赖于彼此的社会增强作用,即个体能否透过交互作用而获得动机的满足。两人相处对双方都有助益,或彼此有友好的意愿,或彼此发现具有类似的态度时,两人的交互关系便有继续维持的可能。反之,若一方增加了另一方的不安,或对另一方表示不友善,则难以持续。两个人透过彼此交互作用所获得的报偿超过由此而来的损失时,两人之间的人际关系才得以维持。亲密的友谊关系,乃是彼此间以极少的损失可换取很多的报偿,亦即相互满足的状态。人与人不仅是具有共同特征者愿意相聚在一起,彼此特性相反者亦有互相吸引的现象。这种情形迫切的需要满足其解除孤独、寻求支持和友爱的需要时,就更是如此。与此同时,由于双方心理上的接近与相互帮助,因而也就减少了人际间的摩擦事件与心理冲突。这种相互间的赞同与接纳,也是彼此间建立良好人际关系的心理条件。

4) 时空上的接近

时空上的接近往往是使人与人之间彼此熟悉、加深了解的一个客观外在条件。时空上的接近往往表现在居住距离的远近和人与人之间相互交往频率这两个方向。首先，距离的远近，人与人凡是地理位置接近者，容易自然地发生人际交互关系，例如在单位里办公位置邻近的同事与同事，住宅接近的邻居们，彼此见面的机会多，自然而然就容易建立人际关系。而距离较远的人，其形成或继续友谊的机会就比较少。其次，相互交往的频率，人与人或由于地理位置的接近，或由于工作上的需要，相互交往的次数愈多，则容易只有共同的经验，具有共同的话题。而建立密切的人际关系，尤其是陌生人相处的初期。地理距离的远近与交往的频繁，对于建立人际关系具有决定性的作用。因此，与人为友必须主动拉近空间上的距离，并采取积极的态度加强交往，增加交往频率。否则，日久天长友情就会淡薄。

　　监理工作中的人际交往与协调并不是一件困难的事情，但是，良好的人际关系需要精心呵护，需要掌握科学的规律和艺术的方法去维系。学习不仅给我们带来知识的补充，也能带来更多的良师益友。充分认识和掌握这种客观规律，可以使我们的监理工作事半功倍。

第二篇　信息网络系统建设监理

第14章　信息网络系统监理基础

信息网络系统是信息系统的基础,无论是在政务信息化,还是企业信息化工程中,信息网络系统的功能为上层应用系统提供基础平台。在信息系统工程建设当中,它可以作为完整信息工程的一个组成部分存在(另一部分为信息应用系统),也可以作为单独工程实施,例如网络平台建设及相关升级改造工程,包括广域网、城域网、局域网等工程。信息网络系统建设可以划分为工程准备、设计、实施和验收四个阶段。作为信息网络系统建设的监理工程师,应该了解信息网络系统的有关技术知识和监理的基本内容,掌握完成本类工程监理工作的重点。

14.1　信息网络系统建设监理的技术概述

14.1.1　信息网络系统的体系框架

由于计算机网络系统集成不但涉及各种最新的IT技术,而且与企事业单位的管理体制有密切的关系,是一项复杂的系统工程。单纯从技术角度考虑,一个大型的网络系统不仅涉及不同厂商的计算机设备、网络设备、通信设备和各种应用软件,也会涉及异构和异质网络系统的互连问题。从管理角度考虑,由于每个单位的管理方式和管理思想千差万别,在实现企事业单位网络化管理的过程中,会受到许多人为因素的影响。因此,网络建设者除了要有充分的思想准备外,更重要的是要建立起计算机网络系统集成的体系框架。

在整个信息系统中,网络系统作为信息和应用的载体,为各种复杂的计算机应用提供可靠、安全、高效、可控制、可扩展的底层支撑平台。图14.1给出了信息网络系统集成的一般体系框架,将计算机网络系统划分成若干平台。

1. 网络基础平台

包括网络传输、路由、交换、接入系统、服务器及操作系统、存储和备份等系统。

2. 网络服务平台

既包括DNS、WWW、电子邮件等Internet网络服务系统,也包括VoIP、VOD、视频会议等多媒体业务系统。

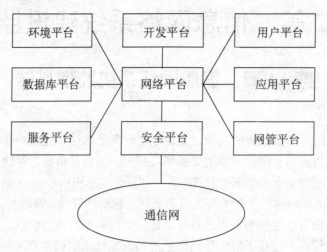

图 14.1 计算机网络系统集成的一般体系框架

3．网络安全平台

包括防火墙、入侵监测和漏洞扫描、网络防病毒、安全审计、数字证书系统等。

4．网络管理平台

随着计算机网络的广泛应用，网络的规模越来越大，设备越来越多，必须使用专门的网络管理系统来管理、监测和控制网络的运行。

5．环境平台

包括机房建设和综合布线系统。

14.1.2 网络基础平台

1．网络基础平台的组成

网络基础平台是计算机网络的枢纽，由传输设备、交换设备、网络接入设备、布线系统、网络服务器和操作系统、数据存储和系统等组成，如图 14.2 所示。

图 14.2 网络基础平台的组成

2．网络传输技术

数据传输是网络的核心技术之一。传输线路带宽的高低，不仅体现了网络的通信负载能力，也反应了网络建设的现代化水平。目前常用的传输系统主要有：DWDM（波分复用）、综合布线系统（PDS）、同步数字序列（SDH）、准同步数字序列（PDH）、数字微波传输系统、VSAT 数字卫星通信系统及有线电视网（CATV）等。

3．网络交换技术

通常网络按所覆盖的区域分为局域网、城域网和广域网，由此网络交换也可分为局域网交换技术、城域网交换技术和广域网交换技术。

1）局域网交换技术

局域网可分为共享式局域网和交换式局域网，共享式局域网通常是共享高速传输介质，例如以太网（包括快速以太网和千兆以太网等）、令牌环网（Token Ring）和光纤分布式数据网（FDDI）等。交换式局域网是指以数据链路层的帧或更小的数据单元（称为信元）为数据交换单位，以硬件交换电路构成的交换设备。由于交换式网络具有良好的扩展性和很高的信息转发速度，因此能适应不断增长的网络应用的需要。

随着计算机网络技术的高速发展，人们对信息量的需求越来越大，共享式局域网已无法满足信息传输与交换的需求。随着多媒体通信和视频通信的广泛应用，对网络带宽的要求越来越高，由此加速了交换式局域网的迅猛发展。典型的交换式局域网有：以太网交换机、快速以太网交换机、千兆位以太网交换机、ATM 局域网交换机等。

2）城域网交换技术

随着社会城市化的发展，城市的功能越来越齐全，城市作为区域性的经济、政治和文化中心，在未来社会发展中将扮演越来越重要的角色。

城市信息网络作为城市最重要的基础设施之一，在促进经济和社会发展中发挥着越来越重要的作用。随着信息化建设步伐的加快，国内许多大中城市正在规划和实施城市信息港工程，即宽带城域网。

目前，比较有名的城域网交换技术是光纤分布式数据接口（FDDI），分布式队列双总线（DQDB）和多兆位数据交换服务（SMDS）。

FDDI（Fiber Distributed Data Interface）既适用局域网，也适用城域网，因为 FDDI 能以 100Mb/s 的速率跨超 100km 的距离，能桥接局域网和广域网。

DQDB（Distributed Queue Double Bus）能在很大的地理范围人提供综合服务，如话音、图像和数据等。由于 DQDB 具有很多优点，所以 IEEE802.6 最终接纳其为城域网标准。DQDB 具有以下主要特点：

（1）同时提供电路交换和分组交换功能；

（2）能桥接局域网和广域网；

(3）使用双总线体系结构，每条总线的运行互相独立；

(4）使用 802.2 LLC，能与 IEEE802 局域网兼容；

(5）使用光纤传输介质；

(6）与 ATM 兼容；

(7）使用双总线拓扑结构，提高其高容错特性，如图 14.3 所示；

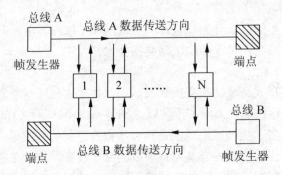

图 14.3 DQDB 双总线拓扑结构

(8）可支持 2Mb/s 至 300Mb/s 的传输速率；

(9）网络运行与工作站的数量无关；

(10）可支持直径超过 50km 的城域范围。

一个城域网既可以是城域公用网也可是城域专用主干网。作为城域公用网，DQDB 子网能提供交换和网络互连功能。作为城域专用网，DQDB 专用子网能作为互连主机、终端、局域网、专用小交换机 PBAX 的主干网，如图 14.4 所示。

SMDS（Switched Multi-Megabit Data Service）由美国贝尔实验室开发，采用了快速分组交换技术及与 ATM 兼容的信元结构。但 SMDS 城域网技术并没有得到广泛推广，究其原因是因为 ATM 技术的快速发展。

3）广域网交换技术

在计算机广域网中，主要使用四种数据交换技术：电路交换、报文交换、分组交换和混合交换。

电路交换是指通过由中间节点建立的专用通信线路来实现两台设备的数据交换的技术，如 PSTN、DDN。

报文交换是指通信双方以报文为单位交换数据，无专用线路，通过节点的多次"存储转发"，将报文传送到目的地。报文交换的优点是通信线路的利用率较高；缺点是报文传输时延较大。

分组交换是指数据划分成固定长度的分组（长度远小于报文），然后进行"存储转发",从而实现更高的通信线路利用率、更短的传输时延和更低的通信费用,如 X.25 分组交换网络。

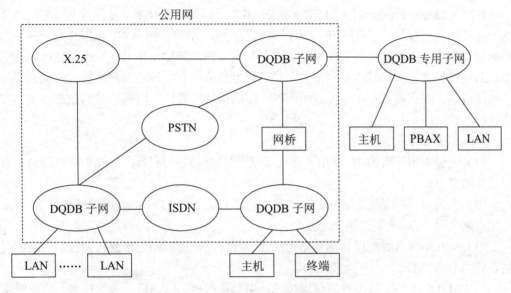

图 14.4 DQDB 城域网组成

混合交换综合了电路交换和分组交换的技术特点,典型的应用如 ATM 交换。
目前常用以下几种广域网交换技术。

(1) 帧中继

帧中继是对分组交换的改进,其目的是提高分组交换的速度,帧中继的工作原理很简单:由于使用光纤传输技术,通信线路的误码率非常低,因此帧中继不进行差错检测和纠正,只进行分组转发。

(2) TCP/IP

TCP/IP 技术的优点是采取了灵活的路由选择体系,采用非面向连接的服务方式,适合于非实时性的信息传输。但 IP 技术对于时延、带宽等 QoS(Quality of Service,服务质量)指标,由于标准不统一等原因而缺乏非常完善的保证。

(3) 信元交换(ATM)

信元是具有固定长度的 53 个字节的数据单元,信元交换是指以信元为单位而实现的交换。信元交换与帧中继的主要区别在于帧中继的帧长度可变,而信元由固定长度的单元组成。信元交换的主流技术是 ATM。ATM 是宽带通信网的核心技术,是一种面向连接的传输技术,它综合了分组交换和电路交换的优点,具有良好的服务质量的保证,支持语音、数据和图像通信。但其技术难度,如建立连接的信令过程过于复杂,路由灵活性不高，在传输数据量较小的一般数据时，ATM 的传输效率不高，开销较大。

（4）MPLS

MPLS（Multi-Protocol Label Switching，多协议标签交换技术）是目前网络界最流行的一种广域网络技术。它是继 IP 技术以来的新一代广域网传输技术。MPLS 充分利用数据标签引导数据包在开放的通信网络上进行高速、高效传输，通过在一个无连接的网络中引入连接模式，从而减少了网络复杂性，并能兼容现有各种主流网络技术，大大降低了网络成本。在提高 IP 业务性能的同时，能确保网络通信的服务质量和数据传输的安全性。

MPLS 有如下的技术特点：

（1）充分采用原有的 IP 路由，在此基础上加以改进；保证了 MPLS 网络路由具有灵活性的特点；

（2）采用 ATM 的高效传输交换方式，抛弃了复杂的 ATM 信令，无缝地将 IP 技术的优点融合到 ATM 的高效硬件转发中；

（3）MPLS 网络的数据传输和路由计算分开，是一种面向连接的传输技术，能够提供有效的 QoS 保证；

（4）MPLS 不但支持多种网络层技术，而且是一种与链路层无关的技术，它同时支持 X.25、帧中继、ATM、PPP、SDH、DWDM 等，保证了多种网络的互连互通，使得各种不同的网络传输技术统一在同一个 MPLS 平台上；

（5）MPLS 支持大规模层次化的网络拓扑结构，具有良好的网络扩展性；

（6）MPLS 的标签合并机制支持不同数据流的合并传输；

（7）MPLS 支持流量工程、CoS（Class of Service，服务级别）、QoS 和大规模的虚拟专用网。

MPLS 从应用上目前主要有两大类，一类是 MPLS VPN，另一类是 MPLS TE（Traffic Engineering）。MPLS VPN 是目前一项最热门的广域网技术和应用，它又可以分为第二层 MPLS VPN 和第三层 MPLS VPN 两类。第二层 MPLS VPN 的目的是在 IP 网络上提供类似 ATM 和帧中继的专用连接。第三层 MPLS VPN 是一种基于 MPLS 技术的 IP VPN，是在网络路由和交换设备上应用 MPLS 技术，利用结合传统路由技术的标记交换实现的 IP 虚拟专用网络。MPLS VPN 适用于对服务质量、服务等级划分以及网络资源的利用率、网络的可靠性有较高要求的 VPN 业务。

4. 网络接入技术

通信网按其功能可以划分分为长途网、中继网和接入网，如图 14.5 组成，通常将中继网和长途网统称为核心网（Core Network）。目前，常用的接入技术主要有：电话线调制解调器（Modem）、电缆调制解调器（Cable Modem）、高速数字用户环路（HDSL）、非对称数字用户环路（ADSL）、超高速数字用户环路（VDSL）和无线接入等。

图 14.5 通信网中的接入网

5. 布线系统

布线系统是网络的中枢神经，是网络信息传输的载体。这里讲的布线系统主要指建筑物的综合布线系统，主要包括以下内容。

1）综合布线系统的标准

（1）综合布线系统标准的必要性

综合布线是一个复杂的系统，它包括各种线缆、插接件、转接设备、适配器、检测设备及各种施工工具等多种设备以及多项技术实现手段，实施起来比较复杂。PDS 设备厂家很多，各家产品有不同的特色，有不同的设计思想与理念。要想使各家产品互相兼容，使 PDS 更加开放、方便使用与管理、集成度更高，就必须制定一系列相关的标准，以规范 PDS 设计、实施、测试、服务等诸多环节，规范各种线缆、插接件、转接设备、适配器、检测设备、施工工具等设备。

（2）综合布线的主要标准

- ANSI/EIA/TIA-568，商用建筑电信布线标准，1991 年 7 月正式发布
- ANSI/EIA/TIA-568A 是 EIA/TIA-568 的第二版，于 1995 年发布
- EIA/TIA-568 相关标准包括：

  ANSI/EIA/TIA-569，线路及空间

  ANSI/EIA/TIA-570，居住及照明商用布线系统

  ANSI/EIA/TIA-606，管理

  ANSI/EIA/TIA-607，接地及主干系统
- ISO/IEC-11801，建筑物通用布线标准，1994 年正式发布
- 《建筑与建筑群综合布线系统工程设计规范》，1995 年由全国通信工程标准化委员会和全国智能信息系统标准委员会等单位编制并正式颁布
- UTP 布线系统有关非屏蔽双绞线标准：

  TSB-36，主要定义 UTP 的 CAT4 与 CAT5 的较高等级双绞线

TSB-40，主要说明连接较高等级 UTP 中跳接线（PATCH CORD）及 UTP 中接头的测试要求
- 网络通信标准：
IEEE 802.3 10Base-T
IEEE 802.3u 100Base-TX
IEEE 802.5 TOKEN RING
ANSI FDDI/CDDI
CCITT ATM 155Mb/s/622Mb/s
CCITT ISDN
- 安装与设计规范：
中国建筑电气设计规范
工业企业通信设计规范
市内电话线路工程施工与验收技术规范

（3）这些综合布线系统标准支持的计算机网络标准
- IEEE 802.3：以太网标准
- IEEE 802.3u：快速以太网标准
- IEEE 802.3z/IEEE 802.3ab：千兆以太网标准
- FDDI：光纤分布数据接口高速网络标准
- CDDI：铜线分布数据接口高速网络标准
- ATM：异步传输模式等

2）传输介质

传输介质主要包括光纤、双绞线、同轴电缆和无线。光纤有单模和多模之分，单模光纤传输容量大，传输距离远，但价格也高，适用于长途宽带网，例如 SDH；多模光纤传输容量和传输距离均小于单模光纤，但价格较低，广泛用于建筑物综合布线系统。

双绞线是应用最为广泛的传输介质，目前最常用的双绞线是超 5 类和 6 类 UTP 双绞线。

同轴电缆广泛用于有线电视网，无线广泛用于移动组网。

综合布线设备包括配线架、电缆、信息插座、适配器、线槽、跳接设备、电气保护设备和测试设备等。

3）综合布线系统的组成

建筑物的综合布线系统是将各种不同组成部分构成一个有机的整体。综合布线系统结构如图 14.6 所示。

综合布线系统一般由六个子系统组成。

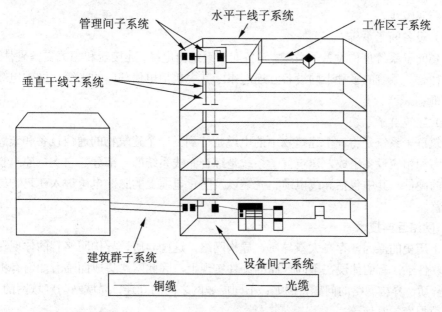

图 14.6 综合布线系统

(1) 工作区子系统

工作区是工作人员利用终端设备进行工作的地方。一个独立的、需要配置终端的区域可划分为一个工作区,通常按 8~10m² 设计一个数据点和一个语音点来计算信息点,也可以根据用户的需求设置。工作区子系统又称为服务区子系统,它由 RJ-45 跳线与信息插座所连接的设备(终端或工作站)组成。其中,信息插座有墙上型、地面型、桌上型等多种类型。

(2) 水平子系统

水平子系统也称为水平干线子系统。水平系统是整个布线系统的一部分,它是从工作区的信息插座开始到管理子系统的配线架,功能是将工作区信息插座与楼层配线间的 IDF(Intermediate Distribution Frame,中间配线架)连接起来。

(3) 管理间子系统

管理间子系统由交连、互联和 I/O 组成。管理间为连接其他子系统提供手段,它是连接垂直干线子系统和水平干线子系统的设备,其主要设备是配线架、交换机和机柜、电源等。

(4) 垂直干线子系统

垂直干线子系统也称干线子系统,它是整个建筑物综合布线系统的一部分。它提供建筑物的干线电缆,负责连接管理子系统和设备间子系统,一般使用光缆或选用大对数的非屏蔽双绞线。

（5）设备间子系统

设备间子系统也称设备子系统。设备间子系统由电缆、连接器和相关支撑硬件组成。它把各种公共系统的多种不同设备互连起来，其中包括电信部门的光缆、同轴电缆、程控交换机等。

（6）建筑群子系统

建筑群子系统是将一个建筑物中的电缆延伸到另一个建筑物的通信设备和装置，通常由光缆和相应设备组成，建筑群子系统是综合布线系统的一部分，它支持建筑物间通信所需的硬件，其中包括导线电缆、光缆以及防止电缆上的脉冲电压进入建筑物的电气保护装置。

6. 网络互连技术

由于历史的原因，存在大量异质、异构网络，这些异质、异构网络有的体现在不同厂商的软件上，有的体现在不同厂商的硬件实现上，因此网络集成面临着如何有机地互连这些异质、异构网络的问题，例如：不同局域网之间的互连，局域网与广域网的互连，Web 与数据库的互连等。

目前，常用的网络互连设备有路由器、交换机、集线器和网关等。网络互连设备既可用软件实现，也可用硬件实现。其中，路由器是最常用的广域网互连设备，网络交换机和集线器是最常用的局域以太网互连设备。

7. 网络操作系统

网络操作系统的主要任务是调度和管理网络资源，网络资源主要包括网络服务器、工作站、打印机、网桥、路由器、交换机、网关、共享软件、应用软件和共享数据等。

1) 网络操作系统的基本功能

- 数据共享。数据是网络最重要的资源，数据共享是网络操作系统最核心的功能。
- 设备共享。网络用户共享比较昂贵的设备，例如激光打印机、大屏幕显示器、绘图仪和大容量磁盘等。
- 文件管理。管理网络用户读/写服务器文件，并对访问操作权限进行协调和控制。
- 名字服务。网络用户注册管理，通常是由域名服务器来完成。
- 网络安全。防止非法用户对网络资源的操作、窃取、修改和破坏。
- 网络管理。包括网络运行管理和网络性能监控等。
- 系统容错。防止主机系统因故障而影响网络的正常运行，通常采用 UPS 电源监控保护、双机热备份、磁盘镜像和热插拔等措施。
- 网络互连。将不同的网络互连在一起，实现彼此间的通信与资源共享。
- 应用软件支持。支持电子邮件、数据库、文件服务等各种网络应用。

2）网络操作系统分类

目前，常用的网络操作系统主要有以下几种。

（1）UNIX 网络操作系统

UNIX 是一种多用户、多任务的网络操作系统，广泛应用于大型机、超级小型机、RISC 工作站和高档微机。UNIX 最早起源于 1969 年 AT&T 贝尔实验室的一个研究项目。进入 20 世纪 80 年代，许多工作站生产厂商开始将 UNIX 作为其工作站的操作系统，主要包括以下几种：

- Sun Micro-system 公司的 Solaris
- IBM 公司的 AIX
- SGI 公司的 IRIX
- SCO 公司的 UNIX Ware
- HP 公司的 HP-UX 等

（2）Windows 网络操作系统

Windows NT/2000/2003 是美国 Microsoft 公司开发的一系列 32/64 位多用户、多任务网络操作系统，目前广泛使用的是 Windows 2000/2003 Server。Windows 2000/2003 Server 是面向网络服务器的操作系统，为网络应用提供了功能强大的服务器平台。

（3）Novell NetWare 网络操作系统

NetWare 是 Novell 公司的高性能网络操作系统。1994 年，Novell 公司推出了超级网络操作系统 NetWare 4.1。目前使用的 NetWare 6.5 是 Novell 新一代的 Internet/Intranet 网络操作系统。

8．网络测试

网络测试主要包括以下内容。

1）电缆测试

电缆是网络通信的基础，据统计大约 50％的网络故障与电缆有关。电缆测试主要包括电缆的验证测试和认证测试。验证测试主要是测试电缆的安装情况，例如电缆有无开路或短路，连接是否正确，接地是否良好，电缆走向如何等。认证测试主要是测试已安装完毕的电缆的电气参数（如衰减、交调干扰等）是否满足有关的标准。

生产电缆测试仪的厂商很多，如 Fluke DPS 4000 是专用的电缆测试仪器。

2）传输信道测试

主要是测试传输信息的频谱带宽、传输速率、误码率等参数，测试仪器包括频谱分析仪、误码测试仪等。

3）网络测试

主要是监测网络的规程、性能、安装调试、维护、故障诊断等。例如千兆局域网分析仪 Fluke EtherScope 等。

9. 网络服务器

服务器是网络中最关键的设备之一。通常服务器向客户机提供网络应用和数据资源共享服务，并负责协调和管理这些资源。由于网络服务器要同时为网络上所有的用户服务，因此网络服务器的要求较高，例如快速地处理速度、较大的内存、较大的磁盘容量和高可靠性。根据网络的应用和规模，可选用高档微机、UNIX 工作站、小型机和大型机等。选择网络服务器时要考虑以下因素：

（1）CPU 的速度和数量；
（2）内存容量和性能；
（3）总线结构和类型；
（4）磁盘总量和性能；
（5）容错性能；
（6）网络接口性能；
（7）服务器软件等。

10. 数据存储和备份设备

目前市场上的存储产品主要有磁盘阵列、磁带机与磁带库、光盘库、SAN 和 NAS 等，其中 SAN 和 NAS 是目前存储技术的主流。

1）磁盘阵列、磁盘阵列柜

磁盘阵列又叫 RAID（Redundant Array of Inexpensive Disks，磁盘冗余阵列），是指将多个类型、容量、接口，甚至品牌一致的专用硬盘或普通硬盘连成一个阵列，使其能以某种快速、准确和安全的方式来读写磁盘数据，从而达到提高数据读取速度和安全性的一种手段。因此，磁盘阵列读写方式的基本要求是，在尽可能提高磁盘数据读写速度的前提下，必须确保在一张或多张磁盘失效时，阵列能够有效地防止数据丢失。磁盘阵列的最大特点是数据存取速度特别快，其主要功能是可提高网络数据的可用性及存储容量，并将数据有选择地分布在多个磁盘上，从而提高系统的数据吞吐量。另外，磁盘阵列还能够免除单块硬盘故障所带来的灾难后果，通过把多个较小容量的硬盘连在智能控制器上，可增加存储容量。磁盘阵列是一种高效、快速、易用的网络存储设备。

2）磁带机、自动磁带加载机、磁带库、光盘库

随着制造技术和生产工艺的不断改进，磁带机的性能还将得到很大的提高。包括磁带将被做得越来越小，存储能力越来越大，磁带机的自动化程度也将越来越高。

广义的磁带库产品包括自动加载磁带机和磁带库。自动加载磁带机和磁带库实际上是将磁带和磁带机有机结合组成的。自动加载磁带机是一个位于单机中的磁带驱动器和自动磁带更换装置，它可以从装有多盘磁带的磁带匣中拾取磁带并放入驱动器中，或执

行相反的过程。它可以备份几百 GB 或者更多的数据。自动加载磁带机能够支持例行备份过程，自动为每日的备份工作装载新的磁带。一个拥有工作组服务器的小公司或分理处可以使用自动加载磁带机来自动完成备份工作。

磁带库是像自动加载磁带机一样的基于磁带的备份系统，它能够提供同样的基本自动备份和数据恢复功能，但同时具有更先进的技术特点。它的存储容量可达到数百 TB (1TB=1024GB)，可以实现连续备份、自动搜索磁带，也可以在驱动管理软件控制下实现智能恢复、实时监控和统计，整个数据存储备份过程完全摆脱了人工干涉。磁带库不仅数据存储量大得多，而且在备份效率和人工占用方面拥有无可比拟的优势。在网络系统中，磁带库通过 SAN（Storage Area Network，存储局域网）系统可形成网络存储系统，为企业存储提供有力保障，很容易完成远程数据访问、数据存储备份，或通过磁带镜像技术实现多磁带库备份，无疑是数据仓库、ERP 等大型网络应用的理想存储设备。

目前最好的多媒体海量信息存储载体或重要文献资料备份媒体，非光盘莫属。因为光盘不仅存储容量巨大，而且成本低、制作简单、体积小，更重要的是其信息可以保存 100 年～300 年。因此，光盘普遍用于重要文献资料、视听材料、教育软件、影视节目和游戏动画等媒体信息存储，供广大用户重复使用。然而，一张光盘的存储容量毕竟有限，对于海量信息存储的网络系统来讲是远远不够的。要想获得海量信息的网络存取，就必须将保存有大量不同信息的几十张甚至几百张光盘组合起来使用。

光盘塔由几台或十几台 CD-ROM 驱动器并联构成，可通过软件来控制某台光驱的读写操作。光盘塔可以同时支持几十个到几百个用户访问信息。

光盘库实际上是一种可存放几十张或几百张光盘并带有机械臂和一个光盘驱动器的光盘柜。光盘库也叫自动换盘机，它利用机械手从机柜中选出一张光盘送到驱动器进行读写。它的库容量极大，机柜中可放几十片甚至上百片光盘片，这种有巨大联机容量的设备非常适用于图书馆一类的信息检索中心，尤其是交互式光盘系统、数字化图书馆系统、实时资料档案中心系统、卡拉 OK 自动点播系统等。光盘库的特点是：安装简单、使用方便，并支持几乎所有的常见网络操作系统及各种常用通信协议。由于光盘库普遍使用的是标准 EIDE 光驱（或标准 5 片式换片机），所以维护更换与管理非常容易，同时降低了成本和价格。光盘库普遍内置有高性能处理器、高速缓存器、快速闪存、动态存取内存、网络控制器等智能部件，使得其信息处理能力更强。

光盘网络镜像服务器是继第一代的光盘库和第二代的光盘塔之后，最新开发的一种可在网络上实现光盘信息共享的网络存储设备。光盘网络镜像服务器不仅具有大型光盘库的超大存储容量，而且还具有与硬盘相同的访问速度，其单位存储成本（分摊到每张光盘上的设备成本）大大低于光盘库和光盘塔，因此光盘网络镜像服务器已开始取代光盘库和光盘塔，逐渐成为光盘网络共享设备中的主流产品。

在网络海量存储备份系统中，磁盘阵列、磁带库、光盘库等存储设备因其信息存储特点的不同，应用环境也有较大区别。磁盘阵列主要用于网络系统中的海量数据的即时存取；磁带库更多的是用于网络系统中的海量数据的定期备份；光盘库则主要用于网络系统中的海量数据的访问。

3）SAN 和 NAS

存储技术是在服务器附属存储 SAS 和直接附属存储 DAS 基础上发展起来，表现为两大技术 SAN 和 NAS。

磁盘阵列技术 RAID（独立磁盘冗余阵列）发展的技术也很快，出现了低、中、高端产品和相关的软件产品，具体地讲，中低档磁盘阵列是由柜式和卡式组成。卡式由 SCSI Raid 和 IDE Raid 组成。高档磁盘阵列是一种在线式的产品，它的系统容量大，数据传输速率高，光纤接口可靠性高，有较好的冗余性。作为非在线服务的产品有磁带机与磁带库。

进入 20 世纪 90 年代以后，人们逐渐意识到 IT 系统的数据集中和共享成为一个亟待解决的问题。于是，网络化存储的概念被提出并得到了迅速发展。从结构上看，今天的网络化存储系统主要包括 SAN（Storage Area Network，存储区域网）和 NAS（Network Attached Storage，网络附加存储）两大类，分别如图 14.7 和图 14.8 所示。

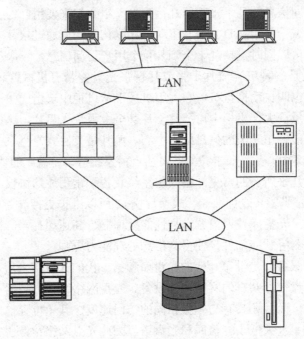

图 14.7 SAN 架构

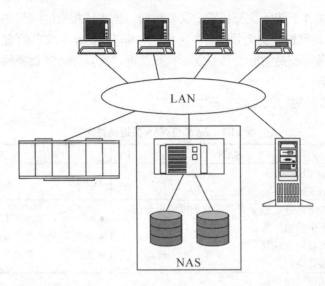

图 14.8 NAS 架构

（1）SAN 特点

SAN 是指在网络服务器群的后端，采用光纤通道等存储专用协议连接成的高速专用网络，使网络服务器与多种存储设备直接连接。SAN 的最大特点就是可以实现网络服务器与存储设备之间的多对多连接，而且，这种连接是本地的高速连接。

SAN 作为网络基础设施，是为了提供灵活、高性能和高扩展性的存储环境而设计的。SAN 通过在服务器和存储设备（例如磁盘存储系统和磁带库）之间实现连接来达到这一目的。

高性能的光纤通道交换机和光纤通道网络协议可以确保设备连接既可靠又有效。这些连接以本地光纤或 SCSI（通过 SCSI-to-Fibre Channel 转换器或网关）为基础。一个或多个光纤通道交换机以网络拓扑形式为主机服务器和存储设备提供互联。

（2）NAS 特点

NAS 是一种将分布、独立的数据整合为大型、集中化管理的数据中心，以便于对不同主机和应用服务器进行访问的技术。

NAS 解决方案通常配置为作为文件服务的设备，由工作站或服务器通过网络协议（如 TCP/IP）和应用程序（如网络文件系统 NFS 或者通用 Internet 文件系统 CIFS）来进行文件访问。大多数 NAS 连接在工作站客户机和 NAS 文件共享设备之间进行。这些连接依赖于企业的网络基础设施来正常运行。

为了提高系统性能和不间断的用户访问，NAS 采用了专业化的操作系统用于网络文件的访问,这些操作系统既支持标准的文件访问,也支持相应的网络协议。

NAS 使文件访问操作更为快捷,并且易于向基础设施增加文件存储容量。因为 NAS 关注的是文件服务而不是实际文件系统的执行情况,所以 NAS 设备经常是自包含的,而且相当易于部署。

SAN 与 NAS 关键特性比较见表 14-1。

表 14-1 SAN 与 NAS 关键特性比较

	SAN	NAS
协议	Fibre Channel Fibre Channel-to-SCSI	TCP/IP
应用	• 关键任务,基于交易的数据库应用处理 • 集中的数据备份 • 灾难后的恢复 • 存储集中	• NFS 和 CIFS 中的文件共享 • 长距离的小数据块传输 • 有限的只读数据库访问
优点	• 高可用性 • 数据传输的可靠性 • 减少远网络流量 • 配置灵活 • 高性能 • 高可扩展性 • 集中管理	• 距离的限制少 • 简化附加文件的共享容量 • 易于部署和管理

4)SVA 共享虚拟磁盘阵列

虚拟存储结构提供了先进的、工业标准在线存储系统。包括独立的通道和磁盘之间的数据传输、高速处理器、磁盘快速写操作、可扩展的高速缓存、快速访问高速缓存中的数据、有效地管理高速缓存、数据保护、非易失性高速缓存、ESCON、SCSI 和光纤通道接口。

5)灾难后的恢复

(1)数据复制模式

数据复制的快慢决定于数据复制模式,复制模式影响复制技术的选择,通常采用以下几种复制模式。

• 同步数据复制

这一复制模式通过网络镜像数据,数据卷保持一致,主系统上的写操作不会提交直至它们被成功地复制到第二个系统。由于网络响应影响写性能的原因,同步复制在长距离的、写操作密集型的系统中,距离为数百或数千公里时通常不被采用。

• 异步数据复制

异步复制让主站点在复制到第二站点以前提交数据。第二站点可能滞后于主站点，但它是比较典型的、秒级或微秒级优秀方案，可提供实时复制。在这一模式中，特别重要的是维护复制过程的写顺序以避免数据损毁。

- 定期复制

这种模式从主节点到第二节点周期性地复制数据。当灾难出现时，第二站点的数据可能是旧的，或者数据变成不一致，或在重新同步中坏掉。为避免数据不一致，这些方案需要附加的存储。

（2）灾难恢复方式

灾难有时是不可避免的，关键是在灾难发生时如何有效地恢复系统。灾难恢复系统可根据操作方式分为以下三种，其达到的效果各有所不同。

- 全自动恢复系统

它配合区域集群等高可靠性软件，可在灾害发生时自动实现主应用端的应用切换到远程的副应用端，并把主应用端的数据切换到远程的副应用端。并且它在主应用端修复后，把在副应用端运行的应用，返回给主应用端，操作非常简单。在灾害发生时全自动恢复系统可达到不中断响应的切换，很好地保证了重要应用的继续性。

这种方法的优点是：大大地减少了系统管理员在灾害发生后的工作量。缺点是：一些次要因素，如服务器死机、通信联络中断等，也随时有可能引发主生产系统切换到副应用端的操作。

- 手动恢复系统

在这种应用中，如果主应用端全部被破坏，在副应用端利用手动方法把应用加载到服务器上，并且手动完成将主应用端的数据切换到远程的副应用端的操作，以继续开展业务处理。

这种方法的优点是：整个系统的安全性非常好，不会因为服务器或网卡损坏而发生误切换。缺点是：会产生一段时间的应用中断。

- 数据备份系统

在这种系统中，系统将主应用端的数据实时地备份到远地的存储器中。这样，一旦主应用端的存储设备遭到损坏时，远程的存储器中会保留事故发生前写入本地存储器的所有数据，使丢失数据造成的损失降到最低点。当主应用端的存储器恢复正常，并将远地存储器的数据回装入本地存储器之后，应用可恢复到故障前的状态。这个时间差异取决于服务器的缓存中丢失了多少数据。

与上述两种方式相比，该方式系统恢复所需时间最长，但成本最低。

（3）灾难恢复站点类型

恢复地点的选择对任何灾难恢复计划极为重要。大多数灾难恢复计划的核心是物理隔离，即数据（常常包括服务器）在异地站点保存，与公司的日常办公地点相隔离，可以尽可能避免灾难事故发生。存储这些设备的地点一般被称为恢复站点。站点距离的选择应该适当，既要保证本地主站点的灾难不会对其产生影响，也要便于操作员访问站点，使其在重装或传送时非常便捷。站点至少被分为以下三类。

- 热站（Hot Site）

在恢复站点，服务器、数据与应用程序与主服务器随时同步（镜像）运行，这种方式的灾难恢复过程非常快速，几乎难于察觉。装备了数据中心，完全可以在灾难来临时发挥作用。但由于这种方案意味着软硬件的重复投资，因此这种方案一般投资高昂。

- 冷站（Cold Site）

只有用于信息处理的基础物理环境（如电线、空调、地板等），灾难发生时，所有设备都必须运送到站点上，同时从基础开始安装，因此故障恢复时间可能会很长。

- 温站（Warm Site）

用于信息处理的网络连接和一些外围设备只是部分进行了配置，如磁盘、磁带，但主要的计算机系统没有备份。有时，温站装配一些小功率的 CPU，这样的安排有利于灾难发生时，计算机能立即投入使用，同时，还比热站的费用低。

14.1.3 网络服务平台

在实际应用中许多用户只重视网络硬件建设，不重视网络服务和应用。其实网络服务才是网络应用的核心问题。即使建设技术再先进的网络，如果没有完善的网络服务，也不能充分发挥网络的效益。网络服务主要包括：Internet 服务、多媒体信息检索、信息点播、信息广播、远程计算与事务处理和其他信息服务等，如图 14.9 所示。

图 14.9 网络服务平台的组成

1. Internet 网络服务

Internet 是全球最大的计算机广域网，用户可使用 Internet 网络服务访问信息资源和相互通信，表 14-2 给出了主要的 Internet 网络服务。

表 14-2　主要的 Internet 网络服务

网 络 服 务	服 务 功 能
电子邮件（E-mail）	发送和接收电子邮件
文件传输（FTP）	文件传输和复制
匿名文件传输（Anonymous FTP）	无须身份认证的 FTP
远程登录（Telnet）	连接和使用远程主机
万维网（WWW）	超文本信息访问和查询系统
信息检索（Gopher）	菜单式信息检索系统
广域信息服务器（WAIS）	数据库信息检索系统
文档服务器（Archie）	匿名 FTP 文档检索
新闻论坛（Usenet）	专题讨论系统

1）E-mail 服务

E-mail 是 Internet 网络中使用最频繁的服务，是一种通过 Internet 与其他用户进行联系的快速、高效、简便、廉价的通信形式。

E-mail 系统采用客户/服务器模式，E-mail 服务提供者要在邮件服务器磁盘中为用户建立一段专门用于存放电子邮件的存储区域，并由 E-mail 服务器进行管理。用户使用 E-mail 客户软件在自己的 E-mail 信箱中收发电子邮件。用户联机登录到自己的电子邮件信箱（账号）后，就可使用 E-mail 软件或浏览器来收发电子邮件。

2）FTP 服务

FTP 是 Internet 中一种广泛使用的服务。FTP 的主要功能是在两台主机间传输文件。FTP 采用客户/服务器模式，FTP 客户软件必须与远程 FTP 服务器建立连接和登录后，才能进行文件传输。为了实现 FTP 连接和登录，用户必须在 FTP 服务器进行注册，建立账号，必须拥有合法的登录用户名和密码。

3）Telnet 服务

远程登录（Telnet）是 Internet 的基本服务之一，用于将用户计算机与远程主机连接起来，并可作为该远程主机的终端来使用。共享远程主机的 CPU、硬件、软件和数据等资源，如远程计算和远程事务处理等。

4）Gopher 服务

Gopher 是 Internet 中一种常用的文档资料信息检索系统，采用菜单方式显示文档的条目，简单易用。使用 Gopher，用户可很快获取所需的文档资料。

5）WWW 服务

目前 WWW 是 Internet 上最受欢迎的多媒体信息服务系统。WWW 技术大大加速了 Internet 的发展，前所未有地改变了网络信息系统的面貌，大大拓展了计算机网络的应用领域，许多专家称 WWW 技术是一场 Internet 革命。

WWW 系统采用客户/服务器模式，由 WWW 客户软件——浏览器（Browser）、Web 服务器和 WWW 协议组成。

WWW 浏览器，主要用于连接 Web 服务器、浏览和显示用 HTML 或 VRML 编写的信息目前，应用最广泛的 WWW 浏览器是 Microsoft 公司的 Internet Explorer。

Web 服务器，主要用于发布多媒体信息，通常这些信息是按网页来组织的，网页既可采用 HTML 语言来编写，也可采用 VRML 语言来制作。表 14-3 给出了常用的几种 Web 服务器软件。

表 14-3 几种常用的 Web 服务器软件

Web 服务器软件	厂商	操作系统	应用
Internet Information Server	Microsoft	Windows NT/2000/2003	部门级 Intranet/Internet 网络
Netscape Enterprise Server	Netscape	Windows NT/2000/2003 NetWare UNIX	企业级 Intranet/Internet 网络
Web Server	Oracle	UNIX	企业级 Intranet/Internet 网络

通常，Web 服务器应具有以下功能：

（1）支持 HTML 和 VRML 标准；

（2）响应浏览器的请求；

（3）跟踪用户的活动；

（4）具有 SNMP 代理和远程管理功能；

（5）具有编辑和文件管理功能；

（6）具有网络安全功能；

（7）提供网络服务（例如 E-mail、FTP、Telnet、WWW、DNS 等）的集成功能。

WWW 通信协议主要包括：HTTP、HTML 和 VRML 等。超文本传输协议 HTTP 是一种面向对象的协议，采用客户/服务器模型，允许传送任意类型的数据对象。它通过数据类型和长度来标识所传送的数据内容和大小，并允许对数据进行压缩传送。图 14.10 给出了 HTTP 的传输模型，其工作过程如下：

（1）客户与服务器建立连接；

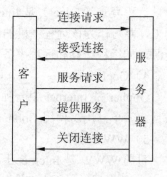

图 14.10 HTTP 的传输模型

（2）客户向服务器提出请求；

（3）服务器响应客户的请求；

（4）客户与服务器关闭连接。

超文本标记语言 HTML 是 WWW 上的专用信息文档编写语言之一，HTML 的特点是标记代码简单明了、功能强大、信息文档编写简便。HTML 能与 WWW 上的任何信息建立超文本链接，可插入图形、图像、声音、动画、视频等多媒体信息。

虚拟现实标记语言 VRML 是新一代的 WWW 编辑语言。使用 VRML，用户可创建三维立体的虚拟现实信息。VRML 的主要特点有：立体感强，数据量小，交互性强，应用范围广。VRML 是 WWW 信息系统的发展方向。

2．多媒体业务网络

1）信息点播

目前网络系统开展的信息点播业务主要有：视频点播（VOD）、音频点播（AOD）和多媒体信息点播等。

（1）视频点播（VOD）

视频点播是一种受用户控制的视频分配业务，它使分布在不同地理位置上的用户能交互式地访问远程视频服务器所存储的节目，就像使用家用录像设备一样，而 VOD 系统所提供的丰富的节目源和高质量的图像则是家用录像设备无法比拟的。

视频点播采用一种非对称的双向传输网络，点播信息通过窄带的上行信道传输到信息中心，由信息中心到用户的下行信息通过具有视频传输能力的宽带信道传输。

视频点播按其交互性程序可分为真视频点播（TVOD）和准视频点播（NVOD）。真视频点播指用户可以实时地启动节目的播放，在收看过程中能控制节目的播放（例如快进、快退、暂停等）。准视频点播指用户发出点播请求信息后，需等待几分钟才能看到所点播的节目。由于引入了一段等待时间，因此能提高系统资源的共享程序，从而降低了系统实现成本。

视频点播（VOD）作为一项新业务，其应用前景十分广阔，例如：

- 电视台、广播电台，进行节目点播和在线节目制作。
- 医学领域，收集病人的医疗资料（如 X 光片、磁共振扫描图片、检验报告、病历），进行数字处理后，医务人员可以通过宽带网络在任何时间、任何地点对相关医疗信息进行查询和处理。
- 零售行业，通过 Internet 向顾客提供商品的图像、图片、介绍以及价格信息。
- 宾馆饭店，专用 VOD 服务器可以向顾客提供影视点播服务。旅馆可以利用 WWW 把自己的多媒体展示节目传送给那些计划旅游或者商业旅行的潜在客户。
- 广告行业，VOD 将广告传播由被动形式转变为主动形式。消费者可以与广告直接进行交互作用,并且对广告进行点播,从而获得满足自己需求的产品信息。这种类型的交互是智能的,并且要求广告制作者从 30s 或者 60s 的单纯声音介绍转移生成富有感染力的产品显示。

- 教育和培训领域,以计算机为基础的交互式多媒体培训已经进入了成熟的应用阶段。通过高带宽数据通信网络用户可以连接到学校和其他教育机构开办的"虚拟教室"。
- 出版社和图书馆,利用多媒体网出版及进行多媒体信息查询和信息发布。
- 音像公司,通过 VOD 进行音像产品的制作,让广大消费者及时获得自己喜欢的音像制品。
- 数字博物馆和数字图书馆,将照片、影像、录音带及书籍和杂志放置于多媒体数据库里,用户可以通过宽带网络在"虚拟博物馆"进行漫游。
- 人力资料部门,利用 VOD 进行人事档案管理。
- 媒体,开展电视点播、卡拉 OK、家庭节目点播等增值服务。
- 其他的 VOD 应用还包括商品信息管理、库存物品查询。

(2) 音频点播 (AOD)

音频点 (AOD) 与视频点播 (VOD) 工作原理类似, 也是采用客户/服务器模式, 音频节目 (音乐、广播和 MTV 等) 存储在信息中心的音频服务器中, 用户能随时交互地访问音频服务器的音频节目, 如同播放 CD 一样方便。由于音频服务器保存有大量的音频节目, 因此很受音乐爱好者的欢迎。

音频点播 (AOD) 可广泛应用于广播电台、宾馆饭店、教育培训、展览馆、娱乐和信息服务等领域。

(3) 多媒体信息点播 (MOD)

多媒体信息点播 (MOD) 与多媒体信息检索的特点相似, 用户可定时预约或实时获取所需的多媒体信息。多媒体信息点播已广泛应用于信息服务领域。

2) 信息广播

信息广播的应用很广,归纳起来可分为视频广播、音频广播和数据广播等。

(1) 视频广播

目前的广播电视就是典型的视频广播应用,电视台以无线或有线的形式将制作好的电视节目信号广播出去,用户使用电视来接收电视节目。

视频广播业务的新发展是数字视频广播 (Digital Video Broadcasting, DVB), 标准由欧洲制定。DVB, 包括卫星、电视广播、有线电视、地面电视广播和高清晰度电视广播 (HDTV) 等。

DVB 各种系统的信源编码技术是通用的 MPEG-2 视频和音频编码。DVB 的目标是设计一个通用的数字电视系统。

（2）音频广播

目前，各级广播电台（新闻台、经济台、音乐台等）广播的节目就是典型的音频广播，用户使用各种收录机和音响设备来收听广播电台的节目。音频广播业务的新发展是数字音频广播（Digital Audio Broadcasting，DAB）。

（3）数据广播

数据广播是指信息中心将数据通过传输介质同时传送给分布在不同地理区域的众多用户。可视图文就是数据广播的典型应用范例。

3）视频会议

视频会议（Video Conference）是一种以传送活动图像、语音、应用数据（电子白板、图表）信息形式的会议业务。它是通过综合电视技术和计算机网络技术在两地或多个地点举行会议的一种多媒体通信方式。利用摄像机、话筒将一个地点会场情况实时传送到另外的会场，从而实现会议的效果。视频会议具有经济、省时和便利等优点，在实际中得到了广泛的应用。

目前视频会议的传送网络都是利用现有的电信网络（如数字微波、数字光纤或卫星等数字通信信道）或计算机网络。例如，视频会议信号可以在 PCM 数字信道或 DDN 网中以 E1 速率（2.048Mb/s）或更低的速率（如 384kb/s）传输；可以在 N-ISDN 网上以 64kb/s、128kb/s 或 P×64kb/s 的速率传输；可以在计算机局域网中以分组方式传输；可以在 B-ISDN 中以 ATM 方式传输。

视频会议系统主要由终端设备、传输信道（通信网）以及多点控制单元（Multipoint Control Unit，MCU）三部分组成。其中，终端设备和 MCU 是会议电视系统所特有的部分，而通信网络则不是视频会议系统所特有的，它是已经存在的各类通信网，视频会议的设备要在通信网上运行。

4）VOIP

Internet 作为全球最大的信息网络，其作用和影响越来越大，近年来 IP 电话在电信运营市场得到了广泛应用，中国电信、网通、移动、联通、铁通等运营商都推出了种类繁多的 IP 电话捆绑业务和电话卡业务。在电子政务和企业信息化项目中，业主也往往希望应用网络能够支持 VOIP 业务。VOIP 不仅向用户提供了一种更为经济的通信方式，而且标志着计算机网络和通信网络的融合度越来越大。

14.1.4 网络安全平台

1．网络安全概述

安全问题一直是网络研究和应用的热点问题，特别是近年来，由于 Intranet 网络的高速发展,网络安全已成为网络用户关注的焦点之一。由于来自"黑客"、竞争对手、内部不满分子和各种灾害等诸多威胁,因此,从建网开始就要仔细考虑网络安全解决方案和安全防范措施。

网络安全主要包括以下几方面。

(1) 防火墙技术,防止网络外部"敌人"的侵犯。目前,常用的防火墙技术有分组过滤、代理服务器和应用网关。

(2) 数据加密技术,防止"敌人"从通信信道窃取信息。目前,常用的加密技术主要有对称加密算法(如 DES)和非对称加密算法(如 RSA)。

(3) 入侵监测和漏洞扫描技术。

(4) 物理隔离技术,如网闸。

(5) 访问限制,主要方法有用户口令、密码、访问权限设置等。

2. 网络系统安全体系构成

信息总是依托于信息系统存在的,表现为信息系统所存储、处理和交换的数据单元。完整的信息系统应当包括信息采集系统、信息存储系统、信息交换系统、信息处理系统和信息应用系统。作为一套完整的信息系统,包括了基础设施、计算机网络、计算机操作系统、基本通用应用平台、存储系统等诸多方面。因此信息系统安全保障体系也就应当涉及信息系统的各个组成部分,同时考虑到信息安全可持续的特性,还需要运行过程中的安全保障问题。根据信息安全工程高级保障体系框架,我们可以把安全体系分为:实体安全、平台安全、数据安全、通信安全、应用安全、运行安全和管理安全其他层次。

1) 实体安全

实体安全是信息系统安全的基础,是信息系统安全的最基本的保障。

机房安全:机房是信息系统主要设备的物理存放场所,机房安全主要是保证机房场地的安全,主要包括机房环境、温度、湿度的控制,电磁、噪声、静电、震动和灰尘的防护,同时要有防火灾、防雷电以及门禁等安全措施。

2) 设施安全

主要是考虑各种硬件设备的可靠性问题,所有的设备应当具备相应的信息系统工程安全级别,同时要保证通信线路物理上的安全性。包括:

(1) 动力。动力是信息系统运行的基本保障,要保证电源/空调等动力系统的可靠运行,并且要提供事故的预防措施。

(2) 灾难预防与恢复。对灾难的出现应当有预防和紧急恢复的措施。

3) 平台安全

平台安全泛指操作系统和通用基础服务安全,主要用于防范黑客攻击手段,目前市场上大多数安全产品均限于解决平台安全问题,包括以下内容:

（1）操作系统漏洞检测与修复，包括 UNIX 系统、Windows 系统、网络协议。

（2）网络基础设施漏洞检测与修复，包括路由器、交换机、防火墙等。

（3）通用基础应用程序漏洞检测与修复，包括数据库、Web/ftp/mail/DNS/其他各种系统守护进程。

平台安全实施需要用到市场上常见的网络安全产品，主要包括 VPN、物理隔离系统（网闸）、防火墙、入侵监测和漏洞扫描系统、网络防病毒系统、信息防篡改系统、安全审计等系统。对于重要的信息系统应进行整体网络系统平台安全综合测试，模拟入侵与安全优化。

4）数据安全

为防止数据丢失、崩溃和被非法访问，为保障数据安全提供如下实施内容：介质与载体安全保护、数据访问控制、系统数据访问控制检查、标识与鉴别、数据完整性、数据可用性、数据监控和审计、数据存储与备份安全。

5）通信安全

为防止系统之间通信的安全脆弱性威胁，为保障系统之间通信的安全采取的措施有：通信线路和网络基础设施安全性测试与优化、安装网络加密设施、设置通信加密软件、设置身份鉴别机制、设置并测试安全通道、测试各项网络协议运行漏洞。

6）应用安全

应用安全是保障相关业务在计算机网络系统上安全运行，应用安全脆弱性是可能给信息化系统带来最大损失的致命威胁，以业务运行实际面临的威胁为依据，为应用安全提供的保证措施有：业务软件的程序安全性测试、业务交往的防抵赖测试、业务资源的访问控制验证测试、业务实体的身份鉴别检测、业务现场的备份与恢复机制检查、业务数据的惟一性/一致性/防冲突检测、业务数据的保密性测试、业务系统的可靠性测试、业务系统的可用性测试。测试实施后，监理将有针对性地为业务系统提供安全建议、修复方法、安全策略和安全管理规范。

7）运行安全

运行安全是保障系统安全性的稳定，在较长时间内将计算机网络系统的安全性控制在一定范围内。为运行安全提供的实施措施有：应急处置机制和配套服务、网络系统安全性监测、网络安全产品运行监测、定期检查和评估、系统升级和补丁提供、跟踪最新安全漏洞及通报、灾难恢复机制与预防、系统改造管理、网络安全专业技术咨询服务。

运行安全是一项长期的服务，包含在网络安全系统工程的售后服务包内。

8）管理安全

管理安全层次是对以上各个层次的安全性提供管理机制，以用户单位网络系统的特点、实际条件和管理要求为依据，利用各种安全管理机制，为用户综合控制风险、降低损失和消耗,促进安全生产,提高综合效益。管理安全设置的机制有:人员管理、培训管理、应用系统管理、软件管理、设备管理、文档管理、数据管理、操作管理、运行管理和机房管理。主要体现在身份验证、加密、密钥管理、授权等方面。

安全管理的功能主要包括:

(1) 标识重要的网络资源(包括系统、文件和其他实体);
(2) 确定重要的网络资源和用户集之间的映射关系;
(3) 监视对重要网络资源的访问;
(4) 记录对重要网络资源的非法访问;
(5) 信息加密管理。

通过管理安全实施,为以上各个方面建立安全策略,形成安全制度,并通过培训和促进措施,保障各项管理制度落到实处。

3. VPN

VPN(Virtual Private Network,虚拟专用网)指在一个共享基干网上采用与普通专用网相同的策略连接用户,如图 14.11 所示。共享基干网可以是 IP、帧中继、ATM 主干网或 Internet。

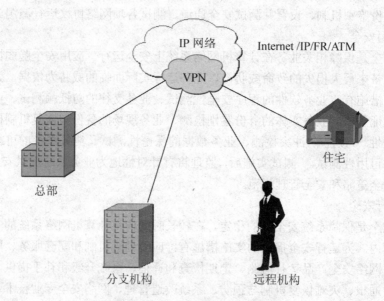

图 14.11 VPN 的逻辑拓扑结构图

1) VPN 的类型

VPN 主要有以下三种类型。

(1)访问型 VPN(Access VPN)

像其他专用网一样,在具有相同规则的共享设施上提供对公司内部或外部网的远程访问,用户利用它可随时随地访问公司的资源。访问型 VPN 包含模拟型、数字型、ISDN、数字用户线路(DSL)、移动 IP 和电缆技术,用于安全地连接移动用户、远程通信或分支机构。

(2)Intranet 型 VPN

在专用连接的共享设施上连接公司总部、远程机构和分支机构的 VPN。企业与传统专用网一样部署,同样也关注 VPN 的安全性、服务质量(QoS)、可管理性和可靠性。

(3)Extranet 型 VPN

在专用连接的共享设施上连接用户、提供者、合伙人或公司内部网感兴趣的通信 VPN。企业与传统专用网一样部署,同样也关注 VPN 的安全性、服务质量、可管理性及可靠性。

2)组建 VPN 技术机制

组建 VPN 专用网络不是一个新概念,现在有许多技术能够支持这类应用,包括如下技术机制。

(1)不透明包传输

在 VPN 上传输的数据可能与 IP 骨干网上的毫无关系,一方面因为这些数据是多协议的,另一方面用户使用的一般是私有 IP 地址段的地址。

(2)数据安全性

VPN 的一个重要目标是数据安全,不同 VPN 有不同的安全模型,一种是通过防火墙等客户端设备保障数据安全,通过建立 VPN 隧道实现 VPN。另一种情况是利用骨干网络供应商提供的安全机制,防火墙功能和保护包传输的安全是业务提供商的责任,不同应用场合可能需要不同的安全等级。如果 VPN 的数据交易只发生在一个业务提供商的 IP 骨干网中,那么就不大需要太高的安全机制(如 IPSec)来提供的骨干网节点的隧道安全,如果 VPN 数据需要跨越多个 IP 骨干网络,启用高安全机制就很有必要了。既然用户认为 IP 传输网(特别是 Internet)是不安全的,即使单个业务提供商也可以为用户数据交易建立高水平安全机制,问题的理解取决于 VPN 的具体实现。

(3)QoS 保证

除了保证通信的专有性,建立在物理层或者链路层上的专用网络技术也提供不同类型的 QoS 保证,租用线和拨号线都能够提供带宽和时延等服务质量保证,ATM 和帧中继的专用连接也能提供类似的保证,IP VPN 的 QoS 保证主要依赖于基础 IP 骨干网,随着技术的发展,VPN 框架也必须提供这样的手段。

(4) 隧道机制

目前市场上有多种 IP 隧道机制，如 TCP/IP、GRE、L2TP、IPSec、MPLS。虽然有些协议没有被视为隧道协议，但是它实际上做的也是建立隧道的事情，都是从封装包的地址域提取转发信息，允许不透明帧作为包载荷通过 IP 网络传输。

然而要注意的是，MPLS 和其他隧道协议有所不同，它是一种专门的链路层协议，MPLS 只能在 MPLS 网络范围内应用，而 IP 可以伸展到任何可以到达的地方，基于 MPLS 隧道建立的 VPN 机制从定义上就不能伸展到 MPLS 网络之外。可是 MPLS 可以横跨许多不同的链路层技术，因此 MPLS IP 是目前较为流行的一种 IP VPN 技术。

4. 数字证书系统

数字证书系统提供公钥/私钥的生成、用户申请、申请审核、证书签发、证书吊销、证书验证、证书查找、证书更新、密钥管理、证书包装等各项功能。数字证书系统一般应遵循 ITU-T X.509 标准建设，采用国际上广泛采用的标准协议，支持现行的 SSL 和未来基于 SET 的标准。采用通用技术标准的不同数字证书系统应能互相兼容（见表 14-4）。

表 14-4　国际相关技术标准和国内技术规范

功 能 模 块	相 关 标 准
公钥、私钥的生成	PKCS#1，PKCS#3，PKCS#5，PKCS#8
用户证书申请	PKCS#10
证书签发	X.509，PKCS#6，PKCS#9
证书修改	RFC 1442，X.509
证书吊销	X.509，LDAP
证书验证	X.509，PKCS#6，PKCS#9
证书查找	LDAP，X.500
证书包装与分发	PKCS#12

基于 PKI CA 体系的用户管理是当今的主流趋势。首先，PKI CA 体系利用公钥机制可以确保用户身份的惟一性。PKI CA 体系采用非对称密钥体系，通过一个证书签发中心（CA）为每个用户和服务器（如 Web 服务器等）颁发一个证书，之后用户和服务器、用户和用户之间通过证书相互验证对方的合法性，其标准是能否用 CA 中心的公钥对个人证书和服务器证书进行解密，而 CA 中心的公钥存在于公开的 CA 根证书里。这个过程对用户是透明的，而且是与具体应用无关的，因此可以满足把用户管理和具体应用分离的需求。

其次，PKI CA 体系采用 LDAP 目录技术管理用户，有助于海量用户的管理。LDAP（Lightweight Directory Access Protocol，轻量目录访问协议）是目录服务在 TCP/IP 上的实现（RFC 1777 V2 版和 RFC 2251 V3 版）。LDAP 是对 X.500 的目录协议的移植，简化了 X.500 实现方法，所以称为轻量级的目录服务。

在 LDAP 的协议之中，很像硬盘目录结构或倒过来的树状结构。LDAP 的根就是全世界，第一级是属于国别（countries）性质的层级，之后可能会有公司（organization）的层级，接着是部门（organizational unit），再后来为个人，每个人都会有所谓的区别名（distinguished name，dn）。

通过这种标准化的目录服务，PKI CA 体系可以管理多达百万级的用户，因此是需要管理大量用户时的最佳选择。

数字安全证书利用一对互相匹配的密钥进行加密、解密。每个用户自己设定一把特定的仅为本人所知的私有密钥（私钥），用它进行解密和签名；同时设定一把公共密钥（公钥）并由本人公开，为一组用户所共享，用于加密和验证签名。当发送一份保密文件时，发送方使用接收方的公钥对数据加密，而接收方则使用自己的私钥解密，这样信息就可以安全无误地到达目的地了。通过数字的手段保证加密过程是一个不可逆过程，即只有用私有密钥才能解密。在公开密钥密码体制中，常用的一种是 RSA 体制。其数学原理是将一个大数质因数分解的困难性，加密和解密用的是两个不同的密钥。

用户也可以采用自己的私钥对信息加以处理，由于密钥仅为本人所有，这样就产生了别人无法生成的文件，也就形成了数字签名。采用数字签名，能够确认以下两点：

（1）保证信息是由签名者自己签名发送的，签名者不能否认或难以否认；

（2）保证信息自签发后到收到为止未曾做过任何修改，签发的文件是真实文件。

14.1.5 网络管理平台

随着计算机网络的普及和广泛应用，网络的规模将会越来越大，设备越来越多，如果采用人工来管理维护网络、监测网络的工作状态和性能指标，显然是非常困难的。因此，必须使用专门的网络管理系统来管理、监测和控制网络的运行。在之后章节将结合具体监理流程对网络管理平台做详细介绍。

网络管理系统的主要功能是维护网络正常高效率的运行，能及时检测网络出现的故障并进行处理，能通过网络配置协调更有效地利用网络资源。网络管理系统主要包括以下内容：

- 网络管理的任务
- 网络管理协议
- 集成本地管理接口（ILMI）
- 网络运行维护管理（OAM）
- 网络打印管理
- 网络存储管理

- 网络管理测试

14.1.6 环境平台

为了保证网络的正常运行，必须提供良好的工作环境。环境平台主要包括机房建设和综合布线两部分。

1. 机房建设

现代的机房建设工程充分体现了新技术、新材料、新工艺、新设备的特点。一方面，网络机房运转是否正常将会影响到信息网络系统的日常经营业务的正常运行，所以对机房的安全性、可靠性和可管理性提出了很高的要求，提供一个符合国家各项有关标准的优秀的技术场地；另一方面，机房建设给机房工作人员提供了一个舒适、典雅的工作环境。计算机机房的建设工程是一个综合性的专业技术系统工程。它具有建筑室内设计、空调、通风、给排水、强电、弱电等各个专业及计算机房所特有的专业技术要求。同时又具有建筑装饰关于美学、光学、色彩学等专业的技术要求。因此，机房建设常常需要专业技术企业来完成，从而在设计施工中确保机房先进、可靠、安全、精致。既满足机房专业的有关国标的各项技术条件，又具有建筑装饰现代艺术风格的机房，才能充分满足业主的使用要求。

机房建设包括机房装修、空调系统、电气系统、接地与防雷系统、消防系统和环境监控系统。

2. 综合布线系统

建筑物综合布线系统（Premises Distribution System，PDS）又称结构化布线系统（Structured Cabling System），是一种模块化的、高度灵活性的智能建筑布线网络，是用于建筑物和建筑群的进行话音、数据、图像信号传输的综合的布线系统。

综合布线系统是 1985 年由美国电话电报公司（AT&T）贝尔实验室首先推出，并于 1986 年通过美国电子工业协会（EIA）和通信工业协会（TIA）的认证。于是很快得到世界广泛认同并在全球范围内推广。

综合布线系统是由于计算机技术和通信技术的发展，适应社会信息化和经济国际化的需要，也是办公自动化进一步发展的结果。建筑物综合布线也是建筑技术与信息技术相结合的产物，是计算机网络工程的基础。

在信息社会中，一个现代化的大楼内，除了具有电话、传真、空调、消防、动力电线、照明电线外，计算机网络线路也是不可缺少的。布线系统的对象是建筑物或楼宇内的传输网络，以使话音和数据通信设备、交换设备和其他信息管理系统彼此相连，并使这些设备与外部通信网络连接。它包含建筑物内部和外部线路（网络线路、电话局线路）间的民用电缆及相关的设备连接措施。布线系统是由许多部件组成的，主要有传输介质、线路管理硬件、连接器、插座、插头、适配器、传输电子线路、电气保护设施等，并由这些部件来构造各种子系统。

综合布线系统应该说是跨学科跨行业的系统工程，作为信息产业体现在以下几个方面：

（1）楼宇自动化系统（BA）；

（2）通信自动化系统（CA）；

（3）办公室自动化系统（OA）；

（4）计算机网络系统（CN）。

随着 Internet 网络和信息高速公路的发展，各国的政府机关、大的集团公司也都在针对自己的楼宇特点，建设综合布线系统，以适应新的需要。搞智能化大厦已成为开发热点。理想的布线系统表现为：支持语音应用、数据传输、影像影视，而且最终能支持综合型的应用。由于综合型的语音和数据传输的网络布线系统费用高，投资大，一般单位可根据自己的特点，选择布线结构。大楼的综合布线系统是将各种不同组成部分构成一个有机的整体，而不是像传统的布线那样自成体系，互不相干。

14.2 信息网络系统建设监理概述

14.2.1 监理的基本内容

1. 项目准备和项目招标阶段

（1）协助业主编写可行性研究报告、项目建议书和招标文件；

（2）协助业主选择合适的承建方（主要依据：投标单位的经济及技术实力、资质、行业背景等，技术投标文件，商务投标文件，培训和售后服务承诺等）、帮助业主与承建方进行合同的谈判。

2. 系统设计阶段

（1）与业主方工程领导小组共同对承建方提交的设计方案进行审核和确认；

（2）审核项目实施计划，明确各阶段所要完成的主要任务。项目实施计划是信息网络工程调试、安装、测试和验收各阶段工作的主要依据。必要时，经三方同意，可以对工程计划书的内容、步骤和进度计划进行调整。项目实施计划至少应包括：项目实施进度计划，人力资源的协调和分配，物力资源的协调和分配。

3. 项目实施阶段

工程实施是信息网络工程建设最重要的组成部分。网络设备的安装情况不仅直接影响到工程的进度，甚至会影响到整个项目是否成功。而任何一个网络工程的实施都至少包括两部分的工作：逻辑设计与物理实现。信息网络系统的现场实施通常分以下几个步骤进行：

（1）网络系统和主要设备参数的详细设置；

（2）网络设备的到货验收；

（3）全部网络设备加电测试；

（4）模拟建网调试及连通性测试；

（5）实际网络安装调试。

为此，监理方将重点评审承建方提交的系统联调方案、系统测试方案，组织完成设备安装、系统初验。具体包括如下工作。

（1）协助承建方通过必要手段对现有网络的使用现状和剩余的余量进行评估分析。

（2）协助业主方召开专家评审会，对承建方提交的网络建设方案和网络拓扑结构、施工图纸等进行评审，汇总专家评审意见，并提交监理意见。

（3）对建设过程中的网络设备、计算机设备、电气设备进行评估和重点测试，评估上述设备能否满足业主需求和设计要求，设备选型是否合理。

（4）对网络信息系统建设中的项目实施阶段进行监理，主要包括如下内容：

- 对承建方的详细项目实施方案和进度计划表进行评审，并提出评审意见和建议；
- 对承建方进入现场的管槽和设备进行监理，是否符合国家标准；
- 在隐蔽工程中，对承建方的施工进行监理，并提出整改意见；
- 在设备安装过程中，对承建方的施工进行监理，并提出整改意见；
- 监理方与业主方和承建方共同实施测试，监理工程师对测试过程进行监控；
- 测试结束后承建方提交测试问题单和测试报告；
- 承建方对测试问题进行修改并回归测试通过后，再次提交给监理方；
- 监理方对回归测试的过程、结果进行确认，并决定测试是否完成。

4．系统试运行阶段

（1）监理方将密切监视系统的运行状况，对承建方提交的试运行记录和试运行报告进行审核，对于系统出现的问题及时进行处理；

（2）对于一些重复出现的问题，在验收测试时给予必要的关注，督促承建方采取必要的解决措施；

（3）督检查承建方试运行阶段的培训工作。

5．验收阶段

监理方协助业主对网络系统进行专业性鉴定，组织项目的竣工验收，评审《验收方案》和《验收计划》，编写竣工验收报告报给业主方。包括以下具体工作步骤。

(1) 承建方在合同规定时间内提出验收标准；

(2) 监理工程师按照合同及相关文件对验收标准进行评审，并评审以下文档是否符合要求（包括但不限于）：

用户需求说明书、需求变更说明、工程设计总体方案、详细设计说明书、用户手册、操作手册、工程测试报告及工程验收申请；

(3) 总监理工程师组织专家对验收标准进行会审，并提出评审意见，和业主方及承建方进行探讨，确定修改意见；

(4) 监理方向业主方提交最终评审意见，业主方根据评审意见对承建方工作做出整改决定，形成验收标准；

(5) 监理工程师根据网络系统竣工的准备情况，以确定是否满足系统验收的条件；

(6) 由业主方、承建方和监理方共同组成验收组，按照验收方案对网络系统进行验收工作；

(7) 监理工程师对验收报告进行评审，由总监理工程师确认验收工作是否完成。

6．系统维护阶段

监理方评审承建方的项目资料清单，协助业主和承建方交接项目资料，文件材料归档；对维护期内出现的各类问题提出处理意见，并适时关注落实情况。

14.2.2 监理的重点

1．承建方资质的评审

1) 优秀的系统集成商并不多

系统集成行业在国内已经经历了近二十年的发展，但优秀的系统集成商数量并不多。造成这种情况的原因是：

(1) 优秀的系统集成商必须拥有一支稳定、高素质、多专业的技术队伍，而且必须具有丰富的工程实施经验和雄厚的经济实力。

(2) 从技术角度讲，将计算机、软件工程、网络、自动控制、通信、电气等技术综合应用在一项工程中是技术发展的必然趋势。系统集成商就是要根据用户提出的需求，为用户提供完整的解决方案，不仅要在应用上实现用户的需求，还要对用户投资的实用性和有效性进行有效的分析，并提供完善的技术支持和培训。系统集成商应具有项目管理、质量保障、方法论等多方面的知识。更重要的是，系统集成商必须具有相关行业的专业知识、专业技能以及丰富的项目实施经验。

(3) 目前国内系统集成的市场环境还存在很多问题，如行业法规和标准不完善、用户需求不明确、项目运作不透明、价格战现象等。系统集成是综合性的工程，它不仅涉及技术和设备问题，而且还涉及法规、制度、社会关系等多方面的问题。这样的市场环境给新公司的进入提供了巨大的空间。

（4）对于系统集成的商业利润，一般来说，系统集成的利润包括硬件、软件和集成三部分利润，其中硬件的价格透明度高，利润较低，而软件和集成的利润占整个项目利润的绝大部分。这就要求系统集成商不但要具有对硬件安装支持的能力，还必须具备相关应用软件的开发能力以及对客户业务的熟悉和理解。

2）系统集成商资质的评审内容

在信息网络系统招标时，监理方对于系统集成商资质的评审内容主要包括以下方面：

（1）国家相关部委颁发的系统集成资质证明，如信息产业部颁发的计算机系统集成资质、建设部颁发的建筑智能化系统集成专项资质、国家保密局颁发的"涉及国家秘密的计算机信息系统集成资质"证书；

（2）企业注册资金；

（3）承建类似项目（类型、规模、周期）的工程经验和业主评价；

（4）技术实力和技术队伍的稳定性；

（5）管理层人员简历和稳定性；

（6）技术支持和服务保障体系；

（7）质量管理体系；

（8）信息安全管理体系；

（9）支持产权管理体系；

（10）文档管理体系。

2. 信息网络系统建设的过程控制

网络集成的过程控制是指监理方对信息网络系统分项工程和流程的控制，对于网络系统的监理，监理工程师应注意对以下问题进行监理：

（1）网络整体架构是否合理；

（2）网络总体方案是否满足用户的需求；

（3）网络集成时，各分项工程的接口和整体连通性是否满足设计要求；

（4）系统集成选择的设备是否正确（服务器、路由器、交换机、防火墙、UPS、磁盘阵列等）；

（5）网络集成选择的管理软件是否合适；

（6）网络集成选择的用户平台是否正确；

（7）网络集成时各分项工程实现是否按照工程实施计划有序进行；

（8）网络集成的整体目标是否满足设计要求；

（9）分项工程建设是否按设计方案进行并达到预期的目标。

3．信息网络系统过程控制常用的监理方法

1）评估

评估是指依据信息系统工程项目的总体需求和网络设备的指标，判断网络设备是否能够满足信息系统工程的建设需求。由于通常情况下，网络设备提供商提供技术指标比较准确可信度较高，因此评估方法主要适用于网络设备的选型和采购。当然对于某些关键的网络设备也可以通过测试的手段保证其质量。

2）网络仿真

使用网络仿真的方法，可以对网络设计方案进行必要的评估，验证承建方的网络设计方案是否能够满足业主方的需要。

3）现场旁站

即在网络施工的过程中，采用旁站的方式进行监理，主要目的在于保证项目实施过程中工程标准的符合性，尽可能保证施工过程符合国家或国际相关标准。现场旁站比较适合于网络综合布线的质量控制。

4）抽查测试

对于某些网络的连通性和通信质量要进行一定比率的抽查测试。抽查测试比较适合于综合布线，结合现场旁站的手段，根据手持式网络测试仪抽测的结果，能够分析网络综合布线的效果，可以有效保证网络综合布线的质量。

5）网络性能测试

为了保证多媒体应用的性能，需要对网络进行全面的性能测试，主要是通过必要的网络测试工具，对网络的性能进行测试。

4．信息网络系统的验收

网络系统集成涉及的专业较多、专业化程度较高。要做好网络系统集成工程的验收，必须在分项工程中把好关，由专业技术人员进行详细认真的分项工程（或阶段性）测试与验收，确保每个分项工程（或阶段性）都通过验收，在集成工程验收时重点检查各系统（或分阶段）系统的整体连通性问题。当整个系统运行达到或超过设计指标时，可作为通过验收。

网络集成系统的验收分为设备的验收和系统验收两部分。

1）网络设备的验收

对路由器、交换机、服务器、防火墙等网络设备的验收。检查主要设备加电后能否正常工作，有无异常情况等。

2）网络系统的验收

主要包括系统功能验收和性能验收两个方面，通过测试检查系统功能和性能是否满足用户需求，是否达到设计指标。

第 15 章　信息网络系统建设准备阶段的监理

信息网络系统建设的准备阶段包括立项、工程准备、招标等几个过程。在本阶段完成工作质量的高低将直接影响到信息网络系统的建设水平。因此，作为信息网络系统建设的监理工程师，应该了解本阶段监理的基本要求，掌握完成本阶段监理工作的技能。

15.1　立项和工程准备阶段的监理

在立项阶段，由业主相关单位根据实际需求确定系统设计目标和项目范围、功能、运行环境、投资预算和竣工时间，它是进行系统分析与可行性分析阶段的前提。一般来讲，工程的立项由业主完成，业主也可以通过"任务委托书"的形式委托有关单位完成。虽然在一般的监理委托合同中，业主不要求监理方参与项目前期立项监理工作。但是，在咨询式的监理服务中，监理方也有可能参与工程立项工作。因此对于监理工程师来讲，应该熟悉项目的立项监理的基本内容和做法。

15.1.1　立项评审的基本原则

1. 简单性

工程设计应该尽量简单。这样可以提高运行效益，同时也可以节省投资和提高系统的运行质量。

2. 灵活性

工程对外界条件的变化应具有较强的适应能力。由于信息网络工程是复杂的系统工程，要求系统的结构要具有较好的灵活性和可塑性。

3. 完整性

信息网络系统工程是各个子工程的集合，并作为一个有机的整体而存在，因此信息网络工程要求各子系统功能规范、接口统一。各子系统的协调工作是保证整个网络系统正常运行的基础。

4. 可靠性

系统的可靠性是评定工程质量的主要指标之一。可靠性的要求包括：

（1）系统体系结构设计合理，具有良好的可扩展性；

(2) 硬件设备稳定性高；
(3) 良好的可管理性；
(4) 安全防护措施完善。

5．经济性

同其他工程一样，信息网络系统工程的长远目标是为使用者带来相应的效益，因此如何在投资和绩效之间取得平衡是项目建设的重要目标之一。这也是监理方在为业主进行项目经济分析时必须考虑的问题。

15.1.2 立项报告和可行性报告编写的监理

在信息网络系统的立项阶段，监理方应协助业主确定系统设计目标、系统预期功能和性能，运行环境，投资预算和竣工时间等。立项是进行系统分析和可行性分析工作的前提。

1．立项阶段的目标

立项阶段的工作要达到以下目标：
(1) 向上级主管部门阐述系统建设的必要性，并得到上级领导的肯定；
(2) 估算工程建设的资源投入、预期的时间与进度计划，以及所需要的投资。

2．立项阶段的任务

立项阶段监理方应协助业主完成以下几方面的工作：
(1) 了解业主现有的人力、物力情况；
(2) 为新系统的建设确定项目组织和人员配备；
(3) 编制立项申请报告，并提交给上级主管部门；
(4) 撰写项目可行性报告。

对于投资较大的信息网络工程，必须事先进行项目可行性研究，可行性研究由业主、主管部门和咨询设计单位（如果进行咨询式监理还包括监理方）共同进行。在完成类似项目调研（功能、设备选型、设计及实施方案）的基础上，通过研究本单位的建设目标、业务要求和工程实施方法，编制出可行性研究报告。

3．立项报告的主要内容

立项报告一般由两大部分组成。第一部分内容包括：工程名称、项目负责人和组织分工、项目机构、参加单位、协作单位。第二部分内容包括：工程背景、工程建设的目的和意义、当前现状和发展趋势、工程建设内容、工程完成时间、工程经费概算等。

立项报告的一般格式如下：
1) 工程项目
① ×××…×

② ×××…×
   ⋮
   ×××××

2）工程组织领导和工程负责人

工程领导小组：×××，…，×××

工程技术小组：×××，…，×××

工程总负责人：×××

分工程负责人：×××

×××负责……

×××负责……

⋮

3）项目机构

×××科室

4）工程负责单位和协作单位

负责单位：××××

协作单位：××××

5）工程背景

6）工程建设的目的和必要性

以对目前所处的环境、业主方的信息化现状与差距的分析为基础，论述项目建设的必要性。

7）项目承担单位概况

对业主方的单位简况和机构职能做一简要介绍。

8）需求分析

项目所涉及的功能和性能的充分的分析与描述，对项目相关的主要的业务流程进行分析和论述，并对需要进行处理的信息量进行预测。

9）总体方案

① 总体目标及分期目标

说明系统建设要达到的总体建设目标和按时间段划分的阶段性建设目标。

② 总体建设内容与规模

列表说明项目建设的主要内容和总体建设规模。

③ 总体建设原则

10）分阶段的建设方案

以分阶段建设目标、建设内容和建设规模为依据，按网络系统、数据中心系统、应用系统、安全系统、设备与软件配置、土建及配套工程等专业给出总体设计方案。

11）总投资估算和资金筹措

12）经济效益与社会效益分析

4．可行性分析

1）概念

可行性分析一般可定义为：可行性分析是在建设的前期对工程项目的一种考察和鉴定，对拟议中的项目进行全面与综合的技术、经济能力的调查，判断它是否可行。可行性分析的目的，就是把所有与系统的投资效果有关的因素综合起来加以分析。可行性分析必须回答下列问题：

（1）技术能力是否可行？

（2）经济投资能力如何？

（3）系统需要多长时间才能建设完成？

（4）需要多少人力、物力？

（5）系统是否符合现行实际情况？

（6）对新系统的效益分析是否有依据？

可行性分析的基本目的，就是全面分析新建系统的投资效益（包括经济的、社会的效益）。可行性分析最终要明确指出：提交的系统分析报告是否可行，有没有修改的必要？

信息网络系统的建设不同于一般工程项目的建设。一般工程项目的可行性分析是对工程立项决策的分析，分析的对象是以初选目标为前提。而信息网络系统是在申请立项、对本单位内部进行广泛调查并且按照立项的准则写出系统分析说明书后，才能进行可行性分析。

2）可行性分析主要关注的四个方面

（1）经济可行性。对项目的价值、投资与预期利益进行科学评价。

（2）技术可行性。

（3）系统生存环境可行性。确定系统运行环境和生命周期。

（4）各种可选方案。对用于该系统开发的各种处理方法进行评价。

3）可行性分析研究内容

（1）系统建设的必要性。

（2）系统实施计划。

（3）系统建设的经济效益。

可行性分析要根据业主实际需求信息与限制条件，针对系统方案中确定的长期目标和短期目标，分别对计算机资源、技术能力及局限性、预期效果综合进行分析。可行性分析的最终结果应编写成可行性分析报告，作为上级管理部门进行决策的重要依据。

4）可行性分析的工作组织

可行性分析的工作组织一般有如下几种形式。

- 由建立系统的单位来承担。
- 委托科研机构承担。
- "三结合"方式：由主持编写《系统分析说明书》的工作人员、科研单位的技术专家、本单位的中层管理干部共同参与可行性分析，由科研单位的专家提出分析报告草案供讨论。

5）项目可行性报告的内容

可行性报告主要包括以下内容：

（1）项目背景，即工程的来源，工程的基本情况，工程的业主与主管单位。

（2）根据政府的有关规定和各行业的要求，对任务进行详尽的分析，以确定目标的风险等级以及防护等级。

（3）根据工程目标的等级确定，如工程内容、风险防范方案、设备明细等内容。

（4）估算出整个工程的建设工期，制订工程费用预算。

（5）对工程项目的社会效益和经济效益进行全面分析，以确定工程项目的可行性。

在信息网络系统的建设前期，可行性分析非常重要。它确定了项目的建设目标、内容、范围和投资规模，可行性分析报告是否科学和切合实际直接关系着项目的成败。

在建设一个系统时，监理方协助业主进行可行性分析主要是对在技术上、经济上、运行组织的可能性上存在的问题，以及新系统实施后可能产生的效果进行分析。

5．立项工程的委托

可行性报告经有关部门审批后，工程正式立项，然后业主将工程设计和建设任务委托给相关设计及承建方完成。工程可采取招标方式以提高工程质量，缩短工期和节约投资，创造更好的社会和经济效益。

15.2 招标阶段的监理

15.2.1 信息网络系统招标监理的基本特点

信息网络系统招标监理的主要任务是协助业主通过对投标单位资质、服务水平和承诺、总体技术方案和价格的综合审察，选择合适的承建方。根据业主的需要，监理方可以参与编制招标文件、编制评标标准、评标、合同谈判等环节的监理和咨询工作。

信息网络系统与信息应用系统相比，是一个以硬件产品为主的系统。在招标阶段，监理的核心工作是对投标单位总体技术方案的评估。根据信息网络系统的特点，招标阶段监理包括以下特点。

1. 评估投标单位总体技术方案是重中之重

由于信息网络系统工程从根本上是系统集成，一般选用第三方的成熟产品，在招标和合同谈判过程一旦确定了系统整体架构和设备的型号、数量和配置，系统的功能和性能就基本已经确定。因此对投标单位总体技术方案的评估是招标阶段监理工作的重中之重，从工程和技术角度，对于信息网络系统，监理应重点评估投标文件中以下方面的内容：

（1）选用的技术路线是否是主流的，重点是网络架构、网络安全体系、服务器选型；

（2）系统整体是否存在安全漏洞（必须和应用系统结合分析）；

（3）各系统之间的接口兼容性如何，如防火墙和入侵检测系统的联动性能、智能建筑项目中设备与集中监控系统之间的接口性能；

（4）各分系统的配置规划是否合理，有无提供定量化的规划方法，包括网络交换机、服务器、存储系统、备份系统等；

（5）系统中有无影响性能的瓶颈；

（6）对于某些新技术领域，选择的产品是否得到实践的验证；

（7）有无到货期影响整体进度的设备。

2. 审查承建方是重点

由于承建方的实力、技术能力、服务水平直接关系着信息网络系统实施的成败，因此在信息网络系统招标监理过程中，监理方对承建方资质的审查非常重要。在15.2.4节中将对承建方资质的评审要素进行更详细的介绍。

3. 把好工程投资关是关键

由于信息和网络技术的飞速发展，产品的更新速度很快，市场会不断推出性能更高、价格更低的产品。从投资控制的角度，为了最大限度地保护业主的投资，在系统招标阶段，监理应重视对以下方面的监理把关：

（1）总体技术方案的适用性，即不要盲目追求技术的先进性，应把用户的实际需求放在第一位；

（2）主要设备的价格应与当时最新的市场行情相符；

（3）应尽量缩短到货和工程实施时间。

15.2.2 招投标过程

1. 招标

招标是业主根据已经确定的项目建议书，提出招标采购项目的条件，向潜在的承建方发出投标邀请的行为。招标是招标单位与监理方共同合作的行为。这一阶段经历的步骤主要有：确定项目需求，编制招标文件，确定标底，发布招标公告或发出投标邀请，进行投标资格预审，通知投标单位参加投标并向其出售标书，组织召开标前会议等，这些工作主要由业主组织。

2．投标

投标是指投标单位接到招标通知后，根据招标通知的要求填写招标文件，并将其送交业主的行为。在这一阶段，投标单位进行的工作包括：申请投标资格，购买标书，考察现场，办理投标保函，算标，编制和投送标书等。

3．开标

开标是业主在预先规定的时间和地点将投标单位的投标文件正式启封揭晓的行为。开标由业主方组织进行，监理方履行监督职责，还须邀请投标方代表参加。在这一阶段，开标工作人员要按照有关要求，逐一检查每份标书封套的完整性，然后开封进行唱标。开标结束后，还应由开标组织者编写一份开标会记要。

4．评标

评标是业主根据招标文件的要求，在监理方的配合下，对所有的标书进行评审和评比的行为。评标由业主方组织进行。在这一阶段，业主和监理方要进行的工作主要有：评审标书是否符合招标文件的要求和有关规定，组织人员对所有的标书按照一定方法进行比较和评审，就初评阶段被选出的几份标书中存在的某些问题要求投标人加以澄清，最终评定并写出评标报告等。

5．决标

决标也即授予合同，是业主决定中标单位的行为。决标是业主的单独行为，但须和监理方一起进行裁决，但监理要保证其过程是公正的。在这一阶段，业主所要进行的工作有：决定中标单位，通知中标单位其投标已经被接受，向中标单位发中标意向书，通知所有未中标的投标单位，并向他们退还投标保函等。

6．授予合同

授予合同习惯上也称签订合同，因为实际上它是由招标单位将合同授予中标单位，并由招标单位、中标单位签署合同的行为。在这一阶段，通常业主和承建方双方对标书的中内容进行确认，并依据标书签订正式合同。为保证合同履行，签订合同后，中标的承建方还应向业主提交一定形式的担保书或担保金。

15.2.3 招标方式的确定

监理方在招标阶段的第一项工作内容是了解业主需求，协助业主决定招标方式。根据有关国际组织协议或国内法规定以及信息服务项目招标的特点，在实践中确定信息服务招标方式的基本原则是：

(1) 如果可以拟定详细的条件，而且服务的性质允许采用招标方式，可采用公开或邀请招标的方式进行；

(2) 如果不能确切拟定或最后拟定条件，或采购的服务相当复杂，可采用征求建议书、邀请建议书、两阶段招标、竞争性谈判、设计竞赛等方式；

(3) 聘用专家提供咨询、研究、监理等服务，这种方式更侧重对专家知识、技能、经验方面的考虑。

在招标方式确定后，监理方应协助业主制定招标文件和评标标准，并对招标过程的组织提出建议。

15.2.4 承建方资质的评审

采用公开招标方式时，监理方应协助业主对投标单位的资质进行评审，采用邀标或其他招标方式时，监理方应协助业主方对候选承建方进行资质评审，评审主要依据以下四个方面的因素。

1. 企业资质

1) 计算机信息系统集成资质

计算机信息系统集成是指从事计算机应用系统工程和网络系统工程的总体策划、设计、开发、实施、服务及保障。计算机信息系统集成的资质是指从事计算机信息系统集成的综合能力，包括技术水平、管理水平、服务水平、质量保证能力、技术装备、系统建设质量、人员构成与素质、经营业绩、资产状况等要素。计算机信息系统集成资质是业主在确定承建方时非常重要的一个因素。信息产业部颁布的《计算机信息系统集成资质管理办法（试行）》（信部规 [1999] 1047 号）和《计算机信息系统集成资质等级标准》明确规定凡从事计算机信息系统集成业务的单位，必须经过资质认证并取得《计算机信息系统集成资质证书》；凡需要建设计算机信息系统的单位，应选择具有相应等级《资质证书》的计算机信息系统集成单位来承建计算机信息系统。

《计算机信息系统集成资质管理办法（试行）》规定计算机信息系统集成资质等级分一、二、三、四级。下面介绍各等级所对应的承担工程的能力。

- 一级：具有独立承担国家级、省（部）级、行业级、地（市）级（及其以下）、大、中、小型企业级等各类计算机信息系统建设的能力。
- 二级：具有独立承担省（部）级、行业级、地（市）级（及其以下）、大、中、小型企业级或合作承担国家级的计算机信息系统建设的能力。
- 三级：具有独立承担中、小型企业级或合作承担大型企业级（或相当规模）的计算机信息系统建设的能力。

- 四级：具有独立承担小型企业级或合作承担中型企业级（或相当规模）的计算机信息系统建设的能力。

2）其他资质

如果工程包括机房装修、安防系统或综合布线，还要评审如建筑智能化系统集成专项工程设计资质、安全消防工程等资质。

2. 质量管理体系

目前国内信息网络系统建设过程中，常会出现承建方对质量管理不够重视或不落实的情况，而业主也往往忽视了对承建方质量管理体系的评审。承建方的质量管理体系是否通过相关认证或评估，标志着承建方对质量管理的重视程度，也在一定程度上决定了承建方产品或服务质量水平。

3. 相关项目的实施经验

承建方以往是否从事过与本项目相关或相似的开发工作，对于减小项目实施的风险有至关重要的影响。监理方应协助业主对承建方是否有相关领域的成功经验。

4. 公司实力

评审因素包括：注册资本、技术实力、企业发展情况、核心领导层背景及稳定度等。

15.2.5 招标过程的监督

1. 开标过程的监理

（1）开标应当在招标文件确定的提交投标文件截止时间的同一时间公开进行；开标地点应当为招标文件中预先确定的地点。

（2）开标时，要检查投标文件的密封情况，经确认无误后，由工作人员当众拆封，宣读投标人名称、投标价格和投标文件的其他主要内容。

（3）开标过程应当记录，并存档备查。

2. 评标过程的监理

（1）评标委员会由招标人的代表和有关技术、经济等方面的专家组成，成员人数为五人以上单数，其中技术、经济等方面的专家不得少于成员总数的三分之二。

（2）专家应当从事相关领域工作满八年并具有高级职称或者具有同等专业水平，由招标人从国务院有关部门或者省、自治区、直辖市人民政府有关部门提供的专家名册或者招标代理机构的专家库内的相关专业的专家名单中确定；一般招标项目可以采取随机抽取方式，特殊招标项目可以由招标人直接确定。

（3）确认没有与投标人有利害关系的人进入相关项目的评标委员会。

（4）评标委员会成员的名单在中标结果确定前应当保密。

（5）确认没有任何单位和个人非法干预、影响评标的过程和结果。

（6）评标委员会应当按照招标文件确定的评标标准和方法，对投标文件进行评审和比较；设有标底的，应当参考标底。评标委员会完成评标后，应当向招标人提出书面评标报告，并推荐合格的中标候选人。

（7）招标人根据评标委员会提出的书面评标报告和推荐的中标候选人确定中标人。招标人也可以授权评标委员会直接确定中标人。

（8）在确定中标人前，招标人不得与投标人就投标价格、投标方案等实质性内容进行谈判。

（9）评标委员会成员和参与评标的有关工作人员不得透露对投标文件的评审和比较、中标候选人的推荐情况以及与评标有关的其他情况。

从理论上讲，能够参加并具有投标资格的单位，方案的技术水平是相差不大的，关键是具体的细节措施上。作为工程建设单位应为每位评委印制一份如表 15-1 所示的评标表，供评委在评标时使用。

表 15-1 评标表

投标单位		×××			总报价：×××		
投标单位 总分：12 分 得分：（ ）	公司注册资金	得分			备注		
	资质证书	2	1	0	无资质证书，总分为 0 分，不能够做工程		
	ISO900 认证	2	0	0			
	企业级别	2	1	0.5	一级为 2 分，二、三级为 1 分，三级以下为 0.5 分		
	企业负债状况	2	1	0	企业负债总分为 0，不能做工程		
	人员素质	2	1	0	拥有 5 名高级职称人员为 2 分；5 名以下为 1 分，没有为 0 分。		
	工程业绩	2	1	0			
技术方案 总分：48 分 得分：（ ）	产品选型	5	4	3			
	方案完整性	5	2	0			
	方案的新特点	2	1	0			
	方案的经济性	5	4	3			
	方案的安全性	5	4	3			
	方案的灵活性	5	2	0			
	方案的实用性	7	4	2			
	方案的可扩展性	7	4	2			
	方案的先进性	7	4	2			

续表

投标单位		×××			总报价：×××	
施工管理 总分：18 分	施工进度计划合理性	6	3	0	施工进度安排合理为　6 分 施工进度安排不明确为 3 分 无施工进度安排为　　0 分	
	管理职责的分工	6	3	0	管理人员职责分明为　6 分 管理人员兼职过多为　3 分	
得分：（　）	施工队伍	6	3	0	有本单位施工队伍为　6 分 委托施工为　　　　　3 分	
技术方案阐述 总分：12 分	述标的条理性	2	1	0		
	语言表达能力	2	1	0		
	述标的针对性					
	述标装订配置	2	1	0		
	对提问的反映力	2	1	0		
得分：（　）	对回答问题满意度	2	1	0		
	服务响应周期	5	2	0	二小时响应，半天内到现场为 5 分 二小时响应，一天内到现场为 2 分	
	技术培训	5	2	0	有自己的培训项目为 5 分 委托别人培训为 2 分	
评审人	评审时间			总得分：		

目前，许多招标单位，在评标时采用如下做法：

首先在众多的投标公司中由专家评审出前 5 名或前 7 名作为入围者，然后把这几家的标价求和除以入围数。标价与平均数相近的公司中标。公式为：

$$中标方 \leq \sum_{i=1}^{n} \frac{x_i}{n}$$

式中，n=入围的公司数

一般中标方的标价取低于 $\sum_{i=1}^{n} \frac{x_i}{n}$ 者。

这种做法的优点是：避免人情工程，避免行贿、受贿现象发生；工程造价趋于合理。

3．决标过程监理

（1）中标通知书对招标人和中标人具有法律效力。中标通知书发出后，招标人改变中标结果的，或者中标人放弃中标项目的，应当依法承担法律责任。

（2）招标人和中标人应当自中标通知书发出之日起三十日内，按照招标文件和中标人的投标文件订立书面合同。招标人和中标人不得再行订立背离合同实质性内容的其他协议。

（3）依法必须进行招标的项目，招标人应当自确定中标人之日起十五日内，向有关行政监督部门提交招标投标情况的书面报告。

（4）中标人应当按照合同约定履行义务，完成中标项目。中标人不得向他人转让中标项目，也不得将中标项目肢解后分别向他人转让。

（5）中标人按照合同约定或者经招标人同意，可以将中标项目的部分非主体、非关键性工作分包给他人完成。接受分包的人应当具备相应的资格条件，并不得再次分包。

（6）中标人应当就分包项目向招标人负责，接受分包的人就分包项目承担连带责任。

15.2.6 合同的签订管理

合同的签订管理是指监理方协助业主与承建方之间的各种合同进行分析、谈判、协商、拟定、签署等。其中合同分析是合同签订中最重要的内容和环节，是合同签订的前提。监理工程师应对工程承建、共同承担风险的合同条款、法律条款分别进行仔细的分析解释。同时也要对合同条款的更换、延期说明、投资变化等事件进行仔细分析。合同分析和工程检查等工作要同其联系起来。合同分析是解释双方合同责任的根据。

监理工程师在业主与承建方订立合同的过程中要按条款逐条分析，如果发现有对业主产生风险较大的条款，要增加相应的抵御条款。要详细分析哪些条款与业主有关、与承建方有关、与工程检查有关、与工期有关等，分门别类分析各自责任和相互联系的关联，做到一清二楚，心中有数。

合同评审过程中的考查以下内容，确定以下内容在合同中进行了明确定义：

- 定义/使用的术语
- 保密约定
- 知识产权约定
- 双方义务
- 合同价款及付款方式
- 各阶段工程成果及交付期限，应选取里程碑式的工程成果交付的期限，并在一定程度上把成果和付款计划联系起来
- 验收标准和方式/工程的质量要求，应准确细致地描述工程的整体质量和各部分质量，必要时可以用明确的技术指标进行限定
- 用户培训需求
- 维护期约定，包括维护期长度、维护响应时间、维护方式和维护费用等
- 违约责任
- 期限和终止

- 不可抗力
- 变更，包括资金、需求、期限、合同等变更，对变更的范围进行约定，并明确每一种变更以何种方式何种程序处理。对范围外的变更，可注明另行协商并再补签合同
- 其他约定，如适用法律、争议解决和双方的其他协作条件等

合同评审完毕后，监理方应将监理意见以合同评审专题报告的形式提交业主。

第 16 章　信息网络系统建设设计阶段的监理

工程设计是信息网络系统建设施工的基础工作。在本阶段完成工作质量的高低将直接影响到信息网络系统的建设水平。因此，作为信息网络系统建设的监理工程师，应该了解本阶段监理的基本要求，掌握完成本阶段监理工作的技能。

16.1　设计阶段监理概述

16.1.1　设计阶段监理的内容

信息网络系统工程设计阶段目标控制的主要任务是通过目标规划和计划、动态控制、组织协调、合同管理、信息管理，力求使工程设计能够达到保障工程项目的可靠性，满足适用性、安全性和经济性，保证设计工期要求，使设计阶段的各项工作能够在预定的投资、进度、质量目标内予以完成。

监理方在该阶段的监理工作方向，主要是进行方案评审，包括：设计组织人员与职责的评审、需求分析符合程度的评审、风险分析、技术经济分析、设计进度的检查、系统边界清晰和完整性评审、系统安全性评审、知识产权保护建议等。设计阶段监理工作主要包括以下内容：

(1) 结合信息工程项目特点，收集设计所需的技术经济资料。
(2) 配合设计单位对方案设计进行技术经济分析，优化设计。
(3) 协助业主进行设计文件的评审。
(4) 参与主要设备、材料的选型工作。
(5) 审核方案中主要设备、材料清单。
(6) 审核系统设计方案及其他详细设计文件。
(7) 组织设计文件的报批。
(8) 对方案设计内容进行知识产权保护监督。
(9) 审核技术方案中的信息安全保障措施。
(10) 协助业主对工程建设周期总目标进行分析讨论。
(11) 审核承建方编制的工程项目总进度计划，并在项目实施过程中控制其执行。如果与合同有冲突，应督促承建方调整工程进度计划。

（12）审核承建方编制的各分项工程阶段进度计划，根据实际环境的变化，督促承建方及时调整进度计划。

（13）审核工程设计和承建方的设备/材料清单和采购计划，并检查、督促其执行。

16.1.2 设计方案评审的基本原则

设计阶段监理的核心工作是对承建方提出的设计方案进行评审，包括基础平台、服务平台、安全平台、管理平台和环境平台，以确保方案符合性、合理性、可行性、科学性。监理工程师评审设计方案应该把握如下基本原则。

1．标准化原则

系统设计必须遵守国家法律和行业相关规范，坚持公开、透明的原则，保证项目的各个环节规范、可控。标准化是保证项目质量的关键，同时也是信息安全、知识产权得以确保的重要手段。

2．先进性和实用性原则

系统设计和设备选型要符合技术发展的潮流，使系统依据的基本技术在整个生命周期中保持一定的先进性，同时从用户的实际需求出发，保证系统规划、实施方案的可行性。

3．可靠性和稳定性原则

系统设计建设应采用高可靠的产品和技术，充分考虑系统的环境适应能力、容错能力和纠错能力，确保系统运行稳定、安全可靠。

4．可扩展性原则

方案设计、规划、关键设备选型具有一定的前瞻和超前意识，要保证技术的延续性、灵活的扩展性和广泛的适应性，注意分步实施的可操作性，确保系统能够满足用户在数据及业务扩展性方面的需求。同时信息网络系统应采用开放系统结构，与其他系统通信采用标准接口，以保证良好的兼容性。

5．安全性原则

在信息社会信息安全的重要性不言而喻，安全性既包括设备、技术层次的安全性，也包括制度、体系、人员方面的安全性。

6．可管理性原则

信息网络系统包含的设备类型多，涉及的技术范围广，在系统的运行和维护中必须对主要网络设备、服务器、数据存储及备份设备进行集中管理，以提高系统效率，及时排除问题及隐患。

7．对原有设备、资源合理整合的原则

充分利用原有的设备、人力和物力资源，并考虑新建系统与原系统的衔接。

8. 经济和效益性原则

保证投资效益，在既满足业务需求又考虑到今后发展的前提下尽可能地减少投资，同时充分考虑系统软件、各类硬件、网络平台投资上的均衡性。

16.2 网络基础平台方案的评审

网络基础平台是信息系统的载体，是整个信息化体系中最底层的系统，它负责为上层应用系统提供一个稳定、高效、安全、可靠、易于管理维护、便于扩充、技术先进的支撑平台。从技术角度网络基础平台的工程重点包括：网络整体规划、网络设备选型、服务器和操作系统选型、存储备份系统选型。

16.2.1 网络整体规划

在进行网络整体规划时，应根据实际情况考虑以下内容：

（1）在网络架构方面，对联网方式、信息传送方式、IP 地址规划、QoS 策略等关键技术方案进行严格审核，通过专家评议、横向比较、厂商咨询等方式对拟采用的技术路线进行充分分析和论证。

（2）在实施应用中用户通常会利用公网建设 VPN 网络，因此 VPN 是信息网络系统的热点之一。VPN 的技术路线主要包括：DDN、ATM、帧中继、IP VPN。监理方在审核系统规划时应从设备可靠性、通用性、技术扩展性、设备投资、长期运营费用等方面综合考虑。

（3）审核骨干网的自愈能力和措施是否合理，例如通过链路冗余技术解决广域网（或城域网）传输和接入层单点失效问题。

（4）网络路由和交换设备之间的兼容性是否良好。

（5）某些网络设备的功能和技术指标是否会造成网络整体性能的瓶颈。

（6）是否采取有效的 IP 地址规划策略。IP 地址规划兼顾效率和质量，应符合业主的组织结构，并能反映出组织上的从属关系，还应充分考虑每个业务单位的扩展因素。既要保持技术上的先进性，又要考虑工程的可实施性。

（7）主要设备是否具有良好的扩展性，以支持未来各种新业务和增值业务的开展。

（8）如果工程要求建设多业务网络或提供增值服务，还应考虑：VOIP 和视频会议网关（Gateway）和关守（Gatekeeper）之间的兼容性是否良好，网络是否支持分层分级管理，是否支持严格的服务质量和服务等级（QoS/CoS）的划分，信令和语音通道是否具有链路容错能力，是否支持 MGCP 多媒体通信协议和 SIP 协议。

（9）网络应区分不同业务类型的数据，即利用 ACL、CAR、TOS 字段等对数据流进行分类识别。

16.2.2 网络设备

1. 路由器

路由器评审关注的主要技术指标包括：

（1）核心路由器必须是高端多协议路由器平台，应支持 RIP、OSPF、BGP、IS-IS 等多种路由方式。

（2）支持 Ethernet、POS、ATM、帧中继、X.25、ADSL、ISDN 多种广域网接口。

（3）支持链路切换功能（SDH、ISDN、PSTC 拨号等）。

（4）支持 MPLS VPN 业务。支持完善的 L3 MPLS VPN、L2 MPLS VPN、CCC 业务能力，提供安全和多层次的 MPLS VPN 解决方案。

（5）提供基于 DiffServ 的完善的 QoS 支持，实现复杂流分类，以支持不同等级的应用数据传输、IP 语音和视频等多媒体业务类型。应精确保证不同业务的带宽和时延，支持流量调度队列和 SARED 拥塞控制算法，满足不同用户、不同业务等级的"区分服务"要求。

（6）支持大容量组播线速转发，能够与 MPLS VPN、QoS 等各种特性配合应用。

（7）多业务支持能力。能提供传统 IP VPN、千兆线速 NAT、报文过滤、流量采样、端口镜像等各种业务。

（8）具备灵活的组网能力。拥有全套广域网络接口和高密度以太网络接口，支持自愈环组网技术，能够应对各种复杂组网。

（9）优良的设备稳定性，特别是运行 BGP 等协议的路由器，在处理大量路由时，对稳定性的更高要求。在可靠性方面路由器应支持：IP/MPLS 快速重路由、接口自动保护切换（APS/MSP）、虚拟路由冗余协议（VRRP）、RPR 自愈环网（IPS）等保护机制。

（10）有足够的可扩展的槽位和端口，保护用户的投资。

（11）支持关键部位的冗余设置和热插拔，包括路由交换单元板、路由交换扩展单元、接口处理板、接口卡、电源、风扇、时钟等。

（12）支持 IGMP 协议，支持静态组播配置，支持 PIM－DM/SM、MSDP、MBGP 组播路由协议；支持多个组播协议间的互操作性；支持组播策略处理，包括组播路由协议和组播转发的策略处理，支持组播 QoS。

（13）优秀的安全机制。提供包安全过滤/ACL 的机制，对重要的路由协议（OSPF、IS-IS、RIP、BGP-4 等）提供多种验证方法（明文验证、MD5）。支持用户本地验证和 Radius 验证，可对用户身份和授权进行验证，以防止对设备的非法配置。另外应支持流量的统计、流采样、NAT 信息统计。

2. 网络交换机

在信息网络系统的建设中，基于应用层次、处理能力和可靠性要求，一般将交换机分为核心交换机、汇聚层交换机和接入层交换机（如楼层交换机）三类，下面介绍在招标、工程设计和硬件选型时交换机的主要技术指标。

1）核心交换机

（1）可扩展性

从 Internet 的发展来看，网络的容量增长非常迅速。目前，网络骨干节点应该采用结构化设计，采用模块化交换矩阵；路由交换容量应满足当前使用和未来扩展的要求。另外，还应检查核心交换机是否具备下述功能：

- 可以提供分布式的第三层（Layer3）路由交换功能，使每增加一块接口处理模块便可增加设备总的交换容量。
- 提供 OC-12/STM-4、GE、OC-48c/STM-16 和 OC-192c/STM-64 的端口，并达到线速转发。使用户可充分利用网络带宽，充分利用线路投资。
- 接口处理卡能够提供巨大包缓冲内存，减少网络丢包率；提高 TCP 的流量。

（2）端口的可扩容性

在网络组建伊始，由于业务量处在发展的初期，相应的端口和模块可能配置得较少，要保证随着业务量的不断增长，在已有网络上增加模块和端口以适应业务需求，因此要求交换设备具有较强的端口扩展性，从而使网络易于适应业务增长的趋势。

设备要求具有很强的端口可扩展性，并且能提供丰富的端口类型，如：STM-1 端口、DS3 端口、100MB Ethernet、STM-4 端口、1GB Ethernet、STM-16 端口、STM-64 端口、10GB Ethernet、STM-4 分组环端口、STM-16 分组环端口等。

（3）中继带宽的可扩容性

在广域网络中，中继带宽是十分珍贵的资源，建设初期，中继带宽不必太高（100MB 即可），而当用户增多，业务需求增大时，可以平滑升级中继带宽是十分重要的。

中继带宽从 100M/1000MB 扩展到 STM-16 2.5GB/s，甚至到 STM-64（10GB/s）或 10GB Ethernet，可给用户很宽的选择范围。选用的设备中继的连接接口类型也要求十分丰富，可以是点到点的 POS（IP over SONET/SDH）、GE（Gigabit Ethernet）；也可以是分组环连接的 STM-16/OC48c。

（4）提供可扩展的多种网络业务

随着传输技术的不断发展，基于 IP 的业务种类的增加，采用 IP 网络技术建立支持多种业务的统一网络平台已经成为一种经济的、高效率的做法。这样可以降低网络复杂程度，能够满足提供多种业务及多媒体通信的网络对网络传输延迟和抖动的要求，网络的目前骨干速度应在 1GB/s 以上，最好能够支持 STM-16/OC48c；能够支持到 STM-64/

OC192c 10GB 的目标。

不同的业务需要不同的网络服务支持；如 VOD 需要网络提供可保证的带宽和延迟。为确保不同的业务得到服务质量保证（QoS），网络交换设备应能够提供 QoS 功能。具有增强的先进的流量管理工程功能，包含 QoS 和 CoS 机制，可以在网络服务中提供服务质量的区分，并且方便网络运营操作。

（5）网络可靠性

根据经验，在网络环境不太稳定的建网初期，以及在自然条件不好的情况下，如何保证网络的可靠性是非常关键的。

所用设备应具有以下几种功能：

- 极高的网络可用度。设备的关键部件处理器、交换矩阵、接口卡、制冷系统和电源均有硬件冗余，单一部件的故障不影响网络的运行；要求系统的可用度要大于 99.999%。
- 各个部件均有热插拔功能。部件的更换和增加不影响网络的运行，服务不会中断。
- 交换矩阵提供容错功能，单个部件的故障可在最短的时间内恢复，不影响网络的运行，服务不会中断。

2）汇聚层交换机

汇聚层交换机采用交换能力较强的设备，汇聚层设备是相对数据量比较大的地方，所以汇聚层的设备连接子节点比较多的地方，应配备交换和路由能力比较强的设备，汇聚层设备应满足以下条件。

（1）体系结构

- 采用分布式处理结构，采用模块化设计，整机支持高速业务插槽且能提供一定数量的 GE 接口，提供平滑的投资和业务范围扩展能力。
- 高密度、二/三层全线速接口

（2）可靠性设计

系统采用分布式结构，支持双主控板，所有单板支持热插拔；电源系统采用 $n+1$ 冗余热备份；支持 HSRP 或 VRRP 协议，能够满足电信级网络可靠性要求。

（3）技术特性

基于 ASIC 技术的交换路由引擎，支持 2/3 层线速转发与丰富的 QoS、ACL 特性。

（4）用户管理

应具有强大的用户管理、认证计费功能支持；提供专业用户管理、计费解决方案；内置 IEEE 802.1x 认证服务器功能。

（5）安全机制

支持 Radius、802.1x 等用户认证协议。
（6）管理系统
支持 SNMP，提供配置操作界面、图形化配置、管理工具支持；支持 RMON、基于 Web 的管理。

3）接入层交换机

接入层交换机直接连接用户，其主要功能是为最终用户提供网络接入，所以要具有高性能、高端口密度且易于安装的特性。另外，还应检查接入层交换机是否具备下述功能：

（1）能够适应恶劣的工作环境，比如高温、高温度、高尘土等环境。

（2）因为接入层设备数量较多，所以要求设备既能满足建设网络的要求，又要有很高的性价比。

（3）相对于 VoIP 要做到透明的程度，对 VoIP 的网络线路不能产生影响。

（4）支持组播，可以满足多媒体和视频流的要求。

（5）支持 SNMP、RMON 等网管协议，支持远程管理。

（6）支持 IEEE 802.1P，使得 QoS 有保证。

（7）可以利用基于 802.1Q VLAN 中继线路架构在任何端口创建 VLAN 中继线路，因而可以保障构筑跨骨干的 VPN 的功能。

（8）所有端口支持 802.1x 用户认证功能。

16.2.3 服务器和操作系统

1．服务器

选择服务器应考虑以下内容。

（1）服务器的选择应充分考虑业主在应用方面的需求。应用一般分为三种类型：报告、查询、统计。报告和查询为一类，特点是：发生频率高、单个业务处理时间短、数据库操作负荷低。统计为另一类，特点是：发生频率低、单个业务处理时间长、数据库操作负荷高。因此在作服务器处理能力需求和资源配置（CPU、内存）时应科学分析每台服务器承载的业务类型，并提供详细的估算方法，根据估算的 TPC 值选择 CPU 的型号和数量。在估算内存时，应计算操作系统、数据库、Portal、应用系统、数据库并发用户内存开销、共享内存、文件交换和缓冲区等开销。

（2）分析应用系统的运算模型是以 OLTP（联机事务处理）为主还是以数据挖掘和数据仓库等 OLAP 类型为主；然后在审核系统设计和资源配置方案时应主要考察应用服务器和数据库服务器的运算指标和性能。OLTP 类型的业务主要参考服务器的 TPC-C 指标，OLAP 类型的业务主要参考 TPC-R 和 TPC-H 指标，Web 服务器主要参考 TPC-W 指标。在系统规划设计阶段，可以参考原厂商数据和国际权威测评机构的数据（如www.tpc.org）。

（3）在关键业务应用中数据库和应用服务器应支持群集和高可用性（HA）处理，设备选型时应重点审核多机间的热切换和负载均衡能力（需要应用软件开发商的配合）。此外还要确定服务器的 HA 策略是否需要网络设备的支持。

（4）服务器的硬盘、网络接口、网络连接及电源均应考虑足够的冗余。

（5）系统可靠性。通常用 MTBF（平均无故障时间）值衡量。

（6）服务器系统设备应具有适当的扩充能力，包括 CPU 的扩充、内存容量的扩充及 I/O 能力的扩充等；并可支持 CPU 模块的升级和群集内节点数的平滑扩充。

（7）数据库和应用服务器应支持并行数据库。

（8）服务器的处理能力要求能满足所有的业务应用和一定用户规模的需求，而且须考虑全部系统的开销及应用切换时性能余量。在做系统配置时应进行峰值处理能力的估算（风险分析），例如是否需要在意外宕机后对历史数据进行累计处理，如果发生，必须评估服务器的配置（CPU、内存）能否满足要求。

2．操作系统

操作系统至少要应达到的要求为：

（1）操作系统应至少达到 C2 级的安全标准，应遵循 X/open XPG4、 POSIX 1003.1 等国际或工业标准。

（2）操作系统支持在线诊断和软硬件的自动错误记录，在电源故障或其他紧急情况可提供自保护和自恢复。

16.2.4　数据存储和备份系统

1．数据存储系统

（1）在项目实施前应首先明确技术路线，如 SCSI、iSCSI、NAS（Network Attached Storage）、DAS（Direct Attached Storage）、SAN（Storage Area Network）等。从技术路线分析，SAN 可以提供更好的可扩展性，更高的访问速度，更好的可靠性和对多种主机、操作系统和数据库的支持。SAN 结构的缺点是价格较高，比较适合海量数据存储和高可用环境。

（2）合理估算不同服务器对在线数据和脱机数据的存储要求，在做容量规划时应综合计算：业务数据库、镜像和冗余因素、SNAP SHOT（快照，该情况下需要为快照数据提供映射空间）、存储测试。

（3）支持各种数据库、统计报表数据库和其他类型的数据。

（4）支持全局动态备盘。

- 扩展能力应满足用户的中、远期规划。
- 具备负载均衡能力。

- 数据共享能力：数据同时被多台服务器访问，可以节省大量的存储空间。
- 故障恢复能力：支持不同的 RAID（0+1、5……）等级，并能按照数据的重要性合理制定存储冗余策略。
- 对异种机和开放环境的支持。
- 配置存储系统管理软件；提供对整个存储系统各个部分的监测能力（高速缓存，磁盘 RAID 组，光纤接口卡等）。

2．数据备份和恢复系统

（1）对重要数据的即时备份能力；
（2）备份数据加密功能；
（3）设置的灵活性；
（4）灾难恢复；
（5）并行处理能力；
（6）数据可靠性；
（7）系统的跨平台兼容性；
（8）使用和操作的简便性；
（9）支持 LUN 屏蔽功能；
（10）数据备份和恢复的效率；
（11）备份管理软件应具备以下功能：显示备份网络拓扑结构图、识别并显示磁带库驱动器、监控作业任务的执行情况（备份进度、资源利用率等）、监控进程的状态；
（12）备份策略的合理性。包括设置备份对象、数据保存时间、备份时间段等；
（13）可以选择灵活的备份策略，支持数据库全备份、数据库增量备份、文件全备份、文件增量备份、系统全量备份、系统增量备份、跟踪备份等多种备份方式。

3．性能指标

1）磁盘阵列性能指标
- 磁盘配置数目，最大可扩充数目
- 单个磁盘容量，磁盘转速
- 磁盘与磁盘阵列接口
- 全局动态备盘配置数目
- 缓存最大可扩充值
- 主机/光纤交换机接口类型和数目，最大可扩充数
- 主机/光纤交换机接口速率

2）SAN 交换机指标
- 光纤交换机端口数目

- 光纤交换机端口速率
- 光纤交换机支持分区（zoning）
- 支持 Trunking 功能

3）磁带库性能指标
- 配置驱动器数，最大可扩充数
- 磁带驱动器类型
- 单个磁带容量（非压缩）
- 配置磁带数量，清洗带数量
- 驱动器最大持续传输率（不压缩）
- 磁带库配置磁带匣插槽数
- 支持 SAN、磁带驱动器接口类型及速率

16.3 网络服务平台方案的评审

网络服务系统的工程重点包括 Internet 网络服务系统规划和选型、多媒体业务网络规划和选型、数字证书系统规划和选型。

16.3.1 Internet 网络服务系统

1. 电子邮件服务器

电子邮件服务器选型应考虑下述功能：
（1）支持各种主流操作系统。
Linux、FreeBSD、Solaris、HP-UX、AIX、IRIX、SCO UNIX
（2）支持各种标准协议。
- 通信协议：SMTP、ESMTP、POP3、IMAP、LDAP、MIME、DNS、UUCP 等
- 安全协议：SSL、PGP、VPN、DES 等
- 存储技术：SAN、NAS、NFS 等

（3）支持各种主流关系数据库。
支持 Oracle、MySQL、Sybase、SQL Server、DB2 等数据库。支持 LDAP 协议。
（4）支持普通电话拨号、ISDN、卫星接入、ADSL、Cable Modem 等多种主叫拨号接入方式收信等多种接入方式。
（5）支持按需收信和定时收信。
（6）支持无限虚拟域分级管理，包括域空间和域用户管理。
（7）支持分布式并行处理和独立队列处理。

(8) 前端 Web mail 系统与核心系统分离。
(9) 支持集群控制高速用户管理/认证技术。
(10) 系统容量：并行投递邮件数。
(11) 安全性：包括数据加密功能，抗抵赖功能，防篡改功能，访问控制功能，日志和审计功能，证书管理功能，用 RSA 密钥算法，支持标准 PKI-CA 系统。
(12) 防病毒功能，防垃圾邮件能力。
(13) 支持数字签名和传输数据加密，基于先进 PKI-CA 的安全机制，采用标准的 SMTP/SSL、POP3/SSL、S/MIME 协议，满足政府、军队、企业、个人在 Internet 上安全收发电子邮件的需求，保证信息传递的安全。
(14) 系统管理功能。
(15) 系统高可用性，包括邮件通信系统、邮件同步系统、Web 邮件、邮件系统 Web 管理、集团邮件列表等功能。
(16) 可扩展性。

2. DNS 服务器

DNS 服务器选型应考虑下述功能：
(1) 支持的负载均衡策略，例如基于 IP 地址地理信息库的就近访问，轮询方式，网络整体性能。
(2) 提供主机健康检查和网络健康检查功能。
(3) 支持集中和分布式域名解析。
(4) 支持多 ISP 接入应用。
(5) 易管理性，是否支持基于 Web 的管理，支持统计分析。
(6) 与不同操作系统和网络环境的兼容性。

3. WWW 服务器

WWW 服务器选型应考虑下述功能：
(1) 性能：支持的单位时间最大并发用户数（与服务器和应用有关）。
(2) 对服务器群集的支持。
(3) 支持页面高速缓存。
(4) 支持 XML 和 Web Service 工业标准和 ASP、.COM、.NET 组件。
(5) 支持 SSL、TLS 安全协议、RSA、DES 等加密算法。
(6) 支持通过 ADO 和 ODBC 与第三方数据库进行接口。
(7) 对 WML 和 WAP 的支持。
(8) 支持 JavaScript、VBScript 和 Perl 等脚本语言。
(9) 与 Active Server Pages 的兼容能力。

16.3.2 多媒体业务网络系统

1. VOIP 系统

1）系统体系

VOIP 系统构建应主要考虑以下几个方面内容：

（1）智能网络管理和控制层：实现用户服务、增强业务、认证、计费、管理等功能。

（2）呼叫控制层：针对 SS7, H.323 及其他呼叫控制协议，提供 7 号信令服务器, Gatekeeper 及 Call Manager 等设备及软件，实现 5 类业务、呼叫控制、应答监督、增值业务、多协议互通等功能。

（3）传输层：主要是各种提供不同端口及用户量的网关。

2）系统功能

VOIP 系统构建应满足下述功能要求：

（1）支持多域、分层结构。

（2）支持 H.323 协议，最好支持 MGCP 多媒体网关通信协议、SIP 协议。

（3）支持 Voice over IP、FAX over IP 和 Data over IP。

（4）高质量的语音。支持静音压缩和舒适音、自适应抖动缓存平滑语音功能、丢包补偿保障机制，支持多种语音压缩。

（5）具有 QoS 机制，如 RSVP 和 PQ/CQ 等。

（6）支持多方通话。

（7）防抖动性能。对由于网络传输拥塞和语音数据分片不均等原因造成的语音抖动有相应的解决方法。

（8）良好的可扩充性。

（9）可与现有的数字、模拟电话网互连，支持 POTS、AT0、E&M、E1 等接口。

（10）具有路由器功能，包括安全加密、负载均衡、VPN、路由、备份、配置管理等。

（11）支持 SNMP 网管。

（12）可编程语音流程。

（13）监视记录呼出信息。

（14）根据网络和线路情况自动做出容错反应。

（15）提供端口实时监控。

（16）记录每次呼叫的详细信息。

2. 视频会议系统

视频会议系统建设应满足下述功能要求：

（1）系统应采用模块化的体系结构，便于扩充。

(2）系统构成应具有冗余和容错等安全措施。

(3）设备应易于平滑扩容和升级，扩容和升级不影响业务正常运行。

(4）系统关键部分应采用主/备用方式热备份工作，主备用系统倒换时，不能影响正在通信状态的业务。

(5）提供的设备应保证 7×24 小时（7 天）的正常运行。

(6）系统应具有较好的安全与保密措施，以保证视频会议的正常进行。

(7）系统是否具有主席控制、专人控制和声音控制之间的切换方式。

(8）支持广播功能，包括 MCU 固定端口广播和流媒体广播。

(9）管理功能，支持分散控制、集中管理、分级管理、实时显示等方式。

(10）资源管理功能，支持动态资源管理、带宽管理、语音资源管理、图像资源管理和资源查询。

(11）支持协议：

- 框架协议 H.323
- 视频协议 H.261、H.263
- 音频协议 G.711、G.722、G.723.1、G.728
- 控制协议 H.243、H.231、H.245
- 信道协议 H.225.0
- 连接协议 Q.931
- 其他协议 H.332、RFC 相关协议

16.3.3 数字证书系统

1. 总体方案评审

在进行数字证书整体方案评审时，监理方应评审系统是否能实现以下功能：

(1）证书业务服务系统提供基于数字证书的信任服务，进行证书管理。

(2）密钥管理系统提供基于统一安全管理的密钥服务，进行对称密钥和非对称密钥以及相关的密钥服务管理。

(3）密码服务系统提供基于统一安全管理的密码服务。

(4）授权服务系统以信任服务为基础，为应用系统提供资源访问控制和授权管理服务，支持权限管理。

(5）可信时间戳服务系统基于国家权威时间源和公钥技术，为应用系统提供可信的时间戳服务。

(6）证书查询验证服务系统提供数字证书/证书撤销列表的目录查询服务，进行证书/证书撤销列表的目录管理，以及证书状态在线查询服务。

(7)基础安全防护服务系统提供信息安全防护服务。
(8)故障恢复及容灾备份系统提供系统故障恢复及容灾备份服务。
(9)网络信任域系统提供网络可信接入及网络信任域管理服务。

2. CA 系统的性能指标

1)整体性能应具有的特性
(1)可扩展性:具备可伸缩配置及动态平滑可扩展能力。
(2)可适应性:可根据业务量大小动态调整系统业务能力。
(3)可靠性:7×24 小时不间断稳定运行。

2)系统的具体性能指标
(1)完成一次证书签发时间。
(2)完成一次证书管理服务的时间。
(3)完成一次营业执照的签发时间。
(4)完成一次加密时间。
(5)完成一次解密时间。

3. RA 系统的性能指标

1)系统的整体性能应具有的特性
(1)可扩展性:具备可伸缩配置及动态平滑可扩展能力。
(2)可适应性:可根据业务量大小动态调整系统业务能力。
(3)可靠性:7×24 小时不间断稳定运行。

2)系统的具体性能指标
(1)完成一次证书请求时间。
(2)完成一次证书下载的时间。
(3)完成一次证书更新受理时间。
(4)完成一次证书注销受理时间。
(5)完成一次加密时间。
(6)完成一次解密时间。

16.4 网络安全和管理平台方案的评审

与网络工程类似,网络安全系统承建方的质量管理体现了承建方本身的管理水平及工程实施的能力,它将直接影响信息系统安全工程的实施和完成后的质量。

网络安全工程的承建方必须取得国家相关主管部门颁发的相关资质。国家对于若干领域(如涉及国家秘密领域)信息系统的建设实施有非常严格的资质管理制度。承建方内部应建立完整的质量保证体系,对公司内部及所实施的工程项目进行质量管理。

此外,在网络安全系统监理过程,监理方应在以下几个方面加以重视,这是信息安全工程不同于其他工程监理的重要内容。

(1) 风险分析的有效性、准确性。风险分析是确定安全需求的基础,风险分析的有效性、准确性是确保系统安全的基础,监理需要从风险分析的方法、流程、结论等方面,把握分析结论的科学性、准确性,从而保证其"可信度"。

(2) 确保符合国家法令、法规的要求。信息安全是一个政策性非常强的领域,符合国家法令、法规是对信息系统安全的基本要求。

(3) 保证有关评审是在相关职能部门的主持下完成的。由于信息安全的特殊性,国家有关法令规定了其评审单位必须是有关职能部门,监理应协助用户保证这一点,督促承建方进行方案的评审。

(4) 从技术、市场、工程组织实施、售后服务等各个环节对网络系统的安全性进行整体和分项评估,避免出现任何技术和管理漏洞。

16.4.1 防火墙系统

1. 防火墙的功能和性能监理评审要素

主要包括以下内容:

(1) 支持透明和路由两种工作模式。

(2) 集成 VPN 网关功能。

(3) 支持广泛的网络通信协议和应用协议,包括 IPSEC、H.323 等,能够满足网络视频会议、VOD 和 IP 电话等多媒体数据流的传输要求。支持多种协议及控制,满足应用需要及应用控制严格性要求,支持 TCP/IP、IPX、ICMP/ARP/RARP、OSPF、NETBEUI、SNMP、802.1Q、VOIP、DNS 等相关协议及控制。

(4) 支持多种入侵监测类型,包括扫描探测、DoS、Web 攻击、特洛伊木马等。

(5) 支持 SSH 远程安全登录。

(6) 支持对 HTTP、FTP、SMTP 等服务类型的访问控制。

(7) 支持静态、动态和双向的 NAT。

(8) 支持域名解析,支持链路自动切换。

(9) 支持对日志的统计分析功能,同时日志是否可以存储在本地和网络数据库上。

(10) 对防火墙本身或受保护网段的非法攻击系统提供多种告警方式以及多种级别的告警。

(11) 提供策略备份和恢复功能。管理员可以灵活地定制和应用不同的策略,可以方便地进行策略的备份和还原,并可用于灾难恢复。

（12）具备检测 DoS 攻击的能力，例如可以检测 SYN Flood、Tear Drop、Ping of Death、IP Spoofing 等攻击，默认数据包拒绝、过滤源路由 IP、动态过滤访问等。

（13）支持对接口和策略的带宽和流量管理。

（14）支持 SCM/ADS 客户隧道配置参数自动集中管理。

（15）支持负载均衡。

（16）支持双机热备。

（17）支持 Web 自动页面恢复。

（18）实现与入侵监测系统的联动。

2．性能指标

（1）单台设备并发 VPN 隧道数；

（2）系统平均无故障时间；

（3）网络接口；

（4）加密速度；

（5）密钥长度；

（6）设备连续无故障运行时间；

（7）在不产生网络瓶颈、千兆和百兆网络环境下防火墙的吞吐量；

（8）防火墙的并发连接数。

16.4.2 入侵监测和漏洞扫描系统

1．入侵监测系统的功能和性能要素

主要包括：

（1）在检测到入侵事件时，自动执行切断服务、记录入侵过程、邮件报警等动作。

（2）支持攻击特征信息的集中式发布和攻击取证信息的分布式上载。

（3）提供多种方式对监视引擎和检测特征的定期更新服务。

（4）内置网络使用状况监控工具和网络监听工具。

2．漏洞扫描系统的功能和性能要素

主要包括：

（1）定期或不定期地使用安全性分析软件对整个内部系统进行安全扫描，及时发现系统的安全漏洞、报警并提出补救建议。

（2）支持与入侵监测系统的联动。

（3）检测规则应与相应的国际标准漏洞相对应，包括 CVE、BugTrap、WhiteHats 等国际标准漏洞库。

（4）支持灵活的事件和规则自定义功能，允许用户修改和添加自定义检测事件和规则，支持事件查询。

（5）支持快速检索事件和规则信息的功能，方便用户通过事件名、详细信息、检测规则等关键字对事件进行快速查询。

（6）可以按照风险级别进行事件分级。

（7）控制台应能提供事件分析和事后处理功能，应具有对报警事件的源地址进行地址解析，分析主机名，分析攻击来源的功能。

（8）传感器应提供 TCP 连接的检测报警能力。

（9）提供安全事件统计概要报表，并按照风险等级进行归类。

（10）通过数据库管理工具统计数据库建立时间以及当前记录数目。

（11）支持对 Teardrop、s.cgi 缓冲区溢出攻击的检测。

16.4.3 其他网络安全系统

1. 网络防病毒系统的功能和性能要素

主要包括：

（1）支持多种平台的病毒防范。

（2）支持对服务器的病毒防治。

（3）支持对电子邮件附件的病毒防治。

（4）提供对病毒特征信息和检测引擎的定期在线更新服务。

（5）实现远程管理。

（6）实现集中管理、分布式杀毒。

（7）防病毒范围广泛，包括 UNIX 系列、Windows 系列、Linux 系列等操作系统。

2. 安全审计的功能和性能要素

主要包括：

（1）进行系统数据收集，进行统一存储，集中进行安全审计。

（2）支持基于 PKI 的应用审计。

（3）支持基于 XML 的审计数据采集协议。

（4）提供灵活的自定义审计规则。

3. Web 信息防篡改系统的功能和性能要素

主要包括：

（1）支持多种操作系统。

（2）具有集成发布与监控功能，使系统能够区分合法更新与非法篡改。

（3）可以实时发布与备份。

（4）具备自动监控、自动恢复、自动报警功能。

（5）提供日志管理、扫描策略管理、更新管理。

4．网闸的功能和性能要素

主要包括：

（1）应选择正式通过公安部或其他权威机构检测的设备。

（2）不改变原有网络和业务系统，即插即用。

（3）既保证外网不能直接访问内网，内网也不能直接访问内网，又保证授权的业务请求和业务数据能得到及时的、安全的处理和响应，并自动截断非法网络动作和非授权信息传输。

（4）既能防止来自 Internet 的网络入侵，又能防止业务系统的泄密。

（5）技术体系具备自主的知识产权。

（6）采用自主可控的安全操作系统。

（7）支持双系统体系结构以及双系统间特殊的通信协议，保证外网和外网之间实现网络安全隔离。

（8）同时支持多条包过滤规则链式组合使用，提供 IP 地址、端口和协议组合的包过滤等多重、多级防火墙功能。

（9）能够对外网与外网之间交换数据进行基于数据内容的过滤。

（10）支持多粒度的过滤，包括端口、协议、网段、主机地址等。

（11）能够"无缝"地嵌入当前应用中。

16.4.4 网络管理系统

1．网管系统的功能和性能要素

主要包括：

（1）能够进行全网范围内的统一管理，包括制定统一的管理模式和策略，对资源的统一分配和调度。

（2）能够对网络内部各种平台、数据库、网络应用的运行状态进行有效监控。

（3）能够进行高度的自动化管理，尽量减少人为干预，避免由于人员操作不当引起的系统故障。

（4）可以对网络节点进行远程配置，并能实时监控各节点的性能状态，一旦出现故障便能自动及时报警。

（5）能够提供辅助支持，出现网络故障时可以快速响应，同时为系统的长期规划提供统计依据。

（6）尽量减少管理信息对网络传输的压力。

2. 实际应用的基本需求

从功能的角度分析，实际应用对网络管理的基本需求包括以下三部分：

（1）网络管理。对整个网络和指定子系统或设备的工作状态进行集中管理和监控，包括拓扑结构、网络设备、连通状态、故障分析等内容。

（2）系统管理。服务器系统、存储和备份系统、网络服务、网络安全系统进行统一的管理和监控。

（3）运行维护管理。对网络系统各种资源的运行状况进行全面的信息采集和自动预警。

16.5 环境平台方案的评审

16.5.1 机房建设

机房是计算机网络系统的中枢，因此机房建设直接影响着整个系统的安全稳定运行。依据计算机机房建设的国家标准，应遵循先设计再实施的原则。

机房建设所涉及系统包括：

（1）机房装修系统；

（2）机房布线系统（网络布线、电话布线、DDN、卫星线路等布线）；

（3）机房屏蔽、防静电系统（屏蔽网、防静电地板等）；

（4）机房防雷接地系统；

（5）机房保安系统（防盗报警、监控、门禁）；

（6）机房环境监控系统；

（7）机房专业空调通风系统；

（8）机房网络设备的分区和布置；

（9）机房照明及应急照明系统；

（10）机房UPS配电系统；

（11）机房消防系统。

用户需求确定后，监理单位协助业主起草招标文件。招标文件应明确：

（1）工程概况，包括建筑规模、范围、结构、布局等。

（2）机房工程系统要求，包括机房装修、机房空调、电气部分、机房环境监控等。

（3）工期要求，多少天完成。

（4）投标书要求，包括各型器材设备线缆型号、品牌、单价、总价。总价中应包含生产、运输、调试、服务等全部费用。

（5）投标资料中还应有各项资质、法人代表委托书等，以便于审查能否担负此项工程任务。

在平时工作中，监理工程师应注意收集有关机房工程的技术资料，熟悉有关品牌。在投标中，可以确定某种品牌，或某两种品牌，请投标单位报价。招标时，明确的器材设备品牌数量越具体，评标时越容易比质比价。

在工程设计阶段，监理工程师应对机房设计方案进行严格审查，在审查中主要考虑以下内容。

1. 机房的组成

（1）机房组成应按计算机运行特点及设备具体要求确定，一般由主机房、基本工作间、第一类辅助房间、第二类辅助房间、第三类辅助房间等组成。

（2）机房的使用面积应根据计算机设备的外形尺寸布置确定。在计算机设备外形尺寸不完全掌握的情况下，计算机机房的使用面积应符合下列规定：

- 主机房面积可按下列方法确定：

  ① 当计算机系统设备已选型时，可按下式计算：

  $$A = K \sum S_i \quad (i=1, 2, \cdots, n)$$

  式中，A 为计算机主机房使用面积（m^2）

  K 为系数，取值为 5～7

  S 为计算机系统及辅助设备的投影面积（m^2）

  ② 当计算机系统的设备尚未选型时，可按下式计算：

  $$A = KN$$

  式中，K 为单台设备占用面积，可取 4.5～5.5（m^2/台）

  N 为计算机主机房内所有设备的总台数

- 基本工作间和第一类辅助房间面积的总和，宜等于或大于主机房面积的 1.5 倍。
- 上机准备室、外来用户工作室、硬件及软件人员办公室等可按每人 3.5～4m^2 计算。

2. 机房设备的布置

（1）计算机设备宜采用分区布置，一般可分为主机区、存储器区、数据输入区、数据输出区、通信区和监控制调度区等。具体划分可根据系统配置及管理而定。

（2）产生尘埃及废物的设备应远离对尘埃敏感的设备，并宜集中布置在靠近机房的回风口处。

（3）主机房内通道与设备间的距离应符合下列规定：

- 两相对机柜正面之间的距离不应小于 1.5m；
- 机柜侧面（或不用面）距墙不应小于 0.5m，当需要维修测试时，机柜距墙不应小于 1.2m；

- 走道净宽不应小于 1.2m。

3. 机房装修工程

1）机房总体设计

（1）计算机机房布局应根据建筑物的结构和承重能力，合理设计，不改变原建筑结构。各投标单位可根据各自机房设计施工经验，自行设计出符合功能需要的机房。

（2）合理布局各功能分区，缩短走线，有利于减少干扰和信号延迟，提高计算机运行速度和可靠性。为便于操作，减少机柜间的相互影响，各部件之间应留有适当的间隔。

（3）UPS 电源及其他易产生强磁场的设备应尽量远离计算机，以减少对计算机设备的干扰。配电系统应尽量靠近 UPS 电源，如发现问题可迅速切断。

（4）除满足计算机、中央控制设备运行环境的各项技术指标外，还要考虑机房整体的美感，使机房具有可展示性，主要设备要留出较大的空间，形成一定的纵深和平衡感。内部装修应注重材料和色彩关系，大方简洁，选择质量好、长期不变色、不变形的材料，通常采用浅色暖调。

2）机房地面工程采用优质防静电地板

其指标应满足：

（1）为了便于铺设电源线及信号线，同时配合机房精密空调的运行，计算机机房地面采用高架抗静电活动地板（必须防静电、耐用、阻燃、隔音；承载能力强；优质 PVC 贴面，其表面必须光滑，水平度好；且在机房工程中使用过的进口品牌）。抗静电地板安装时，要求安装静电泄漏系统，铺设静电泄漏地网，通过静电泄漏干线和机房安全保护地的接地端子封在一起，将静电泄漏掉。

（2）楼层地面必须符合土建规范要求的平整度，并且地面需要进行防尘和保温处理，保证空调送风系统的洁净。

（3）高架地板高度应满足机房空调运行需要。

3）机房墙面工程

根据实际情况选择防火、防潮的材料。为保证防尘、防火、防潮、美观、大方和实用等要求，计算机机房墙面应根据不同功能区间选择不同的优质材料。

4）机房天花工程

机房吊顶材料应满足吸音、防火、防尘、防潮以及能有效地降低电磁波干扰等要求。

5）机房门工程

机房门首先要考虑消防分区方面的要求，必须有效地起到防尘、防潮、防火作用；其次机房门应保证最大设备能进出；最后必须考虑与周围环境的一致性。

6）机房隔断工程

各投标单位根据设计的功能分区选择不同的材料进行玻璃隔断，保证机房具有良好的通透性，整体感强，合理实用。玻璃隔断须做上下钢结构，要求与顶棚及地面有可靠连接。玻璃隔断上下边框用与墙面色彩及材质协调的材料作饰面。

7）机房照明

机房照明一般采用无眩光多隔栅灯，主机房照度不小于 300LUX，辅助间不小于 200LUX，故障照明不小于 60LUX。机房照明应分别有开关控制，符合相关电气设计施工规范。

4．机房配电及防雷接地系统

1）机房配电

机房的供电系统应采用双回路供电，并选择三相五线制供电。机房的设备供电和空调供电应分为两个独立回路。机房内的插座应分两种，它们分别是不间断电源（UPS）插座和市电供电插座，市电和 UPS 供电的插座应有明显区别。

2）UPS 供电

计算机系统对供电质量要求较高，通常要求电源的技术指标满足电压±5%。频率±1%，谐波失真<5%。同时，计算机设备要求 24 小时不停机工作，为了保证计算机稳定工作，须对计算机采用 UPS 供电。

3）机房防雷

（1）防雷分为防直击雷和感应雷两个方面。

（2）机房的防雷工作主要是防止由感应雷引起的浪涌和其他原因引起的操作过电压。对机房进行全面防雷保护，除了机房所在建筑要有良好的避雷装置外，还必须在机房内安装电源防雷器和信号防雷器，对电源系统、信号系统进行可靠、有效的防护。

（3）防雷器装置在接地、连接等方面均须满足国家规范要求。

（4）接地系统良好与否是衡量一个机房建设质量的关键性问题之一，因此接地系统应满足《电子计算机机房设计规范》（GB50174-93）的规定。

4）机房接地

（1）机房接地装置的设置应满足人身的安全及计算机正常运行和系统设备的安全要求。

（2）机房应采用下列四种接地方式：

- 交流工作接地，接地电阻不应大于 4Ω；
- 安全工作接地，接地电阻不应大于 4Ω；
- 直流工作接地，接地电阻应按计算机系统具体要求确定；
- 防雷接地，应按现行国家标准《建筑防雷设计规范》执行。

（3）交流工作接地、安全保护接地、直流工作接地、防雷接地四种接地宜共用一组接地装置，其接地电阻按其中最小值确定；若防雷接地单独设置接地装置时，其余三种接地宜共用一组接地装置，其接地电阻不应大于其中最小值，并应按现行国标准《建筑防雷设计规范》要求采取防止反击措施。

（4）对直流工作接地有特殊要求需单独设置接地装置的计算机系统，其接地电阻值及与其他接地装置的接地体之间的距离，应按计算机系统及有关规定的要求确定。

- 电子计算机系统的接地应采取单点接地并采取等电位措施。
- 当多个电子计算机系统共用一组接地装置时，宜将各计算机系统分别采用接地线与接地体连接。

5．机房内的温、湿度控制

开机时计算机机房内的温、湿度，应符合表 16-1 的规定。

表 16-1　开机时计算机机房的温、湿度

级别项目	A 级		B 级
	夏 季	冬 季	全 年
温度	23±2℃	20±2℃	18～28℃
相对湿度	45%～65%		40%～70%
温度变化率	<5℃/h 并不得结露		<10℃/h 并不得结露

停机时计算机机房内的温、湿度，应符合表 16-2 的规定。

表 16-2　停机时计算机机房的温、湿度

项　目	A 级	B 级
温度	5～35℃	5～35℃
相对湿度	40%～70%	20%～80%
温度变化率	<5℃/h 并不得结露	<10℃/h 并不得结露

开机时主机房的温、湿度应执行 A 级，基本工作间可根据设备要求按 A、B 两级执行，其他辅助房间应按工艺要求确定。

记录介质库的温、湿度应符合下列要求：

- 常用记录介质库的温、湿度应与主机房相同；
- 其他记录介质库的要求应按表 16-3 采用。

表 16-3　记录介质库的温、湿度

品　种	卡　片	纸　带	磁　带		磁　盘	
			长期保存已记录的	未记录的	已记录的	未记录的
温度	5～40℃		18～28℃	0～40℃	18～28℃	0～40℃
相对湿度	30%～70%	40%～70%	20%～80%		20%～80%	
磁场强度			<3200A/m	<4000A/m	<3200A/m	<4000A/m

主机房内的空气含尘浓度，在表态条件下测试，每升空气中大于或等于 $0.5\mu m$ 的尘粒数，应少于 18 000 粒。

6．噪声、电磁干扰、振动及静电

主机房内的噪声，在计算机系统停机条件下，在主操作员位置测量应小于 68dB。

主机房内无线电干扰场强，在频率为 0.15M～1 000MHz 时，不应大于 126dB。

主机房内磁场干扰环境场强不应大于 800A/m。

在计算机系统停机条件下主机房地板表面垂直及水平向的振动加速度值，不应大于 $500mm/s^2$。

主机房地面及工作台面的静电泄漏电阻，应符合现行国家标准《计算机机房用活动地板技术条件》的规定。

主机房内绝缘体的静电电位不应大于 1kV。

7．机房环境及设备集成监控系统

1）有机房环境与机房设备的集成监控系统

包括：

（1）机房配电设备监控；

（2）UPS 系统监控；

（3）防雷系统监控；

（4）机房精密空调系统监控；

（5）温、湿度监控；

（6）漏水监控；

（7）门禁系统监控。

2）机房监控系统的功能

（1）系统监控管理；

（2）设备运行性能管理；

（3）机房运行环境参数管理；

（4）机房运行环境报警信息管理（主要包括如频率、电压、电流、功率、温度、湿度、漏水等）；

（5）门禁系统信息管理；

（6）事故、故障、越限时的报警和信息管理；

（7）具有现场和远程信息管理和监控功能；

（8）出现故障或异常情况时，可根据预设的电话（包括座机和手机）、自动台 BP 机，通知有关人员前往处理；

（9）安全管理；

（10）报表（支持汉字打印）、历史资料查询和打印管理；

（11）自动拨号，重要报警可传送至预定的手机和无线寻呼机；

（12）打印功能；

（13）中文支持；

（14）历史数据管理；

（15）远程资料查询；

（16）运行维护人员能通过远程拨号登录监控计算机查询被监控对象的运行状态。

3）系统结构

系统采用开放式结构，支持各种传输网络，包括以太网、帧中继网、FDDI 网、ATM 网、PPP 拨号网、令牌网等，只要网络能支持 TCP/IP 协议即可。

8．机房的消防报警与灭火系统

（1）计算机机房应设火灾自动报警系统，主机房、基本工作间应设卤代烷灭火系统，并应按有关规范的要求执行。报警系统与自动灭火系统应与空调、通风系统联锁。空调系统所采用的电加热器，应设置无风断电保护。

（2）凡设置卤代烷固定灭火系统及火灾探测器的计算机机房，其吊顶的上、下及活动地板下，均应设置探测器和喷嘴。

吊顶上和活动地板下设置火灾自动探测器，通常有两种方式。一种方式是均匀布置，但密度要提高，每个探测器的保护面积为 $10 \sim 15 m^2$。另一种方式是在易燃物附近或有可能引起火灾的部位以及回风口等处设置探测器。

主机房宜采用感烟探测器。当没有固定灭火系统时，应采用感烟、感温两种探测器的组合。可以在主机柜、磁盘机、宽行打印机等重要设备附近安装探测器。在有空调设备的房间，应考虑在回风口附近安装探测器。

16.5.2 综合布线系统

国家建设部于 2000 年 7 月颁发了《智能建筑设计标准》，上海市和江苏省已经颁布"建筑智能化系统工程设计标准"，其中对综合布线做了明确规定，"设计标准"指出，综合布线系统应满足建筑物或智能建筑群的网络布线要求；应能使建筑物或建筑群内部的语音、数据通信设备、信息交换设备、物业管理及自动化管理设备等系统之间彼此相连，也能使建筑物或建筑群内的信息通信设备与外部的信息通信网络相连。

综合布线系统工程的方案，要贯彻"国标"精神，体现"国标"的要求。"国标"把综合布线系统按要求、速率和功能，划分成甲、乙、丙三个等级。三个等级标准的区别在于：工作区范围不同，干线等级不同，水平线缆的等级也不同。归纳起来，就是它们所能满足的信号传输速率和带宽不同。

在工程设计阶段，监理工程师应对综合布线设计方案进行严格审查，在审查中主要考虑以下内容。

16.5.2.1 综合布线系统设计

综合布线系统（PDS）应是开放式星状拓扑结构，应能支持电话、数据、图文、图像等多媒体业务的需要。

综合布线系统宜按下列六个部分进行设计：
- 工作区子系统；
- 水平布线子系统；
- 管理间子系统
- 垂直干线子系统；
- 设备间子系统；
- 建筑群子系统。

下面对各个子系统的设计进行详细论述。

1. 工作区子系统设计

1）系统组成

一个局域网络是由多个工作区子系统组成的，作为工作子系统由用户计算机、语音点、数据点的信息插座、跳线组成，它包括信息插座、信息模块、网卡和连接所需要的跳线。

一个独立的工作区，通常拥有一台计算机和一部电话机，设计的等级分为基本型、增强型、综合型。目前绝大部分新建工程是采用增强型设计等级，为语音点和数据点互换奠定基础。

这里需要指出的是，一个语音点可端接的电话机数，应视用户采用什么样的线路而定。如果是二线制电话，可端接四部电话；如果是四线制电话只能端接二部；如果是六线、八线制只能端接一部，应根据用户的实际情况来决定。

工作区子系统由终端设备连接到信息插座的跳线组成。它包括信息插座、信息模块、网卡和连接所需的跳线，并在终端设备和输入/输出（I/O）之间搭接，相当于电话配线系统中连接话机的用户线及话机终端部分。

工作区可支持电话机、数据终端、微型计算机、电视机、监视及控制等终端设备的设置和安装。

2）设计要点

工作区设计要考虑以下点：
（1）工作区内线槽要布得合理、美观；

(2) 信息座要设计在距离地面 30cm 以上;
(3) 信息座与计算机设备的距离保持在 5m 范围内;
(4) 购买的网卡类型接口要与线缆类型接口保持一致;
(5) 所有工作区所需的信息模块、信息座、面版的数量;
(6) RJ45 所需的数量;
(7) 基本链路长度限在 90m 内,信道长度限在 100m 内。

3) 计算方法

在一个网络工程中 RJ45 头的需求量一般用下述方式计算:

$$m=n\times 4+n\times 4\times 15\%$$

m 为 RJ45 的总需求量

n 为信息点的总量

$n\times 4\times 15\%$ 为留有的富余量

信息模块的需求量一般为:

$$m=n+n\times 3\%$$

m 为信息模块的总需求量

n 为信息点的总量

$n\times 3\%$ 为富余量

面板有一口、二口和四口的面板,根据需求决定购买量。信息度的需求量一般按实际需要计算其需求量,信息座可容纳一个点、二个点、四个点依照统计需求量。

工作区使用的槽通常的使用量值计一般如下:

1 点状态　1×10(m)

2 点状态　2×8(m)

3 点状态　4×6(m)

4) 接线方法

信息插座连接技术要求:

(1) 每个工作区至少要配置一个插座盒。在多点的情况下一个信息座安排不下其信息点,那么再安装一个信息插座。

(2) 信息插座是终端(工作站)与水平子系统连接的接口。每条双绞线电缆必须都端接在工作区的一个 8 脚(针)的模块化插座(插头)上。

(3) 这些信息插座和信息插头基本上都是一样的。在终端(工作站)一端,将带有 8 针的 RJ45 插头跳线插入网卡;在信息插座一端,跳线的 RJ45 头连接到插座上。

8 针模块化信息 I/O 插座是为所有的综合布线系统推荐的标准 I/O 插座。它的 8 针结构为单一 I/O 配置提供了支持数据、语音、图像或三者的组合所需的灵活性。

RJ45 头与信息模块压线时有两种方式：为了允许在交叉连接外进行线路管理，不同服务用的信号出现在规定的导线对上。为此，8 针引线 I/O 插座已在内部接好线。8 针插座将工作站一侧的特定引线（工作区布线）接到建筑物布线电缆（水平布线）上的特定双绞线对上。I/O 引针（脚）与线对分配按照 T568B（T568A）标准信息插座 8 针引线/线对安排。线对颜色标准如表 16-4 所示。

表 16-4 颜色标准

导线种类	颜 色	缩 写
线对 1	白色-蓝色*蓝色	W-BLBL
线对 2	白色-橙色*橙色	W-OO
线对 3	白色-绿色*绿色	W-GG
线对 4	白色-棕色*棕色	W-BRBR

T568A、T568B 不能在同一系统中出现。

2．水平干线子系统设计

1）设计要点

水平干线子系统设计涉及水平子系统的传输介质和部件集成，主要有六点：

（1）确定线路走向；

（2）确定线缆、槽、管的数量和类型；

（3）确定电缆的类型和长度；

（4）订购电缆和线槽；

（5）如果打吊杆走线槽，则需要用多少根吊杆；

（6）如果不用吊杆走线槽，则需要用多少根托架。

确定线路走向一般要由用户、设计人员、施工人员到现场根据建筑物的物理位置和施工难易度来确立。

2）计算方法

信息插座的数量和类型、电缆的类型和长度一般在总体设计时便已确立，但考虑到产品质量和施工人员的误操作等因素，在订购时要留有余地。

订购电缆时，必须考虑：

（1）确定介质布线方法和电缆走向；

（2）确认到管理间的接线距离；

（3）留有端接容差。

电缆的计算公式：

$$\text{订货总量（总长度 } m\text{）} = \text{所需总长} + \text{所需总长} \times 10\% + n \times 6$$

其中,所需总长指 n 条布线电缆所需的理论长度。

所需总长×10%为备用部分。

$n×6$ 为端接容差。

$$用线箱数＝总长度／305＋1$$

双绞线一般以箱为单位订购,每箱双绞线长度为 305m。

吊杆需求量计算:打吊杆走线槽时,一般是间距 1m 左右一对吊杆。吊杆的总量应为水平干线的长度(m)×2(根)。

托架需求量计算:使用托架走线槽时,一般是 1~1.5m 安装一个托架,托架的需求量应根据水平干线的实际长度去计算。

托架应根据线槽走向的实际情况来选定。一般有两种情况:
- 水平线槽不贴墙,则需要定购托架。
- 水平线贴墙走,则可购买角钢自做托架。

3)布线方法

在水平干线布线系统中常用的线缆有四种:
- 100Ω 非屏蔽双绞线(UTP)电缆;
- 100Ω 屏蔽双绞线(STP)电缆;
- 50Ω 同轴电缆;
- 62.5/125μm 或 50/125μm 光缆。

水平布线是将电缆线从管理间子系统的配线间接到每一楼层的工作区的信息 I/O 插座上。设计者要根据建筑物的结构特点,从路由(线)最短、造价最低、施工方便、布线规范等几个方面考虑。但由于建筑物中的管线比较多,往往要遇到一些矛盾,所以,设计水平子系统时必须折中考虑,优选最佳的水平布线方案。一般可采用三种类型:
- 直接埋管式;
- 先走吊顶内线槽,再走支管到信息出口的方式;
- 适合大开间及后打隔断的地面线槽方式。其余都是这三种方式的改良型和综合型。

现对上述各种方式进行讨论。

(1)直接埋管线槽方式

直接埋管布线方式是由一系列密封在现浇混凝土里的金属布线管道或金属馈线走线槽组成。这些金属管道或金属线槽从配线间向信息插座的位置辐射。根据通信和电源布线要求、地板厚度和占用的地板空间等条件,直接埋管布线方式可能要采用厚壁镀锌管或薄型电线管。这种方式在老的设计中非常普遍。这是因为老式建筑一般面积不大,电话点比较少,电话线也比较细,使用一条管路可以穿三个以上的房间的线,出线盒既作为信息出口又作为过线盒,因此远端工作房间到弱电井的距离较长,可达40m,一个楼层用2~4个管路就可以涵盖,整个设计简单明了,安装、维护都比较方便,工程造价也低。对比较大的楼层可分为几个区域,每个区域设置一个小配线箱,先由弱电井的楼层配线间直埋钢管穿大对数电缆到各分区的小配线箱,然后再直埋较细的管子将电话线引到房间的电话出口。由此可见,在老式建筑中使用直接埋管方式,不仅设计、安装、维护非常方便,而且工程造价较低。

现代楼宇不仅有较多的电话语音点,还有较多的计算机数据点,语音点与数据点还要求互换,以增加综合布线系统使用的灵活性。因此由弱电井出来的SC40管就较多,常规是将这些管子埋在走廊的垫层中形成排管,由此也会产生各种问题。

同时粗管进入房间内,必须有一个汇线盒,将各支管的来线汇总后,集中穿进粗管中到弱电井,这个汇线盒对于房间的装修有一定的影响。由于各支管也走地面垫层,容易与电源管线及其他管线交叉,这就要求设计及施工中多加注意。

出于排管数量比较多,钢管的费用相应增加,相对于吊顶内走线槽方式的价格优势不大,而局限性较大,在现代建筑中慢慢被其他布线方式取代。不过在地下层、信息点比较少、也没吊顶,一般还继续使用直接埋管方式。

此外直接埋管方式的改良方式也有应用。即由弱电井到各房间的排管不打在地面垫层中,而是吊在走廊的吊顶中,到各房间的位置后,再用分线盒分出较细的支管走房间吊顶剔墙而下到信息出口。出于排管走吊顶,可以过一段距离加过线盒以便穿线,所以远端房间离弱电井的距离不受限制;吊顶内排管的管径也选择较大的,如SC50。但这种改良方式明显不如先走吊顶内线槽再走支管的方式灵活,应用范围不大,一般用在塔楼的塔身层面积不大,而且没有必要架设线槽的场合。

(2) 先走线槽再分管方式

线槽由金属或阻燃高强度PVC材料制成,有单件扣合方式和双件扣合式两种类型。

线槽通常悬挂在天花板上方的区域,用在大型建筑物或布线系统比较复杂而需要有额外支持物的场合。用横梁式线槽将电缆引向所要布线的区域。由弱电井出来的缆线先走吊顶内的线槽,到各房间后,经分支线槽从横梁式电缆管道分叉后将电缆穿过一段支管引向墙柱或墙壁,剔墙而下到本层的信息出口(或剔墙而上,在上一层楼板钻一个孔,将电缆引到上一层的信息出口),最后端接在用户的插座上。

(3) 地面线槽方式

地面线槽方式就是弱电井出来的线走地面线槽到地面出线盒或由分线盒出来的支管到墙上的信息出口。由于地面出线盒或分线盒不依赖墙或柱体直接走地面垫层,因此这种方式适用于大开间或需要打隔断的场合。

地面线槽方式就是将长方形的线槽打在地面垫层中,每隔4~8m拉一个过线盒或出线盒（在支路上出线盒也起分线盒的作用），直到信息出口的出线盒。线槽有两种规格，70型外形尺寸 70×25mm（宽×厚），有效截面 1470mm^2，占空比取 30％，可穿 24 根水平线；50 型外形尺寸 50×25mm，有效截面积 960mm^2，可穿 15 根水平线。分线盒与过线盒有两槽与三槽两种，均为正方形，每面可接两根或三根地面线槽。因为正方形有四面，分线盒与过线盒均有将 2～3 个分路汇成一个主路的功能或起到 90°转弯的功能。四槽以上的分线盒都可由两槽或三槽分线盒拼接。

3．管理间子系统设计

1）系统组成

现在，许多大楼在综合布线时都考虑在每一楼层都设立一个管理间，用来管理该层的信息点，摒弃了以往几层共享一个管理间子系统的做法，这也是布线的发展趋势。

作为管理间一般有以下设备：

- 机柜；
- 集线器或交换机；
- RJ45 配线架；
- 语音点 S110 交连硬件；
- 光缆配线架；
- 稳压电源线。

作为管理间子系统，应根据管理信息点实际状况，安排使用房间的大小和机柜的大小。如果说，信息点多，就应该考虑一个房间来放置，如果信息点少，就没有必要单独设立一个管理间可选用墙上型机柜来处理该子系统。

2）交连硬件部件

在管理间子系统中，数据点的线缆是通过 RJ45 配线架进行管理的，语音点的线缆是通过 110 交连硬件进行管理。

RJ45 配线架有 24 口和 48 口等，设计时应根据信息点的多少配备 RJ45 配线架，比较容易实现。现重点介绍语音点的 110 交连硬件。

110 型交连硬件是原 AT&T 公司为卫星接线间、干线接线间和设备的连线端接而选定的 PDS 标准。110 型交连硬件分两大类：110A 和 110P。这两种硬件的电气功能完全相同，但其规模和所占用的墙空间或面板大小有所不同。每种硬件各有优点。110A 与 110P 管理的线路数据相同，但 110A 占有的空间只有 110P 或老式的 66 接线块结构的 1/3 左右，并且价格也较低。

（1）选择 110 型硬件

- 110 型硬件有两类：
  - ✓ 110A——跨接线管理类

- ✓ 110P——插入线管理类
- 所有的接线块每行均端接 25 对线。
- 3、4 或 5 对线的连接决定了线路的连接插件。
- 连接块与连接插件配合使用。连接插件有 4 对线 5 对线之分。
- 110P 硬件的外观简洁，便于使用插入线而不用跨接线，因而对管理人员技术水平要求不高。但 110P 硬件不能垂直叠放在一起，也不能用于 2000 条线路以上的管理间或设备间。

（2）110 型接线架的组成
- 100 对或 300 对线的接线块，配有或不配有安装脚；
- 3、4 或 5 对线的 110C 连接块；
- 188B1 或 188B2 底板；
- 188A 定位器；
- 188UT1-50 标记带（空白带）；
- 色标不干胶线路标志；
- XLBET 框架；
- 交连跨接线。

（3）110 型接线块

110 型接线块是阻燃的模制塑料件，其上面装若干齿形条，足够用于端接 25 对线。110 接线块插件正面从左到右均有色标，以区分各条输入线。这些线放入齿形的槽缝里，再与接线架结合。利用 788J12 工具，就可以把连接块的连线冲压到 110 连接上。

（4）110C 连接块

连接块上装有夹子，当连接块推入齿形条时，这些夹子就切开连线的绝缘层。连接块的顶部用于交叉连接，顶部的连线通过连接块与齿形条内的连线相连。

110C 连接块有 3 对线、4 对线和 5 对线三种规格。

（5）110A 用的底板

188B1 底板用于承受和支持连接块之间的水平方向跨接线。188B2 底板支脚，使线缆可以在底板后面通过。

（6）110P 交连硬件的组成
- 安装于终端块面板上的 100 对线的 110D 型接线块；
- 188C2 和 188D2 垂直底板；
- 188E2 水平跨接线过线槽；
- 管道组件；
- 3、4 或 5 对线的连接块；

- 插入线；
- 名牌标签/标记带。

3）管理间子系统的设计步骤

设计管理间子系统时，一般采用下述步骤：

（1）确认线路模块化系数是 2 对线还是 3 对线。每个线路模块当做一条线路处理，线路模块化系数视具体系统而定。

（2）确定话音和数据线路要端接的电缆对总数，并分配好话音或数据数线路所需的墙场或终端条带。

（3）决定采用何种 110 交连硬件：

- 如果线对总数超过 6000（即 2000 条线路），则使用 11A 交连硬件。
- 如果线对总数少于 6000，则可使用 110A 或 110P 交连硬件。
- 110A 交连硬件点用较少的墙空间或框架空间，但需要一名技术人员负责线路管理。
- 决定每个接线块可供使用的线对总数，主布线交连硬件的白场接线数目取决于三个因素：硬件类型，每个接线块可供使用的线对总数和需要端接的线对总数。
- 由于每个接线块端接行的第 25 对线通常不用，故一个接线块极少能容纳全部线对。
- 决定白场的接线块数目。为此，首先把每种应用（话音或数据）所需的输入线对总数除以每个接线块的可用线对总数，然后取更高的整数作为白场接线块数目。
- 选择和确定交连硬件的规模——中继线/辅助场。
- 确定设备间交连硬件的位置。

（4）绘制整个布线系统即所有子系统的详细施工图。

（5）管理间的信息点连接是非常重要的工作，它的连接要尽可能简单，主要工作是端接与跳线。

4．垂直干线子系统的设计

1）系统组成

垂直干线子系统的任务是通过建筑物内部的竖井或管道放置传输电缆，把各个管理间的信号传送到设备间，直到传送到最端接口，再通往外部网络。它既要满足当前的需要，又要适应今后的发展。

垂直干线子系统包括：

（1）供各主干线在管理间之间的电缆走线用的竖向或横向通道；

(2)从主设备间到管理间的主干电缆。

2)设计要点

设计时要考虑以下几点:

- 确定每层楼的干线要求;
- 确定整座楼的干线要求;
- 确定从楼层到设备间的干线电缆路由;
- 确定干线接线间的接合方法;
- 选定干线电缆的长度;
- 确定敷设附加横向电缆时的支撑结构。

在敷设电缆时,对不同的介质电缆要区别对待。

(1)光缆

- 光缆敷设时不应该绞结;
- 光缆在室内布线时要走线槽;
- 光缆在地下管道中穿过时要PVC管或铁管;
- 光缆需要拐弯时,其曲率半径不能小于30cm;
- 光缆的室外裸露部分要加铁管保护,铁管要固定牢固;
- 光缆不要拉得太紧或太松,并要有一定的膨胀收缩余量;
- 光缆埋地时,要加铁管保护;
- 光缆两端要有标记。

(2)同轴粗电缆

- 同轴粗电缆敷设时不应扭曲,要保持自然平直;
- 粗缆在拐弯时,其弯角曲率半径不应小于30cm;
- 粗缆接头安装要牢靠;
- 粗缆布线时必须走线槽;
- 粗缆的两端必须加端接器,其中一端应接地;
- 粗缆上连接的用户间隔必须在2.5m以上;
- 粗缆室外部分的安装与光纤电缆室外部分安装相同。

(3)双绞线

- 双绞线敷设时线要平直,走线槽,不要扭曲;
- 双绞线的两端点要标号;
- 双绞线的室外部要加套管并考虑防雷措施,严禁搭接在树干上;
- 双绞线不要拐硬弯。

(4)同轴细缆

同轴细缆的敷设与同轴粗缆有以下几点不同：
- 细缆弯曲半径不应小于20cm；
- 细缆上各站点距离不小于0.5m；
- 一般细缆长度为183m，粗缆为500m。

3）设计方法

确定从管理间到设备间的干线路由，应选择干线段最短、最安全和最经济的路由，如果大楼内没有现成的竖井（常见于旧楼改造工程），通常有如下两种方法。

（1）电缆孔方法

干线通道中所用的电缆孔是很短的管道，通常用直径为10cm的钢性金属管做成。它们嵌在混凝土地板中，这是在浇注混凝土地板时嵌入的，比地板表面高出2.5～10cm。电缆往往捆在钢绳上，而钢绳又固定到墙上已铆好的金属条上。当配线间上下都对齐时，一般采用电缆孔方法。

（2）电缆井方法

电缆井方法常用于干线通道。电缆井是指在每层楼板上开出一些方孔，使电缆可以穿过这些电缆井从某层楼伸到相邻的楼层。电缆井的大小依所用电缆的数量而定。与电缆孔方法一样，电缆也是捆在或箍在支撑用的钢绳上，钢绳靠墙上金属条或地板三角架固定住。离电缆井很近的墙上立式金属架可以支撑很多电缆。电缆井的选择性非常灵活，可以让粗细不同的各种电缆以任何组合方式通过。电缆井方法虽然比电缆孔方法灵活，但在原有建筑物中开电缆井安装电缆造价较高，它的另一个缺点是使用的电缆井很难防火。如果在安装过程中没有采取措施去防止损坏楼板支撑件，则楼板的结构完整性将受到破坏。

在多层楼房中，经常需要使用干线电缆的横向通道才能从设备间连接到干线通道，以及在各个楼层上从二级交接间连接到任何一个配线间。请记住，横向走线需要寻找一个易于安装的方便通道，因而两个端点之间很少是一条直线。

5. 设备间子系统设计

设备间子系统是一个公用设备存放的场所，也是设备日常管理的地方，有服务器、交换机、路由器、稳压电源等设备。在设计设备间时应注意：

（1）设备间应设在位于干线综合体的中间位置。

（2）应尽可能靠近建筑物电缆引入区和网络接口。

（3）设备间应在服务电梯附近，便于装运笨重设备。

（4）设备间内要注意：
- 室内无尘土，通风良好，要有较好的照明亮度；
- 要安装符合机房规范的消防系统；

- 使用防火门，墙壁使用阻燃漆；
- 提供合适的门锁，至少要有一个安全通道。

(5) 防止可能的水害（如暴雨成灾、自来水管爆裂等）带来的灾害。

(6) 防止易燃易爆物的接近和电磁场的干扰。

(7) 设备间空间（从地面到天花板）应保持 2.55m 高度的无障碍空间，门高为 2.1m，宽为 90m，地板承重压力不能低于 500kg/m²。

对设备间子系统的设计要求和方法请参见 16.5.1 小节机房建设。

6. 建筑群子系统的设计

建筑群子系统也称楼宇管理子系统。一个企业或某政府机关可能分散在几幢相邻建筑物或不相邻建筑物内办公。但彼此之间的语音、数据、图像和监控等系统可用传输介质和各种支持设备（硬件）连接在一起。连接各建筑物之间的传输介质和各种支持设备（硬件）组成一个建筑群综合布线系统。连接各建筑物之间的缆线组成建筑群子系统。

1) 设计步骤

(1) 确定敷设现场的特点；
(2) 确定电缆系统的一般参数；
(3) 确定建筑物的电缆入口；
(4) 确定明显障碍物的位置；
(5) 确定主电缆路由和备用电缆路由；
(6) 选择所需电缆类型和规格；
(7) 确定每种选择方案所需的劳务成本；
(8) 确定每种选择方案的材料成本；
(9) 选择最经济、最实用的设计方案。

2) 布线方法

在建筑群子系统中电缆布线方法有以下四种。

(1) 架空电缆布线

架空安装方法通常只用于具有现有的电线杆，在通常情况下，从电线杆至建筑物的架空进线距离不超过 30m（即 100ft）为宜。建筑物的电缆入口可以是穿墙的电缆孔或管道。入口管道的最小口径为 50mm（即 2in）。建议另设一根同样口径的备用管道，如果架空线的净空有问题，可以使用天线杆型的入口。该天线的支架一般不应高于屋顶 1200mm（即 4ft）。如果再高，就应使用拉绳固定。此外，天线型入口杆高出屋顶的净空间应有 2400mm（即 8ft），该高度正好使工人可摸到电缆。

通信电缆与电力电缆之间的距离必须符合我国室外架空线缆的有关标准。

架空电缆通常穿入建筑物外墙上的 U 形钢保护套，然后向下（或向上）延伸，从电缆孔进入建筑物内部，电缆入口的孔径一般为 50mm,建筑物到最近处的电线杆通常相距应小于 30m。

（2）直埋电缆布线

直埋布线法优于架空布线法，影响选择此法的主要因素如下：

- 初始价格；
- 维护费；
- 服务可靠；
- 安全性；
- 外观。

不要把任何一个直埋施工结构的设计或方法看做是提供直埋布线的最好方法或惟一方法。在选择某个设计或几种设计的组合时，重要的是采取灵活的、思路开阔的方法。这种方法既要适用，又要经济，还能可靠地提供服务。直埋布线的选取地址和布局实际上是针对每项作业对象专门设计的，而且必须对各种方案进行工程研究后再做出决定。工程的可行性决定了何者为最实际的方案。

在选择最灵活、最经济的直埋布线路时，主要的物理因素如下：

- 土质和地下状况；
- 天然障碍物，如树林、石头以及不利的地形；
- 其他公用设施（如下水道、水、气、电）的位置；
- 现有或未来的障碍，如游泳池、表土存储场或修路。

由于发展趋势是让各种设施不在人的视野里，所以，话音电缆和电力电缆埋在一起将日趋普遍，这样的共用结构要求有关部门从筹划阶段直到施工完毕，以至未来的维护工作中都要密切合作。这种协作会增加一些成本。但是，这种共用结构也日益需要用户的合作。综合布线系统（PDS）为改善所有公用部门的合作而提供的建筑性方法将有助于使这种结构既吸引人，又很经济。

应遵守所有的法令和公共法则。有关直埋电缆所需的各种许可证书应妥善保存，以便在施工过程中可立即取用。

有如下事项需要申请许可证书：

- 挖开街道路面；
- 关闭通行道路；
- 把材料堆放在街道上；
- 使用炸药；
- 在街道和铁路下面推进钢管；
- 电缆穿越河流。

（3）管道系统电缆布线

管道系统的设计方法就是把直埋电缆设计原则与管道设计步骤结合在一起。当考虑建筑群管道系统时，还要考虑接合井。

在建筑群管道系统中，接合井的平均间距约180m（即600ft），或者在主结合点处设置接合井。接合井可以是预制的，也可以是现场浇筑的。应在结构方案中标明使用哪一种接合井。

预制接合井是较佳的选择。现场浇筑的接合井只在下述几种情况下才允许使用：

- 该处的接合井需要重建；
- 该处需要使用特殊的结构或设计方案；
- 该处的地下或头顶空间有障碍物，因而无法使用预制接合井；
- 作业地点的条件（例如沼泽地或土壤不稳固等）不适于安装预制入孔。

（4）隧道内电缆布线

在建筑物之间通常有地下通道，大多是供暖供水的，利用这些通道来敷设电缆不仅成本低，而且可利用原有的安全设施，如考虑到暖气泄漏等条件。电缆安装时应与供气、供水、供暖的管道保持一定的距离，安装在尽可能高的地方，可根据民用建筑设施的有关条例进行施工。

3）电缆保护

当电缆从一建筑物到另一建筑物时，要考虑易受到雷击、电源碰地、电源感应电压或地电压上升等因素，必须用保护器去保护这些线对。如果电气保护设备位于建筑物内部（不是对电信公用设施实行专门控制的建筑物），那么所有保护设备及其安装装置都必须有 UL 安全标记。

有些方法可以确定电缆是否容易受到雷击或电源的损坏，也知道有哪些保护器可以防止建筑物、设备和连线因火灾和雷击而遭到毁坏。

当发生下列任何情况时，线路就被暴露在危险的境地：

- 雷击所引起的干扰；
- 工作电压超过 300V 以上而引起的电源故障；
- 地电压上升到 300V 以上而引起的电源故障；
- 60Hz 感应电压值超过 300V。

如果出现上述所列的情况时就都应对其进行保护。

确定被雷击的可能性。除非下述任一条件存在，否则电缆就有可能遭到雷击：

- 该地区每年遭受雷暴雨袭击的次数只有 5 天或更少，而且大地的电阻率小于 $100\Omega \cdot m$。
- 建筑物的直埋电缆小于 42m（即 140ft），而且电缆的连续屏蔽层在电缆的两端都接地。
- 电缆处于已接地的保护伞之内，而此保护伞是由邻近的高层建筑物或其他高层结构所提供。

因此，管理间、设备间要考虑接地问题。接地要求：单个设备接地要小于 4Ω，整个系统设备互联接地要求小于 1Ω。

16.5.2.2 综合布线系统指标

1. 双绞线

1）衰减

综合布线系统链路传输的最大衰减限值，包括配线电缆和两端的连接硬件、跳线在内，应符合表 16-5 的规定。

表 16-5 链路传输的最大衰减限值

频率（MHz）	最大衰减限值（dB）			
	A 级	B 级	C 级	D 级
0.1	16	5.5	—	—
1.0	—	5.8	3.7	2.5
4.0	—	—	6.6	4.8
10.0	—	—	1.7	7.5
16.0	—	—	14.0	9.4
20.0	—	—	—	10.5
31.25	—	—	—	13.1
62.5	—	—	—	18.4
100.0	—	—	—	23.2

注：
① 要求将各点连成曲线后，测试的曲线全部应在标准曲线的限值范围之内。
② 测量衰减时，如包括链路两端的设备电缆和工作区电缆在内，应扣除设备电缆和工作区电缆的衰减。

2）近端串音

综合布线系统任意两线对之间的近端串音衰减限值，包括配线电缆和两端的连接硬件、跳线、设备和工作区连接电缆在内（但不包括设备连接器），应符合表 16-6 的规定。

表 16-6 线对间最小近端串音衰减限值

频率（MHz）	最小近端串音衰减限值（dB）			
	A 级	B 级	C 级	D 级
0.1	27	40	—	—
1.0	—	25	39	54
4.0	—	—	29	45

续表

频率（MHz）	最小近端串音衰减限值（dB）			
	A 级	B 级	C 级	D 级
10.0	—	—	23	39
16.0	—	—	19	36
20.0	—	—	—	35
31.25	—	—	—	32
62.5	—	—	—	27
100.0	—	—	—	24

注：
① 所有其他音源的噪声应比全部应用频率的串音噪声低 10dB。
② 在主干电缆中，最坏线对的近端串音衰减值，应以功率和来衡量。
③ 桥接分岔或多组合电缆，以及连接到多重信息插座的电缆，任一对称电缆单元之间的近端串音衰减至少要比单一组合的 4 对电缆的近端串音衰减提高一个数值 Δ。

$\Delta = 6dB + 10\lg(n+1)dB$

式中 n=电缆中相邻的对称电缆单元数。

3）回波损耗

综合布线系统中任一电缆接口处的回波损耗限值，应符合表 16-7 的规定。

表 16-7 电缆接口处最小回波损耗限值

频率（MHz）	最小回波损耗限值（dB）		频率（MHz）	最小回波损耗限值（dB）	
	C 级	D 级		C 级	D 级
1≤f＜10	18	18	16≤f＜20	—	15
10≤f＜16	15	15	20≤f＜100	—	10

4）ACR

综合布线系统链路衰减与近端串音衰减的比率（ACR），应符合表 16-7 的规定（对于 A、B、C 级链路，其 ACR 值可由本规范列表 16-8 给出的值相减得出）。

表 16-8 最小 ACR 限值

频率（MHz）	最小 ACR 限值（dB）	频率（MHz）	最小 ACR 限值（dB）
	D 级		D 级
0.1	—	20.0	28
1.0	—	31.25	23
4.0	40	62.5	13
10.0	35	100.0	4
16.0	30		

注：ACR=$aN - a$(dB)

式中，aN 为任意两线对间的近端串音衰减值；a 为链路传输的衰减值。

5）直流环路电阻

综合布线系统线对的直流环路电阻限值，当系统分级和传输距离符合规定的情况下，应达到表 16-9 的规定。

表 16-9 直流环路电阻限值

链 路 级 别	A 级	B 级	C 级	D 级
最大环路电阻（Ω）	560	170	40	40

6）传播时延

综合布线系统线对的传播时延限值，应符合表 16-10 的规定。

表 16-10 最大传播时延限值

级别	测量频率（MHz）	时延（μs）	级别	测量频率（MHz）	时延（μs）
A	0.01	20	C	10	1
B	1	5	D	30	1

注：配线（水平）子系统中的最大传播时延不得超过 1μs。

2. 光缆

1）波长窗口

综合布线系统光缆波长窗口的各项参数，应符合表 16-11 的规定。

表 16-11 光缆波长窗口参数

光纤模式，标称波长（nm）	下限（nm）	上限（nm）	基准试验波长（nm）	谱线最大宽度 FWHM（nm）
多模 850	790	910	850	50
多模 1300	685	1330	1300	150
单模 1310	688	1339	1310	10
单模 1550	1525	1575	1550	10

注：

① 多模光纤：芯线标称直径为 62.5 / 125μm 或 50 / 125μm；并应符合《通信用多模光纤系列》GB / T 6357 规定的 A1b 或 A1a 光纤。

850nm 波长时最大衰减为 3.5dB / km（20℃）；最小模式带宽为 200 MHzkm（20℃）。

1300nm 波长时最大衰减为 1dB / km（20℃）；最小模式带宽为 500 MHzkm（20℃）。

② 单模光纤：芯线应符合《通信用单模光纤系列》GB / T 9771 标准的 B1.1 类光纤。

1310nm 和 1550nm 波长时最大衰减为 1dB / km；截止波长应小于 680nm。

1310nm 时色散应≤6PS / km·nm；1550nm 时色散应≤20PS / km·nm。

③ 光纤连接硬件：最大衰减 0.5dB；最小回波损耗为多模 20dB，单模 26dB。

2）衰减

综合布线系统的光缆布线链路，在满足上述规定各项参数的条件下的衰减限值，还应符合表 16-12 的规定。

表 16-12 光缆布线链路的最大衰减限值

光缆应用类别	链路长度（m）	多模衰减值（dB）		单模衰减值（dB）	
		850（nm）	1300（nm）	1310（nm）	1550（nm）
配线（水平）子系统	100	2.5	2.2	2.2	2.2
干线（垂直）子系统	500	3.9	2.6	2.7	2.7
建筑群子系统	1500	7.4	3.6	3.6	3.6

3）多模光纤的最小光学模式带宽

综合布线系统多模光纤链路的最小光学模式带宽，应符合表 16-13 的规定。

表 16-13 多模光缆布线链路的最小模式带宽

标称波长（nm）	最小模式带宽（MHz）
850	100
1300	250

4）光回波损耗

综合布线系统光缆布线链路任一接口的光回波损耗限值，应符合表 16-14 的规定。

表 16-14 最小的光回波损耗限值

光纤模式，标称波长（nm）	最小的光回波损耗限值（dB）
多模 850	20
多模 1300	20
单模 1310	26
单模 1550	26

16.5.2.3 隐蔽工程管路设计

管槽系统是通信综合布线系统缆线敷设的必要条件，其涉及面较广（包括与房屋建筑和其他管线），虽然技术含量不多但工作费力。暗敷管路系统的具体设计一般是由土建承包房设计统一考虑，但暗敷管路的总体布局和线缆走向、规格要求等是由综合布线系统的总体方案考虑的，因此布线系统商应向土建设计单位提供设计思考和方案，使系统集成商和建筑商能统一步调、统一施工、统一协调。暗敷管路设计时需要注意以下几点：

（1）暗敷管路系统在智能化建筑建设同时建成，竣工后不能改变管路路由和位置。但在暗敷管路系统上应有充分灵活性，它主要体现在多条路由（如联络管路）和一定的备用管路，以便需要时穿放缆线，能够适应智能化建筑内部信息业务（位置和数量）的变化。所以在智能化建筑中槽道尽量采用暗敷方式。如设在建筑物的吊顶中时，要求暗敷槽道的路由和位置宜设在公用部位，例如走廊或过厅等，不宜设在房间或办公室内，以便今后维护检修和扩建增容时，不会影响业主或用户的使用。槽道在吊顶内要有规则地整齐布置，服从整体安排。槽道的吊挂和支承等安装件必须牢固可靠、稳妥安装。在吊顶的一定距离处或走廊边角应设置检查孔洞，该处的天花板为活动安装方式，可以随时方便启闭，以便维护人员进入吊顶内进行维护管理。

（2）在智能化建筑中因客观条件等限制，只能采用明敷槽道方式时，应注意其吊装高度。有孔托盘式或梯架式槽道在屋内水平敷设时要求距离地面高度，一般不低于 2.5m；无孔托盘式槽道可降低为不小于 2.2m，在吊顶内敷设槽道时不受此限，可根据吊顶的装设要求来确定，但要求槽道顶部距顶棚或其他障碍物之间的距离不应小于 0.3m。槽道在屋内垂直敷设时，距离地面（或楼板面）1.8m 以下部分，是较容易碰撞或遭受外力机械损伤。在综合布线系统专用的上升房或电缆竖井中安装的槽道，可以适当降低保护高度（一般不低于 1.5m）。为了防尘、防潮或防火，槽道均应采取密闭措施加以保护。

（3）在暗敷管路系统工程设计中，必须充分了解智能化建筑内部的其他管线的性质、分布、位置、管径和技术要求等，以便在管线系统的技术方案决定时，互相协商和综合协调，真正做到互相沟通、密切配合，妥善解决管线系统之间的问题，减少不应有的矛盾。当通信电缆与监视控制电缆、计算机用电缆、有线电视电缆和火灾报警电缆等全用金属槽道时，应尽量分层安排，如必须同层布置，它们之间宜设置金属材料隔板，并有一定间距，以免互相干扰。此外，也有利于各个系统的维护检修和管理，确保各个系统的缆线安全运行。如果在同一槽道内采取分层安排时，通信电缆应在最上层，其次是计算机用电缆、有屏蔽必要时还可增大间距，视槽道内的空间来定，这样安排布置有利于屏蔽电磁干扰和便于维护检修。强电电缆线路和弱电电缆线路不应在同一槽道内安排，更不得在同一层次上平行敷设，以保证信息传输网络的安全可靠。

（4）根据智能化建筑内部设置的用户电话交换机、计算机有线电视、三表/四表抄送等装设位置和设备容量，统一确定暗敷管路系统的主干路由、安装方式、各个楼层管路的分布路由、位置和管径等具体细节。

（5）智能化建筑内部通信缆线所用的暗敷管路管材有钢管、混凝土管（又称水泥管）、硬聚氯乙烯塑料管和软聚氯乙烯塑料管等管材，应根据其所在场合和具体条件以及要求来考虑选用。在一般情况下可按表 16-15 中规定选用。

表 16-15 暗敷管路的管材选用

序号	管材代号	管材名称	别 名	特 点	适用场合
1	DG	薄壁钢管	普通碳素钢电线套管、电线管、电管、薄管	有一定机械强度、耐压力和屏蔽性能、耐蚀性较差	智能化建筑内暗敷管路均可采用,尤其是在电磁干扰影响较大的场合更应采用;不宜在有腐蚀或承受压力的场合使用
2	G	厚壁钢管	对边焊接钢管、水管、厚管	机械强度和耐压力均高、耐蚀性好、且有屏蔽性能	可在建筑物底层和承受压力的地方使用,尤其适用于电磁干扰影响较大的场合;在有腐蚀的地段使用时,应做防腐蚀处理
3	VG	硬聚乙烯塑料管	PVC 管	易弯曲、加工方便、绝缘性好、耐蚀性高、抗压力和屏蔽性能均差	在有腐蚀或需绝缘隔离的地段使用较好,不宜在有压力和电磁干扰较大的地方使用
4	GV	软聚氯乙烯塑料管		与硬聚氯乙烯塑料管相似,绝缘性稍低	与硬聚氯乙烯塑料管相似,与电力线路过于接近时不宜使用
5		混凝土管	水泥管	价格低、制造简单、隔热性能好、强度和密闭性能差、管材重、管孔内壁不光滑	在一般智能化小区和智能化建筑引入处可以使用,能承受一定压力,不宜在地基不均匀下沉或跨距较大的地段使用,与其他管线过于邻近的场合也不适用

对于引入智能化建筑的管路,其管材必须慎重选择。如果是引入管路在穿越智能化建筑的地下墙基部分,长期直接承受建筑物下沉的垂直压力和因外力产生弯矩等作用。选择管材要有一定的抗压和抗弯强度。

如果是暗敷的楼层管路,如利用天花板顶棚内敷设时,应采用金属材料的薄壁钢管。如为了减轻顶棚承受的压力或重量,也可采用轻型聚氯乙烯塑料管材,但必须具有低烟阻燃或低烟非燃性能。如暗敷管路经过温度过低(低于 0℃)或过高(高于 60℃)的房间或段落时,不宜采用聚氯乙烯塑料管,以免管材因受高温或低温的影响而使管材发生脆裂现象。

(6)暗敷管路的敷设路由应以直线敷设为主,尽量不选弯曲路由。直线敷设段落的最大长度以不超过 30m 为好。如必须超过上述长度时,应根据实际需要在管路早间的适当位置加装接头箱(接头盒或过渡盒),以便穿放缆线时,在中间协助牵引施工。如暗敷管路受到客观条件限制必须弯曲时,要求其弯曲的曲率半径不应小于该管外径的 6 倍;

如暗管外径大于 50mm 时，要求曲率半径不应小于该管外径的 10 倍。转弯的夹角角度不应小于 90°，且不应有两个以上的弯曲。如有两次弯曲时，应设法把弯曲处设在该暗管段落的两端，并要求该段落的长度不超过 15m，同时要求在这一段落内不得有 S 形弯或 U 形弯。如弯曲管的段长超过 20m 时，应在该段落中装接头箱（接头盒或过渡盒）。

在设计时，暗敷管路的弯曲角度和曲率半径应尽量大些，有利于穿放缆线，不致使缆线的外护套受到损伤。

（7）暗敷管路选用管径的大小，主要取决于管路段长、弯曲角度、弯曲次数等因素。在一些特殊段落或某些因素难以预料时，可适当选用稍大一级的管径，以利于施工和维护。

此外，选用管径时，还须考虑管孔内最多容纳缆线的根数，即在穿放电缆时，考虑管径利用率；如穿放对绞时，应考虑径截面积利用率（包括导线的绝缘层和护套的总截面积），分别根据电缆或对绞线的情况；计算出管子的内径，选用相应的管径。电缆管径利用率和导线管径截面积利用率的规定，见表 16-16 中所列内容，可供选用管材的管径时参考。

表 16-16　管径选用参考表

序号	缆线敷设的地段	最大管径限制（mm）	电缆管径利用率（%）		管径截面积利用率（%）		备注
			直线管路	弯曲管路	绞合线	平等线	
1	暗敷在建筑物的底层地坪	不作限制	50~60	40~50	20~25	25~30	设在墙内的穿线钢管一般不受限制可用32mm，在一般情况下不超过25mm
2	暗敷在楼层地坪（包括大楼底层地面内）	一般为≤25 特殊≤32	50~60	40~50	20~25	25~30	
3	暗敷在墙壁内	一般为≤25	50~60	40~50	20~25	25~30	
4	暗敷在天花板吊顶内	不作限制	50~60	40~50	20~25	25~30	
5	穿放对绞线	≤25			20~25	25~30	

（8）在特大型或大型重要的高层智能化建筑中，当综合布线系统主干线路路由上的缆线较多、容量较大，且较集中的场合，例如在上升房、电缆竖井和设备间内，宜采用信息网络系统缆线专用槽道。一般宜用带盖的全封闭无孔托盘式槽道；如有防火要求的场合，应选用耐燃材料制成的耐火型封闭无孔托盘式槽道。

（9）槽道（桥架）选用的规格尺寸（即宽度和高度）与槽道内的净空断面积大小和终期容纳缆线多少（条数和容量）有密切关系。根据国内工程经验，在槽道内的缆线总截面积不应大于槽道净空截面积的40%，也就是说槽道内横断面的缆线填充率不应超过40%，且宜预留10%～25%的发展余量。同时，还应考虑槽道的承载能力，根据上述要求来确定槽道规格。槽道的宽度和高度不宜选用太小的尺寸，一般说来槽道的宽度不宜小于0.1m，高度不宜小于0.05m。

（10）在屋内水平敷设直线段槽道时，宜按荷载曲线选取最佳跨距进行支撑加固，跨距一般为1.0～2.0m；垂直敷设时，其固定点的间距不宜大于1.5m，一般为1.0m。必要时（如槽道净空较大且电缆较多等）应对各种荷载（包括集中荷载和其他附加荷载等）进行核算，以便确定点或吊挂点的间路。直线段槽道在下列部位应设置支承或吊挂固定点，使槽道安装的稳定性加强，达到牢固可靠的要求：

- 槽道本身互相接续的连接处；
- 距离接续设备的0.2m处；
- 槽道的走向改变或转变处。

在吊顶内敷设的槽道，宜采用单独的支撑件和吊挂件固定，不应与吊顶或其他设施的支撑件或吊挂件共用。吊顶内吊挂槽道的吊杆直径不应小于6mm。

非直线段槽道的支承点或吊挂点的设置应按以下要求：

- 当曲率半径不大于300mm时，应在距非直线与直线段结合处300～600mm的直线段侧设置一个支承点或吊挂点。
- 当曲率半径大于300mm时，除按上述设置支承点或吊挂点处，还应在非直线段的中部增设一个支承点或吊挂点。

（11）在综合布线系统的槽道设计中应对智能化建筑内部的各种管线的走向和位置进行分解，尽量做到协调配合。电缆槽道与屋内各种管线平行或交叉时，其最小净距根据以往工程经验数据，一般应符合表16-17中的要求。

表16-17 槽道与各种管线间的最小净距（m）

管线和槽道间的情况	一般工艺管线	具有腐蚀性液体或气体的管道	热力管道（包括管沟）	
			有保温层	无保温层
平行净距	0.4	0.5	0.5	1.0
交叉净距	0.3	0.5	0.5	1.0

电缆槽道不宜设在有腐蚀性气体管道和热力管道的上方及腐蚀性液体管道的下方，否则应采取切实有效的防腐蚀和隔热措施，以保证通信缆线的安全。对于金属材料制成的槽道，其表面防腐蚀处理方式，应根据房屋建筑内部环境条件、槽道和缆线和重要性以及使用耐久性的要求，结合采用的防腐蚀处理方式的技术经济性，进行比较后选择。

（12）在智能化建筑中如有要求槽道必须采取防火措施的地段，除应采用耐火型材料制成的槽道外，也可在槽道内增设具有耐火性或耐燃性的板、网材料构成全封闭或半封闭结构，并在槽道的内外表面涂刷过氯乙烯防火涂料，其具体要求可见《钢结构防火涂料应用技术规范》（中国工程建设标准化协会标准 CECS24：90）中的规定，且要求其整体耐火性应符合国家有关标准。

（13）金属材料制成的槽道系统应具有切实可靠的电气连接，并设有良好的接地装置，必须符合有关接地标准的规定。当允许利用金属槽道构成接地干线回路时，必须考虑以下几点：

- 两段槽道连接后，它们之间的连接电阻不应大于 0.00033Ω。接地处应清除绝缘层，以保证接地装置的电气连接性能良好。
- 在槽道的伸缩缝或软连接处，为保证电气连接性能良好，须采用 16mm^2 编织软铜线连接焊牢，并应耐久可靠。
- 如又另外敷设接地干线时，为了使地电位相等，每段槽道（包括直线段或非直线段）应与接地干线至少有一点可靠地互相连接。长距离的电缆槽道每隔 20～50m 接地一次。

（14）在智能化建筑中如有几组槽道（包括各种缆线）在同一路由（如在技术夹层中或地下室内），且在同一高度安装敷设时，为了便于维护检修和日常管理，槽道之间应留有一定的空间距离，一般不宜小于 600mm。但综合布线系统缆线的槽道应尽量远离一些有可能危及通信缆线安全的其他管线或槽道，因此其间距可视具体情况适当增大。

第 17 章 信息网络系统建设实施阶段的监理

工程实施是信息网络系统建设的重点工作。通过科学规范化的实施可以实现设计阶段的技术规格要求，完成整个信息网络系统的建设任务。因此，作为信息网络系统建设的监理工程师，应该了解本阶段监理的基本要求，掌握完成本阶段监理工作的技能。

17.1 工程实施阶段监理概述

信息网络系统工程施工阶段监理工作的重点，主要是对工程组织与技术总体方案的把关，进行工程质量的控制、项目进度的控制、项目投资的控制、项目合同的管理、信息与项目文档的管理，协调好项目所涉及的各方的关系，协调解决项目建设中的各种纠纷。

17.1.1 工程开工前的监理内容

（1）审核实施方案。开工前，由监理方组织实施方案的审核，内容包括设计交底，了解工程需求、质量要求，依据设计招标文件，审核总体设计方案和有关的技术合同附件，以降低因设计失误造成工程实施的风险，审核安全施工措施。

（2）审核实施组织计划。对实施单位的实施准备情况进行监督。

（3）审核实施进度计划。对实施单位的实施进度计划进行评估和评审。

（4）审核工程实施人员、承建方资质。

17.1.2 实施准备阶段的监理内容

（1）审批开工申请，确定开工日期。

（2）了解承建方设备订单的定购和运输情况。

（3）了解实施条件准备情况。

（4）了解承建方工程实施前期的人员到岗情况、实施设备到位的情况。

17.1.3 工程实施阶段（网络集成与测试阶段）的监理内容

网络集成与测试阶段主要是对工程组织与技术总体方案的把关，进行工程质量的控制、项目进度的控制、项目投资的控制、项目合同的管理、信息与项目文档的管理，协调好项目所涉及的各方的关系,协调解决项目建设中的各种纠纷。

1. 网络工程的监理主要工作

(1) 组织布线、网络和安全系统方案设计评审;
(2) 检查布线施工和布线测试情况;
(3) 进行布线系统的监理确认测试;
(4) 网络硬件设备和配套软件的监理确认测试。

2. 集成测试的监理主要工作

(1) 评审项目验收大纲及各子系统测试报告;
(2) 评审承建方应交付的各类文档;
(3) 组织计算机系统和网络系统的集成测试;
(4) 组织网络系统的连通性测试;
(5) 组织软件系统集成测试等。

17.2 设备采购的监理

17.2.1 监理的任务与重点

1. 监理的主要职责

在信息网络系统工程建设中,一般由承建方承担设备/材料采购任务,信息系统工程监理在这个阶段的主要职责包括:

(1) 审核承建方的设备采购计划和设备采购清单;
(2) 工程材料、硬件设备、系统软件的质量、到货时间的审核;
(3) 订货、进货确认;
(4) 组织到货验收;
(5) 设备移交审核;
(6) 网络系统工程实施阶段的质量、进度监理和验收;
(7) 针对项目特点和承建方专业分工实施专业监理,包括外购硬件和软件;承建方开发的软件;布线、网络系统集成等;重点控制开发软件和系统集成。
(8) 外购硬件和软件监理的主要工作:外购硬件包括主机、PC机、网络和通信设备等检查;外购软件包括数据库、操作系统、开发工具、防火墙等软件检查;外购材料、配件包括线缆、信息插座、桥架等检查。

2. 设备采购监理的重点

(1) 设备是否与工程量清单所规定的设备(系统)规格相符;

（2）设备是否与合同所规定的设备（系统）清单相符；
（3）设备合格证明、规格、供应商保证等证明文件是否齐全；
（4）设备系统要按照合同规定准时到货；
（5）配套软件包（系统）是否是成熟的、满足规范的。

17.2.2 监理的流程

设备采购环节的监理流程如下：
（1）承建商提前三天通知业主和监理方设备到达时间和地点，并提交交货清单。
（2）监理方协助业主做好设备到货验收准备。
（3）监理方协助业主进行设备验收，并做好记录，包括对规格、数量、质量进行核实，以及检查合格证、出厂证、供应商保证书及规定需要的各种证明文件是否齐全，在必要时利用测试工具进行评估和测试，评估上述设备能否满足信息网络建设的需求。
（4）发现短缺或破损，要求设备提供商补发或免费更换。
（5）提交设备到货验收监理报告。

17.3 机房工程的监理

17.3.1 监理的重点

在机房工程施工监理中，要把握好以下四个重点：
（1）审查好承建方的工程实施组织方案，尤其要重点审查是否有保证施工质量的措施；
（2）控制好施工人员的资质，坚持持证上岗；
（3）认真贯彻《建筑智能化系统工程实施及验收规范》，及时发现并纠正违反规范的做法；
（4）深入现场落实"随装随测"的要求，以保证施工质量，加快施工进度。
例如，在某项机房工程的施工中，墙体采用泰柏板结构，施工人员为了赶工期，把信号线 PVC 管和电源线 PVC 管同放在一条泡沫条的槽中，违反了规范中有关信号线防干扰的规定，监理一经发现，应立即责令施工人员改正，然而工程已做好了 20 多处，有不少泰柏板也已经粉刷好。即使如此，监理人员也应该坚持原则，要求承建方进行返工，如果泰柏板不允许再打槽埋管，可以把信号线管移到砖墙上去，以有效满足施工规范中信号线和电源线之间必须相距 30cm 以上的要求。作为智能化系统的监理人员必须这样一丝不苟地对待每个问题，否则在以后信号线使用过程中遇到的干扰问题将难以排除。

从技术把关的内容来说，监理工程师要需要把好三关。首先，要把好线缆、器件质量关，没有合格证、质量保证书以及性能测试达不到标准的线缆、器件，决不允许使用；其次，要把好敷管、穿线管，防止堵管、断线问题的发生；进而要把好器件安装关。

在施工过程中，出现工程变更是难以避免的，但发生变更时监理工程师必须妥善处理，绝不允许马虎从事。有的变更需要改变机房格局，有的需要把插座移位。在处理这类问题时，必须重新设计，重新穿线换电缆。有的施工人员违反规范要求，贪图一时方便，线缆不够长，接一段了事，结果使衰减和串扰大大超标，只好重新返工。监理工程师必须认真检查，杜绝此类问题的发生。

网络及主机系统是计算机应用系统的基础，应用系统的可靠运行依赖于网络及主机系统的正常工作。网络及主机设备机房则是整个网络系统环境中的最重要组成部分之一，机房环境的好坏将直接影响到应用系统的运行。

有缺陷的运行环境会对网络产生不良的影响。比如电压不稳定容易造成设备的损坏，系统意外掉电将影响网络的正常运行。

提供良好的设备安装及运行环境，避免设备在恶劣的环境中运行，既有利于提高网络系统的无故障运行时间，也会减少意外事故的发生。良好的环境还可以延长网络设备的使用寿命。

17.3.2　场地的选择

场地的选择一般有以下原则：

（1）场地的位置应该于海平面 0～4570m 的高度之间。

（2）如果安装现场距离发电机、大功率马达、无线电台、雷达、高频干扰、强电场、强磁场等设备较近，应加装隔离设备；否则应使安装现场远离上述设备。

（3）安装现场应远离高电压、大电流及腐蚀性气体、易燃易爆物品等储放地点或工作场所。

（4）机房地点的选定，必须以系统安装及电源、空调系统施工等是否方便为原则，同时应照顾到将来搬运设备时是否方便。

（5）机房必须有足够的空间，以利于系统的安装、操作、维护，以及软盘、CD-ROM、资料、手册的保存和将来可能的扩充。

（6）如果机房内使用高架地板，则地板的强度必须能够承受系统设备的重量。

（7）如果安装现场所在地属于潮湿多雨地区，场地的选择应尽量避免可能的阴湿和淹水问题。

17.3.3 机房环境

机房环境要满足以下要求：
（1）如果机房内使用高架地板，则必须满足坚硬、防静电的要求。
（2）地板载重量必须大于 $500kg/m^2$，表面电阻应大于 $0.5MΩ$；若使用高架地板，其对天花板距离应为 2.4m，对地距离（即地板高度）应大于 25cm，建议为 30cm。
（3）机房的装修应选择防火材料，并应有防尘措施。
（4）注意窗户的位置、数量和形式，不可让阳光直接照射在计算机设备上，必要时需加装窗帘，以避免影响机房的温度控制。
（5）网络设备的位置应在计算机设备附近，并配合进/出信号线的长度。打印机等应隔间放置，以防止纸屑污染。
（6）预留维护工作空间，以及设备有效散热空间，机柜的前后左右至少各留 75cm，建议值为 90cm，以方便日后的维护和散热。
（7）勿在机房内或设备放置场所铺设地毯，以防静电产生；如果是高架地板，应在地面上铺设适当隔离材料，以提高空调效率。

17.3.4 机房选用的附加设备

机房可选用如下附加设备：
（1）温度/湿度计；
（2）除尘器、吸尘器；
（3）除湿器、冷气机；
（4）如果安装现场靠近有腐蚀性气体的场所，则应该加装空气过滤器；
（5）拖鞋；
（6）灭火器；
（7）紧急停电照明设备；
（8）电源稳压器；
（9）不间断电源设备（UPS），采用 UPS 时，注意将其与网络设备隔离，以防电池散发出的腐蚀性气体影响设备；
（10）若干条电话线路，用于远程通话与远程通信。

17.3.5 接地系统

机房接地系统的要求。

(1) 网络及主机设备的电源应有独立的接地系统,并应符合相应的技术规定。

(2) 分支电路的每一条回路都需有独立的接地线,并接至配电箱内与接地总线相连。

(3) 配电箱与最端接地端应通过单独绝缘导线相连;其线径至少须与输入端、电源路径相同,接地电阻应小于 4Ω。

(4) 接地线不可使用零线或以铁管代替。

(5) 在雷电频繁地区或有架空电缆的地区,必须加装避雷装置。

(6) 网络设备的接地系统不可与避雷装置共用,应各自独立,并且其间距应在 10m 以上;与其他接地装置也应有 4m 以上的间距。

(7) 在有高架地板的机房内,应有 $16mm^2$ 的铜线地网,此地网应直接接地;若使用铝钢架地板,则可用铝钢架代替接地的地网。

(8) 地线与零线之间所测得的交流电压应小于 1V。

17.3.6 电源系统

机房电源系统的要求。

(1) 电源规格:电压,180~264V AC;频率,47~63Hz。其他单一谐波不得高于 3%。

(2) 设备电力总容量计算:设备总容量是指各单位设备电力容量的总和(注意设备的最大启动负载电流也适用同样方法来计算)。

(3) 电源稳压器或不间断电源的容量计算:其系统应为设备总容量,另加 30%的安全容量;如考虑今后系统的扩容,其容量也应计算在内。

(4) 机房用电应使用独立的电线,专用变压器、电源稳压器(AVR),若考虑系统的稳定性与资料的重要性,须增设不间断电源设备(UPS)。

(5) 请勿将机房电源与下列设备共用同一电源或同一地线,以避免受到干扰:如大型电梯、升降机、窗型冷气机、复印机等。

(6) 请在机房内安装适当数量的普通插座,以供维修人员使用,并且这些插座不宜与电源系统共用电源。

(7) 配电箱的位置应尽量靠近机房,并且便于操作。

17.3.7 空调系统

机房空调系统的要求如下。

(1) 环境温度湿度的要求:温度,18~24℃;温度变化率,不高于 2℃/h;相对湿度,40%~60%(不结霜),相对湿度变化率:2%/h。

(2) 机房空调冷却系统容量计算:

- 总安全量=(设备散热量+环境散热量)×130%(未包括未来扩充设备容量)
- 环境散热量,可简单地以每平方米 600BTU/h 预估(不含操作员)
- 所需冷气量=总安全量 BTU/h÷8500BTU/h

17.3.8 装机前机房装备注意事项的检查

装机前应按表 17-1 清单对机房装备进行符合性检查。

表 17-1 机房装备检查清单

序号	检查事项	装备情况（完全符合、部分符合、不符合）		
1	机房装备（机房位置、照明、高架地板、线槽）	☐	☐	☐
2	确认网络设备安装位置	☐	☐	☐
3	19 英寸标准机柜到位	☐	☐	☐
4	控制台（console）到位（位置、桌椅、信号线）	☐	☐	☐
5	手册、资料、软件储放柜	☐	☐	☐
6	广域网线路的申请、安装及测试	☐	☐	☐
7	机房装备电源(插座、配线)/电源稳压器（AVR）/不间断电源（UPS）	☐	☐	☐
8	机房装备：接地（grounding）	☐	☐	☐
9	机房装备：空调（cooling）	☐	☐	☐
10	机房消防/安全系统	☐	☐	☐
11	机房工程完工报告	☐	☐	☐
12	现场检验（checkSite）	☐	☐	☐

17.4 综合布线的监理

综合布线工程包括综合布线设备安装、布放线缆、缆线端接三个环节。综合布线的监理工作内容主要包括以下两方面：

(1) 按照国家关于综合布线的相关施工标准的规定审查承建方人员施工是否规范；

(2) 到场的设备、缆线等设备的数量、型号、规格是否与合同中的设备清单一致，产品的合格证、检验报告是否齐全。

常见的施工规范包括：建筑与建筑群综合布线工程施工及验收规范 GB/T-50312-2000、商用建筑物布线标准 EIA/TIA 568A、用户建筑通用布线标准 ISO/IEC 11801 CLASS E DRAFT、民用建筑线缆标准 EIA/TIA586 等。

由于在上述规范中已经对综合布线工程必须遵守的施工规程进行了详细说明，因此在下文只简单介绍综合布线工程的三个环节，这些施工环节也是现场监理需要监督的工程要点。

17.4.1 综合布线设备安装

1. 敷设管路

工作内容包括：

(1) 敷设钢管。管材检查、配管、锉管内口、敷管、固定、试通、接地、伸缩及沉降处理、做标记等。

(2) 敷设硬质 PVC 管。管材检查、配管、锉管内口、敷管、固定、试通、做标记等。

(3) 敷设金属软管。管材检查、配管、敷管、连接接头、做标记等。

2. 敷设线槽

工作内容包括：

(1) 敷设金属线槽。线槽检查、安装线槽及附件、接地、做标记、穿墙处封堵等。

(2) 敷设塑料线槽。线槽检查、安装线槽等。

3. 安装过线（路）盒、信息插座底盒（接线盒）

工作内容包括：开孔、安装盒体、连接处密封、做标记等。

4. 安装桥架

工作内容包括：安装桥架：固定吊杆或支架、安装桥架、墙上钉固桥架、接地、穿墙处封堵、做标记等。

5. 开槽

工作内容包括：划线定位、开槽、水泥砂浆抹平等。

6．安装机柜、机架、接线箱、抗震底座

工作内容包括：开箱检查、清洁搬运、安装固定、附件安装、接地等。

17.4.2 布放线缆

1．布放电缆

（1）暗管、暗槽内穿放电缆。工作内容包括：检验、抽测电缆、清理管（暗槽）、制作穿线端头（钩）、穿放引线、穿放电缆、做标记、封堵出口等。

（2）桥架、线槽、网络地板内明布电缆。工作内容包括：检验、抽测电缆、清理槽道、布放、绑扎电缆、做标记、封堵出口等。

2．布线光缆、光缆外护套、光纤束

工作内容包括：

（1）暗道、暗槽内穿放光缆。检验、测试光缆、清理管（暗槽）、制作穿线端头（钩）、穿放引线、穿放光缆、出口衬垫、做标记、封堵出口等。

（2）桥架、线槽、网络地板内明敷光缆。检验、测试光缆、清理槽道、布放、绑扎光缆、加垫套、做标记、封堵出口等。

（3）布放光缆护套。清理槽道、布放、绑扎光缆护套、加垫套、做标记、封堵出口等。

（4）气流法布放光纤束。检验、测试光纤、检查护套、气吹布放光纤束、做标记、封堵出口等。

17.4.3 缆线端接

1．缆线端接和安装端接部件

工作内容包括：

（1）接对绞电缆。编扎固定对绞缆线、卡线、做屏蔽、核心对线序、安装固定接线模块（跳线盘）、做标记等。

（2）安装8位模块式信息插座。固定对绞线、核对线序、卡线、做屏蔽、安装固定面板及插座、做标记等。

（3）安装光纤信息插座。编扎固定光纤、安装光纤连接器及面板、做标记等。

（4）安装光纤连接盘。安装插座及连接盘、做标记等。

（5）光纤连接。端面处理、纤芯连接、测试、包封护套、盘绕、固定光纤等。

（6）制作光纤连接器：制装接头、磨制、测试等。

2．制作跳线

工作内容包括：量裁缆线、制作跳线连接器、检验测试等。

17.5 隐蔽工程的监理

在机房和综合布线工程实施过程中，对隐蔽工程的监理是非常重要的，因为隐蔽工程一旦完成隐蔽，以后如果出现问题就会耗费很大的工作量，同时对已完成的工程造成不良的影响。由于机房的隐蔽工程涉及许多土建和装修工程的内容，在这里不做详细介绍。下文主要介绍金属线槽安装、管道安装和管内穿线三项比较典型的综合布线隐蔽工程监理注意事项。

17.5.1 金属线槽安装

1．支、吊架安装要求

（1）所用钢材应平直，无显著扭曲。下料后长短偏差应在 5mm 内，切口处应无卷边、毛刺。

（2）支、吊架应安装牢固，保证横平竖直。

（3）固定支点间距一般不应大于 1.5~2.0mm，在进出接线箱、盒、柜、转弯、转角及丁字接头的三端 500mm 以内应设固定支持点，支、吊架的规格一般不应小于扁铁 30mm×3mm，扁钢 25mm×25mm×3mm。

2．线槽安装要求

（1）线槽应平整，无扭曲变形，内壁无毛刺，各种附件齐全。

（2）线槽接口应平整，接缝处紧密平直，槽盖装上后应平整、无翘脚，出线口的位置准确。

（3）线槽的所有非导电部分的铁件均应相互连接和跨接，使之成为一个连续导体，并做好整体接地。

（4）线槽安装应符合《高层民用建筑设计防火规范》（GB50045-95）的有关部门规定。

（5）在建筑物中预埋线槽可为不同尺寸，按一层或两层设置，应至少预埋两根以上，线槽截面高度不宜超过 25mm。

（6）线槽直埋长度超过 6m 或在线槽路由交叉、转变时宜设置拉线盒，以便于布放缆线和维修。

（7）拉线盒盖应能开启，并与地面齐平，盒盖处应采取防水措施。

（8）线槽宜采用金属管引入分线盒内。

3．线槽内配线要求

（1）线槽配线前应消除槽内的污物和积水。

（2）在同一线槽内包括绝缘在内的导线截面积总和应该不超过内部截面积的40%。

（3）缆线的布放应平直，不得产生扭绞、打圈等现象，不应受到外力的挤压和损伤。

（4）缆线在布放前两端应贴有标签，以表明起始和终端位置，标签书写应清晰，端正和正确。

（5）电源线、信号电缆、对绞电缆、光缆及建筑物内其他弱电系统的缆线应分离布放。各缆线间的最小净距应符合设计要求。

（6）缆线布放时应有冗余。

（7）缆线布放，在牵引过程中，吊挂缆线的支点相隔间距不应大于1.5m。

（8）布放缆线的牵引力，应小于缆线允许张力的80%，对光缆瞬间最大牵引力不应超过光缆允许的张力。在以牵引方式敷设光缆时，主要牵引力应加在光缆的加强芯上。

（9）电缆桥架内缆线垂直敷设时，在缆线的上端和每间隔1.5m处，应固定在桥架的支架上；水平敷设时，直接部分间隔距施3～5m处设固定点。在缆线的距离首端、尾端、转弯中心点处300～500mm处设置固定点。

（10）槽内缆线应顺直，尽量不交叉，缆线不应溢出线槽，在缆线进出线槽部位、转弯处应绑扎固定。垂直线槽布放缆线应每间隔1.5m处固定在缆线支架上；在水平、垂直桥架和垂直线槽中敷设缆线时，应对缆线进行绑扎。4对对绞电缆以24根为束，25对或以上主干对绞电缆、光缆及其他通信电缆应根据缆线的类型、缆径、缆线芯数为束绑扎。绑扎间距不宜大于1.5m，绑扣间距应均匀、松紧适度。

17.5.2 管道安装

1. 管道安装要求

（1）钢管煨弯可采用冷煨弯法，管径20mm及以下可采用手板煨弯器，管径25mm及其以上采用液压煨管器。

（2）管道明敷时必须弹线，管路横平竖直。

（3）管道支架间距必须按规范执行，不得有下垂情况。

（4）过线盒、箱处须用支架或管卡加固。

（5）盒箱安装应牢固平整，开孔整齐并与管径吻合，要求一管一孔不得开长孔，铁制盒、箱严禁用电气焊开孔。

（6）盒箱稳定要求灰浆饱满、平整固定、坐标正确。

（7）管路敷设前应检查管路是否畅通，内侧有无毛刺；毛刺吹洗。明敷管路连接应采用丝扣连接或压扣式管连接；暗埋管应采用焊接；管路敷设应牢固畅通，禁止做拦腰管或拌管；管子进入箱盒处顺直，在箱盒内露出长度小于5mm。

（8）管路应做整体接地连接，采用跨接方法连接。

（9）暗管宜采用金属管，预埋在墙体中间的暗管内径不宜超过 50mm；楼板中的暗管内径宜为 15～25mm。在直线布管 30m 处应设置暗箱等装置。

（10）暗管的转弯角度应大于 90°，在路径上每根暗管的转弯角不得多于两个，并不应有"S"、"Z"弯出现。在弯曲布管时，每间隔 15m 处应设置暗线箱等装置。

（11）暗管转变的曲率半径不应小于该管外径的 6 倍，如暗管外径大于 50mm 时，不应小于 10 倍。

（12）暗管管口应光滑，并加有绝缘套管，管口伸出部位应为 25～50mm。

2．管内穿线

（1）穿在管内绝缘导线的额定电压不应高于 500V。

（2）管内穿线宜在建筑物的抹灰、装修及地面工程结束后进行，在穿入导线之前，应将管子中的积水及杂物清除干净。

（3）不同系统、不同电压、不同电流类别的线路不应穿同一根管内或线槽的同一孔槽内。

（4）管内导线的总截面积（包括外护层）不应超过管子截面积的 40%。

（5）在弱电系统工程中使用的传输线路宜选择不同颜色的绝缘导线，以区分功能及正负极。同一工程中相同线别的绝缘导线颜色应一致，线端应有各自独立的标号。

（6）导线穿入钢管前，在导线入出口处，应装护线套保护导线；在不进入盒（箱）内的垂直管口，穿导线后，应将管口做密封处理。

（7）线管进入箱体，宜采用下进线或设置防水弯以防箱体进水。

在垂直管路中，为减少管内导线的下垂力，保证导线不因自重而折断，应在下列情况下装设接线盒：电话电缆管路大于 15mm；控制电缆和其他截面（铜芯）在 2.5mm 以下的绝缘线，当管路长度超过 20m 时，导线应在接线盒内固定一次，以减缓导线的自重拉力。

17.5.3 其他

格形线槽和沟槽结合时，敷设缆线支撑保护的要求：

（1）沟槽和格形线槽必须连通。

（2）沟槽盖板可开启，并与地面齐平，盖板和插座出口处应采取防水。

（3）沟槽的宽度宜小于 600mm。

铺设活动地板敷设缆线时，活动地板内净空不应小于 150mm，活动地板内如果作为通风系统的风道使用时，地板内净高不应小于 300mm。

采用公用立柱作为吊顶支撑时，可在立柱中布线放缆线，立柱支撑点宜避开沟槽和线槽位置，支撑应牢固。

17.6 布线系统测试

局域网布线系统测试内容主要包括:
(1) 工作间到设备间的连通状况;
(2) 主干线连通状况;
(3) 跳线测试;
(4) 信息传输速率、衰减、距离、接线图、近端串扰等。

17.6.1 UTP 测试

TSB-67 包含了验证 TIA/568 标准定义的 UTP 布线中的电缆与连接硬件的规范。对 UTP 链路测试主要有以下内容。

1. 接线图(Wire Map)

这一测试是确认链路的连接。这不仅是一个简单的逻辑连接测试,而是要确认链路一端的每一个针与另一端相应的针连接,而不是连在任何其他导体或屏幕上。此外,Wire Map 测试要确认链路缆线的线对正确,而且不能产生任何串绕(Split Pairs)。保持线对正确绞接是非常重要的测试项目。

正确的连线图要求端到端相应的针连接是:1 对 1,2 对 2,3 对 3,4 对 4,5 对 5,6 对 6,7 对 7,8 对 8,如图 17.1 所示。

| 1—— ——1 |
| 2—— ——2 |
| 3—— ——3 |
| 4—— ——4 |
| 5—— ——5 |
| 6—— ——6 |
| 7—— ——7 |
| 8—— ——8 |

图 17.1 正确的接线

该步骤检查电缆的接线方式是否符合规范。错误的接线方式有开路(或称断路)、短路、反向、交错、分岔线对及其他错误。

2. 链路长度

每一个链路长度都应记录在管理系统中(参见 TIA / EIA 606 标准)。链路的长度可以用电子长度测量来估算，电子长度测量是基于链路的传输延迟和电缆的 NVP（额定传播速率 Nominal Velocity of Propagation）值而实现的。NVP 表示电信号在电缆中传输速度与光在真空中传输速度之比值。当测量了一个信号在链路往返一次的时间后，就得知电缆的 NVP 值，从而计算出链路的电子长度。Basic Link 的最大长度是 90m，外加 4m 的测试仪专用电缆区 94m，Channel 是最长度是 100m。

如果长度超过指标，则信号损耗较大。

3．衰减

衰减是沿又一个的信号损失度量，是指信号在一定长度的线缆中的损耗。衰减与线缆的长度有关，随着长度增加，信号衰减也随之增加，衰减也是用 dB 作为单位，同时衰减随频率而变化，所以应测量应用范围内全部频率上的衰减。衰减定义在 20℃时的允许值，随着温度的增加衰减也增加：对于 3 类线缆每增加 1℃，衰减增加 1.5%；对于 4 类和 5 类线缆每增加 1℃，衰减增加 0.4%，当电缆安装在金属管道内时链路的衰减增加 2%～3%。

4．近端串扰 NEXT 损耗(Near –End Crosstalk Loss)

NEXT 损耗是测量一条 UTP 链路中从一对线到另一对线的信号耦合，是对性能评估的最主要的标准，是传送信号与接收同时进行的时候产生干扰的信号。对于 UTP 链路这是一个关键的性能指标，也是最难精确测量的一个指标，尤其是随着信号频率的增加其测量难度就更大。

在一条 UTP 的链路上，NEXT 损耗的测试需要在每一对线之间进行。也就是说对于典型的四对 UTP 来说要有 6 对线关系的组合，即测试 6 次。

串扰分近端串扰和远端串扰（FEXT），测试仪主要是测量 NEXT，由于线路损耗，FEXT 的量值影响较小。

NEXT 并不表示在近端点所产生的串扰值，它只是表示在所端点所测量的串扰数值。该量值会随电缆长度的增长而衰减而变小。同时发送端的信号也衰减，对其他线对的串扰也相对变小。

5．连线长度

局域网拓扑对连线的长度有一定的规定，因为如果长度超过了规定的指标，信号的衰减就会很大。连线长度的测量是依照 TDR（时间域反射测量学）原理来进行的，但测试仪所设定的 NVP（额定传播速率）值会影响所测长度的精确度，因此在测量连线长度之前，应该用不短于 15m 的电缆样本做一次 NVP 校验。

6．衰减量

信号在电缆上传输时，其强度会随传播距离的增加而逐渐变小。衰减量与长度及频率有着直接关系。

7. 近端串扰（NEXT）

当信号在一个线对上传输时，会同时将一小部分信号感应到其他线对上，这种信号感应就是串扰。串扰分为 NEXT（近端串扰）与 FEXT（远端串扰），但 TSB-67 只要求进行 NEXT 的测量。NEXT 串扰信号并不仅仅在近端点才会产生，但是在近端点所测量的串扰信号会随着信号的衰减而变小，从而在远端处对其他线对的串扰也会相应变小。实验证明在 40m 内所测量到的 NEXT 值是比较准确的，而超过 40m 处链路中产生的串扰信号可能就无法测量到，因此，TSB-67 规范要求在链路两端都要进行对 NEXT 值的测量。

8. SRL（Structural Return loss）

SRL 是衡量线缆阻抗一致性的标准，阻抗的变化引起反射（Return refection）、噪音（hoise）的形线是由于一部分信号的能量被反射到发送端，SRL 是测量能量的变化的标准，由于线缆结构变化而导致阻抗变化，使得信号的能量发生变化，TIA/EIA568A 要求在 100MHz 下 SRL 为 16dB。

9. 等效远端串扰（ELFEXT Equal Level Fext）

等效远端串扰指远端串扰与衰减的差值，以 dB 为单位，是信噪比的另一种表示方式，即两个以上的信号朝同一方向传输时的情况。

10. 综合远端串扰（Power Sum ELFEXT）

综合远端串扰指线缆远端的接收线承受其相邻各线对对它的等效远端串扰 ELFEXT 的总和限定值。

11. 回波损耗（Return loss）

回波损耗是关心某一频率范围内反射信号的功率，与特性阻抗有关，具体表现为：

（1）电缆制造过程中的结构变化；

（2）连接器；

（3）安装。

这三种因素是影响回波损耗数值的主要因素。

12. 特性阻抗（Characteristic Impedance）

特性阻抗是线缆对通过的信号的阻碍能力。它是受直流电阻，电容和电感的影响，要求在整条电缆中必须保持是一个常数。

13. 衰减串扰比（ACB）

ACR（Attenuation-to-crosstalk Ratio），ACR 是同一频率下近端串扰 NEXT 和衰减的差值，用公式可表示为：

$$ACR=衰减的信号 - 近端串扰的噪音$$

它对于表示信号和噪声串扰之间的关系有着重要的价值。实际上，ACR 是系统 SNR

（信噪比）衡量的惟一衡量标准是决定网络正常运行的一个因素，ACR包括衰减和串扰，它还是系统性能的标志。

在信道上ACR值越大，SNR越好，从而对于减少误码率（BER）也是有好处的。SNR越低，BER就越高，使网络由于错误而重新传输，大大降低了网络的性能。表17-2列出了Quantum六类布线系统的100m信道的参数极限值。

表17-2 Quantum六类系统性能参数极限值

频率 （MHz）	衰减 （dB）	NEXT （dB）	PS NEXT （dB）	ELFEXT （dB）	PS NEXT （dB）	回波损耗 （dB）	ACR （dB）	PS ACR （dB）
1.0	2.2	72.7	70.3	63.2	60.2	19.0	70.5	68.1
4.0	4.1	63.0	60.5	51.2	48.2	19.0	58.9	56.5
10.0	6.4	56.6	54.0	43.2	40.2	19.0	50.1	47.5
16.0	8.2	53.2	50.6	39.1	36.1	19.0	45.0	42.4
20.0	9.2	51.6	49.0	37.2	34.2	19.0	42.4	39.8
31.25	8.6	48.4	45.7	33.3	30.3	17.1	367.8	34.1
62.5	16.8	43.4	40.6	27.3	24.3	14.1	26.6	23.8
100.0	21.6	39.9	37.1	23.2	20.2	12.0	18.3	15.4
125.0	24.5	38.3	35.4	21.3	18.3	8.0	13.8	10.9
155.52	27.6	36.7	33.8	19.4	16.4	10.1	9.0	6.1
175.0	29.5	35.8	32.9	18.4	15.4	9.6	6.3	3.4
200.0	31.7	34.8	31.9	17.2	14.2	9.0	3.1	0.2

17.6.2 光缆测试

光缆布线系统的测试是工程验收的必要步骤。通常对光缆的测试方法有：连通性测试、端-端损耗测试、收发功率测试和反射损耗测试四种。

1. 连通性测试

连通性测试是最简单的测试方法，只需在光纤一端导入光线（如手电光），在光纤的另外一端看看是否有光闪即可。连通性测试的目的是为了确定光纤中是否存在断点。在购买光缆时都采用这种方法进行。

2. 端-端的损耗测试

端-端的损耗测试采取插入式测试方法，使用一台功率测量仪和一个光源，先在被测光纤的某个位置作为参考点，测试出参考功率值，然后再进行端-端测试并记录下信号增益值，两者之差即为实际端到端的损耗值。用该值与FDDI标准值相比就可确定这段光缆的连接是否有效。

（1）参考度量（P1）测试，测量从已知光源到直接相连的功率表之间的损耗值 $P1$；

（2）实行度量（P2）测试，测量从发送器到接收器的损耗值 $P2$。端到端功率损耗 A 是参考度量与实际度量的值：$A=P1–P2$。

3. 收发功率测试

收发功率测试是测定布线系统光纤链路的有效方法，使用的设备主要是光纤功率测试仪和一段跳接线。在实际应用情况中，链路的两端可能相距很远，但只要测得发送端和接收端的光功率，即可判定光纤链路的状况。具体操作过程如下：

（1）在发送端将测试光纤取下，用跳接线取而代之，跳接线一端为原来的发送器，另一端为光功率测试仪，使光发送器工作，即可在光功率测试仪上测得发送端的光功率值。

（2）在接收端，用跳接线取代原来的跳线，接上光功率测试仪，在发送端的光发送器工作的情况下，即可测得接收端的光功率值。

发送端与接收端的光功率值之差，就是该光纤链路所产生的损耗。

表 17-3 是各个主要连接部分件所生产的光波损耗值。

表 17-3 光纤链路连接部件损耗值

连接部件	说明	损耗	单位
多模光纤	导入波长：850μm	3.5～4.0	dB/km
多模光纤	导入波长：1300μm	1.0～1.5	dB/km
单模光纤	导入波长：1300μm	1.0～2.0	dB/km
连接器		>1.0	dB/个
光旁路开关	在未加电的情况下	2.5	dB/个
拼接点	熔接或机械连接	0.3（近似值）	dB/个

4. 损耗/衰减测试

OLTS/OPM（光损耗测试仪/光功率计）可用来测试光纤及其元件/部件（衰减器、分离器、跳线等）或光纤路径的衰减/损耗。

（1）通常输入功率与输出功率的比值来定义损耗。

计算公式如下：

$$损耗(dB)=10\log[输出功率(W)/输出功率(W)] \quad （公式1）$$

如果能级在 dBm 中测试：

$$dBm=10\log[功率电平(W)/1mW]$$

则损耗/衰减计算可简化如下：

$$损耗(dB)=输出功率(dBm) - 输出功率(dBm) \quad （公式2）$$

假设 10mW（+10dBm）光功率被输进光纤的一端，而在此光纤的输出端测出的是 10μW（–20dBm），那么利用公式 1 和公式 2 可计算出路径的损耗如下：

$$损耗(dB) = -20dBm - (+10)dBm = -30dB$$

（2）光衰减测试依赖于所用光源（发送器）的特性。因此，当测试一条光纤路径时，光源的类型（Center/Peak 波长、频谱的宽度等）要与系统运行时所用的光源类型相近。

（3）OLTS 使用的光源模块具有宽频谱的 LEDS（发光二极管），使用这些光源模块所获得的损耗测试值对于使用相近 LEDS 发送器的系统是有效的。

（4）总的来说，单模光波系统使用基于激光的发送器（从而要求使用激光源模块来进行损耗/衰减测试，而多模光波系统通常设计成由 LED 光源来运行）。

（5）所使用的测试跳线的类型将影响衰减测试结果。因此，要保证所用的测试跳线（对于参考测试或到一个外部源连接的测试）与被测光纤路径具有同一光纤类型。

（6）测试单模和多模光纤的损耗/衰减测试，使用外部光源。

（7）任一稳定的光源输出波长若在 OLTS/OPM 接收器的检波范围之内，都可用来测试光纤链路的损耗/衰减。

测试一条光纤链路的步骤如下：

（1）完成测试仪初始调整工作；

（2）用测试跳线将输入端口与光能源连接起来；

（3）如果用的是一个变化的输出源，则将输出能级调到其最大值；

（4）如果用两个变化的输出源，调整两个源的输出能级，直到它们是等同的（如 –10dBm/100μW 等）为止；

（5）通过按下 REL（dB）按钮，选择 REL（dB）方式，显示的读数为 0.00dB；

（6）断开（从 OPM/OLTS 输入端口上）测试跳线，并将它连接到光纤路径上。

17.7 网络系统安装调试的监理

网络工程施工开始之前，监理方与业主方的工程领导小组共同确认项目的主要实施阶段，并与业主方项目组一起，共同制定《工程计划书》，详细规定各阶段所要完成的主要任务。《工程计划书》是网络工程的调试、安装、测试、验收等各项工作的主要依据。必要时，经双方同意，可以通过各阶段的有关会议备忘录对调试和安装的步骤进行调整。

任何一个网络工程的实施都至少包括两部分的工作：逻辑设计与物理实现。首先，应根据业主方的需求规划设计网络结构及参数（逻辑设计）；然后根据逻辑设计连接、配置、调试网络设备（物理实现）。根据网络集成的监理工作经验，网络系统的调试与安装

通常应该分以下几个步骤进行:
(1) 网络系统的详细逻辑设计;
(2) 全部网络设备加电测试;
(3) 模拟建网调试及连通性测试;
(4) 实际网络安装调试。

17.7.1 网络系统的详细逻辑设计

网络系统的详细设计是指在签订工程合同之后,模拟测试开始之前,以双方的项目小组为基础,双方的技术人员共同确定整个网络系统的逻辑设计方案,该方案涉及全部的网络设备,并具体到每一台网络设备和每一个物理端口的配置。

网络设备参数配置是否合理,关系着将来网络能否正常开通及其运行效率。对不同类型的网络,需要配置的参数也不尽相同,通常来讲,网络逻辑设计方案的内容可能包括以下内容:

(1) 网间传输协议的选择;
(2) 路由协议的选择和设计;
(3) 网络地址的分配;
(4) 子网的划分及配置;
(5) 虚拟网的划分及配置;
(6) 路由器参数的确定;
(7) 交换机参数的确定;
(8) 网络管理系统参数的确定;
(9) 其他网络设备、网络链路的参数配置。

以上的设计完成之后,将形成《网络系统详细设计说明书》,作为进一步实现设备的调试和安装的技术基础。

17.7.2 网络设备加电测试、模拟建网调试及连通性测试

1. 测试的好处

网络设备加电测试主要是为了检测是否有到货即坏(DOA)的设备,如发现问题可及时解决,确保整个工程能够按期完成。同时,加电测试也为网络模拟调试做了必要的准备。加电测试包括:设备自检,缺省配置下软件运行状况检测。

必要时,在三方约定的地点进行网络设备的集中模拟调试。也就是说在试验室中建立一个小型网络,来模拟真实的网络环境。在模拟环境中,根据已经确定的参数集中配置网络设备,而不是先安装设备,然后分散配置。这样做有以下好处:

（1）及早发现问题，解决问题。在模拟环境中就可以发现将来实际安装可能遇到的问题，减少实际安装过程中的不确定性因素。

（2）安装简单，无须现场配置，做到"即插即用"（Plug and Play），提高工作效率。

（3）有利于对用户进行现场培训。

2．模拟测试必须制定模拟方案

模拟方案内容包括：

（1）主干交换机之间的连接可靠性、冗余性。

要实现任何一台设备失效后，其余设备之间可维持正常通信。对于采用冗余线路连接的设备之间，断开其中一条链路可保证设备之间仍可连通。

（2）各配线间交换机与主干交换机的连通性。

此测试通过后可认为，当各配线间交换机实际安装后，可以与中心主干之间连通（在布线系统测试通过的前提下）。

（3）模拟各楼宇 PC 与中心服务器之间的连通性。

此测试通过后，可确保未来各楼宇 PC 之间及 PC 与服务器之间的互相访问。

（4）系统软件的更新能力及系统配置信息的存储和回载。

为保护用户投资，设备必须具有软件更新手段，设备的故障可能导致系统配置信息的破坏甚至丢失，在用户配置好设备之后，将其配置信息保存起来，一旦这些配置信息遭到破坏或者丢失，系统都有能力将原配置恢复。此测试验证各交换机配置信息的存储和回载能力。

（5）系统软件、支撑软件和应用软件的测试。

利用模拟测试环境，将网络中用到的所有设备分别放入该环境中相应位置进行连通性测试，按照实际设计配置各项参数。同时，对每台设备分别做设备标签，标签内容包括设备编号、安装地点、网络地址、子网网关地址等信息。经过连通性测试后的设备，可直接进入现场安装。

以上测试完成后，将产生《网络系统测试报告》及《网络系统详细设计说明书》。根据以上文档，可进行现场安装调试。

17.7.3 网络设备的安装

1．网络设备安装必须提供的安装材料

（1）物理安装（包括设备上架及连接布线系统）；

（2）连通性调试（根据逻辑设计连通整个网络）；

（3）应用测试及网络优化（通过典型应用测试发现问题并进一步调整优化网络）。

安装的过程将遵照先主干、后分支的顺序进行。在安装的过程中，还可以安排安装现场培训。实际的安装步骤将根据《工程计划书》进行,每台网络设备的参数和网络管理系统的参数配置将根据《网络系统详细设计说明书》进行。

2. 监理的主要方面

设备安装在信息网络系统建设当中是一个非常重要的环节,监理方主要从以下几个方面进行监理:

(1) 机架、设备的排列位置和设备朝向都应按设计安装,并符合实际测定后的机房平面布置图的要求。

(2) 机架、设备安装完工后,其水平度和垂直度都应符合厂家规定,若无规定时,其前后左右的垂直度偏差均不应大于 3mm。要求机架和设备安装牢固可靠,如有抗震要求时,必须按抗震标准要求加固。各种螺丝必须拧紧,无松动、缺少和损坏,机架没有晃动现象。

(3) 为便于施工和维护,机架和设备前应预留 1.5m 的过道,其背面距墙面应大于 0.8m。相邻机架和设备应互相靠近,机架表面排列平齐。

(4) 机架设备、金属钢管和槽道的接地装置应符合设计施工及验收标准规定,要求有良好的电气连接,所有与地线连接处应使用接地垫圈,垫圈尖角应对向铁件,刺破其涂层,必须一次装好,不得将已装过的垫圈取下重复使用。

(5) 接续模块等接续或插接部件的型号、规格和数量,都必须与机架和设备配套使用,并根据用户需要配置,做到连接部件安装正确、牢固稳定、美观整齐、对号入座、完整无缺;缆线连接区域划界分明,标志完整、清晰,以利于维护和日常管理。

(6) 缆线与接续模块等接插部件连接时,应按工艺要求标准长度剥除缆线护套,并按线对顺序正确连接。如采用屏蔽结构的缆线时,必须注意将屏蔽层连接妥当,不应中断,并按设计要求做好接地。

(7) 室内电缆理直后从地槽或强槽引入机柜、控制台底部,再引到各设备处。所有电缆应成捆绑扎,在电缆两端留适当余量,并标示明显的永久性标记。

(8) 监视器可安装在固定的机架和柜上,也可装在控制操作柜上,当装在柜内时,应采取通风散热措施。

(9) 监视器安装位置应使屏幕不受外来光直射,当有不可避免的光时,应加遮光罩遮挡。

(10) 根据设备的大小,正确选用固定螺丝或膨胀钉。

(11) 固定螺丝需拧紧,不应产生松动现象。

(12) Q9 头制作平整牢固,与 BNC 头接触必须正确有效。

(13) 接线头必须进行焊锡处理,保证接线端接触良好,不易氧化。

17.7.4 主机及软件系统的安装调试

在网络系统调试安装的同时,系统工程师将对主机系统进行测试并安装系统软件。

1. 对主机系统进行安装测试时注意事项

(1) 机箱是否有损坏;
(2) 内存、硬盘能否正常运行;
(3) 显示器是否正常显示;
(4) 系统加电是否正常工作。

2. 对软件系统进行安装测试时注意事项

(1) 软件系统与主机系统是否匹配;
(2) 软件能否正常安装;
(3) 软件功能是否能够实现;
(4) 软件资料是否齐全。

第 18 章　信息网络系统验收阶段的监理

工程验收是信息网络系统建设的收尾工作。通过系统的测试验收可以检验工程是否实现了设计目标要求,从而确认工程是否完工,并进入试运行。因此,作为信息网络系统建设的监理工程师,应该了解本阶段监理的基本要求,掌握完成本阶段监理工作的技能。

18.1　验收阶段监理概述

18.1.1　验收的前提条件

工程验收必须要符合下列要求:
(1) 所有建设项目按照批准设计方案要求全部建成,并满足使用要求;
(2) 各个分项工程全部初验合格;
(3) 各种技术文档和验收资料完备,符合集成合同的内容;
(4) 系统建设和数据处理符合信息安全的要求;
(5) 外购的操作系统、数据库、中间件、应用软件和开发工具符合知识产权相关政策法规的要求;
(6) 各种设备经加电试运行,状态正常;
(7) 经过用户同意。

18.1.2　验收方案的审核与实施

在信息网络系统完工时,业主、承建方和监理方三方共同确定验收方案,监理方有如下主要工作。

1. 确认工程验收的基本条件
(1) 是否符合工程设计和合同约定的各项内容;
(2) 技术文档和工程实施管理资料是否完备;
(3) 工程涉及的主要设备、材料的进场和检验报告是否完备;
(4) 各单项工程的设计、实施、工程监理等单位分别签署的质量合格文件是否完备;
(5) 承建方的售后服务和培训计划是否完备。

2. 建议业主和承建方共同推荐验收人员，组成工程验收组

工程验收组的成员，原则上不使用监理方和承建方的人员，避免出现"谁监理谁验收、谁施工谁验收"的状况。验收组成员应对监理方和承建方保密。但监理方的人员可以作为业主邀请的代表。一般情况下是由上级主管部门确定验收单位和人选。

3. 确认工程验收时应达到的标准和要求

（1）承建方应向监理方提供工程验收所依据的国家、地方或行业标准的名称。

（2）承建方和监理方向验收组提供验收标准文本，并根据本工程的特点提出具体的要求。

4. 确认验收程序

1）验收准备工作

在工程验收的准备阶段，监理方应完成以下工作：

（1）督促承建方制定详细的验收方案，整理所有竣工图纸和相关资料。

（2）协同业主、设计单位进行技术资料（项目建议书、可行性报告、批复报告、设计任务书、初步设计、技术设计、工程概预算等）的整理。

（3）组织人员编制竣工决算，起草工程验收报告的各种文件和表格。

2）初步验收

初步验收是在承建方自检的基础上，由业主、承建方、监理方组成项目初验小组，对工程各项工作进行全面检查，合格后提出正式的竣工验收申请。

3）正式验收

上级主管部门或负责验收的单位收到竣工验收申请和竣工验收报告后，经过评审、确认符合竣工验收条件和标准，即可组织正式验收。

正式验收的一般程序包括以下八个步骤：

（1）承建方作关于项目建设情况、自检情况及竣工情况的报告；

（2）监理方作关于工程监理内容、监理情况以及工程竣工意见的报告；

（3）验收小组全体人员进行现场检查；

（4）验收小组对关键问题进行抽样复核（如测试报告）和资料评审；

（5）验收小组对工程进行全面评价并给出鉴定结果；

（6）进行工程质量等级评定；

（7）办理验收资料的移交手续；

（8）办理工程移交手续。

4）验收资料的保存

验收资料应作为工程项目的档案在工程验收结束后移交给业主，作为今后扩建、维修的依据，也作为复查的依据。保存的资料要全面、完整，由专门机构保存。

18.1.3 工程验收的组织

1. 工程验收组构成

工程验收涉及的组织构成一般如图 18.1 所示。

工程验收一般由业主方负责组织,验收单位或小组独立进行验收工作,由监理方、承建方和业主方配合验收小组工作。

2. 验收组的分工

工程验收组对工程验收时,对其成员应有明确的分工,一般按分项工程成立测试(复核)小组、资料文档评审小组、工程质量鉴定小组。

1)测试(复核)小组的工作

测试(复核)小组是根据承建方提交的验收测试报告和数据,通过仪器设备,对关键点进行复测,验证其数据的正确性。所要复测的内容,应根据分项工程的具体情况和有关标准、规范的验收要求进行。

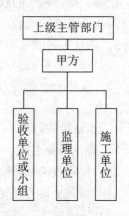

图 18.1 工程验收组织示意

2)资料评审小组的主要工作

资料评审小组应根据合同要求乙方所提供的有关技术资料进行评审,资料要齐全,需要评审的资料主要包括以下内容。

(1)基础资料
- 招标书;
- 投标书;
- 有关合同;
- 有关批复文件;
- 系统设计说明书;
- 系统功能说明书;
- 系统结构图;
- 工程详细实施方案。

(2)工程竣工资料
- 工程开工报告;
- 工程实施报告;
- 工程质量测试报告;
- 工程检查报告;

- 测试报告；
- 材料清单；
- 工程实施质量与安全检查记录；
- 工程竣工图纸；
- 操作使用说明书；
- 售后服务保证文件；
- 培训文档；
- 其他文件。

（3）工程质量鉴定小组

工程质量鉴定小组应根据具体的工程完成以下工作：

- 听取业主、承建方、监理方对工程建设情况的介绍；
- 组织现场、复查验收；
- 听取验收测试小组的工作汇报、资料评审小组的工作汇报，用户试用情况的汇报；
- 起草工程验收的评语。

18.1.4 售后服务与培训监理

1. 售后服务

1）售后服务的两种状况

（1）采购、安装、调试过程中需要提供的服务；

（2）试运行、正式运行后需要提供的服务。

2）有关服务的具体内容应在集成合同中注明

主要表现为：

（1）在安装过程中设备、产品与环境发生冲突，无法安装；

（2）设备、产品的配件不合格；

（3）安装、调试过程中发现不合格设备、产品；

（4）设备、产品本身设计原因产生的不合格品。

发生上述情况时，监理方应督促承建方与供货厂商联系更换或退货。

3）设备发生故障的情况

正式运行过程中设备发生故障、损坏，应根据以下三点，由业主直接与承建方协商解决：

（1）保修期内发生故障；

（2）保修期外发生故障；

(3) 自然因素造成的意外破坏。

2. 培训

监理方应督促承建方按照合同规定,向业主提供相关的培训服务,并提供培训教案。承建方应在培训方案中明确培训时间、培训质量、培训地点、培训人数、考核成绩,确保系统的正常维护。

18.1.5 监理主要内容

在信息网络系统工程验收阶段,需要对以下内容进行审核:
(1) 系统整体功能、性能;
(2) 主要设备(或子系统)的功能、性能;
(3) 承建方提交文档的种类和内容;
(4) 系统设计、开发、实施、测试各个阶段涉及的工具和设备都具备合法的知识产权;
(5) 承建方的质量保证和售后服务体系;
(6) 承建方采取必要的管理和工程措施,以方便系统的扩容和升级。

评审承建方(或第三方测试机构)的量化测试手段和流程,将设备、系统的测试结果与招标和设计文件中的预期指标进行分析、比较是工程验收阶段最重要的监理手段。由于不同的信息网络系统的建设内容千差万别,下一节将介绍在工程验收阶段监理方对主要设备或系统进行监理时需要评审的主要技术内容和指标,了解这些技术指标对于监理工程师是非常必要的。当然监理工程师必须认识到:在进行实际验收监理时,情况会复杂很多,因为网络系统是为一个整体,应该将不同子系统的功能进行综合考察,而且有些性能指标的测试需要和应用系统结合在一起进行,因此监理工程师应结合项目的实际情况通盘考虑,制定合理的监理方案。

18.2 网络基础平台的验收

网络基础平台的验收主要是对网络整体性能和分项网络设备进行验收。以下将列出相关的主要技术性能指标,这些内容和指标即功能和性能验证点也是监理工程师在进行验收监理时必须审查的要素。

18.2.1 网络基础平台的整体性能

1. 网络整体性能

(1) 网络连通性能;
(2) 网络传输性能;

(3) 网络安全性能；
(4) 网络可靠性能；
(5) 网络管理性能。

2．服务器整体性能

(1) 服务器设备连通性能；
(2) 服务器设备提供的网络服务；
(3) 服务器设备可靠性能；
(4) 服务器设备的压力测试。

3．系统整体压力测试验收

(1) 网络压力测试；
(2) 系统运行监控测试。

18.2.2 网络设备

1．网络设备的主要功能和性能验证点

(1) 关键网络设备（路由器、交换机、接入服务器等）的冗余能力测试，关键部件，如电源、路由处理板、接口板支持热插拔；
(2) 链路和线路冗余测试；
(3) 网络流量及路由转发能力测试；
(4) 组播测试；
(5) 动态路由测试；
(6) 静态路由测试；
(7) VLAN TRUNK 功能测试；
(8) VPN 功能测试；
(9) TELNET 控制测试；
(10) DHCP 功能测试；
(11) 端口控制功能测试；
(12) FTP 功能测试；
(13) 设计要求实现的其他功能，如链路负载均衡等。

2．网络设备和 TCP/IP 网络的检测主要考虑的技术指标

1）吞吐量

吞吐量测试可以确定被测试设备（DUT）或被测试系统（SUT）在不丢弃包的情况下所能支持的吞吐速率。在每一对端口上，以全线速度（或测试设置中规定的速率）在测试设置规定的时间段内生成传输流。如果任何端口出现丢包，就将负载减少 50%并重新开始测试。然后，用二分搜索法搜索没有包丢失发生时的最大速率。这个速率就是被测试设备的吞吐量，它是按测试设置中规定的每一种包长度测试得出的。

2）包丢失

测试通过测量由于缺少资源而未转发的包的比例来显示高负载状态下系统的性能。在规定时间内生成100%的负载（或者按测试设置中规定的比例）。在测试结束时，报告每对端口应当转发但被丢弃的包的百分比。测试设置中规定的每一种包长度都要进行包丢失测试。

3）延时

延时测试测量系统在有负载条件下转发数据包所需的时间。在规定时间内生成100%的负载（或者按测试设置中规定的比例）。在测试过程中，测量每对端口上的每一个包的延时。对于存储转发（Store-and-Forward）设备来说，测量的延时是指从输入帧的最后一个比特达到输入端口的时刻到输出帧的第一个比特出现在输出端口上的时刻的时间间隔。对于直通（Cut-Through）设备来说，延时是指从输入帧的第一比特达到输入端口的时刻，到输出帧的第一比特出现在输出端口的时刻的间隔。测试设置中规定的每一种包长度都要进行延时测试。

4）背靠背性能

背靠背性能测试通过以最大帧速率发送突发传输流，并测量无包丢失时的最大突发（burst）长度（总包数量）来测试缓冲区容量。在全负载条件下生成突发传输流，如果所有的包都得到转发，就增加突发长度，并重新进行测试。但是，如果某一对端口上出现包丢失，将突发长度减少一半，并再次进行测试。然后，利用二分搜索法查找无包丢失时的最大突发长度。测试设置中规定的每一种包长度都要进行背靠背性能测试。

18.2.3 服务器和操作系统

服务器和操作系统的主要功能和性能验证点包括：

（1）服务器系统的关键部件（网卡、电源、CPU）发生故障时的可靠性测试；

（2）双机热备功能测试，即高可靠性（HA）的实现效果；

（3）存储设备离线和存储光纤交换机单点故障时主机的运行状态测试；

（4）服务器系统压力测试。

18.2.4 数据存储和备份系统

数据存储和备份系统的主要功能和性能验证点包括：

（1）存储系统RAID功能测试；

（2）存储数据的读、写速度；

(3) 数据加密功能;
(4) 备份系统对重要数据的即时备份能力;
(5) 备份管理软件功能测试,包括显示备份网络拓扑结构图、识别并显示磁带库驱动器、监控作业任务的执行情况(备份进度、资源利用率等)、监控进程的状态等;
(6) 备份策略测试,包括设置备份对象、数据保存时间、备份时间段等;
(7) 支持备份方式,如数据库全备份、数据库增量备份、文件全备份、文件增量备份、系统全量备份、系统增量备份、跟踪备份等多种备份方式。

18.3 网络服务平台的验收

18.3.1 Internet 网络服务

1. 电子邮件服务器的主要功能和性能验证点

包括:
(1) 支持按需收信和定时收信两种方式;
(2) 功能测试,如数字签名和数据加密功能、域分级管理功能;
(3) 系统容量测试,如并行投递邮件数;
(4) 安全性测试,如数据加密功能、抗抵赖功能、防篡改功能、访问控制功能、日志和审计功能、证书管理功能、用 RSA 密钥算法和支持标准 PKI－CA 系统;
(5) 防病毒、防垃圾邮件功能测试;
(6) 系统可管理性;
(7) 系统高可用性,包括邮件通信系统、邮件同步系统、Web 邮件、邮件系统 Web 管理、集团邮件列表等功能。

2. WWW 服务器的主要功能和性能验证点

包括:
(1) 性能,如在特定的配置环境下支持的单位时间最大并发用户数;
(2) 对服务器群集的支持;
(3) 页面高速缓存;
(4) 协议兼容性。

18.3.2 多媒体业务网络

1. VOIP 网络的主要功能和性能验证点

包括:

（1）承载业务，如 Voice over IP、FAX over IP 和 Data over IP 等；

（2）附加业务种类，如三方通话、电话会议、呼叫转移；

（3）音频指标，如支持静音压缩和舒适音、自适应抖动缓存平滑语音功能、丢包补偿保障机制，支持多种语音压缩方式；

（4）能够提供的 QoS 机制，如 RSVP 和 PQ/CQ 等；

（5）防抖动性能，即对由于网络传输拥塞和语音数据分片不均等原因造成的语音抖动有相应的解决方法；

（6）良好的可扩充性；

（7）与现有的数字、模拟电话网的接口种类，如 POTS、E&M 和 E1 等；

（8）路由器功能，包括安全加密、负载均衡、VPN、路由、备份和配置管理等；

（9）SNMP 网管功能；

（10）可编程语音流程；

（11）监视记录呼出信息；

（12）根据网络和线路情况自动做出容错反应；

（13）端口实时监控功能；

（14）记录每次呼叫的详细信息和计费功能。

2．视频会议系统的主要功能和性能验证点

包括：

（1）图像质量评定级别表，如表 18-1 所示。

表 18-1 图像质量评定级别表

图像等级	图像损伤的主观评价	图像等级	图像损伤的主观评价
5	不察觉	2	较严重，令人难以接受
4	可察觉，但可令人接受	1	极严重，不能观看
3	有明显察觉，令人较难接受		

（2）系统支持的主要标准、协议表，如表 18-2 所示。

表 18-2 系统支持的主要标准及协议

	协议	RTP,H.323		数据协议	IP,IPX
视频会议	接口标准	V.35,G.703,RS232	第三层	路由协议	RIP,OSPF,BGP4,EIGRP
	信息格式	MPEG1/2,H.263		组播协议	IGMP,DVMRP,PIM

- 会议功能，如支持的会议模板数；是否支持会议预定时、会议列表、电子白板等功能；
- 音频性能；

- 会议控制功能，如 T.124 会议控制功能、H282/H283 遥控功能；
- 管理功能，如是否支持分散控制、集中处理、分级管理和实时显示等功能；
- 资源管理功能，包括动态资源管理、带宽管理、语音资源管理和图像资源管理。

18.3.3 数字证书系统

1．CA 系统

1）CA 系统的主要功能和性能验证点

包括：

（1）能够同时实现外网和 Internet 用户的认证。

（2）CA 中心对于主要应用系统的身份认证需求及兼容性。

（3）完善的中文支持，包括所有管理界面以及证书的内容，证书的扩展域可以灵活地进行定制。

（4）支持在线和离线两种证书的申请和审批。

（5）支持双证书和双算法（RSA 算法和 ECC 算法）。

- Web 方式和 LDAP 方式的证书查询，并支持数据库和目录服务器这两种方式的发布证书存储方式；
- 支持多种用户申请方式；
- CA 发证能力：按一定用户数和查询频度单一查询的最佳应答时间；
- CA 审计功能。

2）性能验证

（1）整体性能

- 可扩展性：具备可伸缩配置及动态平滑可扩展能力；
- 可适应性：可根据业务量大小动态调整系统业务能力；
- 可靠性：7×24 小时不间断稳定运行。

（2）具体性能指标

- 完成一次证书签发时间；
- 完成一次证书管理服务的时间；
- 完成一次营业执照的签发时间；
- 完成一次加密时间；
- 完成一次解密时间。

2．RA 系统的主要功能和性能验证点

1）整体性能

- 可扩展性：具备可伸缩配置及动态平滑可扩展能力；

- 可适应性：可根据业务量大小动态调整系统业务能力；
- 可靠性：7×24 小时不间断稳定运行。

2）具体性能指标
- 完成一次证书请求时间；
- 完成一次证书下载的时间；
- 完成一次证书更新受理时间；
- 完成一次证书注销受理时间；
- 完成一次加密时间；
- 完成一次解密时间。

18.4 网络安全和管理平台的验收

网络安全和管理平台的验收主要是对系统中的主要设备进行验收，包括：防火墙、入侵监测和漏洞扫描系统等设备。下面列出相关的主要技术性能指标，这些内容和指标也是监理工程师在进行验收监理时必须审查的要素。

18.4.1 防火墙系统的验收

（1）支持入侵监测的类型，如扫描探测、DoS、Web 攻击、特洛伊木马等；
（2）支持同时建立的 VPN 隧道数；
（3）SSH 远程安全登录功能；
（4）对 HTTP、FTP、SMTP 等服务类型的访问控制功能；
（5）静态、动态和双向 NAT 功能；
（6）域名解析和链路自动功能；
（7）日志的统计分析功能；
（8）非法攻击告警方式；
（9）策略备份和恢复功能；
（10）检测 DoS 攻击的能力，例如对 SYN Flood、Tear Drop、Ping of Death、IP Spoofing 等攻击的过滤访问能力；
（11）带宽和流量管理功能；
（12）SCM/ADS 客户隧道配置参数自动集中管理功能；
（13）负载均衡功能；
（14）双机热备功能；
（15）Web 自动页面恢复功能；

(16) 与入侵监测系统的联动能力。

18.4.2 入侵监测和漏洞扫描系统

1. 入侵监测系统

(1) 对外部攻击的检测能力，如 teardrop 攻击；
(2) 知识库完备程度；
(3) 对国际标准漏洞库的支持；
(4) 规则自定义功能；
(5) 事件快速检索功能；
(6) 控制台报警功能；
(7) 风险分级功能；
(8) 事件分析和事后处理功能；
(9) 实时监控功能；
(10) 安全事件报表统计功能；
(11) 高风险事件 IP 地址分组分析功能；
(12) 手动备份、删除、合并数据功能；
(13) 对漏洞扫描系统的反应能力。

2. 漏洞扫描系统

(1) 扫描结果分析测试；
(2) 策略库维护测试；
(3) 用户管理测试；
(4) 日志管理测试；
(5) 在线升级测试。

18.4.3 其他网络安全系统测试

1. 网络防病毒系统

(1) 实时扫描功能；
(2) 立即扫描功能；
(3) 部署病毒库更新功能；
(4) 日志管理功能；
(5) 病毒扫描信息统计功能；
(6) 损坏清除功能；
(7) 集中管理功能。

2．安全审计系统

（1）进行系统数据收集，进行统一存储，集中进行安全审计；

（2）支持基于 PKI 的应用审计；

（3）支持基于 XML 的审计数据采集协议；

（4）提供灵活的自定义审计规则。

3．Web 信息防篡改系统

（1）对多种操作系统的支持；

（2）集成发布与监控功能；

（3）实时信息发布与备份功能；

（4）自动监控、自动恢复和自动报警功能；

（5）日志管理、扫描策略管理和更新管理功能。

18.4.4　网络管理系统

1．网络管理

对整个网络和指定子系统或设备的工作状态进行集中管理和监控，包括拓扑结构、网络设备、网络联通状态、服务器资源（CPU/内存/存储）、应用性能（数据库、应用服务器、中间件、上层应用）、故障分析和定位等内容。

2．系统管理

服务器系统、存储和备份系统、网络服务、网络安全系统进行统一的管理和监控。

3．运行维护管理

对网络系统各种资源的运行状况进行全面的信息采集和自动预警。

18.5　环境平台的验收

18.5.1　机房工程

1．验收依据

机房的验收采用现场检查及在线测试方式进行。监理工程师按照以下相关国家标准以及设备厂家的技术标准和用户的功能要求对测试结果进行评估。

- 中华人民共和国国家标准　　GB 6550-86　　计算机机房用活动地板技术条件
- 中华人民共和国国家标准　　GB 50174-93　 电子计算机机房设计规范
- 中华人民共和国国家标准　　GB 2887-89　　计算机站场地技术条件
- 中华人民共和国国家标准　　GB 9361-88　　计算机站场安全要求

- 中华人民共和国国家标准　GB11605-89　　温度测量方法
- 中华人民共和国国家标准　GB1410-89　　固体绝缘材料体积电阻率和表面电阻率试验方法
- 中华人民共和国国家标准　GB50052-95　　供配电系统设计规范
- 中华人民共和国国家标准　GB/T 16572-1996　　防盗报警中心控制台
- 中华人民共和国国家标准　GB/T 16677-1996　　报警图像信号有线传输装置
- 中华人民共和国国家标准　GB 50171-92　　电气装置安装工程盘、柜及二次回路结线施工及验收规范
- 中华人民共和国国家标准　GB 50169-92　　电气装置安装工程接地装置施工及验收规范
- 中华人民共和国国家标准　GB 50243-97　　通风与空调工程施工及验收规范
- 中华人民共和国国家标准　GB 50200-94　　有线电视系统工程技术规范
- 中华人民共和国国家标准　SJ 2846-88　　30MHz~1GHz 声音和电视信号电缆分配系统验收规则
- 中华人民共和国国家标准　GB 11318.3-89　　30MHz~1GHz 声音和电视信号电缆分配系统设备与部件：测量方法
- 中华人民共和国国家标准　GB 6510-86　　30MHz~1GHz 声音和电视信号电缆分配系统
- 中华人民共和国国家标准　GBJ 120-88　　工业企业共用天线电视系统设计规范
- 中华人民共和国国家标准　GB 50198-94　　民用闭路监视电视系统工程技术规范
- 中华人民共和国国家标准　GB/T 16676-1996　　银行营业场所安全防范工程设计规范
- 中华人民共和国国家标准　GB/T 16571-1996　　文物系统博物馆安全防范工程设计规范
- 国际规范　ISO 11801　　Information technology-Generic cabling for customer premises cabling
- 中华人民共和国行业标准　SJ/T30003-93　　电子计算机机房施工及验收规范
- 中华人民共和国行业标准　JGJ/T 16-92　　民用建筑电气设计规范
- 中国工程建设标准化协会标准　CECES 89：97　　建筑与建筑群综合布线系统工程施工及验收规范
- 中国工程建设标准化协会标准　CECES 72：97　　建筑与建筑群综合布线系统工程设计规范（修订本）

- 中华人民共和国邮电部部标准　YDJ 26-89　通信局（站）接地设计暂行技术规定（综合楼部分）
- 中华人民共和国广播电影电视部部标准　GYJ 25-86　厅堂扩声系统声学特性指标
- 中华人民共和国公共安全行业标准　GA/T 74-94　安全防范系统通用图形符号
- 中华人民共和国公共安全行业标准　GA/T 70-94　安全防范工程费用概预算编制办法
- 中华人民共和国公共安全行业标准　GA/T 75-94　安全防范工程程序与要求

2．验收条件

在进行验收前，系统应具备以下基本条件：

（1）机房内所有设备有足够的安装和维护空间，并具备扩容空间；

（2）机房的供电电源符合《电子计算机机房设计规范》对供电电源的设计要求；

（3）机房的照明符合《电子计算机机房设计规范》对视觉照明的设计要求；

（4）机房各房间的室内空调环境符合《电子计算机机房设计规范》对空调的设计要求；

（5）根据机房工程设计文件和合同技术文件，已完成系统的全部设备安装和调试工作；

（6）系统安装调试、试运行后的正常连续投入运行时间大于 3 个月；

（7）承建单位机房提供的验收文档齐备，包括竣工文件、测试大纲、机房使用说明等。验收文档清单还应包括交工工程一览表、工程项目名称和工程质量评定等级等；

（8）图纸会审记录，包括技术核定单及设计变更通知；

（9）竣工图纸；

（10）隐蔽工程记录及验收资料；

（11）材料、构件和设备的质量合格证及其他合同要求的证明文件；

（12）技术施工记录、施工日志等；

（13）设备安装施工和检验记录；

（14）项目及单项工程的施工组织设计；

（15）上级对该工程的有关技术决定；

（16）管理资料，包括开工报告、交工和中间交接资料；

（17）工程结算资料、文件和签证等；

（18）测试报告、调试记录。

3．机房工程主要系统的验收

以上列出的验收测试内容为机房工程一般的情况，每一工程具体的检验项目内容与要求均以机房工程空调、UPS 电源、接地、照明、消防设计的工艺要求、系统工程设计文件与订购合同技术文件为依据确定，如有变更，须提供相应的说明文件。

由于机房工程验收以各分部系统和设备的功能及性能测试验证为主，因此在以下部分将重点介绍主要系统的测试内容和测试要素，包括 UPS 电源系统、接地系统、门禁系统、消防系统等。

1）UPS 电源系统

（1）全面检查设备连接导线是否破损或接触不良；

（2）检查全部设备运行状态指示和报警指示；

（3）用高精度万用表检查并校正各部分电压、电流显示值；

（4）检查冷却风扇运转状态及通风隔栅（或空气滤网）；

（5）检查交流/直流滤波电容有否膨胀、泄漏，随机抽查校验 10%电容器电容值；

（6）检查 UPS 操作及静态开关转换操作；

（7）检查所有电气接线端子和控制接插件有无过热现象，紧固相应接线；

（8）并机系统，检查冗余/并联设置是否正确，校验同步状态；

（9）审查承建单位提交的检验报告。

2）接地系统

（1）用接地电阻测试仪测量机房所在建筑物接地点的接地电阻；

（2）用接地电阻测试仪测量各接地端子到地下接地点的接地引下线的电阻；

（3）各接地端子的电阻值加上大楼接地点的对地电阻值，就是各接地端子的接地电阻。

3）门禁系统

门禁系统由 IC 卡、门禁控制器、感应式读卡器、出门按钮与电控锁组成。系统门禁的读卡器可与巡更站共用。

有效读卡时，通过感应式读卡器把卡片信息传给门禁控制器，由控制器判断该卡片及时间是否有效，如果有效，读卡器上指示灯由红色转为绿色，门禁控制器同时输出开锁命令打开相应门锁，持卡人进入关好门后，门锁将自动锁上；持卡人出门时，按下出门按钮约 2s，门锁自动打开。至此，一个进出门自动控制过程完成。系统的运行过程中，可以实现 BAS 监控。

系统设备及部件的通电测试：对门禁系统中所用的主要设备做通电测试。主要包括：读卡器（不带键盘）、读卡器、电锁、门禁控制器、控制主机及软件。

系统功能测试：

（1）读卡开门功能

根据用户不同的工作性质，系统给其设有不同的开门级别，较高级别的工作人员可以通过多个房间的大门；较低级别的工作人员仅可以通过允许其进入的房间大门。

（2）在管理中心门禁工作站手动开门功能

不仅可以用 IC 卡打开相应的大门，还可以有相关操作人员在中控室门禁、巡更系统计算机工作站上，通过控制软件打开所指定的办公室大门。

（3）无效卡报警功能

当有人试图越级使用其所持有的 IC 卡，在非对应的读卡器上进行读卡时，系统应判断有人用无效卡开门，会自动报警，并做记录。因此，当有人遗失卡时，可报告系统管理人员，由其发放新的卡号，并对遗失卡进行跟踪，从而保证系统的安全。

（4）管理人员级别设定功能

可以为每个系统管理人员设定不同的操作级别，通过设定级别，使管理人员具有不同的系统操作权限，从而保证系统正常运行。

4）消防系统

消防系统的功能和性能验证点主要包括以下内容。

（1）探测方式

依据火灾产生的原因及其特点，对灭火保护区采用感温和感烟探测器进行探测报警，对非灭火保护区采用感烟探测器进行探测报警。

（2）报警方式

当一个保护区内只有一种探测器动作时，只发出声光报警信号而不发灭火指令。当两种探测器同时动作后，发出声光报警信号，经一段时间延时（30s 可调）发出灭火指令，启动电磁阀实施灭火。

（3）控制方式

测试自动与手动两种控制方式。当保护区附近有人值班时，宜采用手动控制方式。当保护区附近无人值班时应采用自动控制方式，方式的转换在控制器上实现。当控制器发出报警信号后，若有异常情况须停止释放灭火剂，可在延时时间内操作手动控制盒中的紧急停止按钮，停止灭火指令的实施。如确实需要灭火，但报警系统还没有来得及报警，则须操作紧急启动按钮来实施灭火。

5）照明系统

（1）测试机房的平均照度和辅助房间的平均照度是否达到设计要求。

（2）测试机房区应急照明系统，应急照明通过设置筒灯来实现。筒灯的电源来自 UPS 不间断电源。

6）空调系统

（1）测试温度、湿度调节功能、范围和准确度。

（2）测试漏水告警功能。

（3）测试空调设备其他告警功能。

18.5.2 综合布线系统

1．环境的验收

监理工程师应对交接间、设备间、工作区的建筑和环境条件进行检查验收，验收内容如下：

（1）交接间、设备间、工作区土建工程已全部竣工。房屋地面平整、光洁，门的高度和宽度应不妨碍设备和器材的搬运，门锁和钥匙齐全。

（2）房屋预埋地槽、暗管及孔洞和竖井的位置、数量、尺寸均应符合设计要求。

（3）铺设活动地板的场所，活动地板防静电措施的接地应符合设计要求。

（4）交接间、设备间应提供220V单相带地电源插座。

（5）交接间、设备间应提供可靠的接地装置；设置接地体时，检查接地电阻值及接地装置应符合设计要求。

（6）交接间、设备间的面积、通风及环境温、湿度应符合设计要求。

2．器材的验收

1）器材验收一般要求

（1）工程所用缆线器材型式、规格、数量、质量在施工前应进行检查，无出厂检验证明材料或与设计不符者不得在工程中使用。

（2）经检验的器材应做好记录，不合格的器件应单独存放，以备核查与处理。

（3）工程中使用的缆线、器材应与订货合同或封存的产品在规格、型号、等级上相符。

（4）备品、备件及各类资料应齐全。

2）型材、管材与铁件的验收要求

（1）各种型材的材质、规格、型号应符合设计文件的规定，表面应光滑、平整、不得变形、断裂。预埋金属线槽、过线盒、接线盒及桥架表面涂覆或镀层均匀、完整，不得变形、损坏。

（2）管材采用钢管、硬质聚氯乙烯管时，管身应光滑、无伤痕，管孔无变形，孔径、壁厚应符合设计要求。

（3）管道采用水泥管块时，应接通信管道工程施工及验收中相关规定进行检验。

（4）各种铁件的材质、规格均应符合质量标准，不得有歪斜、扭曲、飞刺、断裂或破损。

（5）铁件的表面处理和镀层应均匀、完整，表面光法，无脱落、气泡等缺陷。

3）缆线的验收要求

（1）工程使用的对绞电缆和光缆型式、规格应符合设计的规定和合同要求。

(2) 电缆所附标志、标签内容应齐全、清晰。

(3) 电缆外护套完整无损,电缆应附有出厂质量检验合格证。如用户要求,还应附有本批量电缆的技术指标。

(4) 电缆的电气性能抽验应从本批量电缆中的任意三盘中各截出 100m 长度,加上工程中所选用的接插件进行抽样测试,并做测试记录。

(5) 光缆开盘后应先检查光缆外表有无损伤,光缆端头封装是否良好。

(6) 综合布线系统工程采用光缆时,应检查光缆合格证及检验测试数据,在必要时,可测试光纤衰减和光纤长度,测试要求如下:

- 衰减测试。宜采用光纤测试仪进行测试。测试结果如超出标准或与出厂测试数值相差太大,应用光功率计测试,并加以比较,判定是测试误差还是光纤本身衰减过大。
- 长度测试。要求对每根光纤进行测试,测试结果应一致。如果在同一盘光缆中,光纤长度差异较大,则应从另一端进行测试或做通光检查以判定是否有断纤现象存在。

(7) 光纤接插软线(光跳线)检验应符合下列规定:

- 光纤接插软线,两端的活动连接器(活接头)端面应装配有合适的保护盖帽。
- 每根光纤接插软线中光纤的类型应有明显的标记,选用应符合设计要求。

(8) 接插件的检验要求

- 配线模块和信息插座及其他接插件的部件应完整,检查塑料材质是否满足设计要求。
- 保安单元过压、过流保护各项指标应符合有关规定。
- 光纤插座的连接器使用型式和数量、位置应与设计相符。

(9) 使用配线设备应符合的规定

- 光、电缆交接设备的型式、规格应符合设计要求。
- 光、电缆交接设备的编排及标志名称与设计相符。各类标志名称应统一,标志位置应正确、清晰。
- 对绞电缆电气性能、机械特性、光缆传输性能及接插件的具体技术指标和要求,应符合设计要求。

3. 设备安装的验收

1) 机柜、机架安装要求

(1) 机柜、机架安装完毕后,垂直偏差应不大于 3mm。机柜、机架安装位置应符合设计要求。

(2) 机柜、机架上的各种零件不得脱落和碰坏,漆面如有脱落应予以补漆,各种标志应完整、清晰。

（3）机柜、机架的安装应牢固，如有抗震要求时，应按施工图的抗震设计进行加固。

2）各类配线部件安装要求

（1）各部件应完整，安装就位，标志齐全。

（2）安装螺丝必须拧紧，面板应保持在一个平面上。

3）8位模块式通用插座安装要求

（1）安装在活动地板或地面上，应固定在接线盒内，插座面板采用直立和水平等形式。接线盒盖可开启，并应具有防水、防尘、抗压功能。接线盒盖面应与地面平齐。

（2）8位模块式通用插座、多用户信息插座或集合点配线模块，安装位置应符合设计要求。

（3）8位模块式通用插座底座盒的固定方法按施工现场条件而定，宜采用预置扩张螺钉固定等方式。

（4）固定螺丝须拧紧，不应产生松动现象。

（5）各种插座面板应有标识，以颜色、图形、文字表示所接终端设备类型。

4）电缆桥架及线槽的安装要求

（1）桥架及线槽的安装位置应符合施工图规定，左右偏差不应超过50mm。

（2）桥架及线槽水平度每米偏差不应超过2mm。

（3）垂直桥架及线槽应与地面保持垂直，并无倾斜现象，垂直度偏差不应超过3mm。

（4）线槽截断处及两线槽拼接处应平滑，无毛刺。

（5）吊架和支架安装应保持垂直，整齐牢固，无歪斜现象。

（6）金属桥架及线槽节与节间接触良好，安装牢固。

5）接地要求

安装机柜、机架、配线设备屏蔽层及金属钢管、线槽使用的接地体符合设计要求，就近接地，并应保持良好的电气连接。

6）综合布线系统工程检验项目及内容

参考表18-3。

表18-3 综合布线系统工程检验项目及内容

阶 段	验收项目	验收内容	验收方式
一、施工前检查	1. 环境要求	（1）土建施工情况：地面、墙面、门、电源插座及接地装置 （2）土建工艺：机房面积、预留孔洞 （3）施工电源 （4）地板铺设	施工前检查

续表

阶　　段	验收项目	验收内容	验收方式
一、施工前检查	2. 设备材料检验	(1) 外观检查 (2) 型式、规格、数量 (3) 电缆电气性能测试 (4) 光纤特性测试	施工前检查
	3. 安全、防火要求	(1) 消防器材 (2) 危险物的堆放 (3) 预留孔洞防火措施	施工前检查
二、设备安装	1. 交接间、设备间、设备机柜、机架	(1) 规格、外观 (2) 安装垂直、水平度 (3) 油漆不得脱落，标志完整齐全 (4) 各种螺丝必须紧固 (5) 抗震加固措施 (6) 接地措施	随工检验
	2. 配线部件及8位模块式通用插座	(1) 规格、位置、质量 (2) 各种螺丝必须拧紧 (3) 标志齐全 (4) 安装符合工艺要求 (5) 屏蔽层可靠连接	随工检验
三、电、光缆布放（楼内）	1. 电缆桥架及线槽布放	(1) 安装位置正确 (2) 安装符合工艺要求 (3) 符合布放缆线工艺要求 (4) 接地	随工检验
	2. 缆线暗敷（包括暗管、线槽、地板等方式）	(1) 缆线规格、路由、位置 (2) 符合布放线缆工艺要求 (3) 接地	随工检验
四、电、光缆布放（楼间）	1. 架空缆线	(1) 吊线规格、架设位置、装设格式 (2) 吊线垂度 (3) 缆线规格 (4) 卡、挂间隔 (5) 缆线的引入符合工艺要求	随工检验
	2. 管道缆线	(1) 使用管孔孔位 (2) 缆线规格 (3) 缆线走向 (4) 缆线的防护设施的设置质量	隐蔽工程签证

续表

阶 段	验收项目	验收内容	验收方式
四、电、光缆布放（楼间）	3. 埋式缆线	（1）缆线规格 （2）敷设位置、深度 （3）缆线的防护设施的设置质量 （4）回土夯实质量	隐蔽工程签证
	4. 隧道缆线	（1）缆线规格 （2）安装位置、路由 （3）土建设计符合工艺要求	隐蔽工程签证
	5. 其他	（1）通信线路与其他设施的间距 （2）进线室安装、施工质量	随工检验或隐蔽工程签证
五、缆线端接	1. 8位模块式通用插座	符合工艺要求	随工检验
	2. 配线部件	符合工艺要求	
	3. 光纤插座	符合工艺要求	
	4. 各类跳线	符合工艺要求	
六、系统测试	1. 工程电气性能测试	（1）连接图 （2）长度 （3）衰减 （4）近端串音（两端都应测试） （5）设计中特殊规定的测试内容	竣工检验
	2. 光纤特性测试	（1）衰减 （2）长度	竣工检验
七、工程总验收	竣工技术文件	清点、交接技术文件	竣工检验

18.6 信息网络系统测试验收常用工具概览

在信息网络系统的验收测试中，为了准确、定量地对系统整体或分部工程进行评估，监理工程师可能会接触到一些常见的测试工具。本节将简单介绍相关工具的用途。

18.6.1 系统资源管理工具 Server Vantage

1. 简介

Server Vantage V8.5 主要具有开放的体系结构，针对主机硬件资源、操作系统、数据库和应用程序及输入/输出设备进行监控管理。Server Vantage 提供了几百个 Agent（代理）分别对服务器资源、操作系统、数据库平台、应用程序及主机与网络接口进行各种指标的监控并在控制台端动态显示。

2. 应用范围

Server Vantage V8.5 主要用于对服务器、操作系统、数据库平台、应用软件、用户自行开发的应用软件进行全面的应用级别的监控和管理。测试内容包括文件系统指标、内存监控指标、进程监控指标、数据库和应用系统的监控指标等。

18.6.2 网络应用性能管理工具 Network Vantage

1. 简介

Network Vantage V8.5 主要用于网络应用资源管理,是以应用为中心的网络性能管理工具。它基于 View-Probe 结构,可监测客户/服务器(C/S)的应用程序执行情况;用户访问应用系统的情况;网络会话在网络系统中寻径的情况;应用系统及其他应用通信占用网络资源的情况。

2. 应用范围

Network Vantage 具有进行应用监视、统计传输负载、评价服务质量、进行趋势分析等网络资源管理功能。测试内容包括平均反应时间、应用的负载和流量、按会话统计传输负载、事务响应时间以及服务质量等。

18.6.3 网络应用性能分析工具 Application Expert V8.5

1. 简介

Application Expert V8.5 能够帮助用户快速发现和解决应用的性能问题。它的预测功能可准确展示网络带宽、延迟、负载和 TCP 端口的变化是如何影响用户的响应时间的。同时,该工具能够发现应用的瓶颈,它明确展示应用在网络上运行时在每个阶段发生的应用行为,在应用线程级分析应用的问题。

2. 应用范围

Application Expert V8.5 能够快速、容易地仿真应用性能,通过 Application Expert 可调整应用在广域网上的性能,展示分布式、多层网络环境下应用的行为,调整应用以便成功地在广域网上运行,在投产前预测应用的响应时间,在开发周期内调整应用的性能,通过全面报告对应用进行分析。

18.6.4 网络性能分析测试工具 SmartBits 6000B

1. 简介

SmartBits 6000B 是一款集成了多种技术和多种拓扑结构的测试平台,能够为 10/100Mb/s 以太网、1000M/10Gb/s 以太网、MPLS、Fibre Channel SANs、Cable Modem、xDSL、VoIP、QoS、POS、VPN,以及防火墙和移动 IP 等提供全线速的流量发生和分析功能。

2. 应用范围

主要用于 10/100/1000Mb/s 以太网、ATM、Packet over SONET、帧中继、xDSL、Cable Modem、IP QoS、VoIP、路由多播 IP 和 TCP/IP 产品的性能测试及分析。

18.6.5 站点质量分析工具 Webcheck V5.0

1. 简介

WebCheck 是 QACenter 自动测试管理软件包工具之一。它将网站整体架构以 3D 方式显示出来，通过对浏览器的检测，分析出 50 种以上网站的潜在问题与错误、效能信息和网站趋势等，包括：链接中断错误、链接层次深度、陈旧网页，长期未更新网页、网页显示迟缓，浏览速度过慢、服务器中未被使用的档案、无标题网页、属性网页遗失等。

2. 应用范围

WebCheck 可作为单独的产品使用，亦可与 QADirector 软件整合，改善资源的使用情况，以利项目追踪、重复测试与测试分享，有效降低网站建置、测试与维护成本。可以检查内部和外部连接中成功和失败的连接点，分析网站的结构，提供 HTML 报告等。

18.6.6 MicroMapper 电缆线序检测仪

1. 简介

MicroMapper 线序检测仪可以快速方便地检测开路、短路、跨接、反接以及串扰等问题，可以自动地扫描所有线对并发现任何电缆连接的问题。测试仪还包括一个远端单元，可方便地完成电缆和用户跳线的测试。线序仪内置音频发生器，通过可选的音频测试探头（或其他音频测试探头）来追踪穿过墙壁、地板、天花板的电缆。

2. 应用范围

主要用于检查以太网双绞线电缆的连通性。主要用于双绞线的开路、短路、跨接、反接以及串扰等故障及故障显示、音频发生器、屏蔽层的测试等。

18.6.7 多协议网络离散模拟工具 NS-2

1. 简介

NS-2 是面向对象的、离散事件驱动的网络环境模拟器，它可以模拟各种 IP 网络环境。NS 实现了对许多网络协议的模拟，如 TCP、UDP 和数据源发生器（traffic source），如 FTP、WWW、Telnet、Web、CBR 和 VBR 等，并且模拟了路由队列的管理机制，如 Drop Tail、RED 和 VBR，实现了 Dijkstra 和其他的路由算法。同时，NS 也实现了多播

（Multicasting）和一些应用于局域网模拟的在 MAC 层的协议。

2．应用范围

模拟网络环境。

18.6.8 DSP-4000 数字式电缆分析仪

1．简介

Fluke 公司的 DSP-4000 是数字式电缆分析仪系列中的最新成员，是专门为集成商和网络使用者依据当前的业界标准和将来的更高标准认证高速铜缆和光缆而设计的，它可以检测电缆的通断、电缆的连接线序、电缆故障的位置。DSP-4000 可以测试同轴线（RG6、RG59 等 CATV/CCTV 电缆）以及双绞线（UTP/STP/SSTP），并可诊断其他类型的电缆，如语音传输电缆、网络安全电缆或电话线。DSP-4000 支持新标准中要求的所有测试，如近端串扰、等效远端串扰、综合近端串扰、综合等效远端串扰、衰减、衰减串扰比、时延、时延偏离和回波损耗等。

2．应用范围

主要用于验证测试任何语音、数据或视频电缆的安装和测试。

18.6.9 OptiFiber 光缆认证分析仪

1．简介

OptiFiber 光缆认证（OTDR）分析仪将光纤损耗/长度测试、自动 OTDR 分析、端接面检查等功能集成在一起的现场 OTDR（光时域反射仪）测试仪，可以满足 1Gb/s、10Gb/s 或更高速率网络应用的严格测试需求。OTDR 分析仪增强了光缆布线的测试能力，确保了设备的安装符合最佳专业施工工序及 TIA 标准。

2．应用范围

用于单模和多模光纤和光缆认证测试。等级一，使用光纤损耗测试设备（OLTS）来测试光缆的损耗和长度，并依靠 OLTS 或故障定位器（VFL）验证极性。等级二，包括等级一的测试参数，还包括对已安装的光缆设备的 OTDR 追踪。

18.6.10 OPNET

1．简介

OPNET 工具主要帮助客户进行网络结构、设备和应用的设计、建设、分析和管理。OPNET 能够准确地分析复杂网络的性能和行为，在网络模型中的任意位置都可以插入标准的或用户指定的探头，以采集数据和进行统计。通过探头得到的仿真输出可以用图形化显示、数字方式观察或者输出到第三方的软件包。

2．应用范围

OPNET 主要用于网络仿真。

测试指标：网络吞吐量、信道容量、链路利用率、节点利用率、系统的平均响应时间、包延迟时间、延迟抖动、丢包率和可靠性等。

18.7　信息网络系统验收的说明

与信息应用系统相比，信息网络系统的功能和性能在很大程度上依赖于设计方案，也即在设计阶段就决定了，可变因素较小。因此，信息网络系统的验收应以网络系统的总体设计为基础，主要验证系统的整体性能和主要设备运行性能。监理工程师必须依据本章中列举的主要系统和设备的性能指标进行监理验收。

另一方面，我们必须认识到：应用是根本，应用系统是信息系统的核心。在实际工程的验收中，我们不要把信息网络系统和信息应用系统完全割裂，信息网络系统往往需要与信息应用系统作为一个整体进行验收，包括可靠性、适用性、易用性、安全性、可扩展性、兼容性等因素，这些属于应用层面验收的范畴，是一项非常复杂的工作。

第三篇 信息应用系统建设监理

第 19 章 信息应用系统建设基础知识

由于信息应用系统建设是以软件开发为核心的，所以信息应用系统监理主要就是参照软件工程的思想，对在建信息应用系统的整个软件生命周期进行的全过程监理；并给用户提供咨询、帮助建设运行制度等有益的服务项目。目的是帮助用户建设一个高质量的、具有可持续生命力的软件系统。

19.1 软件的概念、特点和分类

1. 软件的概念

软件是计算机系统中与硬件相互依存的另一部分，它是包括程序、数据及其相关文档的完整集合。其中，程序是按事先设计的功能和性能要求执行的指令序列；数据是使程序能正常操纵信息的数据结构；文档是与程序开发、维护和使用有关的图文材料。

2. 软件的特点

（1）软件是一种逻辑实体，而不是具体的物理实体。因而它具有抽象性。

（2）软件的生产与硬件不同，它没有明显的制造过程。对软件的质量控制，必须着重在软件开发方面下功夫。

（3）在软件的运行和使用期间，没有硬件那样的机械磨损、老化问题。然而它存在退化问题，必须对其进行多次修改与维护。

（4）软件的开发和运行常常受到计算机系统的制约，对计算机系统有着不同程度的依赖性。为了解除这种依赖性，在软件开发中提出了软件移植的问题。

（5）软件的开发至今尚未完全摆脱手工艺的开发方式。

（6）软件本身是复杂的。软件的复杂性可能来自它所反映的实际问题的复杂性，也可能来自程序逻辑结构的复杂性。

（7）软件成本相当昂贵。软件的研制工作需要投入大量的、复杂的、高强度的脑力劳动，它的成本是比较高的。

（8）相当多的软件工作涉及社会因素。许多软件的开发和运行涉及机构、体制及管理方式等问题，甚至涉及人的观念和人们的心理。它直接影响到项目的成败。

3．软件的分类方法

1）按软件的功能进行划分

- 系统软件：能与计算机硬件紧密配合在一起，使计算机系统各个部件、相关的软件和数据协调、高效地工作的软件。例如，操作系统、数据库管理系统、设备驱动程序以及通信处理程序等。
- 支撑软件：是协助用户开发软件的工具性软件，其中包括帮助程序人员开发软件产品的工具，也包括帮助管理人员控制开发的进程的工具。
- 应用软件：是在特定领域内开发，为特定目的服务的一类软件。其中包括为特定目的进行的数据采集、加工、存储和分析服务的资源管理软件。

2）按软件服务对象的范围划分

- 项目软件：也称定制软件，是受某个特定客户（或少数客户）的委托，由一个或多个软件开发机构在合同的约束下开发的软件。例如军用防空指挥系统、卫星控制系统。
- 产品软件：是由软件开发机构开发出来直接提供给市场，或是为千百个用户服务的软件。例如，文字处理软件、财务处理软件、人事管理软件等。

3）按软件规模进行划分

按开发软件所需的人力、时间以及完成的源程序行数，可确定如表 19-1 所示的六种不同规模的软件。

表 19-1 软件规模的分类

类别	参加人员数	研制期限	产品规模（源程序行数）
微型	1	1～4 周	0.5k
小型	1	1～6 月	1k～2k
中型	2～5	1～2 年	5k～50k
大型	5～20	2～3 年	50k～100k
甚大型	100～1000	4～5 年	1M（=1000k）
极大型	2000～5000	5～10 年	1M～10M

规模大、时间长、很多人参加的软件项目，其开发工作必须要有软件工程的知识做指导。而规模小、时间短、参加人员少的软件项目也要有软件工程概念，遵循一定的开发规范。其基本原则是一样的，只是对软件工程技术依赖的程度不同而已。

4）按软件工作方式划分

- 实时处理软件：指在事件或数据产生时，立即予以处理，并及时反馈信号，控制需要监测和控制过程的软件。主要包括数据采集、分析、输出三部分。
- 分时软件：允许多个联机用户同时使用计算机。
- 交互式软件：能实现人机通信的软件。
- 批处理软件：把一组输入作业或一批数据以成批处理的方式一次运行，按顺序逐个处理完的软件。

5）按使用的频度进行划分

有的软件开发出来仅供一次使用。例如用于人口普查、工业普查的软件。另外有些软件具有较高的使用频度，如天气预报软件。

6）按软件失效的影响进行划分

有的软件在工作中出现了故障，造成软件失效，可能给软件整个系统带来的影响不大。有的软件一旦失效，可能酿成灾难性后果，例如财务金融、交通通信、航空航天等软件，我们称这类软件为关键软件。

19.2 软件工程

19.2.1 概述

软件工程是一类求解软件的工程，它应用计算机科学、数学（用于构造模型和算法）和管理科学（用于计划、资源、质量和成本等的管理）等原理，借鉴传统工程（用于制定规范、设计范型、评估成本、权衡结果）的原则和方法，创建软件以达到提高质量、降低成本的目的。其中，计算机科学、数学用于构造模型与算法，工程科学用于制定规范、设计范型、评估成本及确定权衡，管理科学用于计划、资源、质量、成本等管理。软件工程是一门交叉性学科。

软件工程这一概念，主要是针对20世纪60年代"软件危机"而提出的。它首次出现在1968年NATO（北大西洋公约组织）会议上。自这一概念提出以来，围绕软件项目，开展了有关开发模型、方法以及支持工具的研究。其主要成果有：提出了瀑布模型，开发了一些结构化程序设计语言（例如PASCAL语言，Ada语言）、结构化方法等。并且围绕项目管理提出了费用估算、文档复审等方法和工具。综观60年代末至80年代初，其主要特征是，前期着重研究系统实现技术，后期开始强调开发管理和软件质量。

20世纪70年代初，自"软件工厂"这一概念提出以来，主要围绕软件过程以及软件复用，开展了有关软件生产技术和软件生产管理的研究与实践。其主要成果有：提出了应用广泛的面向对象语言以及相关的面向对象方法，大力开展了计算机辅助软件工程的研究与实践。尤其是近几年来，针对软件复用及软件生产，软件构件技术以及软件质量控制技术、质量保证技术得到了广泛的应用。目前各个软件企业都十分重视资质认证，并想通过这些工作进行企业管理和技术的提升。

19.2.2 软件工程框架

软件工程的框架是由软件工程目标、软件工程活动和软件工程原则三个方面的内容构成的如图19.1所示。

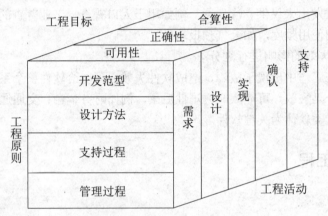

图19.1 软件工程框架

软件工程可定义为三元组：目标、原则和活动。
- 给出了软件所涉及软件工程的工程要素。
- 给出了各要素之间的关系。
- 给出了软件工程学科所研究的主要内容。

1. 软件工程目标

生产具有正确性、可用性以及开销适宜的软件产品。
- 正确性：软件产品达到预期功能的程度。
- 可用性：软件基本结构、实现及文档为用户可用的程度。
- 开销适宜：软件开发、运行的整个开销满足用户要求的程度。

这三方面的特性决定了软件过程、过程模型和工程方法的选择。

2. 软件工程原则

软件工程有四条基本原则。

（1）选取适宜开发范型。该原则与系统设计有关。在系统设计中，软件需求、硬件需求以及其他因素之间是相互制约、相互影响的，经常需要权衡。因此，必须认识需求定义的易变性，采用适宜的开发范型予以控制，以保证软件产品满足用户的要求。

（2）采用合适的设计方法。在软件设计中，通常要考虑软件的模块化、抽象与信息隐蔽、局部化、一致性以及适应性等特征。合适的设计方法有助于这些特征的实现，以达到软件工程的目标。

（3）提供高质量的工程支持。"工欲善其事，必先利其器"。在软件工程中，软件工具与环境对软件过程的支持颇为重要。软件工程项目的质量与开销直接取决于对软件工程所提供的支撑质量和效用。

（4）重视开发过程的管理。软件工程的管理，直接影响可用资源的有效利用，生产满足目标的软件产品，提高软件组织的生产能力等问题。因此，仅当软件过程得以有效管理时，才能实现有效的软件工程。

3．软件工程活动

软件工程活动是"生产一个最终满足需求且达到工程目标的软件产品所需要的步骤"。主要包括需求、设计、实现、确认以及支持等活动。需求活动包括问题分析和需求分析。问题分析获取需求定义，又称软件需求规约。需求分析生成功能规约。设计活动一般包括概要设计和详细设计。概要设计建立整个软件体系结构，包括子系统、模块以及相关层次的说明、每一模块接口定义。详细设计产生程序员可用的模块说明，包括每一模块中数据结构说明及加工描述。实现活动把设计结果转换为可执行的程序代码。确认活动贯穿于整个开发过程，实现完成后的确认，保证最终产品满足用户的要求。支持活动包括修改和完善。伴随以上活动，还有管理过程、支持过程、培训过程等。归结起来，软件工程活动包括以下基本内容。

1）需求

定义问题，即建立系统模型，包括以下主要任务。

- 需求获取：需求定义。

它是系统功能的一个正确的陈述。

- 需求规约：系统需求规格说明。

主要成分是系统模型，它是系统功能的一个精确、系统的描述。

- 需求验证：对获取的需求进行验证。

2）设计

在需求分析的基础上，给出系统的软件解决方案。

（1）总体设计

- 系统的软件体系结构；
- C/S 结构、B/S 结构；
- 以数据库为中心的结构；

- 管道结构；
- 面向对象的结构；
- 其他。

（2）详细设计
- 针对总体设计结果，给出每一构件的详细描述。

3）实现

选择可用的构件，或以一种选定的语言，对每一构件进行编码。

4）确认

贯穿软件开发的整个过程。

主要任务是：软件测试

5）支持
- 完善性维护；
- 纠错性维护。

这一软件工程框架告诉我们，软件工程的目标是可用性、正确性和合算性。实施一个软件工程要选取适宜的开发范型，要采用合适的设计方法，要提供高质量的工程支撑，要实行开发过程的有效管理。软件工程活动主要包括需求、设计、实现、确认和支持等活动，每一活动可根据特定的软件工程，采用合适的开发范型、设计方法、支持过程以及过程管理。根据软件工程这一框架，软件工程学科的研究内容主要包括：软件开发范型、软件开发方法、软件过程、软件工具、软件开发环境、计算机辅助软件工程（CASE）及软件经济学等。

19.2.3 软件生存周期

正如同任何事物一样，软件也有一个孕育、诞生、成长、成熟、衰亡的生存过程。我们称其为计算机软件的生存周期。根据这一思想，把上述基本的过程活动进一步展开，可以得到软件生存周期的六个阶段：软件项目计划、软件需求分析和定义、软件设计、程序编码、软件测试以及运行维护。

1．项目计划制订

确定要开发软件系统的总目标，给出它的功能、性能、可靠性以及接口等方面的要求；根据有关成本与进度的限制分析项目的可行性，探讨解决问题的可能方案；制定完成开发任务的实施计划，连同可行性研究报告，提交管理部门审查。

2．需求分析

对待开发软件提出的需求进行分析并给出详细的定义。可以用以下两种方式中的一种对需求进行分析和定义：

（1）正式的信息域分析，可用于建立信息流和信息结构的模型，然后逐渐扩充这些模型成为软件的规格说明。

（2）软件原型化方法，即建立软件原型，并由用户进行评价，从而确定软件需求。编写出软件需求说明书及初步的用户手册，提交管理机构评审。

3．软件设计

软件的设计过程分两步。

（1）进行概要设计，把已确定的各项需求转换成一个相应的体系结构，以结构设计和数据设计开始，建立程序的模块结构，定义接口并建立数据结构。此外，要使用一些设计准则来判断软件的质量。

（2）做详细设计，考虑设计每一个模块部件的过程描述，对每个模块要完成的工作进行具体的描述。编写设计说明书，提交评审。

4．程序编码

在设计完成之后，用一种适当的程序设计语言或CASE工具把软件设计转换成计算机可以接受的程序代码。应当就风格及清晰性对代码进行评审，而且反过来应能直接追溯到详细设计描述。

5．软件测试

在设计测试用例的基础上检验软件的各个组成部分。单元测试检查每一单独的模块部件的功能和性能。组装测试提供了构造软件模块结构的手段，同时测试其功能和接口。确认测试检查所有的需求是否都得到满足。在每一个测试步骤之后，都要进行调试，以诊断和纠正软件的故障。

6．运行维护

已交付的软件投入正式使用，并在运行过程中进行适当的维护。为改正错误，适应环境变化及功能增强而进行的一系列修改活动。与软件维护相关联的那些任务依赖于所要实施的维护的类型。

19.2.4 软件开发模型

软件开发模型是从软件项目需求定义直至软件经使用后废弃为止，跨越整个生存周期的系统开发、运作和维护所实施的全部过程、活动和任务的结构框架。

软件开发的承建单位必须首先制定适宜的开发策略，并建立相应的软件工程模型，以便对要交付的软件的开发过程实施有效的控制和管理。该策略的选择和模型的建立应当基于项目和应用的特点、覆盖软件开发的全过程并与项目合同中所规定的进度相协调。监理单位应该根据承建单位选定的模型制定自己的监理策略。

承建单位可根据软件开发项目的具体情况选择采用相应的开发策略、方法和模型，并要在有关文档中（例如在"项目开发计划"中）对所采用的软件工程方法与模型加以说明。下面对常见的软件开发模型进行简单介绍。

1．瀑布模型

瀑布模型规定了各项软件工程活动，包括：制定开发计划，进行需求分析和说明，软件设计，程序编码。测试及运行维护，并且规定了它们自上而下，相互衔接的固定次序，如同瀑布流水，逐级下落，如图19.2所示。

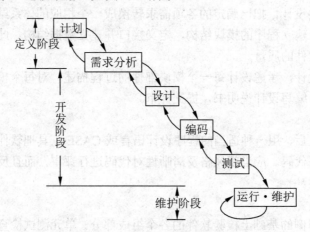

图 19.2 软件生存周期的瀑布模型

然而软件开发的实践表明，上述各项活动之间并非完全是自上而下，呈线性图式。实际情况是，每项开发活动均处于一个质量环（输入-处理-输出-评审）中。只有当其工作得到确认，才能继续进行下一项活动，在图19.2中用向下的箭头表示；否则返工，在图中由向上的箭头表示。

瀑布模型的开发策略是要求软件开发组织在进行软件开发时，要严格划分开发过程的每一个阶段，并根据工程化的有关规定，在"软件开发计划"及"软件质量保证计划"中反映每个阶段的活动。对每阶段的工作要进行认真的评审。只有在某个阶段的目标确实达到后，才能进入下一阶段的工作。

瀑布模型为软件开发和软件维护提供了一种理想情况下的管理模式，从理论上讲，对需求能严格地进行预先定义的软件开发项目是合适和有效的。然而在软件工程实践中，这一开发策略一旦遇到与假设不相符合的情况，就容易导致失败。尽管如此，该模型仍不失为一个很好的基准模型。事实上，在今天的软件工程实践中常常都是以瀑布模型为基础，综合采用其他各种模型的优点，以改善软件开发过程对现实情况的适应性。

2．原型模型

原型模型也称演化模型，此方法主要针对所要开发的系统的需求不是很清楚，需要一个可实际运行的工作演示系统,即原型,作为软件开发人员和用户学习、研究、试验和确定软件需求的工作平台。原型模型又可细分为增量模型和渐进模型。

1) 原型化开发方法在实际应用中一般用的步骤

(1) 快速分析。快速确定软件系统的基本要求。

(2) 构造原型。尽快实现一个可运行的系统。

(3) 运行和评价原型。验证原型的正确程度,根据用户的新设想,提出全面的修改意见。

(4) 修正和改进。首先修改并确定需求规格说明,然后再重新构造或修改原型。

(5) 判定原型是否完成。如果用户认可,迭代过程可以结束;否则,继续迭代。

(6) 判断原型细部是否说明。

(7) 原型细部的说明。

(8) 判定原型效果。

(9) 整理原型和提供文档。

2) 原型模型按需求分成增量模型及渐进模型两种

- 增量模型

对于需求不能很快全部明确的系统,软件开发项目难于做到一次开发成功,可使用此模型。此时,应尽可能明确已知的软件需求,完成相应的需求分析,并按瀑布模型的方法进行第一次开发工作。在系统集成时,通过实验找出需求中的欠缺和不足之处,明确那些未知的软件需求,再迭代进行增加部分的需求分析和开发。对有些系统这种反复可能要进行几次,但尽可能不要超过两次,否则难以控制软件的结构规模、开发质量和进度。

- 渐进模型

此模型主要是针对部分需求尽管明确但一时难以准确进行定义的系统设计。如用户的操作界面等。使用此模型时,可以先做初步的需求分析,之后立即进行设计和编码,随后与系统进行第一次集成(不做或少做测试)。根据集成后反映的问题,进一步做更全面的需求分析、设计、编码、测试和集成。

3. 螺旋模型

对于复杂的大型软件,开发一个原型往往达不到要求。螺旋模型将瀑布模型与演化模型结合起来,并且加入两种模型均忽略了的风险分析。螺旋模型沿着螺线旋转,如图19.3 所示,在笛卡尔坐标的四个象限上分别表达了四个方面的活动,即:

(1) 制定计划——确定软件目标,选定实施方案,弄清项目开发的限制条件;

(2) 风险分析——分析所选方案,考虑如何识别和消除风险;

(3) 实施工程——实施软件开发;

(4) 客户评估——评价开发工作,提出修正建议。

沿螺线自内向外每旋转一圈便开发出更为完善的一个新的软件版本。

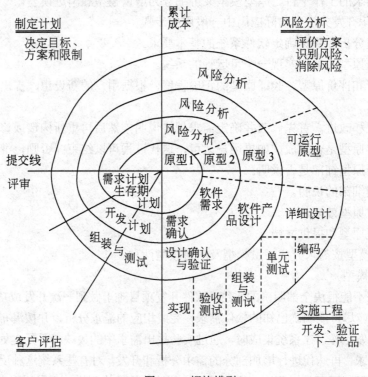

图 19.3 螺旋模型

螺旋模型是软件开发的高级策略,它不仅适合结构化方法而且更适合面向对象方法。它的实施将对软件开发组织的工作模式、人员素质、管理和技术水平产生深远的影响,是最有前途的过程模型之一。

4. 喷泉模型

喷泉模型对软件复用和生存周期中多项开发活动的集成提供了支持,主要支持面向对象的开发方法。"喷泉"一词本身体现了迭代和无间隙特性。系统某个部分常常重复工作多次,相关功能在每次迭代中随之加入演进的系统。所谓无间隙是指在开发活动,即分析、设计和编码之间不存在明显的边界,如图 19.4 所示。

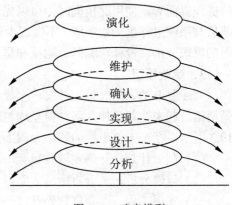

图 19.4 喷泉模型

19.3 软件配置管理

19.3.1 配置管理项

在软件生存周期内所产生的各种管理文档和技术文档、源代码列表和可执行代码，以及运行所需的各种数据，构成软件配置管理项。

19.3.2 配置管理库

各系统应在其所属各级中建立下列各库。

1．开发库（DL）

通常，开发库可仅在项目开发组内设立，并由其负责维护。

2．受控库（CL）

通常，受控库以软件配置项为单位建立并维护。

3．产品库（PL）

通常，产品库可在系统、子系统级上设立并维护。

各类库中应存放哪些软件成分，应视所开发软件的实际情况酌定。

19.3.3 质量要求

软件配置管理项是该软件的真正实质性材料，因此必须保持正确性、完备性和可追踪性。

任何软件配置管理项都必须做到"文实相符、文文一致"，以满足"有效性"、"可见性"和"可控性"要求。

19.3.4 管理规程

软件配置项不论大小都必须实施软件配置管理。但所管软件实体的多少，实施控制的方式和投入人力多少则与软件配置项的规模等级、安全性关键等级，以及风险大小有关。必须指出，对于安全性关键等级为 A、B 级的软件配置项的管理必须从严。

每个计算机系统均应制定软件配置管理规程，至少应明确规定：

（1）各级、各库中所管的软件实体的清单。

（2）保证安全性、可靠性、保密性、正确性、完备性、一致性和可追踪性的具体措施。

（3）入库控制办法和审批手续。

(4）出库条件及其必备的手续。
(5）变更控制办法和审批手续。

19.3.5 工具

为了严格、有效地实施软件配置管理，承建单位应使用软件配置管理工具，以满足上述质量要求。

19.4 软件测试

承建单位在目标计算机系统或业主单位批准的等同系统上，对每个计算机软件单元、计算机软件部件、整个软件和系统进行测试。

19.4.1 测试目的

（1）通过测试，发现软件错误。
（2）验证软件是否满足软件需求规格说明和软件设计所规定的功能、性能及其软件质量特性的要求。
（3）为软件质量的评价提供依据。

19.4.2 软件测试技术

虽然软件测试技术在不断地发展，但传统的分类方法仍然适用。按使用的测试技术不同可以将测试分为静态测试和动态测试，进一步地可以将静态测试分成静态分析和代码审查，将动态测试分成白盒测试和黑盒测试。

代码审查（包括代码评审和走查）主要依靠有经验的程序设计人员根据软件设计文档，通过阅读程序，发现软件错误和缺陷。代码审查一般按代码审查单阅读程序，查找错误。代码审查的内容包括：检查代码和设计的一致性；检查代码的标准性、可读性；检查代码逻辑表达的正确性和完整性；检查代码结构的合理性等。代码审查虽然在发现程序错误上有一定的局限性，但它不需要专门的测试工具和设备，且有一旦发现错误就能定位错误和一次发现一批错误等优点。

静态分析主要对程序进行控制流分析、数据流分析、接口分析和表达式分析等。静态分析一般由计算机辅助完成。静态分析的对象是计算机程序，程序设计语言不同，相应的静态分析工具也就不同。目前具备静态分析功能的软件测试工具有很多，如Purify、Macabe等。

白盒测试是一种按照程序内部的逻辑结构和编码结构设计并执行测试用例的测

试方法。采用这种测试方法,测试者需要掌握被测程序的内部结构。白盒测试通常根据覆盖准则设计测试用例,使程序中的每个语句、每个条件分支、每个控制路径都在程序测试中受到检验。白盒测试需要运行程序,并能在运行过程中跟踪程序的执行路径。

黑盒测试是一种从软件需求出发,根据软件需求规格说明设计测试用例,并按照测试用例的要求运行被测程序的测试方法。它较少关心程序内部的实现过程,侧重于程序的执行结果,将被测程序看成是不可见的黑盒子,因此被称为黑盒测试。黑盒测试着重于验证软件功能和性能的正确性,它的典型测试项目包括功能测试、性能测试、边界测试、余量测试和强度测试等。

19.4.3 软件测试工作规程

1. 制定"软件测试计划"

在测试前先要制定"软件测试计划"。

2. 编写"软件测试说明"

对各测试用例进行详细的定义和说明,在此阶段还应完成诸多测试用例所需的测试环境、测试软件的准备工作。对于软件安全性关键等级为 A、B 级或软件规模等级为 A、B 级的软件,软件开发单位必须组织此测试阶段的准备就绪评审,以审查测试用例、环境、测试软件、测试工具等准备工作是否全面、到位。测试用例设计要求:

(1)测试用例的设计应包括该测试用例的测试过程、测试输入数据、期望测试结果和评价测试结果的标准等。

(2)测试用例的输入应包括合理的(有效等价类)值、不合理的(无效等价类)值和边界值输入。

(3)为每个测试用例规定测试规程,包括运行测试用例的准备、初始化、中间步骤、前提和约束。

(4)把全部测试用例写入"软件测试说明"。

3. 执行软件测试

按照"软件测试计划"和"软件测试说明"对软件进行测试。在测试过程中,应填写"软件测试记录"。如果发现软件问题,应填写"软件问题报告单"。测试记录包括测试的时间、地点、操作人、参加人、测试输入数据、期望测试结果、实际测试结果及测试规程等。

4. 编制"软件测试报告"

具体的软件测试工作完成之后,依照"软件测试计划"、"软件测试说明"、"软件测试记录"对测试结果进行统计、分析和评估,在此基础上编制"软件测试报告"。

5. 修正软件测试过程中发现的问题

修正软件问题要有受控措施,应先填写"软件变更报告单",在得到同意的答复之后进行软件的修改(包括软件文档、程序和数据的全面修改),修改完成之后,必须进行回归测试。

6. 软件测试阶段评审

测试阶段工作全部完成之后,应组织本测试阶段的评审。

19.4.4 测试组织

1. 软件测试阶段

(1)计算机软件单元测试。适用对象为任一计算机软件单元。

(2)计算机软件集成测试。适用对象为由计算机软件单元组装得到的计算机软件部件。

(3)计算机软件确认测试。适用对象为完整的软件。

(4)系统测试。适用对象为整个计算机系统,包括硬件系统和软件系统。

在软件生存周期各阶段,应开展的软件测试活动如表 19-2 所示。

表 19-2 测试工作进程表

开发阶段/测试阶段	单元测试	集成测试	确认测试	系统测试
软件需求分析	无	无	完成确认测试计划	完成系统测试计划
软件概要设计	无	完成软件集成测试计划	开始设计确认试用例、编写确认测试说明	开始设计系统测试用例、编写系统测试说明
软件详细设计	完成软件单元测试计划	开始设计集成测试用例、编写集成测试说明		
软件编码	编写软件单元测试说明、执行软件单元测试、编写软件单元测试报告			
软件测试	无	完成集成测试说明、执行集成测试、进行测试分析、编写软件集成测试报告	完成软件确认测试说明、执行软件确认测试、进行测试分析、编写确认测试报告	完成系统测试说明、执行系统测试、进行测试分析、编写系统测试报告

2．测试组织

软件测试应由独立于软件设计开发的人员进行，根据软件项目的规模等级和安全性关键等级，软件测试可由不同机构组织实施。

（1）软件单元测试由承建单位自行组织，一般由软件开发组实施测试。

（2）软件集成测试由承建单位自行组织，软件开发组和软件测试组联合实施测试。

（3）软件确认测试由承建单位自行组织，软件测试组实施测试。

（4）系统测试应由业主单位组织，成立联合测试组（一般由专家组、业主单位、软件评测单位、承建单位等联合组成测试组）实施测试。

19.4.5　软件问题报告和软件变更报告

承建单位在测试过程中应编制"软件问题报告"和"软件变更报告"，描述在配置控制下的软件或文档中发现的各种问题。"软件问题报告"和"软件变更报告"应描述必需的纠错工作和解决问题所进行的各项活动。

19.4.6　纠错工作过程

承建单位应建立和实施纠错工作规程，以便处理在配置控制下和按产品合同要求进行软件开发活动中发现的问题。纠错工作规程应遵照《软件配置管理》执行。

19.5　软件评审

19.5.1　评审目的

软件评审是为了使软件开发按软件工程提出的过程循序进行，在各研制阶段结束时，检查该阶段的工作是否完成，所提交的软件阶段产品是否达到了规定的质量和技术要求，决定是否可以转入下一阶段研制工作。

19.5.2　评审组织

评审分为内部评审和外部评审。

1．内部评审

内部评审由承建单位组织并实施。评审人员由软件开发组、质量管理和配置管理人员组成，可邀请业主单位参加。根据软件的规模等级和安全性关键等级组成五至九人的评审组进行。评审的内容可参照外部评审的内容和要求处理，评审步骤可以简化，但对软件开发的各个阶段都要进行内部评审。

2. 外部评审

对规模等级大和安全性关键等级高的软件必须进行外部评审。外部评审由业主单位主持，承建单位组织，成立评审委员会。评审委员会由业主单位、承建单位和一定数量（占评审委员会总人数的 50%以上）的软件专家组成员组成，人数七人以上（单数），设主任一人，副主任若干人。评审委员会与软件专家组共同进行评审。评审分专家组审查和评委会评审两步完成。软件专家组进行审查，评审委员会进行评审。

19.5.3 评审对象

内部评审对每个软件的每个开发阶段都要进行；外部评审在内部评审的基础上进行。一般情况下，软件需求分析、概要设计、确认测试和系统测试阶段应进行外部评审。

19.5.4 外部评审的步骤

1. 提出评审申请

承建单位在本阶段工作完成并通过内部评审后，至少提前十天提出外部评审申请，同时将评审文档及资料交给软件专家组成员进行审查。

2. 成立评审组织

成立评审委员会。宣布评审委员会的组成成员和参加审查组的软件专家组成员。

（1）评审委员会成员一般应包括：
- 软件专家组成员（占评审委员会总人数的 50%以上）；
- 质量管理人员；
- 科研计划管理人员；
- 开发组成员；
- 业主单位代表。

（2）审查组成员组成及要求：
- 审查组由软件专家组成；
- 参加同一个项目的软件专家组成员应相对稳定。

3. 专家组审查

由软件专家组负责人主持在专家组内进行：

（1）审议并确认上一阶段评审中确定的问题（如果存在时）的处理情况。对存在问题未做处理或未进配置管理的软件项目，原则上不再进行本阶段评审。

（2）按相应阶段的评审内容，审查有关文档和资料。每个软件专家组成员在评审会之前将自己的意见按要求填写在"软件评审问题（个人）记录表"。参照"软件评审问题归类参照表"给出问题的类型，填好后交专家组。

(3)专家组对专家提交的"软件评审问题(个人)记录表"逐项审议,再汇总、合并、分类,确定每个问题的权值调整值,形成"软件评审问题(专家组)记录表"。

(4)听取并审查软件项目开发组的工作报告。

(5)了解软件开发情况和存在的问题。

(6)结合工作报告的情况对经过整理的"软件评审问题(专家组)记录表"修改完善并确认,形成专家组的一致意见。

(7)将"软件评审问题(专家组)记录表"内容计算得分。

(8)形成"软件专家组审查报告表",专家组负责人签字。

(9)在"软件专家组成员登记表"上签字。

4. 评审委员会外部评审

由评审委员会主任主持在评审委员会进行:

(1)审阅文档,审查开发组的工作报告,了解软件开发情况和存在的问题,审查测试结果(当为测试阶段评审时)。

(2)评审委员会成员对审查出的问题,由专家组负责将其整理并纳入专家组形成的统一的"软件评审问题(专家组)记录表"。

(3)审议软件专家组审查意见。

(4)将整理好的"软件评审问题(专家组)记录表"内容计算得分,为最终确定评审结论做参考。

(5)审查软件开发进度。

(6)审查本项目对其他系统的影响。

(7)形成评审意见和结论。

(8)评审委员会成员在"评审委员会成员登记表"上签字。

5. 评审结论

(1)专家组审查结论

专家组审查结论分为:通过和不通过,并以此向评审委员会提出建议。

通过情况下,承建单位对提出的软件问题要限期修改,修改情况由软件专家组负责人同意签字后可转入下一阶段工作。不通过情况下,对提出的问题由承建单位重新做工作后,再提出评审申请进行复审。在复审通过前不能转入下一阶段工作。复审的步骤与外部评审相同。

(2)评审委员会评审结论

评审委员会评审结论同样是:通过和不通过。

专家组审查结论为通过,并且评审委员会在评审中没有发现重要问题(专家组审查时没有发现的)时,评审结论为"通过"。对评审中存在的问题,限期由承建单位组织修改，修改情况经评审委员会主任签字后，可转入下一阶段工作。

专家组审查结论为不通过，或者评审委员会在评审过程中发现重要问题（专家组审查时没有发现的）时，则评审结论为"不通过"。对提出的问题由承建单位重新做工作后，再提出评审申请进行复审。在复审通过前不能转入下一阶段工作。复审的步骤与外部评审相同。

6．对外部评审结论的处理

（1）整理并形成评审文件

评审文件的内容包括：评审申请、评审会议日程安排表、软件评审问题（专家组）记录表、参加评审会的软件专家组成员登记表、评审委员会成员登记表、软件专家组审查报告表、评审结论等。

评审中还存在问题时，承建单位对提出的问题进行修改，修改情况评审委员会主任、软件专家组负责人签字；将修改情况和评审文件形成配置文档纳入配置管理。

评审不通过，即评审过程中还存在重大问题时，承建单位按提出的问题重新做本阶段工作；完成后提出本阶段复审申请；进行复审。复审的步骤与外部评审相同。

（2）形成评审配置文档

形成本阶段评审配置文档，作为下一阶段工作的依据。它是配置管理项的组成部分，内容包括：评审文件、承建单位提交的本阶段评审文档等。

（3）专家组保留评审文件

在软件专家组保留本阶段评审文件的副本，作为检查本阶段评审后续工作落实的依据和下阶段评审进入的条件。内容包括：评审文件、承办方提交的本阶段评审文档等。

19.6 软件维护

软件维护是软件产品交付使用后，为纠正错误或改进性能与其他属性，或使软件产品适应改变了的环境而进行的修改活动。软件维护一般分为纠错性维护、适应性维护和完善性维护三种类型。

19.6.1 软件维护类型

1．纠错性维护

纠正在开发阶段产生而在测试和验收过程没有发现的错误。其主要内容包括：

（1）设计错误；

（2）程序错误；

（3）数据错误；

(4)文档错误。

2．适应性维护

为适应软件运行环境改变而作的修改。环境改变的主要内容包括：

(1)影响系统的规则或规律的变化；

(2)硬件配置的变化，如机型、终端、外部设备的改变等；

(3)数据格式或文件结构的改变；

(4)软件支持环境的改变，如操作系统、编译器或实用程序的变化等。

3．完善性维护

为扩充功能或改善性能而进行的修改。修改方式有插入、删除、扩充和增强等。主要内容包括：

(1)为扩充和增强功能而做的修改，如扩充解题范围和算法优化等；

(2)为改善性能而作的修改，如提高运行速度、节省存储空间等；

(3)为便于维护而做的修改，如为了改进易读性而增加一些注释等。

19.6.2 软件维护组织

在进行软件维护工作时，必须建立软件维护组织。该组织应包括：

(1)软件维护管理机构；

(2)软件维护主管；

(3)软件维护管理员；

(4)软件维护小组。

软件维护组织的主要任务是审批维护申请，制订并实施维护计划，控制和管理维护过程，负责软件维护的复查，组织软件维护的评审和验收，保证软件维护任务的完成。

19.7 软件工程标准

19.7.1 软件工程标准化的意义

在开发一个软件时，需要有许多层次、不同分工的人员相互配合；在开发项目的各个部分以及各开发阶段之间也都存在着许多联系和衔接问题。如何把这些错综复杂的关系协调好，需要有一系列统一的约束和规定。在软件开发项目取得阶段成果或最后完成时，还需要进行阶段评审和验收测试。投入运行的软件，其维护工作中遇到的问题又与开发工作有着密切的关系。软件的管理工作则渗透到软件生存期的每一个环节。所有这些都要求提供统一的行为规范和衡量准则，使得各种工作都能有章可循。

软件工程的标准化会给软件工作带来许多好处,比如:
- 可提高软件的可靠性、可维护性和可移植性;
- 可提高软件的生产率;
- 可提高软件人员的技术水平;
- 可提高软件人员之间的通信效率,减少差错和误解;
- 有利于软件管理,有利于降低软件产品的成本和运行维护成本;
- 有利于缩短软件开发周期。

随着人们对计算机软件的认识逐渐深入,软件工作的范围从只是使用程序设计语言编写程序,扩展到整个软件生存期。诸如软件概念的形成、需求分析、设计、实现、测试、安装和检验。运行和维护,直到软件淘汰(为新的软件所取代)。同时还有许多技术管理工作(如过程管理、产品管理、资源管理)以及确认与验证工作(如评审和审核、产品分析、测试等)常常是跨越软件生存期各个阶段的专门工作。所有这些方面都应当逐步建立起标准或规范来。另一方面,软件工程标准的类型也是多方面的。根据中国国家标准 GB/T 15538-1995《软件工程标准分类法》,有以下软件工程标准的类型。

- 过程标准:如方法、技术、度量等。
- 产品标准:如需求、设计、部件、描述、计划、报告等。
- 专业标准:如职别、道德准则、认证、特许、课程等。
- 记法标准:如术语、表示法、语言等。

19.7.2 软件工程标准的制定与推行

软件工程标准的制定与推行通常要经历一个环状的生命周期,如图 19.5 所示。最初,制定一项标准仅仅是初步设想,经发起后沿着环状生命期,顺时针进行要经历以下的步骤:

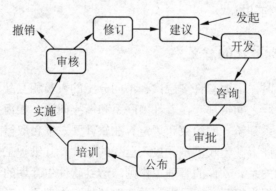

图 19.5 软件工程标准的环状生命期

(1) 建议，拟订初步的建议方案；
(2) 开发，制定标准的具体内容；
(3) 咨询，征求并吸取有关人员的意见；
(4) 审批，由管理部门决定能否推出；
(5) 公布，公布发布，使标准生效；
(6) 培训，为推行标准准备人员条件；
(7) 实施，投入使用，须经历相当期限；
(8) 审核，检验实施效果，决定修改还是撤销；
(9) 修订，修改其中不适当的部分，形成标准的新版本，进入新的周期。

为使标准逐步成熟，可能在环状生命周期上循环若干圈，需要做大量的工作。

19.7.3 软件工程标准的层次

根据软件工程标准制定的机构和标准适用的范围有所不同，它可分为五个级别，即国际标准、国家标准、行业标准、企业（机构）标准及项目（课题）标准。以下分别对五级标准的标识符和标准制定（或批准）的机构做一简要说明。

1. 国际标准

由国际联合机构制定和公布，提供各国参考的标准，如 ISO（International Standards Organization）——国际标准化组织。这一国际机构有着广泛的代表性和权威性，它所公布的标准也有较大的影响。1960 年初，该机构建立了"计算机与信息处理技术委员会"，简称 ISO / TC97，专门负责与计算机有关的标准化工作。这一标准通常冠有 ISO 字样，如 ISO 8631-86 Information processing–program constructs and conventions for their representation《信息处理——程序构造及其表示法的约定》。该标准现已由中国收入国家标准。

2. 国家标准

由政府或国家级的机构制定或批准，适用于全国范围的标准，如：

- GB——中华人民共和国国家技术监督局是中国的最高标准化机构，它所公布实施的标准简称为"国标"。现已批准了若干个软件工程标准。
- ANSI（American National Standards Institute）——美国国家标准协会。这是美国一些民间标准化组织的领导机构，具有一定的权威性。
- FIPS（NBS）（Federal Information Processing Standards（National Bureau of Standards））——美国商务部国家标准局联邦信息处理标准。它所公布的标准均冠有 FIPS 字样。如 1987 年发表的 FIPS PUB 132-87 Guideline for validation and verification plan of computer software（软件确认与验证计划指南）。

- BS（British Standard）——英国国家标准。
- DIN（Deutsches Institut für Normung）——德国标准协会。
- JIS（Japanese Industrial Standard）——日本工业标准。

3．行业标准

由行业机构、学术团体或国防机构制定，并适用于某个业务领域的标准，如：

- IEEE（Institute of Electrical and Electronics Engineers）——美国电气与电子工程师学会。近年该学会专门成立了软件标准分技术委员会（SESS），积极开展了软件标准化活动，取得了显著成果，受到了软件界的关注。IEEE 通过的标准经常要报请 ANSI 审批，使之具有国家标准的性质。因此，日常看到 IEEE 公布的标准常冠有 ANSI 的字头。例如，ANSI / IEEE Str 828-1983《软件配置管理计划标准》。
- GJB——中华人民共和国国家军用标准。这是由中国国防科学技术工业委员会批准，适合于国防部门和军队使用的标准。例如，1988 年实施的 GJB 437-88《军用软件开发规范》；GJB 438-88《军用软件文档编制规范》。
- DOD_STD（Department Of Defense_STanDards）——美国国防部标准，适用于美国国防部门。
- MIL_S（MILitary_Standard）——美国军用标准，适用于美军内部。

此外，近年来中国许多经济部门（例如原航空航天部、原国家机械工业委员会、对外经济贸易部、石油化学工业总公司等）都开展了软件标准化工作，制定和公布了一些适合于本部门工作需要的规范。这些规范大多参考了国际标准或国家标准，对各自行业所属企业的软件工程工作起到了有力的推动作用。

4．企业规范

一些大型企业或公司，由于软件工程工作的需要，制定适用于本部门的规范。例如，美国 IBM 公司通用产品部（General Products Division）1984 年制定的《程序设计开发指南》，仅供该公司内部使用。

5．项目规范

由某一科研生产项目组织制定，且为该项任务专用的软件工程规范。例如，计算机集成制造系统（CIMS）的软件工程规范。

6．软件工程的国家标准

1983 年 5 月中国原国家标准总局和原电子工业部主持成立了"计算机与信息技术标准化技术委员会"，下设 13 个分技术委员会。与软件相关的程序设计语言分委员会和软件工程技术分委员会。中国制定和推行标准化工作的总原则是向国际标准靠拢，对于能够在中国适用的标准一律按等同采用的方法，以促进国际交流。这里，等同采用是要使自己的标准与国际标准的技术内容完全相同，仅稍做编辑性修改。

从 1983 年起到现在，中国已陆续制定和发布了 20 项国家标准。这些标准可分为四类：基础标准，开发标准，文档标准和管理标准。

在表 19-3 中分别列出了这些标准的名称及其标准号。除了国家标准以外，近年来中国还制定了一些国家军用标准。根据国务院、中央军委在 1984 年 1 月颁发的军用标准化管理办法的规定，国家军用标准是指对国防科学技术和军事技术装备发展有重大意义而必须在国防科研、生产、使用范围内统一的标准。凡已有的国家标准能满足国防系统和部队使用要求的，不再制定军用标准。

表 19-3 中国的软件工程标准

分类	标准名称	标准号	
基础标准	信息处理——数据流程图、程序流程图、系统流程图、程序网络图和系统资源图的文件编辑符号及约定	GB 1526-89	ISO 5807-1985
	软件工程术语	GB/T 11457-89	
	软件工程标准分类法	GB/T 15538-95	ANSI/IEEE 1002
	信息处理——程序构造及其表示法的约定	GB 13502-92	ISO 8631
	信息处理——单命中判定表的规范	GB/T 15535-95	ISO 5806
	信息处理系统——计算机系统配置图符号及其约定	GB/T 14085-93	ISO 8790
开发标准	软件开发规范	GB 8566-88	
	计算机软件单元测试	GB/T 15532-95	
	软件支持环境		
	信息处理——按记录组处理顺序文卷的程序流程		ISO 6593-1985
	软件维护指南	GB/T 14079-93	
文档标准	软件文档管理指南		
	计算机软件产品开发文件编制指南	GB 8567-88	
	计算机软件需求说明编制指南	GB 9385-88	ANSI/IEEE 829
	计算机软件测试文件编制规范	GB 9386-88	ANSI/IEEE 830
管理标准	计算机软件配置管理计划规范	GB/T 12505-90	IEEE 828
	信息技术 软件产品评价 质量特性及其使用指南	GB/T 12260-96	ISO/IEC 9126-91
	计算机软件质量保证计划规范	GB 12504-90	ANSI/IEEE 730
	计算机软件可靠性和可维护性管理	GB/T 14394-93	
	质量管理和质量保证标准 第三部分：GB/T 19001-ISO 9001 在软件开发、供应和维护中的使用指南	GB/T 19000.3-94	ISO 9000-3-93

注：GB—国家标准；T—推荐标准

19.8 软件开发文档

19.8.1 文档的种类

在软件开发过程中，承建单位需要根据软件关键等级和软件规模等级的不同，有选择地产生下列文档，选择原则详见 19.8.3 节。

GB 8567-88《计算机软件产品开发文件编制指南》中规定，在软件的开发过程中，一般地说，应该产生 14 种文件。这 14 种文件是：

（1）可行性研究报告；
（2）项目开发计划；
（3）软件需求说明书；
（4）数据要求说明书；
（5）概要设计说明书；
（6）详细设计说明书；
（7）数据库设计说明书；
（8）用户手册；
（9）操作手册；
（10）模块开发卷宗；
（11）测试计划；
（12）测试分析报告；
（13）开发进度月报；
（14）项目开发总结报告。

GB 8567-88《计算机软件产品开发文件编制指南》提出了在软件开发中文件编制的要求，但并不意味着这些文件都必须交给业主。业主应该得到的文件的种类由承建单位与业主之间签订的合同、合同附件或其他具有同等效力的文件规定。

对于一项软件而言，其生存期各阶段与各种文件编写工作的关系人员与文档关系可见表 19-4，其中有些文件的编写工作可能要在若干个阶段中延续进行。

表 19-4 软件生存期各阶段中的文件编制

文档 \ 阶段	软件规划	需求分析	软件设计	编码与单元测试	试运行	运行维护	管理人员	开发人员	维护人员	用户
可行性研究报告	→						■	■		

续表

阶段\文档	软件规划	需求分析	软件设计	编码与单元测试	试运行	运行维护	管理人员	开发人员	维护人员	用户
项目开发计划	→→						■	■		
软件需求规格说明		→						■		
数据需求规格说明		→						■		
测试计划		→→						■		
概要设计规格说明			→					■	■	
详细设计规格说明			→					■	■	
用户手册	→→→									■
操作手册		→→								■
测试分析报告					→			■	■	
开发进度月报	→→→→						■			
项目开发总结	→→→→→						■			
程序维护手册（维护修改建议）					→		■		■	

19.8.2 文档的结构

1．封面格式

图 19.6 是封面的参考格式。

2．修改页

记录软件或文档从第一版本以来所有的修改情况。记录内容应包括版本号、日期、所修改章节、所修改页、备注等项目。

3．目录编写要求

目录的内容包括章节、图表和附录的编号、标题及其所在页的页码。标题与页码之间用符号"……"连接。目录应另编页码，不与正文部分和附录部分的页码连接。

4．正文编写要求

文档正文除对规定的内容进行合理取舍（见 19.8.3 节）外，在特别需要时，可以在有关章、节之后加入"其他说明"，并按顺序编章、节号。

5．注释编写要求

注释应包括能帮助了解该文档的各种信息（如背景信息、词汇表），及该文档所用的全部术语和缩略语及其定义。

图 19.6 文档封面参考格式图

6. 附录编写要求

附录提供为使文档内容更加完整而单独列出的信息（如图、分类数据等）。每个附录都应在文档的正文中被引用。为方便起见，这些附录也可单独装订。这些附录应按字母顺序（A、B等分类），并且每个附录中的小节编号均须加上附录字母（如附录 A 的 A1、A2 等）。每个附录中的页也可单独编页码。

19.8.3 文档的取舍与合并

1. 文档的取舍方法

可根据各系统或子系统软件安全性关键等级和软件规模等级选择取舍有关软件文档。"系统/子系统设计文档"以及"软件开发计划"编写完成后，系统或子系统的设计部门要对软件提出软件功能和软件质量的要求。

从"软件需求说明"以及之后的文档要由承建单位编写。表 19-5 是文档的取舍与合并的指导性原则，表中表明的是至少要求的文档的种类。

表 19-5 文档的取舍与合并原则表

文档 \ 性质取舍	规模:巨、中、大	规模:小、微	关键等级 A、B	关键等级 C、D	嵌入式软件	固件
软件开发计划	√	√	√	√	√	
软件开发任务书	√	√	√	√	√	
软件评测任务书	*	*	*	*	*	
质量保证计划	√	√	√	√	√	
软件需求规格说明	√	√	√	√	√	
接口需求和设计文档	✂	√	√	√	√	●
软件设计文档	✂	√	√	√	√	
数据库设计说明	● (使用数据库的系统或 CSCI 才有。可合并到软件设计文档中去)					
软件测试计划	√	√	√	√		
软件测试说明	√	●	√	√	●	●
软件测试报告	√					
计算机系统操作员手册	√	√				
软件产品规格说明	*	*	*	*	*	
软件程序员手册	二次开发用		二次开发用			
软件用户手册	√	√	√	√	●	
版本说明文档	√	√	√	√		
固件保障手册						√

注:当软件同时适用于几个类别时,按最高的要求处理。
规模和关键等级的划分见"总装备部计算机软件研制工作管理要求"。
√——选取,●——可合并,✂——可拆分,*——根据需要选取。

2. 文档的拆分

当被开发系统的规模非常大(如源码超过一百万行)时,一种文件可以分成几卷编写,可以按每一个系统分别编制,也可以按内容划分成多卷,例如

项目开发计划可能包括:质量保证计划
　　　　　　　　　　　　配置管理计划
　　　　　　　　　　　　用户培训计划
　　　　　　　　　　　　安装实施计划
系统设计说明书可分写成:系统设计说明书
　　　　　　　　　　　　子系统设计说明书
程序设计说明书可分写成:程序设计说明书

　　　　　　　　　接口设计说明书
　　　　　　　　　版本说明
　　操作手册可分写成：操作手册
　　　　　　　　　安装实施过程
　　测试计划可分写成：测试计划
　　　　　　　　　测试设计说明
　　　　　　　　　测试规程
　　　　　　　　　测试用例
　　测试分析报告可分写成：综合测试报告
　　　　　　　　　　验收测试报告
　　项目开发总结报告可分写成：项目开发总结报告
　　　　　　　　　　　资源环境统计

3. 裁剪说明

裁剪是指对某个文档的具体章、节或子节的取舍，若某章、节或子节被裁剪，只需在该节注明："此章（节）无内容"即可。若裁剪的是整节（包括其所有子节），则只需在最高层的节标题中加以说明。

4. 有关引用文件

各文档中都规定了要列写的引用文件。为避免信息冗余，只有当文档切实引用了更高一层的说明或交叉引用其他有关文件的具体章、节、图表等信息时，才列写引用文件。避免无目的地列写许多没有实际应用的文件。

19.9　软件工业化生产时代的基础技术和方法

新世纪开始了，我们的社会正在步入知识经济时代。知识经济的特点在于创造价值的主要源泉已不再是依赖于资源、资本和人的简单劳动，而是依赖于人的智慧和科技的创新。人类文明的发展史已充分地证明，科技的更新对生产力的发展起着决定性的作用，对于知识经济时代，此作用则应更加明显。

随着计算机和 Internet 的广泛普及和推广应用，计算机软件已成为信息时代社会的最重要的基础设施。过去虽然也强调软件的重要，但从来还没有把它提到如此的高度。我们需要对软件的重要性来一个再认识。细想起来确实如此，现在的生活、工作、学习等各方面已经离不开计算机了，正如同我们的社会离不开水和电力一样。而软件则是计算机工作的核心。

然而现实上，软件这个基础设施却显得相当脆弱和不可靠。随着计算机和网络的普及软件变得越来越复杂,需求愈来愈多。可是目前缺乏快速开发各种满足质量要求、安全、可靠的软件的合用技术,软件的生产能力远远满足不了飞速发展的实际需求。因此可以这样说,新世纪软件技术遇到的最大挑战是寻找和开发新技术,大幅度地提高软件的质量和生产率,以满足软件飞速发展的需求。

如果把当前信息技术的新动向归纳一下,软件发展第三个时代,即软件工业化生产时代,以20世纪90年代中期软件过程技术的成熟和面向对象技术、构件技术的发展为基础,已经渐露端倪,估计到2010年,可以实现真正的软件工业化生产,这个趋势应该引起我们的高度重视。那么,什么是软件过程技术、面向对象技术和软件构件技术,它究竟对软件的开发和应用有些什么作用,它的发展现状如何,包括哪些相关的内容,构件技术的突破对软件产业的发展会带来什么影响,这些也都是监理工程师所必须了解和掌握的内容,只有这样才能够做好信息工程监理工作。下面将围绕这些方面的问题,进行简要的叙述。

19.9.1 软件过程技术

50多年来计算事业的发展使人们认识到要高效率、高质量和低成本地开发软件,必须改善软件生产过程。软件生产转向以改善软件过程为中心,是世界各国软件产业迟早都要走的道路。软件工业已经或正在经历着"软件过程的成熟化",并向"软件的工业化"渐进过渡。规范的软件过程是软件工业化的必要条件。

软件过程研究的是如何将人员、技术和工具等组织起来,通过有效的管理手段,提高软件生产的效率,保证软件产品的质量。

1. 软件过程流派

目前软件过程流派主要有三个:CMU-SEI 的 CMM/PSP/TSP、ISO 9000 质量标准体系及 ISO/IEC 15504(SPICE)。

1)CMU-SEI 的 CMM/PSP/TSP

20世纪80年代中期国际软件产业界对软件的研究十分重视,因为在采用软件工程方法克服软件危机的过程中,人们认识到,软件是否完善是软件风险大小的决定因素。这方面的研究取得了重大的突破,其标志是1987年美国 Carnegie Mellon 大学软件工程研究所(CMU/SEI)以 W.S.Humphrey 为首的研究组发表的研究成果"承制方软件工程能力的评估方法",并在1991年发展成为 CMM(软件过程能力成熟度模型)。软件过程能力成熟度模型被国际软件界公认为软件工程学的一项重大成果。目前,软件能力成熟度模型 2.0 版已经修订问世。CMM 在软件工程的实践方面已有很大的影响,在工业界已得到广泛接受,不仅已用于军事控制系统,而且已用于全球经济领域的主要组织。有数千个组织在利用 CMM 的软件过程改进。在美国,关于 CMM 模型的教程已经作为参考和研究的对象出现了，这样做是为了让 CMM 模型极其相关问题引起工业界的更密切地关注。基于 CMM 模型的工具如成熟度问题集、软件过程评估训练和软件能力评价训练已经在 CMM 中渐渐得到修订。近期的关于 CMM 的活动主要是发展关于 CMM 模型的不同版本。由于 CMM 并未提供有关实现 CMM 关键过程域所需的具体知识和技能，因此，美国 Carnegie Mellon 大学软件工程研究所以 W.S.Humphrey 为首主持研究与开发了个体软件过程 PSP（Personal Software process）和群组软件过程 TSP（Team Software Process），形成了 CMM/PSP/TSP 体系。

2）ISO 9000 质量标准体系

最初的软件质量保证系统是在 20 世纪 70 年代由欧洲首先采用的，其后在美国和世界其他地区也迅速地发展起来。目前，欧洲联合会积极促进软件质量的制度化，提出了如下 ISO9000 软件标准系列：ISO9001、ISO9000-3、ISO9004-2、ISO9004-4、ISO9002。这一系列现已成为全球的软件质量标准。除了 ISO9000 标准系列外，许多工业部门、国家和国际团体也颁布了特定环境中软件运行和维护的质量标准，如 IEEE 标准 729-1983、730-1984、Euro Norm EN45012 等。

3）ISO/IEC 15504（SPICE）

CMM 的方法很快就引起了软件界的广泛关注，1991 年国际标准化组织采纳了一项动议，开展调查研究，在此后引发了一系列的研究工作，现已取得重要成果，产生了技术报告 ISO/IEC 15504《信息技术-软件过程评估》。从该技术报告的内容来看，其基本的目的和思路，均与 CMU/SEI 的 CMM 相似。

目前，学术界和工业界公认美国 Carnegie Mellon 大学软件工程研究所（CMU/SEI）以 W.S.Humphrey 为首主持研究与开发的软件能力成熟度模型 CMM 是当前最好的软件过程，已成为业界事实上的软件过程的工业标准。因此，在下面仅讨论 CMU-SEI 的 CMM/PSP/TS。

2．CMM 软件过程成熟度模型概要

1）比较

在介绍 CMM 内容之前，首先概述一下不成熟软件组织与成熟软件组织的差异。在不成熟的软件单位，软件过程一般由实践者及其管理者在项目进程中临时拼凑而成，因而推迟进度和超出预算已成为惯例，产品质量难以预测，有时为了满足进度要求，常在产品功能和质量上做出让步。

然而，一个成熟软件组织具有在全组织范围内管理软件、开发过程和维护过程的能力，规定的软件过程被正确无误地通知到所有员工，工作活动均按照已规划的过程进行。并通过可控的先导性试验和费效分析使这些过程得到改进，对已定义过程中的所有岗位及其职责都有清楚的描述，且通过文档与培训使全组织有关人员对已定义的软件过程都有很好的理解,从而使其软件过程所导致的生产率和质量能随时间的推移得到改进。

表 19-6 给出了不成熟和成熟软件组织的比较,这种比较分析不仅是形成软件能力成熟模型的基础,也有利于理解该模型。

表 19-6 不成熟软件组织与成熟软件组织的比较

类别	不成熟的软件组织	成熟的软件组织
软件过程	临时拼凑、不能贯彻	有统一标准,且切实可行,并不断改进;通过培训,全员理解,各司其职,纪律严明
管理方式	反应式	主动式,监控产品质量和顾客满意程度
进度、经费估计	无实际根据,资源受限时,常在质量上作让步	有历史数据和客观依据,比较准确
质量管理	问题判断无基础,进度滞后时,常减少或取消评审、测试等保证质量的活动	产品质量有保证,软件过程有纪律,有必要的支持性基础设施

2)CMM 的一些基本概念

(1)软件过程:人们用于开发和维护软件及其相关过程的一系列活动,包括软件工程活动和软件管理活动。

(2)软件过程能力:描述(开发组织或项目组)遵循其软件过程能够实现预期结果的程度,它既可针对整个软件开发组织,也可针对一个软件项目而言。

(3)软件过程性能:表示(开发组织或项目组)遵循其软件过程所得到的实际结果,软件过程性能描述的是已得到的实际结果,而软件过程能力则描述的是最可能的预期结果,它既可对整个软件开发组织,也可对一个特定项目。

(4)软件过程成熟:一个特定软件过程被明确和有效地定义、管理测量和控制的程度。

(5)软件能力成熟度等级:软件开发组织在走向成熟的途中几个具有明确定义的表示软件过程能力成熟度的平台。

(6)关键过程域:每个软件能力成熟度等级包含若干个对该成熟度等级至关重要的过程域,它们的实施对达到该成熟度等级的目标起到保证作用。这些过程域就称为该成熟度等级的关键过程域,反之有非关键过程域是指对达到相应软件成熟度等级的目标不起关键作用。可归纳为,互相关联的若干软件实践活动和有关基础设施的一个集合。

(7)关键实践:对关键过程域的实践起关键作用的方针、规程、措施、活动以及相关基础设施的建立。关键实践一般只描述"做什么",而不强制规定"如何做"。整个软件过程的改进是基于许多小的、渐进的步骤,而不是通过一次革命性的创新来实现的,这些小的渐进步骤就是通过一些关键实践来实现。

(8)软件能力成熟度模型:随着软件组织定义、实施、测量、控制和改进其软件过程,软件组织的能力也伴随着这些阶段逐步前进,完成对软件组织进化阶段的描述模型。

3)CMM 模型概要

软件开发的风险之所以大,是由于软件过程能力低,其中最关键的问题在于软件开发组织不能很好地管理其软件过程,从而使一些好的开发方法和技术起不到预期的作用。而且项目的成功也是通过工作组的杰出努力,所以仅仅建立在可得到特定人员上的成功不能为全组织的生产和质量的长期提高打下基础,必须在建立有效的软件工程实践和管理实践的基础设施方面,坚持不懈地努力,才能不断改进,才能持续地成功。

CMM 提供了一个框架,将软件过程改进的进化步骤组织成五个成熟等级,为过程不断改进奠定了循序渐进的基础。这五个成熟度等级定义了一个有序的尺度,用来测量一个组织的软件过程成熟和评价其软件过程能力,这些等级还能帮助组织自己对其改进工作排出优先次序。成熟度等级是已得到确切定义的,也是在向成熟软件组织前进途中的平台。每一个成熟度等级为连续改进提供一个台基。每一等级包含一组过程目标,通过实施相应的一组关键过程域达到这一组过程目标,当目标满足时,能使软件过程的一个重要成分稳定。每达到成熟框架的一个等级,就建立起软件过程的一个相应成分,导致组织能力一定程度的增大。

表 19-7 给出了 CMM 模型概要,表中的五个等级各有其不同的行为特征。要通过描述不同等级组织的行为特征:即一个组织为建立或改进软件过程所进行的活动,对每个项目所进行的活动和所产生的横跨各项目的过程能力。

表 19-7 CMM 模型概要

过程能力等级	特 点	关键过程域
第一级 初始级	软件过程是无序的,有时甚至是混乱的,对过程几乎没有定义,成功取决于个人努力;管理是反应式(消防式)	
第二级 可重复级	建立了基本的项目管理过程来跟踪费用、进度和功能特性。制定了必要的过程纪律,能重复早先类似应用项目取得成功	需求管理 软件项目计划 软件项目跟踪和监督 软件子合同管理 软件质量保证 软件配置管理

续表

过程能力等级		特点	关键过程域
第三级	已定义级	已将软件管理和工程文档化、标准化，并综合成该组织的标准软件过程；所有项目均使用经批准、剪裁的标准软件过程来开发和维护软件。	组织过程定义 组织过程焦点 培训大纲 集成软件管理 软件产品工程 组织协调 同行专家评审
第四级	已定量管理级	收集对软件过程和产品质量的详细度量，对软件过程和产品都有定量的理解与控制	定量的过程管理 软件质量管理
第五级	优化级	过程的量化反馈和先进的新思想、新技术促进过程不断改进	缺陷预防 技术变更管理 过程变更管理

4) CMM 的结构

CMM 的结构如图 19.7 所示。

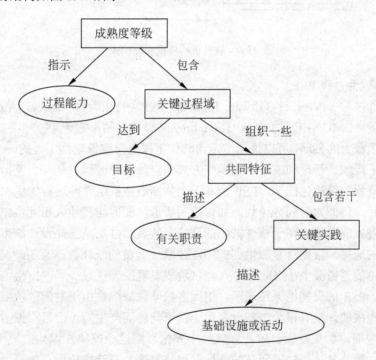

图 19.7 CMM 结构图

软件机构的最终质量保证模式可以用图 19.8 说明，图中给出了软件质量计划、质量控制、质量改进的一个简单循环,其实,它归纳了 CMM 的真正内核,所以,可以说 CMM 的模型是一种新兴管理思想:连续改进(continuos improvement)循环的体现。

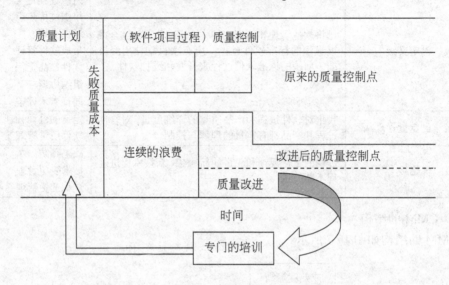

图 19.8　软件机构质量保证模式

3. 个体软件过程 PSP

个体软件过程(Personal Software Process,PSP)是由美国 Carnegie Mellon 大学软件工程研究所(CMU/SEI)的 W. s. Humphrey 领导开发的,它于 1995 年推出,在软件工程界引起了极大的轰动,可以说是由定向软件工程走向定量软件工程的一个标志。PSP 是一种可用于控制、管理和改进个人工作方式的自我改善过程,是一个包括软件开发表格、指南和规程的结构化框架。PSP 为基于个体和小型群组软件过程的优化提供了具体而有效的途径,例如如何制订计划,如何控制质量,如何与其他人相互协作等。在软件设计阶段,PSP 的着眼点在于软件缺陷的预防,其具体办法是强化设计结束准则,而不是设计方法的选择。根据对参加培训的 104 位软件人员的统计数据表明,在应用了 PSP 后,软件中总的差错减少了 58.0%,在测试阶段发现的差错减少了 71.0%,生产效率提高了 20.0%。PSP 的研究结果还表明,绝大多数软件缺陷是由于对问题的错误理解或简单的失误所造成的,只有很少一部分是由于技术问题而产生的。而且根据多年的软件工程统计数据表明,如果在设计阶段注入一个差错,则这个差错在编码阶段引发了 3～5 个新的缺陷,要修复这些缺陷所花的费用要比修复这个设计缺陷所花的费用多一个数量级。因此,PSP 保障软件产品质量的一个重要途径是提高设计质量。

1)个体软件过程 PSP 的演化

个体软件过程 PSP 的演化过程如图 19.9 所示。

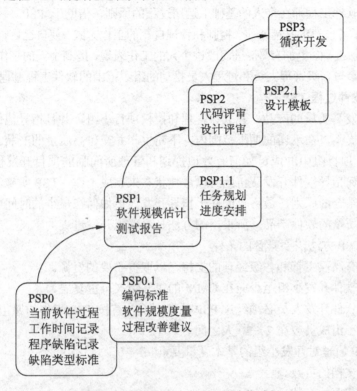

图 19.9　个体软件过程 PSP 的演化过程

2）个体软件过程 PSP 的内容

PSP 与具体的技术（程序设计语言、工具或者设计方法）相对独立，其原则能够应用到几乎任何的软件工程任务之中。PSP 能够：

（1）说明个体软件过程的原则；

（2）帮助软件工程师做出准确的计划；

（3）确定软件工程师为改善产品质量要采取的步骤；

（4）建立度量个体软件过程改善的基准；

（5）确定过程的改变对软件工程师能力的影响。

3）个体软件过程 PSP 的作用

（1）使用自底向上的方法来改进过程，向每个软件工程师表明过程改进的原则，使他们能够明白如何有效地生产出高质量的软件。

（2）为基于个体和小型群组软件过程的优化提供了具体而有效的途径。其研究与实践填补了 CMM 的空白。

（3）帮助软件工程师在个人的基础上运用过程的原则，借助于 PSP 提供的一些度量和分析工具，了解自己的技能水平，控制和管理自己的工作方式，使自己日常工作的评估、计划和预测更加准确、更加有效，进而改进个人的工作表现，提高个人的工作质量和产量，积极而有效地参与高级管理人员和过程人员推动的组织范围的软件工程过程改进。

4. 群组软件过程 TSP

致力于开发高质量的产品，建立、管理和授权项目小组，并且指导他们如何在满足计划费用的前提下，在承诺的期限范围内，不断生产并交付高质量的产品。

TSP 指导项目组中的成员如何有效地规划和管理所面临的项目开发任务，并且告诉管理人员如何指导软件开发队伍始终以最佳状态来完成工作。TSP 实施集体管理与自己管理自己相结合的原则，最终目的在于指导开发人员如何在最少的时间内，以预定的费用生产出高质量的软件产品，所采用的方法是对群组开发过程的定义、度量和改进。

1）实现 TSP 方法需要具备的条件

（1）需要有高层主管和各级经理的支持，以取得必要的资源。

（2）整个软件开发小组至少应在 CMM 的第二级（可重复层）。

（3）全体软件开发人员必须经过 PSP 的培训，并有按 TSP 工作的愿望和热情。

（4）开发小组成员应在 2～20 人之间。

2）按 TSP 原理对开发小组的基本度量要素

（1）所编文档的页数。

（2）所编代码的行数。

（3）花费在各开发阶段或各开发任务上的时间（以 min 为单位）。

（4）在各个开发阶段中引入和改正的差错数目。

（5）在各个阶段对最终产品增加的价值。

3）度量 TSP 实施质量的过程质量元素

（1）软件设计时间应大于软件实现时间。

（2）设计评审时间至少应占一半以上的设计时间。

（3）代码评审时间至少应占一半以上的代码编制时间。

（4）在编译阶段发现的差错不超过 10 个/KLOC。

（5）在测试阶段发现的差错不超过 5 个/KLOC。

5. CMM、PSP 和 TSP 组成的软件过程框架

CMM、PSP 和 TSP 组成的软件过程框架如图 19.10 所示。

（1）CMM 是过程改善的第一步，它提供了评价组织的能力、识别优先改善需求和追踪改善进展的管理方式。企业只有开始 CMM 改善后，才能接受需要规划的事实，认

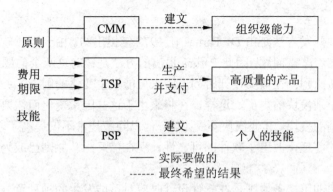

图 19.10 CMM、PSP 和 TSP 组成的软件过程框架

识到质量的重要性，才能注重对员工经常进行培训，合理分配项目人员，并且建立起有效的项目小组。然而，它实现的成功与否与组织内部有关人员的积极参加和创造性活动密不可分。

（2）PSP 能够指导软件工程师如何保证自己的工作质量，估计和规划自身的工作，度量和追踪个人的表现，管理自身的软件过程和产品质量。经过 PSP 学习和实践的正规训练，软件工程师们能够在他们参与的项目工作中充分运用 PSP，从而有助于 CMM 目标的实现。

（3）TSP 结合了 CMM 的管理方法和 PSP 的工程技能，通过告诉软件工程师如何将个体过程结合进小组软件过程，并将后者与组织进而整个管理系统相联系；通过告诉管理层如何支持和授权项目小组，坚持高质量的工作，并且依据数据进行项目的管理，向组织展示如何应用 CMM 的原则和 PSP 的技能去生产高质量的产品。

19.9.2 软件开发方法

20 世纪 60 年代中期开始爆发了众所周知的软件危机。为了克服这一危机，在 1968、1969 年连续召开的两次著名的 NATO 会议上提出了软件工程这一术语，并在以后不断发展、完善。与此同时，软件研究人员也在不断探索新的软件开发方法。至今已形成的主要软件开发方法是：

- 1972 年 Parnas 方法
- 1978 年 SA 方法
- 1975 年面向数据结构的软件开发方法（至今仍广泛使用）
- 问题分析法
- 面向对象的软件开发方法
- 可视化开发方法

1. Parnas 方法

最早的软件开发方法是由 D. Parnas 在 1972 年提出的。由于当时软件在可维护性和可靠性方面存在着严重问题，因此 Parnas 提出的方法是针对这两个问题的。首先，Parnas 提出了信息隐蔽原则：在概要设计时列出将来可能发生变化的因素，并在模块划分时将这些因素放到个别模块的内部。这样，在将来由于这些因素变化而需要修改软件时，只需修改这些个别的模块，其他模块不受影响。信息隐蔽技术不仅提高了软件的可维护性，也避免了错误的蔓延，改善了软件的可靠性。现在信息隐蔽原则已成为软件工程学中的一条重要原则。

Parnas 提出的第二条原则是在软件设计时应对可能发生的种种意外故障采取措施。软件是很脆弱的，很可能因为一个微小的错误而引发严重的事故，所以必须加强防范。如在分配使用设备前，应该取设备状态字，检查设备是否正常。此外，模块之间也要加强检查，防止错误蔓延。

Parnas 对软件开发提出了深刻的见解。遗憾的是，他没有给出明确的工作流程。所以这一方法不能独立使用，只能作为其他方法的补充。

2．SA 方法

1978 年，E. Yourdon 和 L. L. Constantine 提出了结构化方法，即 SASD 方法，也可称为面向功能的软件开发方法或面向数据流的软件开发方法。1979 年 TomDeMarco 对此方法作了进一步的完善。

Yourdon 方法是 20 世纪 80 年代使用最广泛的软件开发方法。它首先用结构化分析（SA）对软件进行需求分析，然后用结构化设计（SD）方法进行总体设计，最后是结构化编程（SP）。这一方法不仅开发步骤明确，SA、SD、SP 相辅相成，一气呵成，而且给出了两类典型的软件结构（变换型和事务型），便于参照，使软件开发的成功率大大提高，从而深受软件开发人员的青睐。

3．面向数据结构的软件开发方法

1）Jackson 方法

1975 年，M. A. Jackson 提出了一类至今仍广泛使用的软件开发方法。这一方法从目标系统的输入、输出数据结构入手，导出程序框架结构，再补充其他细节，就可得到完整的程序结构图。这一方法对输入、输出数据结构明确的中小型系统特别有效，如商业应用中的文件表格处理。该方法也可与其他方法结合，用于模块的详细设计。

Jackson 方法有时也称为面向数据结构的软件设计方法。

2）Warnier 方法

1974 年，J. D. Warnier 提出的软件开发方法与 Jackson 方法类似。

差别有三点：一是它们使用的图形工具不同，分别使用 Warnier 图和 Jackson 图；另一个差别是使用的伪码不同；最主要的差别是在构造程序框架时，Warnier 方法仅考虑输入数据结构，而 Jackson 方法不仅考虑输入数据结构，而且还考虑输出数据结构。

4．问题分析法

PAM 问题分析法。PAM（Problem Analysis Method）是 20 世纪 80 年代末由日立公司提出的一种软件开发方法。

PAM 方法希望能兼顾 Yourdon 方法、Jackson 方法和自底向上的软件开发方法的优点，而避免它们的缺陷。它的基本思想是：考虑到输入、输出数据结构，指导系统的分解，在系统分析指导下逐步综合。这一方法的具体步骤是：从输入、输出数据结构导出基本处理框；分析这些处理框之间的先后关系；按先后关系逐步综合处理框，直到画出整个系统的 PAD 图。

从上述步骤中可以看出，这一方法本质上是综合自底向上的方法，但在逐步综合之前已进行了有目的的分解，这个目的就是充分考虑系统的输入、输出数据结构。

PAM 方法的另一个优点是使用 PAD 图。这是一种二维树形结构图，是到目前为止最好的详细设计表示方法之一，远远优于 NS 图和 PDL 语言。

这一方法在日本较为流行，软件开发的成功率也很高。由于在输入、输出数据结构与整个系统之间同样存在着鸿沟，这一方法仍只适用于中小型问题。

5．面向对象的软件开发方法

面向对象（OO）技术是软件技术的一次革命，在软件开发史上具有里程碑的意义。

随着 OOP（面向对象编程）向 OOD（面向对象设计）和 OOA（面向对象分析）的发展，最终形成面向对象的软件开发方法 OMT（Object Modelling Technique）。这是一种自底向上和自顶向下相结合的方法，而且它以对象建模为基础，从而不仅考虑了输入、输出数据结构，实际上也包含了所有对象的数据结构。所以 OMT 彻底实现了 PAM 没有完全实现的目标。不仅如此，OO 技术在需求分析、可维护性和可靠性这三个软件开发的关键环节和质量指标上有了实质性的突破，彻底地解决了在这些方面存在的严重问题，从而宣告了软件危机末日的来临。

1）自底向上的归纳

OMT 的第一步是从问题的陈述入手，构造系统模型。从真实系统导出类的体系，即对象模型包括类的属性，与子类、父类的继承关系，以及类之间的关联。类是具有相似属性和行为的一组具体实例（客观对象）的抽象，父类是若干子类的归纳。因此这是一种自底向上的归纳过程。在自底向上的归纳过程中，为使子类能更合理地继承父类的属性和行为，可能需要自顶向下修改，从而使整个类体系更加合理。由于这种类体系的构造是从具体到抽象，再从抽象到具体，符合人类的思维规律，因此能更快、更方便地完成任务。这与自顶向下的 Yourdon 方法构成鲜明的对照。在 Yourdon 方法中构造系统模型是最困难的一步，因为自顶向下的"顶"是一个空中楼阁，缺乏坚实的基础，而且功能分解有相当大的任意性，因此需要开发人员有丰富的软件开发经验。而在 OMT 中这一工作可由一般开发人员较快地完成。在对象模型建立后，很容易在这一基础上再导出动态模型和功能模型。这三个模型一起构成要求解的系统模型。

2）自顶向下的分解

系统模型建立后的工作就是分解。与 Yourdon 方法按功能分解不同，在 OMT 中通常按服务（service）来分解。服务是具有共同目标的相关功能的集合，如 I/O 处理、图形处理等。这一步的分解通常很明确，而这些子系统的进一步分解因有较具体的系统模型为依据，也相对容易。所以 OMT 也具有自顶向下方法的优点，即能有效地控制模块的复杂性，同时避免了 Yourdon 方法中功能分解的困难和不确定性。

3）OMT 的基础是对象模型

每个对象类由数据结构（属性）和操作（行为）组成，有关的所有数据结构（包括输入、输出数据结构）都成了软件开发的依据。因此 Jackson 方法和 PAM 中输入、输出数据结构与整个系统之间的鸿沟在 OMT 中不再存在。OMT 不仅具有 Jackson 方法和 PAM 的优点，而且可以应用于大型系统。更重要的是，在 Jackson 方法和 PAM 方法中，当它们出发点的输入、输出数据结构（即系统的边界）发生变化时，整个软件必须推倒重来。但在 OMT 中系统边界的改变只是增加或减少一些对象而已，整个系统改动极小。

（1）需求分析彻底

需求分析不彻底是软件失败的主要原因之一。即使在目前，这一危险依然存在。传统的软件开发方法在开发过程中不允许由于用户的需求发生变化，而导致出现种种问题。正是这一原因，人们提出了原型化方法，推出探索原型、实验原型和进化原型，积极鼓励用户改进需求。在每次改进需求后又形成新的进化原型供用户试用，直到用户基本满意，大大提高了软件的成功率。但是它要求软件开发人员能迅速生成这些原型，这就要求有自动生成代码的工具的支持。

OMT 彻底解决了这一问题。因为需求分析过程已与系统模型的形成过程一致，开发人员与用户的讨论是从用户熟悉的具体实例（实体）开始的。开发人员必须搞清现实系统才能导出系统模型，这就使用户与开发人员之间有了共同的语言，避免了传统需求分析中可能产生的种种问题。

（2）可维护性大大改善

在 OMT 之前的软件开发方法都是基于功能分解的。尽管软件工程学在可维护方面做出了极大的努力，使软件的可维护性有较大的改进。但从本质上讲，基于功能分解的软件是不易维护的。因为功能一旦有变化都会使开发的软件系统产生较大的变化，甚至推倒重来。更严重的是，在这种软件系统中，修改是困难的。因为由于种种原因，即使是微小的修改也可能引入新的错误。所以传统开发方法很可能会引起软件成本增长失控、软件质量得不到保证等一系列严重问题。正是 OMT 才使软件的可维护性有了质的改善。

OMT 的基础是目标系统的对象模型，而不是功能的分解。功能是对象的使用，它依赖于应用的细节，并在开发过程中不断变化。由于对象是客观存在的，因此当需求变化时对象的性质要比对象的使用更为稳定，从而使建立在对象结构上的软件系统也更为稳定。

更重要的是 OMT 彻底解决了软件的可维护性。在 OO 语言中，子类不仅可以继承父类的属性和行为，而且也可以重载父类的某个行为（虚函数）。利用这一特点，我们可以方便地进行功能修改：引入某类的一个子类，对要修改的一些行为（即虚函数或虚方法）进行重载，也就是对它们重新定义。由于不再在原来的程序模块中引入修改，所以彻底解决了软件的可修改性，从而也彻底解决了软件的可维护性。OO 技术还提高了软件的可靠性和健壮性。

6．可视化开发方法

可视化开发是 20 世纪 90 年代软件界最大的两个热点之一。随着图形用户界面的兴起，用户界面在软件系统中所占的比例也越来越大，有的甚至高达 60%～70%。产生这一问题的原因是图形界面元素的生成很不方便。为此 Windows 提供了应用程序设计接口 API（Application Programming Interface），它包含了 600 多个函数，极大地方便了图形用户界面的开发。但是在这批函数中，大量的函数参数和使用数量更多的有关常量，使基于 Windows API 的开发变得相当困难。为此 Borland C++推出了 Object Windows 编程。它将 API 的各部分用对象类进行封装，提供了大量预定义的类，并为这些定义了许多成员函数。利用子类对父类的继承性，以及实例对类的函数的引用，应用程序的开发可以省却大量类的定义、大量成员函数的定义或只需做少量修改以定义子类。

Object Windows 还提供了许多标准的默认处理，大大减少了应用程序开发的工作量。但要掌握它们，对非专业人员来说仍是一个沉重的负担。为此人们利用 Windows API 或 Borland C++的 Object Windows 开发了一批可视开发工具。

可视化开发就是在可视开发工具提供的图形用户界面上，通过操作界面元素，诸如菜单、按钮、对话框、文本编辑框、单选按钮、复选框、列表框和滚动条等，由可视开发工具自动生成应用软件。

这类应用软件的工作方式是事件驱动。对每一事件，由系统产生相应的消息，再传递给相应的消息响应函数。这些消息响应函数是由可视开发工具在生成软件时自动装入的。

19.9.3 从面向对象技术到构件技术

所谓软件构件化，就是要让软件开发像机械制造工业一样，可以用各种标准和非标准的零件来进行组装，或者像建筑业一样，用各种建筑材料搭建成各式各样的建筑。软件的构件化和集成技术的目标是：软件可以由不同厂商提供的，用不同语言开发的，在不同硬件平台上实现的软件构件，方便地、动态地集成。这些构件要求能互操作，它们可以放在本地的计算机上，也可以分布式地放置在网上异构环境下的不同节点上。实现软件的构件化，这是软件业界多年来分奋斗的目标，可以说已经经过了几代人的努力。

早在20世纪60年代，大型软件系统开发引起的软件危机，导致了Yourdon和De Marco的结构化分析与结构化设计的软件工程方法的盛行。所谓结构化方法，其目标就是为了保证软件开发的质量，提高软件的灵活性和软件生产效率，通过工程化方法，建立系统的软件开发过程，使开发的软件具有好的结构，即所谓可拼装、可裁剪的模块化结构。

后来在 80 年代出现了面向对象的方法。面向对象方法的基本思路是用对象作为描写客观信息的基本单元，它包括封装在一起的对象属性（数据）和对象操作（方法、运算）。与此相关的还有一些概念：如对象类、类的实例。对象类的继承、父类、子类、多重继承、方法的重载、限制以及接口等。关于面向对象方法已有很多研究，最著名的有：Grady Booch 方法，James Rumbaugh 的 OMT（对象模型技术），Ivar Jacobson 的 OOSE（面向对象的软件工程）。这几种方法虽然基本思路相同，但仍有不少差异，从而为实际的软件开发和应用带来诸多不便。于是由 RATIONAL 软件公司发起，从 1995 年开始，先是 Booch 和 Rumbaugh 合作，后来 Jacobson 也加盟，共同提出了一个统一的建模语言 UML，得到很多软件公司的支持，逐渐成为面向对象方法的一个事实上的标准。围绕着这种建模语言，还开发了相应的工具（ROSE）和统一的开发过程（RUP）。正是由于有了面向对象技术的发展，多年来追求软件构件化的梦想，才有可能成为现实。

在谈到面向对象方法时，不能不提及设计模式（Pattern）和复用技术。设计模式是实践的总结。人们把在不同时间、不同项目中成功地解决了相似问题的相同的解决方案总结为设计模式，供后人复用。软件设计者和开发者可以通过学习和理解前人创造的模式来设计自己的软件，避免了不必要的重复，节省了大量的时间和精力，提高了软件的设计的效率。

19.9.4 公共对象请求中介结构 CORBA

面向对象方法是软件构件技术的基础。为了真正实现软件构件化，还必须解决分布式计算和对象的互操作问题。因为按上述构件技术的目标，要求构件间能互操作，而且这些构件也允许分布式地放置在网上异构环境下的不同节点上。

为了协调和制定分布式异构环境下应用软件开发的统一标准，1989 年成立了一个国际组织，称为对象管理联盟（OMG）。加盟此组织的单位愈来愈多，现已有 800 多个单位，其中包括软件的开发供应商，软件用户和软件技术的研究单位等。经过多年的努力，已制定了一系列的标准规约，称为 CORBA（公共对象请求代理程序体系结构）。CORBA 的核心是对象请求代理（ORB），是分布式对象借以相互操作的代理通道。另外还定义了最基本的对象服务构件和公共设施构件的规约。OMG 所定义的 CORBA 并不规定具体的实现。实现 CORBA 的软件由各个厂家自行开发。现已有多种可用的产品版本发布。

如上所述，CORBA 的核心 ORB 的作用是将客户对象（Client）的请求发送给目标对象（在 CORBA 中称为对象实现 Object Implementation），并将相应的回应返回至发出请求的客户对象。ORB 的关键特征是客户与目标对象之间通信的透明性。在通信过程中，ORB 一般隐蔽了目标对象的具体细节，如对象的位置、对象的实现、对象执行的状态、对象通信机制等。ORB 的通信透明性使得应用开发者可较少考虑低级分布式系统的程序设计问题，而更多地关心应用领域问题。

OMG 接口定义语言 IDL 用于定义对象的接口。一个对象的接口指定该对象所支持的类型和操作，因而惟一定义了可用于该对象的请求形式。客户在构造请求时，必须了解对象的接口。如上所述，保持接口描述的"语言中性"对在异构环境中实现分布式应用是重要的。IDL 仅为一个说明式语言，而不是一个全面的程序设计语言。因此，IDL 本身并不提供诸如控制结构这样的特征，IDL 也不能直接用于实现分布式应用。相反，客户和对象的实现是采用具体的程序设计语言完成的。因此，ORB 所支持的特征必须能够在实现语言中访问。语言映射决定 IDL 的内容如何映射为具体程序设计语言的设施。IDL 编译器将具体接口定义翻译为目标语言代码。目前 OMG 已完成了从 IDL 到 C、C++、Java、Smalltalk、Ada95、Cobol 等语言映射的标准化工作。

CORBA 除了对核心 ORB 做了规定以外，还定义了对象服务和公共设施构件的规约。对象服务包括最基本和最常用的服务内容，如名字服务、事件服务等，而公共设施则包括范围更广的、建立在对象服务之上的服务，如用户界面、信息管理、系统管理和任务管理等。CORBA 对应用系统未做具体规定，它可以建立在对象服务和公共设施之上，利用它们中的构件。

19.9.5 构件对象模型 COM 和构件对象模型 DCOM

微软公司是也较早采用构件技术的公司之一。1993 年，微软公司提出了构件对象模型（COM）。此技术已相当成熟，微软公司为 Windows 和 Windows NT 开发的应用软件几乎都是基于 COM 的。早期的软件多在单机上运行，后来对 COM 进行了扩展，允许访问其他计算机上的对象。1996 年提出了构件对象模型（DCOM），使得采用构件技术构建网上的应用系统成为可能。除了 COM、DCOM 以外，微软还为开发分布式企业级应用软件提出了很多在 Windows NT 服务器上的服务，如微软作业服务（MTS）、微软因特网信息服务（IIS）、控件服务页面（ASP）、微软消息查询服务（MSMQ）等。

有人曾将 DCOM 和 CORBA 从程序设计结构、远程调用结构以及通信协议结构三个层次上进行了比较。虽然在基础原理和结构上有很多相近之处，但是在具体做法上还是有很大差异。也有人对 DCOM 和 CORBA 各自的优势和不足进行过评论，认为 DCOM 有较强的工具和系统的支持，另外由于有些功能已嵌入在操作系统中（特别是 Windows NT），所以在降低花费上有优势。但是 DCOM 过多地依赖微软的操作系统平台，因而对异构网络环境，在兼容性方面会有不少问题。而正相反，CORBA 在支持多种平台和多种语言上具有优势，而且有比较广泛的独立开发商和用户及业界的支持。此外，CORBA 所采用的对象概念以及强调网络透明等在技术上也比较成熟。当然，CORBA 的不足之处是不如 DCOM 的支持工具那么多，另外在不同的开发商提供的 CORBA 实现之间的兼容性方面还有不少问题。但事物在不断发展，DCOM 和 CORBA 都会设法改进自己的不足。

19.9.6　JAVA 和 JAVA2 环境平台企业版 J2EE

JAVA 语言由于巧妙地采用了虚拟机的机制，使得编译后产生的泛代码程序可以在各种平台上执行，从而做到了程序执行与平台无关。加之用 JAVA 编的 Applet 可以方便地用浏览器下载运行，JAVA 语言普及和发展得很快。JAVA 采用了构件技术，发展了 JAVA 构件（即 JAVA Beans）和企业级 JAVA 构件（即 EJB）。为了用构件技术组成实际的应用系统，后来又推出了 J2EE（JAVA2 环境平台企业版）和 JAVA 程序设计模型。

按照此模型组成的应用系统至少分为三层。第一层是客户层，可以采用一般的浏览器或特制的客户软件。从服务器下载的 Applet 可以带有 JAVA Beans 一起在客户端执行。为了避免由于不同厂商提供的浏览器中虚拟机的差异，还专门提供了虚拟机软插件，做到程序的语义一致。为了保证安全，客户分防火墙内外，外客户只能从服务器进入，而内客户允许使用 RMI、IIOP 等直接访问 EJB。

第二层是中间层，即业务逻辑层。其中有两个包容器，一个是 Web 包容器，另一个是 EJB 包容器。Servlets JAVA 服务器页面（JSP）技术使人机界面的开发变得非常容易，而 Servlets 则方便为 Applet 等客户程序提供服务。简单的业务逻辑由开发人员编写业务 Beans，而复杂的业务逻辑则由 EJB 完成。

第三层是企业的信息系统。第二层的构件通过 JDBC（访问关系数据库）、JNDI（Java 子目录接口）、JMS（Java 消息服务）、JavaMail（发送和接收信件）、Java IDL（与 CORBA 构件接口）访问第三层企业的信息系统。为了保护过去的投入，第三层可以与传统的应用软件、电子政务、ERP 等建立联系。

19.9.7　Microsoft .NET 平台

Microsoft.NET 是 Microsoft 的 XML Web 服务平台。.NET 包含了建立和运行基于 XML 的软件所需要的全部部件。

Microsoft .NET 解决了下面这些当今软件开发中的一些核心问题：

（1）互操作性（interoperability）、集成性（integration）和应用程序的可扩展性（extensibility）太难实现而且代价很高。Microsoft .NET 依靠 XML（一个由 World Wide Web Consortium（W3C）管理的开放标准）消除了数据共享和软件集成的障碍。

（2）无数具有相当竞争力的私有软件技术使得软件的集成变得非常复杂。而 Microsoft .NET 建立在一个开放的标准上，它包含了所有编程语言。

（3）当终端用户使用软件时，他们总觉得不够简便，有时甚至感到很沮丧，因为他们无法在程序之间方便地共享数据或是无法对能访问的数据进行操作。XML 使数据交换变得容易了，并且.NET 软件可以使得用户只要一得到数据就能对它们进行操作。

（4）终端用户们在使用 Web 的时候，无法对自己的个人信息和数据进行控制，这导致了个人隐私和安全泄漏问题。而 Microsoft .NET 提供了一套服务，使用户可以管理他们的个人信息，并且控制对这些信息的访问。

（5）COM 公司和 Web 站点开发者们很难为用户们提供足够的有价值的数据，至少有一部分原因是由于他们的应用程序和服务无法很好地和其他程序和服务合作，只是一个不和外界连接的信息孤岛。而 Microsoft .NET 的设计宗旨就是为了使来自于多个站点和公司的数据或服务能够整合起来。

XML Web 服务是建立在 XML 数据交换基础上的软件模型，它帮助应用程序、服务和设备一起工作。用 XML 进行共享的数据，彼此之间独立，但同时又能够松耦合地连接到一个执行某特定任务的合作组。

XML Web 服务使开发者能够对他们所要的程序的来源进行选择，可以自己创建或购买程序的功能块；同样也可以选择是让自己的方案使用其他的 XML Web 服务，还是让其他的程序使用自己的服务。这意味着一个公司不必为了给客户一个完整的解决方案而不得不提供方案的每一个组成部分。

XML Web 服务除了服务相互之间独立以外，对访问它们的设备而言也是独立的。与独立应用程序不同的是，XML Web 服务并没有束缚于某一特定的编程语言、商业应用程序或者是某一在线服务。这给了终端用户足够的自由，使其可以使用任何访问设备，从台式计算机到移动电话都可以。

19.9.8 基于 Internet 技术和 Web 服务的软件设计

随着计算机的网络化和 Internet 的普及，现在大量的软件系统都是基于 Internet 技术和 Web 服务的。各大软件厂商都把提供基于 Internet 技术的异构平台和能集成已有的软件系统作为它的目标。国际互联网联盟 W3C 和其他一些企业联盟组织最近几年制定了一系列的标准和规范，以推动网上信息和操作的互通。这是一个非常重要的发展动向。

1. XML 可扩展标记语言

最引人注目的是可扩展标记语言 eXtensible Markup Language（XML）。XML 并不是新语言，它是标准通用标记语言 SGML 的一个子集。XML 首先创建于 1996 年，随后迅速发展起来，1998 年 2 月成为 W3C 标准。XML 是一种元标记语言（Meta-Markup Language），具有自解释功能，可以用来创建特定领域的语言。而且其中的数据和标记都以文本方式存储，易于掌握，易于理解。开发者可以用这种开放式的工业标准来描写要在网上交换的数据。由于 XML 是将数据和数据的表现形式分离的，因而它很容易组织、编辑、编程和在任何网站、应用软件和设备之间进行交换。

XML 的作用远远超出了一般数据交换的范围。基于 XML 的简单对象访问协议 SOAP（Simple Object Access Protocol）可以使 Internet 上的各应用软件进行互操作。基于 XML 的 Web 服务描述语言 WSDL（Web Services Description Language）和通用描述、发现及集成规范 UDDI（Universal Description, Discovery, and Integration）可以使不同的企业能够以标准的方式描述自己提供的服务和查询其他企业提供的服务，允许根据需要在两个或多个服务之间进行选择。

2. 在下列情况下使用 Web Service 会带来极大的好处

（1）跨防火墙的通信。如果客户端和服务器之间通常会有防火墙或者代理服务器，在这种情况下，使用 DCOM 就不是那么简单，通常也不便于把客户端程序发布到数量如此庞大的每一个用户手中。传统的做法是，选择用浏览器作为客户端，写下一大堆 ASP/JSP 页面，把应用程序的中间层暴露给最终用户。这样做的结果是开发难度大，程序很难维护。

如果中间层组件换成 Web Service，就可以从用户界面直接调用中间层组件，使用自己开发的 SOAP 客户端，然后把它和应用程序连接起来。不仅缩短了开发周期，还减少了代码复杂度，并能够增强应用程序的可维护性。

从经验来看，在一个用户界面和中间层有较多交互的应用程序中，使用 Web Service 这种结构，可以节省花在用户界面编程上 20% 的开发时间。另外，这样一个由 Web Service 组成的中间层，完全可以在应用程序集成或其他场合下重用。最后，通过 Web Service 把应用程序的逻辑和数据"暴露"出来，还可以让其他平台上的客户重用这些应用程序。

（2）应用程序集成。企业里经常都要把用不同语言写成的、在不同平台上运行的各种程序集成起来，而这种集成将花费很大的开发力量。应用程序经常需要从运行在 IBM 主机上的程序中获取数据，或者把数据发送到主机或 UNIX 应用程序中去。即使在同一个平台上，不同软件厂商生产的各种软件也常常需要集成起来。通过 Web Service，应用程序可以用标准的方法把功能和数据"暴露"出来，供其他应用程序使用。

（3）软件和数据重用。软件重用是一个很大的主题，重用的形式很多，重用的程度有大有小。最基本的形式是源代码模块或者类一级的重用，另一种形式是二进制形式的组件重用。Web Service 在允许重用代码的同时，可以重用代码背后的数据。使用 Web Service，再也不必像以前那样，要先从第三方购买、安装软件组件，再从应用程序中调用这些组件；只需直接调用远端的 Web Service 就可以了。另一种软件重用的情况是，把好几个应用程序的功能集成起来。

19.9.9 软件复用技术

软件复用是指重复使用"为了复用目的而设计的软件"的过程。相应地，可复用软件是指为了复用目的而设计的软件。与软件复用的概念相关，重复使用软件的行为还可能是重复使用"并非为了复用目的而设计的软件"的过程，或在一个应用系统的不同版本间重复使用代码的过程，这两类行为都不属于严格意义上的软件复用。

1. 软件复用行为的发生

在软件演化的过程中，重复使用的行为可能发生在三个维上。

（1）时间维。使用以前的软件版本作为新版本的基础，加入新功能，适应新需求，即软件维护。

（2）平台维。以某平台上的软件为基础，修改其和运行平台相关的部分，使其运行于新平台，即软件移植。

（3）应用维。将某软件（或其中构件）用于其他应用系统中，新系统具有不同功能和用途，即真正的软件复用。

这三种行为中都重复使用了现有的软件，但是，真正的复用是为了支持软件在应用维的演化，使用"为复用而开发的软件（构件）"来更快、更好地开发新的应用系统。

2. 软件复用的分类

分析传统产业的发展，其基本模式均是符合标准的零部件（构件）生产以及基于标准构件的产品生产（组装），其中构件是核心和基础，"复用"是必需的手段。实践表明，这种模式是产业工程化、工业化的必由之路。标准零部件生产业的独立存在和发展是产业形成规模经济的前提。机械、建筑等传统行业以及年轻的计算机硬件产业的成功发展均是基于这种模式，并充分证明了这种模式的可行性和正确性。这种模式是软件产业发展的良好借鉴，软件产业要发展并形成规模经济，标准构件的生产和构件的复用是关键因素。这正是软件复用受到高度重视的根本原因。

软件复用可以从多个角度进行考察。依据复用的对象，可以将软件复用分为产品复用和过程复用。产品复用指复用已有的软件构件，通过构件集成（组装）得到新系统。过程复用指复用已有的软件开发过程，使用可复用的应用生成器来自动或半自动地生成所需系统。过程复用依赖于软件自动化技术的发展，目前只适用于一些特殊的应用领域。

产品复用是目前现实的、主流的途径。

依据对可复用信息进行复用的方式，可以将软件复用区分为黑盒（Black-box）复用和白盒（White-box）复用。黑盒复用指对已有构件无须做任何修改，直接进行复用。这是理想的复用方式。白盒复用指已有构件并不能完全符合用户需求，需要根据用户需求进行适应性修改后才可使用。而在大多数应用的组装过程中，构件的适应性修改是必需的。

软件复用有三个基本问题，一是必须有可以复用的对象，二是所复用的对象必须是有用的，三是复用者需要知道如何去使用被复用的对象。软件复用包括两个相关的过程：可复用软件（构件）的开发（Development for Reuse）和基于可复用软件（构件）的应用系统构造（集成和组装）（Development with Reuse）。解决好这几个方面的问题才能实现真正成功的软件复用。

3. 软件复用关键技术因素

与以上几个方面的问题相联系，实现软件复用的关键技术因素主要包括：软件构件技术（Software Component Technology）、领域工程（Domain Engineering）、软件构架（Software Architecture）、软件再工程（Software Reengineering）、开放系统（Open System）、软件过程（Software Process）以及 CASE 技术等。

除了上述的技术因素以外，软件复用还涉及众多的非技术因素，如机构组织如何适应复用的需求；管理方法如何适应复用的需求；开发人员知识的更新；创造性和工程化的关系；开发人员的心理障碍；知识产权问题；保守商业秘密的问题；复用前期投入的经济考虑；标准化问题等等。

实现软件复用的各种技术因素和非技术因素是互相联系的。它们结合在一起，共同影响软件复用的实现。

19.9.10 模式（Pattern）与框架（Framework）技术

1. 设计模式

设计模式（Design Patterns）是在面向对象的系统设计过程中反复出现的问题解决方案。这个术语是在 1990 年代由 Erich Gamma 等人从建筑设计领域引入到计算机科学中来的。这个术语的含义目前还存有争议。算法不是设计模式，因为算法致力于解决实现问题而非设计问题。设计模式通常描述了一组相互紧密作用的类与对象。设计模式提供一种讨论软件设计的公共语言，使得熟练设计者的设计经验可以被初学者和其他设计者掌握。设计模式还为软件重构提供了目标。

一般来讲，一个模式要有四个基本要素。

- 模式名称（pattern name）：它用一两个词来描述模式的问题、解决方案和效果。

命名一个新模式增加了我们的设计词汇。基于一个模式词汇表，软件工程师及其同事之间就可以讨论模式并在文档编写时利用它们。模式名可以帮助设计者思考，设计者之间交流设计思想及设计结果。

- 模式问题（pattern problem）：描述应该在何时使用模式。它解释了设计问题和问题存在的前因后果，可能描述特定的设计问题，也可能描述了导致不灵活设计的类或对象结构。
- 解决方案（solution）：描述设计的组成成分，它们之间的相互关系及各自的职责和协作方式。它并不描述一个特定而具体的设计或实现，而是提供抽象问题的描述和怎样用一个具有一般意义的元素（类或对象）组合来解决这过问题。
- 效果（consequences）：描述模式应用的效果及使用模式应权衡的问题。模式效果包括对系统的灵活性、扩充性、可以执行的影响，显式列出这些效果对理解和评价模式很有帮助。

2. 框架

工业化的软件复用已经从通用类库进化到了面向领域的应用框架。Gartner Group 认为："到 2003 年，至少 70%的新应用将主要建立在如软件构件和应用框架这类'构造块'之上；应用开发的未来就在于提供一开放体系结构，以方便构件的选择、组装和集成。"框架的重用已成为软件生产中最有效的重用方式之一。

框架（Framework）是构成一类专业领域可复用设计的一组相互协作的类，它规定了应用的体系结构，系统中的类和对象的分割及协作，各部分的主要责任，控制流程。框架预定义了设计参数，以便应用设计者或实现者能集中精力于应用本身的特定细节。框架记录了其应用领域的共同的设计决策，因而更强调设计复用。一个框架就是一个用于构建针对专门客户应用的可重用的"半成品"应用。与其他早期基于类的可重用的面向对象技术相比，框架更专注于具体的业务单元（如数据处理、通信功能单元）和专业领域（如用户界面、实时电子应用）。目前有许多框架系统，例如用户界面方面的框架有 MVC、ET++等，其中 ET++采用 C++语言实现，运行于 UNIX 等系统中；针对其他领域的则有 FOIBLE、MacApp、FACE（Framework Adaptive Composition Environment）等。

许多采用 J2EE 编程环境的应用框架，如 Jcorporate 公司开发的 Expresso Framework 是一使用 JAVA 来建造分布式、重用、基于构件的安全的 Web 应用程序的应用框架。基于框架建立的构件系统具有如下性能：

（1）实现面向产品化、实用性的构件库系统，并具开放性、可扩展性；

（2）支持异构环境中的框架、构件的互联和通信；

（3）实现新旧系统的兼容性；

（4）提供一致的接口分配；
（5）遵循重要构件标准（如 CORBA、J2EE、.NET 等）；
（6）构件具有透明本地化、平台无关性特点；
（7）系统的配置、数据交换基于 XML 和 JAVA 的标准化格式；
（8）支持个性化信息服务定制和可重构。

基于框架的软件的设计开发方法在很大程度上借鉴了硬件技术发展的思想，通俗地说"它是用硬件生产的方法设计和开发软件"，是构件技术、软件体系结构研究和应用软件开发三者发展结合的产物。框架可以认为是粗粒度的构件的形式，它通常以框架库的形式表现。框架的关键还在于框架内对象间的交互模式和控制流模式。

3．为什么需要设计模式和框架

为什么要用模式：因为模式是一种指导，在一个良好的指导下，有助于你完成任务，有助于你做出一个优良的设计方案，达到事半功倍的效果；而且会得到解决问题的最佳办法。

为什么要用框架：因为软件系统发展到今天已经很复杂了，特别是服务器端软件，涉及的知识、内容、问题太多。在某些方面使用别人成熟的框架，就相当于让别人帮你完成一些基础工作，你只需集中精力完成系统的业务逻辑设计。而且框架一般是成熟、稳健的，它可以处理系统很多细节问题，比如，事物处理、安全性、数据流控制等问题。还有框架一般都经过很多人使用，所以结构很好，扩展性也很好，而且它是不断升级的，你可以直接享受别人升级代码带来的好处。框架一般处在低层应用平台（如 J2EE）和高层业务逻辑之间的中间层。

4．设计模式与框架的比较

框架能使应用程序的开发简单，价格低廉，但是开发框架不是一件容易的事，它是一个需要领域和设计经验的反复过程。设计模式可以简化这个过程，因为它提供了对过去经验的抽象。框架能高度抽象同一领域内的问题，进而降低开发难度和强度。因此，在软件开发过程中把框架和模式配合起来使用，可以极大地提高软件的重用。框架和模式都是提高软复用的技术手段，它们之间互相联系但又有所侧重。

（1）设计模式比框架更抽象。应用框架能够用代码表示，而设计模式只有其实例才能表示为代码。框架能够使用程序设计语言写出来，不仅能被学习，也能被直接执行和复用。而设计模式的每一次复用时，都需要被实现。设计模式需要解释它的意图、权衡和设计效果。

（2）设计模式是比框架更小的体系结构元素。一个典型的框架包括了多个设计模式。

（3）框架比设计模式更加特征化。框架总是针对一个特定的应用领域，而设计模式至少要包括两个不同的应用领域。

如果说类库通常是代码重用，而设计模式是设计重用，那么框架则介于两者之间，部分代码重用，部分设计重用，有时分析也可重用。在软件生产中有三种级别的重用：内部重用——对同一应用中能公共使用功能抽象复用；代码重用——将通用模块组合成库或工具集，以便在多个应用和领域都能使用；应用框架的重用——为专用领域提供通用的或现成的基础结构，以便于集成或组装其他功能块达到更高级别的重用性。简单地说，框架是软件，而设计模式是软件的知识（即开发软件的先验经验）。

5．框架与构件、类库的关系

框架是面向对象的类库的扩展，框架由一个应用相关联构件家族构成，这些构件协同工作形成了框架的基本结构骨架，并在此基础上通过构件的组合进一步构建一个完整的应用系统。类库构件没有应用领域特征，可以在较小的范围内重用，例如与字符串、复杂数、数组和数字位集合相关的类库，它们应用层次较低，在一般的系统中普遍使用。在系统设计的实际过程中，框架和类库是两种互为补充的技术，我们用框架表示那些与特定应用相关的架构或软件骨架，类库则完成一些基本的任务如字符串处理、文件管理、数学计算和分析，供框架在实现中调用。

构件是自包含的抽象数据数据类型实例，通过构件的拼装可以组成完整的软件系统，如 VBX 控件、CORBA 的对象服务等等，构件的复用仅仅依赖构件封装的接口，与框架相比耦合性小，可以在二进制代码级复用。在软件开发过程中，框架和构件可以互相利用，而且没有主从之分。我们可以利用构件来实现框架，同时也可以把框架封装在一个构件中。

类库、构件、模板和框架是软件开发过程中常用的几种提高软件质量降低开发工作量的有效的软件复用技术，要利用好这些技术尤其是模式和框架还面临许多挑战。要大量地建立和利用可复用的构件要解决好如下问题：这是一个巨大工程，前期的难度和工作量都较大，是一个长时间的积累。同时还要考虑构件的集成性、可维护性、有效性和排错能力，最重要的是标准的建立。

19.9.11 统一建模语言 UML 和统一开发过程 RUP

现代软件开发面临着要尽快将产品推向市场和开发高质量、低成本产品的矛盾。要成功地解决软件开发中的矛盾，必须将软件开发作为一种团队活动。为了有效组织开发和进行交流，团队中不同参与者统一使用公共的过程、公共的表达语言，以及支持该语言和过程的工具。Rational 统一过程（RUP）就是这样一种公共过程，而且已经在多个软件开发组织的实践中被证实可以有效解决上述矛盾。统一建模语言（UML）则可以作为开发团队的公共语言。UML 不是完整的开发方法，UML 规范也没有定义标准的过程，而 RUP 则是有效使用 UML 的指南。这里着重介绍 UML 和 RUP 的基本概念，并描述如何在 RUP 的指导下用 UML 建模。

1. UML

UML 是一种可视化的建模语言，结合了 Booch、Objectory 和 OMT 方法，同时吸收了其他大量方法学的思想，提供了一种表示的标准。1997 年 OMG 采纳 UML 作为软件建模语言的标准，可以应用于不同的软件开发过程。

下面介绍 UML 涉及的一些基本概念。

1）视图（Views）

UML 用模型来描述系统的静态结构和动态行为。为了捕捉要构建的软件系统的所有决策信息，需要从团队中不同参与者的角度出发，为系统的体系结构建模，形成不同的系统视图。要描述一个软件系统，下面的五种视图尤为重要。

（1）用例视图（Use case view）

用例视图定义系统的外部行为，是最终用户、分析人员和测试人员所关注的。用例视图定义了系统的需求，是描述系统设计和构建的其他视图的基础，即用例驱动。用例视图也称为用户模型视图。

（2）逻辑视图（Logic view）

逻辑视图描述逻辑结构，该逻辑结构支持用例视图描述的功能，它描述了问题空间中的概念以及实现系统功能的机制，如类、包、子系统等，因而是编程人员最关心的。逻辑视图又称做结构模型视图或静态视图。

（3）实现视图（Implementation view）

实现描述用于组建系统的物理组件，如可执行文件、代码库和数据库等系统程序员所看到的软件产物，是和配置管理以及系统集成相关的信息。实现视图又称为组件视图（Component view）。

（4）过程视图（Process view）

过程视图描述将系统分解为过程和任务，以及这些并发元素之间的通信与同步。过程视图对于系统集成人员特别重要，因为他们需要考虑系统的性能和吞吐量等。过程视图也称为并发视图、动态视图或者协作视图等。

（5）部署视图（Deployment view）

描述系统的物理网络布局，是系统工程师和网络工程师所感兴趣的。又称做物理视图。

2）图（Diagrams）

每个视图都由一个或者多个图组成，一个图是系统体系结构在某个侧面的表示，所有的图在一起组成系统的完整视图。UML 提供了九种不同的图，分为静态图和动态图两大类。静态图包括用例图、类图、对象图、组件图和配置图，动态图包括序列图、状态图、协作图和活动图。

（1）用例图（Use case diagram）

用例图描述系统的功能，由系统、用例和角色（Actor）三种元素组成。图中显示若干角色以及这些角色和系统提供的用例之间的连接关系。用例是系统对外提供的功能的描述，是角色和系统在一次交互过程中执行的相关事务的序列。角色是与系统、子系统或类交互的外部人员、进程或事物。

用例之间存在扩展、使用和组合三种关系。角色之间可以用通用化关系将某些角色的共同行为抽象为通用行为。在 UML 中，用例图是用例视图的重要组成部分。

（2）类图（Class diagram）

类图用来表示系统中的类以及类与类之间的关系，描述系统的静态结构，用于逻辑视图中。类是对象的抽象描述。所谓对象就是可以控制和操作的实体，类是具有共同的结构、行为、关系、语义的一组对象的抽象。类的行为和结构特征分别通过操作和属性表示。

类与类之间有多种关系，如关联、依赖、通用化、聚合等。关系提供了对象之间的通信方式。关联关系用于描述类与类之间的连接，通常是双向的。通用化又称继承，是通用元素和具体元素之间的一种分类关系，具体元素完全拥有通用元素的信息，并且还可以附加其他信息。聚合关系具有较强的耦合性，描述整体与部分的关系。依赖关系描述两个模型元素之间语义上的连接关系，其中一个元素是独立的，另一个元素依赖于独立的模型元素，独立元素的变化将影响到依赖元素。

（3）对象图（Object diagram）

对象图是类图的示例，类图表示类和类与类之间的关系，对象图则表示在某一时刻这些类的具体实例以及这些实例之间的具体连接关系，可以帮助人们理解比较复杂的类图。对象图也可以用于显示类图中的对象在某一点的连接关系。对象图常用于用例视图和逻辑视图中。

（4）状态图（State diagram）

状态图主要用来描述对象、子系统、系统的生命周期。通过状态图可以了解一个对象可能具有的所有状态、导致对象状态改变的事件，以及状态转移引发的动作。状态是对象操作的前一次活动的结果，通常由对象的属性值来决定。事件指的是发生的且引起某些动作执行的事情。状态的变化称做转移，与转移相连的动作指明状态转移时应该做的事情。状态图是对类描述的事物的补充说明，用在逻辑视图中描述类的行为。

（5）序列图（Sequence diagram）

面向对象系统中对象之间的交互表现为消息的发送和接收。序列图反映若干个对象之间的动态协作关系，即随着时间的流逝，消息是如何在对象之间发送和接收的。序列图表现为二维的形式,其中的纵坐标轴显示时间,横坐标轴显示对象。序列图中重点反映对象之间发送消息的先后次序,常用在逻辑视图中。

(6)协作图(Collaboration diagram)

协作图主要描述协作对象之间的交互和链接。协作图和序列图同样反映对象间的动态协作,也可以表达消息序列,但重点描述交换消息的对象之间的关系,强调的是空间关系而非时间顺序。

(7)活动图(Activity diagram)

活动图显示动作及其结果,着重描述操作实现中所完成的工作以及用例实例或对象中的活动。活动图中反映了一个连续的活动流,常用于描述一个操作执行过程中所完成的工作。活动图也有其他的用途,如显示如何执行一组相关的动作,以及这些动作如何影响它们周围的对象,说明一次商务活动中的工人、工作流、组织和对象是如何工作的等。

(8)组件图(Component diagram)

组件图用来反映代码的物理结构。组件可以是源代码、二进制文件或可执行文件,包含逻辑类的实现信息。实现视图由组件图构成。

(9)配置图(Deployment diagram)

配置图用来显示系统中软件和硬件的物理架构。图中通常显示实际的计算机和设备及它们之间的关系。配置图用来构成配置视图,描述系统的实际物理结构。

3)模型元素

可以在图中使用的概念统称为模型元素。模型元素用语义、元素的正式定义或确定的语句的准确含义来定义。模型元素在图中用相应的符号表示,即视图元素。一个模型元素可以用在多个不同的图中,但总是具有相同的含义和符号表示,并且出现的方式应符合一定的规则。

除了类、对象、消息等概念外,模型元素之间的连接关系如关联、依赖、通用化也是模型元素。另外,模型元素也包括消息、动作和版型等。

4)通用机制

通用机制用于为图附加一些无法用基本的模型元素表示的信息,如注释(note)、修饰(adornment)和规格说明(specification)等。

在图的模型元素上添加修饰为模型元素附加一定的语义,这样,建模人员就可以方便地区别类型与实例。

无论建模语言怎样扩展,它都不可能适用于描述任何事物。UML 提供的注释能力能够在模型中添加一些模型元素无法表示的额外信息,对某个元素作出解释或说明。

模型元素具有的一些性质是以数值方式体现的。一个性质用一个名称和一个值表示,又称做加标签值(tagged value)。UML 中预定义了许多性质,一般作为模型元素实例的附加规格说明。这种规范说明方式是非正式的，不直接显示在图中。

5）扩展机制

为了使建模人员根据需要对基本建模语言进行一定的扩展，UML 提供了版型、加标签值和约束等扩展机制。

版型机制是指在已有的模型元素基础上建立一种新的模型元素。版型比现有元素多一些特别的语义，其使用场所和产生版型的原始元素相同。版型的存在避免了 UML 语言过于复杂化，同时也使 UML 能够适应各种需求。

加标签值也称为性质。除了 UML 语言中预定义的性质外，用户还可以为元素定义一些附加信息，即定义性质。

约束是对元素的限制。通过约束限定元素的用法或元素的语义。

通过扩展机制可以扩展 UML 以适用于某种具体的方法、过程或组织。

6）UML 建模

用 UML 语言建造系统模型时，并不是只建立一个模型。在系统开发的每个阶段都要建造不同的模型，建造这些模型的目的也不同。需求分析阶段建造的模型用来捕获系统的需求，描绘与真实世界相应的基本类和协作关系。设计阶段的模型是分析模型的扩充，为实现阶段作指导性的、技术上的解决方案。实现阶段的模型是真正的源代码，编译后就变成了程序。最后的配置模型则是在物理架构上解释系统是如何展开的。

UML 尽可能地结合了世界范围内面向对象项目的成功经验，因而它的价值在于它体现了世界上面向对象方法实践的最好经验，并以建模的形式将它们打包，以适应开发大型复杂系统的要求。但需要说明的是，UML 作为一种建模语言，目的是为不同领域的人们提供统一的交流标准，其本身并不能保证系统的质量。使用 UML 建模，必须依照某种方法或过程进行。

在众多的软件设计和实现的经验中，最突出的有两条，一是注重系统体系结构的开发，一是注重过程的迭代和递增性。尽管 UML 本身没有定义任何过程，但 UML 对任何使用它的方法或过程提出的要求是：支持用例驱动，以体系结构为中心以及递增和迭代地开发。

2. Rational 统一过程——RUP

UML 语言适用于各种软件开发方法、软件生命周期的各个阶段、各种应用领域和各种开发工具。UML 规范实质上仅仅阐明了建模的基本元素、表示法、相关语义和扩展机制，好比只提供了构筑大厦的砖头和水泥，因此在 UML 的应用过程中选用正确的开发方法论（methodology）是成功建模的关键。

只有在对基本概念正确理解的基础上采用了正确的方法和步骤才能建立正确的 UML 模型。这里我们把采用 UML 的面向对象开发方法，通常包括 OOAD 方法论和开发过程模型等，统称为"UML 方法"。例如，RUP（Rational Unified Process，Rational 统一过程）就是一种基于 UML 方法的开发过程向导和框架。

简单地说，软件工程过程描述做什么、怎么做、什么时候做以及为什么要做，描述了一组以某种顺序完成的活动。过程的结果是一组有关系统的文档，例如模型和其他一些描述，以及对最初问题的解决方案。过程描述的一个重要部分是定义如何使用人力及其工具和信息等资源的一些规则来完成某个确定的目标，为用户的问题提供解决方案。

目前比较流行的有几种主要的过程，包括 Rational 统一过程、OPEN 过程和面向对象软件过程（OOSP）。其中 RUP 是由 Booch 等方法学家以 Rational 的 Objectory 为核心提出的，因此在这个过程中使用 UML 是很自然的。

RUP 是 Ratinal 公司开发的过程产品，是软件工程化的过程。RUP 提供了在开发机构中分派任务和责任的纪律化方法。它的目标是在可预见的日程和预算的前提下，确保满足最终用户需求的高质量产品。也是在国内应用比较普遍的过程产品。

第 20 章 信息应用系统监理工作

20.1 信息工程应用系统建设监理的意义

随着我国国民经济信息化过程的快速推进，国家在此方面投入了大量的社会资源。总揽全局，国内信息化建设取得了大量的成绩，但也存在着问题和隐患。

目前国内信息应用系统建设项目的开发方式主要有四种：独立开发、委托开发、合作开发和购买商业化软件进行二次开发。随着社会的发展，社会分工的进一步细化，委托开发、合作开发、二次开发逐渐成为信息工程应用系统建设项目开发的主要工作模式。对于这三种开发方式，必然存在一个项目组负责具体工作，而在这个项目组内，则存在着代表两个利益主体的成员，一方主要表现为业务支持人员（我们可以称之为甲方），另一方主要表现为系统开发人员（我们可以称之为乙方）。

项目组中的甲乙双方存在着相当程度的信息量互不对称性，一般情况下甲方人员中对信息技术有深入了解的人员较少，这使得甲方相对乙方存在着技术信息的弱势；同时乙方对系统建设中业务情况的了解不一定准确和全面，对实现业务的难度和工作量可能估计不足，使得乙方相对甲方存在着业务信息的弱势。由于双方在技术和业务上存在着的信息互不对称性，因此就很有可能出现通过损害对方而使己方受益的情况。

除了信息量的互不对称性外，项目组中的甲乙双方还存在着信息管理的互不对称性。从我国信息建设现状而言，大量存在甲方对信息管理的滞后现象，这必然造成系统建设过程中对于质量、进度、投资和变更等方面管理问题的出现；对于乙方而言，虽然在技术性信息管理方面一般不会出现问题，但由于系统建设必然还要大量涉及业务方面的内容，而此部分信息的管理又因行业不同而各有特点，因此乙方有可能在对业务信息的管理方面存在缺陷，这也会对工程建设造成很大的影响。

鉴于目前信息工程应用系统建设中甲乙双方信息互不对称性的存在，因此由一个第三方来协助双方开展工程建设工作是十分必要的，这就使得对监理的需要变得越发迫切。国内外成功的经验表明，由用户委托专业的第三方监理机构，建立工程监理制度，对工程建设的全过程进行有效的监督管理，使其处于严格的监控之下，可以降低工程建设风险，控制建设经费，保证工程质量、进度、投资控制目标的完成。

20.2 监理的目标和内容

20.2.1 监理目标

应用系统建设监理工作应力求达到以下主要目标:

（1）对软件开发单位、软件实施单位和系统承建单位的行为进行监控，促使开发行为符合国家法律法规、有关政策和相关技术标准，制止开发行为的随意性和盲目性，促使开发进度、质量按计划（合同）实现，力求开发行为合法、科学、合理又经济。

（2）促进用户与软件开发单位、软件实施单位和系统承建单位的有效沟通，使软件开发单位、软件实施单位和系统承建单位能够全面准确了解用户的实际需求，同时用户能及时了解项目的进展情况。

（3）促使软件开发单位、软件实施单位和承建单位为项目运行的全过程建立一套明确、合理、可行的计划或者规程，并利用与之相应的审核、监理机制和手段对其执行过程进行有效控制。

（4）促使系统的关键技术指标在项目实施过程中处于受控状态，及早预测和发现可能影响施工计划的各种因素，及时纠正可能影响系统功能与性能的缺陷。

一般来说，监理项目部的目标就是通过监理工程师谨慎而勤奋的工作，力求在项目的成本、进度和质量目标内实现建设项目。

由于工程建设监理具有委托性，所以监理单位可以根据业主单位的意愿并结合自身的实际情况来协商确定监理服务范围和业务内容。既可承担全过程监理，也可以承担阶段性监理，甚至还可以只承担某专项监理服务工作。但是在应用系统建设中，最好采取全过程监理方式。

监理要达到的目的是"力求"实现项目目标。因此，监理单位和监理工程师"将不是，也不可能成为承建单位的工程承保人或保证人"。谁设计谁负责，谁施工谁负责，谁供应材料和设备谁负责，而作为工程承包合同"甲方、乙方"之外的"第三方"的监理单位和监理工程师则没有承担他们双方义务的义务。

监理是一种技术服务性质的活动。在监理过程中，监理单位只承担服务的相应责任。它不直接进行设计，不直接进行开发，不直接进行实施，不直接进行软硬件的采购、供应工作。因此，它不承担设计、开发、实施、软硬件选型采购方面的直接责任。监理是提供脑力劳动服务或智力服务的行业。由于监理行业的存在，使建设项目的经济效益更高，速度更快，质量更好。它能够使粗放型的工程管理变成科学的工程项目管理。因此，监理单位只承担整个建设项目的监理责任，也就是在监理合同中确定的职权范围内的责任。监理工程师如果超出他的职权范围的限制而涉足其专业以外的领域，就使他自己不必要地为过失承担难以防范的责任，或许还有合同责任；更不应试图对其不具备资格的事提出咨询意见，这样做对业主与项目经理都极有好处。

在实现应用系统建设项目的过程中，外部环境潜伏着各种风险，会带来各种干扰。而这些干扰和风险并非监理工程师完全能够驾驭的，他们只能力争减少或避免这些干扰和风险造成的影响。所以，对于提供监理服务的监理单位来说，不承担其专业以外的风险责任。监理单位虽不能保证项目一定在预定目标内实现，但在政府有关部门和监理行业组织的规范下，出于职业道德的良知，基于社会信誉和经济方面的考虑监理单位会竭尽全力为在预定的投资、进度和质量目标范围内实现项目而努力工作。

20.2.2 监理内容

对于信息系统工程监理的内容，信息产业部正式颁布的《信息系统工程监理暂行规定》第九条规定是对信息系统工程的质量、进度和投资进行监督，对项目合同和文档资料进行管理，协调有关单位间的工作关系。根据应用系统工程的实际状况，可以概括为"四控制"（即质量控制、进度控制、投资控制和变更控制）、"三管理"（合同管理、安全管理和信息管理）和"一协调"。

1．质量控制

质量控制要贯穿在项目建设从可行性研究、设计、建设准备、开发、实施、竣工、启用及用后维护的全过程。主要包括组织设计方案评比，进行设计方案磋商及图纸审核，控制设计变更，在实施前通过审查承建单位资质等；在实施中通过多种控制手段检查监督标准、规范的贯彻，以及通过阶段验收和竣工验收把好质量关等。

2．进度控制

进度控制首先要在建设前期通过周密分析研究确定合理的工期目标，并在实施前将工期要求纳入承建合同；在软件开发、实施阶段通过运筹学、网络计划技术等科学手段，审查、修改实施组织设计和进度计划，做好协调与监督，排除干扰，使单项工程及其分阶段目标工期逐步实现，最终保证项目建设总工期的实现。

3．投资控制

投资控制的任务，主要是在建设前期进行可行性研究，协助业主单位正确地进行投资决策，在设计阶段对设计方案、设计标准、总预算进行审查；在建设准备阶段协助确定标底和合同造价；在实施阶段审核设计变更，核实已完成的工程量，进行工程进度款签证和索赔控制；在工程竣工阶段审核工程结算。

4．变更控制

变更控制主要内容是对接受应用软件系统建设过程中的变更申请，收集变更信息资料，对发生的所有变更情况按照一定的程序进行处理，并对变更的内容、方式、范围、影响进行评估和控制。

5. 合同管理

合同管理是进行投资控制、工期控制和质量控制的手段。因为合同是监理单位站在公正立场采取各种控制、协调与监督措施，履行纠纷调解职责的依据，也是实施三大目标控制的出发点和归宿。

6. 安全管理

信息系统安全管理的作用是保证业主在信息系统工程项目建设过程中，保证信息系统的安全在可用性、保密性、完整性与信息系统工程的可维护性技术环节上没有冲突；在投资控制的前提下，确保信息系统安全设计上没有漏洞；督促业主的信息系统工程应用人员在安全管理制度和安全规范下严格执行安全操作和管理，建立安全意识；监督承建单位按照技术标准和建设方案实施，检查承建单位是否存在设计过程中的非安全隐患行为或现象等。

7. 信息管理

确保项目信息管理工作规范化，保证项目信息的准确性、完整性和可用性，确保项目信息交流、信息沟通渠道畅通，规范信息组织及信息管理，为项目实施管理及决策提供信息依据。

8. 协调

协调贯穿在整个信息系统工程从设计到实施再到验收的全过程。主要采用现场和会议方式进行协调。

总之，四控三管一协调，构成了应用信息系统监理工作的主要内容。为圆满地完成监理基本任务，监理单位首先要协助业主单位确定合理、优化、经济的三大目标，同时要充分估计项目实施过程中可能遇到的风险，进行细致的风险分析与估计，研究防止和排除干扰的措施以及风险补救对策，使三大目标及其实现过程建立在合理水平和科学预测基础之上。其次要将既定目标准确、完整、具体地体现在合同条款中，绝不能有含糊、笼统和有漏洞的表述。最后才是在信息工程建设实施中进行主动的、不间断的、动态的跟踪和纠偏管理。针对应用系统监理的特点，在后面的章节中重点讲述质量控制、进度控制、投资控制方面的内容。

20.3 应用软件建设的质量控制

20.3.1 软件工程质量概述

1. 软件质量定义

软件质量反映实体满足明确和隐含需要能力的特性综合。

定义的说明：
- 明确需要，指合同中用户明确提出的要求与需要。
- 隐含需要，指由生产企业通过市场调研进行识别与探明的要求或需要。
- 特性，实体所特有的性质，反映了实体满足需要的能力。

2. 软件质量定义二

也反映实体满足与要求的一致性和适用性的特性综合。

定义的说明：
- 与要求的一致性，满足书面规范的要求。例如，在范围说明书中，按合同条款需要交付 10050 套桌面 Linux 系统。
- 适用性，指产品能像它被计划的那样使用。如果这些某个应用软件产品（项目）交付时不带某些模块，或者这些某块还未开发、测试完毕，用户可能会不满意，因为软件不适合使用。

3. 软件质量的类型
- 软件质量，通常指软件产品的质量，广义的还包括工作的质量。产品质量是指产品的使用价值及其属性。
- 工作质量，它是产品质量的保证，反映了与产品质量直接有关的工作对产品质量的保证程度。

4. 项目的质量
- 从项目作为一次性的活动来看，项目质量体现在由 WBS（工作分解结构）反映出的项目范围内所有的阶段、子项目、项目工作单元的质量所构成，也即项目的工作质量。
- 从项目作为一项最终产品来看，项目质量体现在其性能或者使用价值上，也即项目的产品质量。

项目是应业主的要求进行的，不同的业主有着不同的质量要求，其意图已反映在项目合同中。因此，项目合同是进行项目质量管理的主要依据。

5. 工作质量

参与项目的实施者为了保证所从事工作的质量水平和完善程度，应包括：
- 社会工作质量
- 过程工作质量
- 管理工作质量
- 技术工作质量

在应用系统软件开发期间，为保证软件工程质量，业主和承建单位应建立一套完善的质量控制体系，设置关键的质量控制点，并通过若干质量控制技术与手段，发现问题及时修正。

质量保障体系如图20.1所示。

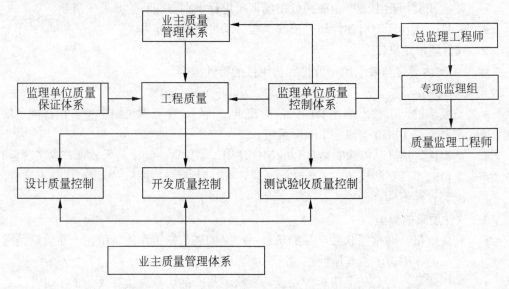

图20.1 质量保障体系

20.3.2 监理的质量控制体系

在应用软件项目监理工作中,为了有效地实施监理工作,提高监理质量,监理单位必须建立起完善的质量控制体系,主要内容包括:
- 质量管理组织
- 项目质量控制
- 设计质量控制程序
- 开发质量控制程序
- 测试质量控制程序
- 系统验收质量控制程序

20.3.3 质量管理组织

监理单位的质量管理组织如图20.2所示。

20.3.4 项目的质量控制

质量控制主要是监督项目的实施结果,将项目的结果与事先制定的质量标准进行比较，找出其存在的差距，并分析形成这一差距的原因，质量控制同样贯穿于项目实施的全过程。项目的结果包括产品结果（如交付）以及管理结果（如实施的费用和进度）。

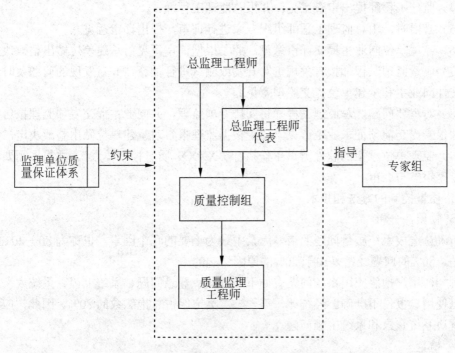

图 20.2　监理单位的质量管理组织图

监理应该具有统计质量控制的工作知识，特别是抽样检查和概率方面的知识，以便帮助他们评价质量控制的输出。监理应该清楚以下几个方面的不同：
- 预防和检查
- 特征样本和随机样本
- 特殊原因和随机原因
- 偏差和控制线

1. 质量控制的依据
- 工作结果，包括实施结果和产品结果
- 质量管理计划
- 操作规范
- 检查表格

2. 质量控制的程序

（1）监理单位按照有关国家标准和技术标准提交监理要求文件。

(2) 承建单位在合同规定日期内按监理要求文件提交正式文档或软件。
(3) 监理工程师根据合同及有关标准审查文档。
(4) 监理工程师提出审查意见,并报总监理工程师。
(5) 必要时,由总监理工程师组织专家进行评审,提出评审意见。
(6) 监理单位向业主提交评审意见,业主根据评审意见对承建单位做出整改决定。
(7) 质量监理工程师按有关规定对开发或测试进行抽查,并对发现的问题及时通过监理文件向业主和承建单位提交监理意见。
(8) 对重要问题,总监理工程师将安排专项监理,并向业主提交专项监理报告。专项监理报告提交前须征求业主意见。业主根据监理报告对承建单位做出整改决定。
(9) 监理单位承担的软件测试工作执行"XXXX 质量控制体系"。并根据需要随时邀请专家组参与会审。

3. 质量控制的方法和技术

1) 帕累托分析

指确认造成系统质量问题的诸多因素中最为重要的几个因素。也称为80—20法则。意思是,80%的问题经常是由于20%的原因引起的。

例如,用户抱怨应用系统问题有如下几方面:登录问题、系统上锁、系统太慢、系统难以使用、报告不准确。经统计,第一、二类抱怨占总抱怨数的80%。因此,应集中力量解决系统登录和系统上锁问题。

2) 检查

检查包括度量、考察和测试。

3) 控制图

控制图可以用来监控任何形式的输出变量,它用得最为频繁,可用于监控进度和费用的变化、范围变化的度量和频率、项目说明中的错误以及其他管理结果,如图20.3 所示。

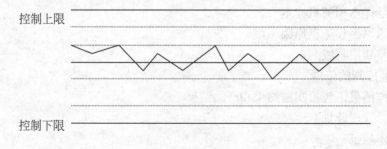

图 20.3 质量控制图

4) 统计样本

对项目实际执行情况的统计值是项目质量控制的基础,统计样本涉及样本选择的代表性,合适的样本通常可以减少项目控制的费用。

样本的大小取决于想要的样本有多大的代表性。

决定样本大小的公式:

$$样本大小 = 0.25 \times (可信度因子/可接受误差)^2$$

常用的可信度因子见表 20-1。

表 20-1 常用的可信度因子

期望的可信度	可信度因子	期望的可信度	可信度因子	期望的可信度	可信度因子
95%	1.960	90%	1.645	80%	1.281

若要有 95%的可信度,则样本大小为:

样本大小=$0.25 \times (可信度因子/可接受误差)^2 = 0.25 \times (1.960/0.05)^2 = 384$

若要有 90%的可信度,则样本大小为:

样本大小 = $0.25 \times (可信度因子/可接受误差)^2 = 0.25 \times (1.645/0.10)^2 = 68$

若要有 80%的可信度,则样本大小为:

样本大小 = $0.25 \times (可信度因子/可接受误差)^2 = 0.25 \times (1.281/0.20)^2 = 10$

5)标准差

标准差测量数据分布中存在多少偏差。一个小的标准差(σ)意味着数据集中聚集在分布的中间,数据之间存在很小的变化,如图 20.4 所示。

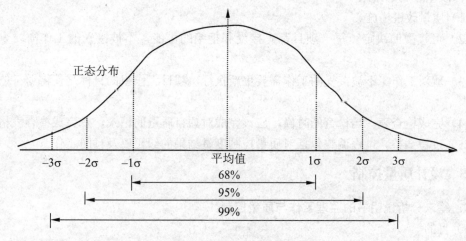

图 20.4 标准差测量数据分布图

标准差在质量控制上很重要,因为它是一个决定有缺陷个体的可接受数目的关键因素。

一些公司，如摩托罗拉、通用电气、宝丽来等使用 6σ 作为质量控制标准。σ 和有缺陷的单位数见表 20-2。

表 20-2　σ 和有缺陷的单位数

规范范围（+/-σ）	在范围内的样本百分比	每 10 亿中有缺陷的单位数
1	68.27	317300000
2	95.45	45500000
3	99.73	2700000
4	99.9937	63000
5	99.999943	57
6	99.9999998	2

6σ 被认为是美国对质量改进的最杰出的贡献之一。

6）流图

通常被用于项目质量控制过程中，其主要的目的是分析问题产生的原因及要素间的关系。

7）趋势分析

趋势分析是应用数学的技术根据历史的数据预测项目未来的发展，趋势分析通常被用来监控：

- 技术参数，多少错误或缺点已被识别和纠正，多少错误仍然未被校正。
- 费用和进度参数，多少工作在规定的时间内被按期完成。

4．质量控制的结果

（1）质量改进措施。

（2）可接受的决定。每一项目都有接受和拒绝的可能，不被接受的工作需要重新进行。

（3）重新工作。不被接受的工作需要重新执行，项目工作组的目标是使得返工的工作最少。

（4）完成检查表。当检查的时候，应该完成对项目质量的记录，及完成检查表格。

（5）过程调整。过程调整包括对质量控制度量结果的纠正以及预防工作。

20.3.5　设计质量控制

1．需求分析说明书的监理工作与质量控制

1）目的

需求说明书是为了使用户和软件开发者双方对该软件的初始规定有一个共同的理解而编制成的说明书，需求说明书是整个开发工作的基础。在需求分析阶段内，由系统分析人员对被设计的系统进行系统分析，确定对该软件的各项功能、性能需求和设计约束，确定对软件需求说明书编制的要求，作为本阶段工作的结果。对于监理单位来说，对需求说明书的评审和监控是设计阶段监理工作的一项重要内容。

2）监理过程

（1）承建按合同规定日期提交正式会签确认的总体需求说明书。

（2）监理工程师熟悉总体需求说明书。

（3）根据合同及有关标准审查总体需求说明书。

（4）监理工程师提出审查意见。

（5）必要时，总监理工程师组织专家进行评审，提出评审意见。

（6）监理单位与业主和承建单位共同探讨，提出《补充建议》。

（7）承建单位根据评审意见和《补充建议》编制《需求补充说明》，并提交监理单位。

（8）监理单位审查《需求补充说明》。

（9）监理单位提交最终监理意见，业主根据监理意见对承建单位工作做出整改决定。

3）监理内容

主要工作是审查内容是否符合国家标准《计算机软件产品开发文件编制指南》GB/T 8567-88 中关于需求说明书的编写标准（或其他适用的标准），是否符合国家标准《计算机软件需求说明编制指南》GB/T9385-88 关于需求说明书的编制详细标准，审查需求说明是否基本满足系统的业务需求。主要审查内容如下：

（1）是否包含对本工程及软件需求说明书的背景说明，包括编写目的、背景、定义、参考资料、目标、用户的特点、假定与约束等等。

（2）是否包含对功能需求的规定，对功能的规定是否涵盖系统所要求的全部业务。

（3）是否包含对性能的规定，审查其中对精度、时间特性要求和灵活性的说明是否齐全。

（4）是否包含对输入输出要求的说明，审查输入输出要求是否全面，是否符合基本逻辑。

（5）是否包含对数据管理能力要求的说明，审查数据管理能力要求是否和性能规定、业务等一致。

（6）是否包含对故障处理要求的说明，所涉及的故障是否全面考虑到了系统的各种特殊情况。

审查说明书中对其他专门要求的说明是否合乎系统的业务情况。

审查说明书是否包含对运行环境的规定，包括对设备、支持软件、接口、控制等要素的说明是否齐全。

2．软件设计说明书的监理工作与质量控制

1）目的

软件设计说明书分为概要设计说明书、详细设计说明书和数据库设计说明书。概要设计说明书说明对程序系统的设计考虑,包括程序系统的基本处理流程、程序系统的组织结构、模块划分、功能分配、接口设计、运行设计、数据结构设计和出错处理设计等,为程序的详细设计提供基础。

详细设计说明书说明一个软件系统各个层次中的每一个程序（每个模块或子程序）的设计考虑,如果一个软件系统比较简单,层次很少,本文件可以不单独编写,有关内容合并入概要设计说明书。

数据库设计说明书是对于设计中的数据库的所有标识、逻辑结构和物理结构做出具体的设计规定。对概要设计说明书、详细设计说明书和数据库设计说明书的评审是软件需求说明书基本固定后,在设计阶段监理工作的另一项重要内容。

2）监理过程

（1）承建单位按合同规定日期提交正式会签确认的概要设计说明书、详细设计说明书和数据库设计说明书。

（2）监理工程师熟悉概要设计说明书、详细设计说明书和数据库设计说明书。

（3）根据合同及有关标准审查概要设计说明书、详细设计说明书和数据库设计说明书。

（4）监理工程师提出审查意见。

（5）必要时,总监理工程师组织专家进行评审,提出评审意见。

（6）监理单位与业主和承建单位共同探讨,提出《补充建议》。

（7）承建单位根据评审意见和《补充建议》编制《设计补充说明》,并提交监理单位。

（8）监理单位审查《设计补充说明》。

（9）监理单位向业主提交最终监理意见,业主根据监理意见对承建单位工作做出整改决定。

3）监理内容

主要工作是审查内容是否符合国家标准《计算机软件产品开发文件编制指南》GB 8567-88 中关于概要设计说明书、详细设计说明书和数据库设计说明书的编写标准,审查概要设计说明书、详细设计说明书和数据库设计说明书是否符合已会签的软件需求说明书及需求补充说明书中的有关内容,是否基本满足系统的业务需求。主要审查内容如下。

概要设计说明书

（1）是否包含对本工程及软件需求说明书的背景说明，包括编写目的、背景、定义、参考资料、目标、用户的特点、假定与约束等。

（2）是否包含对本工程及概要设计说明书的背景说明，包括编写目的、背景、定义、参考资料等。

（3）是否包含总体设计的说明，包括对运行环境、基本设计概念和处理流程、结构、功能需求与程序的关系、人工处理过程、尚未解决的问题等等，审查上述说明的全面性和业务符合性。

（4）是否包含接口设计的说明，包括用户接口、外部接口、内部接口，审查全面性和业务符合性。

（5）是否包含对运行设计的说明，包括运行模块组合、运行控制、运行时间等等，审查全面性和业务符合性。

（6）是否包含系统数据结构设计，包括逻辑结构设计要点、物理结构设计要点、数据结构与程序的关系等，审查全面性和业务符合性。

（7）是否包含对系统出错处理设计的说明，包括出错信息、补救措施、系统维护设计，审查全面性和业务符合性。

详细设计说明书

（1）是否包含对本工程及详细设计说明书的背景说明，包括编写目的、背景、定义、参考资料等。

（2）是否包含对程序 1（标识符）设计的说明，包括程序描述、功能、性能、输入项、输出项、算法、流程逻辑、接口、存储分配、注释设计、限制条件、测试计划、尚未解决的问题等等，审查全面性和业务符合性。

（3）是否包含对程序 2（标识符）、程序 3（标识符）……及至第 N 个程序的设计说明，审查内容与（2）一样。

数据库设计说明书

（1）是否包含对本工程及数据库设计说明书的背景说明，包括编写目的、背景、定义、参考资料等。

（2）是否包含对外部设计的说明，包括标识符和状态、使用它的程序、约定、专门指导、支持软件等，审查全面性和业务符合性。

（3）是否包含对结构设计的说明，包含概念结构设计、逻辑结构设计、物理结构设计等，审查全面性和业务符合性。

（4）是否包含对运用设计的说明，包含数据字典设计、安全保密设计，审查全面性和业务符合性。

20.3.6 开发质量控制

1. 目的

开发质量主要指软件开发过程的质量。承建单位必须制订软件质量保证计划,确立质量体系,保证开发的质量。监理工程师要对承建单位的软件质量保证计划和执行情况进行监理。另外,监理单位还要对承建单位的开发过程进行抽查,促使其开发行为按照软件工程的基本步骤规范地进行,促进最终软件产品质量的提高。

2. 监理过程

监理过程包含两个方面:对系统承建单位的质量保证管理体系进行评审和对承建单位的开发过程和开发行为进行监控。

1)评审质量保证体系

(1)系统承建单位按合同规定日期提交《系统软件质量保证计划》,对自身的质量保证管理体系进行说明。

(2)质量监理组组织监理工程师根据合同及有关标准审查《系统软件质量保证计划》。

(3)质量监理组提出审查意见。

(4)必要时,总监理工程师组织专家进行评审,提出评审意见。

(5)监理单位与业主和承建单位共同探讨,提出建议。

(6)承建单位根据评审意见和建议完善自身的质量保证体系,并再次提交监理单位。

(7)监理单位再次审查,并向业主提交最终评审意见,业主根据评审意见对承建单位工作做出整改决定。

2)监控开发过程

(1)以《系统软件质量保证计划》为依据,检查开发方是否按照计划正常进行日常开发行为的质量保证。

(2)按照需求说明书、设计说明书及有关国家标准抽检开发过程的不同阶段的开发工作,以确定开发方是否按照设计说明书和有关国家标准实施开发工作。

(3)以抽查的方式监控开发方的开发行为,监理单位的监理行为必须在不影响开发方的日常开发的前提下进行,开发人员也应该对监理单位的监理行为予以配合。

(4)监理工程师把上述监理工作予以记录,形成监理记录,并对问题或隐患提出监理意见。

(5)总监理工程师对监理工程师的原始监理资料和监理意见进行审查,根据情况确定专项监理任务进行专项监理,并向业主提交专项监理报告。业主根据监理报告对承建单位工作做出整改决定。

3．监理内容

监理内容也包括两个方面：对系统承建单位的质量保证计划的评审内容和对承建单位的开发过程的监控内容。

1）质量保证计划的评审

审查是否符合国家标准《计算机软件质量保证计划规范》GB/T12504-90 关于软件质量保证计划的编写标准，审查软件质量保证计划是否满足系统软件对质量的需求。主要审查内容如下：

（1）是否包含对本工程及软件质量保证计划的必要的背景说明，包括编写目的、背景、定义、参考资料等。

（2）是否包含对负责软件质量保证的机构、任务及其有关职责的描述。

（3）是否包含对开发过程中的文档进行评审与检查的准则，包括软件需求说明书、软件设计说明书、软件测试规范、项目进展报表、项目阶段评审报表等基本文档。

（4）是否列出软件开发过程中要用到的标准、条例和约定，并列出监督和保证执行的措施。

（5）是否规定了所要进行的技术和管理两方面的评审和检查工作，并编制或引用有关的评审和检查规程，以及通过与否的技术准则。包括概要设计评审、详细设计评审、软件验证与确认评审、功能检查、物理检查、综合检查、管理评审等。

（6）是否包含了有关软件配置管理的条款，是否规定了用于标识软件产品、控制和实现软件的修改、记录和报告修改实现的状态、评审和检查配置管理工作四方面的活动，以及是否规定了以维护和存储软件受控版本的方法和设施，是否规定对所发现的软件问题进行报告、追踪和解决的步骤。

（7）是否指明了用以支持特定软件项目质量保证工作的工具、技术和方法。

（8）是否指出保护计算机程序物理媒体的方法和设施。

（9）是否包含对供货单位控制的说明，供货单位包括子项目承办单位、软件销售单位、软件子开发单位，是否规定了对这些供货单位进行控制的规程。

（10）是否指明了需要保存的软件质量保证活动的记录，是否指出了保存和维护这些记录的方法、设施和保存期限。

2）开发过程的监控内容

（1）数据收集和分析。质量监理工程师按软件质量保证计划收集与项目相关的数据，通过对数据进行分析，及时将与质量相关的反馈和建议汇报给总监理工程师。总监理工程师反馈数据提出监理意见和建议。

（2）项目审计。质量监理工程师抽检开发人员的开发行为，鉴别项目开发中与项目质量保证计划中规定的标准和过程不相符的内容，并向总监理工程师汇报。当这些内容与计划偏离比较多，以至于可能影响到项目的及时高质量完成时，总监理工程师可以考虑召开专项监理会议，提出质量监理意见和纠偏建议。

（3）抽查。质量监理工程师进入开发现场，对开发人员的开发过程进行抽查，获取开发信息，以便及时发现开发过程中存在的问题或隐患，编写监理记录，并向总监理工程师汇报。总监理工程师根据原始监理资料决定是否发出质量监理意见。

20.3.7 测试质量控制

1. 目的

广义上讲，测试是指软件产品生存周期内所有的检查、评审和确认活动。狭义上讲，测试是对软件产品质量的检验和评价。它一方面检查软件产品质量中存在的质量问题，同时对产品质量进行客观的评价。在本项目中，监理工作涉及的软件测试可分为单元测试和集成测试，按测试实施方的不同又可分为内部测试与外部测试。简单地说，测试的最终目的是确保最终交给用户的产品的功能符合用户的需求，把尽可能多的问题在产品交给用户之前发现并改正，监理单位对测试质量控制的目的就是促使测试人员按照国家标准实施测试工作，以达到最终的测试目的。

2. 监理过程

（1）系统承建单位或外部测试方按合同规定和进度计划提交测试计划和测试规范。

（2）监理工程师按照有关国家标准审查提交的测试计划和测试规范，并提出审查意见。

（3）必要时，总监理工程师组织专家进行评审，提出评审意见和建议。

（4）监理单位与业主和承建单位共同探讨，最终确定可行的测试方案。

（5）承建单位或外部测试方根据最终确定的测试方案实施测试，监理工程师对测试过程进行抽查。

（6）测试结束后承建单位或外部测试方提交测试问题单和测试报告。

（7）监理工程师对测试问题单及测试报告进行审查，如有疑点可进行抽检。

（8）承建单位对测试问题进行修改并回归测试通过后，再次提交给监理单位。

（9）监理单位对回归测试的过程、结果进行确认，并决定测试是否完成。

3. 监理内容

（1）测试方案，审查测试方案设计是否科学，对所有的功能点是否均设计充分而详细的测试案例，是否可以遍历所有功能、错误条件和极限状态。

（2）测试工具，审查测试工具是否适用，是否能与测试方法配套使用。

（3）测试环境，审查测试环境是否符合测试规范，是否相对独立。

（4）测试过程，对测试过程进行抽查，以监控测试人员按照规范和相关标准进行测试工作。

（5）测试问题报告，审查问题报告，如有必要可对问题进行抽检。

（6）回归测试，对照测试问题报告，审查回归测试情况，如有必要可抽检，以确定问题是否已修改。

（7）测试报告，审查测试报告的全面性和正确性。

20.3.8 系统验收质量控制

1．目的

系统验收的目的是检验软件系统是否达到设计要求，作为软件工程中比较靠后的阶段，系统验收能在交付用户使用前对软件进行最后一次全面的确认和验证。监理单位对系统验收的质量控制是协助业主组织好由业主、承建单位和监理单位共同对软件系统按照相关国家标准和技术规范进行验收，以确认软件系统达到上线试运行的基本要求。

2．监理过程

（1）承建单位在合同规定时间内提出系统验收标准。

（2）监理工程师按照合同及相关文件对验收标准进行审查。

（3）必要时，总监理工程师组织专家对验收标准进行会审，并提出评审意见，和业主及承建单位进行探讨，确定修改意见。

（4）监理单位向业主提交最终评审意见，业主根据评审意见对承建单位工作做出整改决定，形成验收标准。

（5）监理工程师检查合同各方的竣工准备情况，以确定是否满足系统验收的条件。

（6）由业主、承建单位和监理单位共同组成系统验收组，以业主、承建单位为主，按照系统验收方案对软件系统进行验收工作。

（7）监理工程师对验收报告进行评审，由总监理工程师确认验收工作是否完成。

3．监理内容

（1）验收标准。检查承建单位提交的验收标准是否符合合同及有关标准。

（2）验收方案。审核业主和承建单位制定的系统验收方案，并审查验收方案的全面性和业务符合性。

（3）验收准备工作。监督合同各方做好验收准备工作，按规定准备技术资料，要求数据准确、种类齐全、文字精练。审核业主制定的验收测试方案，审查承建单位提交的测试大纲，督促其做好竣工前的验收测试准备工作。测试、检验必须根据有关规范和规定进行，不得擅自修改、减少测试大纲和测试项目，不得擅自修改、伪造和事后补做测试记录。

（4）验收实施。监控系统验收组执行系统验收工作，必要时采取测试方法检验系统是否达到设计要求。

（5）验收报告。监理工程师审查提交的测试报告、初验报告和正式验收报告，审查验收工作是否完成合同书中各项内容，是否满足需求书中提出的各项应用指标，并经过系统试运行的用户认可。

20.4 应用软件建设的进度控制

软件开发项目进度控制是指在规定的时间内，拟定出合理且经济的进度计划（包括多级管理的子计划），在执行该计划的过程中，经常要检查实际进度是否按计划要求进行，若出现偏差，便要及时找出原因，采取必要的补救措施或调整、修改原计划，直至项目完成。

20.4.1 进度控制的目标和内容

软件项目进度控制的目标是在规定的时间内，保质保量地完成应用软件系统建设的全部工作。

软件项目进度控制的内容主要是：
（1）监控项目的进展。
（2）比较实际进度与计划的差别。
（3）修改计划使项目能够返回预定"轨道"。

20.4.2 进度控制的措施

（1）组织措施。落实工程进度控制部的人员组成，具体控制任务和管理职责分工；进行项目分解，按项目结构、进度阶段、合同结构多角度划分，并建立编码体系；确立进度协调工作制度；对干扰和风险因素进行分析。
（2）技术措施。审核项目进度计划，确定合理定额，进行进度预测分析和进度统计。
（3）合同措施。分段发包，合同期与进度协调。
（4）经济措施。保证预算内资金供应，控制预算外资金。
（5）信息管理措施。实行进度动态比较，提供比较报告。

20.4.3 进度控制监理要点及流程

在应用软件项目进度控制是通过一系列监理手段，运用运筹学、网络计划、进度可视化等技术措施，使软件项目建设工作控制在详密计划工期以内，为了有效地进行进度控制的监理工作，必须对进度控制所需的基本知识及方法有所了解。

1．进度控制的类型

应用软件项目的进度控制可分为两种类型：作业控制与进度控制。

1）作业控制

作业控制的内容就是采取一定措施，保证每一项作业本身按计划完成。

作业控制是以工作分解结构 WBS 的具体目标为基础的，也是针对具体的工作环节的。通过对每项作业的质量检查以及对其进展情况进行监控，以期发现作业正在按计划进行还是存在缺陷，然后由项目管理部门下达指令，调整或重新安排存在缺陷的作业，以保证其不致影响整个项目工作的进行。

2）进度控制

项目进度控制是一种循环的例行性活动。其活动分为四个阶段：编制计划、实施计划、检查与调整计划、分析与总结，如图 20.5 所示。

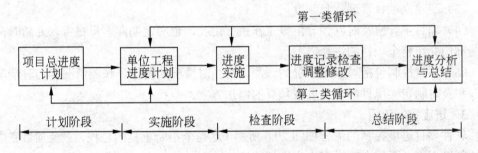

图 20.5　进度控制图

进度控制就是采取措施来保证项目按计划的时间表来完成工作，经常出现的实际进度与计划不符的情况是脱期。

责任心不强、信息失实或遗漏、协作部门的失误等都会影响到工期。不过有许多工期的拖延都是可以避免的，比如增强项目人员信心、完善信息制度等。

不同层次的项目管理部门对项目进度控制的内容是不同的。

按照不同管理层次对进度控制的要求分为三类：

（1）项目总进度控制。项目总监、总监代表等等高层次项目监理人员对项目中各里程碑事件的进度控制。

（2）项目主进度控制。主要是项目监理部对项目中每一主要事件的进度控制。在多级项目中，这些事件可能就是各个分项目。

（3）项目详细进度控制。主要是各监理作业小组或监理工程师对各具体作业进度计划的控制，这是进度控制的基础。

项目控制主要解决的问题是克服脱期,但实际进度与计划不符的情况还有另外一种，即工作的过早完成。一般来说,这是有益无害的,但在有些特定情况下,某项工作的过早完成会造成资金、资源流向问题,或支付过多的利息。

2. 监理要点

(1) 明确项目控制的目的及工作任务。

项目计划的执行需要做如下两个方面的工作:

- 需要多次反复协调;
- 消除与计划不符的偏差。

项目计划的控制就是要时刻对每项工作进度进行监督,然后,对那些出现"偏差"的工作采取必要措施,以保证项目按照原定进度执行,使预定目标按时和在预算范围内实现。

(2) 加强来自各方面的综合、协调和督促。

(3) 要建立项目管理信息制度。

(4) 项目主管应及时向领导汇报工作执行情况,也应定期向客户报告,并随时向各职能部门介绍整个项目的进程。

(5) 项目控制包括对未来情况的预测、对当时情况的衡量、预测情况和当时情况的比较和及时制定实现目标、进度或预算的修正方案。

3. 进度控制流程

软件项目进度控制的流程如图 20.6 所示(这是个不断重复的过程,直至项目完成)。在控制过程中,要重点对以下内容进行监控。

1) 进度评估

(1) 进度评估基础是定期信息收集或者发生的特定事件。

(2) 这些信息必须是客观的和可度量的。

(3) 并非每一次都能够得到符合要求的信息,因而通常需要项目成员进行主观判断。

2) 检查点(Checkpoints)至少应是:

- 定期的(如一星期一次,一月一次);
- 与特定的事件绑定的,如生成一份报告或者提交部分产品,或者支付部分费用。

应用软件系统建设过程的进度控制应根据承建单位所采取的开发模式和项目类性来确定。例如某承建单位软件开发模式包括的阶段是:系统需求分析、软件需求分析、软件概要设计、软件详细设计、软件编码与单元测试、软件组装(集成)测试、软件确认测试、系统联试、验收交付、运行与维护等阶段。而某承建单位承担的中小企业信息化软件实施过程的实施模式包括的阶段:领导培训、企业诊断、需求分析、项目组织、ERP 原理培训、基础数据准备、产品培训、系统安装调试、模拟运行、系统验收、分步切换运行、改进。针对这些阶段,进度控制应遵循下列计划程序和要求进行:

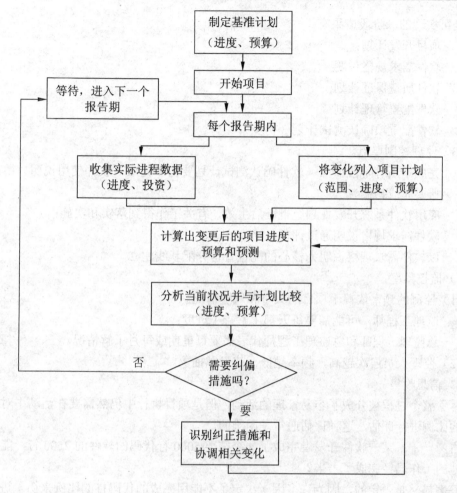

图 20.6　进度控制流程

分析并提出应用软件系统建设过开发或实施周期内各阶段进入条件、主要开发或实施内容、阶段成果与阶段结束标志，以软件需求分析为例：

（1）阶段工作内容。分析并明确软件需求使之文档化，确定被开发软件的运行环境，功能，性能和接口要求，完成《"应用软件系统"开发计划》、《软件需求规格说明》、《软件质量保证计划》、《软件配置管理计划》、《软件配置项（初步）确认测试计划》、《用户使用说明（初稿）》的编写；

（2）阶段成果要求。在制定应用软件系统项目建设计划时应兼顾用户给定的进度和经费要求，又要注意按照软件工程规定的程序和技术要求进行软件开发工作。软件需求规格说明应满足需求分析的完整性要求，并保证软件需求规格说明中所有功能，性能需求均是可实现的。阶段成果有：
- 项目开发计划；
- 软件需求规格说明；
- 软件质量保证计划；
- 软件配置管理计划；
- 软件配置项确认测试计划（初步）。

（3）监理控制要点。
- 完成了所有阶段产品（软件确认测试计划要初步完成，软件使用说明、用户手册要完成初稿）；
- 应用软件系统开发计划经批准后生效，有关工作得到落实和实施；
- 软件需求规格说明通过评审；
- 以软件需求规格说明为核心的配置管理分配基线建立。

3）监控频率

（1）监测的频率依赖于项目的大小和风险情况。
- 监理工程师，可能需要每天都了解一下进度；
- 总监理工程师和总监理工程师代表需要每星期或每月了解情况。

（2）监理人员层次越高，频率越低，信息越抽象。

4）信息收集

尽管整个过程被分成了容易管理的活动，但是项目执行中仍然需要在活动中对任务完成的比例进行评估，这种评估通常是困难的。

思考一下：某一软件开发者完成了一个需要 5000 行代码的软件的 2500 行，能不能认为他的工作已经完成了一半？

答案显然是否定的，因为许多因素决定了不能用完成的代码行的比例来衡量进度：
- 对整个软件的代码行的估计可能不准确；
- 写完的代码可能相对容易，或者相对容易；
- 一个软件如果没有通过测试就不能算完成，因而即使代码全部写完了，如果没有测试也不能算完成。

对所需完成内容的深入的了解有助于判断进度，如将整个工作细分为子任务，如设计、编码、单元测试等。

20.4.4 进度控制的方法

1）网络图法

网络图技术出现于 20 世纪 50 年代末，由于这种方法是建立在工作关系网络模型基础上，将研究和开发的项目及其控制过程作为一个系统来加以处理，将组成系统的各项工作通过网络形式，对整个系统统筹规划、合理安排，有效地利用人力、物力，以最少的时间和资源消耗来达到整个系统的预期目标，所以是一种十分有效的进度管理方法。

2）甘特图法

甘特图也叫横道图，是信息工程项目进度管理中最常用的方法之一。应用这种方法进行项目进度控制的思路是：首先编制项目进度计划，再按进度计划监督、检查工程实际进度，并在甘特图上做好记录，据此判断项目进度的实施情况，提出控制措施的完整过程。

甘特图以横坐标表示每项活动的起止时间，纵坐标表示各分项作业，按一定先后作业顺序，用带时间比例的水平横道线来表示对应项目或工序的持续时间，以此作为进度管理的图示。信息工程项目中已经广泛采用了甘特图法制定进度计划。

软件项目进度控制的过程包括项目进度的计划编制、审查、实施、检查、分析处理的过程。软件项目进度控制以项目进度计划为基础。项目进度计划由承建单位与客户协商编制、经监理审核后执行。

3）建议软件项目的进度控制采用甘特图法和网络图法

由甘特图法明确各个作业之间的先后顺序，具体做法如下：由软件项目经理编制时间进度计划甘特图，编制完成并批准实施后，随着开发、实施作业的进程，将各个项目或工作的实际进度画在甘特图相应工作的计划进度横道线的下方。对比甘特图上各工作的计划进度和实际进度，能十分清楚地了解计划执行的偏差，进而对偏差进行处理。

同时配合网络图法，它充分提示了各工作项目之间的相互制约和相互依赖关系，并能反应进度计划中的矛盾。从中找出关键路径，对其进行重点控制。用网络图法记录各项工作实际作业时间和起止时间，在网络图上用色彩标明已完工工作，可与未完工的工作分开，一目了然。

另外在软件项目的开发、实施过程中，软件项目经理还要按进度计划编制实施进度报告，定期对项目进度向客户负责人、监理和公司进行书面报告，方便存档和检查。

20.4.5 网络计划技术在信息应用系统进度监理中的应用

1．网络计划技术的概念

工程项目是指相互关联的许多工作的组合。这些工作按特定次序进行，各项工作有前后承接关系。而信息应用系统项目还具有结构复杂、投资较大、需求设计变更较频繁、不可预见因素多、管理复杂等特点。在以往的信息项目建设中，常使用甘特图（或称横道图）编制进度计划，简单明了，形象直观。但它不适合用于大型和复杂信息应用系统工程的项目的建设和监理工作。因为大型和复杂信息应用系统项目进度控制监理工作的主要任务是审核项目进度计划、协调资源、监督计划实施、控制进度计划变更、保证资源足额投入,在保证工期的条件下,使总费用控制在预算之内。由于甘特图不反映各项工作之间的逻辑关系,因而难以确定某项工作推迟对完工期的影响,当实际进度与计划有偏差时也难以调整。况且,甘特图虽然直观清楚,但它只是计算的结果,而一项工作什么时候开始,什么时候结束,却是需要计算实现的,甘特图并没有给出好的算法。所以在信息应用系统工程项目监理工作的进度控制过程中,有必要运用网络计划技术。

关键路线法(Critical Path Method,CPM)和计划评审技术(Program Evaluation and Review Technique,PERT)是两种目前应用比较广泛的计划方法。CPM 和 PERT 是独立发展起来的计划方法,两者的主要区别在于:CPM 是以经验数据为基础来确定各项工作的时间,而 PERT 则把各项工作的时间作为随机变量来处理。所以,前者往往称为肯定型网络计划技术,而后者往往称为非肯定型网络计划技术。前者是以缩短时间、提高投资效益为目的,而后者则能指出缩短时间、节约费用的关键所在。因此,将两者有机的结合,可以获得更显著的效果。

网络计划技术的主要特点是:

(1)直观性强,可形象反映工程全貌;
(2)主次、缓急清楚,便于抓住主要矛盾;
(3)可利用非关键路线上的工作潜力,加速关键工作进程,因而可缩短工期,降低工程成本;
(4)可估计各项工作所需时间和资源;
(5)便于修改;
(6)可运用计算机运算和画图,缩短计划编制时间。

信息工程项目建设过程中不可预见的因素较多,如新技术、需求变化、到货延迟等在施工组织中也常常会涉及,且受许多政策指令性工期影响时还必须给出某项任务完成的可能性。因此,整体工程进度计划与控制采用网络计划技术时大多属于非肯定型网络计划,即 PERT 网络模型,不仅在工序持续时间上要考虑随机因素,而且要应用概率理论算出指令工期完成的可能性大小,从而找出完成可能性最大的工期,以提高工程进度计划与控制的可靠性。

信息工程项目应用网络计划有五个步骤组成:

(1)绘制网络图;
(2)网络计划计算;
(3)求关键线路;
(4)计算完工期及其概率;
(5)网络计划优化。

本节主要以某公司（中小型企业）ERP项目建设中采用网络图对各子工作进行工期的计算，监理在整体项目的进度控制中运用网络计划技术为场景，论述网络计划技术在信息应用系统项目监理工作进度控制中的应用。

2．网络图

1）网络图的组成

网络图是用来表示工作流程的有向、有序的网状图形，由箭线和节点组成。网络图有多种表示方式，最常见的有双代号网络（Activity-On-Arrow network，AOA）和单代号网络（Activity-On-Node network，AON），双代号网络是一种用箭线表示工作、节点表示工作相互关系的网络图方法，在我国这种方法应用较多。双代号网络计划一般仅使用结束到开始的关系表示方法，因此为了表示所有工作之间的逻辑关系往往需要引入虚工作加以表示，国内该方面的软件较多。图20.7是双代号网络图的示例。

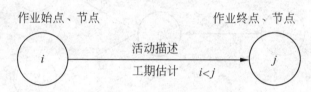

图 20.7 双代号网络示意图

（1）事项（事件、节点）

工程（计划）的始点、终点（完成点）或其各项工作的连接点（交接瞬间）。网络图中箭线端部的圆圈或其他形式的封闭图形。在双代号网络图中，它表示一个事件。节点编号依据下列原则确定：

- 节点表示事项时间大致顺序，自左向右自上向下排列；
- 一般以正整数表示；
- 一个节点只有一个编号；
- 各节点不允许重复使用一个编号；
- 右边的节点编号大于做边的节点编号。

（2）工作（作业、活动）

工作是指一项有具体内容的，需要人力、物力、财力，并占用一定空间和时间才能完成的活动过程。例如需求分析、软件架构设计、代码编写、单元测试等。工作由节点和边组成。如图20.7所示，工作从节点 i 开始，到节点 j 结束，则前者叫做工作始点，后者叫做工作终点。

（3）先行工作和后续工作

如果在工作 A 完成后才可以开始工作 B，如图 20.8 所示，则工作 A 叫做工作 B 的先行工作，工作 B 叫做工作 A 的后续工作。

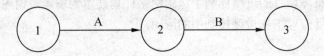

图 20.8　先行工作和后续工作

（4）平行工作

如果工作 A 结束后，工作 B 和 C 可以同时开始进行，如图 20.9 所示，则工作 B 和 C 叫做平行工作。

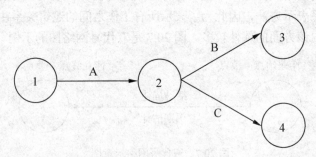

图 20.9　并行工作

（5）虚拟工作

虚拟工作是指只表示工作之间相互依存、相互制约、相互衔接的关系，但不需要人力、物力、空间和时间的虚设的活动。例如有 A、B、X、Y 四项工作如图 20.10 所示，其逻辑关系为：A 是 X 的先行工作，A 和 B 同时是 Y 的先行工作，这时就需要用到虚拟工作来表示。如图中连接节点 2 和 5 的虚线边即表示虚拟工作，虚拟工作的时间为零。

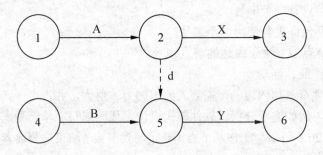

图 20.10　虚拟工作

（6）网络图的绘制原则

- 网络图是有方向的,不允许出现回路,图 20.11 就是一个错误的网络图。

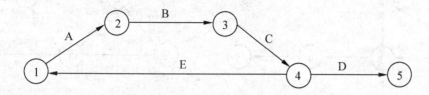

图 20.11 错误的网络图

- 直接连接两个相邻节点之间的活动只能有一个,图 20.12 中左图就是错的。

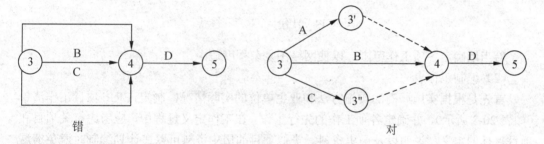

图 20.12 相邻节点之间的活动只能有一个

- 一个工作不能在两处出现。
- 箭线首尾必有节点,不能从箭线中间引出另一条箭线,如图 20.13 所示。

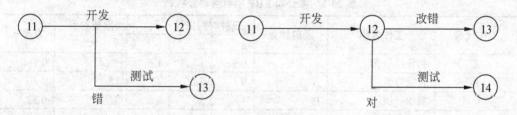

图 20.13 箭线首尾必有节点

- 网络图必须只有一个网络始点和一个终点,如图 20.14 所示。
- 各项活动之间的衔接必须按逻辑关系进行。

2)绘制网络图

某公司(中小企业)实施 ERP 项目,按照实施厂商的快速实施方法,监理在进度控制工作中采用网络计划技术,第一步就是要绘制网络图:

(1)定义各项工作(作业)

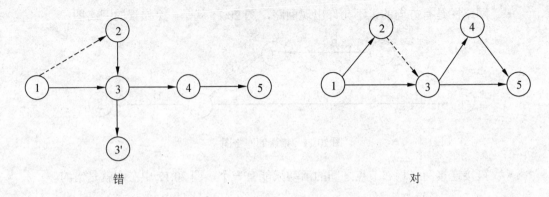

错　　　　　　　　　　　　　　　　对

图 20.14　只有一个起点和终点

恰当地确定各项工作范围，以使网络图复杂程度适中。

（2）编制工作表

首先是根据实施厂商的实施方法和业主单位的实际情况，制定 ERP 项目工作清单（如表 20-3 所示），并确定各项工作的先行工作。在工作定义过程中，应考虑有关项目和项目目标的定义、说明以及历史资料。类似项目的历史资料可以在计划编制时避免遗漏某些现在想不到但实际上却必须进行的活动。工作定义过程结束时要提交的成果之一就是工作清单。工作清单必须包括本项目范围内的所有工作，应当对每项工作给出文字说明，保证项目成员准确完整地理解该项工作。

表 20-3　某公司 ERP 项目活动分析表

工作代号	工作名称	紧前作业	三种时间估计（天）			期望时间（天）	方差 σ
			a	m	b		
A	领导层培训		0.5	1	1.5	1	0.166
B	企业诊断	A	9	14	25	15	2.66
C	需求分析	B	1	2	3	2	0.33
D	项目组织	A	1	2	9	3	1.33
E	ERP 原理培训	D	1	2	9	3	1.33
F	基础数据准备	D	9	14	25	15	2.66
G	产品培训	C、E	4	9	20	10	2.66
H	系统安装调试	D	1	2	3	2	0.33
I	模拟运行	F、G、H	10	15	20	15	1.66
J	系统验收	I	0.5	1	1.5	1	0.166
K	分步切换运行	J	20	28	48	30	4.66
L	改进，新系统运行	K	15	15	15	15	0

其次，进行项目描述，项目的特性通常会影响到工作排序的确定，在工作排序的确定过程中更应明确项目的特性。

再次，确定或估计各项工作时间，估算的方法在后面介绍。

最后，表明各项工作之间的逻辑关系。应着重考虑以下几个方面：

- 强制性逻辑关系的确定。这是工作排序的基础。逻辑关系是工作之间所存在的内在关系，通常是不可调整的，一般主要依赖于技术方面的限制，因此确定起来较为明确，通常由技术人员同管理人员的交流就可完成。
- 组织关系的确定。对于无逻辑关系的那些项目工作，由于其工作排序具有随意性，从而将直接影响到项目计划的总体水平。这种关系的确定通常取决于项目管理人员的知识和经验，它的确定对于项目的成功实施是至关重要的。
- 外部制约关系的确定。在项目工作和非项目工作之间通常会存在一定的影响，因此在项目工作计划的安排过程中也需要考虑到外部工作对项目工作的一些制约及影响，这样才能充分把握项目的发展。
- 实施过程中的限制和假设。为了制定良好的项目计划，必须考虑项目实施过程中可能受到的各种限制，同时还应考虑项目计划制定所依赖的假设和条件。

（3）根据工作清单和工作关系绘制网络图

根据表 20-3 中工作间的逻辑关系可绘制双代号网络图如图 20.15 所示，图中粗线表示关键线路。

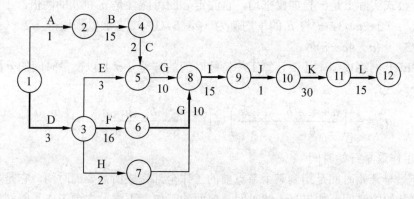

图 20.15 某公司 ERP 项目网络图

3．网络计划计算

1）工作时间估计

工作延续时间的估计是项目计划制定的一项重要的基础工作，它直接关系到各事项、各工作网络时间的计算和完成整个项目任务所需要的总时间。若工作时间估计得太短，则会在工作中造成被动紧张的局面；相反，若工作时间估计得太长，就会使整个工程的完工期延长。

网络中所有工作的进度安排都是由工作的延续时间来推算，因此，对延续时间的估计要做到客观正确。这就要求在对工作做出时间估计时，不应受到工作重要性及工程完成期限的影响，要在考虑到各种资源、人力、物力、财力的情况下，把工作置于独立的正常状态下进行估计，要做统盘考虑，不可顾此失彼。估计工作时间的方法主要有以下几种。

（1）专家判断

专家判断主要依赖于历史的经验和信息，当然其时间估计的结果也具有一定的不确定性和风险。

（2）类比估计

类比估计意味着以先前类似的实际项目的工作时间，来推测估计当前项目各工作的实际时间。当项目的一些详细信息获得有限的情况下，这是一种最为常用的方法，类比估计可以说是专家判断的一种形式。

（3）单一时间估计法

估计一个最可能工作实现时间，对应于 CPM 网络。

（4）三个时间估计法

估计工作执行的三个时间，乐观时间 a、悲观时间 b、正常时间 c，对应于 PERT 网络：

$$期望时间\ t = (a + 4c + b)/6$$

这个公式实际上是一种加权平均。它假定 c 的可能性是 a 和 b 的两倍，于是 c 与 a 的平均值为 $(a+2c)/3$，c 与 b 的平均值为 $(2c+b)/3$，二者加以平均得 $1/2\,((a+2c)/3+(2c+b)/3) = (a + 4c + b)/6$。

在 PERT 网络模型中还要计算工序持续时间的方差（σ^2）以衡量时间的分散程度，其计算公式为：

$$\sigma_e^2 = \frac{1}{2}\left[\left(\frac{a+4c+b}{6} - \frac{a+2c}{3}\right)^2 + \left(\frac{a+4c+b}{6} - \frac{2c+b}{3}\right)^2\right] = \left(\frac{b-a}{6}\right)^2$$

2）工作最早开始时间

工作最早开始时间是指到某个节点前的工作全部完成所需要的时间，它是本项工作刚刚能够开始的时间。如果早于此时间，前面的工作完不成，本项工作不能开始，这个时间称做本项工作的最早开始时间。

（1）表示方法

ES（节点号码）　　$ES_{(i)}$：作业 $i \sim j$ 箭尾节点最早开始时间

　　　　　　　　　$ES_{(j)}$：作业 $i \sim j$ 箭头节点最早开始时间

（2）计算规则

由始点开始，由左至右计算

$$ES_{(1)}=0$$
$$ES_{(j)}=\max[\,ES_{(i)}+t_{(i,j)}\,]$$

3）工作最迟开始时间

工作最迟开始时间是指某项工作为保证其后续工作按时开始，它迟必须开始的时间。如果本想工作完成晚于此时间开始，就将影响到它以后的工作，使整个工期脱期，这个时间称为本想工作最迟开始时间。

（1）表示方法

LF（节点号码）　　$LF_{(i)}$：作业 $i \sim j$ 箭尾节点最迟结束时间
　　　　　　　　　$LF_{(j)}$：作业 $i \sim j$ 箭头节点最迟结束时间

（2）计算规则

由始点开始，由右至左计算

$$LF（终点）= ES（始点）$$
$$LF(i) = \max_{i<j}[LF_{(j)} - t_{(i,j)}]$$

4）时差的计算

是指在不影响整个任务完工期的条件下，某项工作从最早开始时间到最迟开始时间，中间可以推迟的最大延迟时间。它表明某项工作可以利用的机动时间，因此也叫松弛时间、宽裕时间。

（1）节点时差

$$S_{(i)} = LF_{(i)} - ES_{(i)}$$

（2）作业时差

- 总时差：在不影响总工期，即不影响其紧后作业最迟开始时间的前提下，作业可推迟开始的一段时间。

$$\begin{aligned}S_{(i,j)} &= LS_{(i,j)} - ES_{(i,j)}\\ &= LF_{(i,j)} - EF_{(i,j)}\\ &= LF_{(j)} - ES_{(i)} - t_{(i,j)}\end{aligned}$$

- 单时差：在不影响紧后作业最早开始时间的前提下，可推迟的时间。

$$S_{(i,j)} = ES_{(j)} - ES_{(i)} - t_{(i,j)}$$

4. 求关键线路

关键线路有两种定义。

- 在一条线路中，每个工作的时间之和等于工程工期，这条线路就是关键线路。
- 若在一条线路中，每个工作的时差都是零，这条线路就是关键线路。

图 20.15 所示的网络图，关键路径所需时间=3＋16＋10＋15＋1＋30＋15=90 天（图

中加黑部分)。

5. 计算完工期及其概率

设路线 T 的总时间(即线路 T 上各项目工作的时间和)为 T ($=\sum t_{作业路线}$),标准差为 σ_T,则在工期 D 内完工的概率为:

$$P_{(T \leq D)} = \Phi_0 \left[\frac{D-T}{\sigma_T} \right] \quad (标准正态分布函数)$$

以表 20-3 和图 20.15 为例,关键线路 D–F–G–I–J–K–L,T=90

$$\sigma_T = \sqrt{\sigma_D^2 + \sigma_F^2 + \sigma_G^2 + \sigma_I^2 + \sigma_J^2 + \sigma_K^2 + \sigma_L^2} = 6.35$$

若 D=86,

$$P_{(T \leq 86)} = \Phi_0 \left[\frac{86-90}{6.35} \right] = \Phi_{0(-0.78)} = 1 - \Phi_{0(0.78)} = 21.77\%$$

若 D=92,

$$P_{(T \leq 92)} = \Phi_0 \left[\frac{92-90}{6.35} \right] = \Phi_{0(0.314)} = 62.17\%$$

若 D=100,

$$P_{(T \leq 100)} = \Phi_0 \left[\frac{100-90}{6.35} \right] = \Phi_{0(0.314)} = 94.18\%$$

若 D=90,$P_{(T \leq 90)}$ = 50%

6. 网络计划优化

在项目计划管理中,仅仅满足于编制出项目进度计划,并以此来进行资源调配和工期控制是远远不够的,还必须依据各种主、客观条件,在满足工期要求的同时,合理安排时间与资源,力求达到资源消耗合理和经济效益最佳这一目的,这就是进度计划的优化。优化的内容是:

- 时间(工期)优化,缩短工期;
- 时间(工期)—成本优化,CPM 方法。

CPM 方法是解决时间—成本优化的一种较科学的方法。它包含两方面内容,一是根据计划规定的期限,规划最低成本;二是在满足成本最低的要求下,寻求最佳工期。

1)时间优化

时间(工期)优化包括两方面内容:一是网络计划的计算工期 T_c 超过要求工期 T_s,必须对网络计划进行优化,使其计算工期满足要求工期,且保证因此而增加的费用最少;二是网络计划的计算工期远小于要求工期,这时也应对网络计划进行优化,使其计算工期接近要求工期,以达到节约费用的目的。一般前者最为常见。

压缩网络计划工期的方法及其步骤:
(1) 找出网络计划中的关键线路,并计算出网络计划总工期。
(2) 计算应压缩的时间 $\Delta T = T_c - T_s$。

选定最先压缩持续时间的关键工作,选择时应考虑的因素有:缩短持续时间后,对项目质量的影响不大;有充足的备用资源;缩短持续时间所需增加的费用相对较少。

(3) 确定压缩时间。将选定的关键工作的持续时间压缩至允许的最短时间,即要尽量保持关键工作的地位,一旦需要将某一关键工作压缩成非关键工作时,应对新出现的关键工作再次压缩。

(4) 压缩另一关键工作。若压缩后的计算工期仍不能满足要求工期的要求,则按上述原则选定另一个关键工作并压缩其持续时间,直至满足要求工期为止。当将所有的关键工作的持续时间都压缩至允许的最短持续时间,仍不能满足要求工期时,说明原网络计划的技术、组织方案不合理,应重新进行修正、调整,但也有可能是要求的工期不现实,需要重新审定。

2) 时间(工期)—成本优化

缩短工期的单位时间成本可用如下公式计算(参见图 20.16)。

$$K = \frac{C_B - C_A}{T_A - T_B}$$

K 可称为"斜率"

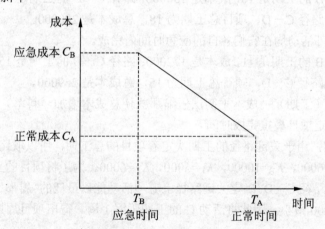

图 20.16 斜率计算公式示意图

工期—成本优化的步骤是:
(1) 求关键线路;
(2) 对关键线路上的工作寻找最优化途径;

(3）对途径中 K 值小的工作进行优化；

(4）在优化时，要考虑左邻右舍。

例如：（参见图20.17）

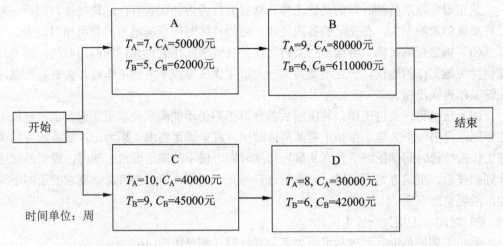

图20.17 某项目网络图

- 如果仅考虑正常工期估计。

则路径 A—B 的工期是16，成本是130000；路径 C—D 的工期是18，成本是70000。因此关键路径是路径 C—D，项目总工期为18，总成本是200000。

- 如果全部活动均在它们各自的应急时间内完成。

则路径 A—B 的工期是11，成本是172000；路径 C—D 的工期是15，成本是87000。因此关键路径是路径 C—D，项目总工期为15，总成本是259000。

- 用时间（工期）—成本平衡法压缩那些使总成本增加（斜率）最少的活动的工期，确定项目最短完成时间。

第一次压缩，由于关键路径的工期决定着项目的总工期，所以取路径 C—D 进行优化。计算得 K_A=6000，K_B=10000，K_C=5000，K_D=6000。为了将项目的工期从18周减至17周，针对关键路径 C—D。确定关键路径上哪项活动能以最低的"斜率"（成本被加速），可以看出 K_C=5000 最小，因此将活动 C 的工期压缩1周。得出项目周期17周，总成本为205000。

第二次压缩，为了再缩短一个时间段，从17周缩短至16周，必须再次找出关键路径，两路径的工期分别是 A—B 为16周，C—D 为17周，因此关键路径仍是 C—D，它必须再次被减小。这时，虽然活动 C 比活动 D 的"斜率"（每周加速成本）低，但活动 C 已达到它的应急时间——9周了。因此，仅有的选择是加速活动 D 的进程。将活动 D

的工期压缩1周，项目工期为16周，总成本为211000。

第三次压缩，再次将项目工期缩短1周，从16周降至15周。有两条关键路径。为了将项目总工期从16周减至15周，必须将每个路径都加速1周。路径A−B压缩活动A，路径C−D压缩活动D，项目周期15周，总成本223000。

第四次压缩，从15周降至14周。有两条相同的关键路径。必须将两条路径同时加速1周。路径C−D，均已达到它们的应急时间。加速路径A—B的进程会毫无意义。停止优化过程。

- 时间（工期）—成本优化结果

时间（工期）—成本优化对照表见表20-4。

表20-4 时间—成本平衡优化对照表

项目工期（周）	关 键 路 径	总项目成本（元）
18	C—D	200000
17	C—D	200000+5000＝205000
16	C—D	205000+6000＝211000
15	C—D，A—B	211000+6000＝223000

项目总工期减少1周，项目总成本将增加5000元；

项目工期减少2周，项目总成本将增加11000元；

项目工期减少3周，项目总成本将增加23000元。

7. 结束语

在运用网络图做计划时，要体现系统分析的思想。信息工程项目实施是由多种工作按一定层次组成的复杂系统。其任务由多个方面、多个部门承担和影响，因而各项控制活动只有组成一个既明确分工，又相互协调配合、紧密衔接的有机整体才能达到既定的风险、进度、费用控制目标。运用系统控制的思想，在对信息工程项目进度控制分解的基础上要注重综合管理，在分工的基础上也要注重协调，这样才能把项目的进度控制好。

实践证明，利用网络计划技术计划并控制工程进度，不仅可解决项目计划与实施管理中的许多问题，而且对技术复杂、投资多、队伍庞大的大型信息工程项目网络技术是缩短工期、提高经济效益的最佳办法。

20.5 应用软件建设的投资控制

20.5.1 软件项目投资控制概念

软件项目投资控制是项目监理的一个重要组成部分，为了保证完成项目所花费的实际成本不超过其预算成本而展开的项目成本估算、项目预算编制和项目投资控制等方面的管理活动。项目成本管理也是为了确保项目在核准的预算内按时、保质、经济、高效地完成项目各项目标而开展的一种必要的项目控制过程。必须加强对项目实际发生成本的控制，一旦软件项目成本失控，就很难在预算内完成项目，不良的投资控制常常会使项目处于超出预算的危险境地，且难以追加预算。但是在软件项目的实际实施过程中，预算超估算，决算超预算的现象还是屡见不鲜，这种成本失控的情况通常是有下列原因造成的：

（1）成本估算工作、成本预算工作不够准确精细。

（2）软件项目的特点使得开发成本难以精确估算。据有关方面统计，目前估算的软件开发成本与实际成本相差在20%以内，时间估算相差在50%以内就相当不错了。

（3）项目在进行成本估算和成本预算以及指定项目投资控制方法上并没有统一的标准和规范可行。

（4）思想认识上存在误区，认为项目具有创新性，导致项目实施过程中变量太多、变数太大，实际成本超出预算成本也在所难免，理所当然。

软件项目的投资控制主要是在批准的预算条件下确保项目的保质按期完成，其主要包括：资源计划、成本估算、成本预算、成本控制，在第一篇的投资控制章节中已有详细的描述，因此在本节重点讨论的是软件项目成本估算、成本控制的技术与方法。

20.5.2 成本估算技术与方法

在软件项目建设的前期过程中，业主对软件项目所需要的成本估算往往随意性很大，在进行估算时缺少规范性的依据和手段方法，总是认为无法做出正确的估算，只要将成本尽量压低就可以了。在监理已经前期介入的情况下，业主肯定会要求监理对项目成本做准确的估算。

实际上，尽管软件项目在开发、实施过程中存在着很大的不确定性，但是只要在软件项目成本的控制工作方面树立正确的思想，采取适当的方法，遵循一定的程序，严格按照软件项目投资控制的要求做好估算、预算和投资控制工作，将项目的实际投资控制在预算成本以内是完全可能的。

1．成本估算的概念与原则

（1）成本估算指的是预估完成软件项目各工作所需资源（人、材料、设备等）的费用的近似值。

（2）当软件项目在一定的约束条件下开发、实施时，价格的估计是一项重要的因素。

（3）成本估计应该与工作质量的结果相联系。

（4）成本估计过程中，亦应该考虑各种形式的费用交换。比如在多数情况下，延长工作的延续时间通常是与减少工作的直接费用相联系在一起的；相反，追加费用将缩短项目工作的延续时间。因此，在成本估计的过程之中必须考虑附加的工作对工程期望工期缩短的影响。

2．成本估计的主要依赖的资料

软件项目成本从直观上理解是为了实现项目目标、完成软件项目活动所必须的资源的价格所决定的。因此编制项目成本估算，要以在确定的项目资源需求和项目组织对这些资源的预计价格为基础进行估算。编制成本估算的依据实际上就是对项目的资源需求和这些资源的预计价格产生影响的因素。具体地说，编制项目成本估算的依据主要有以下几个。

1）工作分解结构图（WBS）

工作分解结构图是编制项目资源需求计划的基础，也是项目成本估算的依据。

2）资源需求计划

即资源计划安排结果。资源需求计划界定了项目实施所需要的各种资源的数量和质量目标。

3）资源价格

为了计算项目各工作费用必须知道各种资源的单位价格，包括人员费用、设备、差旅的费用等。如果某种资源的实际价格不知道，就应该给它的价格做出估计。要想估算软件项目成本，必须掌握每种资源的市场价格情况，如果无法知道实际价格，应该根据历史价格资料，做出恰当的估计。

4）项目的延续时间

项目的延续时间将直接影响到项目工作经费的估算，因为它将直接影响分配给它的资源数量。一般，项目持续时间的延长会导致项目所需资源的增加，而项目所需的各种资源都是须支出货币资金才能够获得的，同时资金本身具有时间价值。例如，自有资金存入银行会产生利息，借贷资金使用期间要支付利息。因此在估算项目成本时，应该充分考虑项目的持续时间。

5）历史信息

同类项目的历史资料始终是项目执行过程中可以参考的最有价值的资料，包括项目文件、共用的项目成本估计数据库及项目工作组的知识等，特别是对软件开发项目，如果有类似的项目做比较，估算的项目总成本有效性就可以大大提高。

3．成本估计的方法和工具

1）类比估计法

通常是与原有的类似已执行项目进行类比以估计当期项目的费用，又称为"自上而下估算法"。这种方法的基本操作步骤是：

（1）监理项目组的高层次管理人员收集以往类似项目的有关历史资料；
（2）会同有关成本方面的专家对当前项目的总成本进行估算；
（3）将估算结果按照项目工作分解结构图的层次结构传递给下层的项目监理人员，在此基础上，他们对自己所负责的工作和活动的成本进行估计；
（4）继续向下一层监理人员传递估计信息，参见图20.18。

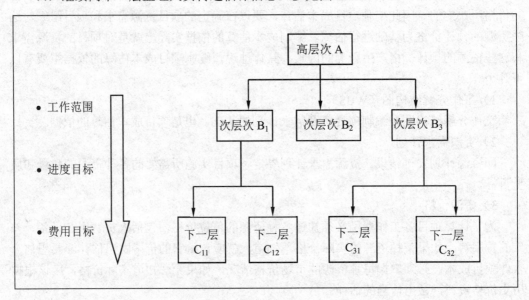

图20.18 类比估计法示意图

2）参数模型法

将项目的特征参数作为预测项目成本数学模型的基本参数。如果模型是依赖于历史信息，模型参数容易数量化，且模型应用仅是项目范围的大小，则它通常是可靠的。

3）从下向上的估计法

这种技术通常先估计各个独立工作的费用，然后再汇总从下往上估计出整个项目的总费用，参见图20.19。

4）计算工具的辅助

项目管理软件及电子表格软件辅助项目成本的估计。

5）成本估计的基本结果

（1）项目的成本估计

描述完成项目所需的各种资源的费用，包括劳动力、原材料、库存及各种特殊的费用项，如折扣、费用储备的影响，其结果通常用劳动工时、工日、材料消耗量等表示。

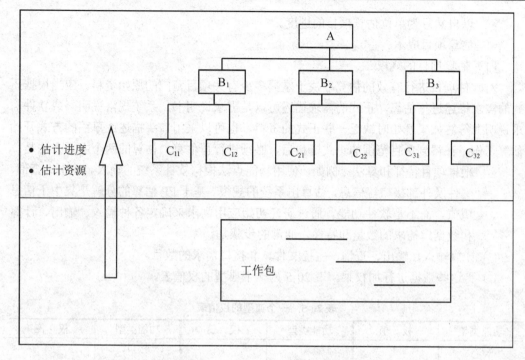

图 20.19 从下向上的估计法(示意图)

（2）详细的说明

成本估计的详细说明应该包括：
- 工作估计范围描述，通常是依赖于 WBS 作为参考；
- 对于估计的基本说明，如成本估计是如何实施的；
- 各种所做假设的说明；
- 指出估计结果的有效范围。

软件项目的规模、进度估算历来是比较复杂的事，因为软件本身的复杂性、历史经验的缺乏、估算工具缺乏以及一些人为错误，导致软件项目的规模估算往往和实际情况相差甚远，因此是监理的重点之一。

4．软件开发工作量和成本评估的例子

软件项目估算的基本步骤

为了可靠地对软件项目进行估算，我们采取如下三个步骤：对软件规模进行估算。一般是通过计算 LOC（源代码行数）或功能点数（FP）完成的，也可以基于过程进行估算。

- 估算软件项目所许的工作量，以人月或人小时为单位。

- 以自然月为单位估算项目的进度。
- 估算项目成本。

（1）估算项目的规模

对软件项目进行有效的估算取决于掌握多少有关项目范围的原始资料。应当根据正式的需求描述进行估算，正式的需求描述可以是需求说明书、系统规格说明书或软件需求说明书等。如果开始时缺乏一些正式的资料，也可以采用口头描述或草稿的方式开始估算工作，在得到项目范围的正式资料后，必须进行再估算。估算的两个主要方法是：

- 根据项目特征和算法。例如，使用功能点法根据软件系统的输入、输出、查询、文件及外部接口等信息，估算出系统的规模。基于 FP 估算的分解是集中于信息域值，而不是软件功能。通过研究初始应用需求来确定各种输入、输出、计算和数据库需求的数量和特性。通常的步骤是：

① 计算输入、输出、查询、主控文件，和接口需求的数目。
② 将这些数据进行加权乘。表 20-5 为一个典型的权值表。

表 20-5 一个典型的权值表

功能类型	权 值	功能类型	权 值	功能类型	权 值
输入	4	查询	4	接口	7
输出	5	主控文件	10		

③ 估计者根据对复杂度的判断，总数可以用乐观值、可能值或悲观值调整。
④ 采用下面的方式计算功能点：

$$FP = 总计数值 \times [0.65 + 0.01 \times \sum F_i]$$

其中，"总计数值"是所有功能点条目的总和。

F_i（$i=1,2,\cdots,14$）是基于对表 20-5 中问题的回答而得到的"复杂度调整值"（0～5）。等式中的常数和信息域值的加权因子是根据经验确定的。

监理估算某个计算机辅助设计（CAD）应用而开发的软件包的输入、输出、查询、文件及外部接口。为了达到这个估算目的，假设复杂度加权因子都是平均的。根据对软件范围的叙述，对软件功能进行分解，识别主要的几个功能：用户界面和控制功能、二维几何分析、三维几何分析、数据库管理、计算机图形显示功能、外设控制以及设计分析模块。可得到如表 20-6 所示的估算表。

表 20-6 估算信息域值

信息域值	乐观值	正常值	悲观值	估算数	加权因子	FP 数
输入数	20	24	30	24	4	96
输出数	12	15	22	16	5	80

续表

信息域值	乐观值	正常值	悲观值	估算数	加权因子	FP 数
查询数	16	22	28	22	4	88
主控文件数	4	4	5	4	10	40
外部接口数	2	2	3	2	7	14
总计数值						318

接着,估算 14 个复杂度加权因子(其中 F_i 根据问题对项目的影响取值范围是 0~5),表 20-7 给出了因子值。

表 20-7 计算复杂度调整因子

因 子	值	因 子	值
备份和还原	4	信息域值复杂度	5
数据通信	2	内部处理复杂度	5
分布式处理	0	设计成可复用的代码	4
关键性能	4	设计中的转换及安装	3
先有的操作环境	3	多次安装	5
联机数据登录	4	方便修改的应用设计	5
多屏幕输入切换	5	复杂度调整因子	1.17

$$FP = 总计数值 \times [0.65 + 0.01 \times \sum F_i] = 366$$

- 类比的方法。如果有一个以前做过的类似项目,并且掌握它的规模,就可以把新项目的各个主要部分与原有项目的相应部分进行比较,得出一个比例关系,将各部分相对于原项目规模比例相加,计算出新项目的规模。如果估算者的经验丰富并且新项目与老项目具有足够的相似性,就能够得到合理的估算值。

但是采用类比法,往往还要解决可重用代码的估算问题。估计可重用代码量的最好办法就是由程序员或系统分析员详细地考查已存在的代码,估算出新项目可重用的代码中须重新设计的代码百分比,须重新编码或修改的代码百分比以及须重新测试的代码百分比。根据这三个百分比,可用下面的计算公式计算等价新代码行:

等价代码行 = [(重新设计% + 重新编码% + 重新测试%)/3] × 已有代码行

比如,有 10000 行代码,假定 35%需要重新设计,55%需要重新编码,75%需要重新测试,那么其等价的代码行可以计算为:

[(30% + 50% + 70%)/3] × 10000 = 5500(等价代码行)

即重用这 10000 代码相当于编写 5500 代码行的工作量。

(2)工作量估算

估算出软件规模,并且对软件的开发周期进行定义后开始估算软件项目的工作量。

软件规模的估算结果是代码量,但是软件项目的开发、实施过程并不只仅有编码的工作,实际上编码的工作量在这个过程中是最小的。编写文档、架构设计、系统设计、测试以及实施发布等将占用大量的工作时间。因此,对软件项目工作量的估算就是确定、估算这样一个代码量的项目所需的各种工作,相加得到项目的工作量。从软件规模(代码量)估算出项目工作量主要采用下述的两个方法:

- 最好的方法是利用历史数据,根据以前做过的类似项目规模与新项目规模的比例关系,对照以前项目的工作量求出新项目的工作量。采用这个方法的前提是:①对以前项目规模和工作量的计量是正确的;②至少有一个以前的项目规模和新项目类似;③新项目的开发周期、使用的开发方法、开发工具与以前项目的类似,而且开发人员的技能和经验也不能与原来的人员相差太大。
- 如果没有历史数据可用,或者新项目与以前做过的项目差别较大,那么可以使用一个成熟的估算模型,如采用 IBM 模型、COCOMO 模型或 Putnam 方法论将软件项目规模转换成工作量。这些模型通过对大量不同类型组织已完成项目进行研究,得出的项目规模与工作量之间的关系和转换方法。这些行业性的模型可能不如自己的历史数据精确,但是非常有效,因为还没有一种估算模型能够适用于所有的软件类型和开发环境。在监理活动中,从这些模型中得到的结果必须根据项目的实际情况慎重使用,或者采用多个模型进行估算,掌握工作量的基本范围并与实际的工作量计划比较。以 IBM 模型为例,1977 年,IBM 的 Walston 和 Felix 提出了如下的估算公式:

$E = 5.2 \times L^{0.91}$,L 是源代码行数(以 KLOC 计),E 是工作量(以 PM 计)

$D = 4.1 \times L^{0.36}$,D 是项目持续时间(以月计)

$S = 0.54 \times E^{0.6}$,S 是人员需要量(以人计)

$DOC = 49 \times L^{1.01}$,DOC 是文档数量(以页计)

在此模型中,一般指一条机器指令为一行源代码。一个软件的源代码行数不包括程序注释、作业命令、调试程序在内。对于非机器指令编写的源程序,如汇编语言或高级语言程序,应转换成机器指令源代码行数来考虑。

为了计算,我们应当利用逆向法将功能点转化成一个等价的 LOC 数值。这一步可以使用表 20-8 的语言等价表来完成:

表 20-8 语言等价表

语言	每功能点的 LOC	语言	每功能点的 LOC
默认 C++	53	Visual Basic 6	24
Delphi 5	18	SQL default	13
HTML 4	14	默认 Java 2	48

所以使用 Java 2 完成上述项目（366 功能点）时，将大约需要下列 LOC 数：

$L = 366 \times 46 = 16386$（行）$= 16.386$（KLOC）

$E = 5.2 \times L^{0.91} = 5.2 \times 16.386^{0.91} = 66$（人/月）

$DOC = 49 \times L^{1.01} = 49 \times 16.386^{1.01} = 826$（页）

（3）制定计划

对软件项目进行估算的第三步是根据工作量制定项目计划，包括人员安排、工作量分解、开始和完成时间等。可以根据自己的历史数据或行业模型决定所需的资源并落实到项目计划。可以采用上述的 IBM 模型或 McConnell 给出的方法粗略地给出项目持续时间（以 IBM 模型为例）：

项目需要的人员　$S = 0.54 \times E^{0.6} = 0.54 \times 66^{0.6} = 7$（人）

项目持续时间　　$D = 4.1 \times L^{0.36} = 4.1 \times 16.386^{0.36} = 11$（月）

（4）成本估算

项目的成本估算包括许多因素，如人力成本、办公费用、管理费用、设备和软件等的购置费用、场地租金、差旅费等。对项目成本的估算取决于公司所采用的成本核算方法。有的公司某些费用并没有计入项目成本中，而是按管理费用等分摊。有的从历史数据求出生产率度量和每行成本，即行／PM（人月）和元／行，则 LOC（源程序行）的值与元／行相乘得到成本，用 LOC 的值与行／PM 相除得到工作量。具体可按公司的具体情况选择。

（5）几种估算模型简介

软件开发工作量、成本估算是依据开发经验估算模型进行估算的。估算模型通常采用经验公式来预测软件项目计划所需要的成本、工作量和进度数据。还没有一种估算模型能够适用于所有的软件类型和开发环境，从这些模型中得到的结果必须慎重使用。在这里我们给出几个常用的估算模型。

- IBM 模型

上面的例子用的就是 IBM 模型，在此就不做进一步的说明了。

- Putnam 模型

这是 1978 年 Putnam 提出的模型，是一种动态多变量模型。它是假定在软件开发的整个生存期中工作量有特定的分布。这种模型是依据在一些大型项目（总工作量达到或超过 30 个人年）中收集到的工作量分布情况而推导出来的，但也可以应用在一些较小的软件项目中。

Putnam 模型可以导出一个"软件方程"，把已交付的源代码（源语句）行数与工作量和开发时间联系起来。其中，td 是开发持续时间（以年计），K 是软件开发与维护在内的整个生存期所花费的工作量（以人年计），L 是源代码行数（以 LOC 计），C_k 是技术状态常数,它反映"妨碍程序员进展的限制",并因开发环境而异。其典型值的选取如表 20-9 所示。

$$L = C_k \cdot K^{\frac{1}{3}} \cdot td^{\frac{4}{3}}$$

表 20-9 技术状态常数 C_k 的取值

C_k 的典型值	开发环境	开发环境举例
2000	差	没有系统的开发方法,缺乏文档和复审,批处理方式
8000	好	有合适的系统开发方法,有充分的文档和复审,交互执行方式
11000	优	有自动开发工具和技术

- COCOMO 模型(COnstructive COst MOdel)

这是由 TRW 公司开发的,Boehm 提出的结构型成本估算模型,是一种精确、易于使用的成本估算方法。在该模型中使用的基本量有以下几个:DSI(源指令条数)定义为代码或卡片形式的源程序行数。若一行有两个语句,则算做一条指令。它包括作业控制语句和格式语句,但不包括注释语句。KDSI=1000DSI。MM(度量单位为人月)表示开发工作量。TDEV(度量单位为月)表示开发进度,它由工作量决定。

① 软件开发项目的分类

在 COCOMO 模型中,考虑开发环境,软件开发项目的总体类型可分为三种:组织型(Organic)、嵌入型(Embedded)和介于上述两种软件之间的半独立型(Semidetached)。

② COCOMO 模型的分类

COCOMO 模型按其详细程度分成三级:基本 COCOMO 模型、中间 COCOMO 模型和详细 COCOMO 模型。基本 COCOMO 模型是一个静态单变量模型,它用一个已估算出来的源代码行数(LOC)为自变量的(经验)函数来计算软件开发工作量。中间 COCOMO 模型则在用 LOC 为自变量的函数计算软件开发工作量(此时称为名义工作量)的基础上,再用涉及产品、硬件、人员、项目等方面属性的影响因素来调整工作量的估算。详细 COCOMO 模型包括中间 COCOMO 模型的所有特性,但用上述各种影响因素调整工作量估算时,还要考虑对软件工程过程中每一步骤(分析、设计等)的影响。

③ 基本 COCOMO 模型

基本 COCOMO 模型的工作量和进度公式如表 20-10 所示。

表 20-10 基本 COCOMO 模型的工作量和进度公式

总体类型	工 作 量	进 度
组织型	MM =2.4 (KDSI)$^{1.05}$	TDEV=2.5 (MM)$^{0.38}$
半独立型	MM =3.0 (KDSI)$^{1.12}$	TDEV=2.5 (MM)$^{0.35}$
嵌入型	MM =3.6 (KDSI)$^{1.20}$	TDEV=2.5 (MM)$^{0.32}$

利用上面公式,可求得软件项目,或分阶段求得各软件任务的开发工作量和开发进度。

④ 中间 COCOMO 模型

进一步考虑 15 种影响软件工作量的因素,通过定下乘法因子,修正 COCOMO 工作量公式和进度公式,可以更合理地估算软件(各阶段)的工作量和进度。

中间 COCOMO 模型的名义工作量与进度公式如表 20-11 所示。

表 20-11 中间 COCOMO 模型的名义工作量与进度公式

总体类型	工 作 量	进 度
组织型	MM=3.2 (KDSI)$^{1.05}$	TDEV=2.5 (MM)$^{0.38}$
半独立型	MM=3.0 (KDSI)$^{1.12}$	TDEV=2.5 (MM)$^{0.35}$
嵌入型	MM=2.8 (KDSI)$^{1.20}$	TDEV=2.5 (MM)$^{0.32}$

对 15 种影响软件工作量的因素 f_i 按等级打分,如表 20-12 所列。此时,工作量计算公式改成:

$$MM = r \times \prod_{i=1}^{15} f_i \times (KDSI)^c$$

表 20-12 15 种影响软件工作量的因素 f_i 的等级打分

	工作量因素 f_i	非常低	低	正常	高	非常高	超高
产品因素	软件可靠性	0.75	0.88	1.00	1.15	1.40	
	数据库规模		0.94	1.00	1.08	1.16	
	产品复杂性	0.70	0.85	1.00	1.15	1.30	1.65
计算机因素	执行时间限制			1.00	1.11	1.30	1.66
	存储限制			1.00	1.06	1.21	1.56
	虚拟机*易变性		0.87	1.00	1.15	1.30	
	环境周转时间		0.87	1.00	1.07	1.15	
人的因素	分析员能力		1.46	1.00	0.86	0.71	
	应用论域实际经验	1.29	1.13	1.00	0.91	0.82	
	程序员能力	1.42	1.17	1.00	0.86	0.70	
	虚拟机使用经验	1.21	1.10	1.00	0.90		
	程序语言使用经验	1.41	1.07	1.00	0.95		
项目因素	现代程序设计技术	1.24	1.10	1.00	0.91	0.82	
	软件工具的使用	1.24	1.10	1.00	0.91	0.83	
	开发进度限制	1.23	1.08	1.00	1.04	1.10	

注:*所谓的虚拟机是指为完成某一个软件任务所使用的硬、软件的结合。

⑤ 详细 COCOMO 模型

详细 COCOMO 模型的名义工作量公式和进度公式与中间 COCOMO 模型相同。但分层、分阶段给出工作量因素分级表（类似于表 20-12）。针对每一个影响因素，按模块层、子系统层、系统层，有三张不同的工作量因素分级表，供不同层次的估算使用。每一张表中工作量因素又按开发中各个不同阶段给出。

例如，关于软件可靠性（RELY）要求的工作量因素分级表（子系统层），如表 20-13 所示。使用这些表格，可以比中间 COCOMO 模型更方便、更准确地估算软件开发工作量。

表 20-13 软件可靠性工作量因素分级表（子系统层）

阶段 RELY 级别	需求和产品设计	详细设计	编码及单元测试	集成及测试	综合
非常低	0.80	0.80	0.80	0.60	0.75
低	0.90	0.90	0.90	0.80	0.88
正常	1.00	1.00	1.00	1.00	1.00
高	1.10	1.10	1.10	1.30	1.15
非常高	1.30	1.30	1.30	1.70	1.40

20.5.3 成本控制

成本控制指在软件项目成本的形成过程中，对开发、实施、维护、培训所消耗的人力资源、物质资源和费用开支，进行指导、监督、调节和限制，及时纠正将要发生和已经发生的偏差，把各项项目费用控制在计划成本的范围之内，保证成本目标的实现。软件项目投资控制的目的，在于降低项目成本，保证项目进度，提高经济效益。

1. 成本控制的原则

（1）投资控制不能脱离技术管理和进度管理独立存在，相反要在成本、技术、进度三者之间进行综合平衡。及时和准确的成本、进度和技术跟踪报告，是项目经费管理和成本控制的依据。

（2）成本控制就是要保证各项工作要在它们各自的预算范围内进行。投资控制的基础是事先就对项目进行的费用预算。

（3）成本控制的基本方法是规定各部门定期上报其费用报告，再由控制部门对其进行费用审核，以保证各种支出的合理性，然后再将已经发生的费用与预算相比较，分析其是否超支，并采取相应的措施加以弥补。

2. 成本控制的内容

成本控制主要关心的是影响改变费用的各种因素，确定费用是否改变以及管理和调整实际的改变。成本控制包括：

（1）监控费用执行情况以确定与计划的偏差；
（2）确使所有发生的变化被准确记录在费用线上；
（3）避免不正确的、不合适的或者无效的变更反映在费用线上；
（4）股东权益改变的各种信息。

成本控制还应包括寻找费用向正反两方面变化的原因，同时还必须考虑与其他控制过程（如范围控制、进度控制、质量控制等）相协调，比如不合适的费用变更可能导致质量、进度方面的问题，或者导致不可接受的项目风险。

3．投资成本控制的依据

（1）费用花费情况。

（2）实施执行报告。这是费用控制的基础，实施执行报告通常包括项目各工作的所有费用支出，同时也是发现问题的最基本依据。

（3）改变的请求。改变的请求可能是口头的也可能是书面的，可能是直接的也可能是非直接的，可能是正式的也可能是非正式的；改变可能是请求增加预算，也可能是减少预算。

4．投资成本控制的方法与技术

（1）费用控制改变系统。通常是说明费用被改变的基本步骤，包括文书工作、跟踪系统及调整系统，费用的改变应该与其他控制系统相协调。

（2）实施的度量。主要帮助分析各种变化产生的原因，挣得值分析法是一种最为常用的分析方法。费用控制的一个重要工作是确定导致误差的原因，以及如何弥补、纠正所出现的误差。

（3）附加的计划。很少有项目能够准确地按照期望的计划执行，不可预见的各种情况要求在项目实施过程中重新对项目的费用做出新的估计和修改。

（4）计算工具。通常是借助相关的项目管理软件和电子制表软件来跟踪计划费用、实际费用和预测费用改变的影响。

第 21 章 准备阶段的监理工作

招标阶段监理的主要任务是协助业主制定招标文件和评标标准,监督招标过程,对投标单位进行资质审查,确定中标单位后,参与业主和中标单位的合同谈判,协助业主确定合同条款并最终签订信息应用系统建设合同。

21.1 立项阶段的监理工作

业主单位根据实际需求编制可行性研究报告,确定系统设计目标和项目范围、功能、运行环境、投资预算和竣工时间等项目要素。可行性研究报告首先由项目负责人审查,再上报给上级主管审阅,从可行性研究应当得出"行或不行"的决断。这个过程就是通常所说立项过程。

一般地讲,立项过程由业主完成,业主也可以通过"任务委托书"的形式委托有关单位完成。虽然在一般的监理委托合同中,监理单位不参与项目前期立项工作。但是在咨询式监理服务中,监理单位也有可能参与工程立项工作。因此对于监理工程师,熟悉项目的立项工作任务是必要的。

立项阶段最终要做的工作就是编制可行性研究报告,目的是:说明项目的实现在技术、经济和社会条件方面的可行性;评述为了合理地达到开发目标而可能选择的各种方案;说明并论证所选定的方案。

1. 可行性研究

一般可行性研究包括四个方面的研究。

(1) 经济可行性:进行成本/效益分析。从经济角度判断系统开发是否"合算"。

(2) 技术可行性:进行技术风险评价。从建设基础、问题的复杂性等出发,判断系统开发在时间、费用等限制条件下成功的可能性。

(3) 法律可行性:确定系统开发可能导致的任何侵权、妨碍和责任。

(4) 方案的选择:评价系统或产品开发的几个可能的候选方案。最后给出结论意见。

2. 可行性研究报告

可行性报告的形式可以有多种,但最主要的内容见表 21-1。

表 21-1 可行性报告的主要内容

名 称	内 容
一、项目背景	① 问题描述　② 实现环境　③ 限制条件
二、管理概要和建议	① 重要的研究结果　② 说明　③ 建议　④ 影响
三、候选方案	① 候选系统的配置　② 最终方案的选择标准
四、系统描述	① 系统工作范围的简要说明　② 被分配系统元素的可行性
五、经济可行性（成本－效益分析）	① 经费概算　② 预期的经济效益
六、技术可行性（技术风险评价）	① 技术实力　② 已有工作基础　③ 设备条件
七、法律可行性	系统开发可能导致的侵权、违法和责任
八、用户使用可行性	① 用户单位的行政管理，工作制度　② 使用人员的素质
九、其他与项目有关的问题	① 其他方案介绍　② 未来可能的变化

21.2 一般招标过程

1．招标

招标是业主单位根据已经确定的采购需求，提出招标采购项目的条件，向潜在的供应商或承建单位发出投标邀请的行为。招标是招标方与监理方共同合作的行为。这一阶段经历的步骤主要有：确定业主单位和项目需求，编制招标文件，确定标底，发布招标公告或发出投标邀请，进行投标资格预审，通知投标单位参加投标并向其出售标书，组织召开标前会议等，这些工作主要由业主单位组织进行。

2．投标

投标是指投标单位接到招标通知后，根据招标通知的要求填写投标文件，并将其送交业主单位的行为。在这一阶段，投标单位所进行的工作主要有：申请投标资格，购买标书，考察现场，办理投标保函，算标，编制和投送标书等。

3．开标

开标是业主单位在预先规定的时间和地点将投标单位的投标文件正式启封揭晓的行为。开标由业主单位组织进行，由监理单位协助，还须邀请投标商代表参加。在这一阶段，业主单位官员要按照有关要求，逐一揭开每份标书的封套，开标结束后，还应由开标组织者编写一份开标会纪要。

4．评标

评标是业主单位根据招标文件的要求，在监理单位的配合下，由评标委员会对所有的标书进行审查和评比的行为。评标是采购方的单独行为，由业主单位组织进行。在这一阶段，业主单位和监理单位要进行的工作主要有：审查标书是否符合招标文件的要求和有关规定，组织人员对所有的标书按照一定方法进行比较和评审，就初评阶段被选出的几份标书中存在的某些问题要求投标人加以澄清,最终评定并写出评标报告等。

5. 中标

中标是业主单位决定中标单位并授予中标通知书、签订合同的行为。决定中标单位是业主单位的单独行为,在监理单位的协助下,由评标委员会做出结论。中标单位确定后,业主单位应当向中标人发出中标通知书,并同时将中标结果通知所有未中标的投标单位。业主和中标单位应当自中标通知书发出之日起30天内,按照招标文件和中标单位的投标文件订立书面合同。

在这一阶段,业主单位所要进行的工作有:决定中标单位,通知中标单位其投标已经被接受,向中标单位发送授标意向书,通知所有未中标的投标并向他们退还投标保函,业主单位和承建单位双方对标书中的内容进行确认并依据标书签订正式合同。为保证合同履行,签订合同后,中标的承建单位还应向业主单位提交一定形式的担保书或担保金。

21.3 确定招标方式

监理单位在招标阶段的第一项工作内容是了解业主需求,协助业主确定招标方式。根据有关国际组织协议或国内法规以及信息服务项目招标的特点,在实践中确定信息服务招标方式的基本原则是:

(1) 如果可以拟定详细的条件,而且服务的性质允许采用招标方式,如一般的电子政务信息服务软件系统、一般性质的 ERP 软件系统等,可采用公开或邀请招标的方式进行。

(2) 如果不能确切拟定或最后拟定条件,或采购的服务相当复杂,可采用征求建议书、邀请建议书、两阶段招标、竞争性谈判、设计竞赛等方式。

(3) 与其他形式的服务相比,聘用专家提供咨询、研究、监理等服务更侧重对专家知识、技能、经验方面的考虑,故有独特的方式。

在招标方式确定后,监理单位应协助业主制定招标文件和评标标准,并对招标过程的组织提出建议。

21.4 审查承建单位资质

采用公开招标方式时,监理单位应协助业主对投标单位的资质进行审查,采用邀标或其他招标方式时,监理单位应协助业主单位对候选承建单位进行资质审查。

目前国内信息应用系统建设的过程中,某些工程项目由于在启动阶段对承建单位的选择不够慎重,片面强调了进度与投资方面的要求,导致最终选择的承建单位在企业资质及开发经验上都严重不足。承建单位选择的失误导致了后续的开发工作出现了大量问题，致使业主单位与监理单位投入大量的人力、物力才能保证工程完成，而进度与投资方面也超出了原有计划。

因此，在此阶段监理单位要协助业主单位对承建单位资质进行审查，如承建单位的软件企业认定情况、系统集成资质情况等，同时考察承建单位在以往的开发过程中是否从事过与本项目相关或相似的开发工作，帮助业主单位选择合格的承建单位，减小项目实施的风险。

21.4.1 软件企业资质

软件企业认证依据的相关政策：国务院关于印发《鼓励软件产业和集成电路产业发展的若干政策》的通知（国发[2000]18号；财政部、国家税务总局、海关总署关于《鼓励软件产业和集成电路产业发展有关税收政策问题》的通知（财税[2000]25号）；信息产业部、教育部、科学技术部、国家税务总局关于印发《软件企业认定标准及管理办法》（试行）的通知；信息产业部《软件产品管理办法》（信息产业部第5号令）。

软件企业认证的认定标准：

（1）在我国境内依法设立的企业法人；

（2）以计算机软件开发生产、系统集成、应用服务和其他相应技术服务为其经营业务和主要经营收入；

（3）具有一种以上由本企业开发或由本企业拥有知识产权的软件产品，或者提供通过资质等级认证的计算机信息系统集成等技术服务；

（4）从事软件产品开发和技术服务的技术人员占企业职工总数的比例不低于50%；

（5）具有从事软件开发和相应技术服务等业务所需的技术装备和经营场所；

（6）具有软件产品质量和技术服务质量保证的手段与能力；

（7）软件技术及产品的研究开发经费占企业年软件收入8%以上；

（8）年软件销售收入占企业年总收入的35%以上，其中自产软件收入占软件销售收入的50%以上；

（9）企业产权明晰，管理规范，遵纪守法。

21.4.2 系统集成企业资质

计算机信息系统集成是指从事计算机应用系统工程和网络系统工程的总体策划、设计、开发、实施、服务及保障。计算机信息系统集成的资质是指从事计算机信息系统集成的综合能力，包括技术水平、管理水平、服务水平、质量保证能力、技术装备、系统建设质量、人员构成与素质、经营业绩、资产状况等要素。

信息产业部颁布了《计算机信息系统集成资质管理办法（试行）》（信部规［1999］

1047号）和《计算机信息系统集成资质等级标准》。

明确规定凡从事计算机信息系统集成业务的单位，必须经过资质认证并取得《计算机信息系统集成资质证书》，凡需要建设计算机信息系统的单位，应选择具有相应等级"资质证书"的计算机信息系统集成单位来承建计算机信息系统。

《计算机信息系统集成资质管理办法（试行）》规定计算机信息系统集成资质等级分一、二、三、四级。各等级所对应的承担工程的能力如下。

- 一级：具有独立承担国家级、省（部）级、行业级、地（市）级（及其以下）、大、中、小型企业级等各类计算机信息系统建设的能力。
- 二级：具有独立承担省（部）级、行业级、地（市）级（及其以下）、大、中、小型企业级或合作承担国家级的计算机信息系统建设的能力。
- 三级：具有独立承担中、小型企业级或合作承担大型企业级（或相当规模）的计算机信息系统建设的能力。
- 四级：具有独立承担小型企业级或合作承担中型企业级（或相当规模）的计算机信息系统建设的能力。

21.4.3 相关领域成功经验

承建单位以往是否从事过与本项目相关或相似的开发工作，对于减小项目实施的风险有至关重要的影响。监理单位应协助业主对承建单位是否有相关领域的成功经验、所开发的软件功能、质量和系统建设规模进行考查。

21.5 审查承建单位质量管理体系

目前国内信息应用系统建设过程中，常出现承建单位对质量管理不够重视或不落实的情况，而业主单位由于进度等方面的要求和信息技术的弱势也往往忽视了承建单位此方面的工作。这造成了后续开发工作在没有严格质量保证的情况下进行，开发过程的随意性增大，容易出现不按设计编码、系统版本失控、测试工作不到位的情况，最终影响了工程建设的质量。承建单位质量管理体系是否通过相关认证或评估，标志着承建单位对质量管理的重视程度，也在一定程度上决定了承建单位产品或服务质量水平，因此，监理单位应对于承建单位质量管理体系进行审查。目前软件企业所遵循的质量管理体系主要有两种，一种是软件能力成熟度模型（SW-CMM），一种是ISO质量管理体系。

21.5.1 软件能力成熟度模型

随着软件开发的深入、各种技术的不断创新以及软件产业的形成，人们越来越意识到软件过程管理的重要性,因此管理学的思想逐渐融入软件开发过程中,由美国软件工程研究所(SEI)提出的软件能力成熟度模型(SW-CMM)便是软件过程管理思想不断发展的集中体现。

软件能力成熟度模型(SW-CMM)中融合了全面质量管理的思想,以五个不断进化的层次反映了软件过程定量控制中项目管理和项目工程的基本原则。SW-CMM 所依据的想法是只要不断地对软件企业的软件工程过程的基础结构和实践进行管理和改进,就可以克服软件生产中的困难,增强开发制造能力,从而能按时地、不超预算地制造出高质量的软件。

1. **CMM 标准**

CMM 标准共分五级。
- 五级为最高级,即优化级,在这个等级,整个企业将会把重点放在对过程进行不断的优化。企业会采取主动去找出过程的弱点与长处,以达到预防缺陷的目标。同时,分析有关过程的有效性的资料,做出对新技术的成本与收益的分析,以及提出对过程进行修改的建议。达到该级的公司过程可自发地不断改进,防止同类缺陷二次出现。
- 四级称为已管理级,在这一级,企业对产品与过程建立起定量的质量目标,同时在过程中加入规定得很清楚的连续的度量。作为企业的度量方案,要对所有项目的重要的过程活动进行生产率和质量的度量。软件产品因此具有可预期的高质量。达到该级的企业已实现过程定量化。
- 三级为已定义级,即过程实现标准化。在这一级,有关软件工程与管理工程的一个特定的、面对整个企业的软件开发与维护的过程的文件将被制订出来。同时,这些过程是集成到一个协调的整体。这就称为企业的标准软件过程。
- 二级为可重复级,在这一级,建立了管理软件项目的政策以及为贯彻执行这些政策而定的措施。基于以往的项目的经验来计划与管理新的项目。达到此级别的企业过程已制度化,有纪律,可重复。
- 一级为初始级,过程无序,进度、预算、功能、质量不可预测,企业一般不具备稳定的软件开发与维护的环境。常常在遇到问题的时候,就放弃原定的计划而只专注于编程与测试。

2. **各级关系**

从第二级起,每一级包含了不同的关键过程域(KPA),每个 KPA 都有明确的实施目标,并按公共属性类别定义相应的关键实施活动。

除第一级外,CMM 的每一级都是按完全相同的结构构成的。每一个成熟度等级都是通过一些(2~7 个)关键过程域(KPA)描述的。每一个关键过程域都规定了一些目标，该机构的过程必须吻合这些目标以满足这个关键过程域。这些关键过程域规定了一些重要领域，机构应该关注以使它的过程向成熟等级发展。从整体来说软件能力成熟度级别从低到高的变化代表了企业的生产活动由高风险低效率到高质量、高生产率的进展。

二级的 KPA 主要关心于项目管理方面。而三级的目标是过程的制度化和软件工程方面另外一些过程。四级的 KPA 主要围绕量化管理过程和项目。在五级中，通过缺陷预防，科技引进和过程增强来进行过程改进的。

特定级别的关键过程域可以认为是要达到这个成熟度所必须满足的要求。要注意的一点是：每个能力成熟度等级的关键过程域是累加到上一级去的，例如在第三级时就要满足所有第二级与第三级的关键过程域的目标。一个机构要达到某一个级别，那么该机构的过程必须满足那个级别的所有的关键过程域以及它的下层成熟度等级的所有的关键过程域。

我们可以用一句话来概括从下一级到高一级所需要的努力：

从一级到二级的转化——规范化过程；

从二级到三级的转化——标准化、稳定的过程；

从三级到四级的转化——可预测的过程；

从四级到五级的转化——继续不断地改进过程。

21.5.2 ISO 质量管理体系

ISO 是"国际标准化组织"的简称，其全称是 International Organization for Standardization。

ISO 是世界上最大的国际标准化组织。它成立于 1947 年 2 月 23 日，它的前身是 1928 年成立的"国际标准化协会国际联合会"（简称 ISA）。IEC 即"国际电工委员会"，1906 年在英国伦敦成立，是世界上最早的国际标准化组织。IEC 主要负责电工、电子领域的标准化活动。而 ISO 负责除电工、电子领域之外的所有其他领域的标准化活动。

ISO 的宗旨是"在世界上促进标准化及其相关活动的发展，以便于商品和服务的国际交换，在智力、科学、技术和经济领域开展合作。"ISO 现有 117 个成员，包括 117 个国家和地区。

1. ISO 建立的主要标准

- 质量管理体系——ISO 9001：2000
- 环境管理体系——ISO 14001：1996
- 职业安全卫生管理体系——OHSAS18001

质量管理体系、环境管理体系和职业安全卫生管理体系既有个性又有共性，21 世纪的管理趋势是将这三个管理体系同时运用在企业的日常管理中，以达到经济效益、社会效益、环保效益的共同实现。三个管理体系的共同点是对损失的控制管理。损失控制管理可以被视为把诸如质量、环境、保安、安全、卫生等管理课题综合起来，针对所有可能导致损失的置身环境和公司运作的关键地方施加管理。这是一项系统工作，它在于找出潜在的损失，评估风险，对适当的控制做出决定，实行损失控制系统并对之进行监测。

ISO 9000 是一般企业通用的资质认定标准，对于软件企业同样使用。

为了提高标准使用者的竞争力，促进组织内部工作的持续改进，并使标准适合于各种规模（尤其是中小企业）和类型（包括服务业和软件）组织的需要，以适应科学技术和社会经济的发展，2000 年 12 月 15 日，ISO 正式发布了新版本的 ISO 9000 族标准，统称为 2000 版 ISO 9000 族标准。

在 2000 版 ISO 9000 族标准中，包括四项核心标准：
- ISO 9000：2000《质量管理体系　基础和术语》
- ISO 9001：2000《质量管理体系　要求》
- ISO 9004：2000《质量管理体系　业绩改进指南》
- ISO 19011：2000《质量和（或）环境管理体系审核指南》

国家技术监督局已将 2000 版 ISO 9000 族标准等同采用为中国的国家标准，其标准编号及与 ISO 标准的对应关系分别为：
- GB/T 19000-《质量管理体系　基础和术语》（对应于 ISO 9000：2000）
- GB/T 19001-《质量管理体系　要求》（对应于 ISO 9001：2000）
- GB/T 19004-《质量管理体系　业绩改进指南》（对应于 ISO 9004：2000）
- GB/T 19011-《质量和（或）环境管理体系审核指南》（对应于 ISO 9011：2000）

2．ISO 9000 族的基本指导思想

产品质量是企业生存的关键。影响产品质量的因素很多，单纯依靠检验只不过是从生产的产品中挑出合格的产品。这就不可能以最佳成本持续稳定地生产合格品。

一个组织所建立和实施的质量体系，应能满足组织规定的质量目标。确保影响产品质量的技术、管理和人的因素处于受控状态。无论是硬件、软件、流程性材料还是服务，所有的控制应针对减少、消除不合格，尤其是预防不合格。这是 ISO 9000 族的基本指导思想，具体地体现在以下几个方面。

1）控制所有过程的质量

ISO 9000 族标准是建立在"所有工作都是通过过程来完成的"这样一种认识基础上的。一个组织的质量管理就是通过对组织内各种过程进行管理来实现的，这是 ISO 9000 族关于质量管理的理论基础。当一个组织为了实施质量体系而进行质量体系策划时，首要的是结合本组织的具体情况确定应有哪些过程，然后分析每一个过程需要开展的质量活动，确定应采取的有效的控制措施和方法。

2）控制过程的出发点是预防不合格

在产品寿命周期的所有阶段，从最初的识别市场需求到最终满足要求的所有过程的控制都体现了预防为主的思想。例如：控制市场调研和营销的质量；控制设计过程的质量；控制采购的质量；控制生产过程的质量；控制检验和试验；控制搬运、储存、包装、防护和交付；控制检验、测量和实验设备的质量；控制文件和资料；纠正和预防措施；全员培训。

3）质量管理的中心任务是建立并实施文件化的质量体系

质量管理是在整个质量体系中运作的，所以实施质量管理必须建立质量体系。ISO 9000 族认为，质量体系是有影响的系统，具有很强的操作性和检查性。要求一个组织所建立的质量体系应形成文件并加以保持。典型质量体系文件的构成分为三个层次，即质量手册、质量体系程序和其他质量文件。质量手册是按组织规定的质量方针和适用的 ISO 9000 族标准描述质量体系的文件。质量手册可以包括质量体系程序，也可以指出质量体系程序在何处进行规定。质量体系程序是为了控制每个过程质量，对如何进行各项质量活动规定有效的措施和方法，是有关职能部门使用的文件。其他质量文件包括作业指导书、报告、表格等，是工作者使用的更加详细的作业文件。对质量体系文件内容的基本要求是：该做的要写到，写到的要做到，做的结果要有记录，即"写所需，做所写，记所做"的九字真言。

4）持续的质量改进

质量改进是一个重要的质量体系要素，GB/T19004.1 标准规定，当实施质量体系时，组织的管理者应确保其质量体系能够推动和促进持续的质量改进。质量改进包括产品质量改进和工作质量改进。争取使顾客满意和实现持续的质量改进应是组织各级管理者追求的永恒目标。没有质量改进的质量体系只能维持质量。质量改进旨在提高质量。质量改进通过改进过程来实现，是一种以追求更高的过程效益和效率为目标。

5）定期评价质量体系

其目的是确保各项质量活动的实施及其结果符合计划安排，确保质量体系持续的适宜性和有效性。

6）搞好质量管理关键在领导

回顾历史，ISO 9000 族标准起源于科学的进步和技术的发展。展望未来，高新技术的发展更有待于 ISO 9000 族标准的指导。成熟的 ISO 9000 系列标准在科技领域的应用为科技的进步提供了无穷的动力。

21.6 监督招标过程

1. 开标过程监理

开标应当在招标文件确定的提交投标文件截止时间的同一时间公开进行；开标地点应当为招标文件中预先确定的地点。

开标时，要检查投标文件的密封情况，经确认无误后，由工作人员当众拆封，宣读投标人名称、投标价格和投标文件的其他主要内容。

开标过程应当记录，并存档备查。

2. 评标过程监理

评标委员会由招标人的代表和有关技术、经济等方面的专家组成，成员人数为五人以上单数，其中技术、经济等方面的专家不得少于成员总数的三分之二。

专家应当从事相关领域工作满八年并具有高级职称或者具有同等专业水平，由招标人从国务院有关部门或者省、自治区、直辖市人民政府有关部门提供的专家名册或者招标代理机构的专家库内的相关专业的专家名单中确定；一般招标项目可以采取随机抽取方式，特殊招标项目可以由招标人直接确定。

确认没有与投标人有利害关系的人进入相关项目的评标委员会。

评标委员会成员的名单在中标结果确定前应当保密。

确认没有任何单位和个人非法干预、影响评标的过程和结果。

评标委员会应当按照招标文件确定的评标标准和方法，对投标文件进行评审和比较；设有标底的，应当参考标底。评标委员会完成评标后，应当向招标人提出书面评标报告，并推荐合格的中标候选人。

招标人根据评标委员会提出的书面评标报告和推荐的中标候选人确定中标人。招标人也可以授权评标委员会直接确定中标人。

在确定中标人前，招标人不得与投标人就投标价格、投标方案等实质性内容进行谈判。

评标委员会成员和参与评标的有关工作人员不得透露对投标文件的评审和比较、中标候选人的推荐情况以及与评标有关的其他情况。

3. 决标过程监理

中标通知书对招标人和中标人具有法律效力。中标通知书发出后，招标人改变中标结果的，或者中标人放弃中标项目的，应当依法承担法律责任。

招标人和中标人应当自中标通知书发出之日起三十日内，按照招标文件和中标人的投标文件订立书面合同。招标人和中标人不得再行订立背离合同实质性内容的其他协议。

依法必须进行招标的项目，招标人应当自确定中标人之日起十五日内，向有关行政监督部门提交招标投标情况的书面报告。

中标人应当按照合同约定履行义务，完成中标项目。中标人不得向他人转让中标项目，也不得将中标项目肢解后分别向他人转让。

中标人按照合同约定或者经招标人同意，可以将中标项目的部分非主体、非关键性工作分包给他人完成。接受分包的人应当具备相应的资格条件，并不得再次分包。

中标人应当就分包项目向招标人负责，接受分包的人就分包项目承担连带责任。

21.7 合同签订管理

合同的签订管理是指监理单位协助业主与承建单位之间的各种合同进行分析、谈判、协商、拟定、签署等。其中合同分析是合同签订中最重要的内容和环节，是合同签订的前提。监理工程师应对工程承建、共同承担风险的合同条款、法律条款分别进行仔细的分析解释。同时也要对合同条款的更换、延期说明、投资变化等事件进行仔细分析。合同分析和工程检查等工作要同其联系起来。合同分析是解释双方合同责任的根据。

监理工程师在业主与承建单位订立合同的过程中要按条款逐条分析，如果发现有对业主产生风险较大的条款，要增加相应的抵御条款。要详细分析哪些条款与业主有关、与承建单位有关、与工程检查有关、与工期有关等，分门别类分析各自责任和相互联系的关联，做到一清二楚，心中有数。

合同评审过程中的考查以下内容，确定以下内容在合同中进行了明确定义：

（1）定义/使用的术语；

（2）保密约定；

（3）知识产权约定；

（4）双方义务；

（5）合同价款及付款方式；

（6）各阶段工程成果及交付期限，应选取里程碑式的工程成果交付的期限，并在一定程度上把成果和付款计划联系起来；

（7）验收标准和方式/工程的质量要求，应准确细致地描述工程的整体质量和各部分质量，必要时可以用明确的技术指标进行限定；

（8）用户培训需求；

（9）维护期约定，包括维护期长度、维护响应时间、维护方式和维护费用等；

（10）违约责任；

（11）期限和终止；

（12）不可抗力；

（13）变更，包括资金、需求、期限、合同等变更，对变更的范围进行约定，并明确每一种变更以何种方式何种程序处理；对范围外的变更，可注明另行协商并再补签合同；

（14）其他约定，如适用法律、争议解决和双方的其他协作条件等。

监理单位应将监理意见以合同评审专题报告形式提交业主。

21.8 工程技术文档管理

在软件的开发工程中，监理方督促承建单位完成文档编写工作，以确保每一阶段的结果都能清楚地描述和审查，编制各种文档见表 21-2。

表 21-2 软件生命周期各个阶段的文档编制

文档	计划	需求分析	设计	编码	测试	进行维护
1. 可行性研究报告						
2. 项目开发计划						
3. 软件需求规格说明						
4. 数据需求规格说明						
5. 测试计划						
6. 概要设计说明						
7. 详细设计说明						
8. 数据库设计说明						
9. 模块开发卷宗						
10. 用户手册						
11. 操作手册						
12. 测试分析报告						
13. 开发进度月报						
14. 项目开发总结						

根据 GB8567-88《计算机软件产品开发设计编制指南》，在软件开发的各个阶段最多应编制 14 种软件文档。在软件开发过程中，可以根据实际情况将其中某些文档合并成一个文档。表 21-3 就工程所包括的文档在软件生命周期各阶段监理控制提出了具体要求。

表 21-3 工程文档在软件生命周期各阶段监理控制的要求

部分	阶段	质量控制要点	质量控制手段	验收方式
应用系统	需求分析	调研提纲，包括调研的对象、内容、程序和时间 需求分析报告，包括业务流程图、数据流程图、软件规格说明书和初步用户手册 软件规格说明书，包括系统目标、软件功能描述、软件性能和软件安全需求说明、软件规则描述和关键数据项的编码标准	业主确认 技术评审	业主签字 评审意见
	系统设计	系统详细设计报告，包括数据字典、功能模块划分、功能模块说明、模块接口说明、与现行系统接口说明、界面设计、编程规范、测试标准	技术评审	评审意见
	程序编写	编程的时间控制 编程计划	进度报告 技术评审	监理意见 评审意见
	系统测试	培训安排、培训教材、培训考核 测试模型 测试用例	技术评审 技术评审	评审意见 评审意见
	系统试运行	出现的问题修改	汇总问题清单	程序修改确认
	系统验收	竣工文件 验收方案	参加验收工作	监理意见

第 22 章　分析设计阶段监理

分析设计阶段监理对应软件工程过程中的软件需求分析和软件设计过程。监理的主要任务是：评审承建单位提交的项目开发计划、质量保证计划和验收计划，这些计划可以作为合同的一部分或者合同附件；对需求分析和设计进行质量控制，对由各种原因导致的变更进行控制，协调业主和承建单位的关系。

分析设计阶段监理具体从软件项目计划监理、软件分包合同监理、软件管理过程监理、软件质量保证计划监理、软件配置管理监理、软件需求分析监理、软件设计监理方面，来保证软件系统建设的质量和进度，从而提高应用软件系统建设的可视性和可控性，使得业主的投资得到保障。

22.1　分析设计阶段的系统建设任务

22.1.1　需求分析的进入条件

业主单位与承建单位正式签订建设合同，并对初步的项目开发计划达成一致意见，即可进入需求分析阶段。

22.1.2　需求分析的目标

需求分析的目标是深入描述软件的功能和性能，确定软件设计的约束和软件同其他系统元素的接口细节，定义软件的其他有效性需求。

需求分析阶段研究的对象是软件项目的用户要求。　方面，必须全面理解用户的各项要求，但又不能全盘接受所有的要求；另一方面，要准确地表达被接受的用户要求。只有经过确切描述的软件需求才能成为软件设计的基础。

通常软件开发项目是要实现目标系统的物理模型。作为目标系统的参考，需求分析的任务就是借助于当前系统的逻辑模型导出目标系统的逻辑模型，解决目标系统的"做什么"的问题。

22.1.3　软件需求分析的任务

软件产品或软件服务的开发始于业主单位的需要、期望和限制条件，需求开发过程识别这些需要、期望和条件,在特定的限制条件下把这些需要和期望转换成产品需求的集合,对这个产品需求集合进行分析,产生一个高层次概念的解决方案,进一步分解直到确定特定产品的构件为止。

需求开发的产品将成为软件设计的基础,需求开发的过程不仅涉及所有的业主单位的需要和期望,除了业主单位的需要和期望外,还可能从所选择的解决方案中派生产品和产品构件的需求。

需求开发的功能分析不同于软件开发中的结构化分析,不是假定面向功能的软件设计。功能分析的功能定义和逻辑分组,合并在一起成为功能体系结构。需求开发涉及对产品基本功能体系结构的进一步演变,这种基本功能体系结构把业主单位的需要和期望赋予到各个功能实体上。

对功能体系结构的细节层次可能需要不断地进行递归分析,直到细化程度足以推进产品的详细设计、采办和测试为止。

从软件产品支持、维护和使用的分析,还能派生出更多的功能需求和界面需求,在分析这些需求时需要予以注意的内容包括:限制条件、技术制约、成本制约、时间限制、软件风险、业主单位未明确(隐含)的问题,以及由开发者业务经验和能力引出的需求。这些分析对需求加以精练,进行派生,形成一个完备的逻辑实体。持续进行这些活动,可以确保需求始终得到恰当的定义。

22.1.4 需求分析阶段成果

在制定开发计划时应兼顾用户给定的要进度和经费要求,又要注意按照软件工程规定的程序和技术要求进行开发工作。软件需求规格说明应满足需求分析的完整性要求,并保证软件需求规格说明应满足需求说明中的所有功能,性能需求均是可实现的。阶段成果有:

(1)项目开发计划;
(2)软件需求说明书;
(3)软件质量保证计划;
(4)软件配置管理计划;
(5)软件(初步)确认测试计划;
(6)用户使用说明书初稿。

22.1.5 设计阶段的进入条件

1. 软件概要设计进入条件

(1)项目开发计划、质量保证计划、配置管理计划等配套计划通过评审并正式批准;

(2) 软件需求规格说明书通过评审;
(3) 以软件需求规格说明书为核心的配置管理分配基线建立。

2. 软件详细设计进入条件

(1) 软件概要设计说明通过评审;
(2) 软件概要设计说明,外部接口设计已纳入配置管理受控库。

22.1.6 软件设计的目标

根据软件需求,以及功能和性能需求,进行数据设计、系统结构设计和过程设计。数据设计侧重于数据结构的定义。系统结构设计定义软件系统各主要成分之间的关系。过程设计则是把结构成分转换成软件的过程性描述。在编码步骤,根据这种过程性描述,生成源程序代码,然后通过测试最终得到完整有效的软件。

从工程管理的角度来看,软件设计任务分两步完成,即:概要设计,将软件需求转化为数据结构和软件的系统结构;详细设计,也就是过程设计。通过对结构表示进行细化,得到软件的详细的数据结构和算法。

软件设计是后续开发步骤及软件维护工作的基础。如果没有设计,只能建立一个不稳定的系统结构。

22.1.7 软件设计的任务

软件概要设计是以需求分析所产生的文档为依据,着手解决实现"需求"的软件体系结构,简称软件结构。就像建筑工程中的盖大楼,需求分析主要是确定要盖满足什么样功能的大楼,而概要设计就是施工,盖起满足用户要求的大楼的框架。这一阶段确定软件结构的具体任务是将系统分解成模块,确定各模块的功能及调用关系,将用户的需求分配到适当的位置上去,得出系统的结构图。为了得到好的结构,需要一组标准化准则和工具,软件设计的基本原理、优化软件结构的准则及结构化设计方法在相应的软件工程化书籍中有详细的技术介绍。

软件详细设计就是要在概要设计的结果的基础上,考虑"怎样实现"这个软件系统,直到对系统中的每个模块给出足够详细的过程性描述。主要任务是:为每个模块确定采用的算法,选择某种适当的工具表达算法的过程,写出模块的详细过程性描述;确定每一模块使用的数据结构;确定模块接口的细节,包括对系统外部的接口和用户界面,对系统内部其他模块的接口,以及模块输入数据、输出数据及局部数据的全部细节;为每一个模块设计出一组测试用例,以便在编码阶段对模块代码(即程序)进行预定的测试,模块的测试用例是软件测试计划的重要组成部分,通常应包括输入数据,期望输出等内容。

概要设计确定了系统的体系结构,即划分了模块,将每个模块的功能及其相互间的联系确定了下来。详细设计是解决如何实现每个模块功能的问题,即设计处理过程,构造模块的实现算法,给出明确的表达,使之成为编程的依据。描述算法除了流程图外,还有一些别的工具,如 PAD 图、PDL 语言(伪码)、HIPO 图等。

软件设计的基础首先是深刻理解模块、模块化、分解与抽象、信息隐蔽、模块独立性及其定性标准这些基本概念,以及由这些概念形成的软件结构设计优化准则所起的作用。

实际上,软件设计过程的前后活动是彼此支持的,同时贯穿于软件需求和软件编码之间。软件设计在选择解决方案时,可以运用原形设计作为充分掌握情况的手段,要充分考虑候选解决方案及其优缺点,应该确定关键需求、设计问题和限制条件,以便在分析各种候选方案时使用。

软件设计要考虑软件体系结构,合理的软件体系结构是提高软件可维护性和可移植性的基础。在软件设计中,对于是否选择使用商业软件成品,要结合成本、进度、性能和风险来考虑。

软件设计方案的选择准则应该具备实质意义上的区别点,能指示达到某个平衡的生存周期解决方案。一般地,这些准则包括有成本、进度、性能和风险等的度量,也包括可维护性和可移植性的考虑。同时也受到那些影响开发活动和产品生存周期的需求驱动。

软件也和硬件一样,它的质量是设计出来的,生产出来的。其中,设计对软件质量具有关键性的影响。设计的重要性可从图 22.1 看出,(a) 为经历了设计步骤后的效果,在软件使用和维修阶段,软件的问题少;反之,(b) 为跳过设计步骤,到了使用和维修阶段,软件问题成堆,到了不可收拾的地步。基于这种情况,监理应强调:软件设计未完成,不得转入软件编码阶段。

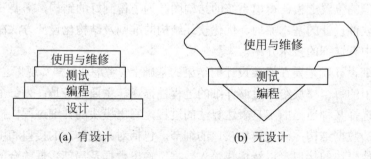

图 22.1 软件设计的重要性

良好的软件设计与所采用的软件设计方法、设计工具和设计准则有关。软件设计方法主要有面向数据流的设计和面向对象的设计。这些方法均有其优缺点和不同的应用领域。

软件设计监理的基本准则包括：审查提交的文档是否齐全，审查文档编制与描述工具是否符合规范。确定承办单位提出的软件总体结构设计是否实现了软件需求规格说明的要求，评价软件设计方案与数学模型的可行性，评价接口设计方案和运行环境的适应性，审查软件集成测试计划的合理性和完备性，审查数据库设计的完备性和一致性。并确定该阶段文档能否作为详细设计的依据，决定可否转入详细设计阶段。确认软件详细设计文档的内容符合软件编码的要求。

22.1.8 软件设计阶段成果

概要设计阶段完成时应编写的文档
（1）概要设计说明书；
（2）数据库设计说明书；
（3）用户手册；
（4）软件概要设计说明书（数据库设计部分可单列一册）；
（5）软件详细设计说明书；
（6）软件编码规范；
（7）集成测试计划。

22.2 分析设计阶段监理工作内容

分析设计阶段监理一方面监督和控制承建单位工作过程的规范性，另一方面对承建单位需求分析和设计阶段工作成果进行评审，保障软件需求分析设计过程和产品符合规范和要求。

软件需求分析阶段监理主要任务是对软件需求分析的相关内容（重点是工程需求、功能需求、性能需求、设计约束等）、需求分析过程、需求分析活动、文档格式进行审查，确认是否满足要求；给出是否符合要求的结论；确定其可否作为软件开发的前提和依据。

目前国内信息系统工程建设的过程中，常出现承建单位忽视系统设计的情况，而业主单位出于进度等方面的要求以及信息技术上的弱势，也放松了对承建单位系统设计的要求，致使工程处于边设计、边编码、边修改的"三边"状态。在这种情况下，工程建设的质量、进度与投资几乎失控，常出现质量问题、进度延迟与投资加大的情况，而编码与设计脱节、设计与需求脱节的情况最终会造成系统后续维护的工作量大为增加，经常出现"补丁摞补丁"，最终导致系统在实质上被废弃的情况。

所以，在设计阶段中监理单位要尽可能与业主单位协调配合工作，听取业主单位从业务角度出发提出的对开发方设计的意见。监理单位主要从文档的规范性、可实施性出发，以国家相关标准为依据，从软件工程学的角度对承建单位提出意见与建议，配合业主单位工作，敦促承建单位做好工程项目的设计工作。在设计阶段，监理单位主要针对需求的覆盖性及可跟踪性、模块划分的合理性、接口的清晰性、技术适用性、技术清晰度、可维护性、约束与需求的一致性、可测试性、对软件设计的质量特性的评估、对软件设计的风险评估、对比情况、文档格式的规范性等方面进行评审。在此过程中，业主单位也需要对设计文档进行检查，主要在功能设计是否全面准确地反映了需求、输入项是否完全与正确并符合需求、输出项是否符合需求、与外界的数据接口是否完全与正确并符合需求、各类编码表是否完全与准确并符合需求、界面设计是否符合需求、维护设计是否符合需求、各类数据表格式和内容是否符合要求、是否存在其他有疑问的设计等方面进行核查。

软件概要设计监理的目的是对软件概要设计有关内容（重点是软件的功能、软件的结构、接口设计、接口关系等）、概要设计过程、概要设计活动、文档格式进行审查，确定承建单位提出的软件总体结构设计是否实现了软件需求规格说明的要求，确认是否满足要求；给出是否符合要求的结论；确定其可否作为软件详细设计的前提和依据。

软件详细设计监理的目的是对软件详细设计有关内容（重点是软件的算法、数据结构、数据类型、异常处理、计算效率等）、详细设计过程、详细设计活动、文档格式进行审查，确定承建单位提出的软件详细设计内容是否实现了软件概要设计的要求，确认是否满足要求；给出是否符合要求的结论；确定其可否作为软件编码的前提和依据。

22.2.1 项目计划监理

目前国内信息应用系统建设的过程中，常出现承建单位进度计划不能落实的情况，这主要是由于承建单位在制定项目开发计划过程中不能按照软件开发的规律制定计划，在工程建设进度的压力下采取盲目加大工作强度、减少或取消异常情况的处理时间、缩短或取消测试时间等办法进行项目开发计划的制定，业主单位由于工程进度等方面的要求以及信息技术的弱势，往往不能发现计划中存在的问题。这样的计划必然无法落实执行，最终造成工程建设的进度处于无序状态。

因此，在此阶段监理单位要对承建单位制定的项目开发计划进行认真的审查，结合工程的具体情况考虑开发方在人员投入、各种情况处理程序、测试工作安排等方面的计划制定是否合理，监督承建单位制定符合开发合同、切实可行的项目开发计划。

1．项目计划监理的目的

软件项目计划为实施和管理软件项目活动提供基础，并根据软件项目资源、约束条件和能力向业主提出承诺。

项目计划监理的目的是对软件项目计划的相关内容（重点是组织、技术标准、开发计划、进度要求等)、项目计划过程、项目计划组织、文档格式进行审查,确认是否满足要求;给出是否符合要求的结论;确定其可否作为软件开发的前提和依据。

项目计划监理监督承建单位实施软件工程和管理软件项目制定合理的计划,包括对要完成的工作进行估计、确定必要的约定和制定工作计划。

软件项目计划为实施和管理软件项目活动提供基础,并根据软件项目资源、约束条件和能力向软件项目的客户提出承诺。

制定软件项目计划从对要完成的工作、约束条件和目标的说明着手。软件计划制定步骤包括:估计软件工作产品及其资源需求规模、制定进度计划、识别与评估软件风险以及协商相关约定。软件项目计划在需求阶段的早期开始,并形成一个初步的文档结果,为完善所建立软件项目计划,有时可能需要反复制定步骤。

2. 软件项目组织

软件项目组织指承建单位为完成指定软件项目而设置的人力资源结构,完善的组织结构可能有:项目负责人、软件负责人、软件工程组、软件支持组、软件过程组、系统工程组、系统测试组、质量保证组、配置管理组和技术培训组。

项目负责人对整个项目负完全责任,是指导、控制、管理和规范项目建设的人,项目负责人是最终对业主单位负责的人。软件负责人对所有的软件活动负完全责任,控制和管理所有的软件资源和工作,按照软件约定由项目负责人协调。

软件工程组是指负责一个项目的软件开发和维护活动(如需求分析、设计、编程和测试)的人员(包括管理人员和技术人员)。软件支持组是指代表一个软件工程科目的一组人员(包括负责人和技术人员),这类小组支持但不直接负责软件开发和维护工作。软件支持组包括软件质量保证组、软件配置管理组和软件过程组。

软件过程组是协助对机构所使用的软件过程进行定义、维护和改进的一个专家小组。系统工程组是包括有负责人和技术人员的一个小组,负责规格说明系统需求,分配系统需求到硬件、软件和其他部件,规格说明硬件、软件和其他部件之间的接口,并监督对这些部件的设计和开发,以确保与所做的规格说明的一致性。

系统测试组是包括有负责人和技术人员的一个小组,负责计划和实施对软件的单独系统测试,以确定其软件产品是否满足其需求。软件质量保证组是包括有负责人和技术人员的一个小组,负责计划和实施项目的质量保证活动,以确保软件开发活动遵循软件过程规程和标准。软件配置管理组负责计划、协调和实施项目的正规配置管理工作。技术培训组负责计划、协调和安排技术培训活动。

一个小组是一些部门、负责人和人员的组合,负责一组任务和活动。小组的规模可以不同,既可以是单个兼职的人,也可以是多个来自不同部门的兼职人员,也可以由几个专职人员组成。组成小组时考虑的因素包括:分派的任务和活动、项目规模、承建单位的组织结构和文化。某些小组,如软件质量保证组,集中关注项目活动;而其他一些小组,例如软件工程过程组,集中关注承建单位业务范围内的活动。

3. 软件项目计划进行软件规模的估计

软件规模估计首先是建立和维护项目顶层的分解结构,分解结构随项目不同而变,可以通过分解结构把一个整体项目划分成若干互相关联的可管理的组成部分。其次是考虑项目相关的连通性、复杂程度和外部基础。分解结构是面向产品的,它围绕项目的工作产品,给出一个用以标识和组织项目各个逻辑单元的图解方案。分解结构用于设置组织机制参考,也作为工作量估计、成本估计、工作分配、进度估计和责任的参考框架,进行项目策划、组织和控制。

在确定项目软件生命周期后,利用软件规模的估计结果可以编制项目预算和进度,识别项目风险,策划资料管理方法,建立项目的配置管理和质量保证的详细策略。这些内容的确定可以大量地依据以往的工程经验知识。

4. 软件项目计划监理的基本准则

基本准则是承建单位制定了软件项目计划,同时该项目计划通过正式的评审,软件项目计划对项目组织、进度计划、工程标准进行了承诺,项目的风险分析合理,风险管理方案可行。项目的阶段划分是明确的。

1)开发计划的内容

承建单位应编写"项目开发计划"。在"项目开发计划"批准之后,承建单位应依照"项目开发计划"开展活动。"项目开发计划"的修改应得到业主单位的批准。"项目开发计划"应包含以下的内容。

(1)范围:标识、系统概述、文档概述、与其他计划的关系。

(2)引用文件。

(3)术语和缩略语。

(4)软件开发管理:开发项目组织、进度和里程碑、风险管理、安全保密、与其他软硬件承建单位的接口、转包单位的管理。

(5)软件工程:组织和资源、软件开发标准、非开发软件。

(6)正式合格性测试。

(7)软件评审。

(8)软件配置管理:管理、软件配置管理活动、技术及方法和工具、对供货单位的控制、记录的收集维护和保存。

2)软件项目计划监理的目标

(1)监督承建单位形成软件规模估计文档,以供计划和跟踪软件项目使用。

(2)监督承建单位制定软件项目的活动和约定,并形成文档。

（3）监督和控制软件项目计划的产品和活动与软件的需求规格说明一致。

3）软件项目计划监理的主要活动

（1）确保软件承建单位在项目软件过程规范约定的基础上制定软件项目计划。

（2）监督承建单位为实施软件工程和管理软件项目制定合理的软件项目计划，包括进行软件规模估计和软件风险分析，建立软件项目组织，确定软件项目生命周期，进行软件项目策划，确定必要的约定。

（3）监督承建单位依据书面规程制定项目的软件项目计划，确认计划内容是否满足标准、规范及合同要求。

（4）审查承建单位编写的项目计划文档，软件项目计划包括：软件项目的用途、范围、目标和对象，软件开发计划，软件配置管理，软件质量保证，软件框架设计，问题跟踪与排除方法，软件度量。

（5）审查承建单位标明、建立和保持对软件项目的控制所必需的软件工作产品。

（6）审查承建单位依据书面规程估计软件工作产品规模，估计软件项目的工作量和成本，估计项目的关键计算机资源。

（7）监督承建单位依据书面规程制定项目的软件进度计划，分析承建单位制定项目的软件工程设备和支持工具计划的合理性、可行性，分析软件进度计划的合理性。

（8）管理和控制软件计划数据，审查软件项目计划的活动情况。

（9）确保软件项目计划通过正式的评审，在评审后得到技术修改和批准，给出是否符合要求的结论，确定其能否作为软件开发的前提和依据，作为应用软件系统建设进度控制的依据。

22.2.2　软件质量管理体系监理

承建单位软件管理过程是保证应用软件系统建设质量的重要基础，软件管理过程监理关心的内容是应用软件系统建设承建单位的软件管理能力。

应用软件系统建设承建单位软件管理过程监理的目标是确保软件承建单位制定具有规范的、标准的项目软件过程；承建单位依据项目软件过程对项目进行计划和管理。

软件管理过程监理的主要内容包括：

（1）监督应用软件系统建设承建单位根据项目合同和业主应用软件系统需求，制定项目软件工程和管理活动，结合成为密切相关、定义完整的项目软件过程；

（2）评估项目软件过程的技术合理性，包括是否符合标准和规范，是否符合项目合同和业主技术要求；

（3）项目软件过程文档化，并得到批准；监督和控制承建单位的项目软件过程的状态，促使承建单位支持和实施项目软件过程，提高软件项目实施的计划性，减少软件项

目实施的风险;

(4) 监督应用软件系统建设承建单位在软件开发过程中按照项目软件过程的规范实施、跟踪、记录和审查软件管理过程活动。

22.2.3 软件质量保证计划监理

软件工程是指按照工程的规律来组织软件的生产与开发。软件工程化要求以软件质量保证为核心,紧紧抓住软件生产方法、需求分析、软件设计、软件生产工具、测试、验证与确认、评审和管理八个主要环节,如图22.2所示。

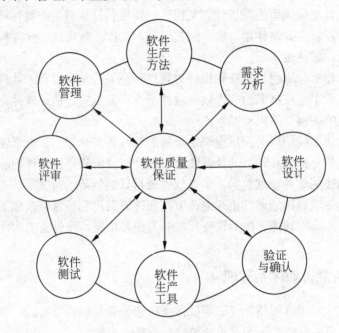

图 22.2 软件质量保证的主要环节

目前国内信息应用系统建设过程中,常出现承建单位对质量保证计划不够重视或不落实的情况,而业主单位由于进度等方面的要求和信息技术的弱势也往往忽视了承建单位此方面的工作。这造成了后续开发工作在没有严格质量保证的情况下进行,开发过程的随意性增大,容易出现不按设计编码、系统版本失控、测试工作不到位的情况,最终影响了工程建设的质量。在另一方面,也出现了业主单位与承建单位将质量保证工作完全交给监理方负责的情况,但实际上监理单位的作用主要是协助业主单位促使承建单位完成开发合同中的质量要求和进度要求,监理单位对质量保证的工作主要采用监督和检查的方法,由监理单位替代承建单位的质量保证队伍也是不适当的。

因此，在此阶段监理单位对承建单位质量保证计划的评审是一项非常重要的工作，此项计划是保证后续开发工作质量的基础。监理单位需要对质量保证计划的国标符合情况、质量保证计划与项目开发计划及系统设计的对应情况、质量保证计划的人员落实情况等方面进行评审。

1．软件质量保证监理的基本准则

包括质量保证的文档（包括质量保证计划、质量保证报告等）格式符合承建单位的管理规范和标准；质量保证所确立的跟踪点是合理的，而且符合项目的需要，质量保证计划是实施质量保证的依据；质量保证的日常活动过程符合规范。

软件质量保证监理覆盖软件质量保证组实施的软件质量保证职能。软件质量保证在计划期的需求分析阶段就开始定义和实施，一直持续到开发期和运行期，开发期是软件质量保证的重点时间段。

软件质量保证通过监控软件开发过程来保证产品质量，保证开发出来的软件和软件开发过程符合相应标准与规程，保证软件产品和软件过程符合要求，确保项目计划、标准和规程适合需要，同时满足评审和审计需要。

2．软件质量保证监理的目标

（1）监督承建单位对软件质量保证活动做到有计划；

（2）客观地验证软件产品及其活动是否遵守应用的标准、规程和需求；

（3）促进由各方及时处理软件项目开发过程中的不一致性问题。

在建设合同签订后，监理单位根据合同规定要求承建单位提供本项目开发的质量保证计划，根据相应标准、规程以及对本项目特殊性等情况进行综合评审。

3．软件质量保证监理的主要内容

（1）确保项目遵循书面的承建单位管理策略来实施软件质量保证，承建单位成立了软件质量保证活动的组织；

（2）控制承建单位依据书面规程，为软件项目制定软件质量保证计划，保障软件质量保证计划符合项目软件过程的规范要求；

（3）参加承建单位的软件质量保证组按照软件质量保证计划进行活动；

（4）参加承建单位的软件质量保证组评审软件工程活动，验证软件工程活动与软件项目计划的一致性；

（5）参加承建单位软件质量保证组审核指定的软件产品，依据指定的软件标准、规程和合同需求对可交付的软件产品进行评价，验证软件产品与软件项目计划的一致性；

（6）控制承建单位依据书面规程，归档和处理软件活动和软件工作产品中的偏差，管理和控制不一致性问题的文档；

（7）软件监理人员和业主的软件质量保证人员定期对软件质量保证组的活动和结果

进行评审；

（8）跟踪和记录软件质量保证活动的情况，审查软件质量保证活动，并给出软件质量保证监理报告。

22.2.4 软件配置管理监理

软件配置管理是保证软件质量和软件研制进度的重要手段，软件配置管理包括标识给定时间点的软件配置（即所选择的工作产品及其描述），系统地控制这些配置的更改，并在软件生命周期中保持这些配置的完整性和可跟踪性。

1．软件配置管理监理的目标

（1）确保软件配置管理活动是有计划的；

（2）确保所选择的软件工作产品是经过标识、受到控制并具有可用性的；

（3）监督所标识的软件工作产品的更改是受控的；

（4）及时了解软件基线的状态和内容。

2．软件配置管理监理的主要活动

（1）确保应用软件系统建设承建单位的配置管理组织和环境按照软件项目计划的要求成立并配备。

（2）控制承建单位依据书面规程，为应用软件系统建设项目制定软件配置管理计划。

（3）监督承建单位使用审批通过的、文档化的软件配置管理计划作为实施软件配置管理活动的基础，该计划包括：要执行的活动、活动的进度安排、指定的职责和所需的资源；监督承建单位标识将置于配置管理下的软件工作产品，工作产品包括与过程相关的计划、标准或规程、软件需求、软件设计、软件代码单元、软件测试规程、为软件测试活动建立的软件系统、软件系统产品和编译程序。

（4）控制承建单位依据书面规程，对所有配置项/单元的更改请求和问题报告实施初始准备、记录、评审、批准和跟踪。

（5）监督承建单位依据书面规程，控制对基线的更改。监督承建单位依据书面规程，由软件基线库生成软件产品并对其发布进行控制。监督承建单位依据书面规程，记录配置项/单元的状态。

（6）控制承建单位编制软件配置管理报告，证明软件配置管理活动和软件基线库的内容，并提供给业主。

（7）监督承建单位依据书面规程，进行软件基线库审核。进行软件配置管理活动状态的跟踪和记录。

（8）定期审查软件配置管理活动和软件配置管理基线，以验证它们与文档定义的一致性。

(9)审核软件配置管理活动及其工作产品,并给出软件配置管理监理报告。

22.2.5 需求说明书评审

由于信息应用系统建设针对的行业广泛,因此在需求分析阶段可能存在着承建单位对业主单位的业务需求理解不全面、不准确的情况,常发生承建单位认为某一个业务功能的实现非常简单,而实际上业主单位业务标准的要求很复杂的情况。在这种情况下,如果不在监理单位的协调下进行业主单位与承建单位充分的沟通,往往造成承建单位按照自己的理解进行开发的情况出现,如果在测试阶段没有发现此类问题则会给系统造成重大隐患,如果发现问题则会造成工程建设返工与延期。

因此,在此阶段监理单位的工作重点是监督承建单位的分析人员、设计人员和测试人员对需求说明书的审查,并协调业主单位与承建单位需求说明书的评审确认。需求分析阶段工作落实的情况,直接决定了后续开发工作的质量、进度、投资与变更的情况,因此必须在监理过程中给予足够的重视。

1. 编制良好的需求说明书八条原则

1979 年由 Balzer 和 Goldman 提出了做出良好规格说明的八条原则。

原则 1:功能与实现分离,即描述要"做什么"而不是"怎样实现"。

原则 2:要求使用面向处理的规格说明语言,讨论来自环境的各种刺激可能导致系统做出什么样的功能性反应,以此定义一个行为模型,从而得到"做什么"的规格说明。

原则 3:如果目标软件只是一个大系统中的一个元素,那么整个大系统也包括在规格说明的描述之中。描述该目标软件与系统的其他系统元素交互的方式。

原则 4:规格说明必须包括系统运行的环境。

原则 5:系统规格说明必须是一个认识的模型,而不是设计或实现的模型。

原则 6:规格说明必须是可操作的。规格说明必须是充分完全和形式的,以便能够利用它决定对于任意给定的测试用例、已提出的实现方案是否都能满足规格说明。

原则 7:规格说明必须容许不完备性并允许扩充。

原则 8:规格说明必须局部化和松散的耦合。它所包括的信息必须局部化,这样当信息被修改时,只要修改某个单个的段落(理想情况)。同时,规格说明应被松散地构造(即耦合),以便能够很容易地加入和删去一些段落。

尽管 Balzer 和 Goldman 提出的这八条原则主要用于基于形式化规格说明语言之上的需求定义的完备性,但这些原则对于其他各种形式的规格说明都适用。当然要结合实际来应用上述的原则。

2. 需求说明书的框架

需求说明书是分析任务的最终产物,通过建立完整的信息描述、详细的功能和行为描述、性能需求和设计约束的说明、合适的验收标准,给出对目标软件的各种需求。

需求说明书的框架见表22-1。

表22-1 软件需求说明书的框架

Ⅰ.引言	ⅱ 控制流	ⅴ 支撑图	A.性能范围
A.系统参考文献	Ⅲ.功能描述	C.控制描述	B.测试种类
B.整体描述	A.功能划分	ⅰ 控制规格说明	C.期望的软件响应
C.软件项目约束	B.功能描述	ⅱ 设计约束	D.特殊的考虑
Ⅱ.信息描述	ⅰ 处理说明	Ⅳ.行为描述	Ⅵ.参考书目
A.信息内容表示	ⅱ 限制/局限	A.系统状态	
B.信息流表示	ⅲ 性能需求	B.事件和响应	Ⅶ.附录
ⅰ 数据流	ⅳ 设计约束	Ⅴ.检验标准	

3. 需求说明书评审内容

作为需求分析阶段工作的复查手段,在需求分析的最后一步,应该对功能的正确性、完整性和清晰性,以及其他需求给予评价。评审的主要内容是:

(1)系统定义的目标是否与用户的要求一致;

(2)系统需求分析阶段提供的文档资料是否齐全;

(3)文档中的所有描述是否完整、清晰、准确反映用户要求;

(4)与所有其他系统成分的重要接口是否都已经描述;

(5)被开发项目的数据流与数据结构是否足够、确定;

(6)所有图表是否清楚,在不补充说明时能否理解;

(7)主要功能是否已包括在规定的软件范围之内,是否都已充分说明;

(8)软件的行为和它必须处理的信息、必须完成的功能是否一致;

(9)设计的约束条件或限制条件是否符合实际;

(10)是否考虑了开发的技术风险;

(11)是否考虑过软件需求的其他方案;

(12)是否考虑过将来可能会提出的软件需求;

(13)是否详细制定了检验标准,它们能否对系统定义是否成功进行确认;

(14)有没有遗漏、重复或不一致的地方;

(15)用户是否审查了初步的用户手册或原型;

(16)项目开发计划中的估算是否受到了影响。

为保证软件需求定义的质量,评审应以专门指定的人员负责,并按规程严格进行。评审结束应有评审负责人的结论意见及签字。除承建单位分析员之外,业主单位人员和监理单位都应当参加评审工作。需求说明书要经过严格评审,一般,评审的结果都包含了一些修改意见,待修改完成后再经评审通过,才可进入设计阶段。

4. 需求说明书检查表

需求说明书检查表见表 22-2。

表 22-2 需求说明书检查表

序号	检 查 项	Y/TBD/N/NA
	清晰性	
1	系统的目标是否已定义?	
2	是否对关键术语和缩略语进行定义和描述?	
3	所使用的术语是否和用户/客户使用的一致?	
4	需求的描述是否清晰,不含糊?	
5	是否有对整套系统进行功能概述?	
6	是否已详细说明了软件环境(共存的软件)和硬件环境(特定的配置)?	
7	如果有会影响实施的假设情况,是否已经声明?	
8	是否已经对每个业务逻辑进行输入、输出以及过程的详细说明?	
	完整性	
9	是否列出了系统所必须的依赖、假设以及约束?	
10	是否对每个提交物或阶段实施都进行了需求说明?	
11	需求说明书是否已包括了主要的质量属性,如有效性、高效性、灵活性、完整性、互操作性、可靠性、健壮性、可用性、可维护性、可移植性、可重用性和可测试性	
	依从性	
12	该文档是否遵守了该项目的文档编写标准?	
	一致性	
13	需求说明是否存在直接相互矛盾的条目?	
14	本需求说明书是否与相关需求素材一致?	
	可行性	
15	所描述的所有功能是否必要并充分地满足了客户/系统目标?	
16	需求说明书的描述的详细程度是否足以进行详细的设计?	
17	已知的限制(局限)是否已经详细说明?	
18	是否已确定每个需求的优先级别?	
	可管理性	
19	是否将需求分别陈述,因此它们是独立的并且是可检查的?	
20	是否所有需求都可以回溯到相应的需求素材,反之亦然?	
21	是否已详细说明需求变更的过程?	

填表说明:Y——是,TBD——不确定,N——否,NA——不适用

5．需求说明书评审报告

在需求说明书评审结束后，监理单位应将评审意见以专题监理报告形式提交业主单位。

22.2.6 软件分包合同监理

1．软件分包合同监理的目标

通过招投标方式签订合同的项目，承建单位可按照合同约定或者经业主同意，将中标项目的部分非主体、非关键性工作分包给他人完成。分承建单位应当具备相应的资格条件，并不得再次分包。承建单位应当就分包项目向业主负责，分承建单位承担连带责任。

软件分包合同管理包括选择分承建单位，建立同分承建单位的约定，并跟踪、评审分承建单位的执行情况和结果。当进行分包时，制定包括技术和非技术需求（如交付日期）的书面协议，并依此管理分包合同。分承建单位要完成的工作及其计划要成文归档。分承建单位遵循的标准要与主承建单位的标准一致。

由分承建单位完成分包工作的软件计划、跟踪和监督活动。主承建单位确保这些计划、跟踪和监督活动能恰当地完成，并且分承建单位交付的软件产品能满足其验收标准。主承建单位和分承建单位共同管理其产品和过程界面。

承建单位的软件分包管理涉及的活动包括：识别所要采办的产品；选择分承建单位；与分承建单位签订协定并予以管理和维护；监督分承建单位的过程能力；验收分承建单位的产品；对所采办的产品安排支持和维护。

对于那些不交付给业主单位产品（如开发工具）的采办，业主单位和承建单位所面临的风险相对较小，软件分包合同监理的内容可以根据需要选择使用。不过，如果项目建立的环境包含有开发工具，而且这个环境又是将要交付给业主单位的产品的组成部分，那么这部分的监理过程是非常值得重视的。

2．软件分包合同监理的基本准则

承建单位根据需要制定了软件分包合同，同时该分包合同的格式规范，有专人进行负责、管理和维护，软件分包合同的要求与业主单位的合同要求没有冲突，进度、质量和软件过程标准与承建单位的项目计划一致。

3．软件分包合同监理的方法

方法1：定期审查软件分包合同的管理活动。实施定期审查的主要目的是适当地、及时地掌握软件分包合同管理的软件过程活动。在满足业主单位需求的前提下，只要有适当的机制来报告异常情况，审查的时间间隔就尽可能长些。

方法2：根据实际需要随时跟踪和审查软件分包合同的管理活动。

方法3：评审和（或）审核软件分包合同的管理活动及其产品，并报告结果。这些评

审和(或)审核至少应验证:

(1) 选择分承建单位的活动。
(2) 管理软件分包合同的活动。
(3) 协调主承建单位和分承建单位配置管理的活动。
(4) 与分承建单位按计划评审的实施情况。
(5) 确认分包合同达到关键里程碑或阶段完成时的评审情况。
(6) 对分承建单位软件产品的验收过程。

22.2.7 概要设计说明书评审

1. 设计说明书的框架

设计说明书的框架见表 22-3。

表 22-3 软件设计规格说明的大纲

Ⅰ. 工作范围 　A. 系统目标 　B. 运行环境 　C. 主要软件需求 　D. 设计约束/限制	D. 文件/数据与程序交叉索引 Ⅳ. 接口设计 　A. 人机界面规格说明 　B. 人机界面设计规则	A. 运行模块组合 B. 运行控制规则 C. 运行时间安排 Ⅶ. 出错处理设计 　A. 出错处理信息
Ⅱ. 体系结构设计 　A. 数据流与控制流复审 　B. 导出的程序结构 　C. 功能与程序交叉索引	C. 外部接口设计 　　ⅰ 外部数据接口 　　ⅱ 外部系统或设备接口 　D. 内部接口设计规则	B. 出错处理对策 　　ⅰ 设置后备 　　ⅱ 性能降级 　　ⅲ 恢复和再启动
Ⅲ. 数据设计 　A. 数据对象与形成的数据结构 　B. 文件和数据库结构 　　ⅰ 文件的逻辑结构 　　ⅱ 文件逻辑记录描述 　　ⅲ 访问方式 　C. 全局数据	Ⅴ. (每个模块的)过程设计 　A. 处理与算法描述 　B. 接口描述 　C. 设计语言(或其他)描述 　D. 使用的模块 　E. 内部程序逻辑描述 　F. 注释/约束/限制 Ⅵ. 运行设计	Ⅷ. 安全保密设计 Ⅸ. 需求/设计交叉索引 Ⅹ. 测试部分 　A. 测试方针 　B. 集成策略 　C. 特殊考虑 Ⅺ. 特殊注解 Ⅻ. 附录

软件设计的最终目标是要取得最佳方案。"最佳"是指在所有候选方案中,就节省开发费用、降低资源消耗、缩短开发时间的条件,选择能够赢得较高的生产率、较高的可靠性和可维护性的方案。在整个设计的过程中,各个时期的设计结果需要经过一系列

的设计质量的评审,以便及时发现和及时解决在软件设计中出现的问题,防止把问题遗留到开发的后期阶段,造成后患。

2. 设计评审的内容

1)评审内容

(1)可追溯性:即分析该软件的系统结构、子系统结构,确认该软件设计是否覆盖了所有已确定的软件需求,软件每一成分是否可追溯到某一项需求。

(2)接口:即分析软件各部分之间的联系,确认该软件的内部接口与外部接口是否已经明确定义。模块是否满足高内聚和低耦合的要求。模块作用范围是否在其控制范围之内。

(3)风险:即确认该软件设计在现有技术条件下和预算范围内是否能按时实现。

(4)实用性:即确认该软件设计对于需求的解决方案是否实用。

(5)技术清晰度:即确认该软件设计是否以一种易于翻译成代码的形式表达。

(6)可维护性:从软件维护的角度出发,确认该软件设计是否考虑了方便未来的维护。

(7)质量:即确认该软件设计是否表现出良好的质量特征。

(8)各种选择方案:看是否考虑过其他方案,比较各种选择方案的标准是什么。

(9)限制:评估对该软件的限制是否现实,是否与需求一致。

(10)其他具体问题:对于文档、可测试性、设计过程等进行评估。

在这里需要特别注意:软件系统的一些外部特性的设计,例如软件的功能、一部分性能以及用户的使用特性等,在软件需求分析阶段就已经开始。这些问题的解决,多少带有一些"怎么做"的性质,因此有人称之为软件的外部设计。

2)判断设计好坏的三条特征

McGlanghlin 给出在将需求转换为设计时判断设计好坏的三条特征:

(1)设计必须实现分析模型中描述的所有显式需求,必须满足用户希望的所有隐式需求。

(2)设计必须是可读、可理解的,使得将来易于编程、易于测试、易于维护。

(3)设计应从实现角度出发,给出与数据、功能、行为相关的软件全貌。

以上三点就是软件设计过程的目标。为达到这些目标,必须建立衡量设计的技术标准。

3)衡量设计的技术标准

(1)设计出来的结构应是分层结构,从而建立软件成分之间的控制。

(2)设计应当模块化,从逻辑上将软件划分为完成特定功能或子功能的构件。

(3)设计应当既包含数据抽象,也包含过程抽象。

（4）设计应当建立具有独立功能特征的模块。
（5）设计应当建立能够降低模块与外部环境之间复杂连接的接口。
（6）设计应能根据软件需求分析获取的信息，建立可驱动、可重复的方法。
软件设计过程根据基本的设计原则，使用系统化的方法和完全的设计评审来建立良好的设计。

3．设计说明书检查表

设计说明书检查表见表 22-4。

表 22-4　设计说明书检查表

序号	检 查 项	Y/TBD/N/NA
	清晰性	
1	是否所设计的架构，包括数据流、控制流和接口被清楚地表达了？	
2	是否所有的假设、约束、策略及依赖都被记录在本文档了？	
3	是否定义了总体设计目标？	
	完整性	
4	是否所有以前的 TBD（待确定条目）都已经解决了？	
5	是否设计已经可以支持本文档中遗留的 TBD 有可能带来的变更？	
6	是否所有的 TBD 的影响都已经被评估了？	
7	是否仍存在可能不可行的设计部分？	
8	是否已记录设计时的权衡考虑？该文件是否包括了权衡选择的标准和不选择其他方案的原因？	
	依从性	
9	是否遵守了项目的文档编写标准？	
	一致性	
10	数据元素、流程和对象的命名和使用在整套系统和外部接口之间是否一致？	
11	该设计是否反映了实际操作环境（硬件、软件、支持软件）？	
	可行性	
12	从进度、预算和技术角度上看该设计是否可行？	
13	是否存在错误的、缺少的或不完整的逻辑？	
	数据使用	
14	所有复合数据元素、参数以及对象的概念是否都已文档化？	
15	是否还有任何需要的但还没有定义的数据结构，反之亦然？	
16	是否已描述最低级别数据元素？是否已详细说明取值范围？	
	功能性	
17	是否对每一下级模块进行了概要算法说明？	
18	所选择的设计和算法能否满足所有的需求？	

续表

序号	检查项	Y/TBD/N/NA
	接口	
19	操作界面的设计是否有为用户考虑(如词汇、使用信息和进入的简易)?	
20	是否已描述界面的功能特性?	
21	界面将有利于问题解决吗?	
22	是否所有界面都互相一致,与其他模块一致,以及和更高级别文档中的需求一致?	
23	是否所有的界面都提供了所要求的信息?	
24	是否已说明内部各界面之间的关系?	
25	界面的数量和复杂程度是否已减少到最小?	
	可维护性	
26	该设计是否是模块化的?	
27	这些模块是否具有高内聚度和低耦合度?	
28	是否已经对继承设计、代码或先前选择工具的使用进行了详细说明?	
	性能	
29	主要性能参数是否已被详细说明(如实时、速度要求、磁盘输入/输出接口等)?	
	可靠性	
30	该设计能够提供错误检测和恢复(如输入输出检查)?	
31	是否已考虑非正常情况?	
32	是否所有的错误情况都被完整和准确地说明?	
33	该设计是否满足该系统进行集成时所遵守的约定?	
	易测性	
34	是否能够对该套系统进行测试、演示、分析或检查来说明它是满足需求的?	
35	该套系统是否能用增量型的方法来集成和测试?	
	可追溯性	
36	是否各部分的设计都能追溯到需求说明书的需求?	
37	是否所有的设计决策都能追溯到原来确定的权衡因素?	
38	所继承设计的已知风险是否已确定和分析?	

填表说明:Y——是,TBD——不确定,N——否,NA——不适用

22.2.8 详细设计说明书评审

详细设计说明书见表22-5。

表 22-5　详细设计说明书

序号	检 查 项	Y/TBD/N/NA
	清晰性	
1	所有单元或过程的目的是否都已文档化？	
2	包括了数据流、控制流和接口的单元设计是否已清晰的说明？	
	完整性	
3	是否已定义和初始化所有的变量、指针和常量？	
4	是否已描述单元的全部功能？	
5	是否已详细说明用来实现该单元的关键算法（如用自然语言或PDL）？	
6	是否已列出该单元的调用？	
	依从性	
7	该文档是否遵循了该项目已文档化的标准？	
8	是否采用了所要求的方法和工具来进行单元设计？	
	一致性	
9	数据元素的命名和使用在整个单元和单元接口之间是否一致？	
10	所有接口的设计是否互相一致并且更高级别文档一致？	
	正确性	
11	是否处理所有条件（>0, =0, <0, switch/case）？是否存在处理"case not found"的条件？	
12	是否正确地规定了分支（逻辑没有颠倒）？	
	数据使用	
13	是否所有声明的数据都被实际使用到？	
14	是否所有该单元的数据结构都被详细说明？	
15	是否所有修改共享数据（或文件）的程序都考虑到了其他程序对该共享数据（或文件）的存取权限？	
16	是否所有逻辑单元、时间标志和同步标志都被定义和初始化？	
	接口	
17	接口参数在数量、类型和顺序上是否匹配？	
18	是否所有的输入和输出都被正确定义和检查？	
19	是否传递参数序列都被清晰描述？	
20	是否所有参数和控制标志由已描述的单元传递或返回？	
21	是否详细说明了参数的度量单位、取值范围、正确度和精度？	
22	共享数据区域及其存取规定的映射是否一致？	
	可维护性	
23	单元是否具有高内聚度和低耦合度（如对该单元的更改不会在该单元有任何无法预料的影响并对其他单元的影响很小）？	
	性能	

续表

序号	检 查 项	Y/TBD/N/NA
24	是否该单元的所有约束（如过程时间和规模）都被详细说明？	
	可靠性	
25	初始化是否使用到默认值，默认值是否正确？	
26	是否在内存访问的时候执行了边界检查（如数组、数据结构、指针等）来确保只是改变了目标存储位置？	
27	是否执行输入、输出、接口和结果的错误检查？	
28	是否对所有错误情况都发出有意义的信息？	
29	对特殊情况返回的代码是否和已规定的全局定义的返回代码相匹配？	
30	是否考虑到意外事件？	
	易测性	
31	是否能够对每个单元进行测试、演示、分析或检查来说明它们是满足需求的？	
32	该设计是否包含检查点来帮助测试（如有条件的编译代码和数据声明测试）？	
33	是否所有的逻辑都能被测试？	
34	是否已描述测试程序、测试数据集和测试结果？	
	可追溯性	
35	是否设计的每一部分都能追溯到其他项目文档的需求，也能追溯到更高级别文档的需求？	
36	是否所有的设计决定都能追溯到权衡考虑？	
37	单元需求是否都能上溯到更高级别的文档？更高级别文档的需求是否已经在单元中体现？	

填表说明：Y——是，TBD——不确定，N——否，NA——不适用

22.2.9 测试计划评审

测试计划检查表见表 22-6。

表 22-6 测试计划检查表

序号	检 查 项	Y/TBD/N/NA
	完整性	
1	该测试计划是否详细说明测试的大体方法和策略？	
2	该测试计划是否详细说明所有测试活动的顺序？	
3	该测试计划是否描述了将使用的软硬件系统环境？	
4	该测试计划是否描述了测试活动中断和恢复的条件/情形？	
5	该测试计划是否为所有测试定义了成功标准？	

续表

序号	检 查 项	Y/TBD/N/NA
6	该测试计划是否充分地描述了被测试的功能？	
7	该测试计划是否明确地描述了不被测试的功能？	
8	该测试计划是否充分地描述了测试基线？	
9	对于阶段交付,该测试计划是否有在每一阶段建立测试基线给下一阶段使用？	
10	该测试计划是否定义了足够和正确的衰退测试？	
	依从性	
11	该测试计划是否依从了与开发有关的所有说明书、标准和文档？	
	一致性	
12	是否已定义了测试顺序来匹配更高级别的文档所指定的集成顺序？	
13	该测试计划是否和更高级别的测试计划文档一致？	
	正确性	
14	该测试计划的进入和退出条件是否现实？	
15	是否所有必须的驱动程序和桩（stubs）都已被定义且可利用来测试指定的功能？	
	详细级别/程度	
16	测试案例是否完整覆盖了所有功能,是否覆盖了被测试功能的正常执行情况？	
17	测试案例集是否覆盖了足够的非法和冲突的输入？	
18	测试案例集是否包括了足够的默认输入值的使用？	
19	测试案例集是否考虑到了足够数量的程序错误路径？	
	易测性/可行性	
20	测试方法是否可行？	
21	是否所有被认为不可测的需求都被详细说明并说明原因？	
22	是否对获得测试软件、方法和工具分配了足够的时间并形成了进度计划？	
23	测试所要求的资源是否已经详细说明和估计？	
24	对于多次的构建（builds）,是否已在前一构建的基础上确定所有的需求？	
25	测试所包含的所有人员的角色和职责是否都已详细说明？	
26	在已计划的测试人员之间是否存在进度冲突？	
	可追溯性	
27	测试是否有执行/演示在适当级别的文档所说明的需求？	
28	测试验收标准是否可追溯到更高级别的文档？	

填表说明：Y——是，TBD——不确定，N——否，NA——不适用

22.2.10 软件编码规范评审

程序实际上是一种供人阅读的文章,也有一个文章的风格问题。应该使程序具有良好的风格,具体表现在:源程序文档化、数据说明的方法、语句结构和输入/输出方法等。

1. 源程序文档化

1) 符号名的命名

符号名即标识符,包括模块名、变量名、常量名、标号名、子程序名、数据区名以及缓冲区名等等。这些名称应能反映它所代表的实际东西,应有一定的实际意义。例如,表示次数的量用 Times,表示总量的量用 Total,表示平均值的量用 Average,表示和的量用 Sum 等等。

名称不是越长越好,应当选择精炼的、意义明确的名称。必要时可使用缩写名称,但这时要注意缩写规则要一致,并且要给每一个名称加注释。同时,在一个程序中,一个变量只应用于一种用途。

2) 程序的注释

夹在程序中的注释是程序员与日后的程序读者之间通信的重要手段。注释绝不是可有可无的。一些正规的程序文本中,注释行的数量占到整个源程序的 1/3~1/2,甚至更多。注释分为序言性注释和功能性注释。

序言性注释通常置于每个程序模块的开头部分,它应当给出程序的整体说明,对于理解程序本身具有引导作用。有些软件开发部门对序言性注释做了明确而严格的规定,要求程序编制者逐项列出。有关项目包括:程序标题;有关本模块功能和目的的说明;主要算法;接口说明(包括调用形式、参数描述、子程序清单);有关数据描述(重要的变量及其用途、约束或限制条件,以及其他有关信息);模块位置(在哪一个源文件中,或隶属于哪一个软件包);开发简历(模块设计者、复审者、复审日期、修改日期及有关说明)等。

功能性注释功能性注释嵌在源程序体中,用于描述其后的语句或程序段是在做什么工作,或是执行了下面的语句会怎么样。而不要解释下面怎么做。要点:描述一段程序,而不是每一个语句;用缩进和空行,使程序与注释容易区别;注释要正确。

3) 标准的书写格式

视觉组织用空格、空行和移行来实现。恰当地利用空格,可以突出运算的优先性,减少发生编码的错误;自然的程序段之间可用空行隔开;移行也叫做向右缩格,它是指程序中的各行不必都在左端对齐,不必都从第一格起排列,这样做可以使程序分清层次关系。对于选择语句和循环语句,把其中的程序段语句向右做阶梯式移行,使程序的逻辑结构更加清晰。

2．数据说明

在设计阶段已经确定了数据结构的组织及其复杂性。在编写程序时，则需要注意数据说明的风格。为了使程序中数据说明更易于理解和维护，必须注意以下几点。

1）数据说明的次序应当规范化

数据说明次序规范化，使数据属性容易查找，也有利于测试、排错和维护。原则上，数据说明的次序与语法无关，其次序是任意的。但出于阅读、理解和维护的需要，最好使其规范化，使说明的先后次序固定。

2）说明语句中变量安排有序化

当多个变量名在一个说明语句中说明时，应当对这些变量按字母的顺序排列。带标号的全程数据也应当按字母的顺序排列。

3）使用注释说明复杂数据结构

如果设计了一个复杂的数据结构，应当使用注释来说明在程序实现时这个数据结构的固有特点。

4）语句结构

在设计阶段确定了软件的逻辑流结构，但构造单个语句则是编码阶段的任务。语句构造力求简单、直接，不能为了片面追求效率而使语句复杂化。

比如，在一行内只写一条语句；程序编写首先应当考虑清晰性；程序要能直截了当地说明程序员的用意；除非对效率有特殊的要求，程序编写要做到清晰第一，效率第二，不要为了追求效率而丧失了清晰性；首先要保证程序正确，然后才要求提高速度，也就是在使程序高速运行时，首先要保证它是正确的；避免使用临时变量而使可读性下降；让编译程序做简单的优化；尽可能使用库函数；避免不必要的转移；尽量采用基本的控制结构来编写程序；避免采用过于复杂的条件测试；尽量减少使用"否定"条件的条件语句；尽可能用通俗易懂的伪码来描述程序的流程，然后再翻译成必须使用的语言；数据结构要有利于程序的简化；程序要模块化，使模块功能尽可能单一化，模块间的耦合能够清晰可见；利用信息隐蔽，确保每一个模块的独立性；从数据出发去构造程序；不要修补不好的程序，对不好的程序要重新编写。

3．输入和输出

输入和输出信息是与用户的使用直接相关的。输入和输出的方式和格式应当尽可能方便用户的使用。一定要避免因设计不当给用户带来的麻烦。因此，在软件需求分析阶段和设计阶段，就应基本确定输入和输出的风格。系统能否被用户接受，有时就取决于输入和输出的风格。输入/输出风格还受到许多其他因素的影响。例如输入/输出设备（如终端的类型、图形设备、数字化转换设备等）、用户的熟练程度，以及通信环境等。不论是批处理的输入/输出方式，还是交互式的输入/输出方式，在设计和程序编码时都应考虑下列原则：

（1）对所有的输入数据都要进行检验，识别错误的输入，以保证每个数据的有效性。

（2）检查输入项的各种重要组合的合理性，必要时报告输入状态信息。

（3）使得输入的步骤和操作尽可能简单，并保持简单的输入格式。

（4）输入数据时，应允许使用自由格式输入。

（5）应允许默认值。

（6）输入一批数据时，最好使用输入结束标志，而不要由用户指定输入数据数目。

（7）在交互式输入时，要在屏幕上使用提示符明确提示交互输入的请求，指明可使用选择项的种类和取值范围。同时，在数据输入的过程中和输入结束时，也要在屏幕上给出状态信息。

（8）当程序设计语言对输入/输出格式有严格要求时，应保持输入格式与输入语句的要求的一致性。

（9）给所有的输出加注解，并设计输出报表格式。

22.2.11 工程设计阶段投资控制

（1）依据招投标文件、承建合同，审核工程计划、设计方案中所说明的工程目标、范围、内容、产品和服务，对可能的投资变化，向业主单位提出监理意见。

（2）对涉及费用的设计变更进行控制，对必要的变更应由三方达成共识，并做工程备忘录。

第 23 章　实施阶段监理

23.1　实施阶段的系统建设任务

在信息应用系统建设的实施阶段，承建单位主要进行编码、单元测试、集成测试等项工作。单元测试的工作在开发组内部进行，以自测为主互测为辅，需要对测试的情况进行记录并进行错误的修改与回归测试。集成测试由专门的测试小组负责，可以在模拟环境或真实环境中进行，测试中要全面检测系统的基本功能，需要对测试情况进行记录并进行错误的修改与回归测试。

23.1.1　编码阶段的系统建设任务

1．编码阶段进入条件

软件详细设计说明已通过评审；

软件详细设计说明已进入配置管理受控库；

所有须编码的软件单元，都已建立了相应的模块开发卷宗。

2．编码阶段工作任务

实现软件设计功能，运用程序设计语言，编写出编程风格好、程序效率高和代码安全程序的过程。这反映在软件编码的可追踪性和完备性上，软件编码的独立性、数据规则、处理规则、异常处理规则和表示法规则反映在项目软件过程的编程风格中。

3．编码阶段工作成果

程序代码和编码工作文档。

4．软件编码要遵循的一般原则

遵循开发流程，在设计的指导下进行代码编写；

代码的编写以实现设计的功能和性能为目标，要求正确完成设计要求的功能，达到设计的性能；

程序具有良好的程序结构，提高程序的封装性，减低程序的耦合程度；

程序可读性强，易于理解；

软件方便调试和测试，可测试性好；

软件易于使用和维护；

软件具有良好的修改性、扩充性；

软件可重用性强/移植性好;

软件占用资源少,以低代价完成任务;

软件在不降低程序的可读性的情况下,尽量提高代码的执行效率。

23.1.2 测试阶段的系统建设任务

1. 单元测试进入条件

(1) 完成所有单元编码;

(2) 软件单元无错通过编译;

(3) 完成代码审查等静态测试;

(4) 所有软件单元纳入软件开发单位的配置管理受控库。

2. 单元测试工作

(1) 软件单元的功能测试;

(2) 软件单元的接口测试;

(3) 软件单元的重要执行路径测试;

(4) 软件单元的局部数据结构测试;

(5) 软件单元的语句覆盖和分支覆盖测试;

(6) 软件单元的错误处理能力;

(7) 软件单元的资源占用、运行时间、响应时间等测试。

3. 单元测试工作成果

(1) 单元测试报告,包括测试记录、测试结果分析;

(2) 软件问题报告单和软件修改报告单;

(3) 与软件修改报告单一致的,经过修改的全部源程序代码;

(4) 回归测试的测试记录和测试结果。

4. 集成测试进入条件

(1) 被集成的软件单元无错通过编译;

(2) 被集成的软件单元通过代码审查;

(3) 被集成的软件单元通过单元动态测试并达到测试要求;

(4) 被集成的软件单元已置于软件开发单位的配置管理受控库;

(5) 已具备了集成测试计划要求的软件组装测试和测试工具。

5. 集成测试阶段工作内容

集成测试主要是验证软件单元组装过程和组装得到的软件部件,重点检查软件单元之间的接口。集成测试的主要内容有:

(1) 在把各个模块连接起来的时候,穿越模块接口的数据是否会丢失;

(2) 一个模块的功能是否会对另一个模块的功能产生不利的影响；
(3) 各个子功能组合起来，能否达到预期要求的父功能；
(4) 全局数据结构是否有问题；
(5) 单个模块的错误是否会导致数据库错误。

6. 集成测试阶段成果

(1) 集成软件测试报告；
(2) 软件使用说明；
(3) 所有软件问题报告单和软件修改报告单；
(4) 与软件修改报告单一致的、经过修改的全部源程序代码。

7. 确认测试进入条件

(1) 软件完成了集成测试；
(2) 软件可运行；
(3) 所有软件代码都在配置管理控制下；
(4) 已经具备了合同规定的软件确认测试环境。

8. 确认测试阶段工作内容

确认测试又称有效性测试。它的任务是验证软件的有效性，即验证软件的功能和性能及其他特性是否与用户的要求一致。软件需求说明书描述了全部用户可见的软件属性，是软件确认测试的基础。

在确认测试阶段需要做的工作（如图 23.1 所示）：进行有效性测试以及软件配置复审。软件只有通过了专家鉴定验收之后，才能成为可交付的软件。

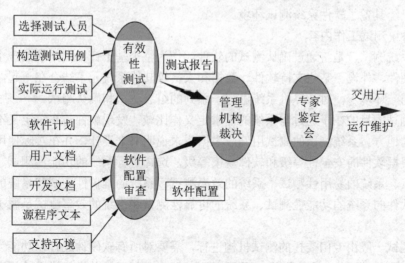

图 23.1 确认测试的步骤

1）进行有效性测试

有效性测试是在模拟的环境（可能就是开发的环境）下，运用黑盒测试的方法，验证被测软件是否满足需求说明书列出的需求。通过实施预定的测试计划和测试步骤，确定软件的特性是否与需求相符，确保所有的软件功能需求都能得到满足，所有的软件性能需求都能达到，所有的文档都是正确且便于使用。同时，对其他软件需求，例如可移植性、兼容性、出错自动恢复、可维护性等，也都要进行测试，确认是否满足。

2）软件配置复查

软件配置复查的目的是保证软件配置的所有成分都齐全，各方面的质量都符合要求，具有维护阶段所必需的细节，而且已经编排好分类的目录。

除了按合同规定的内容和要求，由人工审查软件配置之外，在确认测试的过程中，应当严格遵守用户手册和操作手册中规定的使用步骤，以便检查这些文档资料的完整性和正确性。必须仔细记录发现的遗漏和错误，并且适当地补充和改正。

9．确认测试阶段成果

（1）软件确认测试分析报告，含所有的软件确认测试结果；

（2）所有软件问题报告单和软件修改报告单；

（3）与软件修改报告单相一致的，经过修改和回归测试的全部源程序代码；

（4）经过修改的软件产品使用说明。

10．系统测试进入条件

（1）完成并通过软件确认测试；

（2）所有软件产品都在配置管理控制下；

（3）已经具备了软件系统测试环境。

11．系统测试工作内容

所谓系统测试，是将通过确认测试的软件，作为整个基于计算机系统的一个元素，与计算机硬件、外设、某些支持软件、数据和人员等其他系统元素结合在一起，在实际运行（使用）环境下，对计算机系统进行一系列的组装测试和确认测试。

系统测试的目的在于通过与系统的需求定义作比较，发现软件与系统定义不符合或与之矛盾的地方。系统测试的测试用例应根据需求说明书来设计，并在实际使用环境下来运行。根据软件的安全性等级和软件规模等级，选择进行系统的功能性测试、系统的可靠性测试、系统的易用性测试、系统的效率测试、系统的维护性测试和系统的可移植性测试。软件的系统的功能性测试、系统的可靠性测试和系统的效率测试是属于必须测试的内容。

系统测试一般由专门委托的测试机构进行，需要对所有软硬件进行以功能为主的测试工作（必要情况下附加性能测试），需要对测试情况进行记录并进行错误的修改与回归测试,在测试完成后要根据测试全过程的情况编写正式的系统测试报告。

12. 系统测试工作成果

(1) 系统测试报告,包括测试记录和测试结果分析;

(2) 软件问题报告和软件变更报告;

(3) 回归测试的测试记录。

23.1.3 试运行与培训阶段系统建设工作任务

在系统的试运行与维护阶段,承建单位在业主单位现有条件下进行系统的试运行与维护工作。承建单位制定详细的试运行计划,进行现场跟踪,修改实现环境运行工程中发现的问题,对用户进行培训,制定详细的维护方案。

目前国内信息应用系统建设过程中,在此阶段常发生承建单位试运行计划不充分、现场跟踪不到位、错误修改及更新不落实、出现异常情况无法处理、培训工作不充分、缺少应有的维护方案等情况。虽然在前几个阶段的工作可能已基本完成了工程建设的主体工作,但以上环节工作不到位仍然可能造成工程建设出现大的问题。

因此,在此过程监理单位需要对承建单位在现场试运行的情况及培训情况进行监督,检查承建单位是否有详细的试运行计划、是否有详细的现场跟踪检验机制、是否有稳妥可行的修改错误及更新方案、是否有详细的异常情况处理办法、是否有详细的培训计划、是否有详细的培训方案、是否有完善的正式运行维护方案。

试运行阶段的监理的重点是:协助业主方和承建单位处理系统试运行期间出现的各项问题,并予以记录;对于一些重复出现的问题,在验收测试时给予必要的关注,督促承建单位必要的解决措施;监督检查承建单位试运行阶段的培训工作。

技术培训监理的重点是:监督承建单位按照合同和业主的要求制定培训计划;审核培训计划的可操作性,要求在培训计划中明确培训对象、培训教材、培训时间、培训方式和培训师资;监督技术培训计划的实施,对培训教材和师资进行评估,将培训计划执行情况和效果通报给业主。

23.2 实施阶段监理的工作内容

由于信息应用系统建设的特殊性,监理单位此阶段的重点并不再对具体工作的检查、测试上,而应该放在对承建单位的宏观监督方面。

目前国内信息应用系统建设过程中,在此阶段常发生承建单位不按设计阶段制定的质量保证计划对编码工作进行约束检查,忽视开发过程的单元测试、集成测试工作等情况。上述情况会导致工程建设质量得不到保证,最终影响到工程的质量、进度与资金投入。

因此,监理单位在此阶段主要监督承建单位严格按照工程设计阶段所制定的进度计划、质量保证计划、系统设计进行开发工作,检查承建单位是否按照设计中制定的规范与计划进行编码与测试。在此过程中,监理单位主要通过代码走查方式检查编码规范的执行情况,检查单元测试、集成测试和确认测试是否按计划进行并有测试与修改记录、集成测试是否按计划进行并有测试与修改记录。在此过程中需要检查测试计划是否得到落实,测试方案与规范是否合理,测试是否有详细记录并进行修改与回归测试,必要情况下可由监理单位对测试结果进行抽检。

对于开发过程实现阶段的监理,还需要注意承建单位版本控制方面的工作是否能够正常进行,是否有专人进行版本的总体控制,开发人员是否严格按照质保人员的要求进行具体版本控制,必要情况下需要对版本控制的工作进行抽检。但切忌由监理单位进行具体测试而取代开发方的内部测试,这种方法并不能保证工程的质量。

系统测试一般由专门委托的测试机构进行,需要对所有软硬件进行以功能为主的测试工作(必要情况下要附加性能测试),需要对测试情况进行记录并进行针对错误的修改与回归测试,在测试完成后要根据测试全过程的情况编写正式的系统测试报告。

23.2.1 软件编码监理

软件编码监理的主要目的是为了控制软件编码阶段的工程进度,监督软件编码的编程风格和质量,使得软件编码阶段的工作能可靠、高效地实现软件设计的目标,同时符合承建单位的软件过程规范的要求。

1. 软件编码监理的目标

(1)监督承建单位定义和综合软件编码任务,并在生产软件的过程中始终如一地执行这些任务。

(2)监督使得软件工作产品彼此间保持一致性。

(3)监督使得软件编码的工作进度与计划保持一致性。

(4)监督使得软件编码的工作质量达到计划的要求。

2. 软件编码监理的活动

1)监督承建单位将合适的软件编码工程方法和工具集成到项目定义的软件过程中

(1)依据项目定义的软件过程对软件编码任务进行综合。

(2)选择软件编码可用的方法和工具,并将选择专用工具或方法的理由写成文档。

对备选方法和工具进行选择的依据是:

- 机构标准软件过程
- 项目定义的软件过程

- 现有的技术基础
- 可得到的培训
- 合同需求
- 工具的能力
- 使用的方便性和提供的服务

（3）选择和使用适合于软件编码的配置管理模型。配置管理模型可能是：
- 入库出库模型
- 组合模型
- 事务处理模型
- 更改处理模型

（4）将用于软件编码的软件产品和工具置于配置管理之下。

2）监督承建单位依据项目定义的软件过程，对软件编码进行开发、维护、建立文档和验证，以实现软件需求和软件设计

（1）参与软件编码的人员评审软件需求和软件设计，以确保影响编码的各种问题得到识别和解决。

（2）使用有效的编程方法编制软件代码。编程方法可能是：
- 结构化编程
- 代码重用

（3）根据一个计划制定代码单元的开发顺序，该计划考虑诸如关键性、难度、集成和测试问题；合适时，还要考虑客户和最终用户的需要。

（4）每个代码单元完成编码时，通过评审和单元测试。

（5）将代码置于配置管理之下。

（6）每当软件需求或软件设计更改时，适当地更改代码。

3）软件监理组跟踪和记录软件编码产品的功能性和质量

跟踪和记录的内容有：

（1）跟踪、累计的软件编码产品缺陷的数量、类型和严重程度。

（2）软件编码产品工程活动的状态。

（3）有关问题严重性和持续时间的报告。

（4）用于分析每个更改建议的工作量及汇总统计量。

（5）按类别（如界面、安全性、系统配置、性能和可用性）被纳入软件基线的更改数量。

3．软件编码监理的方法

（1）定期审查软件编码的工程活动和工程进度。

(2) 根据实际需要对软件编码工程活动、工作进度进行审查。
(3) 对软件编码工程活动和产品进行评审和（或）审核，并报告结果。这些评审和（或）审核至少应包括：
- 软件编码工程任务的准备就绪和完成准则得到满足。
- 软件编码符合规定的标准和需求。
- 已完成所需的测试。
- 检测出的问题和缺陷已建立文档，并被跟踪和处理。
- 通过软件编码，对设计的跟踪得以实施。
- 在软件产品提交前，依据软件基线验证了用来管理和维护软件的文档。

23.2.2 软件测试监理

目前国内信息应用系统建设过程中，在此阶段常发生未经过严格系统测试就匆忙上线试运行的情况，这往往会造成新系统的不稳定，在某些情况下会阻碍系统的正式上线运行。

因此监理单位在此阶段主要检查承建单位是否按照设计中制定的规范与计划进行测试。但切忌由监理单位进行单元、集成或确认测试而取代开发方的内部测试，这种方法并不能保证工程的质量。

1. 软件测试监理的目标

(1) 监督和控制承建单位的软件测试过程，确保软件测试按照承建单位的测试文档规范和业主的软件要求实施；
(2) 软件测试反映出、记录着软件产品的真实情况；
(3) 软件测试的各个阶段按计划步骤实施；
(4) 对于软件测试反映出的问题能有效地按回归测试规范进行处理；
(5) 最后得到符合软件任务书（或合同）要求的软件产品集；
(6) 软件测试的进度与计划保持一致性。

2. 软件测试监理的活动

1) 监督承建单位将合适的软件测试工程方法和工具集成到项目定义的软件过程中
(1) 依据项目定义的软件过程对软件测试任务进行综合。
(2) 选择软件测试可用的方法和工具，并将选择专用工具或方法的理由写成文档。

对备选方法和工具进行选择的依据是：
- 机构标准软件过程
- 项目定义的软件过程
- 现有的技术基础

- 可得到的培训
- 合同需求
- 工具的能力
- 使用的方便性和提供的服务

（3）选择和使用适合于软件测试的配置管理模型。配置管理模型可能是：
- 入库出库模型
- 组合模型
- 事务处理模型
- 更改处理模型

（4）将用于测试软件产品的工具置于配置管理之下。

2）监督承建单位依据项目定义的软件过程，对软件测试进行开发、维护、建立文档和验证，以满足软件测试计划要求

软件测试有静态测试、单元测试、集成测试、确认测试和系统测试组成。

（1）可与客户和最终用户一同参与开发和评审测试准则。

（2）使用有效方法测试软件。

（3）基于下列因素确定测试的充分性：
- 测试级别。测试级别有单元测试、集成测试、确认测试和系统测试。
- 选择的测试策略。测试策略有功能测试（黑盒测试）、结构测试（白盒测试）和统计测试。
- 欲达到的测试覆盖。测试覆盖方法有语句覆盖、路径覆盖、分支覆盖和运行剖面覆盖。

（4）对每个级别的软件测试，建立和使用测试准备就绪准则。确定测试准备就绪准则包括：
- 软件单元在进入集成测试前已成功地完成了代码的静态测试和单元测试
- 在进入系统测试前，软件已成功地完成了确认测试
- 在软件进入系统测试前，已对测试准备就绪进行评审

（5）每当被测试软件或软件环境发生变化时，则在各有关的测试级别上适当进行回归测试。

（6）对于测试计划、测试规程和测试用例，准备使用前通过评审。

（7）管理和控制测试计划、测试说明、测试规程和测试用例。

（8）每当软件需求、软件设计或被测试代码更改时，适当地更改测试计划、测试说明、测试规程和测试用例。

3）监督承建单位依据项目定义的软件过程、计划和实施软件的确认测试

（1）基于软件开发计划，制定确认测试计划并写成文档。
（2）负责软件需求、软件设计、系统测试及验收测试的人员，评审确认测试用例、测试说明和测试规程。
（3）依据指定的软件需求文档和软件设计文档的指定版本，进行软件确认测试。
4）计划和实施软件系统测试，实施系统测试以保证软件满足软件需求
（1）尽早分配测试软件的资源，以做好充分的测试准备。所需的测试准备活动包括：
- 准备测试文档
- 准备测试资源
- 开发测试程序
- 开发模拟程序

（2）编制系统测试的计划文档。如果合适，该测试计划由业主单位进行评审和认可。此测试计划包括：
- 全面测试和验证的方法
- 测试职责
- 测试工具、测试设备和测试支持需求
- 验收准则

（3）由一个独立于软件开发者的测试小组来计划和准备所需的测试用例和测试规程。
（4）在测试开始前，对测试用例建立文档，并经评审和认可。
（5）依据已纳入基线的软件及其软件任务书（或合同）和软件需求文档，实施软件测试。
（6）对测试中发现的问题建立文档，并跟踪到关闭。
（7）建立测试结果文档，并以此作为判断软件是否满足需求的基础。
（8）管理和控制测试结果。
5）软件监理组跟踪和记录软件测试的结果
跟踪和记录的内容有：
（1）跟踪、累计的软件产品缺陷的数量、类型和严重程度。
（2）软件测试工程活动的状态。
（3）有关问题严重性和持续时间的报告。
（4）用于分析每个更改建议的工作量及汇总统计量。
（5）按类别（如界面、安全性、系统配置、性能和可用性）被纳入软件基线的更改数量。

3．软件测试监理的方法

（1）定期审查软件测试的工程活动和工作进度。

（2）根据实际需要对软件测试工程活动进行跟踪、审查和评估。

（3）对软件测试工程活动和产品进行评审和（或）审核，并报告结果。这些评审和（或）审核至少应包括：

- 软件测试工程任务的准备就绪和完成准则得到满足。
- 软件测试符合规定的标准和需求。
- 已完成所需的测试。
- 检测出的问题和缺陷已建立文档，并被跟踪和处理。
- 通过软件测试，软件产品符合软件需求的要求。
- 在软件产品提交前，依据软件基线验证了用来管理和维护软件的文档。

第 24 章 验收阶段监理

24.1 验收阶段的系统建设任务

信息应用系统验收测试，是工程项目在正式运行前的质量保证测试，是软件工程一个独立且必要的质量保证环节，通过系统、专业的验收测试，验证软件系统是否符合设计需求，功能实现的正确性及运行安全可靠性。通过系统的软件验收测试，可发现软件存在的、潜在的重大问题，最大限度保证软件工程质量，是工程验收的最后阶段，也是信息化工程监理的一个质量保证阶段，通过系统测试，修改软件问题，保证工程项目正常顺利实施。

24.1.1 验收负责单位

软件产品验收过程由监理单位协助业主单位组织实施。承建单位必须积极支持完成软件产品验收工作。

24.1.2 验收前提

提交验收的软件项目必须具备以下条件：
（1）已通过计算机软件确认测试评审；
（2）已通过系统测试评审；
（3）合同或合同附件规定的各类文档齐全；
（4）软件产品已置于配置管理之下；
（5）合同或合同附件规定的其他验收条件。

24.1.3 验收依据

软件验收的依据是合同及合同附件、有关技术说明文件及适用的标准。

24.1.4 验收阶段业主单位的工作

业主单位与监理单位协调，审定承建单位提交验收方案，考查验收方案是否符合项目合同、需求说明书、设计文档及用户手册的要求。三方在协商基础上形成正式的验收方案。

24.1.5 验收阶段承建单位的工作

1．内部测试准备

承建单位将软件提交业主单位与监理单位进行验收测试之前，必须保证承建单位本身已经对软件的各方面进行了足够的正式测试。

2．验收准备工作

在验收工作开始前，承建单位须进行必要的准备工作并提交业主单位与监理单位。

（1）提供与验收相关文档；

（2）提供与验收相关的软件配置内容；

（3）提供软件源代码及编译配置说明。

3．验收申请提交

承建单位必须向业主单位及监理单位提交正式的软件验收申请报告（见图 24.1），概要说明申请验收软件的情况、应交付的文档，以及这些文档是否通过了规定的评审。验收申请报告由承建单位技术负责人签字。业主单位及监理单位必须了解被验收软件的功能、质量特性和文档等方面的内容，对验收申请报告进行审查，提出处理意见。

项目名称：		合同号：	
软件交办方：		软件承办方：	
软件用途：			
文档清单与评审结论：			
软件测试分析结果：			
软件承办方申请意见：			
技术负责人签名 （单位公章）			
联系人：	通信地址：		
电　话：	邮政编码：		
软件交办方意见：			
技术负责人签名 （单位公章）			
联系人：	通信地址：		
电　话：	邮政编码：		

图 24.1　验收申请报告

4. 验收方案准备

承建单位依照项目合同、需求说明书、设计文档及用户手册的要求,提交验收方案草案。业主单位、监理单位与承建单位共同协商审定验收方案。

24.1.6 验收过程

验收工作步骤如下:
(1) 提出验收申请;
(2) 制定验收计划;
(3) 成立验收委员会;
(4) 进行验收测试和配置审计;
(5) 进行验收评审;
(6) 形成验收报告;
(7) 移交产品。

24.1.7 系统移交

系统验收通过后,承建单位必须按验收评审意见,做好后续工作,并在得到验收委员会或其指定人员认可后,按合同或合同附件要求,将系统转交给业主单位。

业主单位应按合同及合同附件要求做好系统接收工作。

24.1.8 系统保障

在系统移交完成之后,承建单位必须按合同及合同附件规定继续做好系统运行期间的支持工作。

24.2 验收阶段的监理工作

24.2.1 验收阶段监理工作的重点

监理单位应按照项目合同查看承建单位提供的各种审核报告和测试报告内容是否齐全,再根据平时对承建单位工作情况的了解,可以初步判断开发方是否已经进行了足够的正式测试。

验收可以分为两个大的部分:软件配置审核和验收测试。其大致顺序可分为:文档审核,源代码审核,配置脚本审核,测试程序或脚本审核和可执行程序测试。

验收阶段的每一个相对独立的部分,都应该有目标(本步骤的目的)、启动标准(着手本步骤必须满足的条件)、活动(构成本步骤的具体活动)、完成标准(完成本步骤要满足的条件)和度量(应该收集的产品与过程数据)。

24.2.2 验收组织

1．组织机构及人员组成

业主单位与监理单位协调成立专门的验收委员会,作为验收的组织机构。委员会一般不少于 5 人(单数)组成,设主任 1 人,委员若干人;并成立验收测试组和配置审核组,委员可分别参与这两个组的工作。另外还需要测试员、配置审核员和记录员若干人。

验收委员会由业主单位代表、监理单位代表、承建单位代表以及邀请的技术专家组成员组成。

2．验收委员会的任务及权限

1) 验收委员会的任务

验收委员会主持整个软件验收工作,包括下列任务:

(1) 判定所验收的软件是否符合"合同"的要求。

(2) 审定验收环境,软件验收环境应与业主单位的实际运行环境一致,验收环境按"合同"或"验收方案"规定,或由三方协商,验收委员会审定。

(3) 审定验收测试计划,验收委员会对软件验收测试组制订的验收测试计划进行审定,以保证测试计划能满足验收要求。

(4) 组织验收测试和配置审核,进行验收评审,并形成验收报告。

2) 验收委员会的权限

(1) 有权要求业主单位、监理单位及承建单位对开发过程中的有关问题进行说明。

(2) 决定系统是否通过验收。

3．验收地点和条件

软件验收地点应符合合同或验收方案规定。若在承建单位进行,承建单位应提供验收计划中要求的设备、资源和各种条件;若在业主单位进行,则业主单位必须提供相应的设备、资源和各种条件,并预先通知承建单位提供其应提供的设备和支持软件。

4．验收记录及报告

验收工作的全过程必须详细记录,记录验收过程中验收委员会提出的所有问题与建议,以及业主单位、监理单位及承建单位的解答和验收委员会对被验收软件的评价。

24.2.3 验收的基本原则

1．基本原则

(1) 验收测试和配置审核是验收评审前必须完成的两项主要检查工作,由验收委员会主持。

（2）测试组在认真审查需求规格说明、确认测试和系统测试的计划与分析结论的基础上制订验收测试计划。

（3）配置审核组在需求规格说明、确认测试、系统测试等过程中形成的产品的变更管理及审核工作的基础上开展审计。

（4）原有测试和审核结果凡可用的就利用，不必重做该项测试或审核。同时可根据业主单位的要求临时增加一些测试和审核内容。

（5）测试组在完成验收测试的同时，完成功能配置审核，即验证软件功能和接口与"合同"的一致性。

（6）配置审核组完成物理配置审核，检查程序和文档的一致性、文档和文档的一致性、交付的产品与"合同"要求的一致性及符合有关标准的情况。

2．验收测试和配置审核步骤

（1）制订验收测试计划、配置审核计划，做好验收测试、配置审核准备。

（2）验收委员会审定测试计划、配置审核计划和测试准备、配置审核准备情况。

（3）进行验收测试、配置审核，建立完整的测试、配置审核记录。

（4）编写测试报告、配置审核报告。

（5）验收委员会评审。

3．验收测试和配置审核内容

（1）检查"合同"或"验收标准"要求的所有功能。

（2）检查"合同"或"验收标准"要求的所有质量特性。

（3）检查开发各个阶段的文档、评审结论是否齐全规范。

（4）验证功能和接口与需求规格说明的一致性；检查程序和文档的一致性、文档和文档的一致性、交付的产品与"合同"或"验收标准"要求的一致性及符合有关标准的情况。

（5）由双方商定所进行的一些特殊测试和配置审核。

24.2.4 配置审核

1．审查

承建单位应当在验收前提供相应软件配置内容，监理单位应对其进行审查，审查的内容主要包括以下几个部分。

（1）可执行程序、源程序、配置脚本、测试程序或脚本。

（2）主要的开发类文档：需求说明书、概要设计说明书、详细设计说明书、数据库设计说明书、测试计划、测试报告、程序维护手册、程序员开发手册、用户操作手册和项目总结报告。

（3）主要的管理类文档：项目计划书、质量控制计划、配置管理计划、用户培训计划、质量总结报告、评审报告、会议记录和开发进度月报。

在开发类文档中，容易被忽视的文档有《程序维护手册》和《程序员开发手册》。

《程序维护手册》的主要内容包括：系统说明（包括程序说明）和操作环境、维护过程、源代码清单等，编写目的是为将来的维护、修改和再次开发工作提供有用的技术信息。

《程序员开发手册》的主要内容包括：系统目标、开发环境使用说明、测试环境使用说明、编码规范及相应的流程等，实际上就是程序员的培训手册。

不同大小的项目，都必须具备上述的文档内容，只是可以根据实际情况进行重新组织。

2．审核

通常，正式的审核过程分为五个步骤：计划、预备会议（可选）、准备阶段、审核会议和问题追踪。预备会议是对审核内容进行介绍并讨论。准备阶段就是各责任人事先审核并记录发现的问题。审核会议是最终确定工作产品中包含的错误和缺陷。

审核要达到的基本目标是：根据共同制定的审核表，尽可能地发现被审核内容中存在的问题，并最终得到解决。在根据相应的审核表进行文档审核和源代码审核时，还要注意文档与源代码的一致性。

在实际的验收测试执行过程中，常常会发现文档审核是最难的工作，一方面由于市场需求等方面的压力使这项工作常常被弱化或推迟，造成持续时间变长，加大文档审核的难度；另一方面，文档审核中不易把握的地方非常多，每个项目都有一些特别的地方，而且也很难找到可用的参考资料。

24.2.5 验收测试

在文档审核、源代码审核、配置脚本审核、测试程序或脚本审核都顺利完成，就可以进行验收测试的最后一个步骤——可执行程序的测试，它包括功能、性能等方面的测试，每种测试也都包括目标、启动标准、活动、完成标准和度量五个部分。

1．测试的前提条件

在真正进行用户验收测试之前一般应该已经完成了以下工作（也可以根据实际情况有选择地采用或增加）：

（1）软件开发已经完成，并全部解决了已知的软件缺陷。

（2）验收测试计划已经过评审并批准，并且置于文档控制之下。

（3）对软件需求说明书的审查已经完成。

(4）对概要设计、详细设计的审查已经完成。
(5）对所有关键模块的代码审查已经完成。
(6）对单元、集成、系统测试计划和报告的审查已经完成。
(7）所有的测试脚本已完成，并至少执行过一次，且通过评审。
(8）使用配置管理工具且代码置于配置控制之下。
(9）软件问题处理流程已经就绪。
(10）已经制定、评审并批准验收测试完成标准。

2．测试工作实施

具体的测试内容通常可以包括：安装（或升级）、启动与关机、功能测试（如正例、重要算法、边界、时序、反例、错误处理）、性能测试（如正常的负载、容量变化）、压力测试（如临界的负载、容量变化）、配置测试、平台测试、安全性测试、恢复测试（如在出现掉电、硬件故障或切换、网络故障等情况时，系统是否能够正常运行）、可靠性测试等。

性能测试和压力测试一般情况下是在一起进行，通常还需要辅助工具的支持。在进行性能测试和压力测试时，测试范围必须限定在那些使用频度高的和时间要求苛刻的软件功能子集中。由于承建单位已经事先进行过性能测试和压力测试，因此可以直接使用承建单位的辅助工具。也可以通过购买或自己开发来获得辅助工具。具体的测试方法可以参考相关的软件工程书籍。

如果执行了所有的测试案例、测试程序或脚本，验收测试中发现的所有软件问题都已解决，而且所有的软件配置均已更新和审核，可以反映出软件在验收测试中所发生的变化，验收测试就完成了。

24.2.6 验收评审

1．评审会

在完成验收测试和配置审核的基础上，召开评审会，进行综合评价。

2．验收准则

(1）软件产品符合"合同"或"验收标准"规定的全部功能和质量要求；
(2）不同安全性关键等级的软件均通过《软件测试细则》文档所要求的各项测试；
(3）文档齐全，符合"合同"或"验收标准"要求及有关标准的规定；
(4）文档和文档一致，程序和文档相符；
(5）对被验收软件的可执行代码，在验收测试中查出的错误总数，依错误严重性不超过业主单位事先约定的限定值；
(6）配置审核时查出的交付文档中的错误总数不超过业主单位事先约定的限定值。

3. 评审结论

评审会在综合评价验收测试和配置审计结果的基础上，根据验收准则，给出验收结论。

验收结论分为两种：

（1）通过。表示同意通过验收的委员人数超过按事先约定人数（重要系统由全体验收委员协商一致同意；一般系统需有三分之二以上的委员同意）。

（2）不通过。表示同意通过验收的委员人数达不到通过的要求。

24.2.7 验收报告

在软件验收评审后，必须填写软件验收报告（见图 24.2），详尽地记录验收的各项内容、评价与验收结论，验收委员会全体成员应在验收报告上签字。根据验收委员会表决情况，由验收委员会主任在软件验收报告上签署意见。

年　月　日

项目名称：		合同号：	
软件交办方：		软件承办方：	
软件用途：			
验收意见：			
验收委员会主任签名：　　　　年　月　日			
表决情况	总人数	同意	不同意	弃权
	人	人	人	人
验收委员会名单及签字：				
序号	姓名	职务或职称	工作单位	签字

图 24.2　软件验收报告

24.2.8 验收未通过的处理

承建单位应根据验收评审意见尽快修正有关问题，重新进行验收或者转入合同争议处理程序。

24.2.9 系统移交和系统保障监理

1. 系统移交和系统保障的重点

1) 系统移交的监理

系统验收通过便可进行系统移交,此阶段的监理重点是确保文档及软件的完整、版本一致。

2) 系统保障的监理

系统保障的监理工作重点是确保承建单位按照合同和业主要求及时高效地提供系统保障服务。

2. 系统移交和系统保障监理的措施

1) 系统移交的监理措施

(1) 审查承建单位的项目资料清单。

(2) 协助业主和承建单位交接项目资料。

(3) 确保软件文档和软件的一致性。

(4) 开发软件做好备份,保管在安全地方,文件材料归档。

2) 系统保障期的监理措施

(1) 督导承建单位按"合同"规定及时进行系统保障,抽查系统保障的执行情况。

(2) 对项目业主方提出的质量问题进行记录。

(3) 督促承建单位进行修复和维护。

(4) 对承建单位进行修复的内容进行确认。